Lehrbuch zur Experimentalphysik Band 4:
Wellen und Optik

Joachim Heintze

Peter Bock (Hrsg.)

Lehrbuch zur Experimentalphysik
Band 4: Wellen und Optik

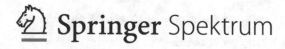 Springer Spektrum

Joachim Heintze
Fak. Physik und Astronomie,
Physikalisches Institut
Universität Heidelberg
Heidelberg, Deutschland

Herausgeber
Peter Bock
Fak. Physik und Astronomie, Physikalisches
Institut
Universität Heidelberg
Heidelberg, Deutschland
E-mail: bock@physi.uni-heidelberg.de

ISBN 978-3-662-54491-4   ISBN 978-3-662-54492-1 (eBook)
https://doi.org/10.1007/978-3-662-54492-1

Die Deutsche Nationalbibliothek verzeichnet diese Publikation in der Deutschen Nationalbibliografie; detaillierte bibliografische Daten sind im Internet über http://dnb.d-nb.de abrufbar.

Springer Spektrum
© Springer-Verlag GmbH Deutschland 2017

Planung: Margit Maly
Illustrationen: Dr. J. Pyrlik, scientific design, Hamburg

Gedruckt auf säurefreiem und chlorfrei gebleichtem Papier.

Springer Spektrum ist ein Imprint der eingetragenen Gesellschaft Springer-Verlag GmbH, DE und ist ein Teil
von Springer Nature.
Die Anschrift der Gesellschaft ist: Heidelberger Platz 3, 14197 Berlin, Germany

Vorwort

Über viele Jahrzehnte wurde im großen Hörsaal im Physikalischen Institut der Universität Heidelberg, am Philosophenweg 12, eine große Physikvorlesung veranstaltet.

Haupt- und Nebenfach-Studenten hörten gemeinsam diese Vorlesung. In den 1970er Jahren platzte dann jedoch der Hörsaal aus allen Nähten. Die Vorlesungen waren total überfüllt. Herr Heintze erkannte, dass dies geändert werden muss. Als Dekan sorgte er für den Neubau des neuen Hörsaalgebäudes INF 308. 1979 wurde hier schließlich die erste Vorlesung gehalten.

Herrn Heintze war, wie man daran sehen kann, die Lehre sehr wichtig, besonders die Vorlesung. Bisher hatte ich ihn als Institutsdirektor oder großen Wissenschaftler erlebt. Von 1981 an lernte ich ihn auch als Vorlesungsdozent kennen.

Anders als manche anderen Dozenten hat Herr Heintze über die Zeit hinweg alle Kapitel der Experimentalphysik behandelt, so dass ich das gesamte Programm der Vorlesung kennen lernen durfte. Neue Methoden wurden geprüft, traditionelle Erkenntnisse erhalten, historische Experimente restauriert. Herr Heintze stellte sich mir dabei nicht nur als Professor dar, sondern er war auch Ingenieur. So bauten wir gemeinsam über die Jahre hinweg viele Experimente für unsere Studenten. Auch der berühmte Heidelberger Löwenschuss ist so entstanden, mit dem die Superposition von Bewegungen veranschaulicht wird.

In dieser Vorlesungsphase habe ich viel gelernt und den Sinn und Lerneffekt der Experimente verstanden. Für mich ist Herr Heintze der Vater dieser Vorlesung und ein väterlicher Freund geworden.

Auch die Idee zu diesem Buch entstand hier in dieser Vorlesung. Ich erinnere mich, dass Herr Heintze einmal am Dozentenschreibtisch saß, unweit meines Schreibtisches. Und er nahm aus unserer kleinen Bibliothek ein Buch nach dem andern, fand aber nicht das, was er suchte und war recht unzufrieden dabei. Nach einiger Zeit machte ich Herrn Heintze klar, dass nur er in der Lage sei, dies zu ändern. Er hatte in genau dieser Vorlesung große Erfahrung und er kannte die Vorlesung von Otto Haxel, den er auch manchmal hatte vertreten müssen. Zunächst stieß die Idee eines eigenen Buches nicht auf Zustimmung – Herr Heintze verneinte, so einfach sei dies nicht und überhaupt ... Kurze Zeit später jedoch stand er auf und verließ das Gebäude, um nach 15 Minuten zurück zu kehren. Er sagte: „Ich habe mir das überlegt, ich werde ein Buch schreiben."

Auch nach seiner Emeritierung 1991 haben wir zusammen Experimente aufgebaut und ausgewertet, um einiges näher zu untersuchen, was in vielen Physikbüchern nicht richtig dargestellt ist. Bei der Weihnachtsfeier 2011 sagte er mir: „Wir müssen uns nochmal mit der anomalen Dispersion beschäftigen." Leider kam es nicht mehr dazu.

30 Jahre hat es gedauert, bis die Physikbücher zur Experimentalphysik entstanden sind. Herrn Heintze war es nicht mehr vergönnt sein Werk zu vollenden. So fühlen wir uns verpflichtet, dies zu tun. Möge es dazu dienen unseren Studenten die Schönheit der Physik aufzuzeigen, Zusammenhänge zu sehen, das Studium zu erleichtern und damit dieses Vermächtnis zu erkennen und weiter zu tragen.

Hans-Georg Siebig, Vorlesungsassistent

Vorwort

Dies ist der vierte Band des Physikbuchs unseres Vaters. Er war Physiker mit Leib und Seele. Gelang die Vorlesung oder das Experiment, kam er gut gelaunt nach Hause. Dahinter steckte seine tiefe Liebe zur Physik und das Bedürfnis diese Erkenntnis zu verbreiten.

In der Forschung hatte er das Glück in einer überaus spannenden Zeit bei der Entwicklung der Elementarteilchenphysik durch „elegante" Lösungen und „schöne" Experimente an CERN und DESY mitzuwirken. Dabei wurden nicht nur Erfolge gefeiert. Auch wenn es mal nicht so recht voranging, setzte man sich mit den Kollegen erst mal bei gutem Essen zusammen.

Nachdenken konnte unser Vater am besten bei körperlicher Arbeit und zwar an der frischen Luft. Manche Steinplatte in unserem Garten lässt sich wohl so der Lösung eines physikalischen Problems zuordnen. Detektoren aus Heidelberg wiederum hießen Tulpe und Margerite.

Vielerlei Pläne für die Zeit nach seiner Emeritierung gab er auf, um dieses Buch zu schreiben. Dies führte ihn zu einem immer tieferen Verständnis der klassischen Physik und zu intensiver Auseinandersetzung mit der modernen Forschung. Sein Anspruch war es, vorgefertigte Denkwege nur zu beschreiten, wenn sie auch seiner strengen Überprüfung standhielten. War das nicht der Fall, mussten neue Wege gefunden werden, um Zusammenhänge darzustellen.

Prof. Dr. Peter Bock hat es übernommen, das Buch im Sinne unseres Vaters nach dessen Tod zu vervollständigen. Ihm gilt unser besonderer Dank.

Geschwister Heintze

Vorwort

Das vorliegende Buch ist der vierte Band der Lehrbuchreihe von Joachim Heintze (1926–2012), die im Zusammenhang mit seinen Vorlesungen über Experimentalphysik an der Universität Heidelberg entstanden ist.

Es behandelt die Wellenerscheinungen in all ihren Formen, insbesondere die Optik. Wie die vorangegangenen Bände enthält es neben Grundwissen etliche weitergehende Informationen, als Beispiele seien der FEL und die Korrelationsinterferometrie genannt. Ein weiteres Kennzeichen des „Heintze" sind die historischen Anmerkungen und biographischen Notizen in den Fußnoten.

An dem von J. Heintze verfassten Text wurden, von wenigen Ausnahmen abgesehen, keine Veränderungen vorgenommen. Hinzugefügt wurden die meisten Übungsaufgaben. Ergänzungen gab es in den Bereichen Spektroskopie und Mikroskopie. Weil das Buch Wellenerscheinungen aus allen Gebieten der Physik enthält, wurde aus aktuellem Anlass ein Abschnitt über Gravitationswellen angefügt. Dies ist insofern etwas heikel, als dieser Band natürlich kein Lehrbuch über Allgemeine Relativitätstheorie sein kann, aber trotzdem etliche Sachverhalte daraus benötigt werden. Hier ließen sich Brücken schlagen zu Dingen, die J. Heintze bereits an anderen Stellen behandelt hatte.

Bei der Bearbeitung des vorliegenden Bandes habe ich vielerlei Unterstützung erfahren. So hat sich Herr M. Heintze um die Probleme des Copyrights bei den Abbildungen gekümmert. Herr R. Weis hat die Rechner-Infrastruktur bereitgestellt und alle software installiert und gewartet, die zur Bearbeitung und Sicherung des Textes notwendig ist. Frühere LateX-Versionen des Buches wurden von Herrn C. Werner erzeugt, dessen Daten ich übernehmen konnte. Die Zeichnungen wurden von Herrn J. Pyrlik angefertigt, der auch alle anderen Abbildungen für den Druck aufbereitet hat. Dieses Buch wäre nicht entstanden ohne die Unterstützung durch die Vorlesungstechniker, Herrn H.-G. Siebig und G. Jähnichen sowie die fotografische Tätigkeit von Herrn R. Nonnenmacher. Viele experimentelle Aufbauten zur Fotografie von Beugungsfiguren gehen auf Herrn J. Wagner zurück, dem ich dafür zu großem Dank verpflichtet bin. Herr W. Trost hat einige Passagen dieses Bandes kritisch durchgesehen.

Mein besonderer Dank gilt Frau A. Pucci, Kirchhoff-Institut der Universität Heidelberg und Herrn J. Engelhardt, Krebsforschungszentrum Heidelberg und BioQuant-Zentrum Heidelberg, die Abbildungen zur Fourierspektroskopie bzw. zur STED-Mikroskopie angefertigt und zur Verfügung gestellt haben und mich auf Fehler oder Unklarheiten im Text hingewiesen haben. Zu sehr großem Dank bin ich auch den Herren B. Willke, B. Knispel, S. Kaufer und P. Oppermann vom Max Planck-Institut für Gravitationsphysik in Hannover verpflichtet, die mich über viele Details der Gravitationswellenexperimente aufgeklärt haben.

Die Entstehung des Gesamt-Werkes hat H. G. Siebig in seinem Vorwort eingehend geschildert und seinen Schlusssätzen kann ich mich voll anschließen.

P. Bock

Joachim Heintze (1926–2012) studierte nach dem Ende des Zweiten Weltkrieges in Berlin und Göttingen Physik und wurde in Göttingen Schüler von Otto Haxel, dem er nach Heidelberg folgte, wo er seine Promotion abschloss und sich auch habilitierte. Anschließend arbeitete er mehrere Jahre am CERN in Genf. Von 1963 an bis zu seiner Emeritierung 1991 war er Ordinarius für Physik am I. Physikalischen Institut der Universität Heidelberg, wo er zeitweilig auch als Dekan wirkte.

Als Forscher ist sein Name untrennbar mit der Entwicklung von Spurendetektoren für hochenergetisch geladene Teilchen verbunden. Durch seine Arbeiten über schwache Wechselwirkung und Elektron-Positron-Vernichtung hat er die Teilchenphysik über viele Jahre hinweg wesentlich mitgeprägt.

Für seine Arbeiten über seltene Pionen-Zerfälle erhielt er 1963 den Physikpreis der DPG; 1992 wurde ihm der Max Born-Preis verliehen. J. Heintze war auch ein engagierter Lehrer; dieses Buch ist aus seinen Vorlesungen über Experimentalphysik für Studenten der ersten Semester hervorgegangen.

Inhaltsverzeichnis

Grundbegriffe der Wellenphysik

1

© Springer-Verlag GmbH Deutschland 2017
J. Heintze / P. Bock (Hrsg.), *Lehrbuch zur Experimentalphysik Band 4: Wellen und Optik*, https://doi.org/10.1007/978-3-662-54492-1_1

Bisher haben wir uns bei der physikalischen Beschreibung der Natur zweier Grundkonzepte bedient: *Teilchen* und *Felder*. Wir haben die Bewegung von Teilchen studiert und die räumliche und zeitliche Veränderung von Feldern. **Wellen** sind Naturerscheinungen, die prinzipiell als spezielle Bewegung eines Teilchensystems oder durch raum-zeitlich veränderliche Felder beschrieben werden können. Sie zeigen aber ein so ausgeprägtes und eigenartiges Verhalten und sind von so zentraler Bedeutung, dass man sie als ein eigenständiges Grundkonzept der Physik behandeln kann.

Wir wollen uns in diesem Kapitel zunächst anhand von einfachen Beispielen mit den Grundbegriffen der Wellenlehre vertraut machen; danach folgt eine Einführung in die mathematische Beschreibung von Wellen.

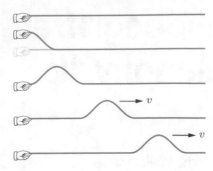

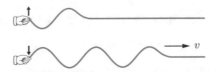

Abbildung 1.1 Aperiodische Welle auf einem Gummiseil

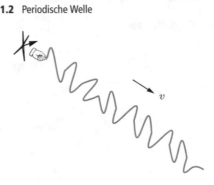

Abbildung 1.2 Periodische Welle

Abbildung 1.3 Unpolarisierte Welle

1.1 Typische Wellenformen

Beim Stichwort „Wellen" denkt man zuerst an Wasserwellen. Diese sind jedoch ein ausgesprochen kompliziertes Phänomen, und wir werden uns schon aus diesem Grund überwiegend an andere Wellenerscheinungen halten. Wellen sind nicht notwendigerweise mit einer periodischen Bewegung verbunden; es gibt periodische und aperiodische Wellenformen. Wir werden uns sogleich mit beiden Erscheinungen befassen.

Wellenausbreitung auf einem elastischen Seil

Ein elastisches Seil sei an einem Ende fest eingespannt. Das andere Ende halten wir in der Hand und ziehen das Seil ein Stück in die Länge, so dass eine bestimmte Seilspannung erzeugt wird[1]. Wird nun das Seil einmal rasch und ruckartig nach oben und unten bewegt, so entsteht eine Deformation des Seils, wie in Abb. 1.1 gezeigt. Die Ausbauchung läuft als eine **aperiodische Welle** mit einer bestimmten Geschwindigkeit v nach rechts. Wir können auch eine **periodische Welle** erzeugen, indem wir die Hand ein paar Mal periodisch auf- und abbewegen (Abb. 1.2). Die Ausbreitungsgeschwindigkeit des Signals ist in beiden Fällen die gleiche. Man kann sie beeinflussen, indem man das Seil mehr oder weniger spannt.

Dieser einfache Grundversuch zeigt sehr deutlich, wie zweckmäßig es ist, die Welle als eigenständiges Konzept

---

[1] Für die im folgenden beschriebenen Versuche ist ein weicher Gummischlauch besonders geeignet.

einzuführen. Es ist zwar sicherlich möglich, die Bewegung eines jeden Seilstückchens für sich zu diskutieren; das Phänomen, das beobachtet wird, sollte aber anders und direkt erfasst werden, eben als **Ausbreitung einer Welle**. Man bezeichnet den Vorgang manchmal auch als **Ausbreitung einer Störung**, denn die am linken Ende des Seils kurzzeitig erzeugte Störung der Gleichgewichtsform verschwindet nicht etwa lokal, sondern wandert in wunderbarer Weise das Seil entlang. Man kann auch von **Signalübertragung** sprechen; das Gummiseil ist bei dem Versuch nur der ziemlich uninteressante Träger der Erscheinung: Das Wesentliche ist die Welle.

Polarisation. Wenn die seitliche Auslenkung stets in einer bestimmten Richtung erfolgt, spricht man von einer **linear polarisierten Welle**. In Abb. 1.1 und Abb. 1.2 ist die Polarisationsrichtung vertikal. Man könnte auch eine linear polarisierte Welle mit dazu senkrechter Schwingungsrichtung erzeugen, indem man die Hand in horizontaler Richtung bewegt. Schwieriger ist die Erzeugung einer **unpolarisierten Welle**; dazu muss man die Hand zwar periodisch, aber mit ganz unregelmäßig wechselnder Richtung bewegen (Abb. 1.3). Bewegt man

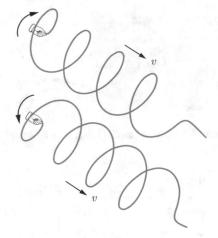

Abbildung 1.4 Zirkular polarisierte Seilwellen

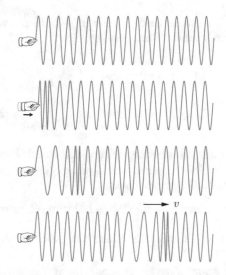

Abbildung 1.5 Longitudinale aperiodische Welle auf einer Schraubenfeder

die Hand periodisch auf einer Kreisbahn, entsteht eine **zirkular polarisierte Welle**, und zwar je nach dem Drehsinn eine links- oder rechtsdrehend zirkular polarisierte Welle (Abb. 1.4). Die zirkulare Polarisation kann mathematisch auch dargestellt werden als Überlagerung von zwei linear polarisierten Wellen; wir werden darauf in Kap. 9 zurückkommen. Ebensogut kann man auch eine linear polarisierte Welle durch Überlagerung von zwei gegenläufig zirkular polarisierten Wellen darstellen.

Transversale und longitudinale Wellen. Die in Abb. 1.1–1.4 dargestellten Wellen sind sämtlich **transversal**, d. h. die Auslenkung erfolgt *quer* zur Ausbreitungsrichtung. Es gibt auch **longitudinale** Wellen, bei denen die Auslenkung *in* Richtung der Ausbreitung erfolgt. Zu ihrer Demonstration benutzt man am besten statt des Gummischlauchs eine (auch „Slinky" genannte) Spielzeugschraubenfeder (Abb. 1.5).

Wird bei dieser Feder an einem Ende ein Stoß in axialer Richtung ausgeführt, so läuft die Störung als Verdichtung die Schraubenfeder entlang. Die Ausbreitungsgeschwindigkeit der longitudinalen Welle ist im Allgemeinen eine andere als die der transversalen Wellen, die man natürlich auch auf der Schraubenfeder erzeugen kann.

Reflexion. Wir kehren zu den Experimenten mit dem Gummiseil zurück. Erreicht die aperiodische Störung (Abb. 1.1) das fest eingespannte Ende des Seils, so erfolgt eine Reflexion, das Signal läuft zurück, und zwar mit *umgekehrtem Vorzeichen* (Abb. 1.6). Das gleiche geschieht, wenn ein periodisches Signal das Seilende erreicht. In diesem Fall bezeichnet man die Vorzeichenumkehr als **Phasensprung** um π, denn es ist $\cos(\alpha + \pi) = -\cos\alpha$. Um die Vorgänge bei der Reflexion im einzelnen zu verstehen, muss man sich über die **Randbedingungen** am

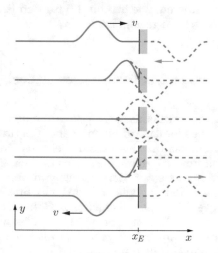

Abbildung 1.6 Reflexion einer Seilwelle

Seilende und über deren Auswirkung klar werden. Wir wollen dies sogleich für zwei verschiedene Situationen tun, beim **fest eingespannten** und beim **lose eingespannten** Seil. Im zweiten Fall ist das Seil nicht direkt, sondern über einen langen dünnen Faden mit einer festen Wand verbunden. Dadurch kann die Spannkraft übertragen werden, und das Seil ist dennoch vertikal frei beweglich.

„Fest eingespannt" heißt, dass am hinteren Ende die Geschwindigkeit der Seilbewegung Null ist, d. h. dass keine Auslenkung erfolgt. „Lose eingespannt" heißt, dass am hinteren Ende keine Kraft in vertikaler Richtung auf das Seil einwirkt; dann muss am Ende das Seil stets eine horizontale Tangente haben.

Wir wollen dies in Formeln fassen. Die **Wellenfunktion** $y(x, t)$ beschreibt die Auslenkung des Seils, x_E sei die

x-Koordinate am Seilende, F_y die in y-Richtung wirkende Kraft. Dann sind die Randbedingungen:

$$\text{„fest``:} \quad y(x_E,t) = 0 \quad \text{bzw.} \quad \left(\frac{\partial y}{\partial t}\right)_{x=x_E} = 0, \quad (1.1)$$

$$\text{„lose``:} \quad F_y(x_E,t) = 0 \quad \text{bzw.} \quad \left(\frac{\partial y}{\partial x}\right)_{x=x_E} = 0. \quad (1.2)$$

Man kann die Randbedingungen statt durch Einspannen auch durch Überlagerung mit einer gegenläufigen Welle genau gleicher Form erfüllen:

- „fest``: Die gegenläufige Welle hat umgekehrtes Vorzeichen.
- „lose``: Die gegenläufige Welle hat gleiches Vorzeichen.

Mit Hilfe einer fiktiven gegenläufigen Welle kann man leicht die Einzelheiten des Bewegungsablaufs bei der Reflexion konstruieren, wie in Abb. 1.6 für den Fall des fest eingespannten Seils gezeigt ist.

Signalübertragung auf einem Koaxialkabel

Ebenso wie ein mechanisches Signal auf einem Seil kann ein elektrisches Signal auf einem Kabel übertragen werden. Im Labor benutzt man dazu meistens ein Koaxialkabel. Abbildung 1.7 zeigt ein solches und einige Bauelemente, wie man sie zur Herstellung von Verbindungen benötigt. Auf den Innenleiter wird ein Spannungsimpuls $U(t)$ gegeben; der Außenleiter, bestehend aus einem Drahtgeflecht, schließt den Stromkreis. Er ist meist geerdet und sowohl am Impulsgenerator als auch am Empfänger mit dem Gehäuse verbunden.

Abbildung 1.7 Koaxialkabel und -stecker. In der *Mitte* ein „50 Ω-Abschlusswiderstand``

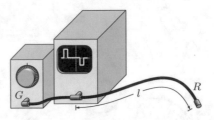

Abbildung 1.8 Versuchsanordnung zur Messung der Reflexion am Abschlusswiderstand R

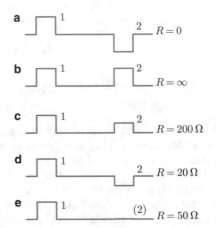

Abbildung 1.9 Messergebnisse mit der in Abb. 1.8 gezeigten Anordnung. *1*: einlaufendes Signal, *2*: reflektiertes Signal

Um Bedingungen analog zum einseitig fest eingespannten Seil herzustellen, versehen wir das Kabel am Ende mit einem Kurzschlussstecker. Dadurch wird erzwungen, dass dort stets die Spannung $U = 0$ herrscht. Das Hin- und Zurücklaufen des elektrischen Signals kann nun mit Hilfe eines Oszillographen in der in Abb. 1.8 gezeigten Schaltung beobachtet werden.

Zunächst wird der Oszillographenstrahl vertikal abgelenkt, wenn das vom Impulsgenerator G erzeugte Signal auf dem Hinweg anliegt; sodann sieht man mit der Verzögerung, die der doppelten Laufzeit des Signals auf dem Kabel entspricht, das am Kurzschluss reflektierte Signal (Abb. 1.9a). Es hat gleiche Form, aber entgegengesetztes Vorzeichen. Durch Veränderung der Kabellänge kann man sich davon überzeugen, dass die Laufzeit proportional zur Kabellänge l ist und dass die Geschwindigkeit des Signals auf dem Kabel etwa 20 cm/ns ist. Das entspricht 2/3 Lichtgeschwindigkeit.

Dem „lose`` eingespannten Seil entspricht ein Koaxialkabel, das am Ende offen gelassen wird: Wie Abb. 1.9b zeigt, wird das Signal ohne Vorzeichenumkehr reflektiert. Wird das Kabel mit einem Ohmschen Widerstand R abgeschlossen, beobachtet man eine Reflexion mit verminderter Amplitude (Abb. 1.9c und d). Bei einem bestimmten Wert von

R tritt überhaupt keine Reflexion auf (Abb. 1.9e); man bezeichnet diesen Wert von R als den **Wellenwiderstand** des Kabels. Das für unseren Versuch verwendete Kabel hatte einen Wellenwiderstand von 50 Ω. Solche „50 Ω-Kabel" werden häufig im Labor verwendet.

Wie der Wellenwiderstand zustande kommt, werden wir später untersuchen (Kap. 3). Wir bemerken hier, dass der Ausgangswiderstand des Impulsgenerators G in Abb. 1.8 gleich dem Wellenwiderstand des Kabels sein sollte, ebenso der Eingangswiderstand des Geräts, in das das Signal eingespeist wird. Auf diese Weise werden Reflexionen und Mehrfachpulse vermieden. Der Eingangswiderstand des Oszillographen in der Schaltung von Abb. 1.8 sollte dagegen groß gegen den Wellenwiderstand sein.

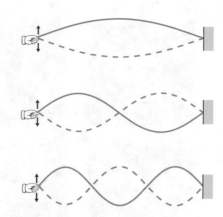

Abbildung 1.10 Stehende Wellen am Gummiseil

Stehende Wellen

Die bisher besprochenen Erscheinungen werden unter dem Sammelbegriff **laufende Wellen** zusammengefasst. Es gibt noch ein anderes Wellenphänomen: **stehende Wellen**. Man kann sie erzeugen, indem man das eine Ende des Gummiseils gelinde, aber *mit der richtigen Frequenz*, auf- und abbewegt. Abbildung 1.10 zeigt das Ergebnis: Bei einer bestimmten Frequenz erzeugt man die **Grundschwingung**, bei der doppelten Frequenz die **erste Oberschwingung** und so fort. Die Stellen, wo das Seil ständig in Ruhe bleibt, nennt man **Schwingungsknoten**, die Stellen maximaler Auslenkung **Schwingungsbäuche**. Die Nummerierung der Oberschwingungen entspricht also der Zahl der Knoten. Ein Zusammenhang zwischen stehenden und laufenden Wellen ist vielleicht intuitiv klar; er wird in Abschn. 1.5 mathematisch verdeutlicht werden. Andererseits ist es offensichtlich, dass eine stehende Welle nichts anderes ist als die harmonische Schwingung eines ausgedehnten elastischen Mediums, in diesem Fall des Gummiseils. Das zeigt, dass zwischen der Wellenlehre und der Physik der Schwingungen ein sehr enger Zusammenhang besteht.

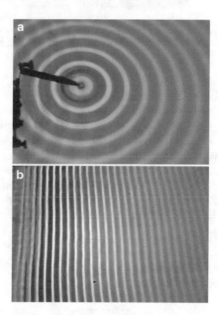

Abbildung 1.11 Wellen auf einer Oberfläche: Kreiswellen und gerade Wellen im Wellentrog

Zweidimensionale Wellen

Seilwellen und Signale auf einer Koaxialleitung sind Beispiele für die Wellenausbreitung in einem eindimensionalen System. Auf einer Flüssigkeitsoberfläche stehen zwei Dimensionen für die Wellenausbreitung zur Verfügung, man spricht von **zweidimensionalen Wellen**. Wir können sie mit Hilfe eines Wellentrogs studieren, einer flachen Wanne, in der mit einer geeigneten Vorrichtung Oberflächenwellen erzeugt werden können. Wird im Wellentrog ein dünner Stift periodisch auf- und abbewegt, so entstehen **Kreiswellen**: Die Wellenfronten, d. h. die Linien, die durch die Wellenberge (bzw. durch die Wellentäler) gebildet werden, verlaufen kreisförmig (Abb. 1.11a). Wird als Erreger eine gerade Schiene auf- und abbewegt, so sind die Wellenfronten gerade Linien (Abb. 1.11b). Man kann im Wellentrog auch stehende Wellen erzeugen, indem man dem Erreger gegenüber eine feste Wand aufstellt, an der die Wellen reflektiert werden. Es muss dann wie in Abb. 1.10 eine ganze Zahl von Wellenbergen im Zwischenraum zwischen Erreger und Wand Platz haben. Die Einfachheit dieses Versuchs täuscht darüber hinweg, dass in einem zweidimensionalen System eine ungeheure Vielfalt von stehenden Wellen möglich ist. Befestigt man eine dünne Metallplatte auf einem Stativ und streicht sie am Rande mit einem Geigenbogen an, so kann man diese Vielfalt erzeugen. Man kann sie sichtbar machen, indem

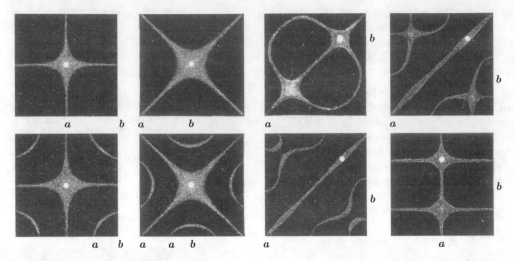

Abbildung 1.12 Chladnische Klangfiguren. Die Platte wird bei *b* mit dem Bogen angestrichen, bei *a* ist ein Finger an den Rand gelegt. Einspannung am *weißen Punkt*

man die Platte mit Sand bestreut: Die Körnchen sammeln sich auf den **Knotenlinien** der schwingenden Platte, d. h. dort, wo die Platte ständig in Ruhe bleibt. Abbildung 1.12 zeigt ein paar Beispiele für die „Chladnischen Klangfiguren".[2] Je nach Plattenform, Einspannungsart und Erregung entstehen die unterschiedlichsten Schwingungsformen: Im 19. Jahrhundert ein Eldorado für die mathematische Physik, heute ein Kreuz für manche Gebiete der Technik, wenn es darum geht, Vibrationen zu vermeiden.

Dreidimensionale Wellen

Das Licht und die Schallwellen, mit deren Hilfe wir mit der Umwelt kommunizieren, sind Wellen im dreidimensionalen Raum, meist Wellenfelder recht komplizierter Struktur. In der Physik versucht man, komplexe Wellenstrukturen auf einfache Formen zurückzuführen. Besonders wichtig sind **ebene Wellen** und **Kugelwellen**. Abbildung 1.13a zeigt als Beispiel einen Ausschnitt aus einer ebenen Schallwelle. Die Wellenberge sind hier durch einen erhöhten Druck bzw. durch erhöhte Molekülzahl-

---

[2] Ernst Florens Friedrich Chladni (1756–1827) gilt mit Recht als „Vater der Akustik". Er lebte als Privatgelehrter allein von seinen Einkünften aus Privatunterricht, Vorträgen und Buch-Publikationen. Sein bedeutendster Schüler war Wilhelm Weber (Bd. III/11.4). Ein Höhepunkt dürfte es für Chladni gewesen sein, als Napoleon ihm in Anerkennung der französischen Übersetzung seines Werkes „Die Akustik" 6000 Goldfranken zukommen ließ. – Seine Werke hatten großen Einfluss auf die weitere Entwicklung der Akustik und auf die Theorie der Musikinstrumente. Weniger erfolgreich war er mit den von ihm erfundenen Musikinstrumenten, dem „Euphonium" und dem „Klavizylinder", mit denen er auch auf Konzertreisen ging. Er war und blieb ihr einziger Virtuose.

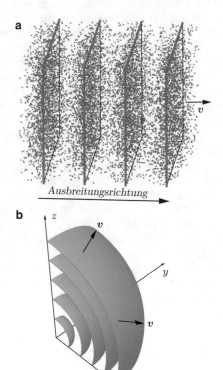

Abbildung 1.13 Ausschnitte aus Wellen im Raum: **a** ebene Schallwelle, **b** Kugelwelle

dichte gegeben. (Die Inhomogenität der Dichteverteilung in Abb. 1.13a ist stark übertrieben.) In Abb. 1.13b ist ein Ausschnitt aus einer Kugelwelle dargestellt. Bei einer auslaufenden Kugelwelle bewegen sich die Wellenfronten unter ständiger Vergrößerung der Radien nach außen.

1.2 Ebene harmonische Wellen

Die physikalische Größe, die in der Welle oszilliert, z. B. die Auslenkung bei einer Seilwelle, die Höhe der Wasseroberfläche bei einer Wasserwelle, den zeitlich und räumlich veränderlichem Druck in einer Schallwelle, beschreibt man durch eine **Wellenfunktion** $\psi(r, t)$. Wir betrachten den einfachen Sonderfall einer **ebenen harmonischen Welle**, die sich in x-Richtung ausbreitet. Für die Wellenfunktion sind folgende Schreibweisen üblich:

$$\left. \begin{aligned} \psi(x, t) &= \psi_0 \cos\left(\frac{2\pi}{\lambda}x \pm \frac{2\pi}{T}t\right) \\ &= \psi_0 \cos(2\pi\tilde{\nu}x \pm 2\pi\nu t) \\ &= \psi_0 \cos(kx \pm \omega t) \end{aligned} \right\} \quad (1.3)$$

Wir bevorzugen der Kürze halber die Schreibweise ($kx \pm \omega t$). ψ_0 ist die **Amplitude** der Welle, das Argument des Cosinus ($kx \pm \omega t$) nennt man die **Phase** der Welle. Die verschiedenen Größen, die man zur Charakterisierung der Welle benutzt, sind in Tab. 1.1 zusammengestellt. Die hier als Symbole verwendeten Buchstaben sind international üblich. In der Technik wird jedoch häufig die Frequenz mit f statt mit ν bezeichnet.

Der Ausdruck (1.3) ist geeignet, sowohl eindimensionale Wellen (z. B. Wellen auf einem in x-Richtung gespannten Seil), als auch geradlinige zweidimensionale Wellen (z. B. auf einer Wasseroberfläche) und ebene Wellen im dreidimensionalen Raum darzustellen. Im letzten Falle sind die Wellenfronten, allgemein definiert als **Flächen gleicher Phase**, Ebenen senkrecht zur x-Achse (vgl. Abb. 1.13a).

Wir wollen das räumliche und zeitliche Verhalten der Wellenfunktion (1.3) untersuchen. In Abb. 1.14 ist diese Funktion dargestellt. Abbildung 1.14a zeigt die Funktion $\psi(x, 0)$. Zu einem späteren Zeitpunkt t verschiebt sich die

Tabelle 1.1 Physikalische Größen zur Beschreibung der harmonischen Wellen $\psi(x, t)$

Periode	T
Frequenz	$\nu = 1/T$
Kreisfrequenz[1]	$\omega = 2\pi\nu = 2\pi/T$
Wellenlänge	λ
Wellenzahl[2]	$\tilde{\nu} = 1/\lambda$
Kreiswellenzahl[1]	$k = 2\pi\tilde{\nu} = 2\pi/\lambda$
Amplitude	ψ_0
Phase	$(kx - \omega t)$

[1] Gewöhnlich sagt man „Frequenz ω", „Wellenzahl k".
[2] Die Wellenzahl $\tilde{\nu}$ (gesprochen: „ν Schlange") ist in nur der Spektroskopie gebräuchlich.

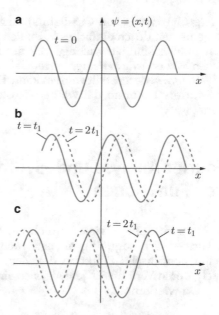

Abbildung 1.14 Grafische Darstellung der Wellenfunktion (1.3): **a** $\psi(x, 0) = \psi_0 \cos kx$, **b** $\psi = \psi_0 \cos(kx - \omega t)$, **c** $\psi = \psi_0 \cos(kx + \omega t)$

Verteilung, wie in Abb. 1.14b und c gezeigt, und zwar in $+x$-**Richtung**, wenn die Wellenfunktion

$$\psi(x, t) = \psi_0 \cos(kx - \omega t) \quad (1.4)$$

lautet und in der entgegengesetzten Richtung für

$$\psi(x, t) = \psi_0 \cos(kx + \omega t) . \quad (1.5)$$

Die Punkte gleicher Phase bewegen sich dabei mit einer bestimmten Geschwindigkeit nach rechts oder nach links. Um diese Geschwindigkeit zu ermitteln, betrachten wir z. B. das Maximum der Wellenfunktion. Für dieses gilt $(kx \pm \omega t) = 0$, es ist also

$$x = \pm\frac{\omega t}{k} , \quad \frac{dx}{dt} = \pm\frac{\omega}{k} . \quad (1.6)$$

Den Betrag dieser Geschwindigkeit bezeichnet man als die **Phasengeschwindigkeit** der Welle. Wir erhalten:

$$\textit{Phasengeschwindigkeit:} \quad v_{ph} = \frac{\omega}{k} = \lambda\nu . \quad (1.7)$$

Die Phasengeschwindigkeit ist die Geschwindigkeit, mit der bei einer unendlich ausgedehnten sinusförmigen Welle die Wellenberge vorwärts rücken; dass dies nicht unbedingt mit der bei Abb. 1.9 eingeführten Signalgeschwindigkeit identisch ist, werden wir etwas später diskutieren.

Die große Bedeutung der harmonischen Wellen liegt einmal darin, dass sie leicht zu erzeugen sind (nämlich mit Hilfe eines harmonischen Oszillators), und dass sie sich im Allgemeinen durch einfaches Verhalten auszeichnen. Vor allem aber sind sie wichtig, weil mit Hilfe von harmonischen Wellen *jede beliebige periodische oder aperiodische Wellenform* dargestellt werden kann. Das ist der Inhalt von **Fouriers Theorem**, das wir als nächstes besprechen wollen.

1.3 Fourier-Analyse und -Synthese von Funktionen

In diesem Abschnitt gibt es viele Formeln; es lohnt sich aber, das Formelwerk sorgfältig anzuschauen. Wir betrachten eine periodische Funktion der Zeit, also eine Funktion $f(t)$, deren Verlauf sich jeweils nach einer gewissen Zeit T exakt wiederholt:

$$f(t+T) = f(t) \,. \tag{1.8}$$

Das Fouriersche Theorem[3] besagt für solche Funktionen, die wir $f_T(t)$ nennen wollen: *Eine periodische Funktion $f_T(t)$ kann als Überlagerung einer Grundschwingung (Frequenz $\nu_1 = 1/T$) mit harmonischen Oberschwingungen der Frequenz $n\nu_1$ durch folgenden Ausdruck dargestellt werden*:

$$f_T(t) = \frac{A_0}{2} + \sum_{n=1}^{\infty} (A_n \cos n\omega t + B_n \sin n\omega t) \,,$$

$$\text{mit} \quad \omega = \frac{2\pi}{T} \,. \tag{1.9}$$

Die **Fourier-Koeffizienten** A_n und B_n können nach einem einfachen Rezept berechnet werden:

$$A_n = \frac{2}{T} \int_{-T/2}^{T/2} f_T(t) \cos n\omega t \, \mathrm{d}t \,,$$

$$B_n = \frac{2}{T} \int_{-T/2}^{T/2} f_T(t) \sin n\omega t \, \mathrm{d}t \,. \tag{1.10}$$

[3] Jean Baptiste de Fourier (1768–1830), französischer Mathematiker und Physiker. Fourier entwickelte sein auch für die Mathematik fundamental wichtige Methode im Zusammenhang mit der von ihm aufgestellten Wärmeleitungsgleichung Bd. II, Gl. (6.26). Die Anwendung auf Probleme der Schwingungen und Wellen stammt von Georg Simon Ohm. Von Ohm stammt auch die Erkenntnis, dass der Klangcharakter der Musikinstrumente durch das Spektrum der Oberschwingungen bestimmt wird.

Dies gilt auch für den konstanten Term A_0: Man erkennt, dass $A_0/2$ nichts anderes als der zeitliche Mittelwert von $f_T(t)$ ist. – Wenn die Funktion $f_T(t)$ „gerade" ist, d. h. wenn $f(-t) = f(t)$ ist, genügt zur Darstellung der Funktion die Cosinusreihe; ist $f_T(t)$ eine „ungerade" Funktion ($f(-t) = -f(t)$), genügt die Sinusreihe.

Die rechnerische Bestimmung der Fourier-Koeffizienten nennt man **Fourier-Analyse**; die Erzeugung der Funktion $f_T(t)$ durch Überlagerung von harmonischen Schwingungen bei gegebenen Koeffizienten A_n und B_n nennt man **Fourier-Synthese**. Wir betrachten einige Beispiele.

Ungerade symmetrische Rechteckfunktion:

$$f_T(t) = \frac{4a}{\pi} \Big(\sin \omega t + \frac{1}{3} \sin 3\omega t + \frac{1}{5} \sin 5\omega t + \dots \Big) \,. \tag{1.11}$$

Ungerade Sägezahnfunktion:

$$f_T(t) = \frac{2a}{\pi} \Big(\sin \omega t + \frac{1}{2} \sin 2\omega t + \frac{1}{3} \sin 3\omega t + \dots \Big) \,. \tag{1.12}$$

Ungerade Dreieckfunktion:

$$f_T(t) = \frac{8a}{\pi^2} \Big(\sin \omega t - \frac{\sin 3\omega t}{9} + \frac{\sin 5\omega t}{25} - \dots \Big) \,. \tag{1.13}$$

Gerade asymmetrische Rechteckfunktion:

$$f_T(t) = \frac{4a\tau}{T} \Big(\frac{1}{2} + \frac{\sin \omega\tau}{\omega\tau} \cos \omega t + \frac{\sin 2\omega\tau}{2\omega\tau} \cos 2\omega t + \dots \Big) \,. \tag{1.14}$$

In Abb. 1.15 sind die entsprechenden Funktionen dargestellt. Wie man sieht, sind die Funktionen in Abb. 1.15a–c ungerade, in Abb. 1.15d gerade. Abbildung 1.16 zeigt am Beispiel der ungeraden symmetrischen Rechteckfunktion die Summation über die ersten Terme der **Fourier-Reihe**, Abb. 1.17 das zugehörige **Fourier-Spektrum**.

Auf die gleiche Weise kann man auch räumlich periodische Funktionen mit der Periodizität λ darstellen, d. h. solche Funktionen, für die gilt:

$$f_\lambda(x+\lambda) = f_\lambda(x) \,. \tag{1.15}$$

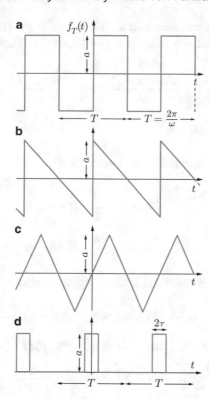

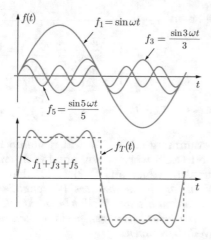

Abbildung 1.15 Grafische Darstellungen zu (1.11)–(1.14)

Abbildung 1.16 Zur Fourier-Synthese der symmetrischen Rechteckfunktion

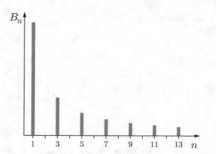

Abbildung 1.17 Fourier-Spektrum der symmetrischen Rechteckfunktion (1.11)

Argument $(kx - \omega t)$ einführen. Wir ersetzen dazu in (1.16) die Variable x durch

$$s = \left(x - \frac{\omega}{k} t \right) = (x - v_{\mathrm{ph}} t) \qquad (1.17)$$

bzw. durch $s = (x + v_{\mathrm{ph}} t)$, wenn wir die Darstellung einer nach $-x$ laufenden Welle wünschen.

Eine Fourier-Darstellung ist nicht nur bei periodischen Funktionen möglich; aperiodische Funktionen lassen sich darstellen durch ein **Fourier-Integral**:

$$f(t) = \frac{1}{\pi} \int\limits_0^\infty [A(\omega) \cos \omega t + B(\omega) \sin \omega t] \, \mathrm{d}\omega . \quad (1.18)$$

Die Funktionen $A(\omega)$ und $B(\omega)$ erhält man folgendermaßen:

$$A(\omega) = \int\limits_{-\infty}^{+\infty} f(t) \cos \omega t \, \mathrm{d}t ,$$

$$\qquad\qquad\qquad\qquad (1.19)$$

$$B(\omega) = \int\limits_{-\infty}^{+\infty} f(t) \sin \omega t \, \mathrm{d}t .$$

Die Darstellung einer aperiodischen Funktion der Koordinate x erhält man wie in (1.18), indem man t durch x und ω durch k ersetzt, und die Darstellung einer einzelnen Wellengruppe erreicht man mit (1.17):

$$f(s) = \frac{1}{\pi} \int\limits_0^\infty [A(k) \cos ks + B(k) \sin ks] \, \mathrm{d}k . \quad (1.20)$$

Die Formeln (1.18) und (1.19) lassen sich durch einen Grenzübergang aus (1.9) und (1.10) ableiten: Wir können aus einer periodischen Funktion eine aperiodische

Man hat nur in (1.9)–(1.14) t durch x, T durch λ und ω durch k zu ersetzen. Statt (1.9) erhält man dann

$$f_\lambda(x) = \frac{A_0}{2} + \sum_{n=1}^\infty (A_n \cos nkx + B_n \sin nkx) ,$$

$$\qquad\qquad\qquad\qquad (1.16)$$

$$\text{mit} \quad k = \frac{2\pi}{\lambda} .$$

Zur Darstellung einer in $+x$-Richtung laufenden **Welle** durch harmonische Teilwellen müssen wir nach (1.4) das

Abbildung 1.18 Aperiodische
Rechteckfunktion

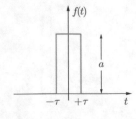

machen, indem wir die periodische Wiederholung ins Unendliche verschieben, also die Grundfrequenz $\nu_1 = 1/T$ gegen Null streben lassen. Dadurch wird automatisch die Folge der Oberschwingungsfrequenzen $\nu_n = n/T$ beliebig dicht, und aus der Summation in der Fourier-Reihe (1.9) wird eine Integration über eine kontinuierlich veränderliche Frequenz. Man mache sich klar, dass in (1.9) ω eine durch die Periode T gegebene konstante Größe ist (die „Grundfrequenz"), während ω in (1.18) eine Variable ist, hervorgegangen aus den Frequenzen $n\omega$ in (1.9) und (1.10).

Ein Anwendungsbeispiel: Eine aperiodische Rechteckfunktion der in Abb. 1.18 gezeigten Form ist gegeben durch

$$f(t) = a \quad \text{für } |t| < \tau, \quad f(t) = 0 \quad \text{für } |t| > \tau. \quad (1.21)$$

Mit (1.19) erhält man (s. Abb. 1.19)

$$A(\omega) = \int_{-\infty}^{+\infty} f(t) \cos \omega t \, dt$$
$$= a \int_{-\tau}^{+\tau} \cos \omega t \, dt = \frac{2a \sin \omega \tau}{\omega} . \quad (1.22)$$

Da $f(t)$ eine gerade Funktion von t ist, ist $B(\omega) = 0$. Wir rechnen nach, dass (1.22), eingesetzt in (1.18), wieder die Rechteckfunktion (1.21) ergibt:

$$f(t) = \frac{2a}{\pi} \int_0^\infty \frac{\sin \omega \tau \cos \omega t}{\omega} \, d\omega = ?$$

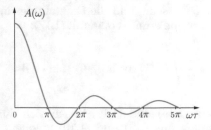

Abbildung 1.19 Fourier-Spektrum der aperiodischen Rechteckfunktion

Mit der bekannten Formel für $\sin(\alpha \pm \beta)$ erhält man $\sin \omega \tau \cos \omega t = \frac{1}{2}(\sin \omega(\tau + t) + \sin \omega(\tau - t))$, und damit

$$f(t) = \frac{a}{\pi} \left(\int_0^\infty \frac{\sin \omega(\tau + t)}{\omega} \, d\omega + \int_0^\infty \frac{\sin \omega(\tau - t)}{\omega} \, d\omega \right)$$
$$= \frac{a}{\pi} (I_1 + I_2) .$$

In einer Integraltafel findet man, dass

$$\int_0^\infty \frac{\sin \alpha x}{x} \, dx = +\frac{\pi}{2} \quad \text{für } \alpha > 0 ,$$
$$= -\frac{\pi}{2} \quad \text{für } \alpha < 0 \quad (1.23)$$

ist. Damit erhält man für die Integrale I_1 und I_2

$$I_1 = +\frac{\pi}{2} \quad \text{für } \tau + t > 0, \quad \text{also für } t > -\tau$$
$$= -\frac{\pi}{2} \quad \text{für } \tau + t < 0, \quad \text{also für } t < -\tau$$
$$I_2 = +\frac{\pi}{2} \quad \text{für } \tau - t > 0, \quad \text{also für } t < \tau$$
$$= -\frac{\pi}{2} \quad \text{für } \tau - t < 0, \quad \text{also für } t > \tau .$$

Damit erhält man

$$t < -\tau: \quad f(t) = \frac{a}{\pi} \left(-\frac{\pi}{2} + \frac{\pi}{2} \right) = 0 ,$$
$$t > \tau: \quad f(t) = \frac{a}{\pi} \left(\frac{\pi}{2} - \frac{\pi}{2} \right) = 0 ,$$
$$-\tau < t < \tau: \quad f(t) = \frac{a}{\pi} \left(\frac{\pi}{2} + \frac{\pi}{2} \right) = a ,$$

in Übereinstimmung mit (1.21). Mit weiteren Beispielen zu (1.18) und (1.20) werden wir uns in Abschn. 4.3 befassen. Wir ziehen hier aus (1.9)–(1.20) den wichtigen Schluss: *Wenn für ein bestimmtes Wellenphänomen das Verhalten der harmonischen Wellen bekannt ist, lässt sich die Ausbreitung jeder beliebigen periodischen oder aperiodischen Welle berechnen.*

1.4 Dispersion von Wellen

Gruppengeschwindigkeit

Streng periodische Wellenzüge, wie wir sie in (1.3) und (1.9) betrachtet haben, sind eine mathematische Fiktion. Sie sind räumlich und zeitlich unendlich ausgedehnt und können schon deshalb physikalisch nicht existieren. Physikalische Realität haben lediglich begrenzte Wellenzüge,

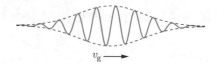

Abbildung 1.20 Eine Wellengruppe. v_g ist die Gruppengeschwindigkeit

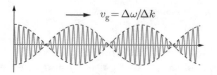

$v_g = \Delta\omega/\Delta k$

Abbildung 1.21 Die Wellenfunktion (1.28)

z. B. eine **Wellengruppe**, wie sie in Abb. 1.20 dargestellt ist. Sie bewegt sich mit der **Gruppengeschwindigkeit** v_g vorwärts. v_g ist, wie wir gleich sehen werden, nicht notwendig mit der in (1.7) definierten Phasengeschwindigkeit v_{ph} identisch.

Zur Darstellung einer solchen Wellengruppe durch ein Fourier-Integral wird nur ein begrenzter Bereich von Wellenzahlen in der Umgebung der mittleren Wellenzahl $k_0 = 2\pi/\lambda_0$ benötigt. Wir werden dies in Abschn. 4.3 noch quantitativ untersuchen. v_g ist nur dann gleich der Phasengeschwindigkeit v_{ph} der Teilwellen, wenn die Wellenberge der Teilwellen alle mit der gleichen Geschwindigkeit vorwärts marschieren, wenn also innerhalb des betrachteten Wellenzahlbereichs v_{ph} nicht von k abhängt. Ansonsten sind v_g und v_{ph} voneinander verschieden. Eine Formel von recht allgemeiner Gültigkeit[4] ist:

$$\text{Gruppengeschwindigkeit:} \quad v_g = \left(\frac{d\omega}{dk}\right)_{k=k_0} . \quad (1.24)$$

Durch Differenzieren der Gleichung $\omega = v_{ph}k$ (1.7) erhält man aus (1.24)

$$\begin{aligned} v_g &= v_{ph}(k_0) + k_0 \left(\frac{dv_{ph}}{dk}\right)_{k=k_0} \\ &= v_{ph}(\lambda_0) - \lambda_0 \left(\frac{dv_{ph}}{d\lambda}\right)_{\lambda=\lambda_0} . \end{aligned} \quad (1.25)$$

Der zweite Ausdruck ergibt sich mit Hilfe der Beziehung $k = 2\pi/\lambda$. Wenn die Phasengeschwindigkeit *nicht* von der Wellenzahl abhängt, spricht man von **dispersionsfreien Wellen** (den Grund für diese Bezeichnung werden wir in Kürze diskutieren). Wie oben schon festgestellt, ist dann $v_g = v_{ph}$; das folgt übrigens auch aus (1.25). In diesem Fall ist es überflüssig, zwischen Gruppen- und Phasengeschwindigkeit zu unterscheiden, man schreibt dann:

$$\text{Wellengeschwindigkeit für dispersionsfreie Wellen:}$$
$$v_g = v_{ph} = v = \frac{\omega}{k} . \quad (1.26)$$

---

[4] (1.24) gilt nicht bei stark gedämpften Wellen. Ein Beispiel folgt in Abschn. 5.3 bei der Diskussion der anomalen Dispersion.

Um (1.24) plausibel zu machen, betrachten wir die Überlagerung von zwei Wellen, die gleiche Amplitude haben sollen, und die sich in Kreisfrequenz und Wellenzahl nur wenig voneinander unterscheiden:

$$\psi(x,t) = \psi_0 \left[\cos(kx - \omega t) + \cos(k'x - \omega't)\right] . \quad (1.27)$$

Diesen Ausdruck formen wir mit $\cos\alpha + \cos\beta = 2\cos\frac{1}{2}(\alpha + \beta) \cdot \cos\frac{1}{2}(\alpha - \beta)$ um. Genauso sind wir schon in Bd. I/12.4 bei der Behandlung der Schwebungen eines Koppelpendels vorgegangen. Wir setzen

$$\omega - \omega' = \Delta\omega , \quad \omega + \omega' \approx 2\omega ,$$
$$k - k' = \Delta k , \quad k + k' \approx 2k ,$$

und erhalten

$$\psi(x,t) = 2\psi_0 \cos\frac{\Delta k x - \Delta\omega t}{2} \cos(kx - \omega t) . \quad (1.28)$$

Die Überlagerung der beiden Wellenzüge ergibt eine periodische Folge von Wellengruppen (Abb. 1.21). Die einzelnen Gruppen bewegen sich, wie man mit einer Gleichung analog zu (1.6) feststellt, mit der Geschwindigkeit

$$\frac{\Delta\omega}{\Delta k} \approx \frac{d\omega}{dk} , \quad (1.29)$$

also mit der Gruppengeschwindigkeit (1.24). – Die hier betrachtete Wellenfunktion (1.28) hat übrigens auch praktische Bedeutung: Bei Schallwellen sind Schwebungen häufig zu beobachten.

Gruppengeschwindigkeit, Phasengeschwindigkeit und relativistische Grenzgeschwindigkeit. Nach der Relativitätstheorie stellt die Vakuum-Lichtgeschwindigkeit c eine Grenzgeschwindigkeit dar (Bd. I/15.7). Kein Signal und keine Wirkung kann mit einer Geschwindigkeit $v > c$ übertragen werden. Wir werden im Folgenden bei elektromagnetischen Wellen auf Situationen stoßen, in denen $v_{ph} > c$ ist. Ist das ein Widerspruch zur Relativitätstheorie? Nein, denn von einer Signalgeschwindigkeit kann man nur sprechen, wenn festgestellt werden kann, wann das Signal ausgesandt und wann es empfangen wird. Als Signal kann nicht eine räumlich und zeitlich unendlich ausgedehnte Welle *mit konstanter Amplitude* dienen. Besitzt ein Signal einen Anfangspunkt, pflanzt sich dieser mit einer Geschwindigkeit $v \leq c$ fort.

Die Dispersionsrelation

Wenn die Wellenzahl und die Frequenz nicht zueinander proportional sind, ist nicht nur $v_g \neq v_{ph}$, es ergibt sich noch ein zweiter Effekt: Im Zuge der Wellenausbreitung ändert sich die Form der Wellengruppe, weil die einzelnen Partialwellen außer Takt geraten. Das führt im Allgemeinen zu einer Verbreiterung, die Wellengruppe „zerfließt". Man spricht davon, dass **Dispersion** vorliegt[5]. Bei konstanter Phasengeschwindigkeit sind die Wellen dagegen *dispersionsfrei*; wir haben diesen Ausdruck schon im Zusammenhang mit (1.26) gebraucht.

Um das Dispersionsverhalten einer Welle zu charakterisieren gibt man gewöhnlich nicht v_{ph}, sondern ω als Funktion von k an. Diese Beziehung wird „Dispersionsrelation" genannt

$$\text{Dispersionsrelation:} \quad \omega = f(k) \,. \tag{1.30}$$

Für *dispersionsfreie* Wellen lautet die Dispersionrelation

$$\omega = v_{ph}k = v_g k \propto k \,. \tag{1.31}$$

Bei jedem speziellen Wellenphänomen wird man die Frage nach der Dispersionsrelation stellen müssen.

Wie wir in Kap. 2 nachweisen werden, sind die Seilwellen und die elektrischen Wellen auf einem Koaxialkabel in weiten Frequenz-Bereichen schwach gedämpft und dann dispersionsfrei. Diesem Umstand verdanken wir, dass die Signalübertragung auf Gummiseil und Koaxialkabel funktioniert, wie in Abb. 1.1–1.9 gezeigt. Auch Schallwellen und elektromagnetische Wellen im Vakuum sind dispersionsfrei, Wasserwellen und elektromagnetische Wellen in Materie sind dagegen im Allgemeinen nicht dispersionsfrei, wenn auch in ganz unterschiedlichem Maße. Man kann das quantifizieren, indem man in (1.25) auf der rechten Seite den ersten mit dem zweiten Term vergleicht: Bei Wasserwellen können beide Terme von gleicher Größenordnung sein, bei sichtbarem Licht in Glas ist der zweite Term nur ca. 1 % des ersten. Daher braucht man sich in der Optik nicht ständig um Dispersionseffekte zu kümmern, während bei Wasserwellen solche Effekte häufig das Erscheinungsbild wesentlich bestimmen.

[5] Von (lateinisch) dispergere = zerstreuen, verteilen. Der Ausdruck bezieht sich aber ursprünglich nicht auf das Zerfließen von Wellengruppen, sondern auf die farbige Auffächerung eines weißen Lichtstrahls durch ein Prisma, die von Newton beobachtet und genau untersucht wurde. Auch bei diesem Phänomen ist die Abhängigkeit der Phasengeschwindigkeit von der Wellenlänge die Ursache.

1.5 Die klassische Wellengleichung

Laufende Wellen

Wir suchen eine Differentialgleichung, die die Ausbreitung einer Störung in einer Dimension (entlang der x-Achse) beschreibt. Die Ausbreitungsgeschwindigkeit sei v, die Form der Störung soll sich im Laufe der Zeit nicht ändern, es soll sich also um einen *dispersionsfreien Ausbreitungsprozess* handeln. Der Vorgang ist in Abb. 1.22 dargestellt. Die Wellenfunktion

$$\psi_+(x,t) = f(x - vt) \tag{1.32}$$

beschreibt die Ausbreitung der Störung nach rechts, in der $+x$-Richtung, die Wellenfunktion

$$\psi_-(x,t) = f(x + vt) \tag{1.33}$$

würde die Ausbreitung nach links beschreiben. Wie sind die örtlichen Veränderungen von ψ (zu einer bestimmten Zeit) mit den zeitlichen Veränderungen (an einem bestimmten Ort) miteinander verbunden? Um die partiellen Ableitungen der Funktion $\psi(x,t)$ zu bilden, setzen wir $\psi(x,t) = f(s)$ mit $s = x \pm vt$. Mit $df/ds = f'$ und $d^2f/ds^2 = f''$ erhalten wir unter Anwendung der Kettenregel

$$\frac{\partial \psi}{\partial x} = f' \,, \qquad \frac{\partial \psi}{\partial t} = \pm v f' \,,$$

$$\frac{\partial^2 \psi}{\partial x^2} = f'' \,, \qquad \frac{\partial^2 \psi}{\partial t^2} = v^2 f'' \,.$$

Wir erhalten also folgende Differentialgleichung:

$$\frac{\partial^2 \psi}{\partial t^2} = v^2 \frac{\partial^2 \psi}{\partial x^2} \,. \tag{1.34}$$

Dies ist die sogenannte **klassische Wellengleichung**. (1.34) gilt für dispersionsfreie Wellen in einer Dimension. Die Gleichung kann auf drei Dimensionen verallgemeinert werden, indem man, wie schon früher in ähnlichen Fällen, die Ableitung $\partial^2/\partial x^2$ ersetzt durch den Laplace-Operator:

$$\frac{\partial^2 \psi}{\partial t^2} = v^2 \triangle\triangle \psi = v^2 \left(\frac{\partial^2 \psi}{\partial x^2} + \frac{\partial^2 \psi}{\partial y^2} + \frac{\partial^2 \psi}{\partial z^2} \right) \,. \tag{1.35}$$

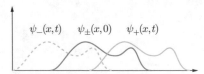

Abbildung 1.22 Ausbreitung einer Störung (dispersionsfrei)

Bereits in einer Dimension enthält die Wellengleichung eine große Vielfalt von Lösungen, nämlich alle Funktionen der Form

$$\psi(x,t) = f(x-vt) + g(x+vt) , \qquad (1.36)$$

wobei f und g beliebige Funktionen sind. Sie müssen nur differenzierbar sein. Konkrete Lösungen von (1.34) oder (1.35) unter vorgegebenen Bedingungen zu finden, ist im Allgemeinen eine Aufgabe für die mathematische Physik, und wir werden uns nur in Ausnahmefällen damit befassen. Man kann jedoch auch ohne Rechnung aus der Wellengleichung folgendes ablesen:

1. Die Gleichungen sind linear, d. h. man kann verschiedene Lösungen superponieren.
2. Sobald wir bei der Untersuchung eines physikalischen Vorgangs auf eine Gleichung des Typs (1.34) oder (1.35) stoßen, wissen wir, dass Wellen auftreten können und wir können auch sogleich ihre Ausbreitungsgeschwindigkeit angeben. In Kap. 2 werden wir davon mehrfach Gebrauch machen.
3. Die klassische Wellengleichung gilt auch für Sinus- und Cosinuswellen *mit* Dispersion, wie man durch Einsetzen feststellen kann. Die konstante Größe v ist dann durch die von der Wellenlänge abhängige Größe v_{ph} zu ersetzen.

Stehende Wellen

Sind auch stehende Wellen Lösungen der Wellengleichung? Wir beschränken uns auf die Diskussion des eindimensionalen Falles, weil da bereits das Wesentliche zu erkennen ist. Eine stehende Welle ist gegeben durch folgenden Ausdruck:

$$\psi(x,t) = g(x)f(t) . \qquad (1.37)$$

Die Ortsfunktion $g(x)$ oszilliert nach Maßgabe der Zeitfunktion $f(t)$, ohne sich dabei entlang der x-Achse zu verschieben. Genau das war das Charakteristikum der stehenden Wellen in Abb. 1.10. Wir setzen (1.37) in die Wellengleichung (1.34) ein und erhalten:

$$g(x)\frac{\mathrm{d}^2f}{\mathrm{d}t^2} = v^2 f(t)\frac{\mathrm{d}^2g}{\mathrm{d}x^2} .$$

Dieser Ausdruck kann folgendermaßen geschrieben werden:

$$\frac{1}{f(t)}\frac{\mathrm{d}^2f(t)}{\mathrm{d}t^2} = \frac{v^2}{g(x)}\frac{\mathrm{d}^2g(x)}{\mathrm{d}x^2} . \qquad (1.38)$$

Links steht eine Funktion von t, rechts eine Funktion von x. Wenn beide Funktionen für alle Werte von x und t gleich sein sollen, gibt es nur eine Möglichkeit: Sie müssen

konstant sein. Wir setzen diese Konstante gleich K und erhalten zwei gewöhnliche Differentialgleichungen:

$$\frac{\mathrm{d}^2f}{\mathrm{d}t^2} = Kf(t) , \qquad (1.39)$$

$$\frac{\mathrm{d}^2g}{\mathrm{d}x^2} = \frac{K}{v^2}g(x) . \qquad (1.40)$$

Durch den Produktansatz (1.37) ist etwas höchst Beachtliches gelungen: Die partielle Differentialgleichung (1.34) wurde in zwei gewöhnliche Differentialgleichungen zerlegt! Das ist deshalb bemerkenswert, weil gewöhnliche Differentialgleichungen viel leichter zu lösen sind als partielle. Die Konstante K nennt man die **Separationskonstante**. Sie kommt sowohl in der Differentialgleichung für $g(x)$ als auch in der für $f(t)$ vor und ist von großer Bedeutung für die Eigenschaften der Lösungsfunktionen.

Die allgemeine Lösung von (1.39) ist

$$f(t) = c_1\mathrm{e}^{\sqrt{K}t} + c_2\mathrm{e}^{-\sqrt{K}t} .$$

c_1 und c_2 sind Konstanten. Mit $K > 0$ divergiert der erste Term für $t \to \infty$ und der zweite für $t \to -\infty$. Wenn die Lösung für alle Zeiten endlich sein soll, muss $K < 0$ sein. Wir setzen $K = -\omega^2$ und erhalten damit eine wohlbekannte Differentialgleichung:

$$\frac{\mathrm{d}^2f}{\mathrm{d}t^2} + \omega^2 f = 0 . \qquad (1.41)$$

Das ist eine Schwingungsgleichung. Die Lösung ist

$$f(t) = f_0\cos(\omega t + \varphi_t) .$$

Auch (1.40) erweist sich für $K < 0$ als eine Schwingungsgleichung. Die Lösung ist

$$g(x) = g_0\cos\left(\frac{\omega}{v}x + \varphi_x\right) .$$

φ_x und φ_t legen nur den Nullpunkt der x-Achse und den Zeitnullpunkt fest. Wir beschränken uns auf den Fall $\varphi_x = -\pi/2$ und $\varphi_t = 0$ und setzen $f_0g_0 = \psi_0$ und $\omega/v = k$ (vgl. (1.26)). Damit erhalten wir:

$$\psi(x,t) = \psi_0\sin kx\cos\omega t . \qquad (1.42)$$

ω bzw. $k = \omega/v$ können in (1.42) zunächst noch beliebige Werte annehmen. Im konkreten Fall muss man jedoch **Randbedingungen** beachten, durch die die Größen ω und k festgelegt werden. Wie das geht, und was das für Konsequenzen hat, werden wir in Abschn. 2.1 am Beispiel einer an beiden Enden eingespannten schwingende Saite sehen. Die Gleichungen (1.39) und (1.40) gehören zur Familie der **Eigenwertgleichungen**: Eine lineare Operation, hier der „Operator" $\mathrm{d}^2/\mathrm{d}t^2$ bzw. $\mathrm{d}^2/\mathrm{d}x^2$, angewandt auf eine Funktion $f(t)$ bzw. $g(t)$, reproduziert diese Funktionen, multipliziert mit einem konstanten Faktor. Eigenwertprobleme wie das der schwingenden Saite werden uns vor allem in der Quantenphysik noch öfter begegnen.

Man kann die Lösung (1.42) auch auf einem anderen Wege erhalten. Wir gehen von der allgemeinen Lösung der Wellengleichung, also von (1.36) aus und betrachten die Überlagerung von zwei gegenläufigen harmonischen Wellen gleicher Wellenzahl und gleicher Amplitude:

$$\psi(x,t) = \frac{\psi_0}{2}\sin k(x - vt) + \frac{\psi_0}{2}\sin k(x + vt) \ . \qquad (1.43)$$

Mit $kv = \omega$ und $\sin(\alpha \pm \beta) = \sin\alpha\cos\beta \pm \cos\alpha\sin\beta$ erhält man hieraus

$$\psi(x,t) = \psi_0 \sin kx \cos\omega t \ ,$$

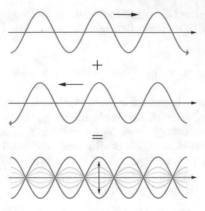

Abbildung 1.23   Eine stehende Welle als Superposition zweier laufender Wellen

was mit (1.42) identisch ist. Eine stehende Welle kann also aufgefasst werden als Superposition von zwei Wellen gleicher Amplitude und Frequenz, die in entgegengesetzter Richtung laufen (Abb. 1.23).

Übungsaufgaben

1.1. **Reflexion einer Seilwelle am losen Ende.** Skizzieren Sie in Analogie zu Abb. 1.6 den Ablauf der Reflexion einer Seilwelle, wenn das Seilende *lose* eingespannt ist. Unter welcher Bedingung erfüllen die ankommende und die gegenläufige reflektierte Welle zusammen die Randbedingung (1.2)?

1.2. **Kabelclipping.** Das in Abb. 1.8 skizzierte Experiment werde in der folgenden Weise durchgeführt:

(1) Der Generator erzeugt statt eines rechteckigen einen trapezförmigen Spannungsimpuls: Die Spannung steigt innerhalb einer Zeit $\tau = 5$ ns auf ihren Maximalwert an, bleibt für eine Zeit $T = 50$ ns konstant und fällt danach innerhalb der Zeit τ wieder auf null ab.

(2) Das am Oszillographen angeschlossene Kabel ist am anderen Ende kurzgeschlossen ($R = 0$). Seine Länge beträgt $l = 20$ cm, die Signalgeschwindigkeit ist 20 cm/ns.

(3) Der Ausgangswiderstand des Generators ist gleich der Kabelimpedanz, der Eingangswiderstand des Oszillographen ist als unendlich groß anzusehen.

Wie sieht das beobachtete Signal aus? Wie groß sind die Signalhöhe und die Anstiegszeit im Vergleich zum Signal, das man erhält, wenn an den Oszillographen statt des reflektierenden Kabels ein Widerstand R gleich dem Kabel-Wellenwiderstand angeschlossen ist?

1.3. **Fourier-Reihe.** In einer Spule mit Eisenkern fließe ein periodischer Wechselstrom $I = I_0 \sin \omega t$. Der Magnetfluss Φ, aufaddiert über alle Spulenwindungen, hängt in nichtlinearer Weise vom Strom ab und wir machen die grobe Näherung $\Phi = LI - LI^3/3I_S^2$ für $I < I_S$, wobei I_S die magnetische Sättigung beschreiben soll.

a) Geben Sie die Fourier-Reihe der Spannung an der Spule an, wenn $I_0 < I_S$ ist. Zahlenbeispiel: $I_0 = I_S/2$. (Hinweis: Trigonometrische Funktionen mit höheren Frequenzen lassen sich mit Additionstheoremen auf Funktionen mit niedrigeren Frequenzen zurückführen, z. B. $\cos 3\omega t = \cos 2\omega t \cdot \cos \omega t + \sin 2\omega t \cdot \sin \omega t, \dots$).

b) Eine kleine, extern verursachte statische Vormagnetisierung erzeuge bei verschwindendem Strom I einen endlichen Fluss Φ_{ext}, der die Magnetisierungskurve verschiebt:

$$\Phi = L(I + I_M) - L(I + I_M)^3/3I_S^2 .$$

Es ist also $\Phi_{ext} = LI_M(1 - I_M^2/3I_S^2)$. Wie ändert sich die Fourier-Reihe?

c) Man betrachte den Fall $I_0 > I_S$, aber ohne Vormagnetisierung ($I_M = 0$). Ohne die Fourier-Reihe explizit anzugeben, kann man sagen, welche cos- oder sin-Terme bei welchen Frequenzen auftreten.

d) Eine andere, realistischere Aufgabenstellung wäre die Vorgabe einer sinusförmigen Spannung und die Frage nach dem Strom. Besitzt die Fourier-Reihe für $I_0 < I_S$ endlich viele oder unendlich viele Summanden?

1.4. **Dispersionsrelation.**

a) Die Dispersionsrelation für eine ebene Welle laute: $\omega = \omega_0 \cdot \sin kL$ für $0 < kL < \pi/2$. Wie verlaufen die Phasen- und die Gruppengeschwindigkeit als Funktion von k?

b) Schallwellen in Festkörpern folgen qualitativ derartigen Dispersionsrelationen. Die kürzesten denkbaren Schallwellenlängen hätten die Größenordnung des Atomabstandes und wir setzen als Richtwert $L \approx 1$ nm ein. Typische Schallgeschwindigkeiten in Festkörpern sind $v_{ph} = 5 \cdot 10^3$ m/s. Zeigen Sie, dass diese Dispersionsrelation für technisch übliche Frequenzen bis hinauf zu Ultraschallwellen im GHz-Bereich eine konstante Schallgeschwindigkeit vorhersagt.

1.5. **Lösungen der klassischen Wellengleichung.** Welche der folgenden eindimensionalen „Ausbreitungsvorgänge" sind Lösungen der *dispersionsfreien* Wellengleichung (1.34), lassen sich also in der Form (1.36) darstellen? Alle Parameter außer x und t sind Konstanten, von deren Werten die Antwort u. U. abhängt.

$$\psi(x,t) = \frac{C}{t} e^{-x^2/(2Dt)} \qquad \text{(Bd. II, Gl. (6.10))} , \qquad (1.44)$$

$$\psi(x,t) = \frac{C}{\sigma} e^{-(kx-\omega t)^2/(2\sigma^2)} , \qquad (1.45)$$

$$\psi(x,t) = \sin(k_1 x - \omega t) + \cos(k_2 x + \omega t) , \qquad (1.46)$$

$$\psi(x,t) = \sin(k_1 x - \omega_1 t) \sin(k_2 x + \omega_2 t) , \qquad (1.47)$$

$$\psi(x,t) = \sin(k^2 x^2 - \omega^2 t^2) . \qquad (1.48)$$

1.6. **Federkette.** In einer linearen Kette gleicher Massen m sei jede Masse mit ihren Nachbarn über gleich lange Federn mit der Federkonstanten α verbunden. Auf der Kette können sich longitudinale Wellen ausbreiten. Man zeige: Solange die Wellenlänge groß gegen den Abstand a der Massen ist, kann man zur Beschreibung des Systems anstelle der Bewegungsgleichungen für die einzelnen Massen die Wellengleichung (1.34) verwenden. Hinweise: Die Federmasse sei zu vernachlässigen. In der Nähe einer herausgegriffenen Masse am mittleren Ort $\overline{x}_i$ gilt für die gleichzeitige Auslenkung $\psi(\overline{x}_k, t)$ einer nahe gelegenen anderen Masse am mittleren Ort $\overline{x}_k$ die Taylor-Entwicklung

$$\psi(\overline{x}_k, t) \approx \psi(\overline{x}_i, t) + \left.\frac{\partial \psi}{\partial x}\right|_{\overline{x}_i} \cdot (\overline{x}_k - \overline{x}_i)$$
$$+ \frac{1}{2} \left.\frac{\partial^2 \psi}{\partial x^2}\right|_{\overline{x}_i} \cdot (\overline{x}_k - \overline{x}_i)^2 + \dots$$

Wie groß ist die Ausbreitungsgeschwindigkeit für $m = 0{,}1\,\text{kg}$, $a = 2\,\text{cm}$ und $\alpha = 1\,\text{N}\,\text{m}^{-1}$?

Spezielle Wellenerscheinungen

2

© Springer-Verlag GmbH Deutschland 2017
J. Heintze / P. Bock (Hrsg.), *Lehrbuch zur Experimentalphysik Band 4: Wellen und Optik*, https://doi.org/10.1007/978-3-662-54492-1_2

Als erstes untersuchen wir quantitativ die Seilwellen, mit denen wir in Kap. 1 die Diskussion der Wellenphysik begannen, sowie die Schwingungen einer Saite als Musterbeispiel für stehende Wellen und für ein sogenanntes „Eigenwertproblem". Sodann diskutieren wir Schallwellen in Gasen, in Flüssigkeiten und in Festkörpern und geben einen Einblick in die komplizierte Physik der Wasserwellen. Im vierten Abschnitt behandeln wir elektromagnetische Wellen im Vakuum, ihre Erzeugung mit einem schwingenden Dipol und das Spektrum der elektromagnetischen Wellen. Dann werden in Abschn. 2.5 elektromagnetische Wellen in nicht leitender und in leitender Materie diskutiert, sowie ihre Ausbreitung auf Kabeln und auf speziellen Wellenleitern für Mikrowellen, den sogenannten Hohlleitern. Am Schluss geht es noch um Phänomene, die auftreten, wenn sich der „Sender" schneller als die Phasengeschwindigkeit der Wellen bewegt.

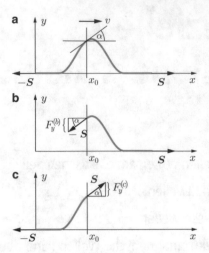

Abbildung 2.1 Zur Berechnung der Geschwindigkeit von Seilwellen. **a** Die Seilwelle, **b** und **c** die an der Stelle x zur Zeit t im Seil wirkenden Kräfte

2.1 Wellen auf einem elastischen Seil

Das elastische Seil, das wir hier betrachten, ist dadurch definiert, dass es nur in seiner Längsrichtung Kräfte übertragen kann, das Seil soll also keine Biegesteifigkeit besitzen. Auch soll bei Verformungen keine mechanische Energie in Wärme verwandelt werden. Wir nehmen an, dass an beiden Enden des Seils mit der Kraft S in horizontaler Richtung gezogen wird. Dadurch entsteht im Seil eine Spannung

$$\sigma = \frac{S}{A} \, , \qquad (2.1)$$

wenn A die Querschnittsfläche ist. Wird das Seil aus seiner Ruhelage $y = 0$ ausgelenkt, bildet sich eine Seilwelle der Form $y = y(x,t)$, wie in Abb. 1.1 gezeigt wurde. Wir wollen nun die Wellengeschwindigkeit v berechnen. Die an den Enden des Seils angreifenden Kräfte $\pm S$ wollen das Seil wieder gerade ziehen; dadurch entsteht eine rücktreibende Kraft, die wir als erstes berechnen müssen. Infolge der Auslenkung wird das Seil etwas gedehnt. Bei kleiner Auslenkung können wir die von der Auslenkung abhängige zusätzliche Spannkraft gegenüber der Vorspannung durch die Kraft S vernachlässigen. Auch nehmen wir an, dass der in Abb. 2.1a definierte Winkel α stets so klein ist, dass wir $\sin\alpha = \tan\alpha = \partial y/\partial x$ setzen können.

Wir denken uns das Seil zur Zeit t an der Stelle x_0 in zwei Abschnitte geteilt. An den Enden dieser Abschnitte wirken in diesem Augenblick die in Abb. 2.1b und c

eingezeichneten Kräfte. Die y-Komponenten dieser Kräfte sind

$$F_y^{(b)}(x_0,t) = -S \sin\alpha = -S \left.\frac{\partial y}{\partial x}\right|_{x_0} , \qquad (2.2)$$

$$F_y^{(c)}(x_0,t) = -F_y^{(b)}(x_0,t) \, .$$

Auf das Seilstück zwischen x_0 und $x_0 + dx$ wirkt also in y-Richtung die Kraft

$$F_y^{(b)}(x_0,t) + F_y^{(c)}(x_0 + dx, t)$$
$$= -S \left.\frac{\partial y}{\partial x}\right|_{x_0} + S \left.\frac{\partial y}{\partial x}\right|_{x_0+dx} = S \frac{\partial^2 y}{\partial x^2} dx \, . \qquad (2.3)$$

Ist $\mu = m/l$ die Seilmasse pro Meter, dann hat das Seilstück zwischen x_0 und $x_0 + dx$ die Masse $\mu \, dx$ und die Beschleunigung ist

$$\frac{\partial^2 y}{\partial t^2} = \frac{S}{\mu} \frac{\partial^2 y}{\partial x^2} \, . \qquad (2.4)$$

Das ist eine eindimensionale Wellengleichung für dispersionsfreie Wellen. Auf dem elastischen Seil können sich also Wellen dispersionsfrei ausbreiten, wie am Ende von Abschn. 1.4 behauptet wurde. Die Wellengeschwindigkeit ist nach (1.34)

$$v = \sqrt{\frac{S}{\mu}} \, . \qquad (2.5)$$

Bei einem homogenen Seil (also nicht z. B. bei einer mit Silber umwickelten Darmsaite) kann man mit (2.1) und mit $\mu = m/l$ hierfür auch $v = \sqrt{\sigma/\rho}$ schreiben, wenn ρ die Dichte des Materials ist. Die Dispersionsrelation (1.30) des elastischen Seils lautet:

$$\omega = \sqrt{\frac{S}{\mu}}k \ . \tag{2.6}$$

Wir wollen uns noch Gleichungen beschaffen, in denen nicht die Auslenkung $y(x,t)$, sondern die Geschwindigkeit der transversalen Seilbewegung $\tilde{c} = \partial y/\partial t$ vorkommt. Wir setzen $F_y = F_y^{(b)} = -F_y^{(c)}$. Auf das differentielle Seilstück der Länge dx, also der Masse $\mu\, dx$, wirkt die Kraft

$$F_y(x,t) - F_y(x+dx,t) = -\frac{\partial F_y}{\partial x}\, dx \ ,$$

und die Newtonsche Bewegungsgleichung ergibt:

$$\frac{\partial F_y}{\partial x} = -\mu\frac{\partial \tilde{c}}{\partial t} \ . \tag{2.7}$$

Wenn man (2.2) partiell nach der Zeit differenziert, erhält man

$$\frac{\partial F_y}{\partial t} = -S\frac{\partial^2 y}{\partial t \partial x} \quad \rightarrow \quad \frac{\partial F_y}{\partial t} = -S\frac{\partial \tilde{c}}{\partial x} \ . \tag{2.8}$$

(2.7) und (2.8) werden sich in Kap. 3 als nützlich erweisen.

Die schwingende Saite

Wir wollen nun Lösungen von (2.4) für den Fall von stehenden Wellen auf einem beidseitig eingespannten elastischen Seil suchen. Wegen der Anwendung des Folgenden in der Musik spricht man hier von den Schwingungen einer Saite. Durch die **Randbedingungen**

$$\left.\begin{array}{ll} y(x,t) = 0 & \text{für } x = 0 \\ y(x,t) = 0 & \text{für } x = L \end{array}\right\} \text{ für alle Zeiten } t \tag{2.9}$$

werden die möglichen Schwingungsformen in charakteristischer Weise eingeschränkt. Die Betrachtung ist nicht nur wichtig als physikalische Grundlage vieler Musikinstrumente, sondern auch als erstes Beispiel eines *Eigenwertproblems*. Solche Probleme spielen in der Physik eine große Rolle, besonders auch in der Quantenphysik (Bd. V, Kap. 4–8).

Zur Lösung der Wellengleichung gehen wir wie in Abschn. 1.5 vor. Der Produktansatz (1.37) führt auf die Ei-

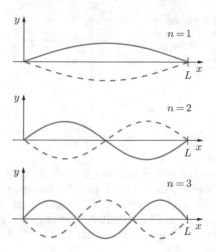

Abbildung 2.2 Eigenschwingungen einer Saite

genwertgleichungen (1.39) und (1.40) und auf die Lösung (1.42):

$$y(x,t) = y_0 \sin kx \cos \omega t \ . \tag{2.10}$$

Durch diesen Ansatz wird die Randbedingung $y(0,t) = 0$ automatisch erfüllt. Damit auch $y(L,t) = 0$ ist, muss gelten $\sin kL = 0$ oder

$$kL = 0, \pi, 2\pi, 3\pi, \ldots n\pi \ , \tag{2.11}$$

wobei n eine beliebige ganze Zahl ist. $kL = 0$ bedeutet $k = 0$, also keine Anregung; das ist uninteressant. Für $n = 1$ erhält man die **Grundschwingung**, für $n = 2$ die *erste Oberschwingung*, für $n = 3$ die *zweite Oberschwingung*, usw.[1] Man bezeichnet diese verschiedenen Schwingungsformen als **Eigenschwingungen** oder auch als **Schwingungsmoden**; die zugehörigen Schwingungsformen sind in Abb. 2.2 dargestellt. Die Stellen zwischen den Punkten $x = 0$ und $x = L$, wo die Saite ständig in Ruhe bleibt, bezeichnet man als *Knoten*, die Stellen maximaler Auslenkung als *Schwingungsbäuche*. Durch die nach (2.11) erlaubten Wellenzahlen sind folgende Wellenlängen gegeben:

$$\lambda_n = \frac{2L}{n} \ , \quad n = 1, 2, 3, \ldots \tag{2.12}$$

---

[1] Die erste Oberschwingung heißt auf englisch „second harmonic", die zweite „third harmonic" usw. Die Grundschwingung nennt man „fundamental mode".

Abbildung 2.3 Dispersionsrelation der realen und der idealen Saite. Der Effekt der Biegesteifigkeit ist stark übertrieben

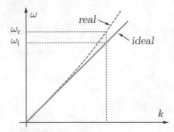

Man nennt sie die **Eigenwerte** der Wellenlänge. Nur für diese Wellenlängen bzw. für die Wellenzahlen $k_n = 2\pi/\lambda_n$ existieren Lösungen der Wellengleichung, die die Randbedingungen (2.9) erfüllen. Die zugehörigen **Eigenfrequenzen** sind gegeben durch $\omega_n = vk_n$ bzw. durch $\nu_n = v/\lambda_n$:

$$\nu_n = \frac{n}{2L}\sqrt{\frac{S}{\mu}}, \quad \omega_n = \frac{\pi n}{L}\sqrt{\frac{S}{\mu}} = \frac{2\pi}{\lambda_n}\sqrt{\frac{S}{\mu}}. \quad (2.13)$$

Die Eigenwerte der Wellenlängen (2.12) sind durch die Geometrie der Anordnung festgelegt, die Eigenfrequenzen ν_n dagegen durch die Geometrie **und** durch die Dispersionsrelation.

In diesem Zusammenhang ist interessant, dass bei einer realen Saite die Biegesteifigkeit nicht vollkommen vernachlässigbar ist, wie zu Anfang dieses Kapitels angenommen wurde. Die Steifigkeit der Saite führt zu einer zusätzlichen rücktreibenden Kraft und zu einer Dispersionsrelation

$$\omega^2 = \frac{S}{\mu}k^2 + \alpha k^4 . \quad (2.14)$$

Das wirkt sich besonders bei Oberschwingungen mit hohem n aus: Wie man in Abb. 2.3 abliest, sind die Frequenzen ν_n etwas größer als die durch (2.13) gegebenen, sie sind nicht exakt ein ganzzahliges Vielfaches der Grundfrequenz ν_1.

Natürlich kann eine Saite nicht nur „sinusförmig" schwingen: Es sind auch Überlagerungen von Schwingungsmoden möglich. Betrachten wir eine in der Mitte angezupfte Saite. Die zeitliche Entwicklung der Wellenfunktion $y(x,t)$ erhält man am einfachsten, indem man nach dem Muster von Abb. 1.23 zwei gegenläufige Wellen überlagert, deren Form der Dreiecksfunktion Abb. 1.15c entspricht. Bei $x = 0$ und $x = L$ bleibt die Saite ständig in Ruhe. Im Gegensatz zu den stehenden Sinuswellen in Abb. 1.23 ändert sich jedoch während der Schwingung die Form der ausgelenkten Saite ständig, wie Abb. 2.4 zeigt. Dass eine Formänderung auftreten muss, erkennt man auch, wenn man die Fourier-Komponenten betrachtet. Die einzelnen Fourier-Komponenten haben ganz unterschiedliches Zeitverhalten. Wir ersetzen in (1.13) ωt durch

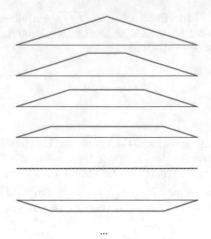

Abbildung 2.4 Schwingung einer in der Mitte angezupften Saite

Abbildung 2.5 Saitenschwingung auf einem Streichinstrument („Helmholtz-Schwingung")

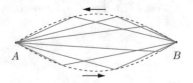

$kx \pm \omega t$ mit $k = \pi/L$ und $\omega = vk$. Dann bilden wir die Summe $f(kx + \omega t) + f(kx - \omega t)$:

$$y = \frac{16a}{\pi^2}\left(\sin kx \cos \omega t - \frac{1}{9}\sin 3kx \cos 3\omega t + \frac{1}{25}\sin 5kx \cos 5\omega t - + \dots \right).$$

Die Schwingung einer an beiden Enden fest eingespannten Saite wird durch Luftreibung und durch Dissipation von Energie im Material der Saite gedämpft. Wenn die Q-Werte[2] für alle Eigenschwingungsmoden von gleicher Größenordnung sind, klingen die hochfrequenten Oberschwingungen zuerst ab, und die in der Mitte angezupfte Saite schwingt nach einiger Zeit nur noch sinusförmig in der Grundschwingung.

Die schwingende Saite allein ergibt nur einen kaum vernehmbaren Ton. Bei einem Musikinstrument sind die Saiten über einen Steg gespannt, der die Schwingungen auf einen Resonanzkörper überträgt. Der Klangcharakter des Instruments (und was der Spieler daraus macht) hängt vom Spektrum der Obertöne, von Einschwingvorgängen, von der Dämpfung der einzelnen Schwingungsmoden und insbesondere vom Zusammenwirken der Saite mit dem Resonanzkörper des Instruments ab.

Abbildung 2.5 zeigt die Bewegung der Saite eines Streichinstruments. Die Saite wird dicht vor dem Steg mit ei-

---

[2] Nach seiner Definition in Bd. I, Gl. (12.18) ist der Q-Wert gleich 2π mal der Zahl der Schwingungen, die ablaufen, bis die Schwingungsenergie auf $1/e$ abgesunken ist.

nem Bogen angestrichen. Wie Helmholtz mit einer raffinierten stroboskopischen Messmethode herausgefunden hat, läuft dann mit konstanter Geschwindigkeit zwischen Steg B und Sattel A eine dreieckige Deformation der Saite hin und her. Die einhüllende Kurve dieser Bewegung ist die vom Auge wahrgenommene „sinusförmige" Auslenkung, in Abb. 2.5 gestrichelt eingezeichnet. Es handelt sich aber um eine sehr obertonreiche Schwingung, deren Spektrum auch die geraden Vielfachen der Grundfrequenz enthält. Will man auf einem Streichinstrument einen schönen Ton hervorbringen, ist das erste Erfordernis, dass man im richtigen Bereich streicht und dabei Bogendruck und Bogengeschwindigkeit so dosiert, dass eine saubere und stabile „Helmholtz-Schwingung" entsteht.

2.2 Schallwellen

Schallwellen in Gasen

Schallwellen breiten sich in Gasen als **longitudinale Druckwellen** aus. Wir beschränken uns auf den Fall einer ebenen periodischen Welle (Abb. 2.6a). Druck und Dichte enthalten außer den konstanten Werten p_0 und ρ_0 noch zeitlich veränderliche Anteile $\tilde{p}$ und $\tilde{\rho}$:

$$p(x, t) = p_0 + \tilde{p}(x, t) \,, \tag{2.15}$$
$$\rho(x, t) = \rho_0 + \tilde{\rho}(x, t) \,, \tag{2.16}$$

wobei gewöhnlich die Wechselgrößen $\tilde{p}$ und $\tilde{\rho}$ klein gegen die statischen Größen p_0 und ρ_0 sind. Selbst in einer lautstarken Disco erreicht die Amplitude des **Schallwechseldrucks** $\tilde{p}$ nur etwa 0,1 mbar, während $p_0 \approx 1$ bar ist.

Verbunden mit den Druck- und Dichteänderungen entsteht im Gas eine oszillierende Verschiebung der Gasteilchen und eine Strömungsgeschwindigkeit $\tilde{c}(x, t)$, die sogenannte **Schallschnelle**. Jede dieser Größen können wir mit der Wellenfunktion $\psi(x, t)$ identifizieren. Wir konzentrieren uns auf den Druck $p(x, t)$.

Unter dem Einfluss der Druckkraft $F = A\Delta p$ wird die in dem Volumenelement $A\Delta x$ (Abb. 2.6b) enthaltene Luft beschleunigt:

$$F = A\left[p(x) - p(x+\Delta x)\right] = -A\frac{\partial p}{\partial x}\Delta x = \Delta m \frac{\partial \tilde{c}}{\partial t} \,.$$

Wir setzen $\Delta m = \rho_0 A\Delta x$ und erhalten

$$\frac{\partial p}{\partial x} = -\rho_0 \frac{\partial \tilde{c}}{\partial t} \,. \tag{2.17}$$

Der räumlich veränderliche Druck hat also eine zeitliche Änderung der Geschwindigkeit zur Folge. Die räumliche

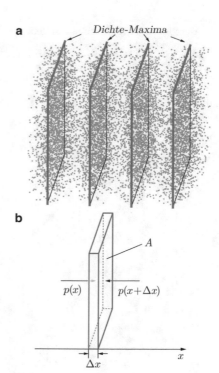

Abbildung 2.6 Zur Ableitung von (2.17)

Änderung der Geschwindigkeit bewirkt eine zeitliche Änderung der Dichte: Aus der Kontinuitätsgleichung Bd. II, Gl. (3.33) folgt mit Bd. II, Gl. (3.27) (vgl. auch Bd. III, Gln. (1.7) und (1.8))

$$\frac{\partial \rho}{\partial t} = -\rho_0 \frac{\partial \tilde{c}}{\partial x} \,, \tag{2.18}$$

wenn wir auf der rechten Seite den kleinen variablen Anteil $\tilde{\rho}(x, t)$ gegenüber ρ_0 vernachlässigen.

Die Dichteänderung ist aufgrund des Zusammenhangs zwischen Druck und Dichte mit einer Druckänderung verbunden:

$$\frac{\partial p}{\partial t} = \frac{\mathrm{d}p}{\mathrm{d}\rho}\frac{\partial \rho}{\partial t} \,.$$

Mit (2.18) erhalten wir

$$\frac{\partial p}{\partial t} = -\rho_0 \frac{\mathrm{d}p}{\mathrm{d}\rho}\frac{\partial \tilde{c}}{\partial x} \,. \tag{2.19}$$

Wir differenzieren (2.17) partiell nach x und (2.19) partiell nach t:

$$\frac{\partial^2 p}{\partial x^2} = -\rho_0 \frac{\partial^2 \tilde{c}}{\partial x \partial t} \,, \quad \frac{\partial^2 p}{\partial t^2} = -\rho_0 \frac{\mathrm{d}p}{\mathrm{d}\rho}\frac{\partial^2 \tilde{c}}{\partial t \partial x} \,. \tag{2.20}$$

Wegen $\partial^2 \tilde{c}/\partial x \partial t = \partial^2 \tilde{c}/\partial t \partial x$ können wir aus diesen Gleichungen $\tilde{c}(x, t)$ eliminieren und erhalten

$$\frac{\partial^2 p}{\partial t^2} = \frac{\mathrm{d}p}{\mathrm{d}\rho}\frac{\partial^2 p}{\partial x^2} \,. \tag{2.21}$$

Tabelle 2.1 Schallgeschwindigkeit in verschiedenen Stoffen (20 °C)

	$v_\mathrm{s}\,(\mathrm{m/s})$		
Gase:			
Kohlendioxid	266		
Luft (trocken)	343		
Luft (NTP)	331		
Wasserstoff	1309		
Flüssigkeiten:			
Glyzerin	1900		
Quecksilber	1450		
Wasser	1486		
Seewasser	1520		
Festkörper:	$v_\mathrm{s}^{(l)}$	$v_\mathrm{s}^{(t)}$	$v_\mathrm{s}^{(d)}$
Blei	2050	710	1200
Eisen	5950	3220	5180
Aluminium	6360	3130	5110
Beryllium	12 890	8880	12 870
Eis (−4 °C)	4000	2000	3300
Plexiglas	2700	1300	2200
Kronglas	5100	2800	4500
Basalt	5900	3100	5100
Beton	4000	2500	3900

Das ist eine Wellengleichung vom Typ (1.34). Die Wellen sind also dispersionsfrei, und die Schallgeschwindigkeit ist nach (2.21):

$$v = v_\mathrm{s} = \sqrt{\frac{\mathrm{d}p}{\mathrm{d}\rho}}\ . \qquad (2.22)$$

Zur Berechnung von $\mathrm{d}p/\mathrm{d}\rho$ müssen wir die Zustandsänderung des Gases betrachten. Die Schallschwingungen erfolgen so schnell, dass die Wärmeleitung im Gas vernachlässigt werden kann, d. h. die Kompression erfolgt adiabatisch und nach der Adiabatengleichung Bd. II, Gl. (8.30) ist $p = \mathrm{const}\,\rho^\kappa$. Damit erhalten wir

$$\frac{\mathrm{d}p}{\mathrm{d}\rho} = \mathrm{const}\,\kappa\rho^{\kappa-1} = \frac{\kappa p}{\rho}\ . \qquad (2.23)$$

Mit der allgemeinen Zustandsgleichung der idealen Gase Bd. II, Gl. (4.23) können wir auch $p/\rho = RT/M$ setzen. Die **Schallgeschwindigkeit in Gasen** ist also

$$v_\mathrm{s} = \sqrt{\frac{\kappa p}{\rho}} = \sqrt{\frac{\kappa RT}{M}}\ . \qquad (2.24)$$

Sie hängt von der Temperatur des Gases und dessen Molekulargewicht M sowie vom Adiabaten-Exponenten κ ab, aber nicht vom Druck. Im oberen Teil von Tab. 2.1 findet man einige Zahlenwerte für v_s nach (2.24); sie stimmen sehr gut mit den experimentell bestimmten Werten überein.[3]

Stehende Schallwellen

Stehende Schallwellen kann man in einer beidseitig abgeschlossenen Röhre der Länge L erzeugen. Die Randbedingungen lauten $\tilde{c}(0,t) = \tilde{c}(L,t) = 0$ und man bekommt ähnliche Schwingungsmoden wie bei der schwingenden Saite, es gilt $\lambda_n = 2L/n$.

Auch in einem einseitig offenen Rohr kann man stehende Schallwellen erzeugen, z. B. in der in Abb. 2.7 gezeigten Anordnung („Quinckesches Rohr"). Vor der Öffnung befindet sich eine Stimmgabel. Wird die im Rohr befindliche Gassäule resonant angeregt, so bildet sich im Rohr eine stehende Welle aus. Die Randbedingungen sind hier durchaus anders als bei der beidseitig eingespannten schwingenden Saite. Es muss nämlich gelten

$$\left.\begin{array}{r} p(L,t) = p_0 \\ \tilde{c}(0,t) = 0 \end{array}\right\} \text{ für alle Zeiten } t. \qquad (2.25)$$

Am offenen Ende herrscht der konstante Druck p_0, während die Geschwindigkeit $\tilde{c}$ beliebige Werte annehmen kann; am geschlossenen Ende wird dem Druck keine Bedingung aufgezwungen, es muss aber $\tilde{c} = 0$ sein. Diese

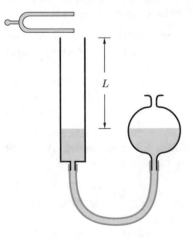

Abbildung 2.7 Anordnung zur Erzeugung stehender Schallwellen („Quinckesches Rohr"). Die Länge L der Gassäule kann durch Heben und Senken des Flüssigkeitsspiegels verändert werden

---

[3] Die Theorie der Schallwellen stammt bereits von Isaak Newton. Newton wusste aber noch nichts von adiabatischen Zustandsänderungen; er benutzte die Boyle-Mariottesche Gleichung $p/\rho = \mathrm{const}$. Er erhielt so einen etwas zu kleinen Wert für die Schallgeschwindigkeit in Luft, nämlich $v_\mathrm{s} = \sqrt{p/\rho} = 290\,\mathrm{m/s}$ statt $340\,\mathrm{m/s}$.

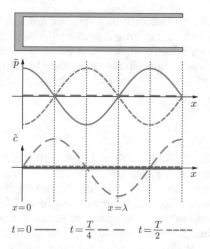

Abbildung 2.8 Schallwechseldruck und Schallschnelle bei einer stehenden Schallwelle im Quinckeschen Rohr

Bedingungen lassen sich erfüllen, wenn genau 1/4, 3/4, 5/4, … Wellenlängen in das Rohr passen. Resonanz tritt ein, wenn

$$L = L_n = \frac{2n+1}{4}\lambda , \quad n = 0, 1, 2, \ldots \quad (2.26)$$

Die Verhältnisse sind in Abb. 2.8 dargestellt. $\tilde{p}(x,t)$ und $\tilde{c}(x,t)$ sind gegeneinander räumlich und zeitlich um 90° phasenverschoben: Die „Druckknoten" und die „Geschwindigkeitsbäuche" fallen räumlich zusammen; die Beschleunigung ist dort am größten, wo das maximale Druckgefälle herrscht.

Wegen der Endeffekte an der Öffnung ist L etwas größer als die geometrische Länge des Rohrs, gemessen über dem Wasserspiegel. Man kann dennoch mit dem Quinckeschen Rohr die Wellenlänge der Schallwellen messen, indem man durch Heben und Senken des Wasserspiegels einige Längen L_n bestimmt und die Differenzen bildet: $L_{n+1} - L_n = \lambda/2$. Da die Dämpfung gering ist, sind die Resonanzen ziemlich scharf. Mit Frequenz ν der Stimmgabel erhält man dann die Schallgeschwindigkeit $v_\mathrm{s} = \lambda\nu$.

Die Phasenbeziehung zwischen $\tilde{p}(x, t)$ und $\tilde{c}(x, t)$

Stehende Wellen. Man kann die in Abb. 2.8 dargestellte Phasenbeziehung auch rechnerisch ermitteln. Setzen wir für $\tilde{p}(x,t)$ eine stehende Welle an:

$$\tilde{p}(x,t) = \tilde{p}_0 \cos kx \cos \omega t , \quad (2.27)$$

so erhalten wir mit (2.17), (2.19) und (2.22) die Beziehungen

$$\frac{\partial \tilde{p}}{\partial x} = -k\tilde{p}_0 \sin kx \cos \omega t = -\rho_0 \frac{\partial \tilde{c}}{\partial t} \quad (2.28)$$

$$\frac{\partial \tilde{p}}{\partial t} = -\omega \tilde{p}_0 \cos kx \sin \omega t = -\rho_0 v_\mathrm{s}^2 \frac{\partial \tilde{c}}{\partial x} . \quad (2.29)$$

Daraus folgt:

$$\tilde{c}(x,t) = \frac{\tilde{p}_0}{\rho_0 v_\mathrm{s}} \sin kx \sin \omega t . \quad (2.30)$$

In Übereinstimmung mit Abb. 2.8 sind bei stehenden Wellen $\tilde{p}(x,t)$ und $\tilde{c}(x,t)$ sowohl räumlich als auch zeitlich um 90° gegeneinander phasenverschoben.

Laufende Wellen. Um zu ergründen, welche Phasenbeziehungen in laufenden Schallwellen herrschen, machen wir statt (2.27) den Ansatz

$$\tilde{p}(x,t) = \tilde{p}_0 \sin(kx - \omega t) . \quad (2.31)$$

Analog zu (2.28) und (2.29) erhalten wir:

$$\frac{\partial \tilde{p}}{\partial x} = k\tilde{p}_0 \cos(kx - \omega t) = -\rho_0 \frac{\partial \tilde{c}}{\partial t} ,$$

$$\frac{\partial \tilde{p}}{\partial t} = -\omega \tilde{p}_0 \cos(kx - \omega t) = -\rho_0 v_\mathrm{s}^2 \frac{\partial \tilde{c}}{\partial x} .$$

Daraus folgt

$$\tilde{c}(x,t) = \frac{\tilde{p}_0}{\rho_0 v_\mathrm{s}} \sin(kx - \omega t) . \quad (2.32)$$

(2.31) stellt eine in $+x$-Richtung laufende Welle dar. Für eine in $-x$-Richtung laufende Welle

$$\tilde{p}(x,t) = p_0 \sin(kx + \omega t)$$

erhalten wir auf die gleiche Weise

$$\tilde{c}(x,t) = -\frac{\tilde{p}_0}{\rho_0 v_\mathrm{s}} \sin(kx + \omega t) . \quad (2.33)$$

Bei einer in x-Richtung laufenden Welle sind also $\tilde{p}(x,t)$ und $\tilde{c}(x,t)$ **in Phase**, während sie bei einer in $-x$-Richtung laufenden Welle um 180° phasenverschoben sind. Diese Verhältnisse sind in Abb. 2.9 dargestellt. – Auf diese Weise entscheidet ganz allgemein die Phase bei Wellen aller Art über die Wellenausbreitung.

Schallwellen in Flüssigkeiten und Festkörpern

Die Gleichung (2.22) gilt auch in Festkörpern und Flüssigkeiten. Dort ist die Schallgeschwindigkeit im Allgemeinen

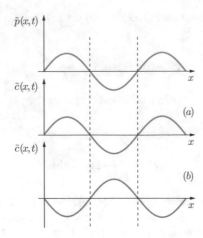

Abbildung 2.9 Druck- und Geschwindigkeitsverteilung in einer laufenden Welle (Momentaufnahme). *(a)* in $+x$-Richtung laufend, *(b)* in $-x$-Richtung laufend

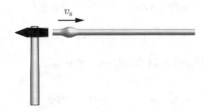

Abbildung 2.10 Kompressionswelle in einem Stab, schematisch. Querauslenkung stark übertrieben.

größer als in Gasen (vgl. Tab. 2.1); dies liegt an der sehr geringen Kompressibilität kondensierter Materie. Für die Schallgeschwindigkeit in Flüssigkeiten erhalten wir

$$v_s = \sqrt{\frac{\mathrm{d}p}{\mathrm{d}\rho}} = \sqrt{\frac{K}{\rho}}\,, \tag{2.34}$$

wobei K der Kompressionsmodul der Flüssigkeit ist (vgl. Bd. II, Gl. (1.7)). In einem dreidimensional ausgedehnten Festkörper ist die Berechnung von $\mathrm{d}p/\mathrm{d}\rho$ für den Deformationszustand einer longitudinalen Schallwelle weitaus komplizierter. Man muss auch die Querkontraktion berücksichtigen und erhält

$$v_s^{(\mathrm{l})} = \sqrt{\frac{E}{\rho}\frac{1-\mu}{(1+\mu)(1-2\mu)}} = \sqrt{\frac{3K}{\rho}\frac{(1-\mu)}{(1+\mu)}}\,. \tag{2.35}$$

E ist der Elastizitätsmodul, $\mu \leq \frac{1}{2}$ ist die Poissonsche Zahl, die das Verhältnis Querkontraktion/Elongation bei der Dehnung eines Stabes angibt (vgl. Bd. II, Gl. (1.5)). Bei longitudinalen Schallwellen in einem langen dünnen Stab (Abb. 2.10) ist das Ergebnis wieder einfacher, da sich das Material seitlich ausdehnen kann:

$$v_s^{(\mathrm{d})} = \sqrt{\frac{E}{\rho}}\,. \tag{2.36}$$

Transversale Schallwellen. Die markanteste Besonderheit der Schallausbreitung in einem Festkörper ist, dass aufgrund der Scherfestigkeit auch transversale Schallwellen möglich sind. Die Schallgeschwindigkeit für Transversalwellen ist vom Schubmodul G abhängig:

$$v_s^{(\mathrm{t})} = \sqrt{\frac{G}{\rho}}\,. \tag{2.37}$$

Da nach Bd. II, Gl. (1.14) $G = E/2(1+\mu)$ ist, ist $v_s^{(\mathrm{t})}$ deutlich kleiner als die Geschwindigkeit der longitudinalen Wellen. Diese Tatsache hat zu der Erkenntnis geführt, dass das Innere der Erde in einer ausgedehnten Zone flüssig ist. Von Erdbebenzentren oder von unterirdischen Explosionen gehen sowohl longitudinale als auch transversale Wellen aus. Sie können aufgrund ihrer unterschiedlichen Ausbreitungsgeschwindigkeiten identifiziert werden. Man stellt fest, dass sich in einer Tiefe von 2900 km eine Diskontinuität befindet, bei der sich die Schallgeschwindigkeit sprunghaft ändert und unterhalb der sich nur noch longitudinale Wellen durch den Erdkörper fortpflanzen können. Das bedeutet, dass unterhalb dieser Diskontinuität das Erdinnere flüssig ist. In einer Tiefe von 5100 km findet man nochmals eine sprunghafte Änderung der Schallgeschwindigkeit. Dort beginnt der feste innere Erdkern, der einen Radius von ca. 1250 km hat (Bd. III, Abb. 15.36).

2.3   Wasserwellen

Die Wellen, die man an der Oberfläche von Flüssigkeiten sieht, insbesondere Wasserwellen, sind zweifellos das am längsten bekannte Wellenphänomen, aber keineswegs das einfachste. Zunächst ist die Bewegung der Flüssigkeit eine komplizierte (Abb. 2.11a). Die einzelnen Flüssigkeitsteilchen bewegen sich bei Wellen in tiefem Wasser auf Kreisbahnen, deren Radien nach unten hin abnehmen. Im Flachwasser werden aus den Kreisen langgestreckte Ellipsen. Die Stromlinien führen dagegen in weiten Bögen von der Oberfläche vor dem Wellenberg zur Oberfläche hinter dem Wellenberg (Abb. 2.11b). Man muss ein Weilchen nachdenken, bis man den Zusammenhang zwischen beiden Bildern durchschaut hat. Die Bewegung erfolgt also sowohl transversal als auch longitudinal. Sodann gibt es zwei verschiedene Mechanismen für die rücktreibende Kraft: Die Oberflächenspannung und die Schwerkraft. Die Oberflächenspannung dominiert bei sehr kurzen Wellen, die Schwerkraft bei längeren. Man unterscheidet daher **Kapillarwellen** und **Schwerewellen**.

Interessant ist die Dispersionsrelation für Flüssigkeitswellen. Sie lautet:

$$\omega^2 = \left(\frac{\sigma}{\rho}k^3 + gk\right)F(kh)\,. \tag{2.38}$$

a

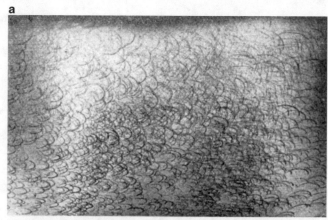

b

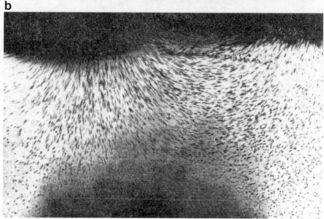

Abbildung 2.11 Bewegungen in einer Wasserwelle, sichtbar gemacht durch Zusatz von Aluminiumflittern. **a** Bahnbewegung der Flüssigkeitsteilchen (längere Belichtungszeit bei der fotografischen Aufnahme), **b** Stromlinien (kurze Belichtungszeit). Aus A. Sommerfeld (1945)

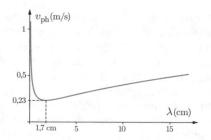

Abbildung 2.12 Phasengeschwindigkeit von Tiefwasserwellen

Hierbei ist g die Fallbeschleunigung, σ die Oberflächenspannung, ρ die Dichte und h die Tiefe der Flüssigkeit. Der erste Term beschreibt die Kapillarwellen, der zweite die Schwerewellen. Die Funktion $F(kh)$ ist gegeben durch

$$F(kh) = \frac{1 - e^{-2kh}}{1 + e^{-2kh}} \ . \tag{2.39}$$

Tiefwasserwellen. Wir diskutieren zunächst den Fall $h > \lambda$, also $kh > 2\pi$. In diesem Fall wird $F(kh) \approx 1$. Mit (2.38) erhält man dann für die Phasengeschwindigkeit

$$v_{\text{ph}} = \frac{\omega}{k} = \sqrt{\frac{g}{k} + \frac{\sigma}{\rho}k} = \sqrt{\frac{g}{2\pi}\lambda + \frac{2\pi\sigma}{\rho}\frac{1}{\lambda}} \ . \tag{2.40}$$

Tiefwasserwellen sind also keineswegs dispersionsfrei. In Abb. 2.12 ist die Phasengeschwindigkeit als Funktion der Wellenlänge $\lambda = 2\pi/k$ aufgetragen. Unterhalb des Minimums bei $\lambda = 1{,}7\,\text{cm}$ laufen die Wellen umso schneller, je kürzer die Wellenlänge ist: Die Rückstellkraft wird hier

von der Oberflächenspannung besorgt und ist umso größer, je kleiner der Krümmungsradius der Wellenkuppen ist. Oberhalb des Minimums, im Bereich der Schwerewellen, nimmt dagegen v_{ph} mit λ zu. Man kann dieses Verhalten demonstrieren, indem man an einem Punkt der Wasserfläche ein „Signal" erzeugt, das im wesentlichen aus einem einzigen Wellenberg besteht. Ein solcher Wellenberg enthält nach Fourier eine Vielzahl von harmonischen Teilwellen. Ist deren Wellenlänge kleiner als 1,7 cm (man erreicht das, indem man einen Wassertropfen auf eine Wasseroberfläche fallen lässt), so sieht man, dass die kurzen Wellen am schnellsten laufen. Ist dagegen die Länge der Wellen größer als 1,7 cm (man erreicht das, indem man einen Stein in einen Teich wirft), so sieht man deutlich, dass die langen Wellen voranlaufen. Man kann das leicht ausprobieren.

Flachwasserwellen. Dieser Fall ist besonders für Schwerewellen interessant. Er ist realisiert, wenn $kh < 1$, also $h < \lambda/2\pi$ ist. Dann kann man $F(kh) \approx kh$ setzen und die Dispersionsrelation (2.38) nimmt für Schwerewellen folgende Form an:

$$\omega^2 = ghk^2 \ . \tag{2.41}$$

Die Wellen sind also dispersionsfrei und breiten sich mit einer Geschwindigkeit aus, die nur von der Wassertiefe abhängt:

$$v_{\text{ph}} = \sqrt{gh} \ . \tag{2.42}$$

Je flacher das Wasser ist, desto langsamer laufen die Wellen. Das erklärt, warum bei flachen Sandstränden die Wellen immer parallel zur Küstenlinie das Ufer erreichen. Man versteht auch qualitativ, warum sich die Wellen im Flachwasser brechen: Bei hohen Wellen ist die Wassertiefe für die Wellenberge erheblich größer als für die Wellentäler; die Wellenberge laufen schneller und kippen über.

Die Dispersionsfreiheit der Flachwasserwellen kann auch zu recht unangenehmen Naturerscheinungen führen. Im Pazifischen Ozean beobachtet man mitunter sogenannte „Tsunamis", das sind sehr lange und sehr hohe Wellen, die sich infolge von Erdbeben ausbilden können. Bei einer Wellenlänge von z. B. $\lambda \approx 50\,\text{km}$ sind die Bedingungen für Flachwasserwellen selbst in der Tiefsee ($h \approx$

5 km) noch erfüllt. Ein solches Ungetüm rast dann nach (2.42) mit einer Geschwindigkeit von fast 1000 km/h über den Ozean und richtet auf Inseln und an Festlandküsten verheerenden Schaden an. Ein ähnliches, aber glücklicherweise nicht so drastisches Phänomen ist am Genfer See bekannt. Es wird dort „seiches" genannt (gesprochen ßäsch) und kommt durch extreme Luftdruckschwankungen zustande, die am östlichen Ende des Sees, am Talausgang des Wallis, entstehen können. Die Bewegung des Wassers bei den seiches entspricht dem Schwappen des Wassers in der Badewanne. Das ist die Grundschwingung einer stehenden Welle, die der Dispersionsrelation (2.42) folgt. Gewöhnlich ist die Amplitude nur einige Dezimeter, aber am 03. 10. 1841 stieg die Wasserhöhe in Genf innerhalb einer halben Stunde um 1,9 m an!

2.4 Elektromagnetische Wellen (Grundbegriffe)

Wie wir schon aus Bd. III/15.4 wissen, folgerte Maxwell aus seinen Gleichungen, dass es elektromagnetische Wellen geben müsse. Qualitativ wurde das Zustandekommen der Wellen mit Bd. III, Abb. 15.32 plausibel gemacht. Wir wollen dies nun quantitativ untersuchen.

Elektromagnetische Wellen im Vakuum

Berechnung mit der Integralform der Maxwell-Gleichungen. Wie die Verkettung der zeitabhängigen elektrischen und magnetischen Felder funktioniert, erkennt man am besten, wenn man von der Integralform der Maxwell-Gleichungen Bd. III, Gln. (15.51)–(15.54) ausgeht. Wir betrachten das Vakuum, in dem $\rho_q = 0$ und $j = 0$ ist, und schreiben Bd. III, Gln. (15.52) und (15.54) in der Form

$$\oint_C E \cdot ds = -\frac{\partial}{\partial t} \int_A B \cdot dA \, , \qquad (2.43)$$

$$\oint_C B \cdot ds = \epsilon_0 \mu_0 \frac{\partial}{\partial t} \int_A E \cdot dA \, . \qquad (2.44)$$

Wir haben hier gegenüber Bd. III, Gl. (15.52) die Reihenfolge von Integration und Differentiation vertauscht. Das ist zulässig, wenn die Integration mit einer Kurve C ausgeführt wird, die im Raum festliegt.

Wir betrachten in Abb. 2.13 ein Flächenelement in der (x, y)-Ebene und berechnen auf der Randkurve dieses Flächenelements das Linienintegral in (2.43) für ein elektrisches Feld, das in y-Richtung zeigt und nur von x und t

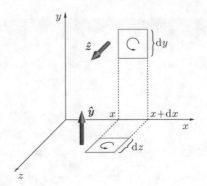

Abbildung 2.13 Zur Ableitung von (2.46) und (2.47)

abhängt:

$$E = (0, E_y(x, t), 0) \, , \qquad (2.45)$$

$$\oint E \cdot ds = E_y(x + dx, t) \, dy - E_y(x, t) \, dy$$

$$= \frac{\partial E_y}{\partial x} \, dx \, dy \, .$$

Das Flächenintegral in (2.43) ergibt $\int B \cdot dA = B_z \, dx \, dy$, und wir erhalten mit (2.43)

$$\frac{\partial E_y}{\partial x} = -\frac{\partial B_z}{\partial t} \, . \qquad (2.46)$$

In der (x, z)-Ebene ergibt die Integration um das Flächenelement $dx \, dz$:

$$\oint E \cdot ds = 0 \, .$$

Daraus folgt mit (2.43) $\partial B_y / \partial t = 0$, $B_y = $ const. Nun sind wir an einem zeitlich konstanten Anteil des B-Feldes nicht interessiert und setzen $B_y = 0$. Die z-Komponente des B-Feldes ist nach (2.46) offenbar nicht Null zu setzen. Die Integrale in (2.44) ergeben

$$\oint B \cdot ds = B_z(x, t) \, dz - B_z(x + dx, t) \, dz$$

$$= -\frac{\partial B_z}{\partial x} \, dx \, dz \, ,$$

$$\int E \cdot dA = E_y \, dx \, dz \, .$$

Daraus folgt mit (2.44)

$$\frac{\partial E_y}{\partial t} = -\frac{1}{\epsilon_0 \mu_0} \frac{\partial B_z}{\partial x} \, . \qquad (2.47)$$

Wir differenzieren (2.46) und (2.47) nach x und nach t. Wie beim Übergang von (2.17) und (2.19) nach (2.21) erhalten wir die Wellengleichungen

$$\frac{\partial^2 E_y}{\partial t^2} = \frac{1}{\epsilon_0 \mu_0} \frac{\partial^2 E_y}{\partial x^2} \, , \quad \frac{\partial^2 B_z}{\partial t^2} = \frac{1}{\epsilon_0 \mu_0} \frac{\partial^2 B_z}{\partial x^2} \, . \qquad (2.48)$$

Das zeitlich veränderliche E-Feld (2.45) ist also mit einem in z-Richtung weisenden B-Feld verknüpft, welches ebenfalls zeitlich veränderlich ist. Das Zusammenwirken beider Felder bildet eine sich in x-Richtung ausbreitende elektromagnetische Welle.

Berechnung mit der differentiellen Form. Mathematisch eleganter lassen sich die Wellengleichungen mit den Maxwell-Gleichungen in differentieller Form ableiten. Für $\rho_q = 0$ und $j = 0$ nehmen Bd. III, Gln. (15.55)–(15.58) folgende Form an:

$$\nabla \cdot E = 0, \qquad \nabla \times E = -\frac{\partial B}{\partial t}, \tag{2.49}$$

$$\nabla \cdot B = 0, \qquad \nabla \times B = \epsilon_0 \mu_0 \frac{\partial E}{\partial t}. \tag{2.50}$$

Aus diesen Gleichungen folgt unmittelbar

$$\frac{\partial^2 E}{\partial t^2} = \frac{1}{\epsilon_0 \mu_0} \frac{\partial}{\partial t} (\nabla \times B) = \frac{1}{\epsilon_0 \mu_0} \nabla \times \frac{\partial B}{\partial t}$$
$$= -\frac{1}{\epsilon_0 \mu_0} \nabla \times (\nabla \times E). \tag{2.51}$$

Unter Beachtung der Vorschriften für die Anwendung des ∇-Operators wenden wir die Formel für das doppelte Vektorprodukt an:

$$\nabla \times (\nabla \times E) = \nabla(\nabla \cdot E) - (\nabla \cdot \nabla)E. \tag{2.52}$$

Da im Vakuum $\nabla \cdot E = 0$ ist, ergibt das die Wellengleichung

$$\frac{\partial^2 E}{\partial t^2} = \frac{1}{\epsilon_0 \mu_0} \left(\frac{\partial^2 E}{\partial x^2} + \frac{\partial^2 E}{\partial y^2} + \frac{\partial^2 E}{\partial z^2} \right). \tag{2.53}$$

Auf die gleiche Weise erhält man für das B-Feld die Wellengleichung

$$\frac{\partial^2 B}{\partial t^2} = \frac{1}{\epsilon_0 \mu_0} \left(\frac{\partial^2 B}{\partial x^2} + \frac{\partial^2 B}{\partial y^2} + \frac{\partial^2 B}{\partial z^2} \right). \tag{2.54}$$

Was zu Maxwells Zeiten eine schwierige und unübersichtliche Rechnung war, haben wir mit Hilfe des ∇-Operators und der Vektorrechnung in wenigen Zeilen geschafft. Allerdings bleibt hinter der mathematischen Zauberei die Physik vollständig verborgen.

(2.53) und (2.54) sind Wellengleichungen vom Typ (1.35). Es gibt also in der Maxwellschen Theorie elektromagnetische Wellen. Im Vakuum sind sie dispersionsfrei und breiten sich mit der Geschwindigkeit

$$c = \frac{1}{\sqrt{\epsilon_0 \mu_0}} \tag{2.55}$$

Tabelle 2.2 Komponenten des Vektors $\nabla \times a$

$(\nabla \times a)_x$	$\dfrac{\partial a_z}{\partial y} - \dfrac{\partial a_y}{\partial z}$
$(\nabla \times a)_y$	$\dfrac{\partial a_x}{\partial z} - \dfrac{\partial a_z}{\partial x}$
$(\nabla \times a)_z$	$\dfrac{\partial a_y}{\partial x} - \dfrac{\partial a_x}{\partial y}$

aus. Die Ausbreitungsgeschwindigkeit der Wellen kann direkt gemessen werden. Das Produkt $\epsilon_0 \mu_0$ kann aber auch durch Messung der relativen Stärke elektrischer und magnetischer Kräfte bestimmt werden (vgl. Bd. III, Gln. (11.39)–(11.41)). Die gute Übereinstimmung der Resultate ist ein wichtiger Konsistenztest für die Maxwellsche Theorie.

Die Struktur der elektromagnetischen Wellen. Wir betrachten die allgemeinste Form einer ebenen Welle, die sich in x-Richtung ausbreitet. Bei einer solchen Welle hängen die Komponenten des E-Vektors nur von x und t, nicht aber von y und z ab: $E(x,t) = \big(E_x(x,t), E_y(x,t), E_z(x,t)\big)$. Daraus folgt $\nabla \cdot E = \partial E_x / \partial x$. Diese Größe muss nach der ersten Gleichung in (2.49) Null sein: E_x ist räumlich konstant und kann daher keinen Beitrag zu der in x-Richtung laufenden Welle leisten. Die gleiche Schlussfolgerung ergibt sich mit (2.50) auch für das B-Feld. Es gibt also in der Maxwellschen Theorie keine longitudinalen, sondern nur *transversale* elektromagnetische Wellen.

Um herauszufinden, wie bei einer solchen Welle das E-Feld und das B-Feld miteinander verknüpft sind, machen wir den Ansatz

$$E(x,t) = \big(0, E_y(x,t), 0\big)$$
$$\text{mit} \quad E_y(x,t) = E_0 \sin(kx - \omega t). \tag{2.56}$$

Dies bezeichnet man als eine in y-Richtung linear polarisierte Welle, d. h. wir *definieren die Polarisationsrichtung einer elektromagnetischen Welle als die Richtung des E-Vektors*. Damit man die nun folgende Rechnung besser nachvollziehen kann, sind in Tab. 2.2 die Komponenten des Vektors $\nabla \times a$ angegeben. Aus (2.49) und (2.50) folgen mit (2.56) wieder (2.46) und (2.47):

$$\frac{\partial E_y}{\partial x} = -\frac{\partial B_z}{\partial t}, \tag{2.57}$$
$$\frac{\partial B_z}{\partial t} = -kE_0 \cos(kx - \omega t),$$
$$\frac{1}{c^2} \frac{\partial E_y}{\partial t} = -\frac{\partial B_z}{\partial x}, \tag{2.58}$$
$$\frac{\partial B_z}{\partial x} = \frac{\omega}{c^2} E_0 \cos(kx - \omega t).$$

Das sind zwei Differentialgleichungen für das B-Feld, die simultan zu lösen sind. Wenn man bedenkt, dass

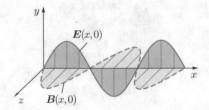

Abbildung 2.14 Elektromagnetische Welle, nach *rechts* laufend

nach (1.7) $c = \omega/k$ ist, erkennt man die Lösung mit bloßem Auge:

$$B(x,t) = (0,0,B_z) \quad \text{mit} \quad B_z(x,t) = \frac{E_0}{c}\sin(kx - \omega t) \,.$$

Unser Ergebnis ist in Abb. 2.14 gezeigt: E_y und B_z sind in Phase, wenn die Welle in $+x$-Richtung läuft. Läuft sie in $-x$-Richtung, ist $E_y(x,t) = E_0\sin(kx + \omega t)$. Man erhält in der zweiten Gleichung auf der rechten Seite von (2.58) ein Minuszeichen, und es folgt

$$B_z = -\frac{E_0}{c}\sin(kx + \omega t) \,.$$

B_z ist gegen E_y um 180° phasenverschoben. Unser Ergebnis ist also

$$B_z(x,t) = \pm\frac{E_y(x,t)}{c} \,, \tag{2.59}$$

je nachdem, in welcher Richtung die Welle läuft. Die *E*-Feldlinien in der (x,y)-Ebene sind in Abb. 2.15 gezeigt. Für die Beträge der Feldgrößen haben wir erhalten:

$$B = \frac{E}{c} \,. \tag{2.60}$$

Diese Formel sollte man sich merken. Zur Veranschaulichung dieses Größenverhältnisses betrachten wir ein Elektron, dass sich mit der Geschwindigkeit v in einem statischen *E*- und *B*-Feld senkrecht zu den Magnetfeldlinien bewegt. Wenn $B = E/c$ ist, dann ist die Lorentzkraft $eBv = eEv/c$, also für $v \ll c$ gegen die elektrische Kraft vernachlässigbar. Deshalb sind elektrische Wirkungen von elektromagnetischen Wellen viel leichter nachzuweisen als magnetische.

Erzeugung elektromagnetischer Wellen, Dipolstrahlung

Eine ruhende elektrische Ladung erzeugt ein zeitlich konstantes elektrisches Feld und ein konstanter elektrischer Strom erzeugt ein zeitlich konstantes Magnetfeld. Eine Ladung, die sich mit konstanter Geschwindigkeit bewegt, erzeugt zwar variable Felder, aber durch Wechsel des Koordinatensystems kann man wieder zur ruhenden Ladung zurückkehren. Zur Erzeugung elektromagnetischer Wellen, die *abgestrahlt* werden, muss man daher *beschleunigte* Ladungen bzw. zeitlich veränderliche elektrische Ströme benutzen. Die Beschleunigung der Ladungen kann longitudinal oder transversal relativ zu ihrer Geschwindigkeit erfolgen. Wir betrachten vorerst das einfachste System und stellen den allgemeinen Fall bis Kap. 3 zurück.

Der Prototyp einer Anordnung zur Erzeugung elektromagnetischer Wellen ist der **schwingende Dipol**, auch **Hertzscher Dipol** genannt. Eine negative elektrische Ladung $-q$ befinde sich im Zentrum des Koordinatensystems (Abb. 2.16), eine positive Ladung $+q$ im Abstand $z(t) = z_0\sin\omega t$. Das zeitlich veränderliche Dipolmoment $p = qz$ ist gegeben durch

$$p(t) = p_0\sin\omega t = qz_0\sin\omega t \,. \tag{2.61}$$

Da die Abstrahlung elektromagnetischer Wellen von der Beschleunigung der Ladung abhängt, berechnen wir

$$\frac{\mathrm{d}^2 p}{\mathrm{d}t^2} = -\omega^2 p_0\sin\omega t \,. \tag{2.62}$$

In der unmittelbaren Nähe des schwingenden Dipols entsteht eine komplizierte Verteilung zeitlich veränderlicher elektrischer und magnetischer Felder, das sogenannte **Nahfeld**. Im Abstand $r \gg z_0$, d. h. in der **Fernzone**, besitzt das elektromagnetische Feld dagegen eine sehr einfache geometrische Struktur: Es läuft eine elektromagnetische Kugelwelle im Raum nach außen. In Abb. 2.17 sind die

Abbildung 2.15 *E*-Feld in Abb. 2.14. Die Dichte der Feldlinien variiert sinusförmig

Abbildung 2.16 Schwingender Dipol

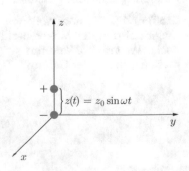

a

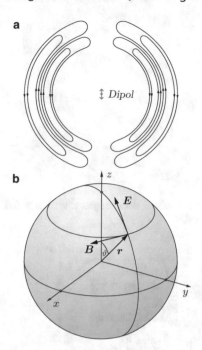

b

Abbildung 2.17 Dipolstrahlung. **a** E-Feldlinien, **b** die Richtungen von von *E*, *B* und *r*

elektrischen Feldlinien sowie die Richtungen der *E*- und *B*-Vektoren dargestellt. Die Welle ist in der (r, z)-Ebene linear polarisiert, das Verhältnis der *E*- und *B*-Feldstärken entspricht dem in (2.59) berechneten Wert. Für den Betrag der transversalen E-Feldstärke ergibt die Rechnung:

$$E_\perp(r, \vartheta, t) = \frac{\omega^2 p_0 \sin \vartheta}{4\pi\epsilon_0 c^2 r} \sin(kr - \omega t) \,. \qquad (2.63)$$

Die Wellenzahl ist $k = \omega/c$. Setzt man dies in (2.63) ein, so erhält man:

$$\sin(kr - \omega t) = \sin \omega \left(\frac{r}{c} - t\right) = -\sin \omega t' \,, \qquad (2.64)$$

wobei $t' = t - r/c$ die **retardierte Zeit** genannt wird. Die Phase in (2.63) entspricht genau der Phase von $\mathrm{d}^2 p/\mathrm{d}t^2$, verzögert um die Laufzeit der Welle.

Wir wollen nun die einzelnen Faktoren in (2.63) diskutieren. Der Faktor ω^2 im Zähler kommt daher, dass die Feldstärke proportional zu $\mathrm{d}^2 p/\mathrm{d}t^2$ ist. Man erkennt, dass es für die Erzeugung elektromagnetischer Wellen vor allem auf die *Frequenz* der Dipolschwingung ankommt: Ein Faktor 100 in der Frequenz bringt einen Faktor 10^4 in der Feldstärke und sogar einen Faktor 10^8 in der abgestrahlten Energie, denn diese ist, wie wir in Kap. 3 sehen werden, dem Quadrat der Feldstärke proportional. $p_0 \sin \vartheta$ ist die Projektion der Dipolamplitude auf eine Ebene senkrecht zur Ausbreitungsrichtung. In Richtung der z-Achse ($\sin \vartheta = 0$), also in der Schwingungsrichtung

Abbildung 2.18 Dipolantenne **a**

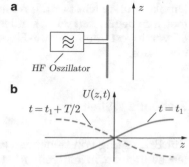

des Dipols, werden keine Wellen abgestrahlt; quer zur Schwingungsrichtung ist die Abstrahlung am größten. Bemerkenswert ist auch, dass die Feldstärke nur proportional zu $1/r$ abfällt, also viel langsamer als das Feld einer Punktladung ($E \propto 1/r^2$) oder eines statischen elektrischen Dipols ($E \propto 1/r^3$). Wir werden auf diesen Umstand im Zusammenhang mit dem Energietransport in der elektromagnetischen Welle (Abschn. 3.3) zurückkommen. Das *E*-Feld der Dipolstrahlung hat übrigens auch eine longitudinale Komponente

$$E_{||}(r, \vartheta, t) = \frac{\omega p_0 \cos \vartheta}{2\pi\epsilon_0 c r^2} \cos(kr - \omega t) \,. \qquad (2.65)$$

Da sie proportional zu $1/r^2$ abfällt, kann sie gewöhnlich gegenüber $E_\perp$ vernachlässigt werden. Sie muss jedoch existieren, weil sonst die Feldlinien nicht in sich geschlossen sein könnten (vgl. Abb. 2.17).

Zur technischen Realisierung eines schwingenden Dipols schließt man an einen Hochfrequenzoszillator zwei Drähte an, eine **Dipolantenne**, wie in Abb. 2.18 gezeigt. Die Abstrahlung funktioniert am besten, wenn die Länge der Antenne der halben Wellenlänge entspricht. Es bildet sich dann auf dem Antennendraht eine stehende Welle aus, wie in Abb. 2.18b gezeigt. Man kann sich die Anordnung auch als einen entarteten Schwingkreis vorstellen, der durch den HF-Generator resonant erregt wird. Der Antennendraht stellt die Induktivität *L* dar, die Drahtenden die Kapazität *C*. Man mache sich klar, dass bei dem in Abb. 2.19 gezeigten Übergang vom Schwingkreis zur

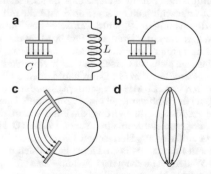

Abbildung 2.19 Übergang vom Schwingkreis zur Dipolantenne

Dipolantenne nicht nur die Abstrahlung von Wellen geometrisch begünstigt wird, sondern dass auch das Produkt LC verringert und somit die Eigenfrequenz des Kreises erhöht wird.

Stehende Wellen

Zur Erzeugung von stehenden elektromagnetischen Wellen stellt man in einigem Abstand vor einer leitenden Platte einen Sender mit einer in y-Richtung zeigenden Dipolantenne auf. Das Eindringen der elektromagnetischen Welle in das leitende Material werden wir weiter unten diskutieren. Nahe der Plattenoberfläche ist im wesentlichen $E_y = 0$. An der Plattenoberfläche fließen hochfrequente Ströme, die ihrerseits elektromagnetische Wellen abstrahlen, was zu einer Reflexion der einfallenden Welle führt (Abb. 2.20a). Abbildung 2.20b zeigt eine Momentaufnahme des E- und B-Feldes: In der stehenden Welle sind $E(x, t)$ und $B(x, t)$ gegeneinander um 90° phasenverschoben, genau wie $\tilde{p}(x, t)$ und $\tilde{c}(x, t)$ in der stehenden Schallwelle (Abb. 2.8). Zum Nachweis der Schwingungsbäuche des E- und B-Feldes kann man eine Dipolantenne (für E) bzw. eine Induktionsschleife (für B) benutzen: Man findet dann die nach Abb. 2.20 erwartete Feldverteilung. Mit einer Versuchsanordnung dieser Art gelang Heinrich Hertz der Nachweis der elektromagnetischen Wellen. Die von Hertz erfundene Sendeanlage ist in Abb. 2.21 gezeigt[4].

---

[4] Heinrich Hertz (1857–1894) war Physikprofessor in Karlsruhe und in Bonn. Er entdeckte die elektromagnetischen Wellen 1888 noch an der Technischen Hochschule Karlsruhe. Zur Erzeugung des hochfrequenten Stroms in der Dipolantenne diente ihm eine von einem Induktorium gespeiste Funkenstrecke (Abb. 2.21). Hertz hatte bemerkt, dass beim Funkenüberschlag in dieser Anordnung nicht ein Gleichstrom, sondern ein Wechselstrom fließen muss, gerade so wie im Schwingkreis von Bd. III, Abb. 17.16, wenn der Schalter geschlossen wird. Die Frequenz der Schwingung kann aus der Kapazität und der Induktivität der Dipolantenne mit Bd. III, Gl. (17.58) berechnet werden. Der Stromfluss im Funken hält typisch 10^{-4} s an; die Schwingungsdauer liegt im Bereich von 10^{-7}–10^{-8} s, so dass viele Schwingungen erfolgen, bevor der Funken abreißt. Da die Funken in rascher Folge entstehen, ergibt sich ein quasistationärer Betrieb. Als Empfänger benutzte Hertz eine Leiterschleife oder einen zweiten Dipol, angeschlossen an eine Funkenstrecke mit einem Elektrodenabstand von einigen 10^{-2} mm. Zunächst bestimmte Hertz mit stehenden Wellen bei einer Frequenz $\nu \approx 30$ MHz die Wellenlänge ($\lambda \approx 10$ m). Daraus folgerte er, dass elektromagnetische Wellen existieren, und dass sie sich mit derselben Geschwindigkeit ausbreiten, wie das Licht ($\lambda\nu \approx 3 \cdot 10^8$ m/s). Dann baute er eine Übertragungsanlage für Wellen von 500 MHz ($\lambda = 60$ cm), bei der die Sende- und Empfangsdipole in Parabolspiegel eingebaut waren. Damit demonstrierte er die geradlinige Ausbreitung, die Polarisation, die Reflexion und die Brechung von elektromagnetischen Wellen. Die Polarisation untersuchte er mit einem „Hertzschen Gitter" (Abb. 9.4), die Brechung mit einem Prisma aus Pech. Heute lassen sich diese Versuche leicht mit cm-Wellen im Hörsaal nachstellen. – Das Wort „Rundfunk" erinnert noch an den Hertzschen Funkensender.

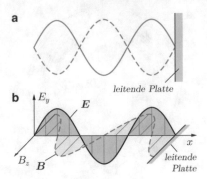

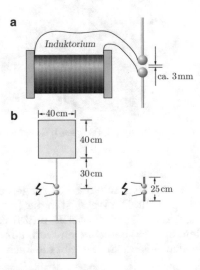

Abbildung 2.20 Stehende elektromagnetische Welle. **a** Das E-Feld, **b** Phasenlage von E und B

Abbildung 2.21 **a** Hertzscher Funkensender. Das „Induktorium" ist ein Hochspannungstransformator, dessen Primärwicklung über einen elektromechanischen Unterbrecher (Prinzip der Klingel) an galvanische Elemente angeschlossen ist. **b** Hertzs Dipole für 30 MHz und für 500 MHz

Technische Anwendungen, Spektrum der elektromagnetischen Wellen

Elektromagnetische Wellen sind heute über einen riesigen Bereich von Wellenlängen bzw. Frequenzen bekannt. Tabelle 2.3 gibt eine Übersicht. Der **Niederfrequenz (NF-) Bereich** wurde mit aufgenommen, weil der Transport niederfrequenter Ströme auf Übertragungsleitungen auch als elektromagnetisches Wellenphänomen aufgefasst werden kann; für freie Wellen spielt dieser Bereich nur sehr gelegentlich eine Rolle.

Für die drahtlose Nachrichtentechnik ist vor allem der **Hochfrequenz (HF-)Bereich** interessant: Die hochfrequente Welle kann **moduliert** werden. Im einfachsten Fall geschieht das durch Zerhacken der Welle in kurze und lange Wellenzüge zur Übertragung von Morsezeichen. Zur Übermittlung komplexer Information kann man die

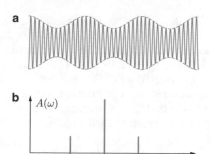

Abbildung 2.22 Modulation einer Trägerwelle (ω_T) mit einer Tonfrequenz ω_M. **a** $f(t)$ nach (2.66), **b** Frequenzspektrum

Tabelle 2.3 Das elektromagnetische Spektrum

	Wellenlänge	Frequenz ν
Niederfrequenz	> 30 km	< 10 kHz
Hochfrequenz:		
Langwelle	30 km–1 km	$\approx$ 100 kHz
Mittelwelle	1 km–100 m	$\approx$ 1 MHz
Kurzwelle	100 m–10 m	$\approx$ 10 MHz
Ultrakurzwelle	10 m–1 m	$\approx$ 100 MHz
Dezimeterwellen	1 m–10 cm	$\approx$ 1 GHz
Mikrowellen	10 cm–1 mm	$\approx$ 30 GHz
Infrarot	1 mm–0,8 µm	$\approx 10^{13}\,\text{s}^{-1}$
Sichtbares Licht	0,8 µm–0,4 µm	$\approx 10^{15}\,\text{s}^{-1}$
Ultraviolett	400 nm–10 nm	$\approx 10^{16}\,\text{s}^{-1}$
Röntgen- u. γ-Strahlen	$\lesssim$ 10 nm	$\gtrsim 10^{17}\,\text{s}^{-1}$

Amplitude der Welle modulieren. Soll z. B. ein Ton mit der Frequenz $\omega_M = 2\pi\nu$ übertragen werden, so wird die Antenne gespeist mit einem Signal proportional zu

$$f(t) = (1 + a\cos\omega_M t)\sin\omega_T t \,, \qquad (2.66)$$

wie in Abb. 2.22a gezeigt. ω_T ist die (hochfrequente) **Trägerfrequenz**. Mit der Formel für $\sin(\alpha \pm \beta)$ können wir diesen Ausdruck umformen:

$$\begin{aligned} f(t) = {} & \sin\omega_T t \\ & + \frac{a}{2}\sin(\omega_T + \omega_M)\,t + \frac{a}{2}\sin(\omega_T - \omega_M)\,t \,. \end{aligned} \qquad (2.67)$$

Im Frequenzspektrum der modulierten Welle erscheinen also zwei **Seitenbänder**, wie in Abb. 2.22b gezeigt. Sollen mehrere Tonfrequenzen übertragen werden, z. B. ein Symphoniekonzert, so wird dafür eine gewisse **Bandbreite**

$$\Delta\nu = 2\nu_{max} \qquad (2.68)$$

benötigt, wobei ν_{max} die höchste Frequenz ist, die man zur Wiedergabe des Klangcharakters braucht. Gewöhnlich begnügt man sich beim Rundfunk mit $\nu_{max} \approx 5\,\text{kHz}$, also mit $\Delta\nu \approx 10\,\text{kHz}$.[5]

Der **HF-Bereich** wird unterteilt in die Bereiche der Langwellen (LW), Mittelwellen (MW), Kurzwellen (KW) und Ultrakurzwellen (UKW), wie in Tab. 2.3 gezeigt. Die einzelnen Wellenlängenbereiche unterscheiden sich durch ihre Ausbreitungseigenschaften. Langwellen können ein Stück weit der Krümmung der Erdoberfläche folgen. Dabei wirkt sich aus, dass die topographischen Strukturen der Erdoberfläche $\lesssim \lambda$ sind, und dass die Leitfähigkeit des Bodens die Ausbreitung der „Bodenwelle" unterstützt. Kurzwellen laufen weitgehend geradeaus, eignen sich

aber dennoch zur weltweiten Nachrichtenübermittlung, da die „Raumwelle" an der Ionosphäre, einer elektrisch leitenden Schicht in der oberen Atmosphäre, und am Erdboden reflektiert wird. Wir werden dies im nächsten Abschnitt noch genauer diskutieren. Im UKW-Bereich wird die Ionosphäre für elektromagnetische Wellen durchlässig: Ultrakurzwellen eignen sich daher zum Nachrichtenverkehr mit Satelliten. Außerdem zeichnet sich der UKW-Bereich dadurch aus, dass in diesem Frequenzbereich bei vorgegebener Bandbreite $\Delta\nu$ eine große Zahl von Sendern ohne Überlappung untergebracht werden kann. Bei einer Bandbreite von $\Delta\nu = 10\,\text{kHz}$ lassen sich im Bereich von $3 \times 10^7 - 3 \times 10^8\,\text{Hz}$ theoretisch sogar 10^4 Sender unterbringen, im MW-Bereich ($3 \times 10^5 - 3 \times 10^6\,\text{Hz}$) dagegen nur etwa 100. Dies und die geringere Reichweite der auf geradlinige Übertragung angewiesenen UKW-Sender wirkt sich vorteilhaft auf die Reduzierung des „Wellensalats" aus. Für das Fernsehen benötigt man zur Übertragung der vielen Bildelemente weitaus höhere Bandbreiten ($\approx 10\,\text{MHz}$). Es wird daher am unteren Ende des UKW-Bereichs und bei den Dezimeterwellen untergebracht.

Der *Dezimeter-* und *Mikrowellenbereich* spielte zunächst vor allem in der Radartechnik, für Richtfunkstrecken und für die wissenschaftliche Forschung (z. B. in der Atom- und Festkörperphysik) eine Rolle. Er wird seit Längerem auch für die Kommunikations- und Haushaltstechnik genutzt: Die Mobiltelefonnetze laufen mit Frequenzen $\nu \approx 1\,\text{GHz}$, der Mikrowellenherd mit $\nu \approx 2,4\,\text{GHz}$ und das Satellitenfernsehen nutzt den Frequenzbereich von $10–12\,\text{GHz}$ ($\lambda \approx 3\,\text{cm}$).[6] Unterhalb der Millimeterwellen

---

[5] Zum Thema „Modulation von hochfrequenten Wellen" lässt sich noch sehr viel mehr sagen. So gibt es außer der hier kurz beschriebenen Amplitudenmodulation (AM) auch Frequenzmodulation (FM) und Phasenmodulation (PM). Näheres darüber bei F. S. Crawford, *Schwingungen und Wellen* (Berkeley Physik Kurs Band 3), im Text zu den Aufgaben 27–32, Kap. 6, und zu Aufgabe 58, Kap. 9. Man findet dort auch viele interessante technische Einzelheiten zu diesem Thema.

[6] Die Mobiltelefonnetze funktionieren mit einer raffinierten Empfangs- und Sendetechnik, die nur bei diesen Frequenzen auf engstem Raum technisch realisiert werden kann. Ebenso wichtig ist die oben erwähnte Relation zwischen Bandbreite und Trägerfrequenz. Beim Mikrowellenherd wird die Absorption der Wellen in Wasser ausgenutzt (Abschn. 5.3, Abb. 5.19), und das Satellitenfernsehen wäre bei längeren Wellenlängen unbezahlbar. Wir werden darauf bei Abb. 8.20 zurückkommen.

endet die Möglichkeit, mit den Methoden der Elektrotechnik elektromagnetische Wellen herzustellen.

Im anschließenden Spektralbereich (**Infrarot** bis **Ultraviolett**) liegt die thermische Strahlung heißer Körper (Bd. II/7) und die Strahlung der Atome und Moleküle. Für den Menschen und seine Technik besonders wichtig ist klarerweise der für das menschliche Auge sichtbare Spektralbereich. Dieser Bereich umfasst im elektromagnetischen Spektrum nur eine einzige „Oktave" ($\lambda \approx 800\,\mathrm{nm}$ bis $\lambda \approx 400\,\mathrm{nm}$). Die Physik und Technik dieses Bereichs bezeichnet man gemeinhin als **Optik**; sie wird in den folgenden Kapiteln der Wellenlehre im Vordergrund stehen.

Röntgenstrahlung und γ-Strahlung: Die Bezeichnung der kürzesten elektromagnetischen Welle richtet sich weniger nach der Wellenlänge als nach der Herkunft der Strahlen. Röntgenstrahlung nennt man die elektromagnetische Strahlung, die man mit der Röntgenröhre (Bd. V/1.3) herstellen kann oder die auf ähnliche Weise erzeugt wurde; γ-Strahlung nennt man die elektromagnetische Strahlung von Atomkernen oder aus Elementarteilchen-Prozessen. Die technische Bedeutung dieses Spektralbereichs beruht vor allem auf der großen Durchdringungsfähigkeit der Strahlung, kombiniert mit sehr kurzer Wellenlänge. Sie wird in der medizinischen Diagnostik, in der Strahlentherapie sowie für Material- und Strukturuntersuchungen ausgenutzt. Näheres dazu folgt in Bd. V, Bd. V, Abschn. 1.3 und 9.4.

2.5 Mehr über elektromagnetische Wellen

Elektromagnetische Wellen in nichtleitender Materie

Die Übertragung der bisherigen Ergebnisse auf die Ausbreitung elektromagnetischer Wellen in Materie ist sehr einfach, wenn die Materie nicht leitet und wenn folgende Voraussetzungen erfüllt sind:

Satz 2.1

Die Materie soll homogen und isotrop sein, die Absorption elektromagnetischer Wellen soll vernachlässigbar sein und die E- und B-Felder in der Welle sollen nicht zu groß sein, so dass die Polarisation P und die Magnetisierung M der Materie proportional zu E und B sind.[7]

---

[7] Ist die zuletzt genannte Voraussetzung nicht erfüllt, kommt man zur **nichtlinearen Optik**, einem interessanten Gebiet, das im Zusammenhang mit dem Laser zahlreiche technische Anwendungen findet. Wir kommen darauf am Ende von Kap. 9 zurück.

Wie in Bd. III, Kap. 14 und 15 gezeigt wurde, lässt sich dann der Einfluss der Materie mit Hilfe der Parameter ϵ und μ erfassen und wir brauchen lediglich in den Maxwellschen Gleichungen (2.49) und (2.50) und den daraus abgeleiteten Formeln die Feldkonstanten ϵ_0 und μ_0 durch $\epsilon\epsilon_0$ und $\mu\mu_0$ zu ersetzen. Wir erhalten also statt (2.53) und (2.54), wenn wir uns hier der Einfachheit halber wie bei (2.48) auf eine Dimension beschränken:

$$\frac{\partial^2 E_y}{\partial t^2} = \frac{1}{\epsilon\epsilon_0\mu\mu_0}\frac{\partial^2 E_y}{\partial x^2}\,,$$

$$\frac{\partial^2 B_z}{\partial t^2} = \frac{1}{\epsilon\epsilon_0\mu\mu_0}\frac{\partial^2 B_z}{\partial x^2}\,. \qquad (2.69)$$

Diese Gleichungen beschreiben ebene Wellen, die sich in x-Richtung ausbreiten. Es zeigt sich, dass ϵ (und auch μ) von der Frequenz der Welle abhängig sind. Die Wellen sind daher nicht dispersionsfrei. Glücklicherweise ist die Frequenzabhängigkeit von ϵ und μ über weite Bereiche sehr schwach, so dass dort die typischen Dispersionserscheinungen wie das Zerfließen von Wellengruppen nicht sehr ausgeprägt sind.

Die Phasengeschwindigkeit der Wellen im dielektrischen Medium bezeichnen wir mit c_{med}:

$$v_{\mathrm{ph}} = c_{\mathrm{med}} = \frac{1}{\sqrt{\epsilon\epsilon_0\mu\mu_0}} = \frac{c_{\mathrm{vac}}}{\sqrt{\epsilon\mu}}\,, \qquad (2.70)$$

wobei wir hier zur Verdeutlichung die Vakuum-Lichtgeschwindigkeit (2.55) mit einem Index gekennzeichnet haben. Aus Gründen, die in Kap. 5 diskutiert werden, bezeichnet man $\sqrt{\epsilon\mu}$ als den **Brechungsindex** n:

$$c_{\mathrm{med}} = \frac{c}{n} \quad \mathrm{mit} \quad n = \sqrt{\epsilon\mu}\,. \qquad (2.71)$$

Für das Magnetfeld B erhält man analog zu (2.60)

$$B = \frac{E}{c_{\mathrm{med}}} = \frac{nE}{c}\,. \qquad (2.72)$$

Da die Frequenz der Welle im Medium und im Vakuum dieselbe sein muss, erhalten wir mit den bekannten Beziehungen zwischen Frequenz, Wellenlänge und Wellenzahl (Tab. 1.1) aus $c = \lambda\nu$ und (2.71):

$$\lambda_{\mathrm{med}} = \frac{\lambda_{\mathrm{vac}}}{n}\,, \qquad k_{\mathrm{med}} = nk_{\mathrm{vac}}\,. \qquad (2.73)$$

Normalerweise ist $n > 1$, es werden im Medium die Wellenlängen *verkürzt*. Davon und von (2.71) macht man bei Ferrit-Antennen Gebrauch. Dank der hohen Permeabilität μ von Ferriten (Bd. III, Tab. 14.5) kann man für den UKW-Bereich sehr kurze Dipol-Antennen bauen, die die Bedingung $L \approx \lambda/2$ erfüllen. Gewöhnlich sind jedoch Substanzen, die die in Satz 2.1 genannten Bedingungen erfüllen, nicht magnetisch, so dass man $\mu = 1$ setzen kann. Man schreibt deshalb sehr häufig

$$n = \sqrt{\epsilon} \; . \tag{2.74}$$

Dies wird auch als die **Maxwellsche Relation** bezeichnet.

Wie kommt es zustande, dass die Lichtgeschwindigkeit in einem Medium kleiner ist als im Vakuum? Die primäre Welle erzeugt im Medium eine zeitlich veränderliche Polarisation. Das bedeutet, dass es im Medium schwingende Ladungen gibt, und diese müssen elektromagnetische Wellen abstrahlen. Die Überlagerung der primären Welle mit den sekundär erzeugten ergibt eine in Vorwärtsrichtung laufende Welle mit einer um den Faktor $1/n$ verkürzten Wellenlänge. Wir werden das in Bd. V/1.2 quantitativ untersuchen.

Elektromagnetische Wellen in leitender Materie

Wellen im Bereich der Ohmschen Leitfähigkeit. Wenn man die Ausbreitung elektromagnetischer Wellen in einem leitenden Medium berechnen will, muss man bei der Aufstellung der Wellengleichung in (2.49) und (2.50) B durch $\mu\mu_0 H$ ersetzen und man darf die Stromdichte des Leitungsstroms in der Maxwell-Gleichung Bd. III, Gl. (15.58) nicht gleich Null setzen. Wir behalten also diesen Term bei und setzen nach dem Ohmschen Gesetz Bd. III, Gl. (6.11)

$$j = \sigma_{el} E \; .$$

Dann erhalten wir mit den Materialgleichungen Bd. III, Gl. (15.59) in einem Rechnungsgang, der genauso verläuft wie derjenige, der zu der Wellengleichung (2.53) führte:

$$\frac{\partial^2 E_y}{\partial x^2} = \mu\mu_0\sigma_{el}\frac{\partial E_y}{\partial t} + \frac{1}{c_{med}^2}\frac{\partial^2 E_y}{\partial t^2} \; . \tag{2.75}$$

Wir suchen eine Lösung dieser Gleichung, die eine periodische Funktion der Zeit ist, die also den Faktor $\sin\omega t$ oder $\cos\omega t$ enthält. Die partielle Differentiation nach der Zeit ergibt dann für den ersten Term auf der rechten Seite den Vorfaktor $\mu\mu_0\sigma_{el}\omega$, für den zweiten den Vorfaktor ω^2/c_{med}^2. Wir können also den zweiten Term vernachlässigen, wenn

$$\frac{\omega^2}{c_{med}^2} \ll \mu\mu_0\sigma_{el}\omega = \frac{\mu\omega\sigma_{el}}{\epsilon_0 c^2}$$

gilt. Mit $\mu \approx 1$ und $c_{med} \approx c$ ist das der Fall für alle Frequenzen

$$\omega \ll \omega_V = \frac{\sigma_{el}}{\epsilon_0} \; . \tag{2.76}$$

ω_V ist diejenige Frequenz, bei der der „Verschiebungsstrom" einen dem Leitungsstrom vergleichbaren Beitrag in (2.75) liefern würde. In Metallen ist das eine sehr hohe Frequenz, z. B. berechnet man für Cu:

$$\omega_V = 6{,}5 \cdot 10^{18}\,\text{s}^{-1} \; , \quad \nu_V = 10^{18}\,\text{s}^{-1} \; . \tag{2.77}$$

Für so hohe Frequenzen ist das Ohmsche Gesetz längst nicht mehr gültig. Es erfordert nämlich, dass sich ein der momentanen elektrischen Feldstärke entsprechender Strom einstellt. Das ist nur möglich, wenn die Periode T der elektromagnetischen Welle deutlich größer ist als die in Bd. III, Gl. (9.14) definierte Stoßzeit τ der Ladungsträger. Nach Bd. III, Gl. (9.16) ist $\tau = \sigma_{el}m_e/n_e e^2$. Daher gelten unsere Überlegungen nur für den Frequenzbereich

$$\omega \ll \omega_S = \frac{2\pi}{\tau} = \frac{2\pi n_e e^2}{m_e\sigma_{el}} \; . \tag{2.78}$$

ω_S wird auch die **Stoßfrequenz** der Ladungsträger genannt. Für Cu berechnet man

$$\omega_S \approx 2{,}5 \cdot 10^{14}\,\text{s}^{-1} \; , \quad \nu_S \approx 4 \cdot 10^{13}\,\text{s}^{-1} \; . \tag{2.79}$$

Dieser Frequenz entspricht eine Wellenlänge von $7{,}5\,\mu\text{m}$. Sie liegt im infraroten Spektralbereich. Vom Niederfrequenzbereich bis zu den Mikrowellen und bis ins ferne Infrarot ($\lambda \approx 30\,\mu\text{m}$, $\nu \approx 10^{13}\,\text{s}^{-1}$) sind bei Metallen (2.76) und (2.78) erfüllt. Wir erhalten aus (2.75) die Wellengleichung

$$\frac{\partial^2 E_y}{\partial x^2} = \mu\mu_0\sigma_{el}\frac{\partial E_y}{\partial t} \; . \tag{2.80}$$

Durch den Ohmschen Leitungsstrom wird Joulesche Wärme erzeugt. Dadurch wird der Welle Energie entzogen, die elektromagnetische Welle wird gedämpft. Wir machen deshalb den Ansatz:

$$E_y(x,t) = E_0 e^{-\gamma x}\cos(kx - \omega t) \; . \tag{2.81}$$

Durch Einsetzen stellt man fest, dass dies eine Lösung von (2.80) ist, wenn man für γ und k setzt:

$$\gamma = k = \sqrt{\frac{\mu\mu_0\sigma_{el}\omega}{2}} = \sqrt{\frac{\mu\sigma_{el}\omega}{2\epsilon_0 c^2}} \; . \tag{2.82}$$

Die elektromagnetische Welle wird also im Leiter exponentiell gedämpft mit einer **Eindringtiefe**

$$d = \frac{1}{\gamma} = \sqrt{\frac{2\epsilon_0 c^2}{\mu\sigma_{el}\omega}} = \frac{1}{\sqrt{\pi\mu\mu_0\nu\sigma_{el}}} \; . \tag{2.83}$$

Tabelle 2.4 Eindringtiefe elektromagnetischer Wellen in Kupfer

Frequenz ν	Eindringtiefe d
10 GHz	0,67 μm
100 MHz	6,7 μm
1 MHz	67 μm
10 kHz	0,67 mm
50 Hz	1 cm

Abbildung 2.23 Zur Ableitung von (2.84)

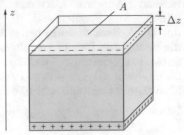

Für Kupfer ergibt diese Formel $d = 6{,}7\,\mathrm{cm}/\sqrt{\nu(\mathrm{s}^{-1})}$. Einige Werte sind in Tab. 2.4 angegeben. Wie man sieht, kann man Felder im Bereich des technischen Wechselstroms mit Kupferblech praktisch nicht abschirmen. Man nimmt dafür magnetisch weiches Eisenblech, um den großen Faktor μ in (2.83) auszunutzen.

(2.83) besagt, dass im tieferen Inneren eines metallischen Leiters kein hochfrequentes elektrisches Feld bestehen kann. Infolgedessen kann dort auch kein hochfrequenter Wechselstrom fließen. Qualitativ hatten wir das bereits in Bd. III/15.3 bei der Diskussion der Wirbelströme festgestellt. Ein hochfrequenter Strom fließt effektiv nur an der Oberfläche des Leiters in einer Schicht, deren Dicke durch (2.83) gegeben ist. Dieser **Skin-Effekt** bewirkt, dass bei einem Draht, dessen Dicke D groß gegen die **Skintiefe** d ist, der ohmsche Widerstand im Hochfrequenzbereich drastisch zunimmt. Um den Widerstand einer Leitung klein zu halten, verwendet man mitunter „HF-Litze", ein Bündel von dünnen, durch eine Lackschicht gegeneinander isolierten Kupferdrähten. Es besitzt eine viel größere Oberfläche als ein einzelner massiver Kupferdraht.

Frequenz der Wellen $\omega \gtrsim \omega_{\mathrm{S}}$. In diesem Bereich kann man bei der Maxwellgleichung nicht vom Ohmschen Gesetz $j < \sigma_{\mathrm{el}}E$ ausgehen und es liegen komplizierte Verhältnisse vor. Bei Metallen betrifft das, wie wir gesehen haben, auch den sichtbaren Spektralbereich; darauf werden wir in Abschn. 5.4 zurückkommen. Bei sehr hohen Frequenzen spielt noch ein neuer Mechanismus der Wellenausbreitung eine Rolle, sogenannte Plasmawellen, mit denen wir uns nun befassen wollen.

Plasmawellen. Wie wir aus Bd. III/8 wissen, bezeichnet man in der Physik als **Plasma** ein vollständig oder teilweise ionisiertes Gas, welches nach außen hin elektrisch neutral ist. Es enthält freie Elektronen und positive Ionen. Werden alle Elektronen gemeinsam gegen die positiven Ionen verschoben und dann losgelassen, führen sie eine Schwingung aus, deren Frequenz man unschwer berechnen kann.

Betrachten wir ein quaderförmiges, mit einem Plasma gefülltes Volumen, welches pro Volumeneinheit n_{e} freie Elektronen enthält (Abb. 2.23). Werden die Elektronen um ein Stück Δz verschoben, entsteht ein elektrisches Feld, das wir mit Bd. III, Gl. (2.16) berechnen können:

$$E = \frac{|q|}{\epsilon_0 A} = \left| \frac{n_{\mathrm{e}}q_{\mathrm{e}}A\Delta z}{\epsilon_0 A} \right| = \left| \frac{n_{\mathrm{e}}q_{\mathrm{e}}}{\epsilon_0}\Delta z \right|.$$

Das E-Feld zeigt in Abb. 2.23 in z-Richtung. Für jedes Elektron (Ladung $q_{\mathrm{e}} = -e$, Masse m_{e}) gilt die Bewegungsgleichung:

$$m_{\mathrm{e}}\frac{\mathrm{d}^2(\Delta z)}{\mathrm{d}t^2} = -eE = -\frac{n_{\mathrm{e}}e^2}{\epsilon_0}\Delta z.$$

Wir erhalten also eine Schwingungsgleichung:

$$\frac{\mathrm{d}^2(\Delta z)}{\mathrm{d}t^2} + \frac{n_{\mathrm{e}}e^2}{m_{\mathrm{e}}\epsilon_0}\Delta z = 0,$$

d. h. die Elektronen oszillieren mit der Frequenz

$$\omega_{\mathrm{p}} = \sqrt{\frac{n_{\mathrm{e}}e^2}{m_{\mathrm{e}}\epsilon_0}}. \tag{2.84}$$

Diese Frequenz wird **Plasmafrequenz** genannt. Die soeben berechnete Schwingung ist die Grundschwingung der Elektronen in einem Plasma, die Schwingung mit der niedrigsten Frequenz, vergleichbar mit dem Schwappen des Wassers in der Badewanne. Es sind auch Plasmaschwingungen höherer Frequenz möglich. Als Plasmawellen können elektromagnetische Wellen nahezu ungedämpft durch das leitende Medium laufen.

Plasmawellen und Plasmafrequenz spielen z. B. bei der Ausbreitung von Radiowellen eine wichtige Rolle. Durch die kurzwellige UV-Strahlung der Sonne wird die Luft in den obersten Schichten der Atmosphäre ionisiert. Es entsteht ein Plasma mit einer Elektronendichte $n_{\mathrm{e}} \approx 10^{11}$–$10^{12}\,\mathrm{m}^{-3}$, die sogenannte **Ionosphäre**. Die Plasmafrequenz liegt nach (2.84) wegen der geringen Elektronendichte relativ niedrig, nämlich bei $\nu_{\mathrm{p}} = \omega_{\mathrm{p}}/2\pi \approx$ 3–10 MHz; die zugehörige Wellenlänge ist $\lambda_{\mathrm{p}} \approx$ 30–100 m. Unterhalb von $\lambda \approx 10$ m wird die Ionosphäre für Radiowellen durchlässig. Der Funkverkehr mit Satelliten ist daher im UKW- und Dezimeterwellenbereich möglich.

Radiowellen im Kurz-, Mittel- und Langwellenbereich ($\lambda > \lambda_p$) werden dagegen an der Ionosphäre reflektiert; durch mehrfache Reflexion an Ionosphäre und Erdoberfläche wird in diesem Wellenlängenbereich weltweite Übertragung möglich, während die Reichweite der UKW- und Fernsehsender auf Sichtweite eingeschränkt ist, sofern nicht ein Satellit oder eine Übertragungsleitung zu Hilfe genommen wird.

Plasmawellen kann es auch in kondensierter Materie geben: In einem Metall können die Leitungselektronen kollektiv gegen die positiven Ionen schwingen. Die Plasmafrequenz liegt dabei nach (2.84) im Ultravioletten. Oberhalb von ω_p werden Metalle transparent. Bei sehr hoher Frequenz beteiligen sich sogar alle Elektronen an der Plasmaschwingung, dann spielt die Bindung der Elektronen keine Rolle mehr. Deshalb sind alle Stoffe, Metalle wie Isolatoren, für Röntgenstrahlen durchsichtig. Die Absorption der Strahlen erfolgt nur noch durch die schon in Bd. I/17.3 genannten Quanteneffekte, auf die wir in Bd. V/2 zurückkommen werden.

Elektromagnetische Wellen auf einer Übertragungsleitung

Zur Übertragung von Gleichstrom und von technischem Wechselstrom benutzt man gewöhnliche Drähte. Bei Wechselströmen höherer Frequenz erweist sich dies als unzweckmäßig: Durch induktive und kapazitive Kopplung wird ein unerwünschtes Übersprechen von Störsignalen verursacht; bei hohen Frequenzen wirken die Drähte als Antennen und es kommt zur Abstrahlung von elektromagnetischen Wellen. Um diese Nachteile zu vermeiden, verwendet man im Hochfrequenzbereich spezielle Übertragungsleitungen, z. B. Koaxialkabel, die bereits in Abschn. 1.1 besprochen wurden (Abb. 1.7 und Abb. 1.8). Die Übertragung einer hochfrequenten Wechselspannung durch eine solche Leitung erfolgt als Ausbreitung einer elektromagnetischen Welle auf der Leitung. Bei der Koaxialleitung besteht der besondere Vorteil, dass die elektrischen und magnetischen Felder nicht in den Außenraum außerhalb des Kabels eindringen, wie in Abb. 2.24 gezeigt ist.

Wir wollen die Signalausbreitung auf dem Koaxialkabel berechnen. Das Beispiel in Abb. 1.8 zeigt überdeutlich, dass hier die in Bd. III/15.2 genannten Voraussetzungen für die Anwendung der quasistationären Näherung nicht gegeben zu sein scheinen. Das Koaxialkabel ist nichts anderes als ein langer Zylinderkondensator, und offensichtlich verteilt sich die Ladung auf diesem Kondensator nicht gleichmäßig wie im elektrostatischen Fall, sondern Ladung und Spannung laufen als elektromagnetische Welle das Kabel entlang. Dennoch kann man das

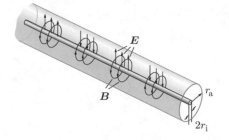

Abbildung 2.24 Elektromagnetische Welle auf einem Koax-Kabel

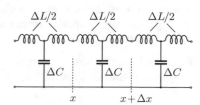

Abbildung 2.25 Ersatzschaltbild für die Koaxial-Leitung

Problem der Signalausbreitung auf dem Kabel mit einem Ansatz lösen, der auf der quasistationären Näherung aufbaut, nämlich auf den Formeln $Q = CU$ und $U_{ind} = -L\,\mathrm{d}I/\mathrm{d}t$. Wir teilen das Kabel in kurze Teilstücke auf, und machen uns klar, dass ein Stück Δx der Leitung eine gewisse Kapazität $\Delta C = C'\Delta x$ und eine Induktivität $\Delta L = L'\Delta x$ besitzt, wobei C' und L' Kapazität und Induktivität *pro Meter* sind. Wir stellen also die Leitung durch das Ersatzschaltbild in Abb. 2.25 dar. Es gilt nun

$$U(x + \Delta x) = U(x) - \Delta L \frac{\partial I}{\partial t}\,,$$

$$I(x + \Delta x) = I(x) - \Delta C \frac{\partial U}{\partial t}\,.$$

Die erste Gleichung folgt aus dem Induktionsgesetz, die zweite besagt, dass der Strom an der Stelle $x + \Delta x$ vermindert ist um den Strom, der in die Kapazität ΔC geflossen ist. Wir schaffen $U(x)$ und $I(x)$ nach links und dividieren durch Δx. Für $\Delta x \to 0$ erhält man die Differentialgleichungen

$$\frac{\partial U}{\partial x} = -L'\frac{\partial I}{\partial t}\,, \quad \frac{\partial I}{\partial x} = -C'\frac{\partial U}{\partial t}\,. \tag{2.85}$$

Diese Gleichungen (bzw. die etwas komplizierteren, die man erhält, wenn man auch noch die elektrischen Widerstände der Leitung berücksichtigt) werden auch die **Telegraphengleichungen** genannt. Indem man die eine Gleichung nach x, die andere nach t differenziert, erhält man nach dem Muster von (2.20) und (2.21):

$$\frac{\partial^2 U}{\partial t^2} = \frac{1}{L'C'} \frac{\partial^2 U}{\partial x^2}\,, \quad \frac{\partial^2 I}{\partial t^2} = \frac{1}{L'C'} \frac{\partial^2 I}{\partial x^2}\,. \tag{2.86}$$

Abbildung 2.26 Lecher-Leitung

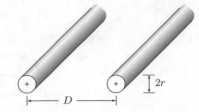

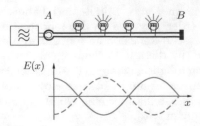

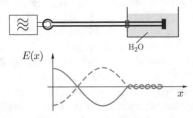

Abbildung 2.27 Stehende Welle auf einer Lecher-Leitung. Bei dem Versuch gibt es nur *ein* Lämpchen, das entlang der Leitung verschoben wird

Abbildung 2.28 Versuchsanordnung zur Messung der Wellenlänge in Wasser

Das sind Wellengleichungen für dispersionsfreie Wellen, falls L' und C' frequenzunabhängig sind. Solange diese Voraussetzung erfüllt ist, können über ein Koaxialkabel Signale ohne Formänderung übertragen werden (vgl. Abb. 1.8 und Abschn. 1.4).

Für das Koaxialkabel hatten wir L' in Bd. III, Gl. (15.19) angegeben und C' in Bd. III, Gl. (3.28) berechnet:

$$L' = \frac{\mu_0}{2\pi} \ln \frac{r_a}{r_i} , \quad C' = \frac{2\pi\epsilon_0}{\ln(r_a/r_i)} . \qquad (2.87)$$

Für eine Anordnung von zwei parallelen Drähten (**Lecher-Leitung**, Abb. 2.26) gilt

$$L' = \frac{\mu_0}{\pi} \ln \frac{D-r}{r} , \quad C' = \frac{\pi\epsilon_0}{\ln((D-r)/r)} . \qquad (2.88)$$

In beiden Fällen ist die Ausbreitungsgeschwindigkeit der Signale nach (2.86)

$$v = \frac{1}{\sqrt{L'C'}} = \frac{1}{\sqrt{\epsilon_0\mu_0}} = c . \qquad (2.89)$$

Ist der Raum zwischen den Leitern mit einem Dielektrikum gefüllt, so ist nach (2.70) $v = c/\sqrt{\epsilon\mu}$. So erhält man z. B. für das in Abb. 1.7 dargestellte mit Polyäthylen isolierte Kabel ($\sqrt{\epsilon} \approx 1{,}5$) eine Signalgeschwindigkeit $v \approx \frac{2}{3}c$, wie schon in Abschn. 1.1 experimentell festgestellt wurde.

Man kann auch stehende Wellen auf einer Übertragungsleitung erzeugen, z. B. auf der in Abb. 2.27 gezeigten Lecherleitung. Die Einkopplung der Hochfrequenz ($\nu = 100\,\mathrm{MHz}$) erfolgt induktiv am Ende A, dort entsteht also ein Spannungsbauch. Um stehende Wellen zu erhalten, wird die Leitung am Ende B in einem Spannungsknoten kurzgeschlossen, also nach $(2n+1)/4$ Wellenlängen. Die Lage der Spannungsbäuche bzw. Spannungsknoten kann man mit dem hochohmigen Messkopf eines Oszillographen, bzw. zur Demonstration, mit einem aufgesetzten Lämpchen sichtbar machen. Die Anordnung in Abb. 2.28 ist dazu geeignet nachzuprüfen, ob tatsächlich in einem Dielektrikum die von der Maxwellschen Relation $n = \sqrt{\epsilon}$ geforderte Verkürzung der Wellenlänge eintritt. Zu diesem Zweck kann man das letzte Stück der Leitung in

Wasser führen. In der Luft ($\epsilon \approx 1$) erhält man $\lambda \approx \lambda_\mathrm{vac} = 3\,\mathrm{m}$, was mit der Formel $\lambda = c/\nu$ übereinstimmt, im Wasser dagegen $\lambda = 3{,}3\,\mathrm{cm}$, d. h. wir erhalten bei $100\,\mathrm{MHz}$

$$n_{\mathrm{H_2O}} = 9 . \qquad (2.90)$$

Das entspricht genau der Erwartung, wenn man von der in Bd. III, Tab. 4.1 angegebenen Dielektrizitätskonstante $\epsilon = 81$ ausgeht.

Wellenleiter für Mikrowellen

Es ist ohne weiteres klar, dass eine Lecher-Leitung auch funktioniert, wenn man statt der beiden Drähte zwei Platten der Breite a verwendet, die sich im Abstand b gegenüber stehen. Ein Beispiel ist die Streifenleitung in Bd. III, Abb. 15.11d. Erstaunlicherweise funktioniert ein Wellenleiter auch, wenn man die beiden Platten durch leitende Seitenwände verbindet, wie Abb. 2.29 zeigt. Ein solcher **Hohlleiter** hat interessante Eigenschaften, wie wir gleich sehen werden. Auch ist er besonders gut zum verlustarmen Transport von Mikrowellen im Bereich von $\lambda \approx 1\,\mathrm{cm}$ bis $\lambda \approx 10\,\mathrm{cm}$ ($\nu \approx 10\,\mathrm{GHz}$) geeignet.

Das elektrische Feld muss senkrecht auf den Leiteroberflächen stehen. Diese Randbedingung erfüllt das in Abb. 2.29 eingezeichnete Feld: Das E-Feld zeigt in y-Richtung, und an den Seitenwänden, bei $x = 0$ und $x = a$, ist $E_y = 0$. Wir machen den Ansatz $\boldsymbol{E} = (0, E_y, 0)$ mit

$$E_y(x,z,t) = E_0 \sin k_x x \cos(k_z z - \omega t)$$
$$\mathrm{mit} \quad k_x = \frac{\pi}{a} . \qquad (2.91)$$

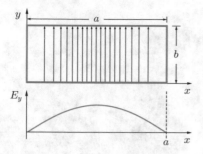

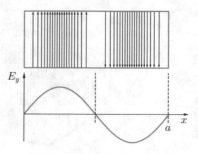

Abbildung 2.30 Eine höhere Schwingungsmode ($m = 2$) im rechteckigen Hohlleiter

Abbildung 2.29 Elektrisches Feld in einem Hohlleiter mit rechteckigem Querschnitt, zu (2.91)

Es erweist sich als zweckmäßig, E_y durch einen Imaginärteil $\mathrm{i}\sin(k_z z - \omega t)$ zu ergänzen und von dem komplexen Ansatz

$$\check{E}_y(x,z,t) = E_0 \sin k_x x \, \mathrm{e}^{\mathrm{i}(k_z z - \omega t)} \tag{2.92}$$

auszugehen. Setzt man dies in die Wellengleichung (2.53)

$$\frac{\partial^2 E_y}{\partial t^2} = c^2 \left(\frac{\partial^2 E_y}{\partial x^2} + \frac{\partial^2 E_y}{\partial y^2} + \frac{\partial^2 E_y}{\partial z^2} \right)$$

ein, erhält man

$$-\omega^2 \check{E}_y = -c^2 k_x^2 \check{E}_y - c^2 k_z^2 \check{E}_y$$

$$k_x^2 + k_z^2 = \frac{\omega^2}{c^2} \, . \tag{2.93}$$

Unser Ansatz ist also eine Lösung der Wellengleichung, wenn

$$k_z = \pm \sqrt{\frac{\omega^2}{c^2} - \frac{\pi^2}{a^2}} \tag{2.94}$$

ist. Je nach dem Vorzeichen von k_z laufen die Wellen in $+z$-Richtung oder in $-z$-Richtung, vorausgesetzt, dass k_z eine reelle Zahl ist. Die Frequenz ω muss also größer sein als die **Grenzfrequenz** ω_g:

$$\omega > \omega_\mathrm{g} = \frac{c\pi}{a} \, . \tag{2.95}$$

Der Grenzfrequenz ω_g entspricht *im Vakuum* eine Wellenlänge

$$\lambda_\mathrm{g} = \frac{2\pi}{\omega_\mathrm{g}} c = 2a \, . \tag{2.96}$$

Auf die Frage, wie man das Auftreten der Grenzfrequenz physikalisch anschaulich verstehen kann, werden wir in Abschn. 4.1 zurückkommen.

Wenn $\omega > \omega_\mathrm{g}$ ist, läuft die Welle mit der Phasengeschwindigkeit

$$v_\mathrm{ph} = \frac{\omega}{k_z} = \frac{c}{\sqrt{1 - (\omega_\mathrm{g}/\omega)^2}} \tag{2.97}$$

durch den Wellenleiter. Das ist offensichtlich stets größer als c. Kein Malheur, wie wir am Ende von Abschn. 1.4 gesehen haben. Die Gruppengeschwindigkeit ist nach (1.24) und (2.94)

$$v_\mathrm{g} = \frac{\mathrm{d}\omega}{\mathrm{d}k_z} = \frac{1}{\mathrm{d}k_z/\mathrm{d}\omega} = c\sqrt{1 - (\omega_\mathrm{g}/\omega)^2} \, . \tag{2.98}$$

Wie es sein muss, ist $v_\mathrm{g} < c$.

Wenn $\omega < \omega_\mathrm{g}$ ist, wird k_z imaginär. Wir setzen $k_z = \mathrm{i}k_z'$ und erhalten als Lösung der Wellengleichung

$$\check{E}_y(x,z,t) = E_0 \sin k_x x \, \mathrm{e}^{-k_z' z} \mathrm{e}^{-\mathrm{i}\omega t} \, ,$$

$$E_y(x,z,t) = \mathrm{Re}\, \check{E}_y = E_0 \sin k_x x \, \mathrm{e}^{-k_z' z} \cos \omega t \, . \tag{2.99}$$

Die Amplitude der Welle nimmt exponentiell ab, sie kann sich im Hohlleiter nicht ausbreiten.

Die in Abb. 2.29 gezeigte Feldverteilung ist nur die einfachste Form des Feldes. Die Randbedingungen werden auch erfüllt, wenn

$$k_x = \frac{m\pi}{a} = \frac{\pi}{a}, \frac{2\pi}{a}, \frac{3\pi}{a}, \dots \tag{2.100}$$

ist (Abb. 2.30). Für die höheren Moden liegen die Grenzfrequenzen bei

$$\omega_\mathrm{g}^{(m)} = \frac{mc\pi}{a} = m\omega_\mathrm{g} \, . \tag{2.101}$$

Wenn ω im Bereich von ω_g bis $\omega_\mathrm{g}^{(2)}$ liegt, wenn also die Vakuum-Wellenlänge der Mikrowelle im Bereich

$$a < \lambda < 2a \tag{2.102}$$

liegt, kann sich im Wellenleiter nur die **Grundmode** mit $k_x = \pi/a$ ausbreiten. In der Praxis werden Hohlleiter meist in dem durch (2.102) gegebenen Bereich betrieben.

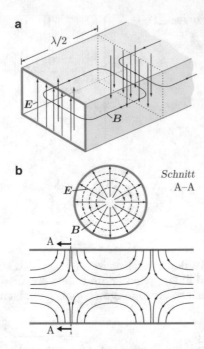

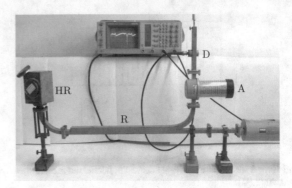

Abbildung 2.32 Mikrowellen-Apparatur für 8–12,4 GHz (Praktikumsversuch, Univ. Heidelberg). *HR*: Auszumessender Hohlraum-Resonator, *A*: abstimmbarer Resonator, *D*: Detektor-Diode, *R*: Richtkoppler (siehe auch Aufgabe 7.2)

Abbildung 2.31 Elektrische und magnetische Feldlinien im Hohlleiter. **a** Grundschwingung der TE-Mode, **b** Grundschwingung der TM-Mode

Wie sieht das zu (2.91) gehörende Magnetfeld aus? Die *B*-Feldlinien umschlingen den Bereich, in dem sich das *E*-Feld am raschesten ändert. Das ist bei der durch den Hohlleiter laufenden Welle der Bereich zwischen Wellenberg und Wellental der *E*-Feldstärke. Es ergibt sich das in Abb. 2.31a gezeigte Feldlinienbild. Im Gegensatz zur elektromagnetischen Welle im Vakuum, im Koax-Kabel und auf der Lecher-Leitung hat hier also das *B*-Feld auch eine Komponente *in* der Ausbreitungsrichtung. Nur das *E*-Feld ist rein transversal. Man nennt das eine **TE-Welle** (transversal elektrisch). Es gibt im Hohlleiter auch **TM-Wellen**, bei denen das Magnetfeld rein transversal ist, während das *E*-Feld eine longitudinale Komponente hat. Abb. 2.31b zeigt als Beispiel eine TM-Welle, hier in einem Hohlleiter mit kreisförmigem Querschnitt.

Warum ist der Transport von Mikrowellen im Hohlleiter besonders verlustarm? Wie die Feldlinienbilder in den Abb. 2.29 und 2.30 zeigen, entspringen und enden die *E*-Feldlinien auf den Leiteroberflächen. Dort müssen Ladungen sitzen und hochfrequente Ströme fließen, die Joulesche Wärme erzeugen. Infolge des Skineffektes fließen diese Ströme nur in einer dünnen Oberflächenschicht; im Hohlleiter kann man dank der großen Oberfläche trotzdem den Widerstand klein halten. Auch kann man den Hohlleiter aus supraleitendem Material bauen. Dann arbeitet der Hohlleiter nahezu verlustfrei.

In der praktischen Verwirklichung sieht eine Mikrowellenapparatur aus wie eine besonders sorgfältig ausgeführte Klempnerarbeit (Abb. 2.32). Hohlleiter für Dezimeter-

wellen sehen aus wie eine Entlüftungsanlage. In beiden Fällen enthält jedoch das Hohlleitersystem viele Raffinessen, besonders bei der Ein- und Auskopplung der Wellen, bei Verzweigungen und dort, wo verschiedene Hohlleiterstücke zusammengesetzt werden[8].

In einem Hohlleiter können sich auch stehende Wellen hoher Amplitude ausbilden. Sie sind identisch mit den Resonanzen in einem Hohlraum-Resonator, die in Bd. III/17.3 besprochen wurden. Die Apparatur in Abb. 2.32 dient zur experimentellen Bestimmung solcher Resonanzfrequenzen.

2.6 Bugwellen und Stoßwellen

Bisher wurde in diesem Kapitel angenommen, dass der „Sender", d. h. die Vorrichtung, von der die Wellen ausgehen, sich in Ruhe befindet. Den Doppler-Effekt, d. h. die Phänomene, die man bei bewegtem Sender oder Empfänger beobachtet, haben wir bereits in Bd. I/14.4 besprochen. Wir wollen nun ein spezielles Phänomen untersuchen, das auftritt, wenn sich der Sender mit einer Geschwindigkeit bewegt, die *oberhalb* der Phasengeschwindigkeit der Welle liegt.

Nehmen wir an, der Sender bewegt sich mit der konstanten Geschwindigkeit v geradlinig in einem Medium, in dem die Phasengeschwindigkeit der ausgesandten Wellen v_{ph} ist. Zur Zeit $t = 0$ befinde sich der Sender bei A. Wenn $v < v_{ph}$ ist, bilden die Wellenfronten zur Zeit $t = \overline{AB}/v$ das in Abb. 2.33a gezeigte System von Kugelwellen. Der Empfänger (1) registriert eine höhere Frequenz, der Empfänger (2) eine niedrigere: Das ist das vertraute Phänomen des Doppler-Effekts. Wenn jedoch $v > v_{ph}$ ist, bildet sich

---

[8] Siehe z. B. The Feynman Lectures on Physics, Band II, Abschnitt 24.6 (Addison-Wesley, 1964), G. Nimtz, Mikrowellen, Einführung in Theorie und Anwendung (Hanser-Verlag, 1980).

a

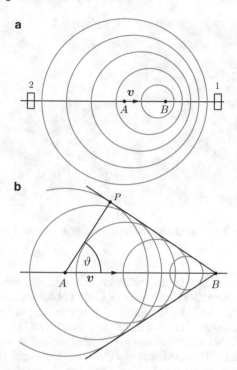

b

Abbildung 2.33 Zur Ableitung von (2.103). Der *größte Kreis* stellt den Wellenberg dar, der vom Sender in *Punkt A* erzeugt wurde. Der im *Punkt B* erzeugte Wellenberg hat sich gerade noch nicht vom Sender gelöst. **a** $v < v_{\mathrm{ph}}$, **b** $v > v_{\mathrm{ph}}$

das in Abb. 2.33b gezeigte System von Kugelwellen. Es entsteht eine kegelförmige Wellenfront, die unter dem Winkel ϑ gegen die Richtung von v fortschreitet. Dabei ist

$$\cos \vartheta = \frac{\overline{AP}}{\overline{AB}} = \frac{v_{\mathrm{ph}} t}{v t} = \frac{v_{\mathrm{ph}}}{v} \ . \qquad (2.103)$$

Der interessante Punkt ist nun, dass zur Herstellung der Wellenfront keineswegs ein Sender durch das Medium bewegt werden muss, der periodische Wellen emittiert. Es genügt ein mit der konstanten Geschwindigkeit v bewegtes Objekt, von dem eine Störung des Mediums ausgeht.

Der Čerenkov-Effekt

Wir betrachten ein geladenes Teilchen, das sich mit der Geschwindigkeit $v > v_{\mathrm{ph}}$ in einem durchsichtigen Medium mit dem Brechungsindex n bewegt. Die Phasengeschwindigkeit elektromagnetischer Wellen ist nach (2.71) $c_{\mathrm{med}} = c/n$. Das Vorhandensein der Ladung am Punkt A in Abb. 2.33b kann von einem Beobachter am Ort P nicht eher wahrgenommen werden als zur Zeit $t = \overline{AP}/c_{\mathrm{med}}$. Es entsteht eine elektromagnetische **Bugwelle** mit der in Abb. 2.33b eingezeichneten Wellenfront. Unter dem durch

(2.103) gegebenen Winkel wird Licht emittiert, überwiegend im ultravioletten und sichtbaren Spektralbereich. Der physikalische Mechanismus, der zur Erzeugung des Lichts führt, ist die auf dem Kegelmantel plötzlich einsetzende Polarisation des Mediums durch das elektrische Feld der Ladung.

Der Effekt wird nach seinem Entdecker **Čerenkov-Effekt** genannt. Der **Čerenkov-Winkel** ϑ_{c} ist gegeben durch

$$\cos \vartheta_{\mathrm{c}} = \frac{1}{\beta n} \ , \quad \mathrm{mit} \ \beta = \frac{v}{c} \ . \qquad (2.104)$$

Čerenkov-Strahlung wird emittiert, sobald $\beta > 1/n$ ist. In Glas ($n = 1{,}5$) erzeugt ein Elektron mit $E_{\mathrm{kin}} > 0{,}17\,\mathrm{MeV}$ Čerenkov-Licht, in Luft ($n = 1{,}00027$) erst mit $E_{\mathrm{kin}} > 21\,\mathrm{MeV}$. Beim Proton sind die entsprechenden Zahlen $E_{\mathrm{kin}} > 320\,\mathrm{MeV}$ und $E_{\mathrm{kin}} > 39\,\mathrm{GeV}$. Da der Čerenkov-Effekt nur von der Geschwindigkeit der Teilchen abhängt, kann er in Kombination mit einer Impulsmessung zur Teilchenidentifizierung benutzt werden.

Schiffswellen

Wohlbekannt ist die Bugwelle bei Wasserfahrzeugen. Sie entsteht infolge der Wasserverdrängung. Das Phänomen ist jedoch ungleich komplizierter als der Čerenkov-Effekt. Das liegt daran, dass die elektromagnetischen Wellen auch in einem Medium nahezu dispersionsfrei sind, was für Wasserwellen absolut nicht zutrifft. Aufgrund der Dispersionsrelation (2.40) kann sich hinter dem Schiff eine Heckwelle ausbilden, deren Wellenlänge so bemessen ist, dass sie sich mit der gleichen Geschwindigkeit vorwärts bewegt wie das Schiff. Das Interessante ist die Bugwelle. Sie bildet sich bei einem mit konstanter Geschwindigkeit im Tiefwasser fahrenden Schiff nur in einem Winkelbereich $\vartheta \le \vartheta_0$ aus, wobei $\vartheta_0 = \arctan(1/\sqrt{8}) = 19{,}5°$ ist (Abb. 2.34). ϑ_0 ist **unabhängig** von der Geschwindigkeit des Schiffs. Dieses überaus seltsame Phänomen wurde von Lord Kelvin erkannt und berechnet. Scotland rules the waves!

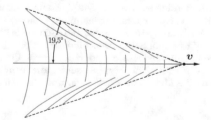

Abbildung 2.34 Bug- und Heckwelle eines mit konstanter Geschwindigkeit fahrenden Schiffs

Stoßwellen

Ein wichtiges und interessantes Phänomen entsteht bei
der Bugwelle eines Körpers, der mit Überschallgeschwindigkeit durch die Luft bewegt wird. Normalerweise sind
Schallwellen dispersionsfrei und die Bugwelle läuft in der
in (2.103) berechneten Richtung. Die starke adiabatische
Kompression der Luft in der Bugwelle führt aber dazu,
dass die Temperatur ansteigt. Infolgedessen wird nach
(2.24) die Ausbreitungsgeschwindigkeit der auf die Wellenfront der Bugwelle folgenden Wellen erhöht, sie holen
die Bugwelle ein und es kommt zur Ausbildung einer sehr
steilen Wellenfront, einer **Stoßwelle**. Diese Erscheinung
macht sich besonders unliebsam bemerkbar bei Flugzeu-
gen oder Geschossen, die mit Überschallgeschwindigkeit
fliegen. Abbildung 2.35 zeigt die Stoßwelle eines fliegen-
den Geschosses. Diese Phänomene wurden zuerst von
Ernst Mach studiert[9]. Man bezeichnet die kegelförmige
Stoßwelle auch als **Machkegel**, und als **Machzahl** das
Verhältnis von Fluggeschwindigkeit zu Schallgeschwindigkeit.

Stoßwellen entstehen nicht nur als Folge der schnellen Bewegung eines Körpers. Ein Beispiel dafür, wie eine Stoßwelle scheinbar aus dem Nichts entstehen kann, liefert

Abbildung 2.35　Ein mit Überschallgeschwindigkeit fliegendes Geschoss

die **Flutwelle**, die man mitunter an ausgedehnten flachen
Wattenküsten bei Eintreten der Flut beobachtet: hinter der
Stoßfront ist die Wellengeschwindigkeit wegen des höheren Wasserstands höher als davor. Nach (2.42) kann eine
Flutwelle bei 40 cm Höhe eine Geschwindigkeit von 2 m/s
entwickeln! Es empfiehlt sich, diesen Umstand bei Spa-
ziergängen auf dem Watt zu beachten, besonders an der
französischen Atlantikküste.

---

[9] Ernst Mach (1838–1916), österreichischer Physiker und Philosoph,
wirkte in Graz, Prag und Wien. Er schuf die Grundlagen zur experimentellen Untersuchung und zum Verständnis der Gasdynamik,
in diesem Zusammenhang auch Grundlagen der Kurzzeitfotogra-
fie. Noch bedeutender sind seine Beiträge zur Erkenntnistheorie
als prominenter Vertreter des sogenannten Positivismus. Danach
sollen nur Beobachtungen und messbare Größen in die Naturwissen-
schaften Eingang finden. Seine Ansichten hatten positiven Einfluss
auf Einsteins Relativitätstheorie und Heisenbergs Quantenmechanik. Allerdings führte seine Hypothesenfeindlichkeit auch dazu,
dass er rigoros die kinetische Gastheorie und den Atomismus ab-
lehnte.

Übungsaufgaben

2.1. Schallgeschwindigkeit in Gasen. Für Luft und Kohlendioxid wurden bei der Temperatur $T = 273\,\text{K}$ die Schallgeschwindigkeiten $v_S = 331\,\text{m/s}$ und $259\,\text{m/s}$ gemessen. Die Molmassen sind $0{,}029\,\text{kg/mol}$ und $0{,}044\,\text{kg/mol}$. Wie groß sind nach der idealen Gasgleichung die Verhältnisse von Druck zu Dichte p_0/ρ_0 und welche adiabatischen Exponenten κ erhält man aus den Schallgeschwindigkeiten? Im CO_2-Molekül sind die Atome linear angeordnet. Welche Erklärung gibt es dafür, dass die Koeffizienten κ für Luft und CO_2 voneinander abweichen?

2.2. Grundfrequenz einer Pfeife. Eine Pfeife erzeugt in der Luftatmosphäre eine Schallfrequenz $\nu = 500\,\text{Hz}$. Wie groß wäre die Frequenz, wenn die Pfeife mit Helium bei Atmosphärendruck betrieben würde?

2.3. Warum verläuft die Schallausbreitung in idealen Gasen adiabatisch? In Schallwellen existieren neben Druck- und Dichteschwankungen auch periodische Temperaturschwankungen $\tilde{T}(x,t) = \tilde{T}_0 \sin(kx - \omega t)$.

a) Betrachten Sie einen ebenen Schnitt durch das Gas senkrecht zur Schallrichtung, der an der Stelle des größten Temperaturgradienten liegt und mit der Schallwelle mitläuft. Wie viel Energie pro Fläche wird durch Wärmeleitung (Wärmeleitfähigkeit = Λ) während einer Halbperiode durch diese Grenzfläche transportiert?

b) Die innere Energie pro Gasmenge (in mol) oszilliert ebenfalls. Wie groß ist die Amplitude $\tilde{U}_0$ als Funktion von $\tilde{T}_0$? Wie viel innere Energie steckt in der Schallwelle zwischen zwei solcher Grenzflächen, die um eine halbe Wellenlänge auseinander liegen?

c) Warum beweisen die Resultate von Teil a) und b) die adiabatische Natur der Schallwellen in idealen Gasen? Zahlenbeispiel: Luft unter Normalbedingungen, Schallfrequenz 1 kHz. Die Wärmeleitfähigkeit ist $\Lambda = 0{,}024\,\text{W}\,\text{m}^{-1}\,\text{K}^{-1}$.

d) Wie groß ist ist die Temperatur-Amplitude $\tilde{T}_0$ in Luft unter Normalbedingungen bei einer Druckamplitude $\tilde{p}_0 = 1\,\text{Pa}$?

2.4. Temperierte Stimmung. In der Musik wird das Frequenzintervall von einer Oktave in 12 Halbtöne eingeteilt, wobei die Oktave einer Frequenz-Verdopplung oder Halbierung entspricht. Welche relative Genauigkeit bei der Einschätzung der Frequenz erreicht ein Musiker mindestens, wenn er über das absolute Gehör verfügt?

2.5. Eigenschwingungen einer Saite. In einem kleineren Flügel sei die Saite für den tiefsten Ton A_0, 4 Oktaven unterhalb des Kammertons A_4 mit der Frequenz 440 Hz, $L = 1{,}36\,\text{m}$ lang. Sie besteht aus einem 1,2 mm dicken speziellen Stahldraht, der mit zwei dicht liegenden Lagen Kupferdraht umwickelt ist, die an den Enden nicht eingespannt sind. Der maximale Außendurchmesser der Kombination ist 6 mm, die Dichten sind $\rho_{\text{Draht}} = 7{,}9\,\text{g}\,\text{cm}^{-3}$ und $\rho_{\text{Cu}} = 8{,}9\,\text{g}\,\text{cm}^{-3}$ und der Füllfaktor der Kupferwicklung beträgt $\eta = 0{,}8$.

a) Wie groß ist die Zugkraft an der Saite? Wie groß ist die Zugspannung?

b) Wie lang müsste die Saite sein, wenn man bei gleicher Zugkraft die Kupferummantelung weglassen würde?

c) In der Mittel- und Oberlage des Instruments besitzen die Saiten keinen Kupfermantel. Wie lang wäre eine Saite beim Kammerton A_4, wenn Zugkraft und Drahtradius so groß wären wie bei der tiefsten Frequenz? (In der Realität sind die Drahtdurchmesser etwas kleiner).

d) Die Zahl der Saiten pro Ton variiert von einer (tiefster Ton) bis drei (Mittel- und Oberlage). In welcher Größenordnung wird die gesamte Zugkraft auf den Rahmen bei einem Tonumfang von etwas über 7 Oktaven liegen?

2.6. Stehende Welle auf einem Fadenpendel. Schlägt man seitlich an die Mitte eines ruhenden Fadenpendels, kann man auf dem Faden eine näherungsweise harmonische stehende Welle beobachten, bei der der Faden seitlich schwingt, aber die Pendelmasse keine horizontalen Ausschläge macht. Das Pendel habe die Länge L. Es gebe nur ein Schwingungsmaximum in unmittelbarer Nähe zur Fadenmitte.

a) Wie groß ist die Wellenzahl k? Zahlenbeispiel: Pendellänge $L = 1{,}8\,\text{m}$. Es werde eine Schwingungsdauer $T = 0{,}20\,\text{s}$ gemessen. Wie groß ist die Ausbreitungsgeschwindigkeit einer Beule auf dem Faden?

b) Wie groß ist das Verhältnis zwischen der Fadenmasse m_F und der angehängten Masse m? Ist die implizit gemachte Voraussetzung $m_F \ll m$ gerechtfertigt? Liegt das Amplitudenmaximum etwas oberhalb oder etwas unterhalb der Fadenmitte?

c) Ein idealisierter Grenzfall, der praktisch nie erreicht werden kann, ist der Faden konstanter Länge, der bei Verbiegungen Energie weder speichert noch in Wärme verwandelt. Wie viel kinetische Energie steckt in der stehenden Welle zum Zeitpunkt des gestreckten Fadens, wenn m_F, L, und T vorgegeben sind und der Maximalausschlag x_0 ist? Diese Energie muss zum Zeitpunkt der Maximalauslenkung als potentielle Energie in der Anhebung der Masse m durch die Fadenkrümmung stecken. Rechnen Sie nach, dass diese Aussage konsistent mit (2.5) ist.

2.7.   Dispersion von Tiefwasserwellen. a) Wie groß ist die Ausbreitungsgeschwindigkeit einer Wasserwelle mit der Wellenlänge $\lambda_1 = 30\,\text{cm}$? Die Oberflächenspannung beträgt $\sigma = 0{,}072\,\text{N}\,\text{m}^{-1}$.

b) Dieser Welle sei eine zweite überlagert. Bei welcher Wellenlänge λ_2 bewegt sich diese Welle nicht relativ zur ersten?

c) Wie groß ist die Minimalgeschwindigkeit der Wasserwellen und bei welcher Wellenlänge tritt sie auf?

Energie- und Impulstransport in Wellen

3

© Springer-Verlag GmbH Deutschland 2017
J. Heintze / P. Bock (Hrsg.), *Lehrbuch zur Experimentalphysik Band 4: Wellen und Optik,* https://doi.org/10.1007/978-3-662-54492-1_3

In diesem Kapitel werden wir uns mit der energetischen Seite der Wellenausbreitung befassen. Dabei werden wir zu einer vertieften Anschauung des Ausbreitungsvorgangs gelangen und noch einige Größen und Begriffe einführen, die für die Physik der Wellen wichtig sind. Auch werden wir einen Einblick in die Begriffswelt der technischen Akustik und der Photometrie gewinnen und uns kurz mit den physikalischen Grundlagen des Gehörs und des Sehvermögens befassen.

In Kap. 2 wurde darauf hingewiesen, dass elektromagnetische Wellen von *beschleunigten* Ladungen abgestrahlt werden. Wir berechnen nun die Strahlungsleistung eines schwingenden Dipols und geben eine allgemeine Formel für die Strahlung beschleunigter Ladungen an. Im Anschluss daran wird das interessante Phänomen der Synchrotronstrahlung diskutiert.

Wellen transportieren nicht nur Energie, sondern auch Impuls. Das führt im letzten Abschnitt zum Phänomen des Strahlungsdrucks und schließlich sogar zu der wohl berühmtesten physikalischen Formel, Einsteins $E = mc^2$.

3.1 Der Wellenwiderstand

Allgemeine Definition

Es ist intuitiv klar, dass zum Antreiben einer Welle Energie erforderlich ist. Für die zu leistende Arbeit ist der **Wellenwiderstand** die maßgebliche Größe. Wir wollen zunächst diesen Begriff möglichst allgemein definieren. Damit sich in einem Medium Wellen ausbreiten können, müssen die räumlichen und die zeitlichen Änderungen von zwei physikalischen Größen $\psi(x,t)$ und $\chi(x,t)$ wechselseitig miteinander verknüpft sein:

$$\frac{\partial \psi}{\partial x} = -\alpha \frac{\partial \chi}{\partial t} \,, \quad \frac{\partial \psi}{\partial t} = -\beta \frac{\partial \chi}{\partial x} \,. \tag{3.1}$$

Wir haben mehrere Beispiele für solche Gleichungen kennen gelernt, die in Tab. 3.1 zusammengestellt sind. Die Konstanten α und β entnimmt man den angegebenen Gleichungen. Die unterste Zeile erhält man, indem man in (2.46) und (2.47) B_z durch $\mu_0 H_z$ ersetzt. Durch partielle Differentiation dieser Gleichungen nach t und nach x entstehen Wellengleichungen für ψ und χ (vgl. (2.21)), wobei man für die Phasengeschwindigkeit erhält:

Tabelle 3.1 Beispiele zu (3.1)

Wellentyp	ψ	χ	α	β
Seilwelle (2.7), (2.8)	F_y	$\tilde{c}$	μ	S
Schallwelle (2.17), (2.19)	p	$\tilde{c}$	ρ_0	$\rho_0 \dfrac{\mathrm{d}p}{\mathrm{d}\rho}$
el. magn. Welle (2.46), (2.47)	E_y	B_z	1	$\dfrac{1}{\epsilon_0 \mu_0}$
	E_y	H_z	μ_0	$1/\epsilon_0$

$$v_{\mathrm{ph}} = \frac{\omega}{k} = \sqrt{\frac{\beta}{\alpha}} \,. \tag{3.2}$$

Wir nehmen nun eine in $+x$-Richtung laufende ebene harmonische Welle an:

$$\left. \begin{array}{l} \psi(x,t) = \psi_0 \sin(kx - \omega t) \\ \chi(x,t) = \chi_0 \sin(kx - \omega t) \end{array} \right\} \tag{3.3}$$

und stellen uns die Frage: In welchem Verhältnis müssen die *Amplituden* der Wellenfunktionen $\psi(x,t)$ und $\chi(x,t)$ stehen, damit die Wellenausbreitung funktioniert? Indem wir (3.3) in die erste Gleichung (3.1) einsetzen, erhalten wir

$$\psi_0 k \cos(kx - \omega t) = \alpha \chi_0 \omega \cos(kx - \omega t) \,.$$

Daraus folgt mit (3.2):

$$\frac{\psi_0}{\chi_0} = \alpha \frac{\omega}{k} = \sqrt{\alpha\beta} \,, \tag{3.4}$$

$$\psi(x,t) = \sqrt{\alpha\beta}\,\chi(x,t) \,. \tag{3.5}$$

Nun ist bei einem bestimmten Wellenphänomen die Wahl der Größen $\psi(x,t)$ und $\chi(x,t)$ keineswegs eindeutig festgelegt, z. B. kann man bei Schallwellen zwischen Druck- und Dichteänderung, Auslenkung und Geschwindigkeit der Luftteilchen wählen. Es zeigt sich, dass von dieser Wahl zwar nicht das Verhältnis α/β, wohl aber das Produkt $\alpha\beta$ abhängt. Für energetische Betrachtungen ist folgende Wahl zweckmäßig:

$$\left. \begin{array}{l} \psi = \text{Rücktreibende Kraft (bzw. Druck)} \\ \chi = \text{Geschwindigkeit} \,. \end{array} \right\} \tag{3.6}$$

Mit dieser Definition wird die Größe

$$\sqrt{\alpha\beta} = \frac{\psi(x,t)}{\chi(x,t)} = \frac{\psi_0}{\chi_0} = Z \tag{3.7}$$

als **Wellenwiderstand** bezeichnet. Je nach der Festlegung in (3.6) wird bei mechanischen Wellen der Wellenwiderstand in $\mathrm{N\,s/m} = \mathrm{kg/s}$ oder in $\mathrm{N\,s/m^3} = \mathrm{kg/m^2\,s}$ gemessen. Bei *elektrischen Wellen* muss man die Größen ψ und χ so wählen, dass sich der *Wellenwiderstand in Ohm* ergibt. Das bedeutet, dass man bei elektromagnetischen Wellen für das Magnetfeld nicht *B*, sondern die in A/m gemessene Größe *H* zu verwenden hat. Die entsprechenden Werte von α und β sind in der untersten Zeile von Tab. 3.1 angegeben.

Der Wellenwiderstand ist eine Eigenschaft des Mediums, in dem die Wellenausbreitung stattfindet. Wenn die Wellen in diesem Medium absorbiert werden, nimmt nicht nur die Amplitude der Welle ab, es entsteht auch eine Phasenverschiebung zwischen $\psi(x,t)$ und $\chi(x,t)$. Wie in der Wechselstromtechnik kann man das durch einen komplexen Wellenwiderstand ausdrücken. Von dieser Komplikation sehen wir im Folgenden ab. Außerdem nehmen wir an, dass die Dispersion der Welle klein ist, so dass man nach (1.26) mit einer einheitlichen Wellengeschwindigkeit rechnen kann. Wir werden nun die physikalische Bedeutung des Wellenwiderstands untersuchen.

Die Rolle des Wellenwiderstands am Beispiel der Seilwellen

Bei der Wellenausbreitung auf einem elastischen Seil ist nach Tab. 3.1 der Wellenwiderstand

$$Z = \sqrt{S\mu} \,. \tag{3.8}$$

Nach (3.5) und (3.6) gilt also:

$$F_y(x,t) = Z\tilde{c}(x,t) \,. \tag{3.9}$$

Belastung des „Senders" bei einer Seilwelle. Nehmen wir an, dass bei $x = 0$ an das Seil ein „Sender" für harmonische Seilwellen angeschlossen ist, z. B. die in Abb. 3.1 gezeigte Vorrichtung, enthaltend eine Feder mit der Federkonstanten κ und eine Masse m. Bei abgehängtem Seil

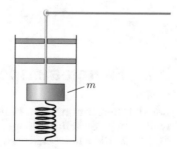

Abbildung 3.1 „Sender" für Seilwellen

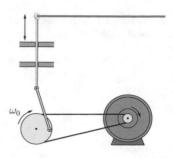

Abbildung 3.2 Motor als Sender für Seilwellen

lautet die Bewegungsgleichung des Senders

$$m\frac{\mathrm{d}^2 y}{\mathrm{d}t^2} = -\kappa y \,.$$

Der Sender kann also mit der Frequenz $\omega_0 = \sqrt{\kappa/m}$ schwingen. Mit angehängtem Seil wirkt auf den Sender die Reaktionskraft $-F_y(0,t)$; also nach (3.9) die Kraft $-Z\tilde{c}(0,t)$. Nun ist $\tilde{c}(0,t) = \mathrm{d}y/\mathrm{d}t$, die Geschwindigkeit des Senders in senkrechter Richtung. Wir erhalten für den belasteten Sender die Bewegungsgleichung

$$m\frac{\mathrm{d}^2 y}{\mathrm{d}t^2} + Z\frac{\mathrm{d}y}{\mathrm{d}t} + \kappa y = 0 \,. \tag{3.10}$$

Der Sender führt eine gedämpfte Schwingung aus. Es wird ihm durch die Anregung von Schwingungen auf dem Seil ständig Energie entzogen. Den Dämpfungsterm $Z\,\mathrm{d}y/\mathrm{d}t$ nennt man auch die **Strahlungsdämpfung** des Senders. Die pro Sekunde abgegebene Energie, die **Strahlungsleistung**, ist nach (3.9):

$$P(t) = F_y(0,t)\tilde{c}(0,t) = Z\tilde{c}^2(0,t) \,. \tag{3.11}$$

Soll die Schwingung des Senders nicht alsbald infolge der Strahlungsdämpfung zum Stillstand kommen, muss dem Sender ständig Energie zugeführt werden. Man kann den Sender auch durch die in Abb. 3.2 gezeigte Vorrichtung ersetzen: Ein Motor erzeugt über ein Kurbelgestänge die auf- und abwärtsgehende Bewegung mit der Frequenz ω_0. Durch die Konstruktion ist die Amplitude y_0 und die Geschwindigkeit $\tilde{c}(0,t) = \omega_0 y_0 \cos\omega_0 t$ vorgegeben. Damit das Ganze funktioniert, muss der Motor die Leistung $P(t)$ nach (3.11) aufbringen können, er muss *leistungsmäßig an den Wellenwiderstand des Seils angepasst sein*.

„Terminierung" der Seilwelle. Die vom Sender abgegebene Energie verschwindet keineswegs, indem sie etwa sogleich in Wärme verwandelt wird; sie wandert mit der Seilwelle nach rechts, also mit der Wellengeschwindigkeit v. Dabei erfolgt die Bewegung des Seils (mit entsprechender Verzögerung) an jeder Stelle x wie die Bewegung bei $x = 0$. Dem entspricht, dass an jeder Stelle des Seils zwischen $F_y(x,t)$ und $\tilde{c}(x,t)$ das Verhältnis Z herrscht,

Abbildung 3.3 „Abschlusswiderstand" für Seilwellen

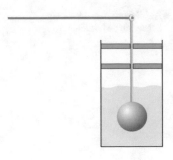

wie schon in (3.9) angegeben. An jeder Stelle ist der momentane Energiefluss gleich der in (3.11) berechneten Leistung

$$\frac{\text{Energie}}{\text{Zeiteinheit}} = F_y(x,t)\tilde{c}(x,t) = Z\tilde{c}^2(x,t) \ . \qquad (3.12)$$

Schneidet man nun irgendwo das Seil ab und befestigt es an einer Vorrichtung wie in Abb. 3.3 gezeigt, so „bemerkt" das Seil überhaupt nicht die Veränderung, sofern der Radius r der Kugel und die Viskosität η der Flüssigkeit so aufeinander abgestimmt sind, dass $F_y/\tilde{c} = Z$ ist. Da nach der Stokes'schen Formel Bd. II, Gl. (3.24) auf die Kugel die Kraft $F_y = 6\pi\eta r\tilde{c}$ wirkt, muss folgende Bedingung erfüllt sein:

$$6\pi\eta r = Z = \sqrt{S\mu} \ . \qquad (3.13)$$

In diesem Fall ist das Seil mit seinem Wellenwiderstand **terminiert**, es tritt keine Reflexion auf, und es gelingt, die gesamte Wellenenergie im „Abschlusswiderstand" in Wärme umzusetzen. Das gleiche Phänomen wurde schon in Abb. 1.9 gezeigt.

Reflexion. Wird das Seil bei $x = L$ an einer starren Wand befestigt, ist $\tilde{c}(L,t) \equiv 0$ und die Welle wird mit umgekehrtem Vorzeichen reflektiert (Abb. 1.6). $\tilde{c}(L,t) = 0$ bedeutet nach (3.7), dass der Wellenwiderstand der starren Wand unendlich groß ist. Ganz allgemein ist die Reflexion an einer Diskontinuität abhängig vom Wellenwiderstand vor und hinter der Diskontinuität. Wir werden das in Abschn. 5.4 am Beispiel des Lichts quantitativ studieren. Will man einen reflexionsfreien Übergang der Wellen zwischen zwei Medien erreichen, müssen die Wellenwiderstände der beiden Medien gleich sein, oder durch eine Vorrichtung aneinander angepasst werden. Bei mechanischen Wellen muss aus einer großen Auslenkung bei kleiner Kraft eine kleine Auslenkung bei großer Kraft gemacht werden. Das ist mit einem Hebelmechanismus im Prinzip möglich, in der Praxis aber nicht so einfach. Wir fassen zusammen: Der Wellenwiderstand eines Mediums ist sowohl für die Strahlungsdämpfung des Senders als auch für die Reflexion an einer Diskontinuität maßgeblich.

Energietransport in Wellen

Wie wir am Beispiel der Seilwelle gesehen haben, transportiert eine Welle Energie, und zwar läuft auf dem Seil pro Zeiteinheit die durch (3.12) gegebene Energie an einer Stelle x vorbei. Wir betrachten nun den Energiefluss in einer Welle im dreidimensionalen Raum. Die Energie wird in einer dispersionsfreien Welle mit der Wellengeschwindigkeit v transportiert. Bei der Strömung einer Flüssigkeit ist die Stromdichte j das Produkt von Dichte ρ und Strömungsgeschwindigkeit v (vgl. Bd. II, Gl. (3.27)). In der Welle gibt es eine Energiedichte $u(\mathbf{r},t)$. Man berechnet damit die **Energiestromdichte**

$$j_E = uv \ . \qquad (3.14)$$

Die **Intensität** einer periodischen Welle ist definiert als der Betrag dieser Größe, gemittelt über eine Wellenperiode

$$I = |\overline{j_E}| = \overline{u}v \ . \qquad (3.15)$$

$I\,\mathrm{d}A$ ist die Energie, die pro Zeiteinheit durch ein Flächenelement $\mathrm{d}A$ strömt, das **senkrecht** zur Ausbreitungsrichtung aufgestellt ist.

Wie die im Folgenden behandelten Beispiele zeigen, ist die Energiedichte in einer Welle proportional zum Quadrat der Wellenamplitude. Im Allgemeinen ist die Wellengeschwindigkeit v unabhängig von der Amplitude. In solchen Fällen gilt also:

Satz 3.1

Die Intensität der Welle ist proportional zum Quadrat der Wellenamplitude.

Dies gilt nach (3.12) auch für die Seilwelle, denn aus $y(x,t) = y_0\sin(kx - \omega t)$ folgt $\tilde{c}(x,t) = \partial y/\partial t = -\omega y_0\cos(kx - \omega t)$, und es ist $\overline{\tilde{c}^2} \propto y_0^2$. Bei sinusförmigen Wellen rechnet man meistens wie beim Wechselstrom mit den Effektivwerten Bd. III, Gl. (17.12). Dann ist z. B.

$$\overline{y^2} = \frac{1}{2}y_0^2 = y_{\text{eff}}^2 \ .$$

3.2 Energietransport in Schallwellen

Bei der Berechnung der Energiedichte in einer Schallwelle, auch **Schalldichte** genannt, machen wir es uns leicht. Da die Materieteilchen eine harmonische Schwingung ausführen, ist der Mittelwert der potentiellen Energie gleich dem Mittelwert der kinetischen (vgl. Bd. I, Gl. (12.8)). Die Gesamtenergie ist die Summe von beidem, also ist ihre Dichte doppelt so groß wie die mittlere Dichte der kinetischen Energie $\overline{u}_{kin} = \frac{1}{2}\rho\overline{\tilde{c}^2}$. Man erhält

$$\overline{u} = \rho\overline{\tilde{c}^2} \, . \tag{3.16}$$

Die Intensität der Schallwellen, auch **Schallstärke** genannt, ist demnach

$$I = \rho v_s\overline{\tilde{c}^2} = \rho v_s\frac{\overline{\tilde{p}^2}}{Z^2} \, . \tag{3.17}$$

Der Wellenwiderstand für Schallwellen ist mit (3.7), (2.22) und Tab. 3.1

$$Z = \frac{\tilde{p}_0}{\tilde{c}_0} = \sqrt{\rho^2\frac{dp}{d\rho}} = \rho v_s \, . \tag{3.18}$$

In der Akustik rechnet man auch mit dem Verhältnis der Druckamplitude zur Amplitude der Auslenkung $\tilde{x}_0$ der Materieteilchen. Da $\tilde{c}_0 = \omega\tilde{x}_0$ ist, folgt für diese, als **Schallhärte** bezeichnete Größe

$$\frac{\tilde{p}_0}{\tilde{x}_0} = \omega Z \, . \tag{3.19}$$

Aufgrund der viel höheren Dichte und der höheren Schallgeschwindigkeit ist der Wellenwiderstand von Flüssigkeiten und Festkörpern sehr viel höher als der von Gasen. Schallwellen werden daher an Flüssigkeitsoberflächen und an festen Wänden fast vollständig reflektiert. Will man das vermeiden, muss man die Wand mit einem Stoff geringer Dichte und hoher Schallabsorption bedecken, also mit einem Stoff, in dem die oszillatorische Bewegung der Schallwelle rasch in Wärmebewegung umgesetzt wird. Faserstoffe und speziell geformte Schaumgummiteile sind hierfür geeignet.

Schallpegel und Lautstärke

Für den wissenschaftlichen Gebrauch genügt die Angabe der Schallintensität I in W/m². In der Technik wird statt dessen häufig der sogenannte **Schallpegel** L, gemessen in **Dezibel**, angegeben. Die Definition ist

$$L = 10\log\frac{I}{I_0} \text{ Dezibel} \, . \tag{3.20}$$

Die Verwendung der Dezibel in der technischen Akustik ist sinnvoll, weil die vom menschlichen Ohr subjektiv

empfundene Lautstärke proportional zum Schallpegel, nicht etwa proportional zur Intensität in Watt/m² ist: Das Ohr hat eine angenähert logarithmische Empfindlichkeitskurve („Weber-Fechnersches Gesetz").

Das Dezibel (abgekürzt: dB) ist, wie z. B. auch das Winkelmaß Radian, eine dimensionslose Einheit. Die Bezugsintensität I_0 ist nach internationaler Vereinbarung festgelegt auf

$$I_0 = 10^{-12}\text{ Watt/m}^2 \, . \tag{3.21}$$

Der Logarithmus in (3.20) ist der *dekadische* Logarithmus. Ebensogut kann man den Schallpegel auch mit dem Verhältnis der Amplituden des Schallwechseldrucks definieren. Da $I \propto \tilde{p}^2$ ist, ist

$$L_p = 20\log\frac{\tilde{p}}{\tilde{p}_0}\text{ dB} \, . \tag{3.22}$$

Der Bezugswert $\tilde{p}_0$ ist *bei Luft (NTP)* auf $\tilde{p}_{eff} = 20\,\mu\text{Pa}$ festgelegt. Damit stimmen die Schallpegelangaben in (3.20) und (3.22) nahezu überein $((20\,\mu\text{Pa})^2/\rho v_s = 0,94 \cdot 10^{-12}\text{ Watt})$.

Das Dezibel wird in der Technik generell als Maß für Intensitäts- oder Leistungsverhältnisse benutzt, vor allem auch in der Elektronik. Ein Intensitätszuwachs um 20 dB $(= 2\text{ Bel})$ entspricht einem *Intensitätsverhältnis* $I_1/I_2 = 100$:

$$10\log\frac{I_1}{I_2} = 20 \quad\rightarrow\quad \log\frac{I_1}{I_2} = 2$$
$$\frac{I_1}{I_2} = 10^2 = 100 \, . \tag{3.23}$$

Das *Amplitudenverhältnis* ist in diesem Falle ein Faktor 10. Ein Intensitätszuwachs um 3 dB $(= 0,3\text{ Bel})$ entspricht einem Intensitätsverhältnis von

$$I_1/I_2 = 10^{0,3} = 1,99 \approx 2 \, . \tag{3.24}$$

Hier ist das Amplitudenverhältnis $\sqrt{2} = 1,414$. Diese Betrachtungsweise sollte man sich merken, weil man bei der elektronischen Verarbeitung von Analog-Signalen häufig mit „Abschwächern" konfrontiert wird, deren Wert in Dezibel angegeben ist. Auch Verstärkungsgrade werden oft in dB angegeben.

Die Lautstärke-Empfindung ist nun frequenzabhängig. Man hat deshalb eine in Phon gemessene **Lautstärke** Λ dadurch definiert, dass man für die Referenzfrequenz 1000 Hz setzt:

$$\Lambda\text{ (Phon)} = L\text{ (Dezibel)} \quad \text{(für } \nu = 1000\text{ Hz)} \, . \tag{3.25}$$

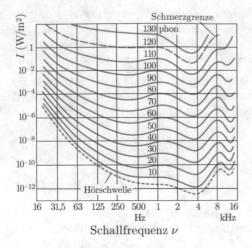

Abbildung 3.4 Kurven gleicher Lautstärke $\Lambda(\nu) =$ const

Mit Hilfe einer Anzahl von Versuchspersonen wurden die Kurven gleicher Lautstärke $\Lambda(\nu) =$ const ermittelt. Das Ergebnis ist in Abb. 3.4 dargestellt; eingetragen ist auch die Hörschwelle (gestrichelte Linie). Die Schmerzgrenze liegt etwa bei 120 Phon. In Tab. 3.2 sind die Lautstärken für einige typische Schallfelder angegeben. Man mache sich klar, dass Phon ein logarithmisches Maß ist: Wenn in einem geschlossenen Raum 1 Trompeter eine Lautstärke von 90 Phon erzeugt, so erzeugen in demselben Raum 3 Trompeter eine Lautstärke von 94,7 Phon; 10 Trompeter bringen es auf 100 Phon. Das ergibt die folgende Rechnung: Wenn $\Lambda_1 = 10 \log(I_1/I_0) = 90$ Phon ist, dann ist

$$\Lambda_3 = 10 \log \frac{3I_1}{I_0} = 10 \left(\log \frac{I_1}{I_0} + \log 3 \right)$$
$$= 94,771 \text{ Phon ,}$$

$$\Lambda_{10} = 10 \log \frac{10I_1}{I_0} = 10 \left(\log \frac{I_1}{I_0} + \log 10 \right)$$
$$= 100 \text{ Phon .}$$

Noch ein Rechenexempel: Wenn man mit 10 Lautsprechern in einem Raum eine Lautstärke von 100 Phon erzeugt, reduziert sich der Lärm bei Abschalten von 9

Tabelle 3.2 Lautstärke in verschiedenen Schallfeldern

Schallquelle	Phon
leises Flüstern	10
ruhige Wohnung	20
normales Sprechen	50
starker Straßenverkehr	80
10 Watt-Lautsprecher	100
(3 m Abstand)	
Presslufthammer (1 m)	120
(*Schmerzgrenze*)	
Düsentriebwerk (50 m)	130

Lautsprechern nur um 10%, da die Schallempfindung proportional zu den Phon ist!

Anstelle des Phon wird heute gewöhnlich die Einheit dB(A) benutzt. Man kann sie direkt an einem entsprechend eingerichteten Schallwechseldruck-Messgerät ablesen. Das Gerät enthält ein Mikrophon und einen Verstärker, dessen Verstärkungsgrad in bestimmter Weise (entsprechend der international festgelegten „Bewertungskurve A") von der Frequenz abhängt, so dass die Anzeige in grober Näherung den Phon entspricht.

Das Hören

Es ist interessant, die Amplituden $\tilde{x}_0$ der Schallwellen auszurechnen. Mit $\overline{\tilde{c}^2} = \frac{1}{2}\tilde{c}_0^2$ und $\tilde{c}_0 = \omega \tilde{x}_0$ folgt aus (3.17):

$$\tilde{x}_0 = \sqrt{\frac{2I}{\rho v_s \omega^2}} .$$

Bei $\nu = 1000$ Hz liegt die Hörschwelle etwa bei $I = 2,5 \times 10^{-12}$ W/m². Die Amplitude der Schallwellen in Luft ist dann $\tilde{x}_0 \approx 0,2 \times 10^{-10}$ m, das ist weniger als ein Atomdurchmesser! An der Schmerzgrenze (120 Phon) beträgt die Amplitude ca. 10 μm. Diese Zahlen und die Ausmaße des in Abb. 3.4 dargestelltem Hörbereichs machen deutlich, dass das menschliche Ohr ein echtes Wunderwerk der Natur ist.

In Abb. 3.5 sieht man das Ende des Gehörgangs mit dem Trommelfell. Die dahinter liegende Paukenhöhle ist mit Luft gefüllt. Für den gelegentlichen Druckausgleich sorgt die in den Rachenraum führende Eustachische Röhre. Die eigentlichen Organe enthält das Innenohr. Es ist mit einer Flüssigkeit, einer Lymphe, gefüllt und steht mit der Paukenhöhle nur über zwei mit Membranen verschlossene Öffnungen in Verbindung. Man nennt sie das ovale

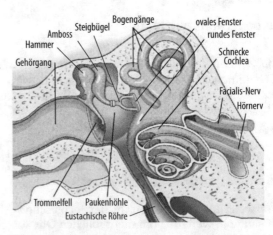

Abbildung 3.5 Das Ohr, nach H.-G. Bönninghaus u. Th. Lenarz (2001)

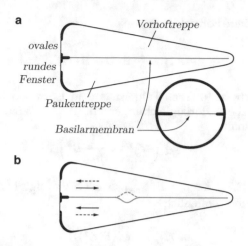

Abbildung 3.6 Die Cochlea, abgerollt und grob schematisiert, im Längs- und Querschnitt

und das runde Fenster. Die Bogengänge gehören zum Gleichgewichtsorgan. Das für Schallwellen empfindliche Organ, die Schnecke oder Cochlea, ist grob schematisch in Abb. 3.6a dargestellt. Sie ist bis auf die genannten Fenster und die Durchführungen für den Hörnerv fest von Knochen eingeschlossen.

Das erste Problem ist, die Schallschwingungen der Luft ($Z = 415 \, \text{kg}/\text{m}^2 \, \text{s}$) auf die Lymphe ($Z \approx 1,5 \cdot 10^6 \, \text{kg}/\text{m}^2 \, \text{s}$) zu übertragen. Eine regelrechte Impedanzanpassung ist dabei nicht erforderlich, da ja der Schall nicht in der Flüssigkeit als Schallwelle weiterlaufen soll. Die Wellenbewegung wird in der Lymphe nur auf einen Bereich übertragen, der sehr klein gegen die Schallwellenlänge ist. Diese Aufgabe kann der aus dem Trommelfell und den Gehörknöchelchen Hammer, Amboss und Steigbügel bestehende Mechanismus erfüllen. Die „Fußplatte" des Steigbügels wirkt dabei direkt auf das ovale Fenster der Cochlea.

Die Cochlea ist längs durch eine Scheidewand in zwei Bereiche aufgeteilt, die in Abb. 3.5 wie zwei ineinander geschachtelte Wendeltreppen in der knöchernen Schnecke stecken. Diese Scheidewand ist teilweise starr, zum Teil aber durch die hochelastische Basilarmembran gebildet. Sie ist in Längsrichtung nur wenig, in Querrichtung aber straff gespannt. Die durch das ovale Fenster auf die nahezu inkompressible Flüssigkeit übertragenen Druckschwankungen müssen auf irgendeinem Wege an das runde Fenster gelangen, da dieses neben dem ovalen Fenster der einzige nachgiebige Teil der Cochlea-Wand ist.

Messungen haben gezeigt, dass die Querspannung der Basilarmembran von vorn nach hinten exponentiell abnimmt. Das Verhältnis von Spannung zu Masse, also die Frequenz der Eigenschwingungen der Membran, nimmt dementsprechend von vorn nach hinten ab. Empfängt das Ohr einen Ton mit der Frequenz ν, dann wird durch

die Druckschwankungen der Lymphe in der Vorhoftreppe die Basilarmembran an einer ganz bestimmten Stelle resonant zu Schwingungen angeregt, wie Abb. 3.6b zeigt. Bei hohen Frequenzen liegt diese Stelle vorn, bei tiefen am hinteren Ende der Cochlea. Die Basilarmembran ist nun über die sogenannten Haarzellen an die Nervenfasern des Hörnervs gekoppelt. Die Schwingungen der Membran werden durch die inneren Haarzellen über den Hörnerv und eine neuronale Zwischenstation auf den Audiocortex, einen Teil des Gehirns, übertragen. Durch einen Rückkopplungseffekt, bei dem von der Zwischenstation aus über die äußeren Haarzellen die lokale Bewegung der Basilarmembran verstärkt wird, wird eine Entdämpfung der Schwingung und damit eine hohe Trennschärfe erreicht.

Mit diesem Mechanismus, dessen elektromechanische und neuronale Funktionsweise noch keineswegs vollständig geklärt ist, wird uns und unsern vierbeinigen und gefiederten Artgenossen die wunderbare Welt der Geräusche und der Töne erschlossen, die uns entzücken oder erschrecken können, die aber jedenfalls für eine differenzierte Kommunikation mit der Umwelt sorgen.

3.3 Energietransport in elektromagnetischen Wellen

Der Wellenwiderstand

Bei einer elektrischen Übertragungsleitung ist der Wellenwiderstand das Verhältnis von Spannung U zu Strom I in einer laufenden Welle. Es ist also $\psi(x,t) = U(x,t)$ und $\chi(x,t) = I(x,t)$. Aus (2.85) entnehmen wir $\alpha = L'$, $\beta = 1/C'$. Also gilt für den Wellenwiderstand der Leitung:

$$Z = \sqrt{\alpha\beta} = \sqrt{\frac{L'}{C'}} \, . \tag{3.26}$$

L' und C' sind von der Geometrie der Leitung abhängig. Zwei Beispiele wurden schon in (2.87) und (2.88) gegeben. Da bei der laufenden Welle Strom und Spannung in Phase sind, ist Z ein rein Ohmscher Widerstand. Wir hatten bereits in Abb. 1.9 festgestellt, dass keine Reflexion auftritt, wenn eine Übertragungsleitung mit dem Widerstand $R = Z$ abgeschlossen wird.

Auch bei einer freien elektromagnetischen Welle kann man einen Wellenwiderstand berechnen. Um ihn in Ohm zu erhalten, muss man, wie schon bei Tab. 3.1 bemerkt, neben der in V/m gemessenen elektrischen Feldstärke E für das Magnetfeld die Feldgröße $H = B/\mu\mu_0$ einführen, denn H wird in A/m gemessen. Mit (2.71) und (2.72) erhalten wir

$$Z = \frac{E}{H} = \mu\mu_0 \frac{E}{B} = \mu\mu_0 \frac{c}{n} = \sqrt{\frac{\mu\mu_0}{\epsilon\epsilon_0}} \, . \tag{3.27}$$

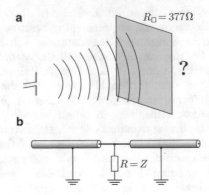

Abbildung 3.7 **a** Kann man eine elektromagnetische Welle durch ein Tuch mit dem Flächenwiderstand Z_{vac} reflexionsfrei absorbieren? **b** Ersatzschaltbild zu (a)

Der **Wellenwiderstand des Vakuums** ist

$$Z_{vac} = \sqrt{\frac{\mu_0}{\epsilon_0}} = 377\,\Omega \ . \tag{3.28}$$

Man könnte auf den Gedanken kommen, dass man freie elektromagnetische Wellen reflexionsfrei absorbieren kann, wie Abb. 3.7a zeigt: Man spannt ein Tuch auf, das einen Flächenwiderstand von $377\,\Omega$ besitzt (der Flächenwiderstand wurde in Bd. III, Gl. (6.6) definiert). Ein solches Tuch lässt sich sehr einfach mit einer geeigneten Widerstandspaste oder mit Graphit-Spray herstellen. Die vollständige Absorption der Welle funktioniert aber nicht: Hinter dem Tuch geht nämlich der Raum weiter, und infolgedessen gibt es eine reflektierte und eine durchgelassene Welle; nur ein Teil der Energie wird im Tuch absorbiert. Die vergleichbare Schaltung mit einem Koaxialkabel ist in Abb. 3.7b gezeigt. Auch hier gibt es eine Reflexion, denn das von links kommende Signal sieht einen Abschlusswiderstand $Z/2$.

Noch stärker wird natürlich die Reflexion, wenn sich hinter der $377\,\Omega$-Schicht eine Metallplatte befindet. Es ist also nicht so einfach, ein Flugzeug oder ein Schiff für den Radar unsichtbar zu machen. Um die Reflexion klein zu halten, braucht man ein absorbierendes Medium, dessen Wellenwiderstand an der Oberfläche angepasst ist und dessen Absorptionsvermögen allmählich, d. h. erst auf Strecken von mehreren Wellenlängen zunimmt.

Energiedichte und Intensität bei elektromagnetischen Wellen

Die Energiedichte $u(r,t)$ in einer elektromagnetischen Welle ist gegeben durch die Summe der elektrischen und magnetischen Feldenergie. Wir benutzen die in Bd. III/16

abgeleitete Formel (16.35)

$$u(r,t) = \frac{1}{2}(E \cdot D + B \cdot H) \ .$$

Bei nicht zu starken Feldern und in isotropen Medien gelten die Materialgleichungen Bd. III, Gl. (15.59). Damit erhält man

$$u = \frac{1}{2}\left(\epsilon\epsilon_0 E^2 + \frac{1}{\mu\mu_0}B^2\right) \ .$$

Nach (2.72) ist $B = E/c_{\mathrm{med}}$. Mit (2.70) folgt $B^2/\mu\mu_0 = \epsilon\epsilon_0 E^2$ und schließlich

$$u(r,t) = \epsilon\epsilon_0\,(E(r,t))^2 \ . \tag{3.29}$$

Die über eine Periode der Welle zeitlich gemittelte Energiedichte ist bei sinusförmigen Wellen

$$\bar{u} = \frac{\epsilon\epsilon_0}{2}E_0^2 \ , \tag{3.30}$$

wobei E_0 die Amplitude der elektrischen Feldstärke in der Welle ist. Für die Intensität der Welle erhalten wir mit (3.15) und (2.70):

$$I = c_{\mathrm{med}}\bar{u} = \frac{1}{2}\sqrt{\frac{\epsilon\epsilon_0}{\mu\mu_0}}E_0^2 = \frac{1}{2}\frac{E_0^2}{Z} \ . \tag{3.31}$$

Im Vakuum ist die Intensität der elektromagnetischen Welle

$$I = \frac{\epsilon_0 c}{2}E_0^2 \ . \tag{3.32}$$

Für eine Wellenlängen-unabhängige Messung der Intensität, insbesondere im Spektralbereich vom Infrarot bis zum Ultraviolett, benutzt man ein **Bolometer**. Das ist ein geschwärztes Widerstandsthermometer, das die auffallende Strahlung fast vollständig absorbiert, und das gewöhnlich in eine Wheatstonesche Brückenschaltung eingebaut ist.

Dipolstrahlung

Bei einem schwingenden Dipol erhalten wir für die Intensität der auslaufenden Kugelwelle mit (2.63):

$$I(r,\vartheta) = \frac{\epsilon_0 c}{2}E_0^2 = \frac{p_0^2\omega^4}{32\pi^2\epsilon_0 c^3}\frac{\sin^2\vartheta}{r^2} \ . \tag{3.33}$$

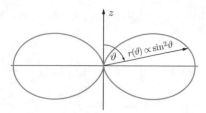

Abbildung 3.8 Intensität der Dipolstrahlung, Polardiagramm. Der Dipol schwingt in Richtung $\vartheta = 0°$. Die Länge der Strecke $r(\vartheta)$ ist proportional zur Intensität, die unter dem Winkel ϑ emittiert wird. Die Intensitätsverteilung ist rotationssymmetrisch um die z-Achse

Abbildung 3.9 Zur Ableitung von (3.34)

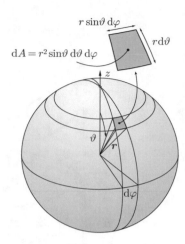

Die in dieser Gleichung auftretenden Faktoren wurden bereits bei (2.63) diskutiert; die Winkelabhängigkeit der Intensitätsverteilung ist in Abb. 3.8 dargestellt.

Den gesamten Fluss Φ_e der Strahlungsenergie durch eine Kugelfläche vom Radius r erhalten wir durch Integration mit dem in Abb. 3.9 gezeigten Flächenelement[1]

$$\Phi_e = \int\limits_{\vartheta=0}^{\pi} \int\limits_{\varphi=0}^{2\pi} I(r,\vartheta) r^2 \sin\vartheta \, d\vartheta \, d\varphi = \frac{p_0^2 \omega^4}{12\pi\epsilon_0 c^3} \,.$$

$$(3.34)$$

Diese Größe ist unabhängig vom Radius r der Kugelfläche, weil die Amplitude der Dipolstrahlung (2.63) proportional zu $1/r$ abfällt: Das ist also der Kernpunkt bei der Ausbreitung elektromagnetischer Wellen. Die in (3.34) berechnete Größe stellt zugleich die **Strahlungsleistung** P des schwingenden Dipols dar.

Strahlung beschleunigter Ladungen

In Kap. 2 haben wir qualitativ begründet, warum elektromagnetische Wellen bei der *Beschleunigung* von Ladungen entstehen. Eine allgemeine Formel, die dies quantitativ beschreibt, wurde von dem irischen Physiker Joseph Larmor abgeleitet. Vorausgesetzt, dass die Geschwindigkeit der Ladung $v \ll c$ ist, ist die Strahlungsleistung

$$P = \Phi_e = \frac{e^2}{6\pi\epsilon_0 c^3}\left(\frac{dv}{dt}\right)^2 = \frac{e^2}{6\pi\epsilon_0 m^2 c^3}\left(\frac{dp}{dt}\right)^2 \,.$$

$$(3.35)$$

In dieser Formel ist p der *Impuls* des beschleunigten Teilchens. Man sieht sogleich, dass bei vorgegebener Impuls-

änderung, also bei einer vorgegebenen, auf die Ladung einwirkenden Kraft, die Strahlungsleistung $P \propto 1/m^2$ ist. Ein Elektron strahlt unter diesen Umständen $4 \cdot 10^6$ mal so viel Energie ab wie ein Proton.

Die Winkelverteilung der Strahlung bezüglich der Richtung der Beschleunigung ist $d\Phi_e/d\Omega \propto \sin^2\vartheta$, genau wie bei der Dipolstrahlung. In Abb. 3.10a ist dies für longitudinale Beschleunigung gezeigt, in Abb. 3.10b für transversale Beschleunigung, also für die Bewegung auf einer Kreisbahn.

(3.35) gilt nur für den Fall $v \ll c$. Ist diese Voraussetzung nicht erfüllt, ändern sich die Verhältnisse drastisch. Wie Abb. 3.11 zeigt, rutscht bereits bei $v/c = 0{,}5$ (Elektronenenergie $80\,\text{keV}$) in der Winkelverteilung das Maximum der Intensität nach vorn, und gleichzeitig nimmt die insgesamt abgestrahlte Energie sehr beträchtlich zu. Man kann diese erstaunliche Veränderung der Abstrahlung relativ einfach qualitativ auf eine Lorentz-Transformation

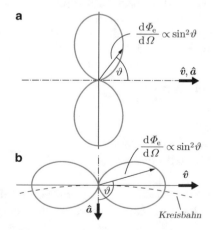

Abbildung 3.10 Strahlungsleistung pro Raumwinkelelement bei $v \ll c$ ($\gamma = 1$). **a** longitudinale, **b** transversale Beschleunigung. Die Polardiagramme sind rotationssymmetrisch um die *strich-punktierten Achsen*

---

[1] Das Integral $\int_0^\pi \sin^3\vartheta \, d\vartheta$ berechnet man mit der Substitution $\cos\vartheta = u$.

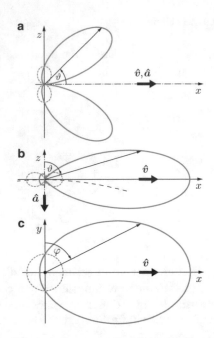

Abbildung 3.11 Strahlungsleistung pro Raumwinkelelement bei $v = 0{,}5c$ ($\gamma = 1{,}15$). **a** longitudinale, **b** und **c** transversale Beschleunigung. *Punktiert*: Diagramme aus Abb. 3.10 bei gleicher Beschleunigung

zurückführen, wenn man davon ausgeht, dass die Emission von elektromagnetischer Strahlung der Frequenz ν der Emission von Photonen mit der Energie $E_\gamma = h\nu$ und dem Impuls $p_\gamma = E_\gamma/c$ gleichzusetzen ist (vgl. Bd. I/15.8). Betrachten wir ein Koordinatensystem S' mit den Koordinatenachsen x', y' und z', das sich in Abb. 3.11b und c parallel zur x-Achse mit der Geschwindigkeit v bewegt. In diesem Koordinatensystem bewegt sich das Elektron nicht in x'-Richtung. Es wird aber in $(-z')$-Richtung beschleunigt und emittiert Strahlung mit der in den Abb. 3.11b und c gepunktet eingezeichneten Winkelverteilung. Sind p'_γ und E'_γ Impuls und Energie eines Photons im System S', dann erhält man im Laborsystem (x, y, z) den Impuls p_γ und die Energie E_γ mit der Lorentz-Transformation (vgl. Bd. I/15.3):

$$p_{\gamma x} = \gamma \left(p'_{\gamma x} + v E'_\gamma/c^2 \right) \,, \quad \gamma = 1/\sqrt{1 - v^2/c^2} \,,$$
$$p_{\gamma y} = p'_{\gamma y} \,,$$
$$p_{\gamma z} = p'_{\gamma z} \,,$$
$$E_\gamma = \gamma \left(E'_\gamma + v p'_\gamma \right) \,.$$

Für ein Photon, das in x'-Richtung emittiert wird, ist $p'_{\gamma x} = |p'_\gamma| = E'_\gamma/c$. Es erhält im Laborsystem die Energie

$$E_\gamma(0°) = \gamma \left(E'_\gamma + \frac{v E'_\gamma}{c} \right) = \gamma E'_\gamma \left(1 + \frac{v}{c} \right) \,.$$

Bei Emission in $-x'$-Richtung erhält man mit $p'_{\gamma x} = -|p'_\gamma| = -E'_\gamma/c$

$$E_\gamma(180°) = \gamma E'_\gamma \left(1 - \frac{v}{c} \right) = E'_\gamma \sqrt{\frac{1 - v/c}{1 + v/c}} \,.$$

Für ein Photon, das im System S' in y'-Richtung ausgesandt wird, ist $p'_\gamma = (0, E'_\gamma/c, 0)$. Es bewegt sich im Laborsystem mit der Energie $E_\gamma(90°) = \gamma E'_\gamma$ und gegen die x-Achse unter dem Winkel ϑ_x mit

$$\tan \vartheta_x = \frac{p_{\gamma y}}{p_{\gamma x}} = \frac{E'_\gamma/c}{\gamma v E'_\gamma/c^2} = \frac{c}{\gamma v} \,.$$

Für $v \approx c$ erhält man

$$E_\gamma(0°) \approx 2\gamma E'_\gamma \,, \quad E_\gamma(180°) \approx 0 \,,$$
$$E_\gamma(90°) = \gamma E'_\gamma \,. \tag{3.36}$$

Ist $\gamma \gg 1$, nimmt die Energie der nach vorn emittierten Photonen infolge des **Lorentz-Schubs** enorm zu, und fast die gesamte Strahlungsleistung ist nach vorn auf den Bereich innerhalb des Winkels

$$\vartheta_x \approx \frac{1}{\gamma} = \sqrt{1 - \frac{v^2}{c^2}} \tag{3.37}$$

konzentriert. Bei einer Elektronenenergie von $5\,\mathrm{GeV}$ ist $\gamma \approx 10^4$, also ist $\vartheta_x \approx 0{,}1\,\mathrm{mrad}$. Es entsteht ein nadelscharfer Strahl energiereicher Photonen, emittiert in Richtung der Teilchengeschwindigkeit v.

Synchrotronstrahlung

Bei einem Linearbeschleuniger (Bd. III, Abb. 5.14) ist $\mathrm{d}p/\mathrm{d}t$ durch die Feldstärke gegeben, mit der die Teilchen beschleunigt werden. Selbst bei den höchsten erreichbaren Feldern ist die Strahlungsleistung vollständig vernachlässigbar gegenüber der Hochfrequenzleistung, die zur Beschleunigung der Teilchen erforderlich ist. Nicht so beim Synchrotron (Bd. III, Abb. 13.21): Auf einer Kreisbahn ändert sich ständig die Impulsrichtung. Die Strahlungsleistung P kann man mit (3.35) berechnen, wenn das Teilchen zu einem bestimmten Zeitpunkt ruht, also in einem Intertialsystem, das sich mit der Teilchengeschwindigkeit $v \approx c$ tangential zur Kreisbahn bewegt. Nach Bd. III, Gl. (12.15) erzeugt dort das Magnetfeld B eine *elektrische* Kraft $F = \mathrm{d}p/\mathrm{d}t \approx e\gamma cB$. Man kann B durch den Bahnradius ρ ersetzen: $B = p/e\rho \propto E/\rho \propto \gamma/\rho$. Bei einer Lorentz-Transformation in das Laborsystem bleibt P als Quotient aus Energie und Zeit invariant. Es folgt, dass die Strahlungsleistung der **Synchrotronstrahlung**

$$P \propto \frac{\gamma^4}{\rho^2} = \left(\frac{E}{mc^2} \right)^4 \frac{1}{\rho^2} \tag{3.38}$$

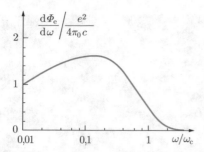

Abbildung 3.12 Normiertes Spektrum der Synchrotron-Strahlung

Abbildung 3.13 Prinzip des „Wigglers"

Abbildung 3.14 Strukturierung der Strahlpakete beim FEL

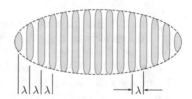

ist, also mit der vierten Potenz der Teilchenenergie E anwächst. Die Notwendigkeit, diesen Energieverlust mit Hilfe von Beschleunigungsstrecken zu kompensieren, wird bei Elektronen zum begrenzenden Faktor für das Synchrotronprinzip. Bei dem Elektron-Positron-Speicherring LEP des CERN ($E \approx 100\,\text{GeV}$, $\rho \approx 4\,\text{km}$) verloren die Elektronen bei jedem Umlauf 3 % ihrer Energie durch Synchrotron-Strahlung. Das dürfte ungefähr die Grenze des Vertretbaren sein. Als Alternative kann man Elektronen und Positronen mit Linearbeschleunigern auf hohe Energien bringen und zwei gegenläufige Strahlen aufeinander schießen. Ein solcher **linear collider** war bereits bei $\approx 100\,\text{GeV}$ in Betrieb (SLC) und es ist geplant, mit einer neuen Anlage (ILC) weit höhere Energien zu erreichen. Bei Synchrotrons und bei Speicherringen für Protonen ist die Situation entschärft: Die Synchrotronstrahlung ist nach (3.38) um einen Faktor $(m_\text{p}/m_\text{e})^4 \approx 10^{13}$ reduziert.

Die Synchrotronstrahlung ist nicht nur ein ärgerliches Problem beim Bau von Elektronensynchrotrons. Das Spektrum ist kontinuierlich und es erstreckt sich bis in den Bereich der **kritischen Frequenz** ω_c (Abb. 3.12). ω_c ist durch die Elektronenenergie E und durch den Krümmungsradius der Bahn gegeben:

$$\omega_\text{c} = 3 \left(\frac{E}{mc^2} \right)^3 \frac{c}{\rho} = 3\gamma^3 \frac{c}{\rho} \,. \tag{3.39}$$

Nach Bd. III, Gl. (13.44) ist $\rho = p/eB$. Bei relativistischen Elektronen ist der Impuls $p = E/c$. Also ist

$$\omega_\text{c} = 3\gamma^2 \frac{e}{m} B \,.$$

Das entspricht einer Wellenlänge

$$\lambda_\text{c} = \frac{2\pi}{3} \frac{mc}{e} \frac{1}{\gamma^2 B} = \frac{3{,}6 \cdot 10^{-3}\,\text{m} \cdot \text{Tesla}}{\gamma^2 B} \,. \tag{3.40}$$

Mit Elektronenenergien von einigen $100\,\text{MeV}$ erreicht man den sonst schwer zugänglichen Bereich des kurzwelligen Ultraviolett ($\lambda = 10\text{--}100\,\text{nm}$), und mit einigen GeV den Röntgenbereich ($\lambda \approx 0{,}1\,\text{nm}$). Man kann also die Synchrotronstrahlung als intensive Quelle von UV- und Röntgenstrahlen für Naturwissenschaft und Technik nutzbar machen (Spektroskopie, Strukturuntersuchungen, Lithographie). Aus diesem Grund wurden in den letzten Jahr-

zehnten zahlreiche Elektronenspeicherringe eigens zur Erzeugung von Synchrotronstrahlung gebaut.

Um die Intensität der Synchrotronstrahlung zu erhöhen, baut man in den Speicherring gerade Strecken ein, in denen man den Strahl zwischen den Polen von starken Permanentmagneten laufen lässt. Die Magnete lenken den Strahl abwechselnd nach links und nach rechts ab, wie Abb. 3.13 zeigt. Mit einem solchen **Wiggler** verstärkt man die Synchrotronstrahlung einer einzelnen Ablenkung N_m fach, wenn der Wiggler N_m Magnete enthält.

Die Elektronen laufen durch den Wiggler naturgemäß langsamer als das Licht. Durch geeignete Wahl der Abstände und der Feldstärke kann man erreichen, dass sie bei einer bestimmten Wellenlänge zwischen zwei aufeinanderfolgenden Magneten gerade um eine Wellenlänge hinter den Wellenbergen der Synchrotronstrahlung zurückbleiben. Dann ist die neu erzeugte Synchrotronstrahlung in Phase mit der bereits vorhandenen, die Strahlung der einzelnen Wiggler-Elemente wird kohärent, d. h. es addieren sich die Feldstärken, die Welle erreicht eine Feldstärke $E \propto N_\text{m}$ und eine Intensität $I \propto N_\text{m}^2$: Aus dem Wiggler wird ein **Undulator**. Die Wellenlänge, bei der das funktioniert, nennt man die Undulatorwellenlänge λ_U.

Wir erinnern uns, dass bei der Hochfrequenzbeschleunigung die Teilchen immer als *Strahlpakete* („bunches") beschleunigt werden. Das gilt für Synchrotrons, Speicher-

Abbildung 3.15 Der Krebsnebel, Aufnahme NASA Hubble Space Telescope. Die Synchrotronstrahlung wird dem gleichmäßigen Leuchten im Inneren des Nebels zugeordnet, das hier leicht *blau gefärbt* wurde

ringe und Linearbeschleuniger. Mit Kunstgriffen kann man nun erreichen, dass diese Strahlpakete beim Durchlaufen des Undulators die in Abb. 3.14 gezeigte Struktur erhalten. Im Idealfall ist nun im Bereich der Undulator-Wellenlänge die von allen Elektronen erzeugte Synchrotronstrahlung kohärent. Die Intensität wächst proportional zu N_e^2 an, wobei N_e die Zahl der Elektronen im Strahlpaket ist. Auch im Realfall kann man mit einem solchen **Freie-Elektronen-Laser (FEL)** die Intensität der Synchrotronstrahlung um viele Größenordnungen erhöhen.[2]

Synchrotronstrahlung spielt auch in der Astronomie eine große Rolle. Ein Beispiel ist der Krebsnebel (Abb. 3.15), entstanden bei einer Supernova-Explosion, die im Jahre 1054 n. Chr. beobachtet wurde. Das Spektrum erstreckt sich vom Radiowellenbereich bis ins kurzwellige UV. Wie die genauere Analyse zeigt, bewegen sich Elektronen mit einer Energie $E \approx 10^{12}$ eV in einem Magnetfeld $B \approx 10^{-7}$ T.

Der Poynting-Vektor

Die in (3.14) eingeführte Energieflussdichte kann bei elektromagnetischen Wellen mit Hilfe des **Poynting-Vektors** S durch die Feldvektoren E und H ausgedrückt werden:

$$j_E = S = E \times H \,. \tag{3.41}$$

---

[2] Näheres dazu in den Artikeln von A. Richter, Physikalische Blätter **54**, 31 (1998) und T. Tschentscher, A. Schwarz und D. Rathje, Physik in unserer Zeit, **41**, 64 (2010).

Das ist eine einfache Formel, die man sich leicht merken kann. Ihre Begründung ist weniger einfach; wer sich dieser Mühsal entziehen will, möge hinter (3.43) weiterlesen. Wir betrachten ein Volumen V, in dem elektrische Ladungen und elektromagnetische Felder enthalten sind. Nur die elektrischen Felder erzeugen Joulesche Wärme, und zwar pro Zeiteinheit insgesamt die Wärme

$$\int_V E \cdot j_L \, dV \,,$$

wobei j_L die Stromdichte des Leitungsstroms ist. Die Maxwell-Gleichung Bd. III, Gl. (15.58) lautet:

$$j_L = \nabla \times H - \frac{\partial D}{\partial t} \,.$$

Nun ist $E \cdot (\nabla \times H) = H \cdot (\nabla \times E) - \nabla \cdot (E \times H)$.[3] Nach Bd. III, Gl. (15.56) ist $\nabla \times E = -\partial B / \partial t$. Wir können also die erzeugte Joulesche Wärme wie folgt durch die elektromagnetischen Feldgrößen ausdrücken:

$$
\begin{aligned}
&\int_V E \cdot j_L \, dV \\
&= -\int_V \left[\nabla \cdot (E \times H) + H \cdot \frac{\partial B}{\partial t} + E \cdot \frac{\partial D}{\partial t} \right] dV \,.
\end{aligned}
\tag{3.42}
$$

---

[3] Wie im mathematischen Anhang, Bd. I/M.7 ausgeführt wird, kann man mit dem Operator ∇ rechnen, wie mit einem gewöhnlichen Vektor, wenn man die für das Differenzieren gültigen Regeln beachtet. Mit Bd. I, Gln. (21.76), (21.131) und (21.127) erhält man

$$\nabla \cdot (E \times H) = H \cdot (\nabla \times E) - E \cdot (\nabla \times H) \,.$$

Daraus folgt ohne weiteres die oben angegebene Beziehung.

Abbildung 3.16 Poynting-Vektoren: **a** Ebene Wellen nach rechts laufend, **b** nach links laufend. **c** Schnitt durch eine Kugelwelle, abgestrahlt von einem schwingenden Dipol

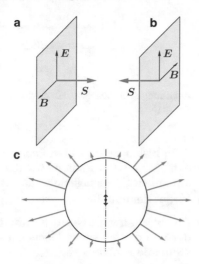

Abbildung 3.17 Energiefluss durch das Flächenelement dA, zu (3.44)

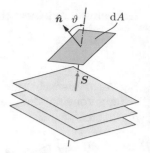

wobei $\overline{S}$ den zeitlichen Mittelwert über eine Wellenperiode bezeichnet. Da es uns im folgenden stets nur auf diesen Mittelwert ankommt, werden wir künftig das Mittelwertszeichen weglassen und statt $\overline{S}$ einfach S schreiben.

Aus Bd. III, Gln. (16.30) und (16.31) folgt, dass rechts neben dem Term $\nabla \cdot (E \times H)$ die zeitliche Änderung der Energiedichte des elektromagnetischen Feldes steht:

$$\frac{\partial u}{\partial t} = E \cdot \frac{\partial D}{\partial t} + H \cdot \frac{\partial B}{\partial t} \, .$$

$E \times H$ ist der in (3.41) definierte Poynting-Vektor S. Man erkennt, dass (3.42) die korrekte Energiebilanz darstellt, wenn man S mit j_E identifiziert. Gleichung (3.42) muss für jedes Volumenelement gelten:

$$-\frac{\partial u}{\partial t} = E \cdot j_{\mathrm{L}} + \mathrm{div}\, S \, . \tag{3.43}$$

Diese Gleichung besagt in Worten: Die Abnahme der elektromagnetischen Feldenergie im Volumenelement dV ist gleich der Summe von der dort erzeugten Jouleschen Wärme und der nach außen abgestrahlten Energie. Gleichung (3.43) entspricht genau der Kontinuitätsgleichung Bd. II, Gl. (3.36) der Strömungslehre:

$$-\frac{\partial \rho}{\partial t} = -\dot{\mu} + \mathrm{div}\, j \, .$$

ρ ist die Dichte der Flüssigkeit, j die Stromdichte und $\dot{\mu}\, \mathrm{d}V$ die Masse der Flüssigkeit, die pro Sekunde im Volumenelement dV neu entsteht. Die unterschiedlichen Vorzeichen von $E \cdot j_{\mathrm{L}}$ und $\dot{\mu}$ kommen daher, dass die Joulesche Wärme auf der Verlustseite, die Quelldnichte $\dot{\mu}$ auf der Gewinnseite positiv gerechnet wird. In Abb. 3.16 sind Poynting-Vektoren für ebene Wellen und für die Kugelwellen eines strahlenden Dipols angegeben.

Die Intensität wurde definiert als die Energieflussdichte bezogen auf eine Fläche *senkrecht* zur Ausbreitungsrichtung der Welle. Mit Hilfe des Poynting-Vektors kann man auch sehr einfach den Energiefluss durch ein schiefstehendes Flächenelement angeben (Abb. 3.17):

$$\mathrm{d}\Phi_{\mathrm{e}} = \overline{S} \cdot \mathrm{d}A = \overline{S} \cdot \hat{n}\, \mathrm{d}A = \overline{S} \cos \vartheta\, \mathrm{d}A \, , \tag{3.44}$$

Ausgedehnte Strahlungsquellen, Radiometrie

Zur Beschreibung des Energietransports bei ausgedehnten Strahlungsquellen ist es notwendig, einige zusätzliche Begriffe einzuführen. Man nennt sie die **radiometrischen Größen** und versieht sie mit einem Index e, um klarzustellen, dass sie zur Kennzeichnung der *Energie* der Strahlung dienen. Wir versuchen, das Thema kurz und übersichtlich abzuhandeln.

Wir haben bereits in (3.34) mit dem Gesamtstrahlungsfluss eines schwingenden Dipols ein Beispiel für den **Strahlungsfluss** Φ_{e} berechnet. Wenn es keine Absorption gibt, ist er identisch mit der **Strahlungsleistung** des Dipols, gemessen in Watt. Man kann den Strahlungsfluss auch durch ein begrenztes Flächenstück berechnen (Abb. 3.18a). Mit Hilfe von (3.44) erhalten wir, wenn nur *eine* punktförmige Strahlungsquelle vorhanden ist

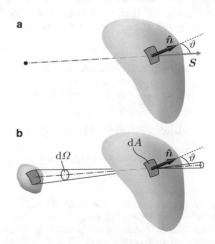

Abbildung 3.18 Zur Berechnung des Strahlungsflusses. **a** in (3.45), **b** in (3.47)

(z. B. ein sehr kleiner schwingender Dipol):

$$\Phi_e = \int_A S \cdot dA = \int_A S \cos\vartheta \, dA \,. \qquad (3.45)$$

Bei Vorhandensein mehrerer Strahlungsquellen, die unabhängig voneinander („inkohärent") Strahlung emittieren, ergibt sich[4]

$$\Phi_e = \int_A (S_1 + S_2 + \ldots) \, dA$$
$$= \int_A (S_1 \cos\vartheta_1 + S_2 \cos\vartheta_2 + \ldots) \, dA \qquad (3.46)$$

Sind die Strahlungsquellen kontinuierlich verteilt (Abb. 3.18b), so erhält man

$$\Phi_e = \int_{A,\Omega} \int \frac{dS}{d\Omega} \cos\vartheta \, d\Omega \, dA \,, \qquad (3.47)$$

wobei die Integration über $d\Omega$ über den gesamten Raumwinkelbereich zu erstrecken ist, in dem Strahlung einfällt. Die hier auftretende Größe $dS/d\Omega$ heißt **Strahldichte** L_e:

$$L_e = \frac{dS}{d\Omega} = \frac{d^2\Phi_e}{\cos\vartheta \, d\Omega \, dA} \,. \qquad (3.48)$$

Man kann L_e sowohl für die auf eine Fläche einfallende als auch für die von einer Fläche abgestrahlte Energie berechnen. Die Einheit ist W/m^2 sr. Hier ist „sr" die Abkürzung für die Raumwinkeleinheit Steradian (vgl. Bd. I, Gl. (21.5)).

Häufig interessiert man sich für $d\Phi_e/dA$, also für die gesamte, über alle Strahlungsrichtungen integrierte Energieflussdichte. Je nachdem ob das Flächenelement dA auf der Oberfläche des Strahlers oder auf der bestrahlten Fläche liegt, nennt man diese Größe **spezifische Ausstrahlung** M_e oder **Bestrahlungsstärke** E_e. Die Integration über die Strahlungsrichtung wird gewöhnlich über den halben Raumwinkel ($\Omega = 2\pi$) erstreckt, die Einheit ist W/m^2:

dA liegt auf dem Strahler:

$$M_e = \frac{d\Phi_e}{dA} = \int_{2\pi} L_e \cos\vartheta \, d\Omega \,, \qquad (3.49)$$

dA liegt auf dem Empfänger:

$$E_e = \frac{d\Phi_e}{dA} = \int_{2\pi} L_e \cos\vartheta \, d\Omega \,. \qquad (3.50)$$

---

[4] Wenn zwischen der Strahlung der einzelnen Quellen eine Phasenbeziehung besteht („kohärente Strahlung"), muss man die E- und die H-Vektoren addieren und erst dann den S-Vektor berechnen. Das ergibt natürlich etwas anderes als die Summe S_i in (3.46). Auf die etwas komplizierte Frage der Kohärenz von Strahlung werden wir in Kap. 7 eingehen.

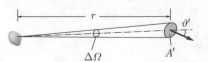

Abbildung 3.19 Strahlungsfluss durch eine von der Quelle weit entfernte Fläche, zu (3.52)

Dem bisher gebrauchten Begriff „Intensität einer Welle" entspricht in der Radiometrie die Bestrahlungsstärke $E_{e\perp}$ auf einem Flächenelement, das senkrecht zum Poynting-Vektor der einfallenden Welle aufgestellt ist.[5]

Der Strahlungsfluss pro Raumwinkelelement, $d\Phi_e/d\Omega$, der von der gesamten Fläche eines Strahlers *in einer bestimmten Richtung* abgegeben wird, wird **Strahlstärke** I_e genannt:

$$I_e = \frac{d\Phi_e}{d\Omega} = \int_A L_e \cos\vartheta \, dA \,. \qquad (3.51)$$

Hier ist ϑ der Winkel zwischen der Richtung des Normalenvektors $\hat{n}$ auf dem Flächenelement dA des Strahlers und der Beobachtungsrichtung. Die Integration erfolgt über die Fläche des Strahlers, die Einheit ist W/sr. Diese Größe spielt vor allem dann eine Rolle, wenn die Strahlenquelle, gemessen an ihrer Ausdehnung, weit entfernt ist (Abb. 3.19).

Der Strahlungsfluss durch eine kleine Fläche A' ist dann gegeben durch

$$\Phi_e = I_e \Delta\Omega = I_e \frac{A' \cos\vartheta'}{r^2} \qquad (3.52)$$

Der Fluss ist proportional zur Strahlstärke und nimmt umgekehrt proportional zu r^2 ab.

Im Allgemeinen sind L_e und I_e Funktionen des Winkels ϑ. Ein wichtiger Spezialfall ist der **Lambert-Strahler**, der dadurch gekennzeichnet ist, dass die Strahldichte L_e auf seiner Oberfläche konstant ist und nicht von ϑ abhängt (Abb. 3.20a). Für eine ebene Fläche gilt dann nach (3.51) das **Lambertsche Gesetz**:

$$I_e = L_e A \cos\vartheta \,, \qquad (3.53)$$

d. h. I_e ist zu $\cos\vartheta$ proportional (Abb. 3.20b). $A\cos\vartheta$ ist die Projektion der Fläche A auf eine Ebene senkrecht zur Beobachtungsrichtung. Richtet man einen Strahlungsdetektor, der nur ein kleines Stück der strahlenden Fläche

---

[5] Wie man sieht, ist die Begriffsbildung, die im Zusammenhang mit ausgedehnten Lichtquellen notwendig wird, etwas kompliziert. Glücklicherweise sind seit einiger Zeit wenigstens die Bezeichnungen und Formelzeichen genormt. Wir werden uns davon nicht abhalten lassen, weiterhin den Begriff „Intensität" und die Formelzeichen von (3.15) zu verwenden, zumal der Buchstabe E mit der elektrischen Feldstärke und der Energie schon mehrfach belegt ist.

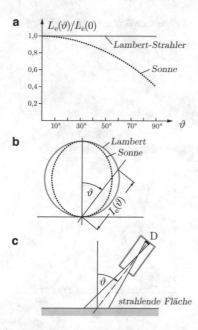

Abbildung 3.20 **a** Strahldichte und **b** Strahlstärke eines Lambertstrahlers und der Sonne als Funktion des Winkels ϑ. **c** Gerät zur Messung der Strahldichte L_e. Wenn die Fläche des Strahlers vollständig vom Akzeptanzbereich des Geräts erfasst wird, zeigt es die Strahlstärke I_e an. D ist der lichtempfindliche Detektor, z. B. ein Bolometer

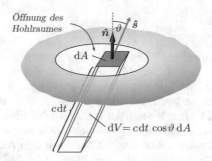

Abbildung 3.21 Lambertstrahlung des schwarzen Körpers: Zur Ableitung von (3.54)

Es besteht dort also nach (3.48) die Strahldichte

$$L_e = \frac{uc}{4\pi} \,, \tag{3.54}$$

die nur von der Energiedichte der Strahlung im Hohlraum abhängt. Wegen der Konstanz von L_e lässt sich die spezifische Ausstrahlung M_e leicht berechnen: Mit $\mathrm{d}\Omega = 2\pi \sin\vartheta\, \mathrm{d}\vartheta$ erhält man

$$M_e = 2\pi L_e \int\limits_0^{\pi/2} \cos\vartheta \sin\vartheta\, \mathrm{d}\vartheta = \pi L_e = \frac{uc}{4} \,. \tag{3.55}$$

Diese Formel wird im Zusammenhang mit dem Stefan-Boltzmannschen Gesetz in Bd. V/2.1 benötigt.

Spektrale Größen. Wenn sich die Strahlung über einen ausgedehnten Wellenlängenbereich erstreckt, ist es zweckmäßig, radiometrische Größen einzuführen, die sich auf einen bestimmten Wellenlängenbereich $\mathrm{d}\lambda$ beziehen, sogenannte **Spektrale Größen**. Sie werden durch einen Index λ gekennzeichnet. So wird z. B. der **Spektrale Strahlungsfluss** $\Phi_{e,\lambda}$ definiert:

$$\Phi_{e,\lambda}(\lambda) = \frac{\mathrm{d}\Phi_e}{\mathrm{d}\lambda} \,. \tag{3.56}$$

Den Gesamt-Strahlungsfluss (3.56) erhält man durch Integration:

$$\Phi_e = \int\limits_0^\infty \Phi_{e,\lambda}\, \mathrm{d}\lambda \,. \tag{3.57}$$

Entsprechendes gilt für die anderen spektralen Größen $L_{e,\lambda}$, $M_{e,\lambda}$, $E_{e,\lambda}$ und $I_{e,\lambda}$. Man kann die spektralen Größen natürlich auch auf die Frequenz beziehen. Dann ist z. B.

$$\Phi_{e,\nu}\, \mathrm{d}\nu = -\Phi_{e,\lambda}\, \mathrm{d}\lambda \,. \tag{3.58}$$

Daraus folgt mit $\nu = c/\lambda$

$$\Phi_{e,\lambda} = -\frac{\mathrm{d}\nu}{\mathrm{d}\lambda}\Phi_{e,\nu} = \frac{c}{\lambda^2}\Phi_{e,\nu} \,. \tag{3.59}$$

sieht, auf einen Lambert-Strahler (Abb. 3.20c), so ist die Anzeige überall konstant und unabhängig vom Winkel ϑ. Die Fläche eines Lambert-Strahlers erscheint also stets gleichmäßig hell, auch wenn die Oberfläche nicht eben ist. Eine leuchtende Kugel und eine leuchtende Kreisscheibe sehen bei einem Lambert-Strahler genau gleich aus. Der Vollmond ist ein gutes Beispiel dazu. Die Sonne zeigt dagegen deutliche Abweichungen vom Lambertschen Gesetz (Abb. 3.20). Sie wird zum Rand hin etwas dunkler.

Das Lambertsche Gesetz gilt in guter Näherung für die Strahlung einer rauen, diffus reflektierenden Fläche, z. B. für eine frische Schneefläche. Das erschwert es ungemein, bei Neuschnee die Neigung einer Fläche abzuschätzen.

In idealer Weise folgt die Strahlung eines schwarzen Körpers (Bd. II/7) dem Lambertschen Gesetz, denn im Innern des Hohlraums besteht ein homogenes Strahlungsfeld mit der Energiedichte u, in dem keine Richtung ausgezeichnet ist. Die Energiedichte der Strahlung, die innerhalb des Hohlraums im Raumwinkelelement $\mathrm{d}\Omega$ in Richtung des Einheitsvektors $\hat{s}$ läuft, ist $u\, \mathrm{d}\Omega/4\pi$. Hat der Hohlraum eine kleine Öffnung (Abb. 3.21), so tritt durch das Flächenelement $\mathrm{d}A$ der Öffnung in der Zeit $\mathrm{d}t$ in Richtung $\hat{s}$ die Strahlungsenergie, die in dem Volumenelement $\mathrm{d}V = c\, \mathrm{d}t \cos\vartheta\, \mathrm{d}A$ enthalten ist:

$$\mathrm{d}\Phi_e\, \mathrm{d}t = \mathrm{d}A \cos\vartheta\, u\frac{\mathrm{d}\Omega}{4\pi} c\, \mathrm{d}t \,.$$

Photometrie

Wenn die Strahlung im sichtbaren Spektralbereich liegt, kommt es in der Technik wie im täglichen Leben gewöhnlich nicht auf die Strahlungsenergie, sondern auf die vom Auge wahrgenommene Helligkeit, also auf den *visuellen* Eindruck an. Aus diesem Grund werden neben den radiometrischen Größen noch **photometrische Größen** definiert. Die Empfindlichkeit des Auges hängt von der Wellenlänge ab, wie Abb. 3.22 zeigt. In diesem Diagramm gibt es zwei Kurven, entsprechend den zwei lichtempfindlichen Elementen auf der Netzhaut des menschlichen Auges: den **Zäpfchen**, mit Farbempfindung ausgestattet und für das Tagessehen verantwortlich, und den **Stäbchen**, für das Nachtsehen, ohne Farbdiskriminierung, aber lichtempfindlicher als die Zäpfchen. Im hellen Licht lässt die Empfindlichkeit der Stäbchen sehr stark nach. Wenn man ins Dunkle kommt, dauert es einige Zeit, bis sie ihre Empfindlichkeit wiedergewinnen (**Adaption**). Man kann diesen Effekt beim Autofahren ausnutzen: Wenn man vom hellen Sonnenlicht in einen dunklen Tunnel fahren muss, empfiehlt es sich, einige Zeit vor der Einfahrt ein Auge zu schließen und erst im Tunnel wieder zu öffnen. – Die Sehschwelle ist definiert als der Strahlungsfluss, der aus einer punktförmigen Weißlichtquelle ins dunkel-adaptierte Auge fällt und gerade noch wahrgenommen wird. Sie liegt bei ca. 10^{-17} Watt. Das entspricht einem Fluss von 20–30 Photonen pro Sekunde!

Dem Licht einer bestimmten Wellenlänge wird bei der Wahrnehmung des optischen Reizes eine bestimmte Farbe zugeordnet, wie Tab. 3.3 zeigt. Für das Farbsehen sind die Zäpfchen mit drei verschiedenen Rezeptoren ausgestattet. Die Empfindlichkeit dieser Rezeptoren ist als Funktion der Wellenlänge in Abb. 3.23 aufgetragen. Die unterschiedliche Reizung der Rezeptoren bestimmt den Farbeindruck. Das jedenfalls ist die Aussage der **Dreikomponententheorie**, die 1802 von Th. Young aufgestellt und gegen Ende des 19. Jahrhunderts durch Helmholtz auf der Grundlage von präzisen Experimenten detail-

Tabelle 3.3 Wellenlängen der Spektralfarben

Farbe	λ (nm)
violett	400–440
blau	440–495
grün	495–580
gelb	580–620
orange	620–640
rot	640–750

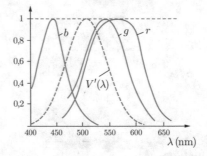

Abbildung 3.23 Spektrale Empfindlichkeit der Farbrezeptoren beim Menschen. *b*: „blaue" Rezeptoren, *g*: „grüne" Rezeptoren, *r*: „rote" Rezeptoren

liert ausgearbeitet wurde. Sie erklärt weitgehend die bei der Wahrnehmung von Farben beobachteten Phänomene, wie z. B. dass der gleiche Farbeindruck mit ganz unterschiedlichen optischen Spektren hervorgerufen werden kann. Ursprünglich beruhte die Dreikomponententheorie ausschließlich auf der Untersuchung der verschiedenen Arten von Farbenblindheit. In der zweiten Hälfte des 20. Jahrhunderts konnte die Theorie mit den Methoden der Mikrospektrometrie und der Mikroelektrophysiologie durch die direkte Reizung der einzelnen Rezeptoren untermauert werden. Es zeigt sich, dass auch die Stäbchen bei der Farbempfindung ein Wörtchen mitzureden haben.

In der Photometrie geht man von der Empfindlichkeitskurve $V(\lambda)$ in Abb. 3.22 aus. Man definiert den **Lichtstrom**, indem man den **Strahlungsfluss** $\Phi_{e,\lambda}$ mit der Empfindlichkeitskurve $V(\lambda)$ wichtet:

$$\Phi_v = K_m \int_0^\infty V(\lambda)\Phi_{e,\lambda}\,d\lambda\,. \tag{3.60}$$

Der Index v steht für visuell. Durch Festlegung eines Zahlenwerts von K_m wird als SI-Einheit für den Lichtstrom das **Lumen** (abgekürzt lm) definiert:

$$K_m = 683\,\text{lm}/\text{W}\,. \tag{3.61}$$

Der Zahlenfaktor ist so gewählt, dass der Anschluss an früher übliche Einheiten gewährleistet ist.

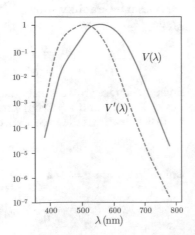

Abbildung 3.22 Relative Empfindlichkeit des menschlichen Auges. $V(\lambda)$: Zäpfchen, $V'(\lambda)$: Stäbchen

Tabelle 3.4 Lichtstrom verschiedener Lichtquellen

Lichtquelle	Lumen
Leuchtdiode	10^{-2}
Glühlampe, 60 W	730
Leuchtstoffröhre, 40 W	2300
Hg-Dampflampe, 100 W	5000
Xe-Hochdrucklampe, 500 W	50 000

Tabelle 3.6 Beleuchtungsstärken

Natürliche Lichtquellen:	
Mittagssonne:	
Sommer	70 000 lx
Winter	6000 lx
mondhelle Nacht	0,2 lx
sternklare Nacht (Neumond)	$3 \cdot 10^{-4}$ lx
Für Tätigkeiten empfohlen:	
Lesen	100 lx
Handarbeit	500 lx
Präzisionsarbeit	1000 lx

Zur Charakterisierung der Strahlungsleistung von Lichtquellen wird der totale Lichtstrom in Lumen angegeben, d. h. die Integration in (3.47) wird über eine geschlossene Fläche erstreckt, die die Lichtquelle umschließt. Tabelle 3.4 gibt einige Beispiele.

Auch die übrigen radiometrischen Größen können analog zu (3.60) in photometrische Größen umgerechnet werden. Tabelle 3.5 gibt eine Übersicht. Es entstehen dabei abgeleitete Einheiten, von denen einige mit neuen Namen belegt werden. Besonders hervorzuheben ist die Einheit **candela** (lat. für Kerze) für die **Lichtstärke** I_v

$$1\,\text{cd} = 1\,\text{lm/sr} , \qquad (3.62)$$

weil diese Einheit im SI-System aus historischen und messtechnischen Gründen als Basiseinheit geführt wird. Eine gewöhnliche Kerze hat eine Lichtstärke von etwa 0,5 cd. Für die Beleuchtungstechnik wichtig sind die Beleuchtungsstärken, die von natürlichen Lichtquellen erzeugt werden, und die, die für bestimmte Tätigkeiten als erforderlich gelten. Tabelle 3.6 gibt einen Überblick und zeigt, dass das menschliche Auge über einen enormen dynamischen Bereich verfügt.

3.4 Impulstransport in Wellen, Strahlungsdruck

Eine Welle transportiert nicht nur Energie, sondern auch Impuls. Wenn die Energie absorbiert wird, wird auch Impuls auf den Absorber übertragen. Dadurch entsteht ein Druck, der sogenannte **Strahlungsdruck**. Wie kommt das zustande?

Elektromagnetische Wellen

Betrachten wir eine ebene elektromagnetische Welle, die in x-Richtung läuft und senkrecht auf einen Absorber fällt. Die Feldvektoren sind $\boldsymbol{E}(x,t) = (0, E_y, 0)$ und $\boldsymbol{B}(x,t) = (0, 0, B_z)$. Die Absorption der Welle erfolgt dadurch, dass das elektrische Feld durch die Kraft $\boldsymbol{F}_e = q\boldsymbol{E}$ im Absorber Ladungen in Bewegung setzt und dass die auf die Ladungen übertragene Energie im Absorber dissipiert und in

Tabelle 3.5 Radiometrische und photometrische Größen und Einheiten

	Radiometrie		Photometrie
Φ_e	Strahlungsfluss [Watt (W)] (*radiant flux*)	Φ_v	Lichtstrom [Lumen (lm)] (*luminous flux*)
Q_e	Strahlungsenergie [W s] (*radiant energy*)	Q_v	Lichtmenge [lm s] (*quantity of light*)
I_e	Strahlstärke [W/sr] (*radiant intensity*)	I_v	Lichtstärke [lm/sr = Candela (cd)] (*luminous intensity*)
L_e	Strahldichte [W/m² sr] (*radiance*)	L_v	Leuchtdichte [lm/m² sr = cd/m²] (*luminance*)
M_e	Spez. Ausstrahlung [W/m²] (*radiant exitance*)	M_v	Spez. Lichtausstrahlung [lm/m²] (*luminous exitance*)
E_e	Bestrahlungsstärke[1] [W/m²] (*irradiance*)	E_v	Beleuchtungsstärke [lm/m² = Lux (lx)] (*illumination*)

[1] Diese Größe, angegeben für ein Flächenelement, das senkrecht zum Poyntingvektor S steht, ist identisch mit der bei (3.15) definierten Intensität.

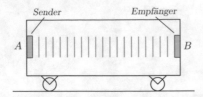

Abbildung 3.24 Gedankenexperiment zum Impulstransport durch eine Welle

Wärme umgewandelt wird. Gemittelt über eine Periode der Welle ist die übertragene Leistung

$$\frac{\mathrm{d}W}{\mathrm{d}t} = \overline{v \cdot F_\mathrm{e}} = q\overline{v_y E_y} \, . \tag{3.63}$$

Auf die bewegten Ladungen wirkt auch die Lorentz-Kraft $F_\mathrm{m} = q(v \times B)$, erzeugt durch das B-Feld der Welle. Da v und qE im zeitlichen Mittel die gleiche Richtung haben, haben auch qv und E die gleiche Richtung. Die Lorentz-Kraft zeigt also in die Richtung des Poynting-Vektors $S = (E \times H)$, also in die Ausbreitungsrichtung der Welle. Im Zeitintervall $\mathrm{d}t$ wird auf die Ladung q der Impuls

$$\mathrm{d}p = F_\mathrm{m}\,\mathrm{d}t = q\overline{v_y B_z} = \frac{q\overline{v_y E_y}}{c} = \frac{\mathrm{d}W}{c} \tag{3.64}$$

übertragen, denn nach (2.59) ist $B_z = E_y/c$. Die Summe dieser Impulsüberträge, berechnet pro Zeit- und Flächeneinheit, ergibt den Strahlungsdruck.

Wir stellen uns nun vor, dass in einem Wagen, der reibungslos auf Schienen laufen kann, vom Ende A her mit einer Richtantenne elektromagnetische Wellen ausgesandt werden (Abb. 3.24). Sie sollen am anderen Ende B reflexionsfrei absorbiert werden. Wenn es nur den bei B ausgeübten Strahlungsdruck gäbe, müsste sich der Wagen aufgrund des Strahlungsdrucks, also ohne Einwirkung von außen, in Bewegung setzen. Das ist zweifellos Unsinn. Der Sender bei A muss bei der Emission der Wellen einen Rückstoß erhalten, der entgegengesetzt gleich der vom Strahlungsdruck ausgeübten Kraft ist. Wenn bei Emission und Absorption der Welle Energie und Impuls erhalten bleiben sollen, muss die Welle selbst Energie und Impuls enthalten.

Die Energiedichte $\overline{u}$ wurde in (3.30) angegeben. Die **Impulsdichte** der Welle, gewöhnlich mit g bezeichnet, verhält sich zur Energiedichte $\overline{u}$ wie der in (3.64) berechnete Impulsübertrag $\mathrm{d}p$ zum Energieübertrag $\mathrm{d}W$. Es ist also

$$g = \frac{\overline{u}}{c}\hat{s} \, . \tag{3.65}$$

$\hat{s}$ ist ein Einheitsvektor in Ausbreitungsrichtung.

Nun können wir den Strahlungsdruck berechnen. In einem reflexionsfrei absorbierenden Medium wird in der

Zeit $\mathrm{d}t$ auf der Fläche A die Energie $\overline{u}cA\,\mathrm{d}t$ absorbiert, pro Zeit- und Flächeneinheit also die Energie $\overline{u}c$ (vgl. (3.15)). Ebenso ist der Impulsübertrag pro Zeit- und Flächeneinheit gegeben durch gc:

$$gc = \frac{\overline{u}}{c}c\hat{s} = \overline{u}\hat{s} \, . \tag{3.66}$$

Der Betrag dieser vektoriellen Größe ist der **Strahlungsdruck** bei vollständiger Absorption der Welle:

$$p_\mathrm{rad} = \overline{u} \, . \tag{3.67}$$

Wird die Welle vollständig reflektiert, wird die Impulsdichte der Welle von $+g$ in $-g$ umgewandelt. Der Strahlungsdruck ist

$$p_\mathrm{rad} = 2\overline{u} \, . \tag{3.68}$$

Von einer besonderen physikalischen Bedeutung ist der Strahlungsdruck, der sich im thermischen Gleichgewicht in einem Hohlraum einstellt. Mit seiner Hilfe kann man das Stefan-Boltzmannsche Gesetz auf die klassische Elektrodynamik und den II. Hauptsatz zurückführen (Bd. II/9.4). Wir bringen nun die Ableitung der dort verwendeten Gleichung Bd. II, Gl. (9.30), $p = u/3$: Die Strahlung im Hohlraum kann man als Überlagerung von ebenen Wellen beschreiben, deren Richtungen isotrop verteilt sind. Da im thermischen Gleichgewicht von jedem Flächenelement der Hohlraumwand ebenso viel Energie abgestrahlt wie absorbiert wird, gehen wir von (3.68) aus. Die Mittlung über die Raumrichtungen führen wir mit dem in der kinetischen Gastheorie erprobten Schnellverfahren durch (siehe Bd. II, Gl. (5.7)): Im Endeffekt fällt $1/6$ der Strahlung senkrecht auf das Flächenelement. Der Strahlungsdruck ist also, wie behauptet,

$$p_\mathrm{rad} = \frac{2\overline{u}}{6} = \frac{\overline{u}}{3} \, . \tag{3.69}$$

Unter gewöhnlichen Umständen bewirkt der Strahlungsdruck nur winzige Effekte. Es war deshalb sehr schwierig, diesen schon von Maxwell postulierten Effekt im Labor nachzuweisen, besonders weil thermische Effekte infolge der Absorption von Strahlung die wirklichen Effekte des Drucks überdecken können. Erst nach jahrelangen Vorarbeiten gelang es 1901 dem russischen Physiker Lebedev, den Strahlungsdruck des Lichts nachzuweisen. In der Astronomie spielt er dagegen eine durchaus handfeste Rolle: Er bewirkt, dass der aus Staubteilchen gebildete, hell leuchtende Kometenschweif stets von der Sonne weg weist (Abb. 3.25). Auch muss er bei der Berechnung des hydrostatischen Gleichgewichts im Innern

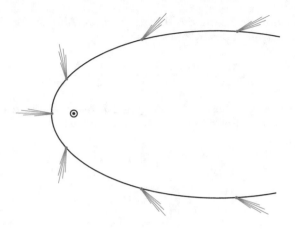

Abbildung 3.25 Richtung des Kometenschweifs

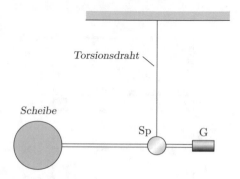

Abbildung 3.26 Schallradiometer. Der Durchmesser der Scheibe muss $d > \lambda$ sein. Sp: Spiegel zur Ablesung mit Lichtzeiger. G: Gegengewicht

heißer Sterne neben dem Gasdruck berücksichtigt werden. In der Kosmologie des frühen Universums spielte der Strahlungsdruck sogar eine dominierende Rolle (siehe Bd. II/7.4).

Strahlungsdruck und Lichtquanten. Eine sehr einfache Erklärung für den Strahlungsdruck erhält man, wenn man davon ausgeht, dass eine ebene elektromagnetische Welle der Frequenz ν als ein Strom von Lichtquanten der Energie $h\nu$ betrachtet werden kann (Bd. I/15.8). Enthält die Welle pro Volumeneinheit n Lichtquanten, ist die Energiedichte $\bar{u} = nh\nu$. Jedes Lichtquant hat nach Bd. I, Gl. (15.58) den Impuls $h\nu/c$. Im Zeitintervall Δt treffen $nAc\Delta t$ Quanten auf die Wandfläche A. Sie bewirken einen Kraftstoß

$$F\Delta t = nAc\Delta t \frac{h\nu}{c} .$$

Also ist der Strahlungsdruck

$$p_{\text{rad}} = \frac{F}{A} = nh\nu = \bar{u} . \tag{3.70}$$

Diese Überlegung zeigt nicht etwa, dass der Strahlungsdruck ein Quantenphänomen ist, sondern nur, dass in diesem Punkt die Beschreibungen mit Lichtquanten und mit der Maxwellschen Theorie konsistent sind. Wie man darüber hinaus die Lichtquanten mit den klassischen elektromagnetischen Wellen vereinbaren kann, werden wir in Bd. V/3.6 diskutieren.

Schallwellen

Auch bei Schallwellen gibt es einen Strahlungsdruck. Das bedeutet, dass der mittlere Druck in einer ebenen Schallwelle höher ist, als der Umgebungsdruck p_0. Das ist

seltsam, denn der zeitliche Mittelwert des Schallwechseldrucks $\tilde{p}$ in (2.15) ist Null. Des Rätsels Lösung: Wir hatten in (2.17) und (2.18) für die Dichte den konstanten Wert ρ_0 eingesetzt: Setzt man statt dessen $\rho = \rho(x, t)$ aus (2.16) ein, erhält man eine weitaus kompliziertere Differentialgleichung. Ihre Lösung kann angenähert werden durch

$$\begin{aligned} p(x, t) &= p_0 + \tilde{p}_0 \cos(kx - \omega t) \\ &\quad + 2\bar{u} \cos^2(kx - \omega t) . \end{aligned} \tag{3.71}$$

Der zeitliche Mittelwert ist

$$\bar{p} = p_0 + \bar{u} \quad \rightarrow \quad p_{\text{rad}} = \bar{u} . \tag{3.72}$$

Der Strahlungsdruck des Schalls ist winzig. Selbst bei einem Schallpegel von 100 dB erhält man nur

$$\bar{u} = \frac{I}{c_{\text{s}}} = \frac{10^{-2}\,\text{W}}{330\,\text{m/s}} = 3 \cdot 10^{-5}\,\text{Pa} = 3 \cdot 10^{-10}\,\text{bar} .$$

Der Schallwechseldruck ist unter diesen Umständen nach Abb. 3.4 und (3.22) 2 Pa! Der Schallstrahlungsdruck kann dennoch mit dem in Abb. 3.26 gezeigten Schallradiometer gemessen werden.

Strahlungsdruck und Äquivalenz von Masse und Energie

Bei näherer Betrachtung gibt es in dem bei Abb. 3.24 beschriebenen Gedankenexperiment doch noch ein Problem. Nachdem der Sender eingeschaltet wurde, wirkt auf den Wagen zunächst nur der Rückstoß der emittierten Wellen, der Wagen setzt sich in beschleunigte Bewegung. Erst wenn auf der Empfängerseite der Strahlungsdruck wirksam wird, wird die Beschleunigung des Wagens durch das Kräftegleichgewicht gestoppt. Der Wagen rollt aber mit konstanter Geschwindigkeit weiter. Anscheinend hat sich der Schwerpunkt der Anordnung

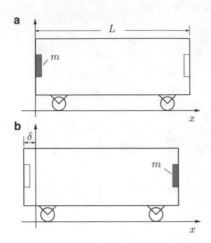

Abbildung 3.27 Einsteins Gedankenexperiment zur Äquivalenz von Masse und Energie

in Bewegung gesetzt, obgleich keine Einwirkung von außen stattgefunden hat.

Auf dieses Problem wurde Einstein aufmerksam. Er löste es, indem er die in der relativistischen Mechanik (Bd. I/15.4) entwickelte Formel $E = mc^2$ auf die elektromagnetische Welle anwandte, bei der eine Ruhemasse gar nicht vorhanden ist. Er behauptete, dass der Transport der elektromagnetischen Feldenergie E dem Transport einer Masse $m = E/c^2$ entspricht, der bei der Berechnung des Schwerpunkts mit zu berücksichtigen ist. Der Einfachheit halber nehmen wir an, dass der Sender nur einen kurzen Lichtblitz der Dauer $\tau \ll L/c$ emittiert. Der Wagen rollt dann eine Strecke δ und bleibt stehen, wenn das Licht den Empfänger erreicht hat. Im Lichtblitz steckt die Energie $E = \bar{u}Ac\tau$. Das Massenäquivalent ist also nach Einstein

$$m = \frac{E}{c^2} = \frac{\bar{u}A\tau}{c} \; . \tag{3.73}$$

Vor der Emission des Lichts liegt in Abb. 3.27a der Schwerpunkt des Systems bei

$$x_{\mathrm{s}}^{(1)} = \frac{M(L/2) + m \cdot 0}{M + m} = \frac{L}{2}\frac{M}{M + m} \; ,$$

wenn M die Masse des Wagens ist. Nach Ankunft des Lichts beim Empfänger liegt er, wie Abb. 3.27b zeigt, bei

$$
\begin{aligned}
x_{\mathrm{s}}^{(2)} &= \left[M\left(\frac{L}{2} - \delta \right) + m\left(L - \delta \right) \right] \frac{1}{M + m} \\
&= \left[\frac{L}{2} - \delta + \frac{m}{M}(L - \delta) \right] \frac{M}{m + M} \; .
\end{aligned} \tag{3.74}
$$

Die Strecke δ können wir mit (3.67) berechnen. Der Wagen hat bei der Emission den Impuls

$$|\boldsymbol{p}| = F\tau = p_{\mathrm{rad}}A\tau = \bar{u}A\tau$$

erhalten. Er rollt mit der Geschwindigkeit $V = |\boldsymbol{p}|/M$ während der Zeit $t = (L - \delta)/c$. Die zurückgelegte Strecke ist

$$\delta = Vt = \frac{\bar{u}A\tau}{M}\frac{L - \delta}{c} = \frac{m}{M}(L - \delta)$$

An dieser Stelle wurde von Einsteins Formel (3.73) Gebrauch gemacht. Setzt man dies in (3.74) ein, erhält man $x_{\mathrm{s}}^{(1)} = x_{\mathrm{s}}^{(2)}$: Der Schwerpunkt bleibt in Ruhe, auch wenn sich der Wagen bewegt, sofern die Strahlungsenergie ein Äquivalent von Masse ist und sofern für diese Äquivalenz die Formel $m = E/c^2$ gilt.

Einsteins Behandlung des Strahlungsdruck-Problems blieb noch jahrzehntelang der einzige Hinweis darauf, dass die Äquivalenz von Masse und Energie tatsächlich besteht. Positronen und Mesonen wurden erst viel später entdeckt, und auch die Massenspektrometrie und die Untersuchung der Radioaktivität erreichten erst viel später die Genauigkeit, die man für einen Vergleich der Differenzen von Atommassen mit den Energieumsätzen beim radioaktiven Zerfall braucht.

Übungsaufgaben

3.1. Schallstärke und Schallwechseldruck. Wie groß ist ist die Druckamplitude $\tilde{p}$ einer Schallwelle in Luft unter Normalbedingungen bei einem Schallpegel $L_p = 50$ dB?

3.2. Reflexionsfreie Aufspaltung eines Signals. Ein hochfrequentes Signal, das von einem Koaxialkabel mit der Impedanz Z transportiert wird, soll in zwei Signale mit gleichen Amplituden aufgespalten werden. Zu diesem Zweck werden an das Kabelende zwei andere gleichartige Kabel in der folgenden Weise angeschlossen: Die Kabelmäntel werden direkt miteinander verbunden. Die drei Innenleiter werden unter Zwischenschaltung dreier gleicher Ohmscher Widerstände R miteinander verbunden (Sternschaltung). Wie groß muss R sein, damit an der Verbindungsstelle keine Signalreflexionen auftreten? Wie groß sind die Ausgangssignale, die an den beiden Ausgängen abgegriffen werden im Vergleich zum ursprünglich eingespeisten Signal? Wie viel % der Leistung des Generators gehen in dem Widerstandsnetzwerk verloren?

3.3. Wellenwiderstand eines Koaxialkabels und einer Streifenleitung. a) Geben Sie den Wellenwiderstand (3.26) eines Koaxialkabels als Funktion des Innenradius r_i und des Außenradius r_a an. Die Dielektrizitätskonstante des Materials im Zwischenraum sei $\epsilon = 2{,}2$. Wie groß muss r_i sein, wenn $r_a = 0{,}15$ cm gewählt wird und der Wellenwiderstand $Z = 50\,\Omega$ sein soll? Wie groß sind die Kapazität und die Induktivität pro m Kabellänge?

b) Die Gleichungen (2.87) setzen voraus, dass der Strom in den Leitern in einer dünnen Schicht nahe der Oberfläche fließt. Ab welcher Frequenz beträgt die Eindringtiefe in einen Kupferleiter weniger als 10 % des inneren Leiterradius r_i?

c) Eine Streifenleitung bestehe aus zwei langen parallelen Metallbändern im Abstand d mit der Breite b. Wie groß muss das Verhältnis d/b sein, wenn der Wellenwiderstand $50\,\Omega$ sein soll ($\epsilon = 1$)?

3.4. Feldstärken in einem Laserstrahl. a) Wie groß sind die Amplituden der elektrischen und der magnetische Feldstärke in einem kontinuierlichen Laserstrahl mit der Leistung $P = 1$ mW und dem Radius $\sigma_r = 1$ mm? Rechnen Sie zunächst mit einem konstanten und dann, realistischer, mit einem Gaußschen Strahlprofil für die Intensität: $I(r) = I_0 \cdot \exp(-r^2/\sigma_r^2)$.

b) Wie groß sind die Amplituden der elektrischen und der magnetischen Feldstärke in einem gepulsten Strahl gleichen Durchmessers mit der Energie 1 mJ pro Puls und einer Pulsdauer $t = 10$ ns?

3.5. Kometenschweif. a) Kometen besitzen schmale Typ I- und diffuse Typ II-Schweife, wobei letztere aus Staubteilchen bestehen. Ein kleines Teilchen im Staubschweif eines Kometen unterliegt dem von der Sonne ausgehenden Strahlungsdruck und der Schwerkraft der Sonne. Wie groß ist deren Verhältnis für ein Teilchen mit dem Radius $r = 1\,\mu\text{m}$ und der Dichte $\rho = 2\,\text{g cm}^{-3}$? Die Leuchtkraft der Sonne ist $P = 3{,}8 \cdot 10^{26}$ W. Das Produkt aus der Sonnenmasse und der Gravitationskonstanten erhält man aus dem Keplerschen Gesetz für die Erdbahn, der mittlere Abstand der Sonne von der Erde ist $R_{\text{Erde}} = 1{,}5 \cdot 10^8$ km.

b) Den Einfluss der Schwerkraft des *Kometenkerns* auf ein Staubteilchen braucht man schon in unmittelbarer Nähe zum Kern nicht zu berücksichtigen. Der Komet lege am sonnennächsten Punkt seiner Bahn eine Strecke s zurück, deren Verhältnis zu seinem Abstand R von der Sonne $s/R = 0{,}1$ beträgt. Um welchen Abstand ΔR im Verhältnis zur Laufstrecke s wird sich das Staubteilchen im gleichen Zeitraum von der Bahn des Kometenkerns entfernen? Hinweis: Bei kleinen ΔR ist für die Radialbewegung des Staubteilchens relativ zur Bahn des Kometenkerns nur der Strahlungsdruck verantwortlich. Warum? Aus welchen Gründen ist der Staubschweif diffus und gebogen?

3.6. Magnetischer und elektrischer Dipol. a) Aus der Elektrizitätslehre ist bekannt, dass ein von einem Strom I durchflossener kreisförmiger Drahtring mit dem Radius r ein magnetisches Dipolmoment $\pi r^2 I$ besitzt. Ist der Strom ein Wechselstrom, emittiert der Drahtring elektromagnetische Wellen wie ein elektrischer Dipol; nur sind in der Fernzone die elektrische und die magnetische Feldstärke miteinander vertauscht. Schließen Sie aus (3.34) auf die Gleichung für die Leistung des magnetischen Dipols, indem Sie die elektrischen durch entsprechende magnetische Größen ersetzen und eine Dimensionsanalyse durchführen. Zahlenbeispiel: $r = 5$ cm, Frequenz $\nu = 5{,}5$ MHz, Stromamplitude $I_0 = 10$ mA. Wie hängt die Leistung von ν ab?

b) Zum Vergleich betrachten wir einen elektrischen Dipol, bei dem ein gleich großer Strom während der Zeit $1/\nu$ über eine Strecke $2r$ hin- und herfließt, genauer gesagt, wir wählen als Amplitude des elektrischen Dipolmoments $p_e = 2rI_0/\nu$. Wie groß ist die abgestrahlte Leistung? Wie ändert sich die Leistung des elektrischen Dipols mit der Frequenz, wenn man die Länge r und die Stromstärke I_0 konstant hält?

c) Ein Mobiltelefon besitze bei einer Frequenz $\nu = 1{,}8$ GHz eine Sendeleistung von 1 W. Wie groß ist p_e? Man vergleiche mit dem extrapolierten Dipolmoment von Teil b) für das Zahlenbeispiel von Teil a).

3.7. Abstrahlung eines geladenen Teilchens. a) Ein Elektron befinde sich in einem elektrischen Wechselfeld mit der Amplitude E_0. Es führt darin periodische Schwingungen aus, die wir zunächst als ungedämpft annehmen. Wie groß ist die die Schwingungsamplitude und welche Amplituden des elektrischen Dipolmoments und des Elektronen-Impulses ergeben sich daraus? Das beschleunigte Elektron stahlt elektromagnetische Wellen ab. Verifizieren Sie, dass (3.34) und (3.35) äquivalent sind.

b) Die Abstrahlung führt zu einer Dämpfung der Elektronenschwingung. Die obige Rechnung setzt voraus, dass die Energieabstrahlung pro Schwingungsperiode klein im Vergleich zur durchschnittlichen kinetischen Energie des Elektrons ist. Was folgt aus dieser Bedingung für die Frequenz der Schwingung?

3.8. Poynting-Vektor. Eine Gleichspannungsquelle ist über ein Koaxialkabel mit einem Ohmschen Verbraucher verbunden. Wie groß sind die elektrische Feldstärke, die magnetische Feldstärke und der Poynting-Vektor, wenn die Spannung U, der Strom I und der Innen- und der Außenradius bekannt sind? Man zeige: Die vom Poynting-Vektor transportierte Leistung ist $P = IU$.

3.9. Energiefluss im Kondensator. Ein Plattenkondensator mit einem Dielektrikum besitze kreisförmige Platten, deren Abstand d viel kleiner als der Kondensatorradius ist. Während einer Aufladung entsteht ein zeitabhängiges elektrisches Feld $E(t)$. Die Aufladung erfolge so langsam, dass $E(t)$ im Kondensatorinneren mit Ausnahme des Randbereichs überall gleich groß ist.

a) Zwischen den Kondensatorplatten entsteht wegen (2.44) ein magnetisches Ringfeld H. Wie groß ist $H(r,t)$ als Funktion des Abstands r zur Symmetrieachse?

b) Wie groß ist der Poynting-Vektor und wie ist er bei der Kondensatoraufladung gerichtet?

c) Wie groß ist der Energiefluss durch eine konzentrisch zur Symmetrieachse liegende Zylinderfläche mit dem Radius r innerhalb des Kondensators? Rechnen Sie nach: Dieser Energiefluss ist gleich der zeitlichen Änderung der elektrischen Feldenergie innerhalb des Zylindervolumens.

d) Beschreiben Sie, wie elektrische Energie von einer Batterie in einen Kondensator transportiert wird.

Weiteres zur mathematischen Darstellung von Wellen

© Springer-Verlag GmbH Deutschland 2017
J. Heintze / P. Bock (Hrsg.), *Lehrbuch zur Experimentalphysik Band 4: Wellen und Optik,* https://doi.org/10.1007/978-3-662-54492-1_4

In den vorangegangenen Kapiteln sind wir zwar mit der mathematischen Beschreibung von Wellenerscheinungen schon ziemlich weit gediehen; es lohnt sich aber, die mathematische Darstellung von Wellen noch etwas weiter zu treiben. Das wird sich bei der Behandlung optischer Probleme bewähren; auch wird sich zeigen, dass die hier eingeführten Begriffe und Methoden in der Quantenmechanik unentbehrlich sind. Wir führen den Wellenvektor k und die Darstellung von Wellenfunktionen mit komplexen Zahlen ein. Als Beispiel behandeln wir das Verhalten einer **linearen Kette** von Massenpunkten, die durch Federn miteinander verbunden sind. Dann diskutieren wir die mathematische Beschreibung von Wellenzügen endlicher Länge und von sogenannten Wellenpaketen. Das führt auf eine wichtige Beziehung zwischen zeitlicher Dauer und Bandbreite des Wellenzugs, auf die **klassische Unschärferelation**. Am Schluss des Kapitels wird ausgehend von dem in Abschn. 1.3 eingeführten Fourier-Integral die Fourier-Transformation behandelt, die besonders in der Optik eine große Rolle spielt.

4.1   Der Wellenvektor

Ebene Wellen im Raum

Wir haben bisher den Fall betrachtet, dass sich die ebene Welle entlang der x-Achse eines kartesischen Koordinatensystems fortpflanzt. Um die Ausbreitung in einer beliebigen Richtung zu beschreiben, führen wir den Wellenvektor

$$k = k\hat{n} = (k_x, k_y, k_z) \qquad (4.1)$$

ein. $\hat{n}$ ist der Einheitsvektor in Ausbreitungsrichtung, er steht senkrecht auf den Flächen gleicher Phase. $|k|$ ist gleich der Wellenzahl. Es gilt also

$$|k| = k = \sqrt{k_x^2 + k_y^2 + k_z^2} = \frac{2\pi}{\lambda}\,. \qquad (4.2)$$

Die Wellenfunktion ebener Wellen schreibt man:

$$\psi(r, t) = \psi_0 \cos(k \cdot r - \omega t)\,. \qquad (4.3)$$

Abbildung 4.1 zeigt einen Ausschnitt aus den Wellenfronten. Für die in x-Richtung laufende ebene Welle gilt $k = (k_x, 0, 0)$, womit (4.3) in (1.3) übergeht.

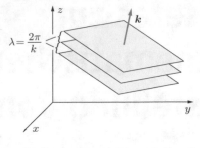

Abbildung 4.1 Wellenfronten (Ausschnitte) und Wellenvektor einer ebenen Welle

Gekrümmte Wellenfronten

Da die Richtung des k-Vektors durch die Flächennormale $\hat{n}$ der Wellenfronten gegeben ist, ist das eben eingeführte Konzept auch für gekrümmte Wellenfronten brauchbar. Besonders einfach wird das bei der in Abb. 4.2 gezeigten Kugelwelle. Legt man den Ursprung des Koordinatensystems in das Zentrum der Kugelwelle, so ist die Wellenfunktion

$$\psi(r, t) = \frac{A}{r} \cos(k \cdot r - \omega t) = \frac{A}{r} \cos(kr - \omega t)\,, \qquad (4.4)$$

denn in diesem Falle sind k und r gleichgerichtet. Die Amplitude der Welle ist $\psi_0(r) = A/r$. Der Amplitudenfaktor A hängt bei vernachlässigbarer Absorption nicht von r ab, kann aber winkelabhängig sein, wie z. B. bei der

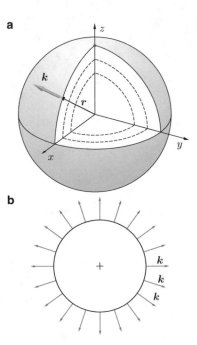

Abbildung 4.2 Wellenfronten und Wellenvektoren einer Kugelwelle. **a** Räumliche Darstellung, **b** Zentralschnitt, zu vergleichen mit der Darstellung der Poynting-Vektoren in Abb. 3.16c

Dipolstrahlung (2.63). Die Unterscheidung von „Amplitude" und „Amplitudenfaktor" ist wichtig, da beide Größen verschiedene Dimensionen haben.

Die $1/r$-Abhängigkeit der Amplitude bewirkt nach Satz 3.1, dass die Intensität mit $1/r^2$ abfällt, also dass der Strahlungsfluss durch eine Fläche, die die Quelle umschließt, unabhängig von der Größe der Fläche ist (vgl. (3.34)). Dementsprechend ist bei Kreiswellen, z. B. bei den in Abb. 1.11 gezeigten Kreiswellen auf einer Wasseroberfläche, die Amplitude proportional zu $1/\sqrt{r}$:

$$\psi(\boldsymbol{r}, t) = \frac{\mathcal{A}}{\sqrt{r}} \cos(kr - \omega t) \ . \tag{4.5}$$

Wellenausbreitung in einem Hohlleiter

In Abschn. 2.5 hatten wir die Eigenschaften eines Hohlleiters für Mikrowellen diskutiert und festgestellt, dass sich im Hohlleiter die in den Abb. 2.29 und 2.30 gezeigte Welle nur ausbreiten kann, wenn die Frequenz der Welle $\omega > \omega_\mathrm{g} = c\pi/a$ ist. Diese auf den ersten Blick erstaunliche Tatsache kann man leicht verstehen, wenn man sich klarmacht, dass die Welle (2.91)

$$E_y(x, z, t) = E_0 \sin k_x x \cos(k_z z - \omega t) \ , \quad k_x = \frac{\pi}{a}$$

erzeugt werden kann durch die Überlagerung von zwei ebenen Wellen mit der Frequenz ω und den Wellenvektoren

$$\boldsymbol{k}_1 = (k_x, 0, k_z) \ , \quad \boldsymbol{k}_2 = (-k_x, 0, k_z) \ . \tag{4.6}$$

Es ist nämlich, wie wir gleich nachrechnen werden,

$$\begin{aligned} &\sin(\boldsymbol{k}_1 \cdot \boldsymbol{r} - \omega t) - \sin(\boldsymbol{k}_2 \cdot \boldsymbol{r} - \omega t) \\ &= 2 \sin k_x x \cos(k_z z - \omega t) \ . \end{aligned} \tag{4.7}$$

Wie Abb. 4.3 zeigt, sind die beiden Wellen bei $x = 0$ und bei $x = a$ um $180°$ phasenverschoben, bei $x = a/2$ aber stets in Phase. Dadurch entsteht die in z-Richtung durch den Hohlleiter laufende Welle. Die Beträge der Wellenvektoren sind gleich: $k_1 = k_2 = \sqrt{k_x^2 + k_z^2}$. Die Wellenausbreitung in z-Richtung funktioniert offensichtlich nur, wenn die Vektoren $\boldsymbol{k}_1$ und $\boldsymbol{k}_2$ eine z-Komponente haben, wenn also $k_1 = k_2 > k_x$ ist. Daraus folgt, dass

$$\omega = ck_1 = ck_2 > ck_x = \frac{c\pi}{a}$$

sein muss, wie in (2.95) angegeben. – Zur Begründung von (4.7): Mit $k_x x = \alpha$ und $k_z z - \omega t = \beta$ sowie mit (4.6) erhält man

$$\begin{aligned} &\sin(\boldsymbol{k}_1 \cdot \boldsymbol{r} - \omega t) - \sin(\boldsymbol{k}_2 \cdot \boldsymbol{r} - \omega t) \\ &= \sin(\alpha + \beta) - \sin(-\alpha + \beta) \\ &= \sin(\alpha + \beta) + \sin(\alpha - \beta) \\ &= 2 \sin \alpha \cos \beta = 2 \sin k_x x \cos(k_z z - \omega t) \ , \end{aligned}$$

was mit (4.7) identisch ist.

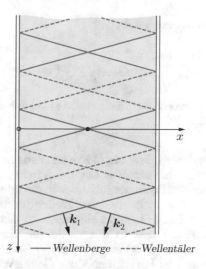

Abbildung 4.3 Wellenausbreitung in einem Hohlleiter, dargestellt als Überlagerung von zwei ebenen Wellen. Man sieht aus der y-Richtung auf den in Abb. 2.29 und Abb. 2.31a gezeigten Hohlleiter

4.2 Komplexe Darstellung von Wellen

Wie bei Schwingungen und wie beim Wechselstrom erweist sich auch bei den Wellen die Darstellung durch komplexe Zahlen mitunter als zweckmäßig, denn mit Exponentialfunktionen ist leichter zu rechnen als mit Cosinus- und Sinusfunktionen. Ähnlich wie bei den mechanischen Schwingungen (Bd. I/12.5) wird ausgehend von $\mathrm{e}^{\mathrm{i}\varphi} = \cos\varphi + \mathrm{i}\sin\varphi$ den reellen Wellenfunktionen ein Imaginärteil hinzugefügt. Man schreibt bei ebenen harmonischen Wellen statt (1.3) und (4.3):

$$\check{\psi}(x, t) = \psi_0 \mathrm{e}^{\mathrm{i}(kx \pm \omega t)} \ , \tag{4.8}$$

$$\check{\psi}(\boldsymbol{r}, t) = \psi_0 \mathrm{e}^{\mathrm{i}(\boldsymbol{k} \cdot \boldsymbol{r} - \omega t)} \tag{4.9}$$

und für Kugelwellen statt (4.4):

$$\check{\psi}(\boldsymbol{r}, t) = \mathcal{A} \frac{\mathrm{e}^{\mathrm{i}(kr - \omega t)}}{r} \ . \tag{4.10}$$

Diese Darstellung ist besonders praktisch, wenn die Amplituden von mehreren Wellen gleicher Frequenz, aber verschiedener Phase zu addieren sind. In diesem Zusammenhang kann man auch die komplexe Amplitude $\check{\psi}_0$ einführen, wie schon beim Wechselstrom in Bd. III, Gl. (17.4). Man schreibt z. B. für eine um den Winkel φ

phasenverschobene Welle

$$\check{\psi}(x,t) = \psi_0 e^{i(kx-\omega t+\varphi)}$$
$$= \psi_0 e^{i\varphi} e^{i(kx-\omega t)} b = \check{\psi}_0 e^{i(kx-\omega t)} . \qquad (4.11)$$

In der komplexen Amplitude steckt also auch der Phasenwinkel

$$\check{\psi}_0 = \psi_0 e^{i\varphi} . \qquad (4.12)$$

Da man den Imaginärteil in (4.8)–(4.11) aus rechentechnischen Gründen hinzugefügt hat, muss man ihn vor einer Anwendung des Rechenergebnisses in der Physik wieder entfernen, d. h. zum Realteil der Wellenfunktion übergehen. Diese Aussage bezieht sich aber zunächst nur auf Ausdrücke, die **linear** in der Wellenfunktion sind; bei quadratischen Ausdrücken, z. B. bei der Berechnung von Energiedichten, ist Vorsicht geboten. Gehen wir von einer reellen Wellenfunktion $\psi = \psi_0 \cos(kx - \omega t)$ aus, so ist

$$\psi^2 = \psi_0^2 \cos^2(kx - \omega t) . \qquad (4.13)$$

Das Quadrat der zugehörigen komplexen Wellenfunktion (4.8) ergibt:

$$\check{\psi}^2 = \psi_0^2 e^{i2(kx-\omega t)} . \qquad (4.14)$$

Der Realteil ist $\mathrm{Re}(\check{\psi}^2) = \psi_0^2 \cos 2(kx - \omega t)$, was von (4.13) vollkommen verschieden ist. Der zeitliche Mittelwert dieser Größe, den man z. B. zur Berechnung der Intensität braucht, ist Null. Man muss deshalb anders vorgehen: Um das Quadrat der Amplitude der reellen Wellenfunktion zu erhalten, berechnet man das **Betragsquadrat** von $\check{\psi}$, denn es gilt

$$\left|\check{\psi}\right|^2 = \psi_0^2 . \qquad (4.15)$$

Die Intensität einer elektromagnetischen Welle ist dann nach (3.32)

$$I = \frac{c\epsilon_0}{2} E_0^2 = \frac{c\epsilon_0}{2} \left|\check{E}\right|^2 , \qquad (4.16)$$

wobei E_0 die Amplitude der gewöhnlichen harmonischen Welle ist, und $\check{E}$ die komplexe Wellenfunktion.

Die lineare Kette

Als Beispiel, das zeigt, wie vorteilhaft die komplexe Schreibweise sein kann, berechnen wir die Wellenausbreitung auf einer linearen Kette von Massenpunkten, die durch Federn miteinander verbunden sind (Abb. 4.4). Die Massen m und die Federn sollen alle gleich sein (Länge a, Federkonstante α). Auf dieser Kette können longitudinale Wellen laufen wie in dem dünnen Stab in Abb. 2.10. Sie haben jedoch ganz andere Eigenschaften.

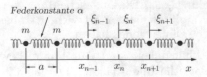

Abbildung 4.4 Longitudinale Welle auf einer linearen Kette. $x_n = na$ ist die Ruhelage, ξ_n die Auslenkung der n-ten Masse. Gesamtlänge der Kette $Na \gg a$

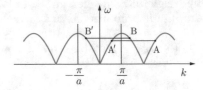

Abbildung 4.5 Dispersionsrelation der Wellen auf einer linearen Kette. Für $k \ll k_{\mathrm{max}}$, d. h. für $\lambda \gg a$ ist $\omega \propto k$; die Wellen sind dann dispersionsfrei

Mit den in Abb. 4.4 angegebenen Bezeichnungen ist die Bewegungsgleichung der n-ten Masse

$$m\frac{\mathrm{d}^2\xi_n}{\mathrm{d}t^2} = -\alpha(\xi_{n+1} - \xi_n) + \alpha(\xi_n - \xi_{n-1})$$
$$= -\alpha(2\xi_n - \xi_{n+1} - \xi_{n-1}) . \qquad (4.17)$$

Der Ansatz $\check{\xi}(x,t) = A e^{i(kx-\omega t)}$ beschreibt eine in x-Richtung laufende Welle, bei der sich die Massenpunkte mit der Amplitude A und der Frequenz ω um ihre Ruhelage bewegen. Wir setzen dies mit $x = x_n = na$ und $\xi = \xi_n$ in (4.17) ein und erhalten

$$-m\omega^2 e^{i[kx_n-\omega t]} = -\alpha\Big(2e^{i[kx_n-\omega t]} - e^{i[k(x_n+a)-\omega t]}$$
$$- e^{i[k(x_n-a)-\omega t]}\Big)$$
$$= -\alpha e^{i[kx_n-\omega t]} \left(2 - e^{ika} - e^{-ika}\right) .$$

Mit der Euler-Formel $e^{i\varphi} + e^{-i\varphi} = 2\cos\varphi$ wird daraus

$$\omega^2 = \frac{2\alpha}{m}(1 - \cos ka) = \frac{4\alpha}{m}\sin^2\frac{ka}{2} , \qquad (4.18)$$

$$\omega(k) = \sqrt{\frac{4\alpha}{m}} \left|\sin\frac{ka}{2}\right| . \qquad (4.19)$$

Wir legen den Nullpunkt der x-Achse nach x_n und erhalten

$$\xi(x,t) = \mathrm{Re}\,\check{\xi}(x,t) = A\cos\left(kx - \omega(k)t\right) .$$

Während bei den Wellen in Abschn. 2.1 $\omega \propto k$ und somit die Phasengeschwindigkeit $v_{\mathrm{ph}} = \omega/k$ konstant ist, ist bei der linearen Kette ω eine nichtlineare Funktion von k: Die Wellen sind **nicht** dispersionsfrei. Überdies ist ω eine periodische Funktion von k (Abb. 4.5). Deshalb genügt es, das Intervall von $k = -\pi/a$ bis $k = k_{\mathrm{max}} = \pi/a$ zu betrachten.

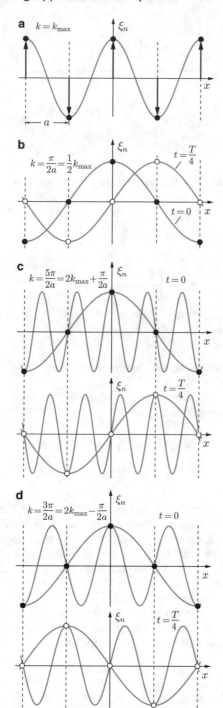

Abbildung 4.6 Auslenkung ξ_n der Massenpunkte bei longitudinalen Wellen auf einer linearen Kette. Zur Zeit $t = 0$: ●, zur Zeit $t = T/4$: ○. T ist die Periode der Wellen in (b)–(d)

Tabelle 4.1 Zu Abb. 4.6: Wellenzahlen k, Frequenzen ω und Phasengeschwindigkeiten in Abb. 4.6a–d

k	ω	v_{ph}
$\dfrac{\pi}{a}$	$\sqrt{\dfrac{4\alpha}{m}}$	$\dfrac{a}{\pi}\sqrt{\dfrac{4\alpha}{m}}$
$\dfrac{\pi}{2a}$	$\sqrt{\dfrac{2\alpha}{m}}$	$\dfrac{a}{\pi}\sqrt{\dfrac{8\alpha}{m}}$
$\dfrac{5\pi}{2a}$	$\sqrt{\dfrac{2\alpha}{m}}$	$\dfrac{a}{5\pi}\sqrt{\dfrac{8\alpha}{m}}$
$\dfrac{3\pi}{2a}$	$\sqrt{\dfrac{2\alpha}{m}}$	$\dfrac{a}{3\pi}\sqrt{\dfrac{8\alpha}{m}}$

Wie das zustande kommt, zeigt Abb. 4.6. Dort ist zunächst in Abb. 4.6a die Welle mit $k_{\max}$ und mit der kürzest möglichen Wellenlänge $\lambda_{\min} = 2a$ gezeigt, sodann in Abb. 4.6b eine Welle mit $k = \pi/2a$, $\lambda = 4a$. Die Abb. 4.6c und d zeigt zwei Fälle von $k > k_{\max}$. Die Auslenkung der Massenpunkte ist in beiden Fällen die gleiche wie in Abb. 4.6b, und zwar nicht nur zur Zeit $t = 0$, sondern auch zu einem späteren Zeitpunkt. Höchst bemerkenswert ist dabei, dass die nach $+x$ laufende Welle mit $k = 3\pi/2a$ äquivalent zu einer nach $-x$ laufenden Welle mit $k = \pi/2a$ ist. Das kann man mit Abb. 4.6 im einzelnen verfolgen, wenn man die in Tab. 4.1 angegebenen Phasengeschwindigkeiten berücksichtigt. Die Untersuchung der linearen Kette ist eine notwendige Vorübung für die Gitterschwingungen in einem Kristall. Wir werden darauf am Ende von Bd. V/2.2 zurückkommen.

4.3 Wellengruppen und Wellenpakete

In diesem Abschnitt geht es um die Frage, wie man mathematisch von unendlich ausgedehnten Wellen zu Wellenzügen endlicher Länge und zu sehr kurzen Wellengruppen, d. h. zu sogenannten **Wellenpaketen** kommen kann. Wir werden sehen, dass dies gelingt, wenn man unendlich lange Wellenzüge unterschiedlicher Frequenz einander überlagert. Dabei zeigt sich, dass man zur Darstellung eines Wellenzugs der Länge Δx Wellen mit Wellenzahlen in einem Bereich Δk benötigt, und zur Darstellung eines Wellenzugs der zeitlichen Dauer Δt braucht man Wellen aus einem Frequenzintervall mit der Bandbreite $\Delta \omega$. Zwischen Δx und Δk sowie zwischen Δt und $\Delta \omega$ besteht eine einfache Beziehung, die wir als die **klassische Unschärferelation** bezeichnen werden.

Zeitabhängige Signale

Wir beginnen mit der Diskussion von Funktionen $f(t)$, d. h. von Signalen, wie sie von einem irgendwo aufgestell-

Die Wellen mit den Wellenzahlen k und $k + 2k_{\max}$ haben die gleiche Frequenz ω, siehe die Punkte A und A′ bzw. B und B′ in Abb. 4.5. Sie führen auch zu den gleichen Schwingungsformen der linearen Kette.

Abbildung 4.7   Eine feste Frequenz

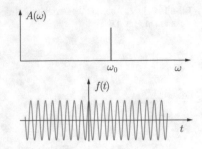

ten Empfangsgerät für Wellen registriert werden können. Im folgenden ist an einigen Beispielen der Zusammenhang zwischen Frequenzspektrum und Signalform dargestellt.

Festfrequenz. Das Frequenzspektrum enthält eine einzige Linie bei der Frequenz ω_0 (Abb. 4.7), das „Signal" ist

$$f(t) = \cos \omega_0 t \,. \tag{4.20}$$

Schwebungssignal. Das Frequenzspektrum enthält zwei Linien ω_1 und ω_2 im Abstand $\Delta\omega$ (Abb. 4.8). Das Signal oszilliert mit der Frequenz $\omega_0 = (\omega_1 + \omega_2)/2$ und zeigt das schon von früher bekannte Phänomen der Schwebungen:

$$f(t) = \cos \omega_1 t + \cos \omega_2 t = 2 \cos \frac{\Delta\omega}{2} t \cos \omega_0 t \,. \tag{4.21}$$

Die Nullstellen der Einhüllenden haben voneinander den Abstand

$$\Delta t = 2\pi / \Delta\omega \,.$$

N Frequenzen im Intervall $\Delta\omega$. Jetzt füllen wir das Intervall zwischen ω_1 und ω_2 mit $N - 2$ Frequenzen im konstanten Frequenzabstand $\delta\omega$ (Abb. 4.9). Insgesamt haben wir dann N Frequenzen im Intervall $\Delta\omega$ und es gilt:

$$(N - 1)\delta\omega = \Delta\omega \,. \tag{4.22}$$

Wie wir später beweisen werden, ergibt die Superposition:

$$
\begin{aligned}
f(t) &= \frac{1}{N} \sum_{n=0}^{N-1} \cos(\omega_1 + n\delta\omega)t \\
&= \frac{1}{N} \frac{\sin\left(\frac{1}{2}N\delta\omega t\right)}{\sin\left(\frac{1}{2}\delta\omega t\right)} \cos \omega_0 t = a(t) \cos \omega_0 t \,,
\end{aligned}
\tag{4.23}
$$

mit $\omega_0 = (\omega_1 + \omega_2)/2$. Die Amplitudenfunktion $a(t)$ ist in Abb. 4.9 gestrichelt eingezeichnet. Sie enthält einen rasch oszillierenden Anteil im Zähler und einen langsam oszillierenden im Nenner. Der Nenner wird Null für

$$\frac{1}{2}\delta\omega t = m\pi \,, \quad m = 0, 1, 2, \ldots$$
$$t = m\frac{2\pi}{\delta\omega} \,. \tag{4.24}$$

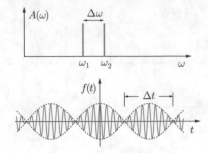

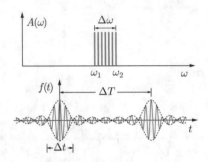

Abbildung 4.8   Zwei Frequenzen $\omega_1 \approx \omega_2$:Schwebungssignal

Abbildung 4.9 N Frequenzen im Intervall $\Delta\omega$

Der Zähler wird Null für

$$\frac{1}{2}N\delta\omega t = m'\pi \,, \quad m' = 0, 1, 2, \ldots$$
$$t = m'\frac{2\pi}{N\delta\omega} \,. \tag{4.25}$$

Der Betrag der Amplitudenfunktion erreicht seinen Maximalwert, wenn der Nenner Null wird, also wenn (4.24) erfüllt ist. Dann ist $m' = 0, N, 2N, \ldots$ Wie man durch Differenzieren von Zähler und Nenner ausrechnen kann (vgl. Bd. I, Gl. (21.86)), ist bei den Maxima $|a| = 1$. Zwischen diesen Hauptmaxima liegen $N - 1$ Nullstellen des Zählers und $N - 2$ Nebenmaxima. Die Höhe dieser Nebenmaxima ist klein verglichen mit der Höhe des Hauptmaximums. Wenn wir sie vernachlässigen, erhalten wir eine Folge von relativ kurzen Signalen im Zeitabstand

$$\Delta T = 2\pi / \delta\omega \approx 2\pi N / \Delta\omega \tag{4.26}$$

mit der Zeitdauer

$$\Delta t = 4\pi / N\delta\omega \approx 4\pi / \Delta\omega \,, \tag{4.27}$$

wobei die Näherungen für $N \gg 1$ gelten.

Kontinuierliches Spektrum im Frequenzbereich $\Delta\omega$. Es ist nun klar, wie man zu einem einzelnen Signal bzw. zu einem Wellenpaket kommt (Abb. 4.10): Man muss bei konstanter Bandbreite $\Delta\omega$ die Zahl N der Frequenzen immer mehr vergrößern, d. h. zu einem kontinuierlichen

Abbildung 4.10 Kontinuierliches Spektrum mit konstanter Amplitude im Bereich $\omega_1 \leq \omega \leq \omega_2$

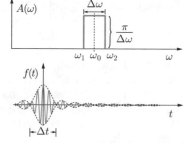

Abbildung 4.11 Zeitlich begrenzter Wellenzug, $\Delta t = 2\tau$

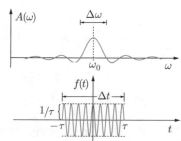

Spektrum und von der Summe (4.23) zu einem Fourier-Integral übergehen. Da wir uns hier auf gerade Funktionen der Zeit $(f(-t) = f(t))$ beschränkt haben, brauchen wir vom Fourier-Integral (1.18) nur den Cosinusterm:

$$f(t) = \frac{1}{\pi} \int_0^\infty A(\omega) \cos \omega t \, \mathrm{d}\omega \ . \tag{4.28}$$

Mit dem Frequenzspektrum in Abb. 4.10 erhalten wir

$$f(t) = \frac{1}{\pi} \int_0^\infty A(\omega) \cos \omega t \, \mathrm{d}\omega = \frac{1}{\Delta\omega} \int_{\omega_1}^{\omega_2} \cos \omega t \, \mathrm{d}\omega$$

$$= \frac{1}{\Delta\omega t} (\sin \omega_2 t - \sin \omega_1 t) \ . \tag{4.29}$$

Man kann das Ergebnis mit der Formel Bd. I, Gl. (21.63) für $\sin\alpha - \sin\beta$ und mit $\omega_0 = (\omega_1 + \omega_2)/2$ in folgender Form schreiben:

$$f(t) = \frac{\sin\left(\frac{1}{2}\Delta\omega t\right)}{\frac{1}{2}\Delta\omega t} \cos \omega_0 t \ . \tag{4.30}$$

Die in Abb. 4.10 definierte Dauer des Signals ist

$$\Delta t = 4\pi/\Delta\omega \ . \tag{4.31}$$

Zeitlich begrenzter Wellenzug konstanter Amplitude. Wie wir soeben gesehen haben, gehört zu einem rechteckigen Frequenzspektrum, zentriert um die Frequenz ω_0, ein Wellenpaket, dessen Einhüllende durch die Funktion $\sin x/x$ (mit $x = \frac{1}{2}\Delta\omega t$) gegeben ist. Umgekehrt gehört zu

einem rechteckigen Wellenpaket der Frequenz ω_0 ein Frequenzspektrum der Form $\sin x/x$, das um ω_0 zentriert ist (Abb. 4.11):

$$A(\omega) = \frac{\sin\left[(\omega - \omega_0)\Delta t/2\right]}{(\omega - \omega_0)\Delta t/2} \ . \tag{4.32}$$

Man berechnet $A(\omega)$ mit (1.19), indem man $f(t) = (1/\tau) \cos\omega_0 t$ setzt und von $-\tau$ bis $+\tau$ integriert.[1] Auch hier kommt man auf die Beziehung (4.31).

Gaußsche Signalform. Der Vergleich von Abb. 4.10 und Abb. 4.11 legt die Vermutung nahe, dass es zwischen beiden Fällen ein Zwischending geben sollte: ein Frequenzspektrum in Form einer Glockenkurve ohne oszillierende Ausläufer (Abb. 4.12), welches ein Signal derselben Form ergibt. In der Tat hat die Gaußkurve diese Eigenschaft. Setzt man in (4.28)

$$A(\omega) = \mathrm{e}^{-(\omega-\omega_0)^2/2\sigma_\omega^2} \ , \tag{4.33}$$

so erhält man mit einer etwas längeren Rechnung[2]

$$f(t) = \frac{1}{\sqrt{2\pi\sigma_t^2}} \mathrm{e}^{-t^2/2\sigma_t^2} \cos\omega_0 t \ . \tag{4.34}$$

---

[1] Bei der Berechnung ergibt sich noch ein zweiter Term mit $\omega + \omega_0$ statt $\omega - \omega_0$. Da jedoch die Funktion $\sin x/x$ für große Werte von x praktisch Null ist, kann dieser Term gewöhnlich vernachlässigt werden.

[2] Zur Berechnung des Integrals (4.28) setzen wir $\cos\omega t = \frac{1}{2}(\mathrm{e}^{\mathrm{i}\omega t} + \mathrm{e}^{-\mathrm{i}\omega t})$ und erhalten mit (4.33)

$$f(t) = \frac{1}{2\pi}\left[\int_0^\infty \mathrm{e}^{-\left[(\omega-\omega_0)^2 - \mathrm{i}2\sigma_\omega^2\omega t\right]/2\sigma_\omega^2}\, \mathrm{d}\omega \right.$$
$$\left. + \int_0^\infty \mathrm{e}^{-\left[(\omega-\omega_0)^2 + \mathrm{i}2\sigma_\omega^2\omega t\right]/2\sigma_\omega^2}\, \mathrm{d}\omega \right] \ .$$

Den Exponenten im ersten Integral schreiben wir $-(\omega^2 - 2(\omega_0 + \mathrm{i}\sigma_\omega^2 t)\omega + \omega_0^2)/2\sigma_\omega^2$. Wir addieren und subtrahieren im Zähler $(\omega_0 + \mathrm{i}\sigma_\omega^2 t)^2$ und erhalten

$$-\frac{(\omega - \omega_0 - \mathrm{i}\sigma_\omega^2 t)^2 + \omega_0^2 - \omega_0^2 - 2\mathrm{i}\omega_0\sigma_\omega^2 t + \sigma_\omega^4 t^2}{2\sigma_\omega^2} \ .$$

Mit $(\omega - \omega_0 - \mathrm{i}\sigma_\omega^2 t)/\sqrt{2}\sigma_\omega = u$ und $\mathrm{d}\omega = \sqrt{2}\sigma_\omega \, \mathrm{d}u$ ergibt dann das erste Integral

$$\int_0^\infty \mathrm{e}^{-(\cdots)}\, \mathrm{d}\omega = \mathrm{e}^{\mathrm{i}\omega_0 t}\mathrm{e}^{-\frac{\sigma_\omega^2 t^2}{2}}\int_0^\infty \mathrm{e}^{-u^2}\, \mathrm{d}u \ .$$

In einer Integraltafel findet man $\int_0^\infty \mathrm{e}^{-u^2}\, \mathrm{d}u = \sqrt{\pi}/2$. Das zweite Integral führt auf das gleiche Ergebnis, jedoch mit dem Faktor $\mathrm{e}^{-\mathrm{i}\omega_0 t}$. Wenn man $\sigma_\omega = 1/\sigma_t$ setzt, erhält man (4.34).

Abbildung 4.12 Zu (4.33) und (4.34): Gaußsches Signal

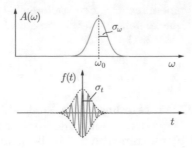

Die Rechnung führt auf die folgende Relation zwischen σ_t und σ_ω:

$$\sigma_t = 1/\sigma_\omega \ . \tag{4.35}$$

Das Produkt aus Bandbreite und Signaldauer ist also wie in (4.27) konstant.

Wellenpakete im Raum

Die bisher betrachteten Signale $f(t)$ können in einem Empfänger registriert werden, wenn ein Wellenzug begrenzter Länge, ein Wellenpaket, vom Sender zum Empfänger läuft. Wir betrachten die räumliche Struktur von Wellenpaketen nur in einer Dimension, der Ausbreitungsrichtung (= x-Richtung). Unsere Wellenpakete sind also ebene Wellen in Form einer flachen Scheibe, deren Amplitude nur in einem engen Raumbereich Δx wesentlich von Null verschieden ist. Man kann auch Wellenpakete konstruieren, die in allen drei Raumrichtungen eingeschränkt sind; das Wesentliche lässt sich jedoch im eindimensionalen Fall erkennen.

Um die mathematische Darstellung für eine Momentaufnahme eines eindimensionalen Wellenzugs oder Wellenpakets zu erhalten, brauchen wir bloß in (4.20)–(4.35) die Frequenz ω durch die Wellenzahl k und die Zeit t durch die Koordinate x zu ersetzen. Für ein gaußförmiges Signal zur Zeit $t = 0$ erhalten wir beispielsweise

$$A(k) \propto e^{-(k-k_0)^2/2\sigma_k^2} \quad \text{(Wellenzahlspektrum)} \tag{4.36}$$

$$f(x) \propto e^{-x^2/2\sigma_x^2} \cos k_0 x \quad \text{(Signalform)} \tag{4.37}$$

Auch hier gilt $\sigma_k \sigma_x = 1$: Je breiter das Wellenzahlspektrum, desto schmaler das Signal. Soll das Signal nicht bei $x = 0$ zentriert sein, sondern bei der Koordinate x_0, ersetzt man einfach x durch $x - x_0$:

$$f(x) \propto e^{-(x-x_0)^2/2\sigma_x^2} \cos\big(k_0(x - x_0)\big) \ . \tag{4.38}$$

Entsprechend kann man die Wellengruppe (4.23) oder das Wellenpaket (4.30) räumlich darstellen; in diesen Fällen

gilt analog zu (4.27) und (4.31)

$$\Delta k \Delta x = 4\pi \ . \tag{4.39}$$

Die Darstellung eines raum-zeitlich laufenden Wellenpakets bereitet keine Schwierigkeiten, jedenfalls solange die Wellen dispersionsfrei sind. Wir ersetzen nunmehr x durch $x - vt$, wobei $v = \omega/k$ die Wellengeschwindigkeit ist. Für ein **Gaußsches Wellenpaket**, kurz **Gauß-Paket** genannt, erhalten wir

$$f(x,t) = \frac{1}{\pi} \int_0^\infty A(k) \cos k(x - vt) \, dk$$

$$= e^{-(x-vt)^2/2\sigma_x^2} \cos k_0(x - vt) \ ,$$

$$\text{mit} \quad A(k) = e^{-(k-k_0)^2/2\sigma_k^2} \ , \quad \sigma_x = 1/\sigma_k \ . \tag{4.40}$$

Die Funktion $f(x,t)$ ist in Abb. 4.13 dargestellt. Sind die Wellen nicht dispersionsfrei, d. h. pflanzen sich die einzelnen Teilwellen mit etwas unterschiedlicher Geschwindigkeit fort, so geraten die Phasen alsbald auseinander, das Wellenpaket verbreitert sich und „zerfließt", wie schon in Abschn. 1.4 angesprochen. Dann wird alles komplizierter. Wir werden das später genauer studieren (Bd. V/3.7).

Die klassische Unschärferelation

Ein hervorstechendes Merkmal aller Wellengruppen und Wellenpakete ist der Zusammenhang zwischen der spektralen Breite und der zeitlichen oder räumlichen Breite des Signals, den wir u. a. schon bei (4.27), (4.31), (4.35) und (4.39) diskutiert haben: Das Produkt aus Bandbreite und Signalbreite ist konstant. Der genaue Wert dieser Konstanten hängt von der Form des Signals und der Definition der „Breite" ab. Häufig verwendet man die **Halbwertsbreiten** statt der in Abb. 4.9 und Abb. 4.10 eingezeichneten Basisbreiten. Mit Δt (Basis) $\approx 2\Delta t$ (Halbwert) und $\Delta \omega$ (Basis) $= \Delta \omega$ (Halbwert) erhält man statt (4.31) und (4.39) mit $\nu = \omega/2\pi$

$$\Delta \omega \Delta t \approx 2\pi \ , \quad \Delta \nu \Delta t \approx 1 \ , \quad \Delta k \Delta x \approx 2\pi \ . \tag{4.41}$$

Diese wichtigen Beziehungen werden als die **klassische Unschärferelation** bezeichnet.

Abbildung 4.13 Gaußsches Wellenpaket nach (4.40)

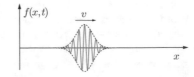

Wenn die Signalform festliegt und die „Breite" genau definiert ist, erhält man natürlich statt der Näherungsformeln (4.41) exakte Gleichungen. Zum Beispiel gilt bei gaußförmigen Signalen nach (4.35) und (4.40)

$$\Delta\omega\Delta t = 1 , \quad \Delta k\Delta x = 1 , \qquad (4.42)$$

wenn man als Breiten die Standardabweichungen σ der Gauß-Funktionen definiert. Die Halbwertsbreite einer Gaußkurve ist 2,36 mal größer als die Standardabweichung σ, und es ist $2{,}36^2 = 5{,}6 \approx 2\pi$; also ist (4.42) mit (4.41) verträglich.

Zu (4.23)

Wir wollen hier die Berechnung von (4.23) nachtragen, denn diese Formel spielt bei verschiedenen Problemen der Wellenausbreitung eine Rolle. Zunächst gehen wir zur komplexen Schreibweise über und erhalten damit an Stelle der Summe in (4.23)

$$\check{f}(t) = \frac{1}{N}\sum_{n=0}^{N-1} e^{i(\omega_1 + n\delta\omega)t} = e^{i\omega_1 t}\sum_{n=0}^{N-1} e^{in\delta\omega t} . \qquad (4.43)$$

Der Faktor $e^{i\omega_1 t}$ kann ausgeklammert werden. Die verbleibende Summe ist eine endliche geometrische Reihe der Form

$$\sum_{n=0}^{N-1} e^{in\varphi} = 1 + e^{i\varphi} + \left(e^{i\varphi}\right)^2 + \dots + \left(e^{i\varphi}\right)^{N-1} . \qquad (4.44)$$

Sie kann ohne weiteres aufsummiert werden (siehe Bd. I, Gl. (21.64)). Das Ergebnis ist

$$\sum_{n=0}^{N-1} e^{in\varphi} = \frac{1 - e^{iN\varphi}}{1 - e^{i\varphi}} .$$

Nun wenden wir einen Trick an und schreiben:

$$\begin{aligned}\frac{1 - e^{iN\varphi}}{1 - e^{i\varphi}} &= \frac{e^{iN\varphi/2}}{e^{i\varphi/2}}\frac{e^{-iN\varphi/2} - e^{iN\varphi/2}}{e^{-i\varphi/2} - e^{i\varphi/2}} \\ &= e^{i(N-1)\varphi/2}\frac{\sin(N\varphi/2)}{\sin(\varphi/2)} .\end{aligned} \qquad (4.45)$$

Setzen wir dies mit $\varphi = \delta\omega t$ in (4.43) ein, so ergibt sich

$$\check{f}(t) = \frac{1}{N}e^{i(\omega_1 t + (N-1)\delta\omega t/2)}\frac{\sin\left(\frac{1}{2}N\delta\omega t\right)}{\sin\left(\frac{1}{2}\delta\omega t\right)} . \qquad (4.46)$$

Nun ist nach (4.22) $(N-1)\delta\omega = \Delta\omega$, also ist der Exponent $i(\omega_1 + \Delta\omega/2)t = i\omega_0 t$. Wir bilden den Realteil und

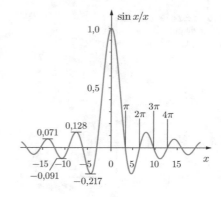

Abbildung 4.14 Die Funktion $\sin x / x$

erhalten schließlich in Übereinstimmung mit (4.23):

$$f(t) = \mathrm{Re}\left(\check{f}(t)\right) = \frac{1}{N}\cos\omega_0 t\,\frac{\sin\left(\frac{1}{2}N\delta\omega t\right)}{\sin\left(\frac{1}{2}\delta\omega t\right)} . \qquad (4.47)$$

Damit ist mathematisch das Zustandekommen der in Abb. 4.9 gezeigten Funktion $f(t)$ geklärt.

Man kann übrigens einen Grenzübergang durchführen, mit dem man direkt von (4.23) nach (4.30) gelangt. Für $N \to \infty$, $\delta\omega \to 0$ mit der Nebenbedingung $N\delta\omega = \Delta\omega = $ const erhalten wir

$$\frac{1}{N}\frac{\sin\left(\frac{1}{2}N\delta\omega t\right)}{\sin\frac{1}{2}\delta\omega t} \quad \to \quad \frac{\sin\left(\frac{1}{2}\Delta\omega t\right)}{\frac{1}{2}\Delta\omega t} , \qquad (4.48)$$

denn es ist $\sin x \approx x$ für kleine Werte von x. Die hier auftretende Funktion $\sin x/x$ ist in Abb. 4.14 maßstäblich dargestellt. Den Verlauf dieser Kurve sollte man sich merken. Sie wird uns in der Physik der Wellen noch häufig begegnen.

4.4 Die Fourier-Transformation

Die Verknüpfungen zwischen der Funktion $f(t)$ und den Funktionen $A(\omega)$ und $B(\omega)$ in (1.19) bezeichnet man auch als **Fourier-Transformationen**. Man nennt die Berechnung von $A(\omega)$ aus $f(t)$ eine **Fourier-Cosinustransformation**, und die entsprechende Formel mit $B(\omega)$ und $\sin\omega t$ eine **Fourier-Sinustransformation**. Gewöhnlich bezeichnet man jedoch als **Fourier-Transformation** die Gleichung, die entsteht, wenn man von vornherein $\cos\omega t$ und $\sin\omega t$ zu $e^{i\omega t}$ zusammenfasst. Mit der Definition

$$F(\omega) = A(\omega) + iB(\omega) \qquad (4.49)$$

Abbildung 4.15 a Exponentiell gedämpfte Schwingung, **b** Lorentz-Kurve

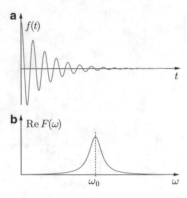

und mit (1.19) erhält man dann

$$F(\omega) = \int_{-\infty}^{+\infty} f(t)e^{i\omega t}\,dt\,. \qquad (4.50)$$

Wie berechnet man nun $f(t)$ aus $F(\omega)$? Es ist $A(\omega) = (F + F^*)/2$ und $B(\omega) = (F - F^*)/2i$. Setzen wir dies in (1.18) ein, erhalten wir

$$f(t) = \frac{1}{2\pi}\left[\int_0^\infty (F + F^*)\cos\omega t\,d\omega\right.$$
$$\left. - i\int_0^\infty (F - F^*)\sin\omega t\,d\omega\right],$$

$$f(t) = \frac{1}{2\pi}\left[\int_0^\infty F(\omega)e^{-i\omega t}\,d\omega\right.$$
$$\left. + \int_0^\infty F^*(\omega)e^{i\omega t}\,d\omega\right]. \qquad (4.51)$$

Nun ist $F^*(\omega) = A(\omega) - iB(\omega) = A(-\omega) + iB(-\omega) = F(-\omega)$, denn A ist eine gerade Funktion von ω, und B eine ungerade. Macht man also im zweiten Integral die Substitution $u = -\omega$, so erhält man

$$\int_0^\infty F^*(\omega)e^{i\omega t}\,d\omega = -\int_0^{-\infty} F(u)e^{-iut}\,du$$
$$= \int_{-\infty}^0 \left(F(u)e^{-iut}\right)\,du\,.$$

Auf die Bezeichnung der Integrationsvariablen kommt es nicht an. Wir setzen ω statt u und erhalten schließlich

$$f(t) = \frac{1}{2\pi}\int_{-\infty}^{+\infty} F(\omega)e^{-i\omega t}\,d\omega\,. \qquad (4.52)$$

Die Funktionen $f(t)$ und $F(\omega)$ können durch Fourier-Transformationen ineinander übergeführt werden, sie bilden ein **Fourier-Paar**. Gewöhnlich bezeichnet man (4.50) als Fourier-Transformation und (4.52) als die inverse Fourier-Transformation. Die Gleichungen sind fast, aber nicht ganz symmetrisch.[3] In symbolischer Form schreibt man auch

$$F(\omega) = \mathcal{F}\{f(t)\}\,, \quad f(t) = \mathcal{F}^{-1}\{F(\omega)\}\,. \qquad (4.53)$$

Man kann die Fourier-Transformation ebenso bei Funktionen der Ortskoordinate x anwenden. x tritt an die Stelle der Zeit t, und die Frequenz $\omega = 2\pi/T$ wird durch die Wellenzahl $k = 2\pi/L$ ersetzt. L ist die räumliche Periode der betreffenden Sinus- und Cosinusfunktionen. Man bezeichnet k in diesem Zusammenhang auch als die **Raumfrequenz** oder **Ortsfrequenz**. Da das Argument bei einer in x-Richtung fortschreitenden Welle $(kx - \omega t)$ ist, ist es zweckmäßig, bei der Darstellung von Ortsfunktionen in den Exponenten von (4.52) und (4.50) die Vorzeichen zu vertauschen:

$$f(x) = \frac{1}{2\pi}\int_{-\infty}^{+\infty} F(k)e^{ikx}\,dk\,,$$

$$\qquad\qquad\qquad\qquad\qquad (4.54)$$

$$F(k) = \int_{-\infty}^{+\infty} f(x)e^{-ikx}\,dx\,.$$

Ein Beispiel. Als Beispiel zu (4.50) berechnen wir die Fourier-Transformierte der in Abb. 4.15a gezeigten Funktion

$$f(t) = f_0 e^{-\Gamma/2t}\cos\omega_0 t \quad \text{für } t > 0\,,$$
$$f(t) = 0 \quad \text{für } t < 0\,. \qquad (4.55)$$

Mit $\cos\varphi = \frac{1}{2}(e^{i\varphi} + e^{-i\varphi})$ und mit (4.50) erhält man

$$F(\omega) = \frac{f_0}{2}\int_0^\infty \left[e^{(-\Gamma/2 + i\omega_0 + i\omega)t} + e^{(-\Gamma/2 - i\omega_0 + i\omega)t}\right]\,dt$$

$$= \frac{f_0}{2}\int_0^\infty e^{-[\Gamma/2 - i(\omega + \omega_0)]t}\,dt + \frac{f_0}{2}\int_0^\infty e^{-[\Gamma/2 - i(\omega - \omega_0)]t}\,dt$$

$$= \frac{f_0}{2}\left[\frac{1}{\Gamma/2 - i(\omega + \omega_0)} + \frac{1}{\Gamma/2 - i(\omega - \omega_0)}\right]\,.$$

$$\qquad\qquad\qquad\qquad\qquad (4.56)$$

---

[3] Man findet in der Literatur verschiedene Schreibweisen für (4.50) und (4.52). Man kann z. B. den Faktor $1/2\pi$ in die Definition von $F(\omega)$ aufnehmen: $F'(\omega) = F(\omega)/2\pi$. Dann verschwindet er in (4.52), taucht aber in (4.50) wieder auf. Man kann ihn auch symmetrisch auf die beiden Gleichungen verteilen: Dann muss man zweimal $\sqrt{2\pi}$ statt einmal 2π schreiben. Auch die Vorzeichen im Exponenten sind Definitionssache: Schreibt man in (4.49) Minus statt Plus, werden sie in (4.50) und (4.52) vertauscht. Auf jeden Fall sind die Vorzeichen der Exponenten in diesen beiden Gleichungen verschieden.

Für schwache Dämpfung ($\Gamma \ll \omega_0$) hat diese Funktion zwei weit auseinander liegende, schmale Maxima, eines bei $\omega < 0$ und eines bei $\omega > 0$. Wir untersuchen das Frequenzspektrum für $\omega \approx \omega_0$. Dort ist der erste Term vernachlässigbar. Es folgt:

$$F(\omega) = \frac{f_0}{2} \frac{1}{\Gamma/2 - \mathrm{i}(\omega - \omega_0)} = \frac{f_0}{2} \frac{\Gamma/2 + \mathrm{i}(\omega - \omega_0)}{\Gamma^2/4 + (\omega - \omega_0)^2} \,.$$

Um die reelle Funktion $f(x)$ zurückzuerhalten, benötigt man in (4.54) sowohl den Realteil als auch den Imaginärteil von $F(\omega)$:

$$f(x) = \frac{1}{2\pi} \int\limits_{-\infty}^{+\infty} (\operatorname{Re} F(\omega) \cos kx - \operatorname{Im} F(\omega) \sin kx)\, \mathrm{d}k \,.$$

Das Frequenzspektrum des Signals (4.55) ist also gegeben durch die zwei Funktionen

$$\begin{aligned}
\operatorname{Re} F(\omega) &= \frac{f_0}{\Gamma} \frac{\Gamma^2/4}{(\omega - \omega_0)^2 + \Gamma^2/4} \,, \\
\operatorname{Im} F(\omega) &= \frac{f_0}{2} \frac{\omega - \omega_0}{(\omega - \omega_0)^2 + \Gamma^2/4} \,,
\end{aligned} \tag{4.57}$$

wobei man den ersten Term den absorptiven und den zweiten Term den dispersiven Anteil von F nennt. Mit (4.16) kann man auch ausrechnen, wie sich die Energie auf die verschiedenen Frequenzen verteilt. Das Leistungsspektrum des exponentiell abklingenden Signals ist gegeben durch

$$\begin{aligned}
|F(\omega)|^2 &= \frac{f_0^2}{4} \frac{\Gamma^2/4 + (\omega - \omega_0)^2}{(\Gamma^2/4 + (\omega - \omega_0)^2)^2} \\
&= \frac{f_0^2}{\Gamma^2} \frac{\gamma^2}{(\omega_0 - \omega)^2 + \gamma^2} \,,
\end{aligned} \tag{4.58}$$

wobei $\gamma = \Gamma/2$ ist. Wir finden eine **Lorentz-Kurve** (Abb. 4.15b). In diese Form geht bei der erzwungenen Schwingung die Resonanzkurve im Fall schwacher Dämpfung $\Gamma \ll \omega_0$ über, wie in Bd. I/12.3 vorgerechnet ist. Gleichung (4.58) ist ein bemerkenswertes Resultat, das uns im Zusammenhang mit der Lichtemission durch Atome noch mehrfach beschäftigen wird.

Zur Formulierung der Unschärferelation geht man hier von der Halbwertsbreite der Lorentz-Kurve aus. Es ist $|F(\omega)|^2 = |F(\omega_0)|^2/2$ für $|\omega - \omega_0| = \Gamma/2$. Die Halbwertsbreite ist also

$$(\Delta\omega)_{\mathrm{HWB}} = \Gamma = \frac{1}{\tau_E} \,. \tag{4.59}$$

τ_E ist die Abklingzeitkonstante der Energie, denn letztere ist proportional zu $e^{-\Gamma t}$. Für die Frequenz ν gilt also

$$(\Delta\nu)_{\mathrm{HWB}} = \frac{1}{2\pi\tau_E} \,. \tag{4.60}$$

Auch diese Gleichungen gelten exakt, wie (4.42).

Fourier-Transformationen sind in weiten Bereichen der mathematischen Physik, der Naturwissenschaft und Technik sehr wichtig, besonders in der Optik und in der Bildverarbeitung. So beruht die „Computertomographie" in der medizinischen Diagnostik auf einer raffinierten Anwendung von Fourier-Transformationen. Wir werden in diesem Buch in Kap. 7 und 8 weiteren Gebrauch von Fourier-Transformationen machen. Wir werden auch zu der Erkenntnis vordringen, dass eine gewöhnliche Linse als „Fourier-Transformator" benutzt werden kann, d. h. als ein Gerät zur Ausführung von Fourier-Transformationen.

Übungsaufgaben

Abbildung 4.16 Parallelschaltung aus einem Widerstand und einer Kapazität

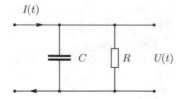

4.1.   Wellenzahl-Vektor. Eine Welle mit der Wellenlänge $\lambda = 3\,\text{m}$ und der Frequenz $\nu = 10^8\,\text{Hz}$ bewegt sich unter einem Winkel von 30 Grad relativ zur x-Achse und 60 Grad relativ zur y-Achse eines Kartesischen Koordinatensystems. Welchen Wert hat der Wellenzahl-Vektor $\boldsymbol{k}$?

4.2.   Phase eines Wellenfeldes. Zeigen Sie, dass in einem beliebigen Wellenfeld, in dem der Wellenzahl-Vektor ortsabhängig ist, die Phasendifferenz zwischen den Raumpunkten $\boldsymbol{r}_1$ und $\boldsymbol{r}_2$ zu einem festen Zeitpunkt gegeben ist durch

$$\varphi_2 - \varphi_1 = \int_{r_1}^{r_2} \boldsymbol{k}(\boldsymbol{r}) \cdot \mathrm{d}\boldsymbol{r}\,. \qquad (4.61)$$

Dieses Integral ist unabhängig vom Integrationsweg.

4.3.   Fourier-Transformation von Funktionen nach Rechenoperationen. Es sei für eine beliebige Funktion $f(t)$ die komplexe Fourier-Transformierte $F(\omega)$ bekannt.

a) Wie ändert sich $F(\omega)$, wenn die Funktion zeitlich verschoben wird: $f(t + \tau)$?

b) Welche Fourier-Transformierte hat die zeitliche Ableitung $\mathrm{d}f(t)/\mathrm{d}t$ einer Funktion? (Machen Sie sich wegen der Konvergenz des Fourier-Integrals keine Sorge. Die Mathematik lehrt: Solange die Ableitung mit Ausnahme einer begrenzten Zahl von Sprüngen stetig und in ihrer Größe beschränkt ist, gibt es keine Probleme).

c) Es seien für zwei beliebige Funktionen $f_1(t)$ und $f_2(t)$ die komplexen Fourier-Transformierten $F_1(\omega)$ und $F_2(\omega)$ bekannt. Die Fourier-Transformierte der „gefalteten" Funktion $\int_{-\infty}^{\infty} f_1(t - t')f_2(t')\,\mathrm{d}t'$ ist $F_1(\omega)F_2(\omega)$. Wie kann man sich das durch Einsetzen eines der Fourier-Integrale in dieses Integral plausibel machen?

d) Als Beispiel zu Teil c) studiere man ein RC-Glied (Abb. 4.16) mit einem komplexen Widerstand (siehe Bd. III/17.1), in das eine Stromquelle mit großem Innenwiderstand einen Strom $I(t)$ einspeist. Drücken Sie den

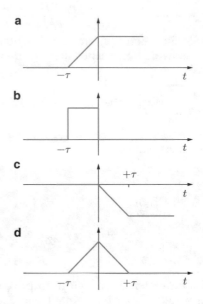

Abbildung 4.17 Einige Funktionen mit Singularitäten

Spannungsabfall durch ein Faltungsintegral aus. Was hat das Ohmsche Gesetz für Wechselstrom mit den Fourier-Transformierten des Stroms, des Spannungsabfalls und der Antwort-Funktion des RC-Glieds auf einen Stromimpuls zu tun?

4.4.   Fourier-Transformierte von Funktionen mit Sprüngen und Knicken. a) Ermitteln Sie Schritt für Schritt die komplexen Fourier-Transformierten folgender Funktionen und verwenden Sie dabei für die Fälle (2) bis (5) die Rechenregeln der vorigen Aufgabe:

(1) abgeschrägte Stufenfunktion der Abb. 4.17a (der konstante Wert für $t > 0$ ist der Grenzfall der Funktion $\mathrm{e}^{-\gamma t}$ für $\gamma \to 0$, die Stammfunktion der Funktion $x\mathrm{e}^x$ ist $x\mathrm{e}^x - \mathrm{e}^x$),
(2) Rechteckfunktion zwischen den Zeiten $-\tau$ und 0, (Abb. 4.17b),
(3) Rechteckfunktion zwischen den Zeiten $-\tau$ und $+\tau$ (vgl. mit Abb. 1.18 und (1.22)),
(4) abgeschrägte Stufe abwärts (Abb. 4.17c),
(5) symmetrische Dreieckfunktion (Abb. 4.17d).

b) Wie verhalten sich die Fourier-Transformierten von (1) bis (5) im Grenzfall $\omega \to \infty$? Welche Regeln über das Verhalten der Fourier-Transformierten von Funktionen mit Sprüngen oder Knicken kann man für den Grenzfall

$\omega \to \infty$ aus obigen Beispielen und denen im Buchtext ablesen?

c) Als weiteres Beispiel ersetze man in Abb. 4.15a die Cosinus- durch die Sinus-Funktion und vergleiche mit (4.56). Eine gleichartige Situation hat man in Abb. 4.11.

4.5. Korrespondenz zwischen Fourierpaaren. Da Fourier-Transformationen umkehrbar sind, muss jede Information über Strukturen in einer Funktion in irgend einer Weise in ihrer Fourier-Transformierten wiederzufinden sein. Geben Sie die korrespondierenden Parameter zwischen folgenden Funktionen und ihren Fourier-Transformierten an:

(1) Nadelimpuls zur Zeit t_0 (Abb. 4.7),
(2) zwei Nadelimpulse zu den Zeiten $-\Delta\tau/2$ und $\Delta\tau/2$ (Abb. 4.8),
(3) Rechteckimpuls der Dauer $\Delta\tau$, zentriert um die Zeit t_0 (Abb. 4.10),
(4) N Nadelimpulse zu den Zeiten $t_0 - \Delta\tau/2N$ bis $t_0 + \Delta\tau/2N$ (Abb. 4.9),
(5) Gaußsches Signal mit der Varianz σ_t, zentriert um die Zeit t_0 (Abb. 4.12).

Brechung und Reflexion

5

© Springer-Verlag GmbH Deutschland 2017

J. Heintze / P. Bock (Hrsg.), *Lehrbuch zur Experimentalphysik Band 4: Wellen und Optik*, https://doi.org/10.1007/978-3-662-54492-1_5

Bisher haben wir untersucht, wie die Wellenausbreitung in einem Medium einheitlicher Beschaffenheit funktioniert. Dabei kam es uns vor allem auf die physikalische Natur der verschiedenen Wellenphänomene an. Wir wollen nun die Ausbreitung von Wellen unter komplizierteren Bedingungen studieren. Wir werden auf eine Reihe von neuen Erscheinungen stoßen: Brechung, Reflexion, Interferenz und Beugung von Wellen. Diese Phänomene wurden beim Studium der Lichtausbreitung entdeckt, und sie sind auch vor allem im Zusammenhang mit sichtbarem Licht von technischer Bedeutung. Man bezeichnet daher das in den folgenden Kapiteln behandelte Gebiet meist als „Optik", obgleich die gleichen Phänomene bei Wellen aller Art auftreten.

Wir beginnen mit Brechung und Reflexion von Licht an einer ebenen Grenzfläche, die zwei unterschiedliche Medien voneinander trennt, und mit dem Huygensschen Prinzip, mit dem man auf einfache Weise das Verhalten von Wellen beschreiben kann. Dabei wird der Brechungsindex als die hier maßgebliche Größe eingeführt. Sodann befassen wir uns mit dem interessanten Phänomen der Totalreflexion und seinen Anwendungen. Im dritten Abschnitt wird die Abhängigkeit des Brechungsindex von der Lichtwellenlänge studiert, die Dispersion des Lichts (vgl. Abschn. 1.4). Es zeigt sich, dass sie physikalisch eng verknüpft ist mit der Absorption des Lichts. Mit einem einfachen Modell können wir die Frequenzabhängigkeit des Brechungsindex und des Absorptionskoeffizienten berechnen. Dabei wird ein komplexer Brechungsindex eingeführt, der beide Größen verbindet. Im letzten Abschnitt untersuchen wir die Reflexion des Lichts an transparenten Stoffen und an Metallen. Auch hier leistet der komplexe Brechungsindex gute Dienste.

5.1 Experimentelle Grundlagen und Huygenssches Prinzip

Reflexionsgesetz und Brechungsgesetz

Zur Demonstration und zur quantitativen Untersuchung der Brechung und Reflexion von Licht an einer ebenen Grenzfläche eignet sich die in Abb. 5.1 gezeigte Anordnung. Wir lassen von einer weit entfernten Lichtquelle durch einen schmalen Spalt Licht auf eine dicke halbkreisförmige Glasplatte fallen. Die Platte ist auf ihrem Umfang

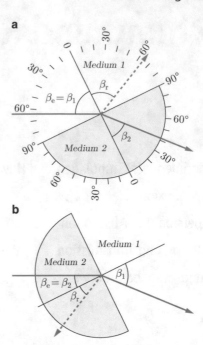

Abbildung 5.1 Apparat zur Untersuchung von Brechung und Reflexion („Snelliussches Rad")

allseitig poliert und auf einer Winkelskala montiert. Man beobachtet, dass der Lichtstrahl an der Grenzfläche sowohl reflektiert als auch gebrochen wird. Der einfallende Strahl und das Lot auf der Grenzfläche definieren die **Einfallsebene**. Diese Ebene enthält auch den reflektierten und den gebrochenen Strahl. Durch Verdrehen der halbkreisförmigen Scheibe kann man als Funktion des Einfallswinkels $\beta_e = \beta_1$ den Reflexionswinkel β_r und den Austrittswinkel des gebrochenen Strahls β_2 messen.

Für den reflektierten Strahl gilt die einfache Gesetzmäßigkeit

$$\beta_r = \beta_e . \tag{5.1}$$

Das **Reflexionsgesetz** war schon den alten Griechen bekannt; das Brechungsgesetz, das den Winkel β_2 angibt, richtig zu formulieren, gelang erst ca. 1610 dem holländischen Physiker Willebrord Snel. Auf experimentellem Wege fand er heraus, dass zwischen β_1 und β_2 folgender Zusammenhang besteht:

$$n_1 \sin \beta_1 = n_2 \sin \beta_2 . \tag{5.2}$$

Wir schreiben hier β_1 statt β_e, denn das **Snelliussche Brechungsgesetz** (5.2) gilt in der gleichen Form auch bei umgekehrtem Strahlengang, wenn also das Licht vom Medium 2 in das Medium 1 eintritt (Abb. 5.1b). n_1 und n_2 sind die **Brechungsindizes**, Materialkonstanten, die für die beiden Medien 1 und 2 charakteristisch sind. Für das Vakuum wird $n = 1$ durch Definition festgelegt. Gewöhnlich ist $n > 1$; ist $n_2 > n_1$, so nennt man den Stoff 2 das „optisch dichtere Medium" und den Stoff 1 das „optisch dünnere Medium". Wie (5.2) und Abb. 5.1 zeigen, wird der Lichtstrahl beim Übergang in das optisch dichtere Medium zum Lot auf der Grenzfläche hin abgelenkt, beim Übergang ins optisch dünnere Medium dagegen vom Lot weg gebrochen.

Tabelle 5.1 gibt einige Zahlenwerte für den Brechungsindex. Er hängt von der chemischen Beschaffenheit und von der Dichte der Stoffe ab. Für eine bestimmte Substanz nimmt er mit der Dichte zu; bei Gasen weicht er gewöhnlich nur sehr wenig vom Vakuumwert $n = 1$ ab, und $(n-1)$ ist der Gasdichte proportional. Gewöhnlich wird der Unterschied zwischen dem „Brechungsindex gegen Luft" und dem Brechungsindex n „gegen das Vakuum" vernachlässigt. Im Übrigen ist der Brechungsindex auch von der Wellenlänge des Lichts abhängig. Dies werden wir in Abschn. 5.3 noch genauer diskutieren. Dort wird auch die in Tab. 5.1 angegebene Größe V_D erklärt.

Das Huygenssche Prinzip

Der Gedanke, dass das Licht ein Wellenphänomen sein könnte, wurde von Francesco Grimaldi in Bologna und von Robert Hooke in London Mitte des 17. Jahrhunderts aufgebracht. Eine Methode, mit dieser Vorstellung die Ausbreitung des Lichts und insbesondere die Brechung und Reflexion von Licht zu beschreiben, entwickelte Christiaan Huygens[1]. Er ging dabei von einem Prinzip aus, das ganz allgemein ermöglicht, die Ausbreitung von Wellen zu diskutieren und zu berechnen, wenn die Ausbreitungsgeschwindigkeit der Wellen und zu irgendeinem Zeitpunkt die Form einer Wellenfront bekannt sind. Das Huygenssche Prinzip lautet:

---

[1] Christiaan Huygens (1629–1695) ist uns schon als einer der großen Pioniere der Mechanik bekannt (Bd. I, Kap. 3 und 4). Er begründete mit seinem „*Traité de la lumière*" von 1690 die Wellentheorie des Lichts. Sie wurde zunächst wenig beachtet. Im 18. Jahrhundert stand vielmehr Newtons Korpuskulartheorie des Lichts im Vordergrund, veröffentlicht in Newtons „*Opticks*" (1704). Der Grund: Niemand konnte eine Antwort auf die Frage geben, wie sich die Wellen im Weltraum ausbreiten sollen, und wie die enorm hohe Lichtgeschwindigkeit zustande kommt. Nach (2.36) müsste das Vakuum einen fast masselosen Stoff mit einem Elastizitätsmodul weit höher als dem von Stahl enthalten, der überdies weder die Planetenbewegung noch sonst einen Bewegungsablauf beeinflusst! Da schienen die Lichtteilchen schon eher plausibel zu sein, obgleich mit ihnen Brechung und Dispersion nur mit höchst künstlichen Annahmen erklärt werden können.

Tabelle 5.1 Brechungsindex und Dispersionsindex verschiedener Stoffe ($\lambda = 589\,nm$, 20 °C)

Substanz	n	V_D
Luft (NTP)	1,00027	100
Wasser	1,3330	56,4
Benzol	1,5013	29,3
Schwefelkohlenstoff CS_2	1,6319	18,4
Borkronglas BK1	1,5100	62,9
Schwerflintglas SF6	1,8065	25,4
Diamant	2,417	

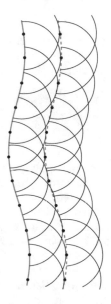

Abbildung 5.2 Huygenssche Konstruktion von Wellenfronten

Satz 5.1

Jeder Punkt der Wellenfront kann als Ausgangspunkt einer Kugelwelle, auch **Elementarwelle** genannt, betrachtet werden. Den Verlauf der Wellenfront zu einem späteren Zeitpunkt erhält man als Einhüllende der einzelnen Elementarwellen.

Das Huygenssche Prinzip ermöglicht auch die graphische Konstruktion der Wellenausbreitung. Abbildung 5.2 zeigt ein Beispiel. Bei der „Huygensschen Konstruktion" werden nur die nach vorn (in Ausbreitungsrichtung) laufenden halbkugelförmigen Elementarwellen berücksichtigt. Eine Begründung für diese recht künstliche Annahme gibt es nicht; wir werden darauf in Abschn. 8.3 zurückkommen. Die Elementarwellen breiten sich mit der Wellengeschwindigkeit des betreffenden Mediums aus, was bei der Konstruktion durch die Radien der Elementarwellen berücksichtigt werden kann. Um das Brechungsgesetz

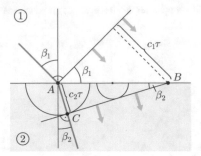

Abbildung 5.3 Zur Ableitung des Brechungsgesetzes

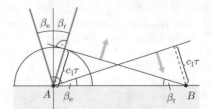

Abbildung 5.4 Zur Ableitung des Reflexionsgesetzes

abzuleiten, ging Huygens von Fermats[2] Hypothese aus, dass die Lichtgeschwindigkeit in einem dichten Medium um den Faktor $1/n$ kleiner ist als im Vakuum:

$$c_{\mathrm{med}} = \frac{c}{n} \,. \tag{5.3}$$

Das Brechungsgesetz erhielt Huygens mit der in Abb. 5.3 gezeigten Konstruktion. Zum Zeitpunkt $t = 0$ soll eine Wellenfront der einfallenden Welle im Punkt A die Grenzfläche zwischen den Medien 1 und 2 erreicht haben, und es beginnt nun von A aus die Emission einer Elementarwelle in das Medium 2 hinein. Zum Zeitpunkt $t = \tau$ hat diese Welle den Radius $c_2\tau = c\tau/n_2$. Zu diesem Zeitpunkt hat die Wellenfront im Medium 1 die Strecke $c_1\tau = c\tau/n_1$ zurückgelegt und die Grenzfläche in Punkt B erreicht, und es beginnt die Emission einer Elementarwelle von B aus. Während der Zeit τ sind auf der Strecke AB zahlreiche Elementarwellen gestartet; die zum Zeitpunkt $\tau/2$ emittierte ist als Beispiel eingezeichnet. Die Einhüllende dieser Elementarwellen ist durch die Gerade BC gegeben. In Abb. 5.3 liest man ab:

$$\sin\beta_1 = \frac{c_1\tau}{AB} \,, \quad \sin\beta_2 = \frac{c_2\tau}{AB} \,. \tag{5.4}$$

Daraus folgt mit (5.3) das Brechungsgesetz:

$$\frac{\sin\beta_1}{\sin\beta_2} = \frac{c_1}{c_2} = \frac{n_2}{n_1} \,. \tag{5.5}$$

In ähnlicher Weise kann man das Reflexionsgesetz (5.1) ableiten, wie Abb. 5.4 zeigt. Dass überhaupt eine reflektierte Welle entsteht, lässt sich allerdings nicht aus dem Huygensschen Prinzip folgern, ebensowenig, wie die Intensitäten des reflektierten und des gebrochenen Strahls. Wir werden darauf in Abschn. 5.4 zurückkommen.

Anwendungen

Wir wollen sogleich zwei einfache Anwendungen betrachten, bei denen die Brechung von Licht an einer ebenen Grenzfläche ausgenutzt wird. Abbildung 5.5 zeigt den Lichtdurchgang durch eine Glasplatte, deren Vorder- und Rückseite durch parallele Ebenen gebildet werden, eine sogenannte **planparallele Platte**. Wenn sich vor und hinter der Platte das gleiche Medium befindet, ist der Austrittswinkel gleich dem Einfallswinkel, d. h. der Lichtstrahl wird parallel versetzt. Mit Hilfe des Brechungsgesetzes berechnet man:

$$\Delta = d \sin\alpha \left(1 - \frac{\cos\alpha}{\sqrt{n^2 - \sin^2\alpha}} \right) \,. \tag{5.6}$$

Wie man der Formel ansieht, ist die Versetzung Δ für kleine Winkel α sehr klein und angenähert proportional zu α. Diesen Umstand kann man sich zunutze machen, um durch Verdrehen der Platte eine sehr feine Justierung der Strahllage zu erreichen.

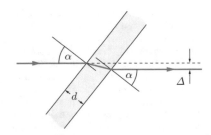

Abbildung 5.5 Planparallele Platte

---

[2] Auf Fermat und auf die interessante Geschichte des Brechungsgesetzes kommen wir in Kap. 6 zurück.

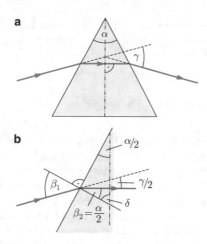

Abbildung 5.6 **a** Prisma, symmetrischer Strahlendurchgang; **b** zur Ableitung von (5.7)

Als **Prisma** bezeichnet man in der Optik einen Glaskörper, der zwei ebene, polierte und unter einem bestimmten Winkel α gegeneinander geneigte Flächen enthält. Durch ein Prisma wird ein Lichtstrahl um einen bestimmten Winkel γ abgelenkt, den man (mit einiger Mühe) als Funktion des Einfallswinkel β_1 berechnen kann.[3] Sehr einfach ist die Berechnung des Ablenkwinkels bei *symmetrischem Durchgang* des Lichtstrahls, der sich übrigens auch als Winkel der *minimalen Ablenkung* erweist (Abb. 5.6). In diesem Fall gilt

$$\beta_2 = \frac{\alpha}{2} \,,$$

denn der Winkel δ ergänzt sowohl β_2 als auch $\alpha/2$ zu $90°$. Daraus folgt mit dem Brechungsgesetz (5.2) und mit $\beta_1 = \gamma/2 + \beta_2$

$$\sin \frac{\gamma + \alpha}{2} = n \sin \frac{\alpha}{2} \,,$$
$$\gamma = 2 \arcsin \left(n \sin \frac{\alpha}{2} \right) - \alpha \,. \tag{5.7}$$

Hier ist n der Brechungsindex des Prismas. Für kleine Winkel α und damit kleine Winkel γ gilt die Näherung:

$$\gamma \approx (n - 1)\alpha \,. \tag{5.8}$$

Da der Brechungsindex für verschiedene Lichtwellenlängen etwas unterschiedlich ist, kann man mit einem Prisma

---

[3] Das Ergebnis ist

$$\gamma = \beta_1 + \arcsin \left[\sin \alpha \sqrt{n^2 - \sin^2 \beta_1} - \cos \alpha \sin \beta_1 \right] - \alpha \,.$$

die Zerlegung des Lichts nach Wellenlängen bewirken. Wir werden darauf in Abschn. 5.3 und in Abschn. 6.4 zurückkommen.

5.2 Totalreflexion

Findet der Übergang des Lichts vom optisch dünneren ins optisch dichtere Medium statt, so lässt sich für jeden Einfallswinkel β_1 das Brechungsgesetz erfüllen. Wegen $n_1/n_2 < 1$ gibt es immer einen Winkel β_2, der die Gleichung

$$\sin \beta_2 = \frac{n_1}{n_2} \sin \beta_1$$

befriedigt. Das ist nicht so, wenn der Übergang vom optisch dichteren ins optisch dünnere Medium erfolgt. Da $\sin \beta_2 \leq 1$ sein muss, gibt es keinen gebrochenen Strahl mehr, sobald $n_1 \sin \beta_1/n_2 > 1$ wird, d. h. wenn

$$\sin \beta_1 > \frac{n_2}{n_1} \tag{5.9}$$

ist. In diesem Falle wird das einfallende Licht vollständig reflektiert, es tritt **Totalreflexion** ein (Abb. 5.7). Grenzt ein Medium mit dem Brechungsindex n ans Vakuum, so lautet die Bedingung für Totalreflexion

$$\sin \beta_1 > \sin \beta_T = 1/n \,. \tag{5.10}$$

β_T heißt der **Totalreflexionswinkel** des Mediums. Beim Übergang Wasser–Luft ($n_1 = 1{,}33$ und $n_2 \approx 1$) erfolgt Totalreflexion bei $\beta_1 > 48{,}7°$. Es ist reizvoll, sich mit einer Tauchermaske bei sehr ruhigem Wasser auf den Grund eines Schwimmbeckens zu setzen und seine Umwelt zu betrachten. Man kann dann testen, ob man sich richtig überlegt hat, wie die Welt aus dieser Froschperspektive aussieht.

Auch bei Totalreflexion hört die Welle nicht abrupt an der Grenzfläche auf: Sie dringt noch mit einer Eindringtiefe von der Größenordnung einer Wellenlänge in das

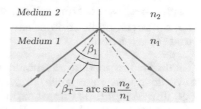

Abbildung 5.7 Totalreflexion ($n_1 > n_2$)

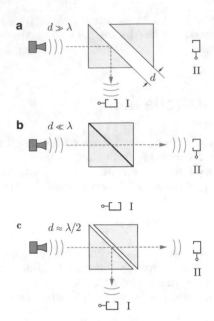

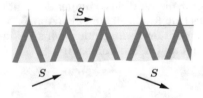

Abbildung 5.8   Eindringtiefe bei der Totalreflexion von Mikrowellen

Abbildung 5.9   Wellenfronten der einfallenden, der reflektierten und der evaneszenten Welle. Die *Strichdicke* deutet die Amplitude der Welle an

nach dem Brechungsgesetz „verbotene" Medium ein. Man kann das leicht an einem gebündelten Strahl von Mikrowellen ($\lambda \approx 2\,\mathrm{cm}$) mit Hilfe von zwei 90°-Prismen aus Paraffin nachweisen (Abb. 5.8). Der Brechungsindex ist $n = 1{,}46$, so dass bei einem Einfallswinkel von 45° an der Grenzfläche Paraffin–Luft Totalreflexion vorliegt. Dementsprechend weist in der Konfiguration (a) der Detektor I die volle Intensität nach, während der Detektor II die Intensität 0 anzeigt. Wird dagegen das zweite Paraffin-Prisma mit einem Abstand $d \ll \lambda$ hinter das erste gestellt, so zeigt Detektor I nichts mehr an, während Detektor II die volle Intensität nachweist. Durch Veränderung der Spaltbreite d kann man einen kontinuierlichen Übergang zwischen (a) und (b) erreichen.

Die bei der Totalreflexion in den „verbotenen" Bereich eindringende Welle nennt man auch die **evaneszente Welle** (Abb. 5.9). Ihre Amplitude nimmt exponentiell mit dem Abstand von der Grenzfläche ab; der Energiefluss ist parallel zur Grenzfläche. Zwei Medien, z. B. zwei Glaskörper oder ein Glaskörper und eine Plastikfolie, sind nur dann in „optischem Kontakt", wenn der Spalt zwischen den beiden Medien klein gegen die Lichtwellenlänge ist.

Nur bei aufgedampften Schichten und beim Übergang Festkörper–Flüssigkeit ist der optische Kontakt automatisch gewährleistet.

Anwendungen der Totalreflexion

Reflektierende Prismen. Es gibt eine Vielzahl von Anwendungen, in denen die Totalreflexion in einem Prisma zur Ablenkung eines Lichtstrahls um einen bestimmten Winkel oder zur Bildumkehr verwendet wird. Wir begnügen uns mit zwei Beispielen. Abbildung 5.10 zeigt als Beispiel einen sogenannten **Tripelspiegel**. Er entsteht im Prinzip dadurch, dass man von einem Würfel die Ecke abschneidet (Abb. 5.10). Er hat die Eigenschaft, dass er einen durch die Schnittfläche eintretenden Lichtstrahl nach dreimaliger Totalreflexion in seine Ausgangsrichtung zurückwirft. Die in der Verkehrstechnik eingesetzten Rückstrahler basieren auf diesem Prinzip. Ein weiteres Beispiel aus der Wunderwelt der reflektierenden Prismen ist in Abb. 5.11 gezeigt. Blickt man durch ein Dove-Prisma, so sieht man infolge der Spiegelung an der Basisfläche die Welt auf dem Kopfe stehend, aber nicht seitenverkehrt. Dreht man das Prisma um seine Längsachse, so rotiert das Koordinatensystem (x', y') doppelt so schnell wie das Prisma!

Lichtleiter und Fiberoptik. Man kann aufgrund der Totalreflexion auf komplizierten Wegen Licht durch einen gekrümmten, allseitig polierten Plexiglasstab leiten. Von solchen Lichtleitern wird z. B. in der Teilchenphysik Gebrauch gemacht, um das Licht von einem Szintillator auf den Photomultiplier zu bringen (Abb. 5.12). Im Prinzip

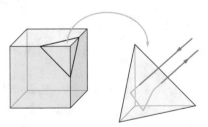

Abbildung 5.10   Tripelspiegel

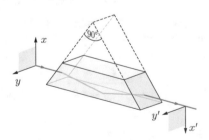

Abbildung 5.11   Dove-Prisma

Abbildung 5.12 Szintillations-zähler mit Lichtleiter

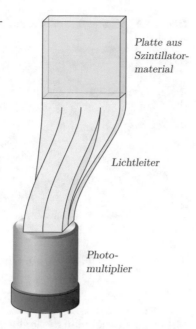

Platte aus
Szintillator-
material

Lichtleiter

Photo-
multiplier

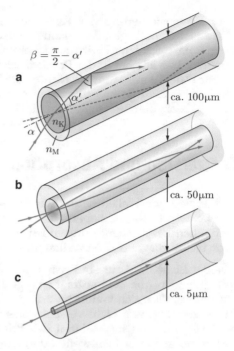

$\beta = \dfrac{\pi}{2} - \alpha'$

a

α'

n_K

α

n_M

ca. 100 μm

b

ca. 50 μm

c

ca. 5 μm

Abbildung 5.13 Lichtwellenleiter für „Fiber-Optik": **a** Multimoden-Fiber, **b** Fiber mit in radialer Richtung abnehmendem n_K, **c** Ein-Moden-Fiber

ließe sich Licht auf diese Weise über große Entfernungen transportieren; auch könnte man aus dünnen Glasfasern flexible Lichtleiter aufbauen, denn die Totalreflexion erfolgt verlustfrei. In der Praxis erwies es sich jedoch als sehr schwierig, Oberflächen hinreichend sauber herzustellen und zu erhalten. Der Durchbruch gelang erst mit der Entwicklung **ummantelter optischer Fasern**, bei denen die totalreflektierende Oberfläche im Innern des Materials liegt (Abb. 5.13). Die gebräuchlichste Art ist der Typ (a), ein sogenannter Multimoden-Lichtwellenleiter, so genannt, weil das Licht auf vielen verschiedenen Wegen durch den Kern des Lichtleiters gelangen kann. Zwei mögliche Wege sind in Abb. 5.13 eingezeichnet. Im Kern der Faser kann Licht durch Totalreflexion transportiert werden, solange

$$\sin \beta \geq n_M / n_K \qquad (5.11)$$

ist. n_M ist der Brechungsindex des Mantels, n_K der des Kerns. Für den maximalen Einfallswinkel $\alpha_{\max}$ gilt nach (5.2) und (5.9):

$$n_0 \sin \alpha_{\max} = n_K \sqrt{1 - \sin^2 \beta_{\min}} = \sqrt{n_K^2 - n_M^2} \, ,$$

denn es ist $\sin \alpha' = \cos \beta$. Mit $n_K = 1{,}6$, $n_M = 1{,}5$ und $n_0 \approx 1$ (Luft) erreicht man z. B. $\alpha_{\max} = 34°$.

Indem man einige 1000 Fasern dieser Art sorgfältig aufeinanderschichtet und an beiden Enden des Bündels eine Linse aufklebt, kann man einen flexiblen Lichtleiter konstruieren, in dem mit guter Auflösung Bilder übertragen werden können. Man kann mit einem solchen **Endoskop** in unzugängliche Hohlräume hineinschauen, wovon heute in der Technik und in der Medizin ausgiebig Gebrauch gemacht wird. Vielleicht noch wichtiger sind die Anwendungen der Fiberoptik in der Nachrichtentechnik. Man

kann im Prinzip mit der hohen Frequenz der Lichtwelle sehr große Datenflüsse übertragen. Signalraten im Bereich von 10^9 bit/s sind möglich. (Zum Vergleich: auf einer normalen Telefonleitung können 3×10^4 bit/s übertragen werden). Bei fiberoptischen Kabeln, die für größere Entfernungen tauglich sein sollen, sind jedoch zwei Probleme zu lösen: Erstens muss die Lichtabsorption genügend klein sein. Hier erreicht man heute mit Quarzfasern höchster Reinheit Dämpfungen von ca. 0,2 dB/km bei der Wellenlänge $\lambda = 1{,}59$ μm. Damit sind nach 50 km noch 10 % der Leistung vorhanden. Zweitens müssen die Laufzeitdifferenzen aufgrund verschiedener Lichtwege klein sein, damit aufeinanderfolgende Signale am Ende noch getrennt registriert werden. In einem Kabel vom Typ (a) betragen die Laufzeitdifferenzen zwischen den verschiedenen Lichtwegen

$$\frac{\Delta T}{L} = \frac{n_K}{c} \left(\frac{n_K}{n_M} - 1 \right) ,$$

wie man mit (5.11) ausrechnen kann. Man kommt leicht in den Bereich von $\Delta T / L \approx 100$ ns/km. Damit ist die Übertragungsrate bei einer Kabellänge $L \approx 1$ km auf ca. 10^6 bit/s begrenzt. Wesentlich günstiger ist der Typ (b) in Abb. 5.13. Durch den nach außen hin kontinuierlich abnehmenden Brechungsindex kann man $\Delta T / L$ auf einige ns/km reduzieren. Am günstigsten (und am teuersten) ist der Typ (c), der sogenannte Ein-Moden-Lichtwellenleiter. Bei sehr kleinen Kerndurchmessern spielt die Wellenlänge des Lichts eine Rolle. Wie beim Hohlleiter kann sich bei richtiger Dimensionierung der Faser nur noch die Grundwelle ausbreiten. Es gibt dann keine Laufzeitdifferenzen mehr, vorausgesetzt, es wird monochromatisches Licht verwendet. Das ist aber in der Praxis der Fall: Man verwendet zur Datenübertragung als Lichtquelle Halbleiterlaser (Bd. V, Abb. 2.28), deren Wellenlänge genau in das Minimum der Absorption des Quarzes bei 1,59 μm fällt.

5.3　Dispersion und Absorption

Mit der Dispersion von Wellen hatten wir uns schon in Abschn. 1.4 befasst. In Kap. 2 haben wir die Dispersion von Wasserwellen besprochen; nun wollen wir die Dispersion von elektromagnetischen Wellen untersuchen.

Fällt ein weißer Lichtstrahl auf ein Prisma, so wird er in Farben zerlegt, wie in Abb. 5.14 gezeigt ist (vgl. Tab. 3.3). Das beruht darauf, dass sich Weißlicht, z. B. das Sonnenlicht, als Überlagerung von Licht verschiedener Wellenlängen erweist, und dass im Material des Prismas die Phasengeschwindigkeit der Lichtwellen und damit auch der Brechungsindex von der Wellenlänge abhängt. Rotes Licht ($\lambda \approx 700\,\text{nm}$) wird am schwächsten, violettes ($\lambda \approx 420\,\text{nm}$) am stärksten gebrochen, der Brechungsindex nimmt also mit abnehmender Wellenlänge zu. Dieser Verlauf wird in der Optik als **normale Dispersion** bezeichnet.

Die Abhängigkeit des Brechungsindex von der Wellenlänge ist im sichtbaren Spektralbereich gewöhnlich klein, wie Tab. 5.2 an einigen Beispielen zeigt. Als Maß für die Dispersion eines Materials gibt man den Dispersionsindex,

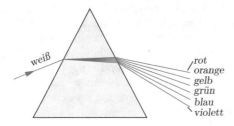

Abbildung 5.14 Spektrale Zerlegung des weißen Lichts in einem Prisma (schematisch)

Tabelle 5.2 Brechungsindex von Wasser und von optischen Gläsern im sichtbaren Spektralbereich

λ (nm)	Wasser H_2O	Kronglas K3	Schwerflintglas SF_4
706,5	1,3300	1,5140	1,7430
643,8	1,3314	1,5160	1,7485
589,3	1,3330	1,5182	1,7550
480,0	1,3374	1,5249	1,7764
404,7	1,3427	1,5331	1,8059

Tabelle 5.3 Statische Dielektrizitätskonstante ϵ und Brechungsindex ($\lambda = 589\,\text{nm}, 20\,°C$)

Substanz	ϵ	n^2
Polare Moleküle		
H_2O (flüssig)	80,3	1,77
NH_3 (flüssig)	17,4	1,76
Ionenbindung		
KCl	4,94	2,20
Glas (BK 1)	6,2	2,28
homöopolare Bindung		
Benzol	2,28	2,25
CS_2	2,64	2,66

auch Abbe-Zahl genannt, an:

$$V_D = \frac{n_D - 1}{n_F - n_C}\ . \tag{5.12}$$

Mit D bezeichnet man die gelbe Linie des Natrium ($\lambda_D = 589{,}3\,\text{nm}$), mit F und C zwei Linien im Wasserstoffspektrum ($\lambda_F = 486{,}1\,\text{nm}$, $\lambda_C = 656{,}3\,\text{nm}$). V_D gibt nach (5.8) im wesentlichen das Verhältnis der Ablenkung zur Auffächerung des Lichts in Abb. 5.14 an. Zahlenwerte für V_D wurden bereits in Tab. 5.1 angegeben. Je kleiner V_D, desto größer ist die Dispersion. Etwas anschaulichere Zahlen lassen sich in Tab. 5.2 ablesen: Über den ganzen sichtbaren Spektralbereich hinweg ändert sich der Brechungsindex beim Wasser und beim Kronglas nur um 1 %, beim Schwerflint nur um 3,5 %.

Wir wollen nun untersuchen, wie die Dispersion zustande kommt. In (2.74) wurde behauptet, dass bei nichtmagnetischen Stoffen $n = \sqrt{\epsilon}$ sein soll („Maxwellsche Relation"). Wie Tab. 5.3 zeigt, ist das nur bei manchen Stoffen der Fall. Besonders große Abweichungen findet man beim Wasser. Wir hatten jedoch gerade beim Wasser experimentell festgestellt, dass noch im Radiowellenbereich $n^2 = \epsilon^2 = 81$ ist (Gl. (2.90)). Es zeigt sich, dass der Brechungsindex in gewissen Spektralbereichen ganz erheblich von der Frequenz der elektromagnetischen Strahlung abhängt, und zwar bei den in der Tabelle genannten Stoffgruppen in ganz unterschiedlicher Weise. In Abb. 5.15a ist das schematisch dargestellt. Bei Substanzen mit polaren Molekülen gibt es drei Regionen starker Variation: Im Mikrowellenbereich, im Infrarot und im Ultraviolett. Bei nichtpolaren Stoffen mit Ionenbindung entfällt die Variation von n im Mikrowellenbereich, und bei Stoffen mit homöopolarer Bindung sowie bei Edelgasen gibt es nur noch die Variation im Ultravioletten. Deshalb stimmt bei diesen Stoffen bis hin zum sichtbaren Spektralbereich n^2 mit der statischen Dielektrizitätskonstante überein. Da die Maxwellsche Relation allgemeine Gültigkeit beansprucht, muss ϵ von der Frequenz abhängen („Dielektrische Funktion"). Wir werden nun zeigen, dass eine solche Abhängigkeit in der Tat zu erwarten ist, und dass damit der

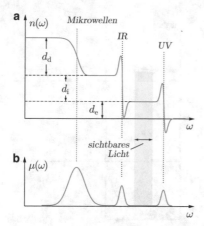

Abbildung 5.15 Frequenzabhängigkeit des Brechungsindex $n(\omega)$ und des Absorptionskoeffizienten $\mu(\omega)$, schematisch

Verlauf der Kurven in Abb. 5.15a qualitativ erklärt werden kann. Auch wird sich herausstellen, dass ein enger Zusammenhang zwischen Dispersion und Absorption besteht. Dort, wo sich der Brechungsindex drastisch ändert, wird die Strahlung auch stark absorbiert, wie Abb. 5.15b zeigt.

Dispersion und molekulare Polarisierbarkeit

Wie in Bd. III/4 diskutiert wurde, ist die Dielektrizitätskonstante ϵ durch die molekulare Polarisierbarkeit α gegeben. Das gilt nicht nur im statischen Fall, sondern auch bei hohen Frequenzen. Kombiniert man Bd. III, Gl. (4.21) mit (2.74), erhält man für verdünnte Medien

$$\epsilon = 1 + \frac{N\alpha}{\epsilon_0} = n^2 \,, \qquad (5.13)$$

wobei N die Zahl der Moleküle pro Volumeneinheit ist.[4] Für dichte Medien muss berücksichtigt werden, dass das am Ort des Moleküls wirksame Feld von dem äußeren Feld E abweicht. Nach Bd. III, Gl. (4.24) gilt dann

$$\epsilon = 1 + \frac{N\alpha/\epsilon_0}{1 - N\alpha/3\epsilon_0} = n^2 \,. \qquad (5.14)$$

Die molekulare Polarisierbarkeit α hat nach Bd. III, Gl. (4.33) drei Anteile:

$$\alpha = \alpha_e + \alpha_i + \alpha_d \,. \qquad (5.15)$$

---

[4] Gewöhnlich wird in diesem Buch die Teilchenzahldichte mit n bezeichnet. Um eine Verwechslung mit dem Brechungsindex n zu vermeiden, nennen wir sie in der Optik N.

α_e berücksichtigt die Verschiebung der Elektronen im Atom, α_i die Verschiebung von positiven und negativen Ionen gegeneinander und α_d die Ausrichtung permanenter Dipolmomente, sofern solche vorhanden sind. Alle drei Anteile sind frequenzabhängig. Wie Abb. 5.15 zeigt, verschwindet mit zunehmender Frequenz zunächst der Beitrag von α_d, dann (nach starker Variation im Infraroten) verschwindet der Beitrag von α_i und schließlich wird oberhalb des Ultravioletten auch der Beitrag von α_e zu Null, der Brechungsindex wird dann $n = 1$. Was sind die physikalischen Ursachen dieser Phänomene?

Dipol-Polarisierbarkeit. Die **Dipol-Polarisierbarkeit** α_d kommt durch das Wechselspiel zwischen der Richtwirkung des äußeren Feldes und der thermischen Bewegung zustande. Die Einstellung des Gleichgewichtszustands erfolgt nicht momentan; sie beansprucht im Mittel eine Zeit τ, die **Relaxationszeit**. Für $\omega \ll 2\pi/\tau$ können die Dipolmomente den momentanen Werten der Elektrischen Feldstärke folgen, $\alpha(\omega)$ bleibt konstant gleich dem statischen Wert $\alpha(0)$. Für $\omega \gg 2\pi/\tau$ kann die Einstellung der Dipolmomente dem Wechselfeld nicht mehr folgen, es wird $\alpha_d(\omega) = 0$. Der Übergang erfolgt bei

$$\omega \approx \omega_d = 2\pi/\tau \,. \qquad (5.16)$$

Bei Wasser, einer typischen Flüssigkeit mit polaren Molekülen, ist $\tau \approx 10^{-10}$ s, ω_d liegt also im Mikrowellenbereich bei $\nu \approx 10$ GHz. Dadurch wird erklärlich, dass bei 100 MHz noch $n = \sqrt{81}$ gemessen wird (vgl. Abb. 2.28 und (2.90)), während im optischen Bereich n bedeutend kleiner ist. Mit der Bewegung der H_2O-Dipolmoleküle ist infolge der Flüssigkeitsreibung die in Abb. 5.15b gezeigte Absorption von Energie verbunden. Die dabei erzeugte Wärme ist die physikalische Grundlage des Mikrowellenherdes.

Ionische Polarisierbarkeit. Die Ionen sind in einem Festkörper oder im Molekülverband elastisch an eine Ruhelage gebunden. Das elektrische Feld $E(t) = E_0 \cos \omega t$ erzwingt eine Schwingung der Ionen mit der Frequenz ω; z. B. schwingen im NaCl-Kristall die Na^+-Ionen und die Cl^--Ionen gegeneinander. Die Eigenfrequenz ω_0 dieser Gitterschwingung liegt im Infrarot. Der Kurvenverlauf in Abb. 5.15 passt gut zu dieser Vorstellung. $n(\omega)$ verhält sich wie die dispersive Amplitude einer erzwungenen Schwingung, $\mu(\omega)$ wie der absorptive Anteil. Diese Begriffe wurden in Bd. I/12.3 eingeführt. Wir wiederholen das Wichtigste in Kürze. Dabei gehen wir wie in Bd. I/12.5 von der Behandlung der erzwungenen Schwingung mit komplexen Größen aus. Die auf die Ladungen einwirkende elektrische Feldstärke ist dann $\check{E}(t) = E_0 e^{i\omega t}$, und die Schwingungsgleichung lautet

$$\frac{d^2 \check{x}}{dt^2} + \Gamma \frac{d\check{x}}{dt} + \omega_0^2 \check{x} = \frac{qE_0}{m} e^{i\omega t} \,. \qquad (5.17)$$

Γ ist die Dämpfungskonstante, ω_0 die Eigenfrequenz der Ionenschwingung; q und m sind die Ladung und die reduzierte Masse der Ionen. Durch den Ansatz $\check{x}(t) = \check{x}_0 e^{i\omega t}$ mit $\check{x}_0 = x_0 e^{i\delta}$ wird diese Gleichung gelöst. Man erhält

$$\check{x}(t) = \frac{1}{\omega_0^2 - \omega^2 + i\omega\Gamma} \frac{qE_0}{m} e^{i\omega t} \, . \tag{5.18}$$

Durch die Verschiebung der Ladungen entsteht ein Dipolmoment. Analog zu Bd. III, Gl. (4.17) setzen wir

$$\check{p}(t) = q\check{x}(t) = \check{\alpha}(\omega)\check{E}(t) \, . \tag{5.19}$$

$\check{\alpha}(\omega)$ ist die **komplexe Polarisierbarkeit**:

$$\check{\alpha}(\omega) = \frac{q^2/m}{\omega_0^2 - \omega^2 + i\omega\Gamma} \, . \tag{5.20}$$

Sie ist zur (komplexen) Amplitude der erzwungenen Schwingung proportional. Den Realteil von $\check{\alpha}(\omega)$ nennt man auch den dispersiven, den Imaginärteil den absorptiven Teil der Polarisierbarkeit. Wir multiplizieren in (5.20) Zähler und Nenner mit $\omega_0^2 - \omega^2 - i\omega\Gamma$ und erhalten:

$$\mathrm{Re}\,\check{\alpha}(\omega) = \alpha_{\mathrm{disp}}(\omega) = \frac{q^2}{m} \frac{\omega_0^2 - \omega^2}{\left(\omega_0^2 - \omega^2\right)^2 + \Gamma^2\omega^2} \, , \tag{5.21}$$

$$\mathrm{Im}\,\check{\alpha}(\omega) = \alpha_{\mathrm{abs}}(\omega) = \frac{q^2}{m} \frac{\Gamma\omega}{\left(\omega_0^2 - \omega^2\right)^2 + \Gamma^2\omega^2} \, . \tag{5.22}$$

In Abb. 5.16a und b sind die Amplitude $|\check{x}_0|$ und die Phase φ der Schwingung als Funktion von ω aufgetragen. Uns interessieren α_{disp} und α_{abs}. Der Vergleich mit Abb. 5.15 zeigt, dass α_{disp} mit $n(\omega)$ und α_{abs} mit $\mu(\omega)$ eng zusammenhängen.

Für Frequenzen ω, die nicht nahe bei der Resonanzfrequenz ω_0 liegen, ist $(\omega_0^2 - \omega^2) \gg \Gamma\omega$. Dann ist α_{abs} gegen α_{disp} vernachlässigbar und man kann nach (5.21) für die Polarisierbarkeit α schreiben:

$$\alpha(\omega) = \frac{q^2/m}{\omega_0^2 - \omega^2} \, . \tag{5.23}$$

Außerhalb der Resonanzstelle wird gewöhnlich dieser Ausdruck verwendet.

Elektronische Polarisierbarkeit. In Abb. 5.15 wird der Kurvenverlauf im Ultraviolett auf die elektronische Polarisierbarkeit zurückgeführt. Offensichtlich verhalten sich $n(\omega)$ und $\mu(\omega)$ im UV ganz ähnlich wie im IR. Das ist überraschend, denn sicher sind die einzelnen Elektronen im Atom nicht durch elastische Kräfte an eine Ruhelage gebunden; die Elektronenbewegung ist ganz anderer Art. Angesichts der genannten Ähnlichkeit legen wir dennoch im Folgenden das von H. A. Lorentz vorgeschlagene

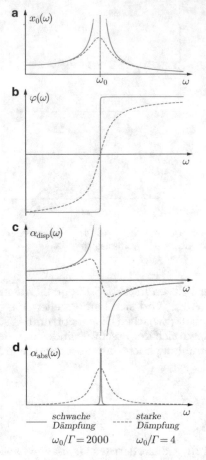

Abbildung 5.16 a Amplitude und **b** Phase der Ionenschwingung; Polarisierbarkeit: **c** dispersiver und **d** absorptiver Teil

Modell elastisch gebundener Elektronen[5] zugrunde, das wir vorerst nur durch seinen Erfolg rechtfertigen können.

Im Allgemeinen gibt es sowohl bei ionischen als auch bei der elektronischen Polarisierbarkeit mehrere Resonanzstellen, deren Beiträge sich addieren. Das ist besonders bei α_e der Fall. Im sichtbaren Spektralbereich, in einiger Entfernung von den Resonanzstellen, kann man die Polarisierbarkeit $\alpha_e(\omega)$ darstellen durch eine Superposition von mehreren Termen des Typs (5.23):

$$\alpha_e(\omega) = \frac{e^2}{m_e} \sum_k \frac{f_k}{\omega_k^2 - \omega^2} \, . \tag{5.24}$$

---

[5] Diese Modellvorstellung entwickelte Hendrik Antoon Lorentz (1853–1928) im Rahmen seiner *„Elektronentheorie"*, eines epochalen Werkes, das er 1892, fünf Jahre vor der Entdeckung des Elektrons veröffentlichte. Er stützte sich dabei auf Helmholtz' Idee, zur Erklärung der Faradayschen Gesetze der Elektrolyse eine atomistische Struktur der Elektrizität anzunehmen.

Die Größen f_k werden die **Oszillatorenstärken** genannt. Sie geben an, mit welchem Gewicht die Resonanz mit der Frequenz ω_k in der Summe zu versehen ist, damit der experimentell bestimmte Verlauf von α_e richtig wiedergegeben wird.

Das Oszillatormodell des Atoms wird sich im Folgenden als sehr erfolgreich erweisen. Eine Begründung dafür kann erst in Bd. V/6.4 gegeben werden. Auch die quantenmechanische Beschreibung des Atoms führt zu (5.21)–(5.24). Dabei werden die hier eingeführten Größen ω_k, Γ_k und f_k im Sinne der Quantenmechanik präzise definiert.[6]

Brechungsindex und Absorptionskoeffizient

Unser Ziel ist es nun, Brechungsindex und Absorptionskoeffizient mit der molekularen Polarisierbarkeit des Mediums (5.20) zu berechnen. Da $\breve{\alpha}(\omega)$ eine komplexe Größe ist, hat auch die mit (5.13) und (5.14) zu berechnende Dielektrizitätskonstante einen Realteil und einen Imaginärteil:

$$\breve{\epsilon}(\omega) = \epsilon_R + i\epsilon_I \,. \tag{5.25}$$

Die erste Wellengleichung in (2.69) nimmt dann folgende Form an:

$$\frac{\partial^2 \breve{E}_y}{\partial x^2} = \frac{\breve{\epsilon}(\omega)}{c^2} \frac{\partial^2 \breve{E}_y}{\partial t^2} \,. \tag{5.26}$$

Hierbei haben wir die Permeabilität $\mu = 1$ gesetzt. Wir suchen eine Lösung der Form

$$\breve{E}_y(x,t) = E_0 e^{i(kx - \omega t)} \,. \tag{5.27}$$

Durch Einsetzen in (5.26) erhält man

$$\breve{k}^2 = \frac{\breve{\epsilon}(\omega)}{c^2} \omega^2 = \breve{\epsilon} k_0^2 \quad \text{mit } k_0 = \frac{\omega}{c} = \frac{2\pi}{\lambda_{\text{vac}}} \,.$$

Da $\breve{\epsilon}$ komplex ist, wird auch die Wellenzahl komplex. Wir haben erhalten:

$$\breve{k} = \sqrt{\breve{\epsilon}} k_0 = \breve{n} k_0 \,, \tag{5.28}$$

wobei $\breve{n}$ der **komplexe Brechungsindex**

$$\breve{n} = n_R + i n_I \tag{5.29}$$

ist. Was das alles zu bedeuten hat, werden wir sofort sehen. Wir setzen (5.28) in (5.27) ein:

$$\breve{E}_y(x,t) = E_0 e^{-n_I k_0 x} e^{i(n_R k_0 x - \omega t)} \,.$$

[6] ω_k sind die Frequenzen, bei denen Übergänge vom Grundzustand des Atoms in angeregte Zustände durch Absorption von Lichtquanten verursacht werden können, $1/\Gamma_k$ ist die mittlere Lebensdauer dieser Zustände, und f_k ist proportional zur Übergangswahrscheinlichkeit vom Grundzustand des Atoms in den angeregten Zustand. Im Prinzip können diese Größen quantenmechanisch berechnet werden.

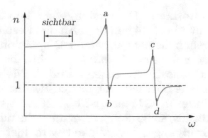

Abbildung 5.17 Brechungsindex im Sichtbaren und bei kürzeren Wellen $a \ldots b$, $c \ldots d$: Gebiete anomaler Dispersion

Der Realteil von $\breve{E}_y(x,t)$ ist die elektrische Feldstärke in der Welle:

$$E_y(x,t) = E_0 e^{-n_I k_0 x} \cos(kx - \omega t) \,, \tag{5.30}$$

mit $k = n_R k_0 = 2\pi/\lambda_{\text{med}}$. Wie man sieht, bestimmt der Imaginärteil von $\breve{n}$ die Absorption der Welle, und der Realteil von $\breve{n}$ ist mit dem gewöhnlichen Brechungsindex identisch. $n_I k_0$ ist der Absorptionskoeffizient $\mu(\omega)$.

Wir können also $n(\omega)$ und $\mu(\omega)$ mit dem dispersiven und absorptiven Anteil der molekularen Polarisierbarkeit berechnen. Bei verdünnten Medien, bei denen (5.13) angewendet werden kann, ist das ganz einfach. In dieser Gleichung ist $N\alpha/\epsilon_0$ eine kleine Größe. Dann ist

$$\breve{n}(\omega) = \sqrt{\breve{\epsilon}} = \sqrt{1 + \frac{N\breve{\alpha}(\omega)}{\epsilon_0}} \approx 1 + \frac{N\breve{\alpha}(\omega)}{2\epsilon_0} \,,$$

und es folgt

$$n(\omega) = n_R = 1 + \frac{N\alpha_{\text{disp}}(\omega)}{2\epsilon_0} \,, \tag{5.31}$$

$$\mu(\omega) = k_0 n_I = k_0 \left(1 + \frac{N\alpha_{\text{abs}}(\omega)}{2\epsilon_0}\right) \,. \tag{5.32}$$

Es ist uns damit gelungen, den komplizierten Verlauf von $n(\omega)$ und $\mu(\omega)$ in Abb. 5.15 im Bereich der ionischen und der elektronischen Polarisierbarkeit auf das Verhalten eines Oszillators zurückzuführen. Da die elektronischen Resonanzen gewöhnlich im Ultraviolett, die ionischen im Infrarot liegen, ist im sichtbaren Spektralbereich (5.24) gültig. Es dominiert der Beitrag von $\alpha_e(\omega)$ in der Form (5.24):

$$n = 1 + \frac{N q_e^2}{2 m_e \epsilon_0} \sum_k \frac{f_k}{\omega_k^2 - \omega^2} \,. \tag{5.33}$$

Dazu kommt noch ein kleiner Beitrag, der die Ausläufer von $\alpha_i(\omega)$ enthält. Beide Beiträge bewirken, dass n mit zunehmender Lichtfrequenz wächst (Abb. 5.17). Man spricht von **normaler Dispersion**, wie schon im Zusammenhang mit Abb. 5.14 bemerkt. An den Resonanzstellen gibt es dagegen Gebiete **anomaler Dispersion**, in denen n mit wachsendem ω *abnimmt*, z. B. in Abb. 5.17 zwischen a und b sowie zwischen c und d. Wie man sieht, wird spätestens oberhalb der letzten Resonanzstelle der Brechungsindex $n < 1$, also ist $c_{\text{med}} > c$. Das ist nichts ungewöhnliches, siehe (2.97). Aber auch die mit (1.25) berechnete Gruppengeschwindigkeit wird hier größer als c, denn im Gebiet anomaler Dispersion ist $dv_{\text{ph}}/d\lambda < 0$. Dennoch besteht hier kein Widerspruch zur Relativitätstheorie, denn (1.24) und (1.25) gelten nicht bei starker Dämpfung. Wenn man die Dämpfung berücksichtigt, erhält man das Resultat, dass sich eine Wellenfront nur mit der Geschwindigkeit c ausbreitet. Das liegt daran, dass das Signal infolge der Dämpfung deformiert wird.

Brechungsindex von Gasen. Bei Gasen geringer Dichte beeinflussen sich die Atome gegenseitig nur wenig, und man kann (5.31) und (5.32) direkt experimentell überprüfen. Besonders eindrucksvoll gelingt dies mit Natrium-Dampf, denn das Na-Atom hat im gelben Spektralbereich eine elektronische Resonanzstelle mit großer Oszillatorenstärke. Man kann die anomale Dispersion sogar in einem Vorlesungsversuch vorführen. Zwischen einer Bogenlampe und einem Spektralapparat wird ein Rohr aufgestellt, das an beiden Enden mit Glasfenstern verschlossen, aber nicht vollständig evakuiert ist. Auf einem hinter dem Spektralapparat aufgestellten Schirm sieht man das Licht der Bogenlampe in horizontaler Richtung spektral zerlegt. In der Mitte des Rohrs befinden sich einige Stückchen Natrium. Wird an dieser Stelle das Rohr erhitzt, wie in Abb. 5.18a gezeigt, verdampft etwas Natrium und man beobachtet im Gelben eine scharf ausgeprägte Absorption bei der Wellenlänge $\lambda = 589$ nm. Das ist die Wellenlänge der bekannten Natrium D-Linien. Wird nun das Rohr auf der Unterseite stärker erhitzt und auf der Oberseite gekühlt, verdampft unten das Natrium, während es oben kondensiert. Von unten nach oben gelangen die Na-Atome wegen der im Rohr befindlichen Luft durch Diffusion. Das erfordert, dass die Konzentration N der Na-Atome nach oben hin (in z-Richtung) kontinuierlich abnimmt, denn die Diffusionsstromdichte ist nach Bd. II, Gl. (6.4) $j_{\text{D}}(z, t) \propto -\partial N/\partial z$. Der Na-Dampf wirkt dann wie ein Prisma, das das Licht in vertikaler Richtung spektral zerlegt. Obgleich die Dampfdichte natürlich immer noch klein ist, wird das Licht in der Nähe der Resonanzstelle nach oben und nach unten abgelenkt, wie Abb. 5.18b zeigt. Abbildung 5.18c zeigt das Zustandekommen der Ablenkungen noch einmal schematisch. Abbildung 5.18b beweist, dass unmittelbar vor der Resonanzstelle α_{disp} große positive Werte, unmittelbar dahinter große negative Werte annimmt, gerade so, wie in Abb. 5.16c für den Fall schwacher Dämpfung gezeigt ist. Zwischen den beiden Spitzen in Abb. 5.18b liegt das Gebiet der anomalen Dispersion.

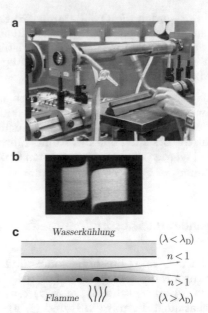

Abbildung 5.18 Vorlesungsversuch zur anomalen Dispersion im Natriumdampf

Brechungsindex von kondensierter Materie. Bei kondensierter Materie treten gegenüber der verdünnten, d. h. gasförmigen Materie zwei Komplikationen auf: Erstens muss $\check{n} = \sqrt{\check{\varepsilon}}$ mit der komplizierten Formel (5.14) berechnet werden, vor allem aber werden die Absorptionslinien durch die Wechselwirkung zwischen den Atomen erheblich verbreitert. Dadurch werden an den Resonanzstellen auch die Spitzen der Dispersionskurve abgeflacht und verbreitert. Als ein Beispiel sind in Abb. 5.19 $n(\omega)$ und $\mu(\omega)$ für flüssiges Wasser gezeigt. Der Übergang von der Dipol- zur ionischen Polarisierbarkeit ist deutlich zu sehen. Auch im Ganzen ist der in Abb. 5.15 idealisierte und schematisierte Verlauf der Funktionen $n(\omega)$ und $\mu(\omega)$ noch zu erkennen. – Man beachte den logarithmischen Maßstab und die enorme Variation des Absorptionskoeffizienten um 8–10 Größenordnungen an den Grenzen des sichtbaren Spektralbereichs. Man kann darüber spekulieren, wie gut es sich trifft, dass das Maximum der Sonnenstrahlung gerade in das Minimum der Wasserabsorption fällt, und dass dieses Minimum so ausgeprägt ist. Sonst würde es wohl kaum einen „sichtbaren" Spektralbereich geben, weil es niemanden gäbe, der Augen im Kopfe hat.

Brechungsindex für Röntgenstrahlen. Im Röntgenbereich ist ω groß gegen alle ω_k. Dann geht (5.24) über in $\alpha(\omega) = -(q_e^2/m_e) \sum f_k/\omega^2$. Sowohl in der Lorentzschen Elektronentheorie als auch in der Quantenmechanik ist $\sum f_k = Z$, der Anzahl der Elektronen im Atom. Die Polarisierbarkeit α ist so klein, dass (5.13) auch in kondensierter Materie angewandt werden kann. Der Brechungsindex im

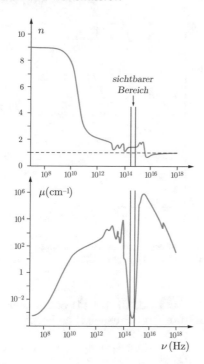

Abbildung 5.19 Brechungsindex und Absorptionskoeffizient von Wasser als Funktion der Frequenz

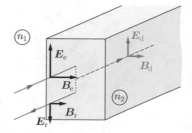

Abbildung 5.20 Zu (5.35): Orientierung der Feldvektoren beim Übergang der Welle vom Medium 1 ins Medium 2 ($n_1 < n_2$)

Röntgenbereich ist also

$$n(\omega) = 1 + \frac{NZe^2}{2\epsilon_0 m_e}\left(\frac{1}{-\omega^2}\right) = 1 - \frac{\omega_p^2}{2\omega^2} . \quad (5.34)$$

ω_p ist die Plasmafrequenz (2.84), berechnet mit allen Elektronen des Atoms. Auch hier ist $n < 1$ und $v_{ph} > c$. Die Gruppengeschwindigkeit ist jedoch $v_g < c$, wie man mit (1.24) nachrechnen kann.

5.4 Reflexion und Transmission

Wir wollen nun untersuchen, welcher Bruchteil einer Welle an der Grenzfläche zwischen zwei Medien reflektiert und welcher durchgelassen wird. Diese Frage blieb in Abschn. 5.1 unbeantwortet. Wir gehen dabei von elektromagnetischen Wellen aus; die wesentlichen Ergebnisse lassen sich auch auf andere Wellenerscheinungen übertragen.

Reflexion von Licht an transparenten Dielektrika

Senkrechter Lichteinfall. Wir betrachten eine ebene Welle, die senkrecht auf ein nicht absorbierendes Dielektri-

kum einfällt, z. B. den Einfall von sichtbarem Licht auf Glas. Abbildung 5.20 zeigt die *E*- und *B*-Vektoren der einfallenden, der durchgelassenen und der reflektierten Welle. Die Vektoren sind jeweils entsprechend der Ausbreitungsrichtung orientiert (vgl. (2.59)). Es ist in der Abbildung angenommen, dass die Welle in ein dichteres Medium läuft ($n_1 < n_2$), und dass daher bei der Reflexion wie in Abb. 1.6 ein „Phasensprung um π" erfolgt.

An der Grenzfläche müssen nach Bd. III, Gln. (4.42) und (14.14) die Tangentialkomponenten von *E* und *H* stetig sein. Unter Bezugnahme auf Abb. 5.20 erhalten wir:

$$E_e - E_r = E_d , \quad B_e + B_r = B_d . \quad (5.35)$$

Wir setzen $B = \mu_0 H$ und eliminieren aus (5.35) H mit Hilfe des Wellenwiderstands $Z = E/H$:

$$\frac{E_e}{Z_1} + \frac{E_r}{Z_1} = \frac{E_d}{Z_2} \quad \rightarrow \quad E_e + E_r = \frac{Z_1}{Z_2}E_d . \quad (5.36)$$

Z_1 und Z_2 sind die Wellenwiderstände der beiden Medien. Aus (5.35) und (5.36) folgt:

$$\rho := \frac{E_r}{E_e} = \frac{Z_1 - Z_2}{Z_1 + Z_2} , \quad \tau := \frac{E_d}{E_e} = \frac{2Z_2}{Z_1 + Z_2} . \quad (5.37)$$

ρ und τ sind die **Reflexions-** bzw. **Transmissionskoeffizienten**. Für das Verhältnis der Intensitäten erhält man unter Beachtung von (3.31):

$$\left.\begin{array}{l} R := \dfrac{I_r}{I_e} = \dfrac{E_r^2}{E_e^2} = \left(\dfrac{Z_1 - Z_2}{Z_1 + Z_2}\right)^2 \\[3mm] T := \dfrac{I_d}{I_e} = \dfrac{E_d^2}{E_e^2}\dfrac{Z_1}{Z_2} = \dfrac{4Z_1 Z_2}{(Z_1 + Z_2)^2} \end{array}\right\} \quad (5.38)$$

R ist das **Reflexionsvermögen**, auch **Reflektivität** genannt; T ist die **Transmission**. Man sieht, dass für $Z_1 \gg Z_2$ und für $Z_1 \ll Z_2$ praktisch die gesamte Strahlung reflektiert wird, während bei $Z_1 \approx Z_2$ die Welle nahezu ungeschwächt durch die Grenzfläche tritt. Die in Abb. 5.20 eingezeichneten Pfeilrichtungen entsprechen positiven Feldstärken. Für $Z_1 > Z_2$ ist $\rho > 0$ und bei bei der Reflexion erleidet der *E*-Vektor einen „Phasensprung um π", für $Z_1 < Z_2$ ist $\rho < 0$ und die Reflexion erfolgt gleichphasig.

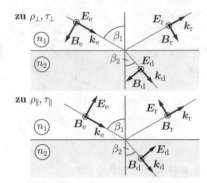

Abbildung 5.21 Vorzeichenkonvention in (5.42) und (5.43): Definition der positiven Feldrichtungen und der Winkel. ⊙: Der Vektor zeigt auf den Betrachter

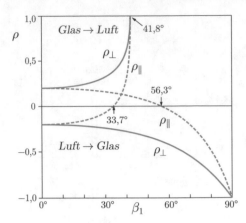

Abbildung 5.22 Reflexionskoeffizienten von linear polarisiertem Licht an der Grenzfläche Luft/Glas ($n = 1{,}5$), nach (5.42)

Das entspricht genau dem schon in Abschn. 1.1 diskutierten Verhalten von Wellen bei der Reflexion (vgl. Abb. 1.6 und Abb. 1.9).

Wir haben (5.37) und (5.38) mit dem Wellenwiderstand Z geschrieben, denn dann gelten sie für Wellen aller Art, also z. B. auch für Schallwellen. Bei elektromagnetischen Wellen ist nach (3.27) $Z = \sqrt{\mu\mu_0 / \epsilon\epsilon_0}$. In der Optik ist es gewöhnlich zulässig, $\mu_1 = \mu_2 = 1$ zu setzen. In diesem Fall nimmt (5.36) die Form

$$E_e + E_r = \frac{n_2}{n_1} E_d$$

an, und man erhält für senkrechten Lichteinfall die Gleichungen

$$\rho = \frac{n_2 - n_1}{n_2 + n_1} \, , \qquad \tau = \frac{2n_1}{n_2 + n_1} \, , \qquad (5.39)$$

$$R = \left(\frac{n_2 - n_1}{n_2 + n_1} \right)^2 , \qquad T = \frac{4n_1 n_2}{(n_2 + n_1)^2} \, . \qquad (5.40)$$

Mit Befriedigung stellt man fest, dass diese Rechnungen mit dem Energiesatz in Einklang sind: Es folgt aus (5.40) wie aus (5.38):

$$R + T = 1 \, . \qquad (5.41)$$

Schräger Lichteinfall. Um Reflexion und Transmission bei schräg einfallendem Licht zu berechnen, muss man zusätzlich die Stetigkeitsbedingungen für die Normalkomponenten der Felder berücksichtigen. Es zeigt sich dabei, dass die in (5.37) definierten Reflexions- und Transmissionskoeffizienten davon abhängen, ob das Licht parallel (∥) oder senkrecht (⊥) zur Einfallsebene polarisiert ist. Die Richtungen, in denen E als positiv gerechnet werden soll, legen wir mit Abb. 5.21 fest. Mit Hilfe der Gln.

Bd. III, (4.42) und Bd. III, (14.14) erhält man dann nach längerer Rechnung die Fresnelschen Formeln[7]:

$$\rho_\perp = -\frac{\sin(\beta_1 - \beta_2)}{\sin(\beta_1 + \beta_2)} \, ,$$

$$\rho_\parallel = \frac{\tan(\beta_1 - \beta_2)}{\tan(\beta_1 + \beta_2)} \, , \qquad (5.42)$$

$$\tau_\perp = \frac{2\sin\beta_2 \cos\beta_1}{\sin(\beta_1 + \beta_2)} \, ,$$

$$\tau_\parallel = \frac{2\sin\beta_2 \cos\beta_1}{\sin(\beta_1 + \beta_2)\cos(\beta_1 - \beta_2)} \, . \qquad (5.43)$$

Sie gelten für den Übergang des Lichts von (1) nach (2). β_1 und β_2 sind die in Abb. 5.21 definierten Winkel. Die Brechungsindizes n_1 und n_2 treten bei dieser Formulierung der Fresnelschen Formeln nicht in Erscheinung; sie stecken in der Relation $n_1 \sin\beta_1 = n_2 \sin\beta_2$ und daher bei vorgegebenem β_1 in dem hier einzusetzenden Wert von β_2.

Das negative Vorzeichen von $\rho_\perp$ zeigt an, dass E_r die entgegengesetzte Richtung hat, wie in Abb. 5.21 angenommen: Wenn $\beta_1 > \beta_2$ (d. h. $n_2 > n_1$), findet bei der Reflexion ein Phasensprung um π statt. In Abb. 5.20 wurde das von vornherein unterstellt: Daher tritt in (5.39) kein negatives Vorzeichen auf. Im Übrigen lassen sich die Formeln (5.39) für $\beta_1 \to 0$ aus (5.42) und (5.43) herleiten (Aufgabe 5.4).

Abbildung 5.22 zeigt die Reflexionskoeffizienten $\rho_\perp$ und $\rho_\parallel$ für die Reflexion an einer Grenzfläche zwischen Glas ($n = 1{,}5$) und Luft ($n = 1$). In Abb. 5.23 sind die entspre-

---

[7] Fresnel leitete die Formeln aus seiner Lichttheorie ab, 40 Jahre vor Maxwell. Er behandelte dabei das Licht als Transversalwellen in einem elastischen Medium. Mit der gleichen Theorie konnte er auch die komplizierten Phänomene der Doppelbrechung (Abschn. 9.3) quantitativ erklären.

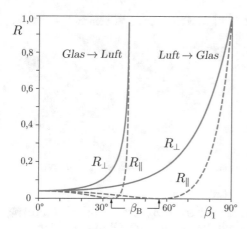

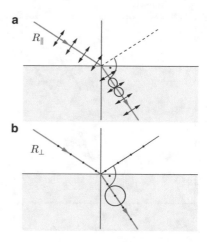

Abbildung 5.23 Reflexionsvermögen von Glas ($n = 1{,}5$) als Funktion des Einfallswinkels β_1

Abbildung 5.24 Brewster-Winkel und Dipolstrahlung

chenden Kurven für das Reflexionsvermögen R aufgetragen. Bei kleinen Winkeln β_1, d. h. bei nahezu senkrechtem Lichteinfall, ist $R \approx 4\,\%$.

$R_\perp$ nimmt mit wachsendem Einfallswinkel monoton zu, während $R_\parallel$ zunächst abnimmt und bei einem bestimmten Winkel, dem **Brewster-Winkel**, sogar Null wird. Wir werden auf dieses Verhalten sogleich zurückkommen. In der Nähe von $\beta_1 = 90°$ (bei $n_1 < n_2$) bzw. bei $n_1 > n_2$ in der Nähe von $\beta_1 = \beta_t$, dem Totalreflexionswinkel (5.10), erreicht R in jedem Falle sehr große Werte. Qualitativ kann man dieses Verhalten ohne weiteres am Snelliusschen Rad (Abb. 5.1) oder auch in der Natur an einer glatten Wasserfläche beobachten.

Der Brewster-Winkel. Wie die Nullstellen von $\rho_\parallel$ und $R_\parallel$ zustandekommen, ist in (5.42) leicht abzulesen: Wenn

$$\beta_1 + \beta_2 = \frac{\pi}{2} \qquad (5.44)$$

ist, wird der Tangens im Nenner unendlich und es folgt $\rho_\parallel = 0$. Mit dem Brechungsgesetz und (5.44) erhält man für $\beta_1 = \beta_B$:

$$n_1 \sin \beta_B = n_2 \sin \left(\frac{\pi}{2} - \beta_B \right) = n_2 \cos \beta_B$$

$$\tan \beta_B = \frac{n_2}{n_1}\,. \qquad (5.45)$$

Beim Übergang Luft $\rightarrow$ Glas ($n_2 > n_1$) ist $\beta_B > 45°$, beim Übergang Glas $\rightarrow$ Luft ($n_1 > n_2$) dagegen $\beta_B < 45°$.

Gleichung (5.44) besagt, dass die Reflexion verschwindet, wenn der reflektierte Strahl senkrecht auf dem gebrochenen stehen würde, denn nach dem Reflexionsgesetz ist

$\beta_r = \beta_1$. Man kann dies auch ohne Bezug auf die Fresnelschen Formeln begründen, wenn man davon ausgeht, dass das einfallende Licht im Dielektrikum Elektronen zu Schwingungen anregt. Die Elektronen bilden zusammen mit den Atomkernen schwingende Dipole, deren Ausstrahlung die reflektierte Welle erzeugt. Nun strahlt ein Dipol nicht in seiner Achsenrichtung (Abb. 3.8). Im Dielektrikum schwingen die Dipole senkrecht zur Fortpflanzungsrichtung der gebrochenen Welle. Wie Abb. 5.24a zeigt, verschwindet $\rho_\parallel$, wenn der reflektierte Strahl senkrecht auf dem gebrochenen stehen würde, wenn also (5.44) erfüllt ist. Der senkrecht zur Einfallsebene polarisierte Strahl wird dagegen unter allen Winkeln reflektiert (Abb. 5.24b).

Man sollte den physikalischen Gehalt dieser Betrachtung nicht überschätzen; z. B. wird es schwierig, auf diese Weise zu erklären, warum es auch beim Übergang Glas $\rightarrow$ Vakuum einen Brewster-Winkel gibt. Sie ist aber eine gute Gedächtnisstütze: Beim Brewster-Winkel ist $\beta_B + \beta_2 = 90°$.

Verhalten der Phase bei der Reflexion. Außer den Kurven in Abb. 5.23 wird uns im Folgenden immer wieder der Phasensprung bei der Reflexion an einer Grenzfläche beschäftigen. Im Bereich der gewöhnlichen Reflexion kann man ihn ohne weiteres an den Vorzeichen von ρ in Abb. 5.22 ablesen. Dabei ist natürlich die Vorzeichenkonvention von Abb. 5.21 zu beachten. Das Ergebnis ist, dass bei der Reflexion am optisch dichteren Medium stets ein Phasensprung um π stattfindet, während die Welle am optisch dünneren Medium ohne Phasensprung reflektiert wird. Das entspricht dem in Abschn. 1.1 beschriebenen Verhalten von Seilwellen. Im Bereich der Totalreflexion zeigt die Phase der reflektierten Welle das in Abb. 5.25 dargestellte sonderbare Verhalten. Auch das folgt aus den Fresnelschen Formeln und dem Brechungsgesetz; um das nachzuvollziehen, muss man allerdings das Verhalten der

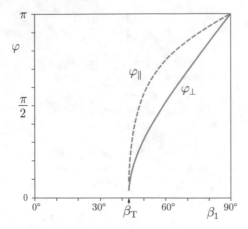

Abbildung 5.25 Phasensprung an der Grenzfläche Luft/Glas ($n = 1{,}5$) bei Totalreflexion

der Sinus- und Tangensfunktion in der komplexen Zahlenebene studieren, was wir erst später tun wollen. Für die Praxis bedeuten die Kurven, dass man mittels Totalreflexion die Phase von elektromagnetischen Wellen manipulieren kann.

Reflexion an Metallen

Wegen ihrer fast alltäglichen Bedeutung lassen wir uns noch auf eine Diskussion der metallischen Reflexion von Licht ein, obgleich dies ein kompliziertes Thema ist. Die im Bereich der Ohmschen Leitfähigkeit anzusetzende Wellengleichung (2.80) haben wir bereits in Abschn. 2.5 gelöst. Wir wiederholen die Rechnung noch einmal mit komplexen Größen: Die Wellengleichung

$$\frac{\partial^2 \check{E}}{\partial x^2} = \mu\mu_0\sigma_{el}\frac{\partial \check{E}}{\partial t}$$

ergibt mit $\check{E}(x,t) = E_0 e^{i(\check{k}x-\omega t)}$ die Beziehung

$$\check{k}^2 = i\omega\mu\mu_0\sigma_{el} = \omega\mu\mu_0\sigma_{el}e^{i\pi/2},$$

$$\check{k} = \sqrt{\frac{\omega\mu\mu_0\sigma_{el}}{2}}(1+i) = \sqrt{\frac{\mu\sigma_{el}\omega}{2\epsilon_0 c^2}}(1+i),\quad (5.46)$$

denn es ist $e^{i\pi/4} = \cos 45° + i\sin 45° = (1+i)/\sqrt{2}$. Setzt man (5.46) in $\check{E}(x,t)$ ein, erhält man unsere früheren Ergebnisse (2.81) und (2.82).

Wir setzen nun $\check{k} = \check{n}k_0 = (n_R + in_I)k_0$ und definieren damit wie in (5.29) einen komplexen Brechungsindex $\check{n}$. Im Bereich der Ohmschen Leitfähigkeit erhält man mit (5.46) und mit $k_0 = \omega/c$

$$n_R = n_I = n = \frac{c}{\omega}\sqrt{\frac{\mu\sigma_{el}\omega}{2\epsilon_0 c^2}} = \sqrt{\frac{\mu\sigma_{el}}{2\epsilon_0\omega}}.\quad (5.47)$$

Tabelle 5.4 Reflexionsvermögen von Metallen bei $\lambda = 25{,}5\,\mu m$

	$1-R$ (%)	
	gemessen	berechnet
Ag	1,13	1,15
Cu	1,17	1,27
Al	1,97	1,60
Ni	3,20	3,16
Hg	7,66	7,55
Konstantan	5,20	5,05

Für Kupfer ist bei $\nu \approx 3 \cdot 10^{12}\,s^{-1}$ ($\lambda \approx 0{,}1\,mm$) $n_R = n_I = 420$. Metalle haben also im Ohmschen Bereich sehr hohe Brechungsindizes. Eine elektromagnetische Welle, die unter irgendeinem Winkel auf die Metalloberfläche fällt, läuft fast senkrecht zur Oberfläche in das Metall hinein und wird auf einer Strecke absorbiert, die sehr kurz verglichen mit der Vakuum-Wellenlänge ist. Das hat ein sehr hohes Reflexionsvermögen zur Folge. Wir können bei der Berechnung von R (5.40) anwenden, indem wir $n_1 = 1$ und $n_2 = \check{n}$ setzen und (4.16) berücksichtigen:

$$R = \frac{I_r}{I_e} = \frac{|\check{E}_r|^2}{|\check{E}_e|^2} = \frac{|\check{n}-1|^2}{|\check{n}+1|^2} = \frac{|n-1+in|^2}{|n+1+in|^2}$$

$$= \frac{(n-1)^2+n^2}{(n+1)^2+n^2} = \frac{2n^2-2n+1}{2n^2+2n+1}$$

$$= \frac{1-1/n+1/2n^2}{1+1/n+1/2n^2} \approx \frac{1-1/n}{1+1/n} \approx 1 - \frac{2}{n}.\quad (5.48)$$

Für $n \approx 1000$ liegt das in der Tat sehr nahe bei $R = 1$. Man kann durch Messung von R experimentell nachprüfen, bis zu welchen Frequenzen (5.47) gilt, und ob man bei $\nu \approx 10^{13}\,Hz$ noch mit der Ohmschen Leitfähigkeit rechnen kann, wie bei (2.79) behauptet wurde. Solche Messungen wurden von Hagen und Rubens durchgeführt (Tab. 5.4). Die Übereinstimmung der gemessenen mit den berechneten Werten ist erstaunlich gut.

Die Verhältnisse müssen sich ändern, wenn sich das Gleichgewicht zwischen der Elektronenbewegung und dem elektrischen Feld der Welle nicht mehr einstellen kann, wenn also ω größer als die in (2.78) definierte Stoßfrequenz ω_S wird. In Abb. 5.26 ist als Funktion der Wellenlänge das Reflexionsvermögen einiger Metalle im Bereich von $\lambda = 100$–$1000\,nm$ aufgetragen. Man sieht sofort, dass hier komplizierte Verhältnisse vorliegen, wie es nach den Ausführungen in Abschn. 2.5 auch zu erwarten war. Die hohe Reflektivität der Metalle findet bei einer mehr oder weniger scharf definierten kritischen Wellenlänge λ_c ein Ende. Silber reflektiert noch im ganzen sichtbaren Spektralbereich gut, Aluminium sogar bis $\lambda \approx 80\,nm$. Die Brechungsindizes n_R und n_I nehmen jedoch schon im nahen Infrarot stark ab, und in dünner Schicht werden die Metalle **durchsichtig**.

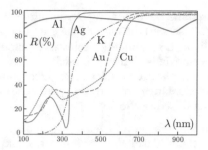

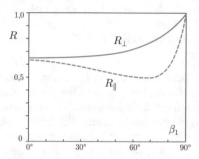

Abbildung 5.26 Reflexionsvermögen von Metallen (senkrechter Lichteinfall)

Abbildung 5.27 Reflexion von linear polarisiertem Licht im sichtbaren Spektralbereich an einer Metalloberfläche als Funktion des Einfallswinkels, schematisch

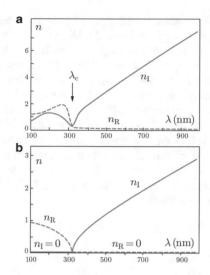

Abbildung 5.28 n_R und n_I für Silber. **a** Messungen (nach J. H. Weaver et al.), **b** mit (5.52) berechnet

Abbildung 5.26 gilt für senkrechten Lichteinfall. In Abb. 5.27 ist schematisch gezeigt, wie das Reflexionsvermögen bei Metallen vom Einfallswinkel und von der Polarisation des Lichts abhängt. Man kann diese Kurven mit Abb. 5.23 vergleichen. Der Winkel, bei dem $R_\parallel$ ein Minimum hat, entspricht dem Brewster-Winkel.

Es ist bemerkenswert, dass alle diese Kurven mit Hilfe des komplexen Brechungsindex

$$\check{n}(\omega) = n_R(\omega) + i n_I(\omega) \qquad (5.49)$$

berechnet werden können, also mit Hilfe von nur zwei Parametern.[8] n_R und n_I sind als Funktion von ω für jedes Metall experimentell zu bestimmen, z. B. durch Messung des Reflexionsvermögens unter bestimmten Winkeln. In Abb. 5.28 sind als Beispiel die Indizes von Silber gezeigt. Die kritische Wellenlänge liegt bei $\lambda_c = 330$ nm. Bis dahin ist der Brechungsindex nahezu rein imaginär. Erst weit hinter dem rechten Bildrand wächst n_R auf den durch (5.47) gegebenen Wert. Die Welle wird auch im Sichtbaren stark absorbiert und daher reflektiert. Erst unterhalb von λ_c gewinnt n_R die Oberhand.

Wir versuchen, dieses Verhalten mit dem Modell des freien Elektronengases (Bd. III/9.1) zu erklären. Dabei gehen wir von (5.20) aus. Die Eigenfrequenz der Elektronen ist $\omega_0 = 0$, denn die freien Elektronen sind an keine Ruhelage gebunden. Die Dämpfungskonstante Γ ist ein Maß dafür, wie schnell die Schwingungsenergie dissipiert wird. Beim Elektronengas geschieht dies durch Stöße, und wir setzten deshalb $\Gamma = 1/\tau$, wobei τ die Stoßzeit in Bd. III, Gl. (9.14) ist. Die komplexe Polarisierbarkeit des Elektronengases ist demnach

$$\check{\alpha}(\omega) = \frac{e^2/m_e}{-\omega^2 + i\omega/\tau} . \qquad (5.50)$$

Die dielektrische Funktion $\check{\epsilon}(\omega)$ berechnet man mit (5.13), obgleich ein Metall kein „verdünntes Medium" ist: Das ist berechtigt, denn die Elektronen bewegen sich frei im Metall und spüren deshalb das mittlere Feld, und nicht das lokale Feld Bd. III, Gl. (4.23). Wir erhalten

$$\check{\epsilon}(\omega) = 1 - \frac{Ne^2}{\epsilon_0 m_e} \frac{1}{\omega^2 - i\omega/\tau} = 1 - \frac{\omega_P^2/\omega^2}{1 - i/\omega\tau} . \qquad (5.51)$$

ω_P ist die mit (2.84) berechnete Plasmafrequenz des freien Elektronengases.

Im Bereich von Abb. 5.28 ist $\omega \gg 1/\tau$, also $\omega\tau \gg 1$. Damit wird $\check{\epsilon}(\omega)$ die rein reelle Funktion $\epsilon(\omega) = 1 - (\omega_P/\omega)^2$ und wir erhalten für den Brechungsindex

$$\check{n}(\omega) = \sqrt{\epsilon(\omega)} = \sqrt{1 - \omega_P^2/\omega^2} . \qquad (5.52)$$

Man erkennt klar zwei Bereiche:

$$\omega < \omega_P: \quad n_R = 0 , \quad n_I = \sqrt{\omega_P^2/\omega^2 - 1} ,$$

$$\omega > \omega_P: \quad n_I = 0 , \quad n_R = \sqrt{1 - \omega_P^2/\omega^2} .$$

---

[8] Die dazu erforderlichen Formeln findet man z. B. bei J. H. Weaver, C. Krafka, D. W. Lynch und E. E. Koch, *Optical Properties of Metals*, Fachinformationszentrum Energie-Physik-Mathematik, Karlsruhe (1981). Das Werk enthält auch umfangreiche Tabellen für n_R und n_I.

Diese Funktionen sind in Abb. 5.28b aufgetragen, wobei $\omega_p = 2\pi c/\lambda_c$ gesetzt wurde. Die wesentlichen Eigenschaften von Abb. 5.28a sind qualitativ wiedergegeben. Die Abweichungen sind darauf zurückzuführen, dass Ag zu den Übergangsmetallen zu rechnen ist, bei denen die äußeren Elektronenschalen der Ionen nicht abgeschlossen sind. Bei den „einfachen" Metallen, zu denen die Erdalkalien und auch das dreiwertige Aluminium gehören, haben die Ionen im Metallgitter abgeschlossene Elektronenschalen. In diesen Fällen ist die Übereinstimmung mit (5.52) besser. Insbesondere stimmt bei einfachen Metallen die kritische Wellenlänge λ_c mit dem für das freie Elektronengas berechneten Wert

$$\lambda_c^{(ber)} = 2\pi c \sqrt{\frac{\epsilon_0 m_e}{N_e e^2}} \qquad (5.53)$$

recht gut überein.

Körperfarben

Als weißes Licht bezeichnet man eine Strahlung, die alle Wellenlängen des sichtbaren Spektralbereichs mit ungefähr gleicher Intensität enthält. Wie kommt nun die weiße Farbe einer Substanz zustande? Die verblüffende Antwort lautet: Durch wiederholte Brechung und Reflexion des Lichts an den Oberflächen eines feinverteilten, transparenten und vollkommen farblosen Mediums. Typische Beispiele sind Streuzucker, Streusalz, Schnee und Eierschnee, oder auch Wolken. Auch ein großer Haufen farbloser Plastikfolie erscheint weiß. Das Licht wird solange an den inneren Grenzflächen gebrochen und reflektiert, bis es wieder herauskommt. Der Vorgang führt zu einer diffusen Reflexion des einfallenden Lichts, die über 90 % betragen kann. Weiße Malerfarbe besteht aus feinverteilten farblosen Kriställchen (z. B. TiO_2, PbO) in farblosen transparenten Bindemitteln wie z. B. Leinöl oder synthetischen Harzen. Ist in den Partikeln eine schwache

Absorption ohne Bevorzugung bestimmter Wellenlängen gegeben, so erscheint die Oberfläche grau und mit zunehmender Absorption schließlich schwarz.[9] Schwarze Farbe lässt sich keinesfalls dadurch erreichen, dass nach Auftreffen auf eine glatte Oberfläche alles Licht innerhalb von wenigen Wellenlängen absorbiert wird; dann ergibt sich nämlich metallische Reflexion.

Die bunten Malerfarben entstehen, wenn die in das Medium eingebetteten Partikel, das **Pigment**, selektiv gewisse Wellenlängenbereiche im sichtbaren Spektrum absorbieren. Wird z. B. das Licht im roten, gelben und grünen Spektralbereich absorbiert, so entsteht blaue Farbe. Es ist verständlich, dass je nach dem spektralen Verlauf der Absorption eine unendliche Vielfalt von Farben erreicht werden kann.

Nicht alle Oberflächenfarben kommen auf die genannte Weise zustande. An der glatten Oberfläche eines stark absorbierenden Mediums kann ein Farbeindruck dadurch entstehen, dass ein bestimmter Wellenlängenbereich weniger stark absorbiert und daher auch weniger stark reflektiert wird. So kommt z. B. die Farbe des Goldes zustande. Wie Abb. 5.26 zeigt, sinkt die Reflektivität des Goldes bei $\lambda \lesssim 550$ nm ab. Das reflektierte Licht ist daher rötlich–gelb, während eine dünne Goldschicht von einigen µm Dicke in der Durchsicht blaugrün erscheint. Wiederum ganz anders ist das Verhalten von gefärbtem Glas. Hier ist die Konzentration der absorbierenden Moleküle so klein, dass $n_I \ll n_R$ ist. Somit erfolgt die Reflexion unselektiv nach (5.40). Dass das farbige Glas auch in der Draufsicht farbig erscheint, liegt an der Reflexion auf der Rückseite. Auch dabei kommt die selektive Absorption innerhalb des Farbglases zum Tragen. Wird die Rückseite mit schwarzer Farbe in optischen Kontakt gebracht, so verschwindet der Farbeindruck. – Mit diesem kurzen Einblick in die Physik der Farben wollen wir es vorerst bewenden lassen. In Kap. 7 und 9 kommen wir noch auf einen anderen Mechanismus der Farbentstehung zu sprechen (Stichwort: Interferenzfarben).

---

[9] Die graue Farbe an der Unterseite dicker Wolken erklärt sich dadurch, dass dort infolge der Lichtstreuung in den darüberliegenden Wolkenschichten nur noch wenig Licht ankommt.

Übungsaufgaben

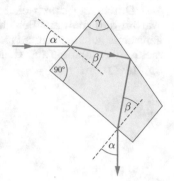

Abbildung 5.29 Strahlengang bei 90° Lichtablenkung in einem Pellin-Broca-Prisma

5.1. Umlenkprisma. Ein unverspiegeltes Umlenkprisma soll Licht mit geringsten Verlusten parallel versetzt in die rückwärtige Richtung reflektieren. Wie groß muss der Brechungsindex des Glases sein und wie groß ist das Verhältnis der reflektierten zur ankommenden Intensität?

5.2. Lichtablenkung im Pellin-Broca-Prisma. Abbildung 5.29 zeigt den Strahlengang in einem „Pellin-Broca-Prisma". Einer der Prismenwinkel ist 90°, der Nachbarwinkel ist $\gamma = 75°$. Ein Lichtstrahl wird aus seiner ursprünglichen Richtung um 90° abgelenkt. Der Einfallswinkel des Lichtstrahls auf das Prisma sei α, wegen des 90°-Prismenwinkels ist der Ausfallswinkel dann ebenfalls α. An der rückwärtigen Prismenseite findet Totalreflexion statt.

a) Welchen Winkel bilden der an der Prismenrückseite einfallende und der totalreflektierte Lichtstrahl miteinander und wie groß ist der Einfallswinkel an der Rückseite? Wie groß muss der Brechungsindex des Glases mindestens sein, damit das Prisma wie beschrieben funktioniert?

b) Bei einem fest eingestellten Ablenkwinkel 90° hängen der Einfallswinkel und der Brechungsindex eindeutig miteinander zusammen. Bis zu welchem maximalen Brechungsindex funktioniert das Prisma?

c) Zwischen welchen Werten variiert α als Funktion der Wellenlänge für die beiden in Tab. 5.2 aufgeführten Glassorten?

d) Welchen Vorteil gegenüber einem gleichschenkligen Prisma hat die Anordnung, wenn man sie als Monochromator verwendet?

5.3. Brechung im Medium mit variablem Brechungsindex. Über einer ebenen Oberfläche befinde sich ein optisches Medium mit einem höhenabhängigen Brechungsindex, der von einem unteren Anfangswert n_1 nach oben kontinuierlich abnimmt, bis er einen Grenzwert n_0 er-

reicht (z. B. Luft über der Erdoberfläche oder eine Salzlösung in einem Glasgefäß). Ein schräg von oben kommender Lichtstrahl wird abgelenkt und sein Neigungswinkel relativ zur Vertikalen ändert sich von α_0 auf α_1. Wie ist der Zusammenhang zwischen α_0 und α_1? (Hinweis: Betrachten Sie die sukzessive Brechung an infinitesimalen Schichten und stellen Sie eine Differentialgleichung zwischen dem Ablenkwinkel und dem Brechungsindex auf.)

Was passiert, wenn man ein Lichtsignal fast parallel zum Boden von unten nach oben schickt? Zahlenbeispiel: $n_1 = 1{,}400$, $n_0 = 1{,}333$.

5.4. Lichttransmission und Reflexion an einer Grenzfläche bei fast senkrechtem Lichteinfall. Ein Lichtstrahl falle unter kleinem Winkel β_1 zur Normalen auf die ebene Grenzfläche zwischen zwei durchsichtigen Medien mit den Brechungsindizes n_2 und n_1. Berechnen Sie aus (5.42) und (5.43) die Amplituden und Intensitäten des durchgelassenen und reflektierten Lichts im Grenzfall $\beta_1 \to 0$ und zeigen Sie: Die Korrekturen zu (5.39) sind proportional zu β_1^2. (Hinweis: Benutzen Sie die Taylorentwicklungen der sin- und der cos-Funktion).

5.5. Normale Dispersion. Versuchen Sie, die Wellenlängenabhängigkeit der Brechungsindizes für die beiden Glassorten in Tab. 5.2 mit (5.33) zu beschreiben, wobei jeweils nur eine einzige Resonanzfrequenz bzw. Resonanzwellenlänge verwendet werden soll. Man beachte: Die Wellenlänge in Tab. 5.2 ist die *Vakuum-Wellenlänge*, nicht die im Medium. Welche Resonanzwellenlängen ergeben sich? Hinweis: Suchen Sie nach einem linearen Zusammenhang zwischen einer geeigneten Funktion des Brechungsindex und dem Quadrat der Frequenz, oder alternativ nach einem linearen Zusammenhang zwischen einer Funktion, gebildet aus dem Brechungsindex und der Wellenlänge, und dem Quadrat der Wellenlänge. Geben die Messwerte in Tab. 5.2 irgendwelche Hinweise auf die Existenz weiterer Resonanzfrequenzen?

5.6. Optik der Röntgenstrahlen. Im Röntgenbereich ist der Brechungsindex eines Materials durch (5.34) gegeben.

a) Wie groß ist der Brechungsindex n für Röntgenstrahlung der Wellenlänge $\lambda = 0{,}2\,\text{nm}$ in Silizium ($Z = 14$, $A = 28\,\text{g/mol}$, $\rho = 2{,}33\,\text{g/cm}^3$)?

b) Bei welchen Einfallswinkeln wird Röntgenstrahlung dieser Wellenlänge, aus Luft kommend, an einer ebenen Siliziumoberfläche totalreflektiert?

c) Um wie viel weicht die Phasengeschwindigkeit von der Lichtgeschwindigkeit c ab? Um wie viel weicht die Gruppengeschwindigkeit von c ab?

5.7.   Transmission und Reflexion von Metallen. In Wärmeschutzverglasungen werden die Glasscheiben mit einer dünnen Metallschicht versehen, die man mit dem Auge nicht wahrnimmt. Ermitteln Sie aus Abb. 5.28 und (5.47) die Brechungsindizes n_R und n_I von Silber für die beiden Wellenlängen $\lambda = 600\,\text{nm}$ und $20\,\mu\text{m}$

(warum diese typischen Wellenlängen?). Wie groß sind die Absorptionskoeffizienten? Nach welcher Strecke x hat sich die Intensität der sichtbaren Strahlung bei *einem* Durchgang durch eine Schicht um 20 % reduziert? Wie stark wird die Infrarotstrahlung bei *einmaligem* Durchgang durch eine solche Schicht geschwächt? Warum darf man zur Berechnung des Reflexionsvermögens einer solchen Schicht (5.48) nicht verwenden (hierzu mehr in Aufgabe 7.6)? (Leitfähigkeit von Silber: $\sigma_{el} = 6{,}7 \cdot 10^7\,\Omega^{-1}\,\text{m}^{-1}$).

Geometrische Optik

6

© Springer-Verlag GmbH Deutschland 2017

J. Heintze / P. Bock (Hrsg.), *Lehrbuch zur Experimentalphysik Band 4: Wellen und Optik*, https://doi.org/10.1007/978-3-662-54492-1_6

In der geometrischen Optik wird die Ausbreitung des Lichts mit Hilfe von **Lichtstrahlen** beschrieben. Das ist eine Näherung, bei der die Wellennatur des Lichts außer Acht gelassen wird. Sie dient in erster Linie dazu, den Weg des Lichts durch ein optisches Instrument auf einfache Weise zu berechnen. Man geht dabei von den Gesetzen der Reflexion und der Lichtbrechung aus, sowie von der geradlinigen Ausbreitung des Lichts im Vakuum und in homogenen Medien. Diese drei Gesetze lassen sich auf ein gemeinsames Prinzip zurückführen, auf das **Fermatsche Prinzip**, mit dem wir uns im ersten Abschnitt befassen werden. Es ermöglicht einerseits manche Probleme auf sehr einfache Art zu lösen, andererseits ist es auch als *Prinzip* höchst interessant.

Der zweite Abschnitt ist das Kernstück des Kapitels. Es wird untersucht, wie die optische Abbildung eines Gegenstandes zustande kommt, und wie man bei **Linsen** und bei **Linsensystemen** Ort und Größe des Bildes berechnen oder grafisch konstruieren kann. In ähnlicher Weise lässt sich dann auch die Abbildung durch Spiegel behandeln (Abschn. 6.3). Im letzten Abschnitt geht es um die praktische Anwendung: Wir untersuchen, wie der Strahlengang in optischen Instrumenten durch **Blenden** beeinflusst wird. Sodann werden das menschliche Auge und die Funktionsweise von einigen optischen Instrumenten diskutiert: Fotoapparat, Lupe, Mikroskop, Fernrohr, Prismenspektrometer und Diaprojektor.

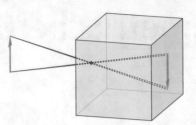

Abbildung 6.1 Prinzip der Lochkamera

(Abb. 6.1), von Alters her als „camera obscura" bekannt, dem Urtyp eines bilderzeugenden Geräts.[1]

In die Vorderwand eines Kastens wird eine Lochblende angebracht, auf der Rückwand wird ein Film angebracht oder eine Mattscheibe eingebaut. Dort erzeugen die einfallenden Lichtstrahlen ein auf dem Kopf stehendes Bild der Außenwelt. Die Bildschärfe hängt vom Lochdurchmesser ab, wie Abb. 6.2 zeigt. Bei einer großen Öffnung muss das Bild offensichtlich sehr verwaschen sein; bei hinreichend kleiner Öffnung wird das Bild ziemlich scharf. Verkleinert man die Öffnung noch weiter, wird es

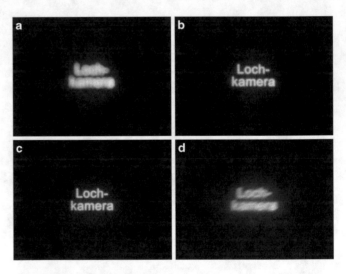

Abbildung 6.2 Lochkamera: Bilder mit verschiedenen Lochdurchmessern. **a** 1,5 mm, **b** 0,7 mm, **c** 0,4 mm, **d** 0,2 mm. Die Abstände des Gegenstands und der Mattscheibe vom Loch betrugen jeweils 35 cm

6.1 Lichtstrahlen und Fermatsches Prinzip

Unter einem Lichtstrahl versteht man gewöhnlich ein eng begrenztes Lichtbündel: den Lichtstrahl, der durch eine kleine Öffnung in einen dunklen Raum fällt, die durch die Wolken brechenden Sonnenstrahlen, den Strahl des Laser-Lichtzeigers. Man könnte hier von „physischen" Lichtstrahlen sprechen.

In der geometrischen Optik ist der Lichtstrahl eher ein mathematisches Konzept. Er ist definiert als die Linie, entlang der sich das Licht im Raum ausbreitet. Dabei wird angenommen, dass der Strahl im Vakuum und in homogenen Medien geradlinig verläuft. Das ist in Wirklichkeit nicht immer so einfach. Die Grenzen der geometrischen Optik erkennt man deutlich am Beispiel der **Lochkamera**

---

[1] Die Lochkamera war schon den alten Griechen bekannt. Den ersten wissenschaftlichen Gebrauch davon machte der arabische Physiker Abu Ali al Hasan ibn al Haitham (965–1038), im Westen Alhazen genannt. Er benutzte sie zur Beobachtung einer Sonnenfinsternis. – Im Gegensatz zu den alten Griechen, die die Lichtausbreitung für einen Vorgang hielten, der keine Zeit beansprucht, war er der Meinung, dass sich das Licht mit *endlicher Geschwindigkeit* ausbreitet. Auch nahm er an, dass die Lichtgeschwindigkeit in dichteren Medien kleiner sei als in der Luft. Er beschrieb als erster korrekt die Funktionsweise der Linse und das menschliche Auge. Seine Werke wurden ins Lateinische übersetzt und hatten großen Einfluss auf die Entwicklung der abendländischen Wissenschaft.

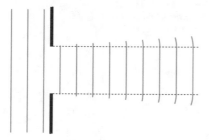

Abbildung 6.3 Wellenfronten einer ebenen Welle hinter einer Lochblende

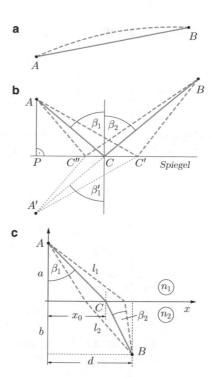

Abbildung 6.4 Fermatsches Prinzip: **a** zur geradlinigen Lichtausbreitung, **b** zum Reflexionsgesetz, **c** zum Brechungsgesetz. *Ausgezogene Linien*: der wirkliche Strahlengang. *Gestrichelt*: alternative Wege

wieder unscharf. Die Ursache ist die Beugung des Lichts an der Eintrittsöffnung, bei der sich die Wellennatur des Lichts zeigt. Wellen können hinter dem Loch nicht geradlinig als scharf begrenzte Strahlen weiterlaufen (Huygenssches Prinzip!). Abbildung 6.3 zeigt schematisch das Wellenfeld hinter einer Lochblende. Die dort eingezeichneten Wellenfronten enden nicht abrupt, sondern die Amplitude nimmt nach außen hin allmählich ab. Wir werden das in Kap. 8 quantitativ untersuchen. In der geometrischen Optik wird angenommen, dass sich das Licht innerhalb der gestrichelten Linien ausbreitet, mit Lichtstrahlen, die innerhalb der Blendenöffnung und parallel zu den gestrichelten Linien verlaufen. Die Beugungserscheinungen außerhalb dieser Linien werden vernachlässigt bzw. nachträglich in pauschaler Weise berücksichtigt.

Unser Ziel ist es also, mit Hilfe von Lichtstrahlen den Weg des Lichts durch ein **optisches System** zu verfolgen, in dem es reflektierende und lichtbrechende Flächen gibt. Ausgerüstet mit den bereits gewonnenen Erkenntnissen: geradlinige Ausbreitung des Lichts, Reflexionsgesetz (5.1) und Brechungsgesetz (5.2), könnten wir unmittelbar ans Werk gehen. Bevor wir darauf eingehen, fragen wir: Gibt es einen Zusammenhang zwischen den drei, hier beziehungslos nebeneinander stehenden Gesetzen? Gibt es ein übergeordnetes Prinzip, aus dem sich die drei Gesetze ableiten lassen? Das gibt es in der Tat. Das **Fermatsche Prinzip** geht davon aus, dass sich das Licht in einem homogenen Medium mit der konstanten Geschwindigkeit v ausbreitet und besagt:

Satz 6.1

Das Licht läuft von einem Punkt A zum Punkt B auf dem Wege, den es in der kürzesten Zeit zurücklegen kann.

Eine verblüffende Behauptung: Wie schafft es das Licht, diesen Weg ausfindig zu machen? Bevor wir darauf eingehen, untersuchen wir zunächst, wie sich die geradlinige Lichtausbreitung, das Reflexionsgesetz und das Brechungsgesetz aus dem Fermatschen Prinzip ableiten lassen.

In Abb. 6.4a ist das Medium homogen, daher ist die Lichtgeschwindigkeit v konstant und der kürzesten Laufzeit entspricht die kürzeste Wegstrecke. Das ist die Gerade $\overline{AB}$. Zur Reflexion: Das Licht soll auf dem Umweg über die Spiegeloberfläche von A nach B gelangen. Dass die Strecke ACB in Abb. 6.4b kürzer ist als z. B. die Strecken $AC'B$ oder $AC''B$, sieht man, wenn man die Dreiecke ACP, $AC'P$ und $AC''P$ nach unten klappt: Die Linie $A'CB$ mit $\beta_1 = \beta_2$ ist eine Gerade und somit kürzer als die Linien über C' oder C''. Der Reflexionswinkel muss also gleich dem Einfallswinkel sein.

Um das Brechungsgesetz abzuleiten, stellte Fermat die Hypothese auf, dass die Lichtgeschwindigkeit in durchsichtigen Medien um einen Faktor $1/n$ kleiner als im Vakuum ist:

$$v = \frac{c}{n} \, . \tag{6.1}$$

n soll eine Materialkonstante sein. Die Laufzeit des Lichts auf dem Weg ACB in Abb. 6.4c ist dann

$$t_{12} = \frac{l_1}{v_1} + \frac{l_2}{v_2} = \frac{1}{c}(n_1 l_1 + n_2 l_2) \, .$$

Fermat definierte die **optische Weglänge** mit

$$l_\text{opt} = n_1 l_1 + n_2 l_2 \tag{6.2}$$

und fragte sich: Für welchen Wert von x in Abb. 6.4c ist l_opt ein Minimum? Die Antwort zu finden, war für Fermat nicht einfach, denn damals (1664) war die Differentialrechnung noch nicht bekannt. Für uns ist das kein Problem: Das Minimum liegt dort, wo $\mathrm{d}l_\text{opt}/\mathrm{d}x = 0$ ist; die entsprechende Koordinate sei $x = x_0$.

$$l_\text{opt} = n_1 \sqrt{a^2 + x^2} + n_2 \sqrt{b^2 + (d-x)^2}, \tag{6.3}$$

$$\left(\frac{\mathrm{d}l_\text{opt}}{\mathrm{d}x}\right)_{x=x_0} = n_1 \frac{2x_0}{2\sqrt{a^2 + x_0^2}} - n_2 \frac{2(d-x_0)}{2\sqrt{b^2 + (d-x_0)^2}}$$

$$= n_1 \frac{x_0}{l_1(x_0)} - n_2 \frac{d-x_0}{l_2(x_0)} = 0 \,.$$

Wir sparen uns die Mühe, die zweite Ableitung zu berechnen, und tragen die Funktion $l_\text{opt}(x)$ in Abb. 6.5 auf. Bei x_0 liegt ein Minimum. Wie man in Abb. 6.4c ablesen kann, ist $x_0/l_1(x_0) = \sin\beta_1$ und $(d-x_0)/l_2(x_0) = \sin\beta_2$. Es muss also gelten:

$$n_1 \sin\beta_1 = n_2 \sin\beta_2 \,.$$

Wir haben das Snelliussche Brechungsgesetz (5.2) erhalten. Fermat ist mit seinem Prinzip zum Brechungsgesetz gelangt, und zwar mit der richtigen physikalischen Begründung (6.1).[2] Der experimentelle Beweis für Fermats Hypothese wurde allerdings erst 200 Jahre später von Foucault geliefert, dem es gelang, die Lichtgeschwindigkeit in Wasser zu messen (vgl. Bd. I/1.4). Die Frage, *warum* das Licht im optisch dichteren Medium langsamer als im Vakuum läuft, wurde erst im 20. Jahrhundert beantwortet. Wir werden darauf in Bd. V/1.2 zurückkommen. In Abb. 6.5 erkennt man, dass sich die optische Weglänge in der Umgebung von x_0 bei einer infinitesimalen Verschiebung des Weges nicht ändert; genau das ist ja auch

---

[2] Zur Vorgeschichte des Fermatschen Prinzips und des Brechungsgesetzes: Die geradlinige Ausbreitung des Lichts und das Reflexionsgesetz waren schon Bestandteil der Optik des Euklid (280 v. Chr.). Heron von Alexandria (1. Jahrh. n. Chr.), vor allem bekannt geworden als erfindungsreicher Ingenieur, stellte die These auf, dass das Licht zwischen zwei Punkten auf dem *kürzesten Weg* läuft. Er brachte damit die geradlinige Ausbreitung und das Reflexionsgesetz in einen ursächlichen Zusammenhang, übrigens mit der in Abb. 6.4b gezeigten Überlegung. Das Brechungsgesetz, in der Antike nur in der Näherung für kleine Winkel bekannt, wurde von Willebrord Snel (1591–1626), Professor an der Universität Leiden, auf experimentellem Wege ermittelt. René Descartes leitete es (ohne Snel zu erwähnen) in seinem 1637 erschienenen Werk „La Dioptrique" aus den von ihm aufgestellten allgemeinen Naturprinzipien ab. Danach soll das Licht an der Oberfläche des Mediums einen Stoß erfahren, der die Brechung des Lichtstrahls bewirkt. Fermat schienen (mit Recht) Descartes Überlegungen inkonsistent zu sein. Er stellte die Hypothese (6.1) auf und anknüpfend an Heron erhielt er dann das Brechungsgesetz, nun mit der richtigen Begründung.

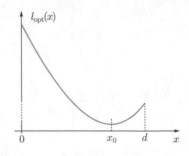

Abbildung 6.5 Optische Weglänge als Funktion von x in (6.3)

die Aussage der Extremalbedingung

$$\left(\frac{\mathrm{d}l_\text{opt}}{\mathrm{d}x}\right)_{x=x_0} = 0 \,. \tag{6.4}$$

Zum gleichen Befund kommt man in Abb. 6.4a und b, wenn man die optische Weglänge als Funktion von x berechnet. Damit begründen wir eine zweite Formulierung des Fermatschen Prinzips:

Satz 6.2

Ein Lichtstrahl läuft von Punkt A nach Punkt B auf einem Wege, dessen optische Weglänge sich bei einer kleinen Verschiebung des Weges nicht ändert.

Wir bringen diese Aussage auf eine mathematische Form, die bei allen optischen Systemen und auch bei kontinuierlich veränderlichen Brechungsindizes gültig bleibt. Die optische Weglänge ist dann gegeben durch ein Linienintegral, berechnet auf dem geometrischen Weg von A nach B

$$l_\text{opt} = \int_A^B n(x,y,z)\,\mathrm{d}s \,. \tag{6.5}$$

Das Fermatsche Prinzip (Formulierung II) besagt

$$\delta \left(\int_A^B n(x,y,z)\,\mathrm{d}s \right) = 0 \,, \tag{6.6}$$

wobei sich das Symbol δ auf eine kleine Variation des Integrationsweges bezieht.

Die Formulierung des Fermatschen Prinzips mit Satz 6.2 erweist sich im Gegensatz zu Satz 6.1 als allgemeingültig. Um zu zeigen, dass die in Satz 6.1 gegebene Formulierung unzureichend ist, betrachten wir ein Rotationsellipsoid, das auf der Innenseite verspiegelt ist. Ein Schnitt durch das Ellipsoid entlang der Rotationsachse ist in Abb. 6.6a gezeigt. A und B sind die Brennpunkte, die Bogenlänge s ist eine entlang der Schnittlinie gemessene Koordinate. Ein Lichtstrahl, der von A auf den Punkt C bei der Bogenlänge s_0 gerichtet ist, wird nach B reflektiert. Das könnte man mit einiger Mühe beweisen, indem man geometrisch

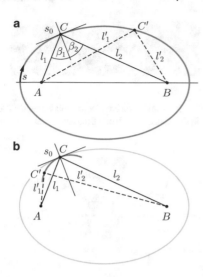

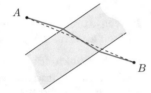

Abbildung 6.6 Schnitt durch ein verspiegeltes Rotationsellipsoid: **a** Strahlengang bei Reflexion des Lichts im Punkt C, **b** Reflexion an einer innerhalb des Ellipsoids verlaufenden Fläche, die das Ellipsoid im Punkt C berührt

Abbildung 6.7 Lichtstrahl durch eine planparallele Platte

zeigt, dass $\beta_1 = \beta_2$ ist. Viel einfacher ist der Beweis mit dem Fermatschen Prinzip. Da bei der Ellipse $l_1 + l_2$ konstant ist, gilt für den Strahl ACB

$$\left(\frac{\mathrm{d}l_{\mathrm{opt}}}{\mathrm{d}s}\right)_{s=s_0} = 0 \,.$$

Der Strahl kann nach Satz 6.2 auf diesem Wege von A nach B laufen. Das gilt aber für jeden beliebigen Punkt auf der Oberfläche des Ellipsoids, z. B. auch für den Punkt C': Alle Strahlen vom Brennpunkt A laufen zum Brennpunkt B. Es gibt hier kein Minimum der Laufzeit, Satz 6.1 wäre nicht anwendbar.

Nun betrachten wir Abb. 6.6b. Die reflektierende Fläche berührt die Ellipse im Punkt C und verläuft ganz innerhalb des Ellipsoids. Auch in diesem Fall ist die Reflexionsbedingung bei C erfüllt. Diesmal wäre aber der Weg über C' kürzer: Das Licht läuft hier auf einem Wege, auf dem l_{opt} ein *Maximum* hat. Satz 6.2 ist erfüllt, Satz 6.1 dagegen nicht.

Obgleich die prägnante Formulierung mit der kürzesten Zeit unvollständig ist, leistet sie doch oft gute Dienste. So sieht man in Abb. 6.7 sofort ein, weshalb das Licht durch die planparallele Platte nicht auf der geometrisch kürzesten Linie von A nach B läuft, sondern einen etwas längeren Luftweg in Kauf nimmt, um den Weg im Glas ($v = c/n$) zu verkürzen.

Einige Anwendungen des Fermatschen Prinzips

Umkehrbarkeit des Strahlengangs. Wir haben bisher den Weg untersucht, auf dem das Licht „von A nach B" läuft. Da die Lichtgeschwindigkeit nicht davon abhängt, in welcher Richtung dieser Weg durchlaufen wird, würde das Licht „von B nach A" die gleiche Zeit brauchen, also würde es auch auf exakt dem gleichen Wege laufen. Das ist das Prinzip von der Umkehrbarkeit des Strahlengangs, das sich oft als nützlich erweist.

Optische Abbildung. Wir stellen uns die Aufgabe, ein „optisches System" zu konstruieren, mit Hilfe dessen alle Strahlen, die von P ausgehen und in das System eintreten, in P' wieder zusammengeführt werden (Abb. 6.8). Das Fermatsche Prinzip lehrt, wie das System gebaut sein muss, das eine solche **optische Abbildung** bewerkstelligt: Alle Strahlen müssen, unabhängig vom Winkel α in Abb. 6.8, auf dem Weg von Punkt P nach P' die *gleiche optische Weglänge* durchlaufen. Man sieht sogleich, dass man das auf einfache Weise mit einem linsenförmigen Glaskörper erreichen kann. Aufgrund der kleineren Lichtgeschwindigkeit im Glas können die Unterschiede der geometrischen Weglänge kompensiert werden. Wie „einfach" das in Wirklichkeit ist, werden wir im nächsten Abschnitt sehen.

In P' entsteht ein **reelles Bild** von P, so benannt im Gegensatz zu einem **virtuellen Bild**. Was ein virtuelles Bild ist, konnte man schon in Abb. 6.4b erkennen. Die Strahlen, die man bei B sieht, scheinen von A' her zu kommen (Abb. 6.9). Ein Beobachter bei B hat tatsächlich den Eindruck, dass sich die Lichtquelle A bei A' befindet. A' ist das virtuelle Bild von A. Wie handfest ein virtuelles Bild ist, zeigt ein Blick in den Spiegel. – Wir fassen zusammen:

Satz 6.3

Reelles Bild: Im Bildpunkt P' laufen die von P ausgehenden Strahlen zusammen. Die Strahlen **konvergieren in P'**.

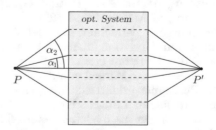

Abbildung 6.8 Optisches System mit abbildenden Eigenschaften

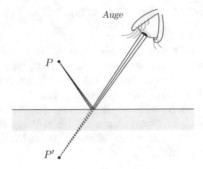

Abbildung 6.9　Zur Entstehung eines virtuellen Bildes

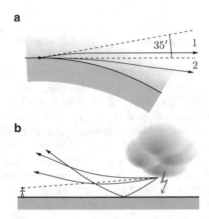

Abbildung 6.10　Sonnenuntergang und Wetterleuchten

Satz 6.4

Virtuelles Bild: Im Bildpunkt P' laufen die rückwärtigen Verlängerungen der Strahlen zusammen, die den Beobachter erreichen. Die Strahlen **scheinen von P' her zu divergieren**.

Man kann das reelle Bild auf einem diffus reflektierenden Bildschirm auffangen und sichtbar machen, das virtuelle nicht. Wir werden im folgenden häufig mit reellen und virtuellen Bildern zu tun haben.

Sonnenuntergang, Wetterleuchten und Gradientenlinsen. Wenn man am Meeresstrand steht und fasziniert den Sonnenuntergang betrachtet, befindet sich die Sonne schon unter dem Horizont, in Abb. 6.10a in Position 2. Als die Sonne den Horizont erreichte (Position 1), sahen wir sie noch unter einem Winkel von $\vartheta = 35'$ am Abendhimmel. Das Phänomen erklärt sich mit dem Fermatschen Prinzip: In den oberen Luftschichten sind Dichte und Brechungsindex kleiner als in den unteren, die Lichtgeschwindigkeit $v = c/n$ also größer. Die Lichtstrahlen der untergehenden Sonne machen daher einen geometrischen

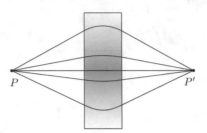

Abbildung 6.11　Lichtstrahl in einem Medium mit variablem Brechungsindex: Kochsalzlösung, in der Konzentration und Brechungsindex von *unten* nach *oben* hin abnehmen

Abbildung 6.12　Gradientenlinse. Die Abnahme des Brechungsindex ist durch die *Schattierung* dargestellt

Umweg durch die obere Atmosphäre, um die kürzeste Laufzeit zu erreichen.

Ähnliche Effekte führen zu den als Fata Morgana bekannten Phänomen[3] und zu den im Sommer häufig auf sonnenerhitzten Landstraßen beobachteten Luftspiegelungen. Weniger bekannt ist, dass der gleiche Effekt bei Schallwellen dazu führt, dass man bei weit entfernten Gewittern keinen Donner hört. Man sieht nur noch das Wetterleuchten – sehr eindrucksvoll bei starken Gewittern. Die Schallstrahlen nehmen den in Abb. 6.10b gezeigten Verlauf, denn die Schallgeschwindigkeit in der Luft ist nach (2.24) $v_s = \sqrt{\kappa RT/M}$. Sie nimmt in der Atmosphäre nach **unten** hin zu, da die Temperatur nach oben abnimmt.

Die Krümmung von Lichtstrahlen in einem Medium mit variablem Brechungsindex lässt sich auch im Hörsaal demonstrieren. In einem Glastrog werden Salzlösungen abnehmender Konzentration übereinander geschichtet. Durch Diffusion stellt sich nach einiger Zeit ein annähernd konstanter Gradient $\mathrm{d}n/\mathrm{d}z$ ein. In Abb. 6.11 ist der Verlauf des Lichtstrahls von A nach B zu sehen. Der Effekt lässt sich auch technisch ausnutzen. Wenn man eine durchsichtige Platte in der Weise präpariert, dass von einer Achse senkrecht zur Plattenebene aus gerechnet, der Brechungsindex in radialer Richtung abnimmt, entsteht eine Anordnung mit abbildenden Eigenschaften (Abb. 6.12). Solche **Gradientenlinsen** spielen in der Laserphysik eine Rolle (Stichwort: Selbstfokussierung, (9.46)) und sogar im menschlichen Auge (Abb. 6.38).

---

[3] Siehe z. B. A. B. Fraser u. W. H. Mach, Scientific American 234, Jan. 1976, S. 102–111.

Abschließende Bemerkungen

Wie schafft es nun das Licht, den vom Fermatschen Prinzip vorgeschriebenen Weg zu finden? Die Antwort steckt in der Verbindung zur Wellenoptik: Die Lichtstrahlen stehen senkrecht auf den Wellenfronten. Genau in dieser Richtung breitet sich die Welle aus, weil genau in dieser Richtung die Huygensschen Elementarwellen miteinander maximal konstruktiv interferieren. In anderen Richtungen löschen sie sich durch destruktive Interferenz weitgehend aus. Der Lichtstrahl „findet" also in gewisser Weise tatsächlich den richtigen Weg, indem das Licht andere Wege abtastet und verwirft.

Verglichen mit den expliziten Berechnungen von Wellenfronten ist das Operieren mit Lichtstrahlen und mit dem Fermatschen Prinzip eine enorme Vereinfachung. Darüber hinaus hatte aber das Fermatsche Prinzip großen Einfluss auf die Entwicklung der theoretischen Physik. Es führte im 19. Jahrhundert zu dem von Lagrange und von Hamilton formulierten „Prinzip der kleinsten Wirkung", das später bei der Entwicklung der Quantenmechanik eine große Rolle spielte.

Wir können auch eine Frage von praktischer Bedeutung stellen: Wie genau müssen in Abb. 6.8 die optischen Weglängen der einzelnen Strahlen übereinstimmen, damit eine scharfe Abbildung zustande kommt? Die Antwort ergibt sich aus dem Zusammenhang mit der Wellenausbreitung: Damit sich die Strahlen in P' phasenrichtig überlagern, muss gelten

$$\Delta l_{\mathrm{opt}} \ll \lambda . \qquad (6.7)$$

Da die Wellenlänge des sichtbaren Lichts $\lambda \approx 500\,\mathrm{nm}$ ist, stellt dies sehr hohe Anforderungen an die Maßhaltigkeit und an die optische Homogenität der verwendeten Bauelemente.

6.2 Abbildung mit Linsen

Abbildung durch Asphärische und durch Sphärische Flächen

Wir untersuchen zunächst die optische Abbildung durch eine einzelne gekrümmte Fläche. Ein Gegenstandspunkt G soll auf einen Bildpunkt B abgebildet werden. G liegt in einem Medium mit dem Brechungsindex n_1, B liegt in einem Medium mit dem Brechungsindex n_2. Wie muss die Grenzfläche zwischen den beiden Medien

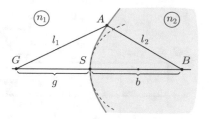

Abbildung 6.13 Schnitt durch eine kartesische Fläche

aussehen? Zunächst muss die Fläche offensichtlich rotationssymmetrisch um die Achse $\overline{GB}$ sein. Nach dem Fermatschen Prinzip muss weiterhin in Abb. 6.13 gelten

$$n_1 l_1 + n_2 l_2 = n_1 g + n_2 b , \qquad (6.8)$$

und zwar für alle von den Lichtstrahlen erreichbaren Punkte A auf der Fläche. S ist der **Scheitelpunkt** der Fläche, g die **Gegenstandsweite**, b die **Bildweite**. Mit (6.8) ist es einfach, die Kurve in Abb. 6.13 punktweise zu konstruieren (Aufgabe 6.1). Eine analytische Formel für eine solche **kartesische Fläche**[4] zu finden, ist dagegen im Allgemeinen schwierig. Nur in Sonderfällen erhält man einfache Flächen, wie z. B. eine Kugelfläche oder ein Rotationshyperboloid.

Obgleich die kartesische Fläche die exakte Abbildung von G auf B ermöglicht, ist ihr praktischer Nutzen recht begrenzt. Die Abbildung ist eben nur für die beiden Punkte G und B exakt, und das auch nur für monochromatisches Licht, wegen der optischen Dispersion. Unser Ziel ist aber, mit Tages- oder Lampenlicht beleuchtete, räumlich ausgedehnte Gegenstände optisch abzubilden. Im Übrigen ist es schwierig und aufwendig, kartesische Flächen mit der durch (6.7) geforderten Genauigkeit herzustellen.[5] Relativ einfach ist es hingegen, diese Genauigkeit bei sphärischen Flächen durch Schleifen zu erreichen. Die Kugelfläche hat nämlich die Eigenschaft, dass zwei Flächen, eine konvex und eine konkav, in beliebiger Stellung genau zusammenpassen. Das Schleifwerkzeug aus Stahl und das Rohmaterial aus Glas, beide annähernd sphärisch, werden mit einem Schleifmittel versehen und möglichst unregelmäßig gegeneinander bewegt. Diese Prozedur wird mit einem immer feiner gekörnten Schleifmittel solange wiederholt, bis alle Abweichungen von der Kugelfläche abgetragen sind und eine optische Politur erreicht ist.

---

[4] So benannt nach Descartes, der dieses Problem in seinem Buch *La Dioptrique* untersuchte.

[5] Erst in neuerer Zeit sind Verfahren entwickelt worden, mit denen man asphärische Linsen mit der erforderlichen Präzision kostengünstig herstellen kann. Ein Kunststoff hoher optischer Homogenität wird in eine polierte Form gegossen. Asphärische Linsen befinden sich seitdem im Vormarsch, besonders beim Bau von Kamera-Objektiven.

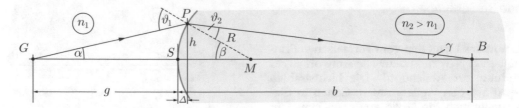

Abbildung 6.14 Abbildung durch eine sphärische Fläche

Wir betrachten also eine Kugelfläche vom Radius R, die sich im Scheitelpunkt S möglichst gut an eine kartesische Fläche anschmiegt. Der entsprechende Krümmungskreis ist in Abb. 6.13 gestrichelt eingezeichnet. Eine gute Abbildung von G auf B kann man nur für **paraxiale Strahlen** erwarten. Das sind solche Strahlen, die nahe der Achse $\overline{GB}$ verlaufen. Wir berechnen mit den in Abb. 6.14 definierten Größen den Zusammenhang zwischen g, b und R. Dabei gehen wir nicht vom Fermatschen Prinzip aus, sondern vom Brechungsgesetz, weil dann die Näherungen, die hier gemacht werden, besser zu erkennen sind. In Abb. 6.14 liest man ab:

$$\tan\alpha = \frac{h}{g+\Delta}\,, \quad \tan\gamma = \frac{h}{b-\Delta}\,, \quad \sin\beta = \frac{h}{R}\,. \quad (6.9)$$

Nun ist $\vartheta_1 = \alpha + \beta$, denn ϑ_1 und $(\alpha + \beta)$ ergänzen denselben Winkel zu $180°$. Ebenso ist $\beta = \vartheta_2 + \gamma$. Das Brechungsgesetz $n_1 \sin\vartheta_1 = n_2 \sin\vartheta_2$ ergibt also

$$n_1 \sin(\alpha + \beta) = n_2 \sin(\beta - \gamma)\,. \quad (6.10)$$

Für paraxiale Strahlen ist Δ gegenüber g und b zu vernachlässigen. Außerdem sind α, β und γ kleine Winkel, und man kann Sinus und Tangens durch die Winkel ersetzen. Aus (6.10) und (6.9) folgt dann

$$n_1(\alpha + \beta) = n_2(\beta - \gamma)$$
$$n_1\left(\frac{h}{g} + \frac{h}{R}\right) = n_2\left(\frac{h}{R} - \frac{h}{b}\right)\,,$$
$$\frac{n_1}{g} + \frac{n_2}{b} = \frac{n_2 - n_1}{R}\,. \quad (6.11)$$

Die Winkel α, β, γ treten in dieser Formel nicht mehr auf: Sie gilt also für alle achsennahen Punkte P. Der Punkt G wird in paraxialer Näherung korrekt auf B abgebildet. Außerdem sehen wir, dass die Lage des Punkts G auf der durch S und M führenden Geraden beliebig gewählt werden kann. Ein und dieselbe Kugelfläche bildet also mit paraxialen Strahlen alle links von S liegenden Punkte G auf Punkte rechts von S ab, wobei die Lage des Bildpunkts mit (6.11) berechnet werden kann. Wegen der Umkehrbarkeit des Strahlengangs würde auch B auf G abgebildet werden. Man nennt deshalb B und G **zueinander konjugierte Punkte**.

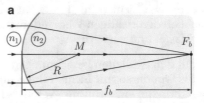

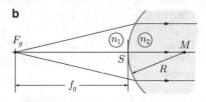

Abbildung 6.15 Bildseitiger und gegenstandsseitiger Brennpunkt. Maßstäblich für $n_1 = 1$, $n_2 = 1{,}5$

Brennpunkte und Brennweiten. Wo liegt das Bild, wenn der Gegenstand nach links ins Unendliche verschoben wird (Abb. 6.15a)?

$$\frac{n_1}{\infty} + \frac{n_2}{b} = \frac{n_2 - n_1}{R} \quad \rightarrow \quad b = \frac{n_2}{n_2 - n_1}R =: f_b\,. \quad (6.12)$$

Man nennt f_b die **bildseitige Brennweite** und F_b den **bildseitigen Brennpunkt**. Wo muss der Gegenstandspunkt liegen, damit sich das Bild nach rechts ins Unendliche verschiebt (Abb. 6.15b)?

$$\frac{n_1}{g} + \frac{n_2}{\infty} = \frac{n_2 - n_1}{R} \quad \rightarrow \quad g = \frac{n_1}{n_2 - n_1}R =: f_g\,. \quad (6.13)$$

Man nennt f_g die **gegenstandsseitige Brennweite** und F_g den **gegenstandsseitigen Brennpunkt**. Mit (6.13) und (6.12) kann man (6.11) auf folgende Formen bringen:

$$b = \frac{n_2}{n_1}\frac{g \cdot f_g}{g - f_g}\,, \quad g = \frac{n_1}{n_2}\frac{b \cdot f_b}{b - f_b}\,. \quad (6.14)$$

Die Vorzeichenkonvention. Die Formel (6.11) erweist sich als ein äußerst leistungsfähiges Instrument, wenn man mit der in Tab. 6.1 gegebenen Vorzeichenkonvention auch *negative* Werte von g, b und R zulässt. Die Vorzeichen von f_g und f_b ergeben sich aus (6.12) und (6.13). Auf

Tabelle 6.1 Vorzeichenkonvention in (6.11)–(6.13). „Vor S" und „hinter S": gesehen in Strahlrichtung

Punkt	vor S	hinter S
G	$g > 0$	$g < 0$
B	$b < 0$	$b > 0$
M	$R < 0$	$R > 0$
F_g	$f_g > 0$	$f_g < 0$
F_b	$f_b < 0$	$f_b > 0$

den ersten Blick scheinen die Festlegungen etwas verwirrend zu sein. Man kann sie sich aber ganz leicht merken: Man braucht sich nur Abb. 6.14 einzuprägen, also die Konfiguration, von der wir ausgegangen sind: *In dieser Anordnung sind alle Größen positiv.* Wir betrachten einige Beispiele zu negativen Werten von g, b und R. Wenn sich in Abb. 6.14 der Punkt G von links kommend dem Brennpunkt F_g nähert, strebt nach (6.14) $b \to +\infty$, solange $g > f_g$ ist. Die Bildweite b springt aber zu negativen Werten, sowie $g < f_g$ ist. Das Bild entsteht nun links vom Scheitel S. Der zugehörige Strahlengang ist in Abb. 6.16a gezeigt: Die rückwärtigen Verlängerungen der auslaufenden Strahlen schneiden sich in B, es handelt sich also nach Satz 6.4 um ein *virtuelles Bild* des Punktes G.

Auch g kann in (6.14) negative Werte annehmen, z. B. dann, wenn $b > 0$, aber $b < f_b$ ist. Diese Situation tritt ein, wenn von links ein konvergentes Strahlenbündel einfällt.

Die Verlängerungen dieser Strahlen schneiden sich im **virtuellen Gegenstandspunkt** G (Abb. 6.16b).

Andere Möglichkeiten, einen virtuellen Gegenstandspunkt ($g < 0$) abzubilden, erhält man für $R < 0$ (Abb. 6.16c und d). Hier sind nach (6.12) und (6.13) f_g und f_b negativ. Ist nun $|g| < |f_g|$, entsteht ein reelles Bild bei $b > 0$; ist dagegen $|g| > |f_b|$, erhält man ein virtuelles Bild des virtuellen Gegenstandes.

Man kann sich merken: Im virtuellen Bild treffen sich die rückwärtigen Verlängerungen der *auslaufenden* Strahlen, es liegt *vor* dem Scheitel S ($b < 0$). Im virtuellen Gegenstand treffen sich die in Strahlrichtung verlängerten *einlaufenden* Strahlen, er liegt *hinter* dem Scheitel S ($g < 0$). Das virtuelle Bild entsteht bei divergent auslaufenden Strahlen, der virtuelle Gegenstand entspricht konvergent einlaufenden Strahlen.

Sphärische Linsen

Wie schon erwähnt, ist die Abbildungsgleichung (6.11) eine äußerst nützliche Formel. Man kann mit ihr die **paraxialen Strahlen** durch ein optisches System verfolgen, das aus einer beliebigen Anzahl sphärischer Flächen und entsprechend vielen Bereichen mit unterschiedlichen Brechungsindizes besteht (Abb. 6.17). Die einzige Bedingung ist, dass die Mittelpunkte der sphärischen Flächen auf einer geraden Linie liegen. Man nennt sie die **optische Achse** des Systems. Man beginnt mit einem Punkt G_1, der auf der optischen Achse im Abstand g_1 vom Scheitelpunkt S_1 der ersten Fläche liegt, und berechnet mit (6.11) die Bildweite b_1 unter der Annahme, dass im gesamten Raum hinter der Fläche (1) der Brechungsindex $n = n_2$ ist, d. h. die Flächen (2)–(N) werden zunächst ignoriert. Der Bildpunkt B_1 wird dann identifiziert mit dem Gegenstandspunkt G_2, den man mit der Fläche (2) auf den Bildpunkt B_2 abbildet. Dabei wird angenommen, dass der Brechungsindex im gesamten Raum vor dieser Fläche $n = n_2$, hinter der Fläche $n = n_3$ ist. In vielen Fällen wird G_2 ein virtueller Gegenstand sein ($g_2 < 0$); wie wir gesehen haben, beeinträchtigt das die Anwendung von (6.11) in keiner Weise. Das Verfahren wird fortgesetzt bis man hinter der N-ten Fläche den endgültigen Bildpunkt B berechnet hat.

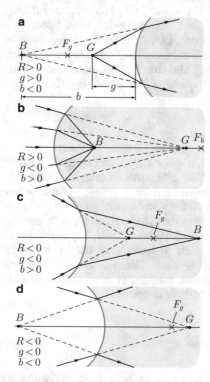

Abbildung 6.16 Beispiele zur Vorzeichenkonvention

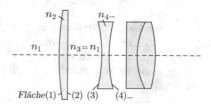

Abbildung 6.17 Ein optisches System. Als Beispiel ist ein Fotoobjektiv „Tessar" gezeigt

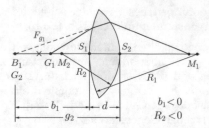

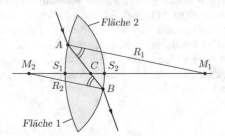

Abbildung 6.18 Abbildung durch eine Linse: zur Ableitung von (6.18)

Abbildung 6.19 Zur Bestimmung des optischen Zentrums einer Linse

Wir wenden dieses Verfahren auf die in Abb. 6.18 gezeigte Linse an. Der Gegenstandspunkt G_1 befinde sich zwischen S_1 und F_{g_1}. Es entsteht wie in Abb. 6.16a ein virtuelles Bild B_1 im Abstand $b_1 < 0$ vom Scheitelpunkt S_1. Nach (6.11) ist

$$\frac{n_1}{g_1} + \frac{n_2}{b_1} = \frac{n_2 - n_1}{R_1} \, . \qquad (6.15)$$

Die Gegenstandsweite für die Abbildung durch die Fläche (2) ist positiv. Da $b_1 < 0$ ist, müssen wir setzen

$$g_2 = -b_1 + d \, , \qquad (6.16)$$

denn g_2 muss von S_2 aus gemessen werden. Die Abbildungsgleichung lautet nun

$$\frac{n_2}{-b_1 + d} + \frac{n_1}{b_2} = \frac{n_1 - n_2}{R_2} \, , \qquad (6.17)$$

denn an der Fläche (2) laufen die Strahlen in der Richtung $n_2 \to n_1$. Wir addieren (6.15) und (6.17) und erhalten

$$\frac{n_1}{g_1} + \frac{n_1}{b_2} = (n_2 - n_1) \left(\frac{1}{R_1} - \frac{1}{R_2} \right) + \frac{n_2 d}{b_1(b_1 - d)} \, . \qquad (6.18)$$

Hätten wir mit einer Gegenstandsweite $g_1 > f_{g_1}$ begonnen, so hätten wir ein reelles Bild G_1 mit $b_1 > 0$ erhalten, das rechts von S_2 liegt. In diesem Fall ist $g_2 < 0$, und wir würden $g_2 = -(b_1 - d)$ setzen. Auch in diesem Falle gilt also (6.16) und damit (6.18).

Optisches Zentrum. Das optische Zentrum einer Linse ist ein Punkt auf der optische Achse mit der Eigenschaft,

dass jeder Lichtstrahl, der durch diesen Punkt hindurchgeht, vor und hinter der Linse exakt die gleiche Richtung hat. Dass ein solcher Punkt existiert, zeigen wir in Abb. 6.19. Wir nehmen auf der Kugelfläche (1) einen beliebigen Punkt A an und zeichnen die Gerade $\overline{AM_1}$. Parallel dazu zeichnen wir eine Gerade durch M_2. Sie schneidet die Kugelfläche (2) in B. Nun betrachten wir einen Lichtstrahl, der innerhalb der Linse auf der Geraden $\overline{AB}$ läuft. Er muss nach dem Brechungsgesetz hinter der Linse genau die gleiche Richtung haben, wie vor der Linse. Das folgt daraus, dass die in Abb. 6.19 eingezeichneten Radien R_1 und R_2 senkrecht auf den Flächen (1) und (2) stehen, und dass die bei A und B gekennzeichneten Winkel gleich sind. Nun sind die Dreiecke M_2CB und M_1CA einander im geometrischen Sinne ähnlich. Daher stehen die Seiten der beiden Dreiecke in einem festen Verhältnis und es gilt die Proportion $\overline{M_2C}/\overline{M_1C} = R_2/R_1$. Die Lage des Punktes C hängt also nicht von der Lage des Punktes A auf der Fläche (1) ab: *Alle* Lichtstrahlen, die bei C die optische Achse schneiden, müssen hinter der Linse die gleiche Richtung haben, wie vor der Linse: C ist das „optische Zentrum" der Linse. Seine Lage auf der optischen Achse kann man in Abb. 6.19 ablesen: Es ist

$$R_1/R_2 = \overline{AC}/\overline{BC} = \overline{S_1C}/\overline{S_2C} \, , \qquad (6.19)$$

denn die Konstruktion gilt auch für Punkte A, die beliebig dicht bei S_1 liegen.

In den Punkten A und B sind nicht nur die Flächennormalen, sondern auch die Tangentialebenen zueinander parallel. Ein Lichtstrahl durch das optische Zentrum wird daher wie beim Durchgang durch eine planparallele Platte seitlich versetzt (Abb. 6.7). Bei einer dünnen Linse ist für paraxiale Strahlen diese Verschiebung vollständig vernachlässigbar. Der durch das optische Zentrum führende Strahl läuft in diesem Fall geradlinig durch die Linse hindurch.

Linsenformen. Die Linsen in Abb. 6.18 und Abb. 6.19 nennt man bikonvexe Linsen. Man kann mit den gleichen Radien Linsen sehr unterschiedlicher Form herstellen. Abbildung 6.20 gibt eine Übersicht. Die Lage des optischen Zentrums ist jeweils eingezeichnet. Wie man sieht, gibt es zwei Arten von Linsen: Solche, die in der Mitte *dicker* sind als am Rand, und solche, die in der Mitte *dünner* als am Rand sind. Wenn $n_2 > n_1$ ist, wirkt die in der Mitte dickere Linse als *Sammellinse*, die in der Mitte dünnere als *Zerstreuungslinse*. Diese beiden Linsentypen werden in Zeichnungen manchmal auch durch die in Abb. 6.21 gezeigten Symbole dargestellt.

Dünne Linsen

Bei einer **dünnen Linse** kann man den zweiten Term auf der rechten Seite von (6.18) gegenüber dem ersten ver-

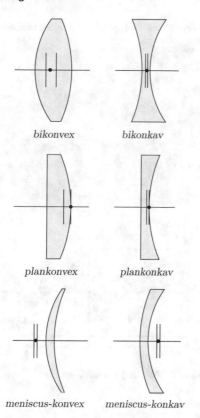

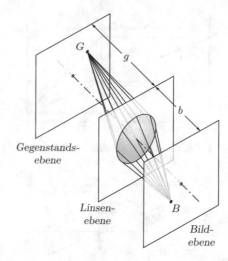

Abbildung 6.22 Abbildung von Punkten, die nicht auf der optischen Achse liegen

bikonvex   *bikonkav*

plankonvex   *plankonkav*

meniscus-konvex   *meniscus-konkav*

Abbildung 6.20 Verschiedene Linsenformen. *Punkte*: Optische Zentren, jeweils konstruiert wie in Abb. 6.19. *Striche*: Hauptebenen, berechnet mit (6.35)

Abbildung 6.21 a Sammellinse, b Zerstreuungslinse in symbolischer Darstellung

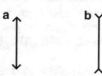

Die erste Gleichung wird die **Gaußsche Abbildungsgleichung** genannt, die zweite die **Linsenmacherformel**. $\mathcal{P}$ ist die **Brechkraft** der Linse. Sie wird gemessen in **Dioptrien**, definiert als Kehrwert der in *Metern* gemessenen Brennweite. Als Zahlenbeispiel berechnen wir Brennweite und Brechkraft für eine bikonvexe Linse mit $R_1 = 50\,\text{cm}$, $R_2 = -30\,\text{cm}$, $n = 1{,}5$:

$$\frac{1}{f} = 0{,}5 \left(\frac{1}{50} + \frac{1}{30} \right) = \frac{80}{3000}\,\text{cm}^{-1}\,,$$

$$f = 37{,}5\,\text{cm}\,, \quad \mathcal{P} = 2{,}66\,\text{Dioptrien}\,.$$

Für die bikonkave Linse mit $R_1 = -50\,\text{cm}$, $R_2 = 30\,\text{cm}$, $n = 1{,}5$ erhalten wir

$$\frac{1}{f} = 0{,}5 \left(-\frac{1}{50} - \frac{1}{30} \right) = -\frac{40}{1500}\,\text{cm}^{-1}\,,$$

$$f = -37{,}5\,\text{cm}\,, \quad \mathcal{P} = -2{,}66\,\text{Dioptrien}\,.$$

Die Brennweite ist bei allen Sammellinsen positiv, bei allen Zerstreuungslinsen negativ. Wie sich das auf die Abbildung und auf die Bildkonstruktion auswirkt, werden wir gleich sehen.

nachlässigen. Außerdem kann man statt mit den Größen g_1, b_1 und g_2, b_2 mit *einer* Bildweite b und *einer* Gegenstandsweite g rechnen, die beide vom optischen Zentrum aus gemessen werden. Die Brennweite der Linse erhält man, indem man die Grenzfälle $b \to \infty$ und $g \to \infty$ betrachtet. Gleichung (6.18) ergibt dann für die dünne Linse

$$f_g = f_b = \frac{n_1}{n_2 - n_1} \frac{R_1 R_2}{R_2 - R_1} = f\,. \tag{6.20}$$

f ist die **Brennweite** der Linse. Da die Linse gewöhnlich in Luft betrieben wird, setzen wir im folgenden $n_1 = 1$ und $n_2 = n$. Aus (6.18) erhält man dann die Gleichungen

$$\frac{1}{g} + \frac{1}{b} = \frac{1}{f}\,, \tag{6.21}$$

$$(n-1) \left(\frac{1}{R_1} - \frac{1}{R_2} \right) = \frac{1}{f} \equiv \mathcal{P}\,. \tag{6.22}$$

Abbildung eines flächenhaft ausgedehnten Gegenstands. Die Abbildungsgleichung (6.21) gilt nicht nur für Punkte auf der optischen Achse, sie gilt näherungsweise auch für Punkte in der in Abb. 6.22 dargestellten **Gegenstandsebene**, sofern die Strahlen, die vom Punkt G aus durch die Linse laufen als paraxial betrachtet werden können. Die Lage des Bildpunktes B in der **Bildebene** ist durch den Strahl gegeben, der geradlinig durch das optische Zentrum C der Linse läuft. Für die Abstände zwischen den Ebenen gilt (6.21):

$$\frac{1}{g} + \frac{1}{b} = \frac{1}{f}\,.$$

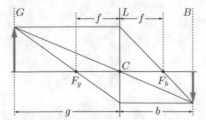

Abbildung 6.23 Geometrische Bildkonstruktion nach Satz 6.5

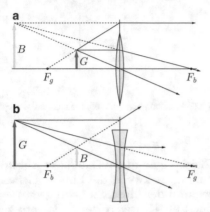

Abbildung 6.24 Erzeugung virtueller Bilder mit einer Sammellinse und mit einer Zerstreuungslinse

Tabelle 6.2 Eigenschaften der optischen Abbildung mit Linsen

Gegenstandsweite	Bild
Sammellinse:	
$g > f$	reell, umgekehrt
$\quad f < g < 2f$	vergrößert
$\quad g = 2f$	gleich groß
$\quad g > 2f$	verkleinert
$0 < g < f$	virtuell, aufrecht
	vergrößert
Zerstreuungslinse:	
$g > 0$	virtuell, aufrecht
	verkleinert

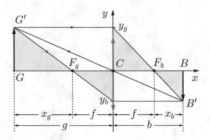

Abbildung 6.25 Zur Ableitung von (6.24)–(6.26)

Sehr bequem lässt sich die Lage der Bildpunkte mit der in Abb. 6.23 gezeigten Konstruktion ermitteln.[6] Die Linse ist durch eine Ebene senkrecht zur optischen Achse ersetzt, die die Achse in C schneidet. Dann gilt folgendes:

Satz 6.5

1. Der **Parallelstrahl** wird an der Linsenebene so gebrochen, dass er durch den Brennpunkt F_b führt.
2. Der **Brennstrahl** (d. h. der durch den Brennpunkt F_g führende Strahl) verläuft hinter der Linse parallel zur optischen Achse.
3. Der **Mittelpunktsstrahl** läuft ungebrochen durch den Punkt C.

Offensichtlich genügen bereits zwei dieser Strahlen, um die Lage von B zu konstruieren. Dabei spielt es keine Rolle, ob die Strahlen (1) und (2) tatsächlich die Linse treffen, denn diese Strahlen sind hier nur Konstruktionshilfen.

---

[6] Diese Konstruktion ist in der Praxis gut zu gebrauchen, wenn man schnell die ungefähre Lage des Bildpunkts ermitteln will. Wenn es auf einige Genauigkeit ankommt, sollte man unbedingt mit der Abbildungsgleichung und dem Taschenrechner arbeiten. Dasselbe gilt auch für die Bildkonstruktion mit Hilfe der Hauptebenen, die man bei dicken Linsen und bei Linsensystemen anwenden kann (siehe weiter unten).

Sofern der Gegenstand außerhalb der Brennweite liegt, entsteht ein *reelles umgekehrtes* Bild. Im Bereich $g > 2f$ ist das Bild verkleinert, bei $g = 2f$ sind Bild und Gegenstand gleich groß, und im Bereich $f < g < 2f$ ist das Bild vergrößert. Ist $g < f$, entsteht ein *aufrecht stehendes virtuelles* Bild (Abb. 6.24a).

Die gleiche Bildkonstruktion funktioniert auch bei Zerstreuungslinsen. Man muss nur berücksichtigen, dass nach (6.20) die Brennweite einer Zerstreuungslinse negativ ist. F_b liegt *vor* der Linse und F_g *dahinter*. Man muss also die entsprechenden Strahlverlängerungen betrachten (Abb. 6.24b). Bei jeder Lage des Gegenstands entsteht ein verkleinertes, aufrechtes virtuelles Bild, sofern $g > 0$ ist (reeller Gegenstand). – Es lohnt sich, den Inhalt von Tab. 6.2 im Kopf zu haben.

Transversaler und longitudinaler Abbildungsmaßstab. In Abb. 6.23 kann man auch den Abbildungsmaßstab ablesen. Dazu wird eine y-Achse eingeführt, wie Abb. 6.25 zeigt. Außerdem definiert man die Abstände x_g und x_b als Abstände der Punkte G bzw. B von den Brennpunkten F_g bzw. F_b. x_g ist positiv links von F_g und negativ, wenn G rechts von F_g liegt. Bei x_b ist es umgekehrt. In Abb. 6.25 sind x_g, x_b und y_g positiv, y_b ist negativ. Haben y_b und y_g entgegengesetzte Vorzeichen, entspricht das einem umgekehrten Bild. Bei gleichem Vorzeichen ist das Bild aufrecht stehend.

Der **transversale Abbildungsmaßstab** M_T ist definiert durch

$$M_T := \frac{y_b}{y_g} . \qquad (6.23)$$

Aus der Ähnlichkeit der in Abb. 6.25 schattierten Dreiecke folgt

$$\frac{|y_b|}{y_g} = \frac{f}{x_g} = \frac{x_b}{f} . \qquad (6.24)$$

Ebenso folgt mit den Dreiecken CGG' und CBB'

$$\frac{|y_b|}{y_g} = \frac{b}{g} . \qquad (6.25)$$

Damit erhalten wir

$$M_T = -\frac{b}{g} = -\frac{f}{x_g} = -\frac{x_b}{f} . \qquad (6.26)$$

Das Minuszeichen zeigt an, dass ein umgekehrtes Bild entsteht, wenn g, b, f, x_g und x_b positiv sind.

Der **longitudinale Abbildungsmaßstab** M_L gibt an, wie sich die Bildweite bei Änderung der Gegenstandsweite verhält. Man definiert also

$$M_L := \frac{dx_b}{dx_g} . \qquad (6.27)$$

Zur Berechnung dieser Größe braucht man eine Beziehung zwischen x_g und x_b. Man erhält sie mit (6.24)

$$x_g x_b = f^2 . \qquad (6.28)$$

Das ist die **Newtonsche Abbildungsgleichung**. Wir differenzieren die Gleichung $x_b = f^2/x_g$:

$$M_L = -\frac{f^2}{x_g^2} = -M_T^2 . \qquad (6.29)$$

Der longitudinale Abbildungsmaßstab ist also vom transversalen verschieden. Wenn $M_T \ll 1$ ist, ist M_L winzig. Darauf beruht, dass wir mit unserem Auge ein scharfes Bild von einem dreidimensionalen Gegenstand sehen, und dass man mit einer Kamera eine Landschaft fotografieren kann, so dass Vorder- und Hintergrund scharf abgebildet werden.

Abbildungsfehler

Die einfachen Formeln für die optische Abbildung, die wir bisher abgeleitet haben, gelten nur für paraxiale Strahlen und auch dann nur für monochromatisches Licht. In Wirklichkeit weicht der Strahlengang durch eine Linse häufig von dieser einfachen Theorie ab. Diese Abweichungen bezeichnet man als **Abbildungsfehler** oder **Aberration**. Es ist üblich, die Abbildungsfehler nach bestimmten Typen zu klassifizieren. Das macht die Diskussion übersichtlicher und ist auch insofern sinnvoll, als die Korrekturmöglichkeiten für die einzelnen Fehlertypen verschieden sind.

Befassen wir uns zunächst mit der **chromatischen Aberration**, auch **Farbfehler** genannt. Sie kommt ganz einfach dadurch zustande, dass der Brechungsindex von der Wellenlänge abhängt (Abschn. 5.3). Bei normaler Dispersion nimmt der Brechungsindex mit abnehmender Wellenlänge zu, blaues Licht wird stärker gebrochen als rotes. Man erhält daher bei der Abbildung eines Punkts, von dem weißes Licht ausgeht, den in Abb. 6.26 gezeigten Strahlengang. Wo auch immer man die Bildebene definiert, der „Bildpunkt" hat immer farbige Ränder. Es gibt jedoch eine engste kreisförmige Einschnürung des Strahlenbündels, eine „Strahltaille", und dort sind auch die Farbeffekte am wenigsten ausgeprägt. Man kann den Farbfehler beträchtlich vermindern, indem man die Sammellinse mit einer Zerstreuungslinse geringerer Brechkraft, aber stärkerer Dispersion zusammenklebt. Eine solche Linsenkombination bezeichnet man als **Achromat**.

Als **sphärische Aberration** oder **Öffnungsfehler** bezeichnet man die Fehler, die bei der Abbildung eines auf der optischen Achse liegenden Punktes entstehen, weil die sphärisch geschliffene Linse eben nicht die zur Abbildung von G auf B gehörende kartesische Fläche ist. Strahlen, die weiter außen auf die Linse treffen, schneiden sich nicht im paraxialen Bildpunkt: Sie werden zu stark gebrochen. In Abb. 6.27a ist das bei einer plankonvexen Linse für parallelen Lichteinfall gezeigt. Der Punkt G liegt in großer Entfernung auf der optischen Achse. Das Ausmaß der sphärischen Aberration hängt bei vorgegebener Brennweite stark von der Form der Linse ab. Schon wenn man die plankonvexe Linse in Abb. 6.27a umdreht, wird die sphärische Aberration stark reduziert (Abb. 6.27b). In

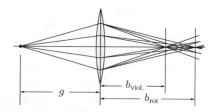

Abbildung 6.26 Chromatische Aberration. Der Effekt ist in der Zeichnung stark übertrieben

jedem Fall erhält man statt des Bildpunkts einen kreisrunden Fleck, dessen Durchmesser nicht am paraxialen Brennpunkt, sondern kurz davor am kleinsten ist. Auch die sphärische Aberration lässt sich durch Kombination der Sammellinse mit einer Zerstreuungslinse korrigieren, wenn man die richtigen Linsenformen wählt.

Weitere Abbildungsfehler treten auf, wenn der Punkt G nicht auf der optischen Achse liegt, wenn also der Mittelpunktsstrahl mit der optischen Achse einen Winkel α einschließt. Schon bei relativ kleinen Winkeln zeigt sich ein Abbildungsfehler, der die **Koma** genannt wird. Der Bildpunkt erhält einen kometenartigen Schweif. Die Ursache ist der asymmetrische Durchgang der Strahlen durch die Linse. Abbildung 6.27c zeigt das an Strahlen in der **Meridionalebene**, der Ebene, die den Mittelpunktstrahl und die optische Achse enthält. Man sieht sofort, dass das nicht gut gehen kann. Die Berechnung der Koma ist kompliziert. Sehr einfach ist dagegen die Demonstration: Man erzeugt mit einer Sammellinse im Sonnenlicht den bekannten Brennfleck. Wenn man nun die Linse ein wenig schief hält, entsteht sofort das charakteristische Bild der Koma. Probieren Sie es aus!

Beschränkt man sich auf ein schmales Strahlenbündel, das den Mittelpunktsstrahl enthält, tritt bei schrägem Lichteinfall immer noch ein Abbildungsfehler auf, der sogenannte **Astigmatismus**. (Nicht zu verwechseln mit dem Astigmatismus des Auges, der durch eine Deformation der Hornhaut verursacht wird.) Er besteht darin, dass die Brennweite der Linse in der eben definierten Meridionalebene kürzer ist als die Brennweite für Strahlen in der **Sagittalebene**. Diese Ebene steht senkrecht auf der Meridionalebene und enthält ebenfalls den Mittelpunktsstrahl. Der Effekt ist in Abb. 6.27d gezeigt: Das hinter der Linse noch kreisrunde Strahlenbündel schnürt sich im **meridionalen Fokus** zu einer Linie zusammen, die senkrecht auf der Meridionalebene steht. Im **sagittalen Fokus** entsteht, senkrecht zur Sagittalebene, ebenfalls ein linienhaftes Bild des Gegenstandpunkts. Dazwischen liegt eine kreisförmige Strahltaille. Dort erhält man die beste Bildqualität. Auch dies kann man im Sonnenlicht mit einer Lupe studieren, wenn man eine Lochblende (ca. 5 mm ∅) vor die Lupe hält.

Wenn alle bisher diskutierten Abbildungsfehler korrigiert wären, würde eine saubere Punkt-zu-Punkt Abbildung erfolgen. Selbst dann gibt es noch weitere Abbildungsfehler: Die **Bildfeldwölbung** ist leicht zu verstehen: Bei Abwesenheit aller anderen Abbildungsfehler werden in Abb. 6.27e die Punkte G, G', G'',... exakt auf die Bildpunkte B, B', B'', ... abgebildet. Rückt man nun die Punkte G, G', G'', ... auf die Gegenstandsebene, so verschieben sich die Bildpunkte nach der Abbildungsgleichung $1/g + 1/b = 1/f$ nach vorn. Die Bildfläche ist zwangsläufig gewölbt, und zwar bei einer Sammellinse so, wie Abb. 6.27e zeigt. Bei einer Zerstreuungslinse wölbt sich das Bildfeld in entgegengesetzter Richtung. Daher kann

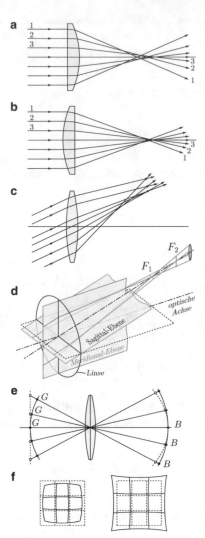

Abbildung 6.27 Monochromatische Abbildungsfehler: **a** und **b** sphärische Aberration an einer plankonvexen Linse, **c** zur Koma, **d** Astigmatismus, **e** Bildfeldwölbung, **f** tonnenförmige und kissenförmige Verzeichnung. *Gestrichelt*: Bild ohne Verzeichnung

man durch eine Kombination von Sammel- und Zerstreuungslinsen ein ebenes Bildfeld erreichen. Es muss die **Petzval-Bedingung**

$$n_1 f_1 + n_2 f_2 = 0 \qquad (6.30)$$

erfüllt sein. Die **Verzeichnung**, der letzte der klassischen Abbildungsfehler, beruht darauf, dass der Abbildungsmaßstab $M_T = y_b/y_g$, unter Umständen vom Absolutwert von y_b abhängt. Nimmt M_T mit wachsendem y_b ab, wird ein Quadrat in der Gegenstandsebene in eine tonnenartige Figur abgebildet. Nimmt M_T mit y_b zu, entsteht eine kissenartige Verzeichnung (Abb. 6.27f). Schaut man durch eine große bikonvexe Lupe auf ein Stück Millimeterpapier, wird die kissenförmige Verzeichnung sofort sichtbar.

Das alles hört sich ziemlich frustrierend an, aber letzten Endes kann man mit dem entsprechenden Aufwand alle Fehlertypen unter vorgegebenen Grenzen halten, indem man statt einer einzelnen Linse ein **Linsensystem** verwendet.

Dicke Linsen und Linsensysteme

Wenn man eine Linse mit kurzer Brennweite braucht, muss man zu einer dicken Linse greifen. Wie kann man dann die Lage des Bildes ermitteln? Eine zweite Frage: Jeder weiß, was passiert, wenn man zwei elektrische Widerstände hintereinander schaltet. Was passiert aber, wenn man zwei Linsen hintereinander stellt? Diesen Fragen wollen wir nun nachgehen.

Eine für dicke Linsen gültige Abbildungsgleichung kennen wir schon (Gl. (6.18)). Man sieht schnell, dass es mühsam wird, mit dieser Gleichung direkt etwas anzufangen. Daher konstruieren wir bei einer dicken Linse mit dem im Text zu Abb. 6.18 angegebenen Verfahren die paraxialen Strahlengänge für $g_1 \to \infty$ und für $b_2 \to \infty$. Die Ergebnisse sind in Abb. 6.28a und b gezeigt. Man erhält den bildseitigen und den gegenstandsseitigen Brennpunkt. Verlängert man nun die Strahlen gradlinig von außen ins Innere der Linse, erhält man die gestrichelten Linien.

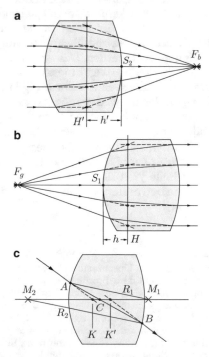

Abbildung 6.28 Zur Definition der sogenannten Kardinalelemente einer dicken Linse: **a** bildseitige Hauptebene H', **b** gegenstandsseitige Hauptebene H, **c** Knotenpunkte

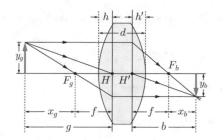

Abbildung 6.29 Bildkonstruktion bei einer dicken Linse

Die Schnittpunkte dieser Linien definieren zwei Flächen, die im paraxialen Gebiet Ebenen sind. Man nennt sie die **gegenstandsseitige** und die **bildseitige Hauptebene**. Sie schneiden die optische Achse in den **Hauptpunkten**. Sowohl die Ebenen als auch die Punkte werden mit H bzw. H' bezeichnet. In Abb. 6.28c sind wie in Abb. 6.19 Strahlen konstruiert, die ihre Richtung beim Durchgang durch die Linse nicht ändern. Ihre Verlängerungen schneiden die optische Achse in den **Knotenpunkten** K und K'. Wenn sich vor und hinter der Linse das gleiche Medium befindet, fallen K und K' mit den Hauptpunkten zusammen. Dies wird im Folgenden angenommen.

Damit haben wir alle Ingredienzien beieinander, um die einfache Bildkonstruktion nach Satz 6.5 auch bei dicken Linsen anwenden zu können (Abb. 6.29). Die Konstruktion von **Brennstrahl** und **Parallelstrahl** ist klar. Der **Mittelpunktsstrahl** ist auf der Gegenstandsseite auf den Punkt H gerichtet; er verlässt die Linse, parallel verschoben, scheinbar vom Punkt H' ausgehend. *Gegenstands-, Bild- und Brennweite werden von den Hauptebenen H bzw. H' aus gemessen.* Für den Abbildungsmaßstab erhält man aus der Ähnlichkeit von Dreiecken wie bei der dünnen Linse in Abb. 6.25:

$$M_T \equiv \frac{y_b}{y_g} = -\frac{b}{g} = -\frac{f}{x_g} = -\frac{x_b}{f} \,. \qquad (6.31)$$

Daraus folgt wieder die Newtonsche Abbildungsgleichung

$$x_g x_b = f^2 \,, \qquad (6.32)$$

und mit $x_g = g - f$, $x_b = b - f$ erhält man die Gaußsche Abbildungsgleichung

$$gb - fg - fb = 0 \quad \to \quad \frac{1}{g} + \frac{1}{b} = \frac{1}{f} \,. \qquad (6.33)$$

Die nun folgenden Formeln sind nicht so leicht abzuleiten, es ist aber einfach, sie anzuwenden. Sie ermöglichen, in paraxialer Näherung mehr als nur die Abbildung durch eine einzelne dünne Linse zu berechnen. Man erhält aus (6.15)–(6.18) für die Brennweite der dicken Linse und für die Abstände der Hauptebenen von den Linsenscheiteln:

$$\frac{1}{f} = (n-1)\left(\frac{1}{R_1} - \frac{1}{R_2} + \frac{(n-1)d}{nR_1R_2}\right), \qquad (6.34)$$

$$h = \overline{S_1H} = -\frac{n-1}{n}\frac{fd}{R_2}, \qquad (6.35)$$

$$h' = \overline{S_2H'} = -\frac{n-1}{n}\frac{fd}{R_1}.$$

Hierbei ist die Vorzeichenkonvention: Wenn h bzw. h' positiv sind, liegen die Hauptebenen *rechts* von S_1 bzw. von S_2 (Lichteinfall von links).

Linsensysteme. Auch bei einem Linsensystem, das aus mehreren dicken oder dünnen Linsen besteht, kann man das Bild eines Gegenstandes mit Hilfe von zwei Hauptebenen konstruieren. Besteht das System aus zwei Linsen, erhält man für die Brennweite des Systems und für die Lage der Hauptebenen die folgenden einfachen Formeln:

$$\frac{1}{f} = \frac{1}{f_1} + \frac{1}{f_2} - \frac{d}{f_1f_2}, \qquad (6.36)$$

$$h = \overline{H_1H} = \frac{fd}{f_2}, \quad h' = \overline{H_2'H'} = -\frac{fd}{f_1}. \qquad (6.37)$$

Hierin bezeichnet H_1 die gegenstandsseitige Hauptebene von Linse 1, H_2' die bildseitige Hauptebene von Linse 2, die Strahlrichtung verläuft von 1 nach 2. h und h' sind positiv, wenn die Hauptebenen H und H' des Systems *rechts* von H_1 bzw. von H_2 liegen. Es ist $d = \overline{H_1'H_2}$. Bei dünnen Linsen ist d einfach der Abstand zwischen den Linsenebenen. Für $d = 0$ erhält man aus (6.36)

$$\frac{1}{f} = \frac{1}{f_1} + \frac{1}{f_2} \quad \to \quad \mathcal{P} = \mathcal{P}_1 + \mathcal{P}_2, \qquad (6.38)$$

die Brechkräfte der beiden Linsen addieren sich.

Für $d \neq 0$ wird es komplizierter, aber es zeigt sich, dass solche einfachen Systeme interessante Eigenschaften haben können. Wir betrachten dazu ein Beispiel: In Abb. 6.30 seien L_1 und L_2 dünne Linsen mit den Brennweiten $f_1 = +30\,\text{cm}, f_2 = -30\,\text{cm}$, und es sei $d = 20\,\text{cm}$. Dann ist nach (6.36) $f = 45\,\text{cm}$. Aus (6.37) folgt

$$h = \frac{900}{-30} = -30\,\text{cm}, \quad h' = -\frac{900}{30} = -30\,\text{cm}.$$

Die Hauptebenen H und H' und die von dort gemessenen Brennpunkte F_g und F_b sind in Abb. 6.30 eingezeichnet. Die Bildkonstruktion ist wie in Abb. 6.29 denkbar einfach. Die Zeichnung ist maßstäblich. Wie in der geometrischen Optik üblich, sind jedoch die Maßstäbe in Richtung der optischen Achse und senkrecht dazu sehr unterschiedlich.

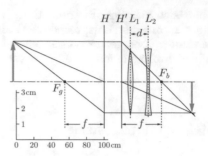

Abbildung 6.30 Beispiel zur Bildkonstruktion bei einem Linsensystem

Unser Beispiel zeigt, dass die Hauptebenen auch weit außerhalb des Linsensystems liegen können. Dies ist z. B. für den Bau von Teleobjektiven von Vorteil: Man kann eine große Brennweite erzielen, ohne dass die Objektivlinse einen ebenso großen Abstand von der Filmebene haben muss. Das Linsensystem in Abb. 6.30 hat noch eine weitere interessante Eigenschaft: Wenn $n_1 = n_2$ ist, ist die Petzval-Bedingung (6.30) erfüllt, es gibt also keine Bildfeldwölbung. Auch erkennt man, dass die Kombination einer Sammellinse mit einer Zerstreuungslinse gleicher Stärke als Sammellinse wirkt, wenn $d \neq 0$ ist. Die physikalische Ursache dafür hatten wir schon bei der magnetischen Quadrupollinse in Bd. III, Abb. 13.18 angesprochen.

Gewöhnlich besteht ein Linsensystem aus mehreren sphärisch geschliffenen Linsen, die sich in der Form und häufig auch im Brechungsindex voneinander unterscheiden. Erstaunlicherweise kann man mit solchen Linsensystemen erreichen, dass für jeden in der Praxis vorkommenden Zweck die Abbildungsfehler unter das gewünschte Maß gedrückt werden. Das „gewünschte Maß" wird dabei durch den Verwendungszweck und durch den Kostenfaktor definiert. Eine vollständige Beseitigung der Abbildungsfehler ist weder möglich noch sinnvoll, denn durch Beugungsphänomene ist der Schärfe der optischen Abbildung eine Grenze gesetzt. Mit einem guten Linsensystem kann man aber auch bei riesigen Öffnungswinkeln, bei schräg einfallenden und bei achsenfernen Strahlen in die heile Welt der paraxialen Näherung zurückkehren – eine bewundernswerte Leistung der professionellen Optiker.[7]

---

[7] Bei der Optimierung eines Linsensystems ist das „ray tracing", bei dem der Strahlverlauf mit dem Brechungsgesetz für viele Einzelstrahlen durchgerechnet wird, eine unschätzbare Hilfe. Auf diese Weise wird ein Linsensystem mit dem Computer dem Verwendungszweck entsprechend optimiert. Die Ausgangsbasis, d. h. die Grundkonfiguration, von der man am besten ausgeht, verrät der Computer jedoch nicht. Hier sind gute theoretische Kenntnisse, Erfahrung und Intuition gefragt. Meist wird von altbewährten Konstruktionen ausgegangen, bei Kamera-Objektiven z. B. von Tessar, Sonnar oder einer Handvoll anderer Objektive. Nur selten wird ein neues erfolgreiches Grundkonzept erfunden.

6.3 Abbildung mit Spiegeln

Die Abbildung eines Punktes mit einem ebenen Spiegel hatten wir schon bei Abb. 6.9 diskutiert. Auch die Abbildung eines räumlich ausgedehnten Gegenstands ist uns vertraut: Wann immer wir in den Spiegel blicken, sehen wir hinter dem Spiegel unser Bild, ein virtuelles Bild wie bei der Punktabbildung. Die Abbildungsmaßstäbe sind $M_T = M_L = +1$. Zwischen diesem Bild und den Bildern, die man mit einer Linse erzeugen kann, besteht ein grundsätzlicher Unterschied: Dort ist das Bild eines rechtshändigen Koordinatensystems stets wieder rechtshändig, ob es sich um ein umgekehrtes reelles oder um ein aufrecht stehendes virtuelles Bild handelt. Wenn man eine Buchseite abbildet, erhält man mit der Linse stets die Schrift und nicht Spiegelschrift. Bei der Abbildung durch einen ebenen Spiegel entsteht jedoch aus einem rechtshändigen Koordinatensystem ein linkshändiges: Der Spiegel führt die als *Inversion* bezeichnete Koordinatentransformation $r' = -r$ durch (vgl. Bd. I, Abb. 8.13). Erst nach einer geraden Zahl von Spiegelungen erhält man als Bild wieder ein rechtshändiges Koordinatensystem.

Durch Reflexion an einer gekrümmten Fläche kann man wie bei der Lichtbrechung an einer kartesischen Fläche erreichen, dass ein Gegenstandspunkt G exakt auf einen Bildpunkt B abgebildet wird. Das ist besonders dann von praktischem Interesse, wenn die Lage eines der konjugierten Punkte festliegt, wenn z. B. die Gegenstandsweite $g = \infty$ ist. Von Alters her ist bekannt, dass man in diesem Fall einen **Parabolspiegel** einsetzen kann: Alle Strahlen, die parallel zur Achse eines Rotationsparaboloids einfallen, werden im Brennpunkt vereinigt (Abb. 6.31a). Dass das stimmt, beweisen wir mit dem Fermatschen Prinzip.

Da es sich bei der gesuchten Fläche jedenfalls um eine Rotationsfläche handeln muss, können wir unsere Untersuchung auf die (x, y)-Ebene in Abb. 6.31 beschränken. S ist der Scheitelpunkt der spiegelnden Fläche, der Brennpunkt F liege bei $x = f$. Welche Form hat der Spiegel? Nach dem Fermatschen Prinzip Satz 6.2 läuft das parallel zur x-Achse aus dem Unendlichen einfallende Licht auf dem Weg über den Punkt $P(x, y)$ nach F, wenn für alle Punkte auf der in Abb. 6.31b gezeichneten Kurve die Summe der Strecken $l_1 + l_2 = 2f$ ist, denn das ist die optische Weglänge für einen auf der x-Achse laufenden Strahl. Es muss also gelten

$$l_2 = 2f - l_1 = 2f - (f - x) = f + x .$$

Nach dem Satz des Pythagoras ist andererseits $l_2^2 = y^2 + (f - x)^2$. Wir erhalten also $f^2 + 2fx + x^2 = y^2 + f^2 - 2fx + x^2$, und daraus folgt:

$$x(y) = \frac{y^2}{4f} . \tag{6.39}$$

Das ist die Gleichung einer in x-Richtung geöffneten Parabel; der Parabolspiegel entsteht durch die Rotation dieser Kurve um die x-Achse.

Sphärische Spiegel

Aus den gleichen Gründen, aus denen man vorzugsweise sphärische Linsen anfertigt, stellt man auch sphärische Spiegel her. Wir untersuchen zunächst die Lage des Brennpunkts. In Abb. 6.32 ist der Zentralschnitt durch eine Kugelfläche gezeigt. Die Gleichung des Kreises ist $(x - R)^2 + y^2 = R^2$. Daraus folgt

$$x(y) = R \pm \sqrt{R^2 - y^2} = R \left(1 \pm \sqrt{1 - y^2/R^2} \right) .$$

Für den sphärischen Spiegel interessiert uns nur die Fläche in der Nähe von $x = 0$. Dort gilt das Minuszeichen,

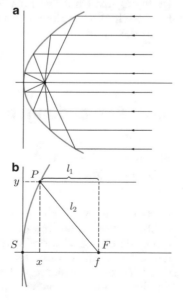

Abbildung 6.31 Zur Ableitung von (6.39)

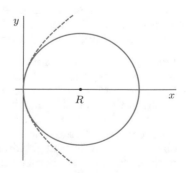

Abbildung 6.32 Zur Ableitung von (6.40)

und wir können $\sqrt{1 - y^2/R^2}$ in eine Taylor-Reihe entwickeln. Für $y \ll R$ erhält man

$$\sqrt{1 - y^2/R^2} = 1 - \frac{y^2}{2R^2} - \frac{y^4}{8R^4} - \cdots ,$$

$$x(y) = \frac{y^2}{2R} + \frac{y^4}{8R^3} + \cdots$$

Der Vergleich mit (6.39) zeigt, dass die Brennweite des sphärischen Spiegels

$$f = \frac{R}{2} \qquad (6.40)$$

ist. Die Abweichung der Kugelfläche vom Paraboloid ist für $y \ll R$ ziemlich klein. Bei $y = 0{,}1R$ ist $x(y) - y^2/2R \approx 10^{-5}R$.

Wie mit der sphärischen Linse kann man auch mit dem sphärischen Spiegel einen räumlich ausgedehnten Gegenstand in guter Qualität abbilden, wenn man sich auf paraxiale Strahlen beschränkt. Für die Bildkonstruktion kann man das einfache Verfahren nach Satz 6.5 anwenden, wobei der Spiegel durch eine ebene Fläche ersetzt wird. Sie entspricht der Linsenebene in Abb. 6.24. „Brennstrahl" und „Parallelstrahl" behalten ihre Bedeutung, der „Mittelpunktsstrahl" ist hier durch einen Strahl durch das Kugelzentrum zu ersetzen. Abbildung 6.33a zeigt ein Beispiel.

Auch die Abbildungsgleichungen der dünnen Linse gelten beim sphärischen Spiegel unverändert. Man muss nur bei der Vorzeichenkonvention eine Änderung vornehmen: Die Bildweite b ist positiv zu rechnen, wenn das Bild B, von der Richtung des einfallenden Lichts aus gesehen, *vor* S liegt. In Abb. 6.33b liest man an den schraffierten Dreiecken ab:

$$\frac{y_g}{|y_b|} = \frac{g-f}{f} = \frac{f}{b-f} \quad \rightarrow \quad (g-f)(b-f) = f^2 .$$
$$(6.41)$$

Rechts steht die Newtonsche Abbildungsgleichung (6.28). Wenn man die Klammern ausmultipliziert, erhält man die Gaußsche Abbildungsgleichung (6.21).

Liegt der Gegenstand innerhalb der Brennweite, ist $g < f$ und b wird negativ. Es entsteht ein vergrößertes virtuelles Bild, das hinter dem Spiegel liegt (Abb. 6.33c). – So viel zur Theorie des Hohlspiegels. Es ist reizvoll, in der Praxis auszuprobieren, was man in einem Hohlspiegel hinreichend kurzer Brennweite sieht, von sich selbst und von einem vor den Spiegel gehaltenen Bleistift. Notfalls kann man auch einen blanken Löffel nehmen.

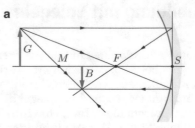

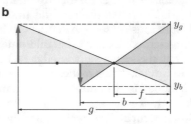

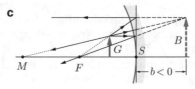

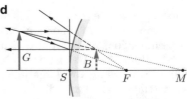

Abbildung 6.33 Abbildung mit sphärischen Spiegeln: **a** Bildkonstruktion, **b** zur Ableitung von (6.41). In **a** erhält man ein reelles Bild, in **c** und **d** virtuelle Bilder

Bei einem konvexen sphärischen Spiegel ist die Brennweite negativ. Daher ist für $g > 0$ stets $b < 0$ und $|b| < f$: Es entsteht ein verkleinertes virtuelles Bild (Abb. 6.33d). Auch das kann man mit dem blanken Löffel ausprobieren.

6.4 Anwendungen

Strahlengang in einem optischen System, Apertur- und Feldblende

In den vorigen Abschnitten haben wir „Konstruktionsstrahlen" betrachtet, mit deren Hilfe man das Bild eines Gegenstands bei der optischen Abbildung konstruieren kann. Wir wollen nun den tatsächlichen Strahlengang durch optische Systeme untersuchen. Außer den abbildenden Elementen spielen dabei auch zwei Blenden eine

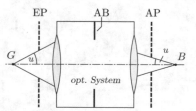

Abbildung 6.34 Optisches System mit Aperturblende (AB), Eintrittspupille (EP) und Austrittspupille (AP). Die eingezeichneten Linsen stehen symbolisch für die optischen Elemente vor und hinter der Blende

wichtige Rolle. Die **Aperturblende** begrenzt das Strahlenbündel, das von einem *auf der optischen Achse* liegenden Punkt G ausgeht und bei B die Bildebene erreicht. Die Aperturblende bestimmt also den *Strahlungsfluss* durch das optische System und damit die Bildhelligkeit.

Die zweite Blende ist die **Feldblende**, auch **Gesichtsfeldblende** genannt. Sie bestimmt, welcher Ausschnitt aus der Gegenstandsebene bzw. aus dem Gegenstandsraum auf der Bildebene abgebildet wird. Bei einem Fotoapparat ist die Lage und die Funktionsweise beider Blenden offensichtlich: Die Aperturblende ist die verstellbare Blende, die man von vorn in das Objektiv hinein schauend sehen kann, die Gesichtsfeldblende ist der direkt vor der Filmebene angebrachte Metallrahmen. Sind in einem optischen System solche mechanischen Blenden nicht eingebaut, gibt es trotzdem eine Apertur- und eine Feldblende: Dann übernimmt jeweils eine der Linsenfassungen diese Rolle. Wir betrachten nun die Wirkungsweise dieser Blenden genauer. Dabei nehmen wir an, dass die Blenden kreisförmig sind.

Aperturblende, Eintritts- und Austrittspupille. Das Strahlenbündel, das durch die Aperturblende begrenzt wird, verläuft vor dem optischen System innerhalb eines kegelförmigen Bereichs. Wir nennen den halben Öffnungswinkel des Kegels u, und die auf dem Kegelmantel verlaufenden Strahlen die **Randstrahlen** (Abb. 6.34). Die Randstrahlen streifen definitionsgemäß den Rand der Aperturblende, nachdem sie die vor der Blende liegenden Linsen durchlaufen haben. Betrachtet man die Aperturblende als Gegenstand, kann man das Bild konstruieren, das diese Linsen von der Aperturblende entwerfen. Man erhält eine kreisförmige Öffnung, die direkt auf dem einlaufenden Strahlenkegel liegt (Umkehrbarkeit des Strahlengangs!). Man nennt dieses Bild der Aperturblende die **Eintrittspupille** (EP). Bei manchen optischen Geräten, z. B. bei Fernrohren, bildet die Fassung der vordersten Linse die Aperturblende. Dann ist sie auch gleichzeitig die EP. Sonst muss man Lage und Durchmesser der EP mit der Abbildungsgleichung berechnen, um den Öffnungswinkel des akzeptierten Strahlenkegels zu ermitteln.

Ebenso erhält man den Strahlenkegel mit dem halben Öffnungswinkel u', der hinter dem optischen System zum

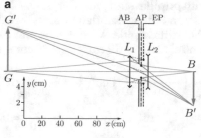

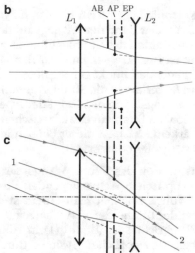

Abbildung 6.35 **a** Strahlengang im optischen System von Abb. 6.30, mit eingebauter Aperturblende AB, **b** Details zum Strahlengang von G nach B, **c** Details zum Strahlengang von G' nach B'

Bildpunkt B läuft. Die **Austrittspupille** (AP) ist das Bild der Aperturblende, das die *hinter* der Blende liegenden Linsen entwerfen. Bei einem für visuelle Beobachtungen bestimmten Gerät (z. B. beim Fernrohr oder beim Mikroskop) sollte die AP ca. 15 mm hinter dem Gerät liegen und etwa den Durchmesser der Pupille des Auges haben.

In Abb. 6.34 sind die Pupillen eingezeichnet. Es ist hier angenommen, dass bei der Abbildung der Aperturblende reelle Bilder entstehen. Häufig sind die Bilder der Blende jedoch virtuell. Wie sich das auswirkt, diskutieren wir am Beispiel des optischen Systems von Abb. 6.30. Wir nehmen an, dass auf der Mitte zwischen den beiden Linsen eine Aperturblende AB mit 2 cm Durchmesser eingebaut ist. Die Durchmesser der Linsen seien 4 cm (Abb. 6.35a). Für die Abbildung der Blende durch L_1 ist $g = +10$ cm zu setzen, die Abbildung erfolgt nach links. Mit $f = +30$ cm folgt

$$\frac{1}{b} = \left(\frac{1}{30} - \frac{1}{10}\right) \text{cm}^{-1} = -\frac{20}{300} \text{cm}^{-1},$$

$$b = -15 \text{ cm}, \quad M_T = -\frac{b}{g} = \frac{15}{10} = 1,5.$$

Das Bild EP der Aperturblende ist virtuell und liegt 15 cm rechts von L_1, der Durchmesser ist $1,5 \cdot 2$ cm $= 3$ cm. Auf diese Eintrittspupille sind vor der Linse L_1 die Randstrahlen des von G ausgehenden Strahlenkegels gerichtet. Auch die Austrittspupille AP entsteht hier als virtuelles Bild der Blende: Mit $g = 10$ cm, $f = -30$ cm erhält man

$$\frac{1}{b} = \left(-\frac{1}{30} - \frac{1}{10}\right) \text{cm}^{-1} = -\frac{40}{300} \text{cm}^{-1} ,$$

$$b = -7{,}5 \text{ cm} , \quad M_T = -\frac{b}{g} = \frac{7{,}5}{10} = 0{,}75 .$$

Die Austrittspupille liegt 7,5 cm links von L_2; ihr Durchmesser ist 1,5 cm. Der Rand der AP liegt auf der Verlängerung der Randstrahlen des Strahlenbündels zwischen L_2 und B. Damit ist der Strahlengang für den auf der optischen Achse liegenden Punkt G festgelegt. Zwischen den Linsen L_1 und L_2 verlaufen die Strahlen geradlinig. Sie berühren dabei zwangsläufig den Rand der Aperturblende. Da in Abb. 6.35a der Strahlenverlauf zwischen den Linsen nicht gut zu erkennen ist, ist dieser Bereich in Abb. 6.35b noch einmal vergrößert dargestellt.

Für die Konstruktion des Strahlengangs, der von einem nicht auf der optischen Achse liegenden Punkt G' zum Bildpunkt B' führt, zeichnet man zunächst den **Hauptstrahl**. Das ist der Strahl, der von G' aus auf den Mittelpunkt der EP gerichtet ist (Strahl (1) in Abb. 6.35c). Er muss innerhalb des optischen Systems durch das Zentrum der Aperturblende laufen, denn das Zentrum der EP ist ja das von L_1 entworfene virtuelle Bild dieses Punkts. Ganz entsprechend scheint hinter dem Linsensystem der Hauptstrahl, von B' aus gesehen, vom Zentrum der AP herzukommen (Strahl (2) in Abb. 6.35c). Auf die gleiche Weise kann man auch die Randstrahlen des von G' nach B' führenden Strahlenbündels konstruieren. Nun muss man prüfen, ob diese Randstrahlen auch durch alle Linsen des Systems hindurchkommen. In Abb. 6.35 ist das der Fall. Wäre jedoch der Durchmesser von L_1 3 cm statt 4 cm, würde das Strahlenbündel beschnitten werden. Dieser **Abschattung** oder **Vignetierung** genannte Effekt führt zu einer Abnahme der Helligkeit am Bildrand.

Manchmal ist nicht offensichtlich, welches Bauelement in einem optischen System die Aperturblende bildet. Dann muss man rechnerisch ausprobieren, welches Bauelement die stärkste Einschränkung für den Öffnungswinkel u liefert: Das ist dann die Aperturblende. Wie das funktioniert, zeigt Abb. 6.36. Die mechanische Blende von Abb. 6.35 ist herausgenommen. Als Aperturblende kommen jetzt nur die Fassungen von L_1 und L_2 in Betracht. Wäre die Fassung von L_1 die Blende, so wäre sie auch zugleich die EP. Wäre die Fassung von L_2 die Blende, dann wäre die EP das von L_1 entworfene Bild von L_2. Es ist in Abb. 6.36a eingezeichnet ($g = 20$ cm, $b = -60$ cm, gemessen ab L_1, $M_T = 3$). Wie man sieht, ist für die von G ausgehenden Strahlen die Fassung von L_1 die Aperturblende und zugleich die EP. Die in Abb. 6.36 ebenfalls eingezeichnete AP ist das von L_2 entworfene Bild der Fassung von L_1. – Läge allerdings die Gegenstandsebene rechts des Punktes x_0 in

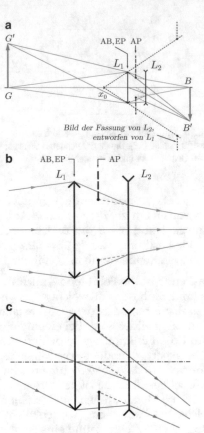

Abbildung 6.36 a Strahlengang im optischen System von Abb. 6.30, ohne Einbau einer Blende. **b** Details zum Strahlengang von G nach B, **c** Details zum Strahlengang von G' nach B'

Abb. 6.36a, würde die Fassung von L_2 die Rolle der Aperturblende übernehmen.

Die Aperturblende hat noch eine zweite wichtige Funktion. Sie stellt die Öffnung dar, an der die Beugung des Lichts erfolgt, durch die letztlich die Schärfe der Abbildung begrenzt wird. Wie wir in Abschn. 8.2 sehen werden, entsteht bei der Abbildung eines Punktes mit einer Linse in der Bildebene nicht ein Punkt, sondern ein Beugungsscheibchen. Sein Radius ist

$$\rho = 1{,}22 \frac{b\lambda}{D} , \qquad (6.42)$$

b ist die Bildweite[8], D der Durchmesser der Aperturblende und λ die Wellenlänge des Lichts; der Faktor 1,22 ergibt sich aus der Lage der ersten Nullstelle der Besselfunktion J_1. Wie sich das auf die Eigenschaften der optischen Instrumente auswirkt, werden wir weiter unten besprechen.

---

[8] Bei Linsensystemen ist b gleich dem Abstand zwischen der Austrittspupille und der Bildebene zu setzen.

Die Feldblende. Sie begrenzt das Bündel der Hauptstrahlen, die von achsenfernen Punkten ausgehend zur Abbildung gelangen. Wenn keine besondere Feldblende im optischen System eingebaut ist, übernimmt eine der Linsenfassungen diese Rolle. Man begrenzt das Gesichtsfeld nicht nur, um uninteressante Objekte von der Abbildung auszuschließen, sondern auch, um Strahlen mit übermäßigen Abbildungsfehlern zu unterdrücken und um die Vignetierung in Grenzen zu halten.

Soll das Gesichtsfeld scharf begrenzt erscheinen, muss die Feldblende in der Bildebene liegen, wie z. B. beim Fotoapparat, oder auf diese Ebene scharf abgebildet werden. Die Feldblende definiert im Gegenstandsraum einen Kegel mit dem Öffnungswinkel $2w$, genannt **Gesichtsfeldwinkel**. Man ermittelt ihn, indem man das Bild der Feldblende berechnet, das die gegenstandsseitig vor der Feldblende liegenden Linsen von der Feldblende entwerfen. Dieses Bild nennt man auch **Eintrittsluke**. Damit haben wir alles beisammen, was für den Strahlengang in einem optischen Instrument wichtig ist.

Das Auge

In Abb. 6.37 ist das menschliche Auge im Schnitt schematisch dargestellt. Das optische System des Auges erzeugt ein umgekehrtes, reelles Bild der Außenwelt auf der Netzhaut, auf der sich die lichtempfindlichen Zäpfchen und Stäbchen befinden, die schon bei Abb. 3.22 erwähnt wurden. Hinter der Netzhaut liegt die Aderhaut (Choroid), die die Zäpfchen und Stäbchen mit Blut versorgt. Sie enthält ein dunkles Pigment, das das von der Netzhaut durchgelassene Licht absorbiert, vergleichbar mit der schwarzen Farbe im Inneren eines Fotoapparats.[9] Die Lichtbrechung findet hauptsächlich an der Grenzfläche Luft–Hornhaut statt, denn die Brechungsindizes der übrigen Komponenten des Auges unterscheiden sich nur wenig voneinander. Die Hauptebenen des optischen Systems liegen kurz hinter dem Scheitelpunkt der Hornhaut. Sie haben voneinander nur einen Abstand von ca. 0,25 mm. Man kann daher die abbildenden Elemente des Auges näherungsweise als eine dünne Linse betrachten, deren optisches Zentrum dicht hinter dem Scheitelpunkt der Hornhaut liegt. Da sich vor und hinter der Hornhaut nicht das gleiche Medium befindet, sind die gegenstands- und die bildseitige Brennweite voneinander verschieden: Es ist $f_g^{(A)} = 16\,\text{mm}$, $f_b^{(A)} = 24\,\text{mm}$. Das Auge ist drehbar um einen Punkt, der 13,5 mm hinter dem Hornhautscheitel liegt.

---

[9] Bei Tieren, die auf nächtlichen Beutefang angewiesen sind, sind in dieser Schicht statt des dunklen Pigments reflektierende zinkhaltige Kriställchen eingelagert, so dass das Licht zweimal durch die Netzhaut läuft. Dadurch wird die Empfindlichkeit des Auges erhöht. Das dann noch übrigbleibende Licht verursacht die gelb-grüne Reflexion des Scheinwerferlichts aus den Augen der Katze am Straßenrand.

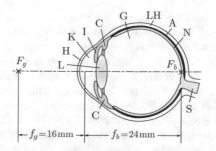

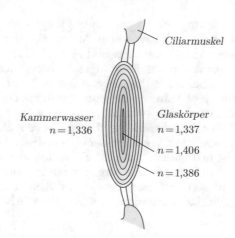

Abbildung 6.37 Das Auge. L: Augenlinse, H: Hornhaut, K: Kammerwasser, I: Iris, C: Ciliarmuskel, G: Glaskörper (eine gallertartige Masse), LH: Lederhaut, A: Aderhaut, N: Netzhaut (Retina), S: Sehnerv

Abbildung 6.38 Struktur der Augenlinse

Wenn der ringförmige Ciliarmuskel entspannt ist, wird die Augenlinse in radialer Richtung gestreckt und flach gezogen, wie in der Abbildung gezeigt ist. Beim entspanntem, „normalsichtigen" Auge wird dann ein unendlich ferner Gegenstand ($g > 5$ m) auf die Netzhaut scharf abgebildet. Wenn sich der Ciliarmuskel kontrahiert, kann sich die Augenlinse aufgrund ihrer Elastizität zusammenziehen. Durch diesen **Akkomodation** genannten Vorgang verringert sich die Brennweite des optischen Systems. Bei der maximalen Kontraktion ist $f_b \approx 20$ mm; damit kann ein Gegenstand, der sich im **Nahpunkt** ca. 10 cm vor dem Auge befindet, noch scharf auf die Netzhaut abgebildet werden. Das erfordert jedoch beträchtliche Anstrengung. Ohne Ermüdung kann man auf $g_0 = 25$ cm akkommodieren. Dieser Abstand wird in der Optik als die **deutliche Sehweite** bezeichnet. Vor der Augenlinse befindet sich die Iris. Sie bildet die Aperturblende des Auges und enthält eine ringförmige und eine radialwirkende Muskulatur. Dadurch kann die Öffnung von 2 mm Durchmesser bei großer Helligkeit bis auf 8 mm bei Dunkelheit variiert werden.

Bei der Akkomodation wird die sehr spezielle Konstruktion der Augenlinse ausgenutzt (Abb. 6.38). Durch die zwiebelartige Struktur der Linse entsteht die Kombination einer Bikonvexlinse mit einer Gradientenlinse (vgl. Abb. 6.12). Erst dadurch erhält die Augenlinse die erforderliche Brechkraft. Im Übrigen ist das Auge, als optisches Instrument betrachtet, relativ einfach konstruiert. Das sehr gute Bild von der Außenwelt, das wir wahrnehmen, entsteht erst durch einen komplexen Bildverarbeitungsprozess, der bereits in der Netzhaut mit Kontrastverstärkung und Bewegungsmeldung auf neuronaler Grundlage beginnt und der im Sehzentrum des Gehirns seinen Abschluss findet. Insbesondere ist das räumliche Bild der Außenwelt ein Produkt dieser zerebralen Bildverarbeitung. Das beidäugige Sehen spielt dabei nur bis ca. 50 m eine Rolle.[10]

Ist die Abbildung im Auge beugungsbegrenzt? Ja und Nein. Bei Leuten mit *sehr* guten Augen sind die Abbildungsfehler so klein, dass das Bild einer Punktquelle auf der Netzhaut durch das Beugungsscheibchen dominiert wird. Es hat bei einer Pupille von 3 mm $\varnothing$ nach (6.42) einen Radius $\rho \approx 3\,\mu$m. Wo die optische Achse des Auges auf die Netzhaut trifft, befindet sich eine Region mit besonders hoher Zäpfchendichte, die „fovea centralis". Die Zäpfchen haben dort voneinander einen Abstand von ca. 3 μm! Es ist erstaunlich, dass die Evolution eine so gute Anpassung an das optimale Auge zustande gebracht hat. Möglicherweise war damals infolge des Evolutionsdrucks die Fehlsichtigkeit noch nicht so verbreitet wie heutzutage.

Kurzsichtigkeit. Beim kurzsichtigen Auge wird ein weit entfernter Punkt nicht auf, sondern *vor* der Netzhaut scharf abgebildet (Abb. 6.39a). Das kann daran liegen, dass der Augapfel zu lang ist, oder dass die Krümmung der Hornhaut nicht stimmt. Bei entspanntem Auge erreicht das Bild die Netzhaut erst mit der Gegenstandsweite g_1 (Abb. 6.39b). Zur Korrektur setzt man im Abstand d vor das Auge eine Zerstreuungslinse mit der Brennweite $f^{(L)} = -(g_1 - d)$ (Abb. 6.39c). Sie erzeugt vom unendlich fernen Gegenstand ein virtuelles Bild, das das kurzsichtige Auge nun scharf sehen kann.

Weitsichtigkeit. Hier liegt bei entspanntem Auge das Bild des unendlich fernen Punkts *hinter* der Netzhaut. Dieses Manko kann eventuell noch durch Akkommodation ausgeglichen werden. Wenn sich aber der Gegenstand

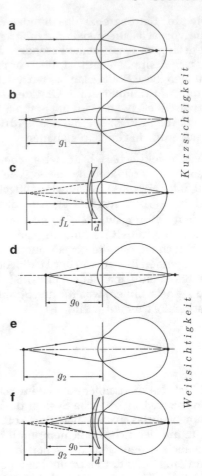

Abbildung 6.39 Zur Fehlsichtigkeit und zu ihrer Korrektur. **a–c**: Kurzsichtigkeit, **d–f**: Weitsichtigkeit

in der deutlichen Sehweite $g_0 = 25$ cm befindet, gelingt dies auch bei starker Kontraktion des Ciliarmuskels nicht mehr (Abb. 6.39d). Die Augenlinse kann erst einen Gegenstand im Abstand g_2 scharf abbilden (Abb. 6.39e). Abhilfe schafft eine Sammellinse, die von dem Objekt bei g_0 ein virtuelles Bild im Abstand g_2 erzeugt (Abb. 6.39f). Die Brennweite dieser Linse erhält man mit (6.21):

$$\frac{1}{g_0 - d} - \frac{1}{g_2 - d} = \frac{1}{f^{(L)}} \quad \rightarrow \quad f^{(L)} = \frac{(g_2 - d)(g_0 - d)}{g_2 - g_0}\,.$$

Mit zunehmendem Alter nimmt die Elastizität der Augenlinse und damit die Akkommodationsfähigkeit ab. Dann braucht auch der Normalsichtige eine Lesebrille. Der Kurzsichtige kann sich gewöhnlich mit dem Abnehmen der Brille behelfen.

Astigmatismus. Diese Form der Fehlsichtigkeit liegt vor, wenn die Hornhaut des Auges nicht rotationssymmetrisch ist. In vielen Fällen kann man hier mit einer zylindrisch geschliffenen Brille Abhilfe schaffen.

---

[10] Man erkennt das, indem man über einen markanten Gegenstand in der Entfernung L einen sehr weit entfernten Gegenstand anvisiert, und mal das rechte, mal das linke Auge abdeckt. Solange $L \lesssim 50$ m ist, sieht man zwei unterschiedliche Bilder. Die zerebrale Bildverarbeitung macht aus dieser Information *ein* Bild und eine Entfernungsschätzung. Bei größeren Entfernungen beruht die Entfernungsschätzung allein auf der zerebralen Mustererkennung und darauf, dass man weiß (oder zu wissen glaubt), wie groß die Gegenstände sind. Dabei wird der Winkel, unter dem der Gegenstand erscheint, ausgewertet. Dieses Verfahren wird schon im Nahbereich eingesetzt und mit dem beidäugigen Sehen kombiniert.

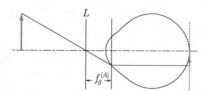

Abbildung 6.40 Korrekte Position der Brille

Abbildung 6.41 Prinzip des Fotoapparats. **a** Abbildung eines unendlich weit entfernten Punktes, **b** Gesichtsfeldwinkel

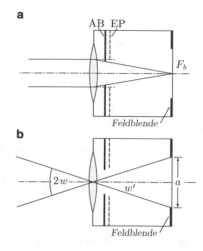

Brillen und Kontaktlinsen. Die Aufgabe der Brille ist es, das Bild der Außenwelt auf die Netzhaut zu bringen, ohne die Brennweite des visuellen Systems zu verändern. Sonst würde sich nach (6.26) auch der Abbildungsmaßstab ändern, und das sollte man nach Möglichkeit vermeiden, besonders bei Personen mit ungleichen Augen. Deshalb wird das Brillenglas möglichst im gegenstandsseitigen Brennpunkt $F_g^{(A)}$ vor das Auge gesetzt ($d \approx$ 16 mm): Nach (6.36) ist dann die Brennweite des aus zwei Linsen bestehenden Systems

$$\frac{1}{f} = \frac{1}{f^{(A)}} + \frac{1}{f^{(L)}} - \frac{d}{f^{(A)}f^{(L)}} = \frac{1}{f^{(A)}} , \quad (6.43)$$

wenn $d = f^{(A)}$ ist. Dass sich dann die Größe des Bildes auf der Netzhaut nicht ändert, sieht man mit Abb. 6.40 auch direkt ein: Sie ist durch den dort gezeichneten Strahl gegeben. Dieser Strahl wird durch eine vor das Auge gesetzte Linse nicht beeinflusst, wenn deren optisches Zentrum in $F_g^{(A)}$ liegt. Bei Kontaktlinsen ist das natürlich anders: Hier ist $d = 0$ und die resultierende Brechkraft ist $\mathcal{P} = \mathcal{P}^{(A)} + \mathcal{P}^{(L)}$. Brennweite und Abbildungsmaßstab ändern sich dementsprechend. Besonders bei Personen mit ungleichen Augen kann das zu Problemen führen, weil sich dann die zerebrale Bildverarbeitung umstellen muss. Das ist mit einer gewissen Eingewöhnungszeit und oft auch mit Kopfschmerzen verbunden.

Optische Instrumente

Fotoapparat. Die große Erfindung bei der Fotografie war nicht der Fotoapparat, sondern die Fotoplatte, mit der aufgrund einer photochemischen Reaktion ein Bild dauerhaft festgehalten werden kann. Ein guter Fotoapparat ist dennoch ein technisches Meisterwerk: ein Objektiv, das für beträchtliche Gesichtsfeldwinkel und auch für achsenferne Strahlen ein sauber korrigiertes Bild erzeugt, und eine Mechanik, die die Blende und die Belichtungszeiten mit hoher Präzision einzustellen bzw. elektronisch zu steuern gestattet. Ein Beispiel für ein leistungsfähiges Kamera-Objektiv wurde schon in Abb. 6.17 gezeigt. Das Prinzip des Fotoapparats ist denkbar einfach (Abb. 6.41): Mit einer Objektivlinse wird der Gegenstand auf die Filmebene abgebildet.

Beim Fotoapparat kommt es offensichtlich auf die **Bestrahlungsstärke** in der Bildebene an, gemessen in W/cm². Wie hängt diese Größe von den Eigenschaften der Kamera ab? Nehmen wir an, der Gegenstand sei eine leuchtende Fläche, die sich im Abstand g vor der Kamera befindet. Der Strahlungsfluss $d\Phi_e$, der von einem Flächenelement dA_g ausgehend durch die Aperturblende der Kamera tritt, ist proportional zu $(D^2/g^2)\,dA_g \approx (D^2/x_g^2)\,dA_g$, wenn D der Durchmesser der Eintrittspupille ist. Im zugehörigen Flächenelement dA_b der Bildebene ist dann die Beleuchtungsstärke

$$E_e = \frac{d\Phi_e}{dA_b} \propto \frac{D^2}{x_g^2}\frac{dA_g}{dA_b} = \frac{D^2}{x_g^2 M_T^2} = \frac{D^2}{x_g^2}\frac{x_g^2}{f^2} = \frac{D^2}{f^2} .$$

Dabei wurde von (6.26) Gebrauch gemacht. Man definiert das

$$\ddot{O}ffnungsverh\ddot{a}ltnis = D/f . \quad (6.44)$$

Diese Größe ist beim Fotoapparat und bei allen anderen Flächen abbildenden optischen Instrumenten maßgeblich für die Bildhelligkeit.[11] Oft benutzt man auch den Kehrwert, die

$$Blendenzahl = f/D . \quad (6.45)$$

Bei einem Fotoapparat mit einer von Hand verstellbaren Aperturblende findet man auf dem Blendenring die

---

[11] Nicht so beim Fernrohr, wenn dieses einen Punkt, z. B. einen Fixstern abbildet! (Aufgabe 6.11b).

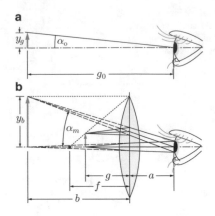

a

y_g α_o

g_0

b

y_b

α_m

g

f

a

b

Abbildung 6.42 Die Lupe. **a** Sehwinkel ohne Lupe. **b** Strahlengang durch die Lupe. *Gestrichelt*: Extrapolierte Strahlen zum virtuellen Bild

Blendenzahlen angegeben: 1, 1.4, 2, 2.8, 4, 5.6, 8, … Sie sind abgestuft im Verhältnis $1 : \sqrt{2}$. Wenn man von einer Blendenzahl zur nächst höheren gehen und dabei die Belichtung konstant halten will, muss man die Belichtungszeit verdoppeln. Eine Veränderung der Blendenzahl kann für die Praxis durchaus von Interesse sein, denn auch die Schärfentiefe, d. h. der Entfernungsbereich, in dem die Gegenstände noch ausreichend scharf auf die Filmebene abgebildet werden, hängt vom Öffnungsverhältnis ab: große Blendenzahl – große Schärfentiefe. Bei der Kamera in Abb. 6.41 ist $f/D = 4$, sie ist eingestellt auf „Blende 4".

Den Gesichtsfeldwinkel der Kamera ermittelt man folgendermaßen: Feldblende ist der Metallrahmen unmittelbar vor dem Film. Bei auf unendlich eingestellter Kamera liegt der Film in der Brennebene des Objektivs. Also liegt die Eintrittsluke im Unendlichen. Wie Abb. 6.41b zeigt, erscheint sie unter dem Winkel $2w$ mit

$$\tan w = \tan w' = a/2f \; ; \qquad (6.46)$$

a ist die Diagonale der Feldblende. Beim Kleinbildformat ist $a = 43\,\text{mm}$; das Normalobjektiv hat eine Brennweite $f \approx 50\,\text{mm}$. Also ist der Öffnungswinkel $2w \approx 46°$. Bei einem Weitwinkelobjektiv mit $f = 36\,\text{mm}$ ist $2w = 62°$, und bei einem Teleobjektiv mit $f > 80\,\text{mm}$ wird $2w < 30°$. Das „Kochtopfgewehr", mit dem der Tierfotograf auf die Jagd geht, hat ein Teleobjektiv mit $f \approx 1\,\text{m}$. Dann ist der Gesichtsfeldwinkel nur noch $2w \approx 2,5°$. Um ein brauchbares Öffnungsverhältnis zu erhalten, benötigt man nun ein Objektiv mit den Abmessungen eines Kochtopfs – ein teurer Spaß.

Lupe. Wie groß ein Gegenstand auf der Netzhaut abgebildet wird, hängt von dem Winkel ab, unter dem wir ihn sehen. Man kann diesen Winkel vergrößern, indem

man den Gegenstand näher ans Auge bringt. Dem sind jedoch natürliche Grenzen gesetzt, wie wir gerade gesehen haben. Auf die Dauer kann man einen Gegenstand nur in der deutlichen Sehweite betrachten (Abb. 6.42a). Abhilfe schafft eine **Lupe**, eine Sammellinse, die vor das Auge gebracht wird. Hält man den Gegenstand so, dass er innerhalb der Brennweite der Lupe liegt, sieht man ein vergrößertes virtuelles Bild, das in einen angenehmen Abstand gebracht werden kann (Abb. 6.42b). Man definiert die **Vergrößerung** als das Verhältnis der Sehwinkel *mit* und *ohne* Instrument:

$$\Gamma = \frac{\alpha_m}{\alpha_o} \; , \qquad (6.47)$$

wobei α_o stets auf die deutliche Sehweite $g_0 = 25\,\text{cm}$ bezogen wird. (Der Begriff „Vergrößerung" ist nicht mit dem in (6.23) definierten Begriff „Abbildungsmaßstab" zu verwechseln!). Ist y_g die Größe des Gegenstands, y_b die Bildgröße, erhält man mit Abb. 6.42 und (6.26) in Kleinwinkelnäherung

$$\Gamma = \frac{y_b}{a+|b|} \bigg/ \frac{y_g}{g_0} = \frac{g_0}{a+|b|} M_T = \frac{g_0}{f}\frac{f+|b|}{a+|b|} \; , \qquad (6.48)$$

denn es ist $M_T = -x_b/f$ und $x_b \equiv b - f = -(|b|+f)$. Gewöhnlich hält man die Lupe so, dass der Gegenstand in der Brennebene liegt. Dann kann man mit entspanntem Auge durch die Lupe sehen. Es strebt $|b| \to \infty$ und wir erhalten

$$\Gamma = \frac{g_0}{f} \; . \qquad (6.49)$$

Nun ist die Vergrößerung unabhängig vom Abstand a. Variiert man a, ändert sich lediglich das Gesichtsfeld, aber der Winkel α_m bleibt konstant, ein verblüffender Effekt!

Mikroskop. Eine stärkere Vergrößerung als mit der Lupe erreicht man mit dem Mikroskop. Das Prinzip ist in Abb. 6.43 gezeigt. Das Objektiv erzeugt ein vergrößertes, reelles Bild des Gegenstands, der sich dicht vor dem gegenstandsseitigen Brennpunkt des Objektivs befindet. Dieses Zwischenbild wird dann durch eine Lupe betrachtet. Man erkennt sogleich ein Problem: Der Durchmesser der Lupe sollte der Größe des Auges angepasst sein, damit man das Auge dicht an das Mikroskop heranbringen kann. Die Strahlen, die in Abb. 6.43 zur Pfeilspitze des Zwischenbildes führen, treffen nicht mehr die Lupe. Abhilfe schafft eine zusätzliche Linse, die gestrichelt eingezeichnete **Feldlinse**. Sie bildet das Objektiv auf die Lupe

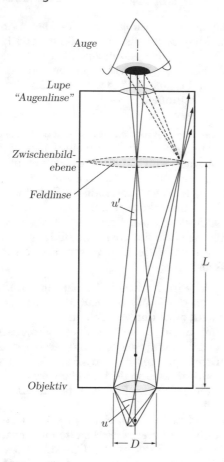

Abbildung 6.43 Prinzip des Mikroskops. *Ausgezogene Linie*: Strahlengang ohne Feldlinse, *gestrichelt*: mit Feldlinse

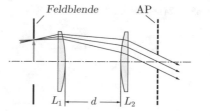

Abbildung 6.44 Ramsden-Okular. Gewöhnlich ist $f_1 = f_2$ und $d = 2f_1/3$

Möglichkeiten; eine einfache Version ist das in Abb. 6.44 gezeigte Ramsden-Okular. Es besteht aus zwei Plankonvexlinsen gleicher Brennweite ($f_1 = f_2$).

Objektiv und Okular sind durch ein Rohr, den **Tubus**, starr miteinander verbunden. Als Tubuslänge L bezeichnet man den Abstand zwischen der bildseitigen Brennebene des Objektivs und der gegenstandsseitigen Brennebene des Okulars. Sie beträgt gewöhnlich $L = 160\,\text{mm}$. Zum Mikroskopieren verschiebt man den Tubus mit einer Rändelschraube solange, bis man mit entspanntem Auge ein scharfes Bild sieht. Ist M_{T1} der Abbildungsmaßstab des Objektivs, Γ_2 die Vergrößerung des Okulars, ist die Gesamtvergrößerung des Mikroskops

$$\Gamma = |M_{T1}| \cdot \Gamma_2 \approx \frac{L}{f_1}\frac{g_0}{f_2} = \frac{160 \cdot 250}{f_1 f_2}\,, \qquad (6.50)$$

wobei f_1 die Brennweite des Objektivs, f_2 die des Okulars ist, hier beide gemessen in Millimetern.

Besondere Kunst erfordert die Konstruktion des Objektivs. Hier kommt es darauf an, bei minimalen Abbildungsfehlern einen möglichst großen Öffnungswinkel auf der Gegenstandsseite zu erreichen. Dieser Winkel ist für die Helligkeit des Bildes und vor allem für das Auflösungsvermögen des Mikroskops maßgeblich. Wie wir gleich sehen werden, kommt es hier auf eine möglichst große **numerische Apertur** $n \sin u$ an. n ist der Brechungsindex des Mediums vor der Objektivlinse, u der Öffnungswinkel des Strahlenkegels, der durch die Eintrittspupille begrenzt wird. Will man eine möglichst starke Vergrößerung erreichen (was keineswegs immer der Fall ist), verwendet man ein Immersionsobjektiv. Zwischen das Deckglas, mit dem das Objekt (z. B. ein Gewebeschnitt) abgedeckt ist, und das Objektiv wird ein Tropfen Immersionsöl gebracht, das den gleichen Brechungsindex hat wie Deckglas und Objektivlinse. Dadurch vermeidet man Reflexionsverluste und erhält einen Öffnungswinkel, der nicht durch Totalreflexion begrenzt ist (Abb. 6.45). Außerdem kommt der Brechungsindex des Öls der numerischen

ab. Alle Strahlen, die vom Objektiv kommend das Zwischenbild erreichen, treffen nun auch die Lupe. Aufgrund ihrer Lage in der Ebene des Zwischenbildes beeinflusst die Feldlinse im Übrigen nicht den Strahlengang der optischen Abbildung.

Die Lupe, hier auch die **Augenlinse** genannt, und die Feldlinse bilden zusammen das **Okular** des Mikroskops. In der Praxis ist es unzweckmäßig, die Feldlinse in der Ebene des Zwischenbildes anzubringen: Dann wird jeder Kratzer und jedes Stäubchen auf der Feldlinse scharf gesehen. Vor allem möchte man dort auch die Feldblende und ein Okularmikrometer oder ein Fadenkreuz anbringen können. Außerdem hat das Okular in Abb. 6.43 den Nachteil, dass die Austrittspupille in der Ebene der Lupe liegt. Man möchte sie aber an eine für die visuelle Beobachtung günstige Stelle bringen, nämlich in die Nähe des Augen-Drehpunkts. Dann kann man ohne Kopfbewegung das Gesichtsfeld durchmustern und die jeweils interessante Struktur auf die fovea centralis abbilden. Es gibt für die Konstruktion des Okulars eine Vielzahl von

Abbildung 6.45 Immersionsobjektiv

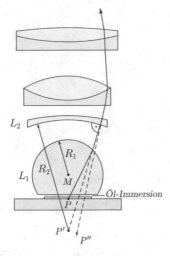

Mit einem Immersionsobjektiv kann man $n \sin u = 1{,}35$ erreichen. Man sollte also nach dieser, auf Helmholtz zurückgehenden Überlegung mit dem Mikroskop noch Strukturen bis zu $y_{min} \approx 0{,}4\lambda$ erkennen können. Wir werden auf diese Frage in Abschn. 8.4 und Abschn. 9.3 noch einmal zurückkommen.

Konfokales Laser-Mikroskop. Die eben besprochene klassische Mikroskopie bildet nur eine Objektebene scharf ab, Gebiete davor und dahinter überlappen und erscheinen verschwommen. Für die Untersuchung biologischer Objekte müssen deshalb meist dünne Schnitte angefertigt werden. Mit einem **konfokalen Laser-Scan-Mikroskop** (CLSM, „Confocal Laser Scanning Microscope") lassen sich heutzutage drei-dimensionale Bilder gewinnen. Das Verfahren unterscheidet sich wesentlich von der klassischen Mikroskopie:

1. Im Objekt wird kurzzeitig immer nur ein kleines Volumen von der Größe der Auflösung beleuchtet, und dieses wird auch nur beobachtet.
2. Das Anregungsvolumen im Objekt wird, im Allgemeinen mit Hilfe von Spiegeln, sukzessive in allen drei Raumrichtungen verschoben („Scanning"), was hinterher eine 3-dimensionale Bildrekonstruktion und das Anfertigen beliebiger Bildschnitte mit einem Computer erlaubt.
3. Meist werden in das Objekt, gezielt an bestimmten Stellen, fluoreszierende Farbstoffe eingebracht. Diese markieren die Struktur des Objektes. Die Farbstoffmoleküle werden angeregt und emittieren Fluoreszenzlicht, aus dem das Bild rekonstruiert wird. Das Fluoreszenzlicht ist langwelliger als das zur Anregung benutzte, sodass man es zur Beobachtung mit Filtern abtrennen kann.
4. Um für jeden Rasterpunkt eine ausreichende Lichtintensität zu erreichen, wird zur Beleuchtung ein Laser eingesetzt („Laser Scanning").
5. Die Beleuchtung des Objekts und die Sammlung des Fluoreszenzlichts erfolgen durch das gleiche Objektiv.
6. Zur Eingrenzung des beleuchteten Volumenelements gibt es im Beleuchtungsstrahlengang eine kleine Blende („Beleuchtungsblende", englische Bezeichnung „pinhole"), auf die das Laserlicht fokussiert wird. Diese Blende wird durch optische Komponenten des Systems in das Objekt abgebildet. Der minimal mögliche Radius des Blendenbildes entspricht der oben erwähnten Auflösung.
7. Dieses Blendenbild im Objekt wird durch das Objektiv und weitere Linsen in einer Zwischenbildebene abgebildet, in der sich wiederum eine Blende befindet, die das Fluoreszenzlicht auf seinem Weg zum Detektor passieren muss, die „Detektionsblende". Die Detektionsblende und die Beleuchtungsblende liegen also konfokal zueinander („Confocal Laser Scanning Microscope").

Apertur zugute.[12] Zur Berechnung des Auflösungsvermögens nehmen wir an, vor dem Mikroskop befänden sich zwei leuchtende Punkte, einer auf der optischen Achse, einer im Abstand y daneben. Sie werden nach (6.42) als Beugungsscheibchen mit dem Radius $\rho = 1{,}22\lambda b/D$ in der Zwischenbildebene abgebildet. Die Mittelpunkte der Scheibchen haben voneinander den Abstand y'. Dass es sich um *zwei* Objektpunkte handelt, kann man erkennen, solange

$$y' \geq y'_{min} = \rho = 1{,}22\frac{b\lambda}{D} \qquad (6.51)$$

ist („Rayleighsches Kriterium"). Ein gutes Objektiv erfüllt die sogenannte Sinusbedingung.[13] Mit den Bezeichnungen von Abb. 6.43 erhält man

$$ny \sin u = n'y' \sin u' \approx y'u' = y'\frac{D}{2b} . \qquad (6.52)$$

n und n' sind die Brechungsindizes vor und hinter dem Objektiv. Hier ist also $n' = 1$ zu setzen. Für das **Auflösungsvermögen** erhalten wir mit der Sinusbedingung und dem Rayleigh-Kriterium

$$y_{min} = \frac{y'_{min}}{n \sin u} \cdot \frac{D}{2b} = 0{,}61\frac{\lambda}{n \sin u} . \qquad (6.53)$$

---

[12] Das in Abb. 6.45 gezeigte Immersionsobjektiv enthält noch eine besondere Raffinesse: Wie schon Huygens herausgefunden hat, ist die Kugel eine kartesische Fläche für die Abbildung des Punkts P auf den virtuellen Bildpunkt P', wenn $\overline{MP} = R/n$ und $\overline{MP'} = nR$ ist. Dieser Umstand wird in L_1 und L_2 gleich zweimal ausgenutzt. Dadurch wird der Öffnungswinkel ohne sphärische Aberration soweit reduziert, dass die weitere Korrektur kein Problem mehr ist.

[13] Wenn bei einem optischen System die sphärische Aberration korrigiert ist, werden die auf der optischen Achse liegenden Punkte exakt auf den paraxialen Bildpunkt abgebildet, wie groß auch immer der Öffnungswinkel u sein mag. Abbe und unabhängig von ihm Helmholtz haben gezeigt, dass dies auch für achsennahe Punkte gilt, wenn zusätzlich die Sinusbedingung $ny \sin u = n'y' \sin u'$ erfüllt ist. Insbesondere wird dadurch die sonst sehr lästige Koma eliminiert. Näheres dazu z. B. bei Max Born, *Optik*, § 28, Springer-Verlag (1932 und 1986).

Der Aufbau eines CLSM ist in Abb. 6.46 schematisch dargestellt. Zur Vereinfachung ist nur ein Scan-Spiegel

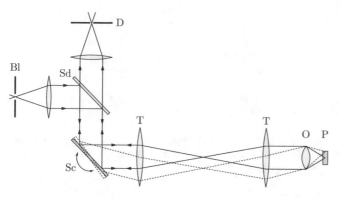

Abbildung 6.46 Aufbau eines konfokalen Laser-Scan-Mikroskops. Bl: Beleuchtungsblende (oder Ende einer Lichtleiterfaser), Sd: dichroitischer Spiegel, Sc: Scanspiegel, D: Detektionsblende, T: telemetrisches Linsensystem, O: Objektiv, P: Objekt. *Gestrichelt*: Strahlengang für gedrehte Position des Scanspiegels

eingezeichnet. Der dichroitische Spiegel, ausgestattet mit einer Spezialbeschichtung, reflektiert das Laserlicht zum Scan-Spiegel, während er das Fluoreszenzlicht durchlässt. Wie man sieht, befinden sich zwischen Objektiv und Zwischenbildebene mehrere Linsen. Die ersten beiden hinter dem Objektiv stellen ein telemetrisches System dar. Parallel gebündeltes Licht, das in dieses System eintritt, tritt parallel gebündelt wieder aus. Das Linsenpaar bildet einen Scan-Spiegel auf die Eintrittspupille des Objektivs ab. Deshalb muss ein Lichtbündel, das von einem *beliebigen* Punkt des Objekts startet, nach seiner Begrenzung durch die Eintrittspupille immer vollständig auf dem Scan-Spiegel landen (gestrichelte Linien in Abb. 6.46). Man mache sich klar, dass eine Verdrehung des Scan-Spiegels, obwohl sie den Lichtweg vom Spiegel bis zum Objekt und zurück verändert, auf dem Lichtweg zur Detektionsblende allenfalls kleine Parallelverschiebungen von Lichtstrahlen hervorruft. Der Fokus an der Detektionsblende wird daher beim Scannen nicht seitlich verschoben.

Wegen der Divergenz des Lichts im Anregungsvolumen werden Partien davor und dahinter schwächer beleuchtet. Das von diesen Stellen ausgesandte Fluoreszenzlicht ist außerdem in der Zwischenbildebene wegen der unschärferen optischen Abbildung über eine größere Fläche verteilt als dasjenige aus dem Anregungsvolumen. Die Detektionsblende unterdrückt daher Fluoreszenzlicht aus den unerwünschten Zonen des Objekts, was die Rasterung in axialer Richtung und somit die drei-dimensionale Darstellung ermöglicht.

Um Rauschen im Bild zu minimieren, sind eine untergrundfreie Umsetzung des detektierten Lichts in elektrische Signale und deren rauscharme Verstärkung erforderlich. Hierzu dienen Photomultiplier (Bd. III, Abb. 9.21) oder Avalanche-Photodioden. Letztere unterscheiden sich von normalen Photodioden (Bd. III, Abb. 10.23) dadurch, dass sich an die intrinsische lichtsensitive Zone nicht eine n-dotierte Schicht, sondern eine pn$^+$-Zone mit hoher elektrischer Feldstärke anschließt, in der eine Ladungsträger-

Vervielfachung um bis zu drei Größenordnungen durch Stöße stattfindet.

Das mit dem CLSM erreichbare laterale Auflösungsvermögen[14] ist durch das Beugungsscheibchen begrenzt, das bei der Beleuchtung des Objekts auftritt. Es ist aber nicht gleich dem Auflösungsvermögen eines normalen Mikroskops mit gleicher numerischer Apertur, sondern kann um einen Faktor bis zu $\sqrt{2}$ besser sein. Das hat folgenden Grund: Die Intensität des Fluoreszenzlichtes am Entstehungsort ist entsprechend dem Beugungsscheibchen verteilt. Jeder leuchtende Punkt des Objekts erzeugt aber wiederum ein Beugungsscheibchen, und beide Effekte überlagern sich beim Lichtnachweis. Hat nun die Detektionsblende in der Zwischenbildebene einen deutlich kleineren Radius als das dort befindliche Bild der Beleuchtungsblende, muss sozusagen die Beugungsablenkung bei der Beleuchtung des Objekts durch die Beugungsablenkung des Fluoreszenzlichts rückgängig gemacht werden. Die Wahrscheinlichkeiten für die beiden Ablenkungen sind zu multiplizieren. Das führt insgesamt zu einer Verschmälerung der Intensitätsverteilung, die man beim Scannen über einen „Farbstoffklecks" hinweg findet. In der Praxis ist es üblich, als Auflösungsvermögen die *volle Halbwertsbreite* dieser Intensitätsverteilung anzugeben, was sich per definitionem etwas von (6.53) unterscheidet. Die axiale Auflösung ist um so besser, je größer der Winkel u, also je divergenter das Licht ist, was eine kleine Objektivbrennweite bedeutet. Das Verhältnis des axialen zum lateralen Auflösungsvermögen hängt vom genauen 3-dimensionalen Strahlprofil in der Umgebung des Anregungsvolumens ab und wird vom Winkel u bestimmt. Mit obiger Definition des Auflösungsvermögens und kleiner Detektionsblende gelten die theoretischen Näherungsformeln

$$y_{HWB} \approx \frac{0{,}4\lambda}{n \sin u} \quad \text{(lateral)}, \tag{6.54}$$

$$y_{HWB} \approx \frac{0{,}45\lambda}{n(1 - \cos u)} \quad \text{(axial)}, \tag{6.55}$$

was mit Hochleistungsobjektiven fast erreicht wird.

Die Scanzeiten liegen im Bereich von Zehntel Sekunden. Um die Zeit für die Rasterung eines kompletten Bildes zu verkürzen, gibt es Tricks: Statt kreisförmiger Blenden werden Spalte verwendet, die verschoben und gedreht werden (Linienscanner) oder die Beleuchtung des Objekts erfolgt durch eine rotierende Scheibe mit spiralförmig angeordneten Öffnungen („Nipkov-Scheibe"). Man benötigt dann eine parallele Lichtdetektion in vielen Kanälen, z. B. mit einer CCD-Kamera.

Für biologische und medizinische Anwendungen gibt es eine ganze Reihe von Farbstoffen. Eine Methode, sie in Zellen zu implantieren, ist die Immunfluoreszenz, bei der Farbstoffe an Antikörper gebunden werden, die in der

---

[14] Auflösungsvermögen in der Ebene senkrecht zur optischen Achse.

Zelle an Antigene andocken. Es wurden auch fluoreszierende Proteine entdeckt und isoliert (GFP = „green fluorescent protein"), deren Gene in Zellen die Bildung fluoreszierender Proteine auslösen, die ihrerseits mit anderen Proteinen Bindungen eingehen, ohne deren Funktionen zu zerstören. Das macht Untersuchungen an lebenden Zellen möglich.

Die konfokale Lasermikroskopie kann auch ohne Fluoreszenz als Reflexionsmikroskopie genutzt werden, z. B. beim Abtasten von Materialoberflächen.

Als Weiterentwicklung des CLSM ist die konfokale 4π-Lasermikroskopie zu nennen. Hierbei wird ein Objekt aus zwei diametral entgegengesetzten Richtungen durch zwei Objektive mit Laserlicht beleuchtet. Die Struktur des Lichtfelds in axialer Richtung ist eine andere: Man erhält im Anregungsvolumen eine stehende Lichtwelle mit einem starken Intensitätsmaximum in der Mitte und zwei schwächeren davor und dahinter. Weil sich die Messwerte entfalten lassen, erreicht man mit der konfokalen 4π-Lasermikroskopie in axialer Richtung eine etwas bessere Auflösung als in der lateralen. Einen Qualitätssprung der lateralen Auflösung ermöglichte die STED-Mikroskopie, deren Besprechung wir bis Abschn. 9.3 zurückstellen.[15]

Fernrohr. Das Grundprinzip des Fernrohrs ähnelt dem des Mikroskops. Man verwendet jedoch ein Objektiv mit großer Brennweite. Da der Gegenstand weit entfernt ist, entsteht das Zwischenbild in oder nahe der bildseitigen Brennebene des Objektivs (Abb. 6.47). Es wird wie beim Mikroskop durch ein Okular betrachtet, das hier als einfache Sammellinse dargestellt ist. Die Scharfeinstellung erfolgt durch Verschieben des Okulars. Bei Einstellung auf ∞ fällt der bildseitige Brennpunkt des Objektivs mit dem gegenstandsseitigen Brennpunkt des Okulars zusammen. Ein paralleles, unter dem Einfallswinkel α_o einfallendes Strahlenbündel verlässt das Fernrohr als paralleles Strahlenbündel unter dem Winkel α_m. Die Vergrößerung ist

$$\Gamma = \frac{\alpha_m}{\alpha_o} = \frac{f_1}{f_2}\,, \qquad (6.56)$$

wobei f_1 die Brennweite des Objektivs, f_2 die des Okulars ist. Als optisches System betrachtet, ist die Brennweite des Fernrohrs $f = \infty$, denn in (6.36) ist nun $d = f_1 + f_2$ und daraus folgt $1/f = 0$. Man nennt ein solches System **afokal** oder **teleskopisch**.

Wie beim Mikroskop ist beim Fernrohr das Auflösungsvermögen letztlich durch die Größe des Beugungsscheibchens begrenzt, das auch hier durch Beugung an der Fassung der Objektivlinse entsteht. Die von zwei weit entfernten Punkten in das Fernrohr einfallenden Strahlen

---

[15] Eine umfassende Darstellung findet man in dem Buch: J. B. Pawley (ed.), „Handbook of Biological Confocal Microscopy", Third Edition, Springer, 2006

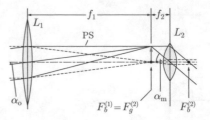

Abbildung 6.47 Prinzip des Fernrohrs („astronomisches Fernrohr"). L_1: Objektiv, L_2: Okular (symbolisch). PS ist der „Parallelstrahl". Vor L_1 läuft er durch $F_g^{(1)}$, hinter L_2 durch $F_b^{(2)}$

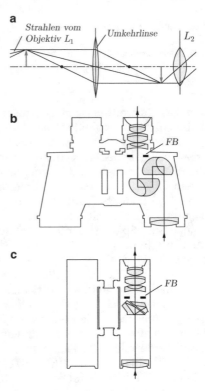

Abbildung 6.48 „Terrestrische Fernrohre": **a** Bildumkehr mit Linse, **b** und **c** mit Prismen. FB: Feldblende

schließen einen kleinen Winkel φ ein. Man kann sie noch als zwei Punkte erkennen, wenn $\varphi \geq \varphi_{\min}$ ist. Mit (6.42) erhält man

$$\varphi_{\min} = \frac{\rho}{f_1} = 1{,}22\frac{\lambda}{D}\,, \qquad (6.57)$$

denn hier ist $b = f_1$. Ein großer Durchmesser der Fernrohröffnung fördert also nicht nur die Bildhelligkeit, sondern auch das Auflösungsvermögen.

Den in Abb. 6.47 gezeigten Typ nennt man **astronomisches** oder **Keplersches Fernrohr**. Das Bild, das man sieht, ist umgekehrt. In der Astronomie stört das wenig, um so mehr aber bei Beobachtungen auf der Erdoberfläche. Man muss also noch eine Bildumkehr einbauen. Dafür gibt es zwei Möglichkeiten. Man kann zwischen dem Zwischenbild und dem Okular noch eine Sammellinse einbauen, wie Abb. 6.48a zeigt. Das ohnehin schon

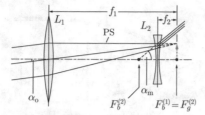

Abbildung 6.49 Holländisches Fernrohr. Bezeichnungen wie in Abb. 6.47

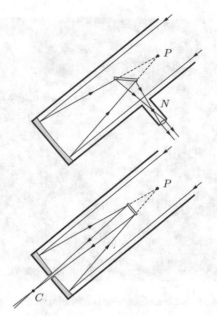

Abbildung 6.50 Spiegelteleskop. *P*: Primärfokus, *N*: Newton-Fokus, *C*: Cassegrain-Fokus

lange Gerät wird noch länger und erinnert dann stark an Lord Nelsons Zeiten. Wesentlich eleganter ist die Bildumkehr mit Prismen (Abb. 6.48b und c). Das ist die heute gebräuchliche Form des terrestrischen Fernrohrs. Wie bei der mehrfachen Reflexion in den Prismen die korrekte Bildumkehr zustande kommt, ist eine verzwickte Angelegenheit. In Abb. 6.48b und c sind nur die Projektionen der Strahlengänge auf die Zeichenebene gezeigt. Jedenfalls erkennt man, dass die Bildumkehr mit Prismen zu kurzen und handlichen Fernrohren führt. Man beachte die aufwendige Konstruktion des Okulars, mit der man ein großes Gesichtsfeld bei sehr kleinen Abbildungsfehlern erreicht, sowie das achromatische Objektiv.

Die älteste Form ist das **holländische** oder, **Galileische** Fernrohr[16] (Abb. 6.49). Hier besteht das Okular aus einer Zerstreuungslinse. Auch hier ist $f_1 + f_2 = d$ (mit $f_2 < 0$) und (6.56) bleibt abgesehen vom Vorzeichen gültig. Das holländische Fernrohr zeichnet sich durch eine relativ kurze Baulänge aus: $l = f_1 - |f_2|$. Sein Nachteil ist, dass bei stärkerer Vergrößerung das Gesichtsfeld sehr klein ist. Mit schwacher Vergrößerung führt das holländische Fernrohr heute noch als Opernglas ein Schattendasein. Neuerdings hat es in der Laserphysik eine Renaissance erlebt: Man benutzt es in umgekehrter Richtung als Strahlaufweiter für Laser mit hoher Leistung. Beim holländischen Fernrohr gibt es nämlich kein reelles Zwischenbild, wo es infolge extrem hoher Strahldichte zur Ionisation der Luft kommen könnte.

---

[16] Das Fernrohr wurde zu Anfang des 17. Jahrhunderts in Holland erfunden, angeblich von einem Brillenmacher-Lehrling, der in der Mittagspause mit Linsen spielte. Meister Lippershey versuchte, es zum Patent anzumelden, was ihm aber nicht gelang, denn die Erfindung wurde von der Regierung beschlagnahmt, wegen ihrer offensichtlichen Bedeutung für das Militärwesen. Galilei hatte jedoch davon gehört und binnen kurzem ein sehr leistungsfähiges Instrument hergestellt, und zwar mit selbst geschliffenen Linsen. Wie hoch die Qualität von Galileis Linsen war, erkennt man an den bahnbrechenden Entdeckungen, die er alsbald machte: Jupitermonde, Saturnring, ... Sein erstes Fernrohr hatte 3-fache Vergrößerung, sein letztes vergrößerte 32-fach. Galilei ist derjenige, der erkannte, dass es in der Optik auf höchste Präzision ankommt. – Kepler hat das Keplersche Fernrohr selber nie gebaut oder benutzt, es aber in seinem 1611 erschienenen Optik-Buch „Dioptrice" beschrieben. Das Buch enthält auch eine genaue Theorie der Linsen (in Kleinwinkelnäherung), die Entdeckung der Totalreflexion und anderes.

Spiegelteleskope. In der Astronomie wird das „astronomische Fernrohr" nur noch für Sonderzwecke verwendet. Im Allgemeinen möchte man ein Teleskop mit möglichst großer Öffnung haben, um auch lichtschwache Objekte beobachten zu können und um ein gutes Auflösungsvermögen zu erreichen. Das lässt sich mit Spiegelteleskopen sehr viel einfacher realisieren als mit Linsen, zumal Spiegel von vornherein frei von chromatischer Aberration sind. Das Prinzip ist in Abb. 6.50 gezeigt. Um das im primären Fokus erzeugte Bild beobachten und ausmessen zu können, wird der Strahlengang mit Hilfe von Hilfsspiegeln nach außen umgelenkt. Newton, der das Spiegelteleskop erfand und als erster verwendete, benutzte hierfür einen unter 45° aufgestellten ebenen Spiegel (**Newton-Fokus**). Man kann auch das Licht mit einem konvexen Spiegel durch eine Bohrung im Hauptspiegel nach außen führen (**Cassegrain-Fokus**). Damit kann man gleichzeitig die Brennweite f_1 vergrößern und Abbildungsfehler verringern.

Die Spiegel selbst wurden bis vor einigen Jahren formstabil aus einer dicken sphärisch geschliffenen Platte hergestellt. Das Material war eine spezielle Glaskeramik mit extrem kleinem Ausdehnungskoeffizienten. Das bekannteste Instrument dieser Art ist das Spiegelteleskop mit 5 m Durchmesser auf dem Mount Palomar in Kalifornien. Seit einiger Zeit werden Großteleskope aus relativ leichten Einzelspiegeln aufgebaut, die als Teilflächen eines großen Paraboloids geschliffen und poliert sind. Sie können rechnergesteuert individuell justiert werden. Damit kann man Spiegelbewegungen, die aufgrund der Leichtbauweise entstehen, ständig kompensieren. Durch rasches Verstellen der Einzelspiegel optimiert man das Bild eines hellen Sternes im Vordergrund des Gesichtsfelds: Damit wird

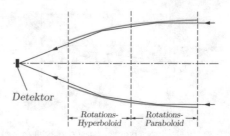

Abbildung 6.52 Röntgenteleskop

Abbildung 6.51 100 m-Radioteleskop in Effelsberg bei Bonn

die Spiegelstellung auch für die anderen Objekte im Gesichtsfeld optimiert. Bei kleineren Spiegeln kann man auf diese Weise sogar das Funkeln der Sterne, das sogenannte „seeing" ausgleichen. Dieses für die Astronomie äußerst lästige Phänomen wird durch Turbulenzen in der Atmosphäre verursacht, die zu lokalen Schwankungen des Brechungsindex führen. Hier sind jedoch Bewegungen im Millisekundenbereich erforderlich. Die Einzelspiegel der Großteleskope sind dafür zwar zu schwer, nicht aber die Hilfsspiegel, mit denen man den Primärfokus zugänglich macht. Auch gibt es auf der Erde Orte mit extrem kleiner Luftunruhe. So wird mit den 8 m-Teleskopen der Europäischen Südsternwarte auf einem Berg in Chile die beugungsbegrenzte Auflösung nahezu erreicht. Sie beträgt nach (6.57) $\varphi_{min} = 8 \cdot 10^{-8}$ rad $\approx 2 \cdot 10^{-2}$ Bogensekunden.

In der Radioastronomie sind große Parabolspiegel als Antennen schon lange im Gebrauch. Abbildung 6.51 zeigt als Beispiel ein Radioteleskop mit 100 m Durchmesser. Es ist ausgelegt für den Wellenlängenbereich 50 cm − 6 mm ($\nu = 0,6 - 50$ GHz). Trotz des riesigen Durchmessers ist die Winkelauflösung eines solchen Radioteleskopes recht bescheiden, wie man mit (6.57) nachrechnen kann. Dem kann man abhelfen, indem man mehrere Radioteleskope in großen Abständen voneinander aufstellt und die Signale phasenrichtig zusammenführt (**long baseline radioastronomy**). In (6.57) entspricht dann D dem Durchmesser der Anlage.

Um ein Teleskop für den *Röntgenbereich* zu konstruieren, muss man andere Wege beschreiten. Man nutzt aus, dass Röntgenstrahlen von einer Oberfläche bei streifendem Einfall totalreflektiert werden, da $n < 1$ ist. Mit den in Abb. 6.52 gezeigten Flächen kann man das Röntgenlicht

einer entfernten Punktquelle auf einen Punkt abbilden.[17] Unser heutiges Wissen auf den Gebieten der Astrophysik und der Kosmologie beruht zum guten Teil darauf, dass teleskopische Beobachtungen fast im gesamten Bereich des elektromagnetischen Spektrums möglich sind. Im Röntgenbereich findet man sowohl thermische Quellen, darunter Objekte, deren Temperatur so hoch ist, dass sie im sichtbaren Spektralbereich nicht beobachtet wurden, als auch nicht-thermische. Hier wird die Röntgenstrahlung z. B. als Synchrotronstrahlung erzeugt.

Prismenspektrometer, Monochromator. Das Prinzip ist in Abb. 6.53 gezeigt. Mit der Lichtquelle, deren Spektrum ausgemessen werden soll, wird ein Spalt beleuchtet. Dieser Spalt wird mit Hilfe von Linsen auf eine Bildebene abgebildet. Dabei wird das Licht durch ein Prisma geleitet. Der Winkel, um den die Lichtstrahlen im Prisma abgelenkt werden, hängt von der Wellenlänge des Lichts **und** vom Einfallswinkel ab. Deshalb muss das Licht als paralleles Strahlenbündel durch das Prisma geführt werden. In der Bildebene entsteht dann das Spektrum, und zwar erhält man je nach Art der Lichtquelle ein Linienspektrum (z. B. bei einer Gasentladungslampe) oder ein kontinuierliches Spektrum (z. B. bei einer glühenden Metalloberfläche). Die einzelnen Spektrallinien, die man im ersten Falle beobachtet, sind also Bilder des Eintrittsspalts. Man kann das Spektrum durch ein Okular betrachten, auf einer Skala ausmessen oder fotografieren; man kann aber auch in der Bildebene nochmals einen Spalt anbringen und dahinter ein Messinstrument aufstellen, das die Lichtintensität als Funktion des Ablenkungswinkels γ misst. Für solche Messungen muss das Spektrometer so eingerichtet sein, dass man den Ablenkwinkel γ kontinuierlich verstellen kann. Das Prisma wird dabei so mitbewegt, dass der Strahlengang stets symmetrisch bleibt.

---

[17] Zur Funktionsweise: Das Rotations-Paraboloid allein würde zu einer unhandlichen Baulänge führen und außerdem für nicht exakt achsenparallele Strahlen zu einer gigantischen Koma. Beide Probleme behebt das nachgeschaltete Rotations-Hyperboloid, erfunden von H. Wolters (1951). Die Apertur ist nur ein schmaler Kreisring. Zur Vergrößerung der Lichtsammelfläche werden mehrere Instrumente ineinander geschachtelt. Beobachtungen sind natürlich nur im Weltraum möglich, da die Atmosphäre die Röntgenstrahlung absorbiert.

Abbildung 6.53 Prismenspektrometer

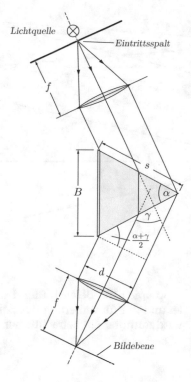

Der Winkel $\Delta\gamma$ führt zu der gesuchten seitlichen Verschiebung: $y_2 - y_1 = f\Delta\gamma$. Wir erhalten an der Auflösungsgrenze mit (6.58)

$$f\Delta\gamma = 2f\frac{dn}{d\lambda}\Delta\lambda_{\min}s\sin\frac{\alpha}{2}\frac{1}{s\cos(\gamma/2 + \alpha/2)}$$
$$= \Delta y_{\min} = f\frac{\lambda}{d} ,$$

wobei mit der Kantenlänge s des Prismas erweitert wurde. Nun liest man aus Abb. 6.53 ab: $B = 2s\sin\alpha/2$ und $d = s\cos(\gamma/2 + \alpha/2)$, sodass sich das sehr einfache Resultat

$$\mathcal{R} = \frac{\lambda}{\Delta\lambda_{\min}} = B\frac{dn}{d\lambda} \qquad (6.59)$$

ergibt. B ist die **Basisbreite** des Prismas.[18] Ein Zahlenbeispiel: Schwerflintglas hat bei der Wellenlänge der Natrium-D-Linien ($\lambda \approx 589{,}3\,\text{nm}$) $n = 1{,}63$ und $dn/d\lambda = 750/\text{cm}$. Ein Prisma mit der Basisbreite 5 cm hat also eine Auflösung $\lambda/\Delta\lambda_{\min} = 3750$. Es folgt

$$\Delta\lambda_{\min} = \frac{589{,}3\,\text{nm}}{3750} = 0{,}16\,\text{nm} .$$

Das reicht aus, um die beiden Na-D-Linien ($\Delta\lambda = 0{,}6\,\text{nm}$) deutlich zu trennen.

Die in Abb. 6.53 gezeigte Apparatur kann nicht nur zum Ausmessen von Spektren verwendet werden, sondern auch als **Monochromator**: Wenn man in der Bildebene einen Spalt einbaut, kann man je nach Spaltbreite einen schmalen Bereich aus dem Spektrum einer Lichtquelle ausblenden und für andere Experimente nutzen.

Dann befindet sich der Ablenkwinkel in einem Extremum (vgl. Text zu Abb. 5.6), und γ ist von kleinen Justierfehlern unabhängig. Auch ist dann das durch Beugung begrenzte Auflösungsvermögen des Prismenspektrometers maximal. Die Aperturblende wird hier durch das Prisma definiert, die Breite des Lichtbündels direkt hinter dem Prisma sei d. Wenn man den Eintrittsspalt hinreichend schmal macht, entsteht in der Bildebene eine Linie mit der Breite

$$\Delta y_{\min} = \frac{f\lambda}{d} , \qquad (6.58)$$

denn diese Form nimmt (6.42) bei einer rechteckigen Öffnung der Breite d an. Zwei Linien mit den Wellenlängen λ_1 und λ_2 erscheinen in der Bildebene bei y_1 und y_2. Ihr Abstand ist proportional zu $\lambda_2 - \lambda_1$ und hängt vom Prismenwinkel α, dem Brechungsindex n und der Dispersion $dn/d\lambda$ ab. Die Auflösung des Spektrometers wird auch hier mit dem Rayleighschen Kriterium bestimmt: Die Wellenlängendifferenz $\lambda_2 - \lambda_1 = \Delta\lambda$ gilt als auflösbar, wenn $y_2 - y_1 \geq \Delta y_{\min}$ ist. Dem Gleichheitszeichen entspricht die Wellenlängendifferenz $\Delta\lambda_{\min}$. Man definiert das Auflösungsvermögen von Spektrometern generell mit $\mathcal{R} = \lambda/\Delta\lambda_{\min}$, damit ein gutes Auflösungsvermögen auch einer großen Zahl $\mathcal{R}$ entspricht. Zur Berechnung von $y_2 - y_1$ bilden wir das Differential von (5.7) und beachten, dass n von λ abhängt:

$$\frac{\Delta\gamma}{2}\cos\frac{\gamma + \alpha}{2} = \frac{dn}{d\lambda}\Delta\lambda_{\min}\sin\frac{\alpha}{2} .$$

Diaprojektor. Das Diapositiv wird mit einer Objektivlinse auf die Projektionsfläche abgebildet. Das Wesentliche ist nun, das Diapositiv richtig zu beleuchten. Dazu dient eine Lichtquelle und eine Sammellinse, genannt **Kondensor** (Abb. 6.54). Der Kondensor bildet die Lichtquelle in das **Objektiv** ab. Dadurch wird sichergestellt, dass alle Strahlen, die durch das Diapositiv laufen, auch zur Bilderzeugung auf der Projektionswand beitragen. Der Abbildungsstrahlengang (Diapositiv–Objektiv–Projektionswand) und der Beleuchtungsstrahlengang (Lichtquelle–Kondensor–Objektiv–Projektionswand) sind in Abb. 6.54 eingezeichnet. Der Rahmen des Diapositivs wirkt als Gesichtsfeldblende beim Abbildungsstrahlengang und als

---

[18] Die Basisbreite ist immer wie in Abb. 6.53 zu ermitteln. Wird das Prisma nicht voll ausgeleuchtet, muss man es sich entsprechend abgeschnitten denken. Die Herleitung von (6.59) setzt einen symmetrischen Strahlengang voraus, also ein Verschieben von Quelle und Bildpunkt. Da man sich im Minimum des Ablenkwinkels befindet, kommt aber für eine feststehende Quelle fast dasselbe heraus.

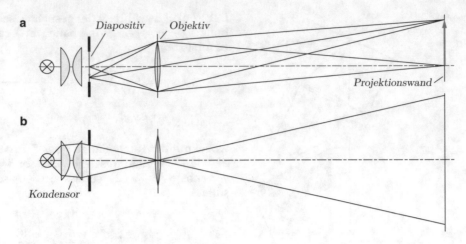

Abbildung 6.54 Diaprojektor, **a** Abbildungs- und **b** Beleuchtungsstrahlengang

Aperturblende beim Beleuchtungsstrahlengang. Damit die Projektion des Dias gut funktioniert, müssen beide Strahlengänge richtig aufgebaut sein. Auch beim Mikroskop spielt die Beleuchtung des Objekts eine große Rolle, und zur Optimierung des Beleuchtungsstrahlengangs wird mitunter ein beträchtlicher Aufwand getrieben.

Übungsaufgaben

6.1.   Fermatsches Prinzip. Ein aus dem Unendlichen kommendes Bündel paralleler Lichtstrahlen werde wie in Abb. 6.14 an der Grenzfläche zweier Medien gebrochen und auf einen Punkt B fokussiert. Bestimmen Sie bei vorgegebener Bildweite b die Form der brechenden Fläche als Funktion $\Delta(h)$ mit Hilfe des Fermatschen Prinzips in der Form (6.8). Zeigen Sie, dass ein Rotationsellipsoid herauskommt und dass sich für kleine Werte von h (6.12) ergibt. Hinweise: (1) Weil der Winkel α verschwindet, genügt es, wenn man in Abb. 6.14 die Längen l_1 ab der Tangentialfläche durch den Scheitelpunkt S zählt. (2) Für eine Kugel gilt bei kleinen h: $\Delta(h) = h^2/2R$.

6.2.   Linse in einem Medium. Eine Linse, bestehend aus Glas mit einem Brechungsindex $n = 1{,}5$, besitzt in Luft eine Brennweite $f = 5\,\mathrm{cm}$. Wie groß ist die Brennweite unter Wasser ($n = 1{,}33$)?

6.3.   Abbildung durch eine ebene brechende Fläche. Ein unter Wasser liegender Gegenstand scheint, wenn man senkrecht von oben auf ihn herabschaut, angehoben zu sein. Berechnen Sie die Position seines Bildes, wenn er sich um $g = 20\,\mathrm{cm}$ unterhalb der Wasseroberfläche befindet. Wie groß ist der Abbildungsmaßstab? Um welchen Faktor ändert sich der Sehwinkel bei der Abbildung, wenn die Augen des Betrachters einen Abstand $h = 50\,\mathrm{cm}$ von der Wasseroberfläche haben?

6.4.   Bestimmung der Brennweite einer dünnen Linse nach Bessel. Ein Gegenstand wird mit einer Linse auf einen im Abstand $D = 80\,\mathrm{cm}$ stehenden Schirm abgebildet. Man findet bei Verschiebung der Linse *zwei* Positionen, bei denen ein scharfes Bild entsteht, die um $d = 25\,\mathrm{cm}$ auseinander liegen. Wie groß ist die Brennweite der Linse? (Anmerkung: Die „dünne Linse" charakterisiert man dadurch, dass man den Abstand zwischen den Hauptebenen null setzt).

6.5.   Brennweite und Hauptebenen einer plankonvexen Linse. Die Linse in Abb. 6.29 werde durch eine plankonvexe Linse ersetzt, deren hinterer Krümmungsradius $R_2 = \infty$ ist. Leiten Sie für diesen Spezialfall (6.34) und (6.35) her. Hinweis: Verfolgen Sie den Weg von Lichtstrahlen durch das System, die parallel zur optischen Achse von rechts oder links kommen und bestimmen Sie die Positionen der Brennpunkte und danach die Lagen der Hauptebenen. Es werde $h \ll d < f$ vorausgesetzt.

6.6.   Zwei dünne Linsen. a) Zwei dünne Sammellinsen mit gleichen Brennweiten $f_1 = f_2$ werden im Abstand $d = 3f_1$ voneinander aufgestellt. Ermitteln Sie für paraxiale Strahlen, die von links oder rechts aus dem Unendlichen kommen, deren Verlauf durch das System und bestimmen Sie die Lage der Brennpunkte und der Hauptebenen. Man vergleiche mit (6.34) und (6.35).

b) Wohin und mit welchem Abbildungsmaßstab wird ein Gegenstand abgebildet, der sich auf einer Hauptebene befindet?

c) In Luft werden eine Sammellinse mit der Brennweite f_1 und eine Zerstreuungslinse mit der Brennweite f_2 im Abstand d voneinander aufgestellt. Unter welchen Bedingungen für f_1, f_2 und d verhält sich das kombinierte System wie eine Sammellinse?

6.7.   Beugungsunschärfe und chromatische Aberration. Eine Linse mit der Brennweite $f = 5\,\mathrm{cm}$ bilde einen sehr weit entfernten leuchtenden Punkt als Beugungsscheibchen in der Brennebene ab. Wie groß ist der Radius des ersten Beugungs-Minimums für die Wellenlänge $589\,\mathrm{nm}$ bei einem Objektivdurchmesser $D = 1\,\mathrm{cm}$?

Das Glas des Linse besitzt für die Lichtwellenlänge $\lambda = 589\,\mathrm{nm}$ einen Brechungsindex $n = 1{,}5100$, aber für die Wellenlänge $\lambda = 486\,\mathrm{nm}$ den Brechungsindex $n = 1{,}5157$. Bei Scharfeinstellung auf die erste Wellenlänge ist für die zweite Wellenlänge das geometrisch-optische Bild des Gegenstandspunkts eine Scheibe. Man vergleiche deren Radius mit dem Radius des Beugungsminimums.

6.8.   Korrektur des chromatischen Linsenfehlers. Eine Kombination aus einer plankonkaven Zerstreuungslinse und einer Sammellinse, wie sie im rechten Teil von Abb. 6.17 gezeigt ist, soll auf chromatische Aberration korrigiert werden, indem zwei verschiedenen Glassorten verwendet werden. Die Kompensation erfolgt bei den Fraunhoferschen Linien C und F. Als Material werden ein Kronglas mit dem Brechungsindex $n(D) = 1{,}5100$ und der Abbe-Zahl $V_D = 62{,}9$ und ein Flintglas mit $n(D) = 1{,}755$ und $V_D = 26{,}8$ benutzt. Die Linsen sollen als dünn angenommen werden. Die Gesamtbrennweite bei der Fraunhofer-Linie D sei $f = 10\,\mathrm{cm}$. Wie groß müssen die Krümmungsradien der Linsen sein? Hinweis: Rechnen Sie zunächst mit den Brechungsindizes für die Linien C und F und führen Sie erst in der Endformel die Abbe-Zahl und den Brechungsindex $n(D)$ ein.

6.9.   Sphärische Aberration. Eine Linse mit einer Brennweite $f = 5\,\mathrm{cm}$ und dem Brechungsindex $n = 1{,}5$ bilde einen sehr weit entfernten, auf der optischen Achse liegenden Punkt ab. Die Linse ist plankonvex, die ebene Seite ist dem Gegenstand zugewandt.

a) Wie groß ist der Krümmungsradius R der Linse?

b) Der Durchmesser der Blendenöffnung sei $D = 1\,\mathrm{cm}$. Ein Lichtstrahl parallel zur optischen Achse, der am Blendenrand durch die Linse tritt, schneidet die optische Achse nicht mehr im Brennpunkt, sondern in einem Abstand s_a von ihm. Daher ist das Bild des Blendenrandes *in der Brennebene* ein Kreis. Wie groß ist dessen Radius r_a? Vergleichen Sie diesen Abbildungsfehler mit den Resultaten der Aufgabe 6.7.

Hinweise für die Herleitung einer Formel: Ersetzen Sie in der Rechnung die Brennweite durch den Krümmungsradius und den Blendendurchmesser D durch den Einfallswinkel α des Strahls an der hinteren Linsenoberfläche: $D = 2R \cdot \sin\alpha$. Die bei der Rechnung auftretenden Cosinus- und Sinusfunktionen von α und β (β ist der Ausfallswinkel an der hinteren Linsenoberfläche) sind näherungsweise durch Reihenentwicklungen bis zur Potenz α^2 zu ersetzen.

6.10. Prismenfernrohr. Wenn man auf einem Prismenfernrohr z. B. die Bezeichnung 7×50 sieht, bedeutet dies, dass das Fernrohr 7-fach vergrößert und der Durchmesser des Objektivs 50 mm beträgt. Abbildung 6.48b ist maßstäblich, der Abstand zwischen den Außenseiten von Objektiv und Okular ist 15 cm. Das Objektiv betrachten wir als dünne Linse, das Okular nicht. Die Ablenkprismen erzeugen im Maßstab 1 : 1 ein virtuelles Bild des Objektivs, das auf der Okular-Achse im Abstand $s = 15\,\mathrm{cm}$ vor der Feldblende FB, also knapp 5 cm vor dem Fernrohr liegt. Für uns ist dieses Bild „das Objektiv". Die Pupille eines Beobachters befinde sich in einem Abstand $d = 1{,}5\,\mathrm{cm}$ vom Okular.

a) Wo liegen in Abb. 6.48b der bildseitige Brennpunkt des Objektivs und der gegenstandsseitige Brennpunkt des Okulars und wie groß sind die Brennweiten f_1 des Objektivs und f_2 des Okulars?

b) Wo liegt die gegenstandsseitige Hauptebene des Okulars?

c) Die Optimierung des Strahlengangs erfordert es, dass das Objektiv vom Okular auf die Augenpupille abgebildet wird, wodurch das Objektiv und die Augenpupille als Ein- und Austrittspupille des Systems fixiert werden. Wie groß ist die Bildweite dieser Abbildung und wo liegt die bildseitige Hauptebene des Okulars?

d) Gilt für das Auflösungsvermögen eines 7×50-Fernrohrs bei hellem Licht (6.57) oder ist die Winkelauflösung durch das Auge des Betrachters begrenzt?

e) In Abb. 6.48b fällt auf, dass das Objektiv relativ einfach strukturiert ist, während das Okular sehr kompliziert aufgebaut ist. Warum ist das so (vgl. Aufgaben 6.7 und 6.9)?

f) Kneift man beim Blick durch ein Prismenfernrohr ein Auge zu und blickt mit dem anderen aus großem Abstand durch eine Fernrohrhälfte, sieht man von weit entfernten Gegenständen ein scharfes Bild, aber der beobachtbare Bildausschnitt ist winzig. Was definiert hier die Austrittspupille, wo liegt die Eintrittspupille, wo liegt die Austrittsluke und und welchem Element des Fernrohrs entspricht hier die Eintrittsluke?

6.11. Beleuchtungsstärke einer Fotoaufnahme. a) Eine kreisrunde leuchtende Fläche mit dem Radius r_e besitze senkrecht zu ihrer Oberfläche eine Strahldichte L_e (Einheit: $\mathrm{W/(m^2\,sr)}$). Sie wird von einem in großem Abstand g befindlichen Fotoapparat abgebildet, der die Brennweite $f \ll g$ und den Blendendurchmesser $D \ll f$ besitzt.

Wie groß ist der in den Fotoapparat eintretende Strahlungsfluss (Einheit: W)?

Wie groß ist das Bild und wie groß ist die Bestrahlungsstärke E_e (Einheit: $\mathrm{W/m^2}$) im Bild? (Zahlenbeispiel: $L_e = 10\,\mathrm{W/(m^2\,sr)}$, Blendenzahl $f/D = 4$).

Kann man ein Objektiv erfinden, mit dem man eine Bestrahlungsstärke E_e im Bild erreicht, die größer als das 2π-fache der Strahldichte L_e der Quelle ist?

b) Ein leuchtender Punkt besitze eine Strahlstärke I_e. Er wird mit dem gleichen Fotoapparat im gleichen Abstand abgebildet. Wie groß ist der in den Fotoapparat eintretende Strahlungsfluss?

Der Punkt erzeugt eine Beugungsfigur. Wie groß ist der Radius des ersten Beugungsminimums? Als Maß für die Bestrahlungsstärke nehmen wir das Verhältnis des Strahlungsflusses zur Fläche, die von dem berechneten Radius eingeschlossen wird. Wie hängt dieser E_e-Mittelwert von f, D, g und der Wellenlänge λ ab? Warum strebt man bei astronomischen Fernrohren einen großen Durchmesser D an?

Interferenz

7

© Springer-Verlag GmbH Deutschland 2017

J. Heintze / P. Bock (Hrsg.), *Lehrbuch zur Experimentalphysik Band 4: Wellen und Optik,* https://doi.org/10.1007/978-3-662-54492-1_7

Interferenz entsteht bei der Überlagerung von zwei oder mehreren Wellen, die untereinander eine feste Phasenbeziehung haben. Man nennt solche Wellen **kohärent**. Wir befassen uns zunächst mit der Interferenz von zwei Wellen gleicher Frequenz. Dabei kann man am besten das Grundsätzliche diskutieren: die **Erzeugung** kohärenter Wellen und das Zustandekommen des **Interferenzterms**, der die Intensität des Wellenfeldes maßgeblich beeinflusst. Die Diskussion in Abschn. 7.1 erstreckt sich aber auch auf Phänomene wie die schillernden Farben eines Ölflecks auf dem nassen Asphalt, auf die optische Vergütung von Oberflächen und auf interferometrische Messmethoden. Im zweiten Abschnitt geht es um die Kohärenz: Wovon hängt die feste Phasenbeziehung zwischen den interferierenden Wellen ab? Die hier gewonnenen Erkenntnisse finden eine interessante Anwendung in der Astronomie: Mit interferometrischen Methoden kann man die Durchmesser von Sternen bestimmen, obgleich diese im Teleskop nur als punktförmige Objekte erscheinen! Im dritten Abschnitt behandeln wir Vielstrahlinterferenzen und deren Anwendungen, u. a. auch die erstaunlichen Eigenschaften einer beidseitig etwas durchscheinend verspiegelten Platte. Sie bilden die Grundlage für das Fabry-Pérot-Interferometer, für Interferenzfilter, und vor allem für den **Laser-Resonator**, den wir am Schluss des Kapitels besprechen.

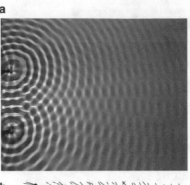

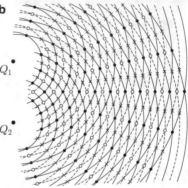

Abbildung 7.1 Interferenz von zwei Wellenzügen. **a** Grundversuch im Wellentrog, **b** schematische Darstellung: ● Wellenberge, ○ Wellentäler bei konstruktiver Interferenz, × destruktive Interferenz

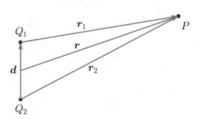

Abbildung 7.2 Definition der Vektoren in (7.1)

7.1 Interferenz von zwei Wellenzügen

Grundlagen: Interferenzterm, Phasendifferenz und Gangunterschied

Wir beginnen mit einer Vorübung, in der wir einige Begriffe einführen und Formeln ableiten, die wir im Folgenden immer wieder brauchen werden. Abbildung 7.1a zeigt den schon aus Abb. 1.11 bekannten Wellentrog, in dem diesmal zwei Stifte periodisch auf- und abbewegt werden. Von jeder der beiden Punktquellen Q_1 und Q_2 gehen Kreiswellen aus, die sich überlagern. Da die Bewegung der Stifte durch einen gemeinsamen Antrieb bewirkt wird, ist die relative Phase der beiden Kreiswellen fest vorgegeben, sie sind **kohärent**. Wo Wellenberg auf Wellenberg oder Wellental auf Wellental treffen, entstehen doppelt so hohe Wellenberge bzw. doppelt so tiefe Wellentäler. Man nennt dies **konstruktive Interferenz**. Dort, wo Wellenberg und Wellental zusammentreffen, bleibt

die Oberfläche ruhig, dort ist die Interferenz **destruktiv**. Die gesamte Wasseroberfläche vor Q_1 und Q_2 ist in Zonen konstruktiver und destruktiver Interferenz aufgeteilt. Abbildung 7.1b zeigt dies schematisch. Wir wollen nun dieses Wellenfeld berechnen. In Abb. 7.2 sind die hier verwendeten Vektoren definiert. Es ist

$$r_1 = r - d/2 \,, \quad r_2 = r + d/2 \,. \tag{7.1}$$

$A_1(r_1, t)$ und $A_2(r_2, t)$ seien die Höhen der von Q_1 und Q_2 ausgehenden Kreiswellen, A_{10} und A_{20} deren Amplituden, k_1 und k_2 die Wellenvektoren. Ihr Betrag ist $k = 2\pi/\lambda$. Da es sich nur um Kreiswellen handelt, ist $k \cdot r_i = k r_i$. Es ist also

$$\begin{aligned} A_1(r_1, t) &= A_{10}(r_1) \cos(k r_1 - \omega t - \varphi_1) \,, \\ A_2(r_2, t) &= A_{20}(r_2) \cos(k r_2 - \omega t - \varphi_2) \,. \end{aligned} \tag{7.2}$$

φ_1 und φ_2 sind die Phasen der beiden Sender Q_1 und Q_2. In Abb. 7.1 ist $\varphi_1 = \varphi_2$ und $A_{10}(0) = A_{20}(0)$. Wir bleiben jedoch zunächst bei dem allgemeineren Ausdruck (7.2). Die Intensitäten der Wellen sind proportional zum Quadrat der Wellenfunktion, gemittelt über die Zeit. Den Proportionalitätsfaktor nennen wir K. Wenn jeweils nur eine der beiden Punktquellen eingeschaltet wäre, würde man bei P in Abb. 7.2 die Intensitäten $I_1 = K\overline{A_1^2}$ bzw. $I_2 = K\overline{A_2^2}$ messen. In dem Wellenfeld, das durch die Überlagerung der beiden Teilwellen entsteht, muss man bei der Berechnung der Intensität zunächst die Wellenfunktion des resultierenden Feldes berechnen, erst dann wird quadriert und zeitlich gemittelt. Für das Quadrat der Wellenfunktion und für die Intensität erhalten wir

$$A^2(\boldsymbol{r},t) = \left(A_1(\boldsymbol{r},t) + A_2(\boldsymbol{r},t)\right)^2$$
$$= A_1^2 + A_2^2 + 2A_1 A_2 , \qquad (7.3)$$
$$I(\boldsymbol{r}) = K\overline{\left(A_1(\boldsymbol{r},t) + A_2(\boldsymbol{r},t)\right)^2}$$
$$= I_1 + I_2 + 2K\overline{(A_1 A_2)} . \qquad (7.4)$$

Die Intensität $I(\boldsymbol{r})$ ist also verschieden von der Summe der Intensitäten der Teilwellen: Das ist das wesentliche Kennzeichen der Interferenz. Die Ursache ist das Auftreten des **Interferenzterms** $2K\overline{A_1 A_2}$. Wir berechnen diesen Term. Mit $kr_i - \varphi_i = \alpha_i$ folgt aus (7.2)

$$A_1 A_2 = A_{10}A_{20}(\cos\alpha_1 \cos\omega t + \sin\alpha_1 \sin\omega t)$$
$$\cdot (\cos\alpha_2 \cos\omega t + \sin\alpha_2 \sin\omega t)$$
$$= A_{10}A_{20}[\cos\alpha_1 \cos\alpha_2 \cos^2\omega t$$
$$+ \sin\alpha_1 \sin\alpha_2 \sin^2\omega t + (\ldots)\cos\omega t \sin\omega t] .$$

Nun ist $\overline{\cos^2\omega t} = \overline{\sin^2\omega t} = \frac{1}{2}$ und $\overline{\cos\omega t \sin\omega t} = 0$. Wir erhalten deshalb für den Interferenzterm

$$2K\overline{A_1 A_2} = KA_{10}A_{20}\cos(\alpha_1 - \alpha_2) . \qquad (7.5)$$

Mit $I_1 = KA_{10}^2/2$ und $I_2 = KA_{20}^2/2$ folgt schließlich

$$I(\boldsymbol{r}) = I_1 + I_2 + 2\sqrt{I_1 I_2}\cos\delta , \qquad (7.6)$$
$$\delta = k(r_1 - r_2) + (\varphi_1 - \varphi_2) . \qquad (7.7)$$

Maximal konstruktive Interferenz besteht, wenn $I = I_1 + I_2 + 2\sqrt{I_1 I_2}$ ist, wenn also die **Phasendifferenz**

$$\delta = 2\pi m , \quad m = 0, \pm 1, \pm 2, \ldots \qquad (7.8)$$

Abbildung 7.3 Zu (7.14)

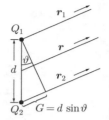

ist. Maximal destruktive Interferenz erhält man für $I = I_1 + I_2 - 2\sqrt{I_1 I_2}$. Dann ist

$$\delta = m'\pi , \quad m' = 2m+1 = \pm 1, \pm 3, \pm 5, \ldots \qquad (7.9)$$

Statt durch die Phasendifferenz kann man die Interferenz auch durch den **Gangunterschied** $G = r_1 - r_2$ charakterisieren. Wenn die Sender Q_1 und Q_2 gleichphasig schwingen ($\varphi_1 = \varphi_2$), entspricht der Phasendifferenz $\delta = 2\pi$ der Gangunterschied λ. Allgemein gilt für

$$\varphi_1 = \varphi_2: \quad G = \lambda\frac{\delta}{2\pi} , \quad \delta = \frac{2\pi}{\lambda}G = kG . \qquad (7.10)$$

Maximal konstruktive Interferenz:
$$G = m\lambda , \qquad (7.11)$$

maximal destruktive Interferenz:
$$G = (2m+1)\frac{\lambda}{2} . \qquad (7.12)$$

Nach (4.4) und (4.5) sind die Amplituden bei Kugelwellen proportional zu $1/r_i$ und bei Kreiswellen proportional zu $1/\sqrt{r_i}$. In großem Abstand von den Punktquellen ($r \gg d$) kann man bei der Berechnung der Amplituden A_1 und A_2 die Unterschiede zwischen r_1, r_2 und r vernachlässigen. Dann ist bei gleicher Erregung an den Punktquellen $I_2(\boldsymbol{r}) = I_1(\boldsymbol{r})$. Wir erhalten mit (7.6)

$$I(\boldsymbol{r}) = 2I_1(1 + \cos\delta) = 4I_1\cos^2\frac{\delta}{2} . \qquad (7.13)$$

Bei maximal destruktiver Interferenz geht in diesem Falle die Intensität bis auf Null zurück, wie schon Abb. 7.1 zeigte.

Wenn $r \gg d$ ist, zeigen die Vektoren $\boldsymbol{r}_1$, $\boldsymbol{r}_2$ und $\boldsymbol{r}$ annähernd in die gleiche Richtung, und nach Abb. 7.3 ist der Gangunterschied

$$G = d\sin\vartheta . \qquad (7.14)$$

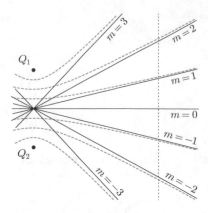

Abbildung 7.4 Linien gleichen Gangunterschieds (*gestrichelt*) und deren Asymptoten (*ausgezogen*)

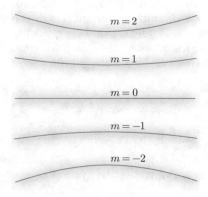

Abbildung 7.5 Interferenzstreifen auf einer Ebene, die entlang der *punktierten Linie* senkrecht auf der Zeichenebene von Abb. 7.4 steht

Für den Winkel ϑ in Abb. 7.3 gilt bei maximal konstruktiver bzw. bei maximal destruktiver Interferenz:

$$
\begin{aligned}
\text{konstruktiv:} \quad & \sin \vartheta = m\frac{\lambda}{d}\,, \\
\text{destruktiv:} \quad & \sin \vartheta = (2m+1)\frac{\lambda}{2d}\,.
\end{aligned}
\tag{7.15}
$$

Im Wellentrog haben wir es mit der Wellenausbreitung auf einer ebenen Fläche zu tun. Auf dieser Fläche gibt es Linien gleichen Gangunterschieds $G = r_1 - r_2 = \text{const}$. Aufgrund dieser Bedingung erhält man Hyperbeln, in deren Brennpunkten die Quellen Q_1 und Q_2 liegen (vgl. auch Bd. I/21.1). Man kann sie in Abb. 7.1 erkennen. Die durch (7.15) gegebenen Geraden sind die Asymptoten dieser Hyperbeln (Abb. 7.4). Bei der Wellenausbreitung im dreidimensionalen Raum werden durch die Bedingung $G = r_1 - r_2 = \text{const}$ hyperbolische Flächen definiert, rotationssymmetrisch um die durch Q_1 und Q_2 führen-

de Gerade. Abbildung 7.4 kann auch als ein Schnitt durch diese Flächen aufgefasst werden. Wenn man senkrecht zur Zeichenebene entlang der punktierten Linie eine Ebene aufstellt und auf dieser Ebene die Intensität registriert, erhält man durch konstruktive und destruktive Interferenz ein Streifenmuster (Abb. 7.5). Die „Interferenzstreifen" entstehen als Schnittlinien der Ebene mit den Hyperboloiden. Bei $m = 0$ liegt der Streifen „nullter Ordnung"; bei $m = \pm 1$ liegen die Streifen „erster Ordnung" und so fort.

Interferenzen mit elektromagnetischen Wellen

Wir sind in (7.2) davon ausgegangen, dass die Wellenfunktion eine skalare Größe ist. Wie geht man nun bei elektromagnetischen Wellen vor, bei denen die Wellenfunktion $\boldsymbol{E}(\boldsymbol{r},t)$ ein Vektor ist? Es zeigt sich, dass man in fast allen in der Praxis vorkommenden Fällen mit der eben entwickelten skalaren Beschreibung der Interferenzphänomene auskommt. Anstelle von (7.3) erhält man

$$
\begin{aligned}
E^2(\boldsymbol{r},t) &= \big(\boldsymbol{E}_1(\boldsymbol{r},t) + \boldsymbol{E}_2(\boldsymbol{r},t)\big)^2 \\
&= E_1^2 + E_2^2 + 2\boldsymbol{E}_1 \cdot \boldsymbol{E}_2\,.
\end{aligned}
\tag{7.16}
$$

Wenn die Vektoren $\boldsymbol{E}_1$ und $\boldsymbol{E}_2$ in die gleiche Richtung zeigen, ist $\boldsymbol{E}_1 \cdot \boldsymbol{E}_2 = E_1 E_2$, und es ändert sich nichts gegenüber (7.3). Dieser Fall liegt vor, wenn zwei kohärente, in der gleichen Richtung linear polarisierte Wellen überlagert werden, aber auch bei zwei kohärenten unpolarisierten Wellen. Hier sorgt nämlich die Kohärenz der Wellen dafür, dass $\boldsymbol{E}_1 \parallel \boldsymbol{E}_2$ ist. Man beobachtet also auch mit „natürlichem Licht", wie es von Temperaturstrahlern (Sonne, Bogenlampe, Glühbirne) emittiert wird, die durch (7.6)–(7.15) beschriebenen Interferenzerscheinungen, wenn es gelingt, zwei kohärente Wellen herzustellen.

Stehen die Vektoren $\boldsymbol{E}_1$ und $\boldsymbol{E}_2$ senkrecht aufeinander, ist in (7.16) $\boldsymbol{E}_1 \cdot \boldsymbol{E}_2 = 0$, es gibt keine Interferenzstreifen. Die Überlagerung von zwei kohärenten, senkrecht zueinander linear polarisierten Wellen führt zwar zu interessanten Phänomenen, die wir in Kap. 9 besprechen werden; die Interferenzerscheinungen, auf die es uns hier in diesem Kapitel ankommt, gibt es aber nicht.

Die Vektornatur des elektrischen Feldes bereitet uns also keine besonderen Probleme. Eine ganz andere Frage ist, wie man kohärente elektromagnetische Wellen erzeugt. Im technischen Hochfrequenzbereich ist das verhältnismäßig einfach: Man speist zwei parallel zueinander stehende Dipolantennen aus dem gleichen HF-Generator. Das geht aber nicht bei sichtbarem Licht. Der erste Nachweis von Interferenzen mit Licht gelang um 1800 dem

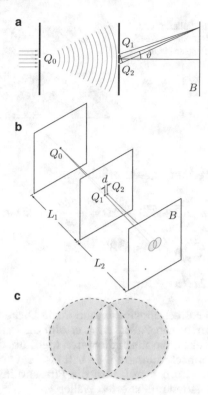

Abbildung 7.6 Youngsches Experiment. **a** Prinzip, **b** realistischere Darstellung, **c** das in der Bildebene beobachtete Interferenzbild. Die beiden Beugungsscheibchen sind *gestrichelt* eingezeichnet

englischen Arzt Thomas Young[1] mit einer Versuchsanordnung, deren Prinzip bis heute als exemplarisch gilt. Es ist in Abb. 7.6a gezeigt. Licht fällt von links auf die feine Öffnung Q_0. Im Idealfall einer sehr kleinen Öffnung geht von Q_0 eine Kugelwelle aus. Sie trifft auf die kleinen, nahe

---

[1] Thomas Young (1773–1829), ein echtes Wunderkind, hatte mit zwei Jahren Lesen gelernt, mit vier die Bibel bereits zweimal durchgelesen und noch als Jugendlicher alle klassischen und noch ein halbes Dutzend orientalische Sprachen gelernt. Auf Betreiben seines vermögenden Großonkels, eines Londoner Augenarztes, studierte er Medizin, u. a. in Göttingen, wo er Lichtenbergs großartige Physikvorlesung hörte. Nach seiner Promotion übernahm er die Praxis seines Großonkels, interessierte sich aber mehr für das Auge und das Licht als für seine Patienten. Er entdeckte, wie die Adaption des Auges funktioniert, erkannte, was Astigmatismus ist und schuf die Grundlage der Theorie des Farbensehens, die dann 50 Jahre später von Helmholz vervollkommnet wurde (Abschn. 3.3). Er tat auch den ersten Schritt zur Entzifferung der Hieroglyphen: Er kam auf die Idee, dass auf dem Stein von Rosette die besonders eingerahmten Zeichengruppen Königsnamen sind. Da dieser Stein den gleichen Text auch in griechischer Schrift enthält, konnte er durch Vergleich der Texte die ersten ägyptischen Schriftzeichen entziffern. – Mit seiner Wellentheorie erklärte Young eine ganze Reihe von Interferenzphänomenen, die wir im Folgenden besprechen werden, z. B. die Farben dünner Blättchen und die Newtonschen Ringe. Mit diesen bestimmte er auch als erster die Wellenlänge des Lichts und deren Abhängigkeit von der Farbe.

beieinander liegenden Öffnungen Q_1 und Q_2. Wenn die Strecken $\overline{Q_0Q_1}$ und $\overline{Q_0Q_2}$ gleich lang sind, sind die Wellen, die nun von Q_1 und Q_2 ausgehen, phasengleich, und erzeugen auf der Bildebene B Interferenzstreifen. Die Maxima liegen nach (7.15) unter dem Winkel ϑ mit

$$\sin \vartheta = m \frac{\lambda}{d} \ . \tag{7.17}$$

Youngs Versuchsanordnung ist in Abb. 7.6b gezeigt. Die Durchmesser D der Öffnungen Q_0, Q_1 und Q_2 betrugen einige zehntel mm. Sie waren somit groß gegen die Lichtwellenlänge. Infolgedessen gingen von diesen Öffnungen keine Kugelwellen aus, sondern zwei durch Beugung an den Öffnungen aufgeweitete Strahlenkegel. Nach (6.42) sieht man in der Bildebene zwei Beugungsscheibchen mit dem Radius $\rho = 1{,}22(\lambda L_2/D)$, deren Zentren voneinander den Abstand $(1 + L_2/L_1)d$ haben. Mit $L_1 = L_2 = 2\,\mathrm{m}$, $\lambda = 500\,\mathrm{nm}$, $D = 0{,}2\,\mathrm{mm}$, $d = 1\,\mathrm{mm}$ ist $\rho = 6{,}1\,\mathrm{mm}$ und man erhält das in Abb. 7.6c gezeigte Bild. In der Überlappungszone treten Interferenzstreifen auf. Young beobachtete, dass sich bei einer Veränderung des Abstands d der Streifenabstand verändert, wie von (7.17) vorhergesagt, und dass die Streifen verschwinden, wenn eine der Öffnungen zugehalten wird. Damit bewies Young die Wellennatur des Lichts. Newtons damals allgemein anerkannte Korpuskulartheorie des Lichts war widerlegt.

Das Experiment ist leichter durchzuführen, wenn man statt der kreisrunden Öffnungen schmale Spalte benutzt. Man spricht daher meist vom **Doppelspalt-Experiment**. Es spielt bis heute in der Physik eine bedeutende Rolle. Wir werden darauf in Kap. 8 und später im Zusammenhang mit der Quantenmechanik zurückkommen.

Young gelang es zunächst nicht, die Fachwelt von der Wellentheorie zu überzeugen. Der Einwand war, dass die Interferenzstreifen von Young mit „gebeugtem" Licht beobachtet wurden, über dessen Natur man keine klare Vorstellung hatte. Den Ausschlag zugunsten der Wellentheorie gaben erst 15 Jahre später die Experimente von Fresnel[2]. Sie sind in Abb. 7.7 gezeigt. Bei dem **Doppelspiegel-Experiment** (Abb. 7.7a) dienen die Spiegelbilder der punktförmigen Lichtquelle Q_0 als kohärent strahlende Punktquellen. Die interferierenden Wellen werden hier nicht durch Beugung, sondern durch Reflexion erzeugt. Beim **Fresnelschen Biprisma** (Abb. 7.7b) entstehen sie durch Brechung an zwei sehr schmalen Prismen. Damit war das Interferenzphänomen unabhängig von Beugungserscheinungen nachgewiesen.

---

[2] Auguste Fresnel (1788–1827) war im Gegensatz zu Young durchaus kein Wunderkind. Höchstens wäre zu berichten, dass er *nach sorgfältigen technologischen Studien* für sich und seine Freunde Pfeile, Bögen und Blasrohre baute, die sich als gefährliche Schusswaffen erwiesen und mit denen er die gesamte Dorfbevölkerung gegen sich aufbrachte. Als Schüler und Student war er eher unauffällig. Im nächsten Kapitel findet man mehr über Fresnels interessanten Lebenslauf.

a

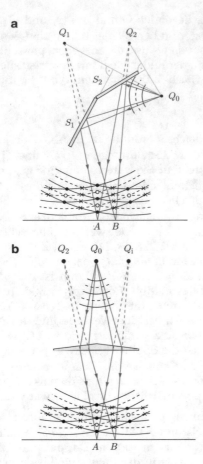

b

Abbildung 7.7 Fresnels Interferenzversuche. **a** Doppelspiegel, **b** Biprisma. Q_1 und Q_2 sind virtuelle Bilder der Punktlichtquelle Q_0. A konstruktive, B destruktive Interferenz

Abbildung 7.8 Reflexion und Transmission einer ebenen Welle an einer planparallelen Platte

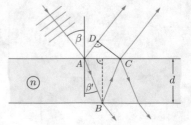

mit dem Brechungsgesetz erhält man

$$\Delta l_{\text{opt}} = n\left(\overline{AB} + \overline{BC}\right) - \overline{AD} = \frac{2nd}{\cos\beta'} - 2d\tan\beta'\sin\beta$$

$$= \frac{2nd}{\cos\beta'}\left(1 - \sin^2\beta'\right) = 2dn\cos\beta'$$

$$= 2d\sqrt{n^2 - \sin^2\beta}\,, \tag{7.18}$$

wobei n der Brechungsindex und d die Dicke der Platte ist. Wie man in Abb. 7.8 erkennt, erfolgt die Reflexion der einen Teilwelle am optisch dichteren Medium, die der anderen am optisch dünneren. Es tritt also ein zusätzlicher Phasensprung um π auf, und die Phasendifferenz zwischen den beiden reflektierten Wellen ist

$$\delta = kG = \frac{4\pi d}{\lambda}\sqrt{n^2 - \sin^2\beta} + \pi\,. \tag{7.19}$$

Bei der durchgelassenen Welle gilt ebenfalls (7.18), es gibt aber keinen Phasensprung. Man erhält

$$\delta = \frac{4\pi d}{\lambda}\sqrt{n^2 - \sin^2\beta}\,. \tag{7.20}$$

Mit diesen Formeln kann man eine Fülle von Interferenzerscheinungen quantitativ behandeln.

Interferenzen gleicher Neigung. Sind d, n und λ vorgegeben, hängt die Phasendifferenz zwischen den beiden interferierenden Wellen nur noch vom Einfallswinkel β ab. Das führt dazu, dass man mit einer *ausgedehnten* monochromatischen Lichtquelle Interferenzstreifen beobachten kann. Die in Abb. 7.9 gezeigte Linse fokussiert Wellen, die unter einem bestimmten Winkel β einfallen, in der Brennebene. Daher entstehen dort je nach dem Neigungswinkel β helle oder dunkle Interferenzstreifen. Man nennt sie **Streifen gleicher Neigung**. Die Linse in Abb. 7.9 kann natürlich auch die Augenlinse sein. Damit man die Streifen sieht, muss man das Auge auf unendlich einstellen, denn es interferieren hier parallele Wellenzüge. Man nennt solche Streifen auch **virtuelle Interferenzstreifen**.

Die kohärenten Wellenzüge werden bei den bisher beschriebenen Versuchen erzeugt durch *Teilung der Wellenfront*, die von einer Punktquelle ausgeht. Man kann auch auf andere Weise aus einer Welle zwei interferenzfähige Wellen machen: durch *Aufteilung der Wellenamplitude*. Nehmen wir an, eine ebene Welle fällt unter dem Winkel β auf eine planparallele Platte aus durchsichtigem Material. Dann wird sie sowohl an der Vorderseite als auch an der Rückseite teilweise reflektiert und teilweise durchgelassen. Für die Lichtstrahlen, d. h. für die auf den Wellenfronten senkrecht stehenden geraden Linien, ergibt sich der in Abb. 7.8 gezeigte Verlauf. Da für $\beta < 60°$ nur ein kleiner Teil der Welle reflektiert wird (vgl. Abb. 5.23), kann man in diesem Winkelbereich weitere Reflexionen in der Platte vernachlässigen, man hat es auch hier mit Zweistrahlinterferenzen zu tun. Die Wellenfelder vor und hinter der Platte enthalten jeweils zwei Anteile, die miteinander interferieren.

Wir berechnen die Differenz der optischen Weglängen der beiden reflektierten Wellen. Mit Hilfe der beiden in Abb. 7.8 eingezeichneten rechtwinkligen Dreiecke und

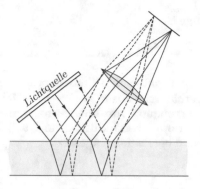

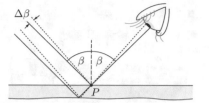

Abbildung 7.11 Zur Entstehung der Farben dünner Blättchen

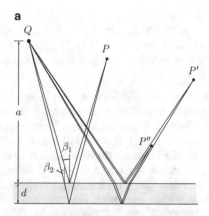

Abbildung 7.9 Interferenzen gleicher Neigung

a

b

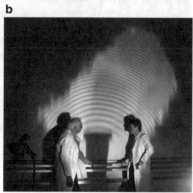

Abbildung 7.10 Erzeugung von reellen Interferenzstreifen mit einer dünnen planparallelen Platte

Es gibt noch eine andere Möglichkeit, mit einer planparallelen Platte eine Welle in zwei kohärente Teilwellen aufzuspalten. Der Strahlengang ist in Abb. 7.10a gezeigt. Q ist eine monochromatische Punktquelle. Die beiden bei P interferierenden Wellen mit den Einfallswinkeln β_1 und β_2 werden an der Vorder- und Rückseite der Platte reflektiert. Wenn $a \gg d$ ist, ist $\beta_1 \approx \beta_2$ und die Phasendifferenz ist in guter Näherung durch (7.19) gegeben. Wie die zu P' und P'' führenden Linien zeigen, gilt dies unabhängig davon, wie weit der Punkt P von der Platte entfernt

ist. Sofern der Abstand a der Quelle von der Platte groß gegen die Plattendicke d ist, ist in P' die Phasendifferenz genauso groß wie in P''. Der gesamte Raum vor der Platte ist von *reellen Interferenzstreifen* durchzogen, die überall aufgefangen werden können. Dies zeigt eindrücklich der von R. W. Pohl eingeführte Demonstrationsversuch, bei dem eine Glimmerplatte und eine Hg-Spektrallampe verwendet werden (Abb. 7.10b). Die Lampe beleuchtet eine Lochblende. Wird die Lochblende entfernt, d. h. wird hier die Punktquelle durch eine ausgedehnte Lichtquelle ersetzt, verschwinden die Interferenzstreifen, weil sich nun in P destruktive und konstruktive Interferenzen überlagern. Man kann dann nur noch mit Hilfe einer Linse die virtuellen Interferenzstreifen gleicher Neigung beobachten.

Interferenzen gleicher Dicke. Dieser Typ von Interferenzerscheinungen entsteht, wenn der Einfallswinkel β durch die Versuchsanordnung fest vorgegeben und die Dicke variabel ist. Man kann dann im monochromatischen Licht ähnlich wie in Abb. 7.9 virtuelle Interferenzstreifen beobachten, die diesmal die Konturen gleicher Dicke nachzeichnen. In manchen Fällen entstehen auch reelle Interferenzstreifen. Zum Beispiel zeigt sich, dass Interferenzen von dem in Abb. 7.10 gezeigten Typ sogar mit einer ausgedehnten Weißlichtquelle beobachtet werden, wenn die Platte sehr dünn ist und man sein Auge auf die Oberfläche der Platte akkommodiert (Abb. 7.11). Dann sieht man von jeder Stelle der Oberfläche nur Strahlen aus einem eng begrenzten Einfallswinkelbereich $\Delta\beta$. Je nach Schichtdicke und Wellenlänge ist die Interferenz konstruktiv oder destruktiv. Bei Beleuchtung mit Weißlicht bewirkt das die Verstärkung oder Unterdrückung gewisser Wellenlängenbereiche. Das führt zu den schillernden Farben dünner Schichten, deren Dicke von Ort zu Ort etwas schwankt. Die Seifenblase und der Ölfleck auf dem Wasser oder auf dem nassen Asphalt sind Beispiele dazu. Die Farben dünner Blättchen sind also Interferenzen gleicher Dicke.

Da der Gangunterschied der interferierenden Strahlen proportional zur Schichtdicke ist, tritt das Phänomen nur bei sehr dünnen Schichten auf. Bei dicken Schichten ($d \gg \lambda$) sind keine Farben mehr sichtbar, weil sich dann beim Punkt P in Abb. 7.11 auch in dem kleinen, vom Auge erfassten Winkelbereich konstruktive und destruktive In-

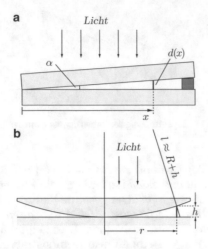

Abbildung 7.12 Zwei Anordnungen zur Erzeugung von Interferenzen gleicher Dicke. **a** Fizeaustreifen, **b** Newtonsche Ringe

terferenzen überlagern. Dennoch kann man Interferenzen gleicher Dicke auch bei größeren Schichtdicken beobachten, wenn das Licht senkrecht oder fast senkrecht zur Oberfläche einfällt. Dann ist in (7.18) $\sin^2 \beta$ gegenüber n^2 vollständig vernachlässigbar, und die Interferenz hängt nur noch von d und λ ab. Zwei klassische Beispiele sind in Abb. 7.12 gezeigt.

In Abb. 7.12a sind zwei planparallele Platten aufeinander gelegt und an einem Ende mit einem Abstandsstück auseinandergehalten. Es entsteht ein Luftkeil, an dessen Oberfläche man bei monochromatischer Beleuchtung die sogenannten **Fizeaustreifen** beobachten kann. Das Licht soll nahezu senkrecht einfallen. Wir betrachten die Reflexion an der Unterseite der oberen Platte und an der Oberseite der unteren. Die Differenz der optischen Weglängen ist $\Delta l_{opt} = 2d(x) = 2\alpha x$. Bei der Reflexion an der unteren Platte entsteht ein Phasensprung um π. Man erhält deshalb destruktive Interferenz, wenn $2\alpha x = m\lambda$ ist. Der Abstand zwischen zwei dunklen Streifen ist

$$\Delta x = \frac{m\lambda - (m-1)\lambda}{2\alpha} = \frac{\lambda}{2\alpha} \,. \qquad (7.21)$$

Er hängt nur von λ und vom Winkel α ab.

In Abb. 7.12b ist die Entstehung der **Newtonschen Ringe** gezeigt, eines bekannten Phänomens, das sich manchmal auch bei zwischen Glasplatten gerahmten Dias unliebsam bemerkbar macht. Auf eine optisch plane Glasplatte ist eine plankonvexe Linse mit dem Krümmungsradius R gelegt. Bei Beleuchtung mit Weißlicht sieht man in Reflexion und in Transmission nahe der Mitte einige bunte Ringe. Bei monochromatischem Licht reicht das Ringsystem bis weit nach außen. Die Ringe sind genau kreisrund, vorausgesetzt, dass Linse und Platte hinreichend präzise geschliffen und poliert sind. Der Radius der dunklen In-

terferenzringe ist

$$r = \sqrt{2Rh} = \sqrt{R\Delta l_{opt}} = \sqrt{m\lambda R} \,, \qquad (7.22)$$

denn auch hier gibt es den Phasensprung um π. Diese Beziehung erhält man aus $r^2 \approx (R + h)^2 - R^2$. Beide Verfahren zur Erzeugung von Interferenzen gleicher Dicke werden in der optischen Industrie zur Qualitätskontrolle bei Linsen und bei Platten eingesetzt.

Anwendungen

Interferenzen von zwei Lichtwellen finden in der Technologie („optische Vergütung von Oberflächen") und in der Messtechnik („Interferometrie") zahlreiche Anwendungen. Wir beschränken uns auf wenige Beispiele.

Reflexvermindernde Schichten. An der Grenzfläche zwischen zwei durchsichtigen Medien mit verschiedenen Brechungsindizes, z. B. an der Grenzfläche zwischen Luft und Glas, wird ein Teil des einfallenden Lichts reflektiert. Dieser Effekt ist besonders bei Linsensystemen sehr störend, denn diese enthalten gewöhnlich viele solche Grenzflächen. Man kann die Reflexion weitgehend unterdrücken, indem man auf das Glas eine sogenannte $\lambda/4$-Schicht aufdampft (**optische Vergütung**). Wie Abb. 7.13 zeigt, wird das Licht an der Vorder- und an der Rückseite dieser Schicht reflektiert. Dabei entsteht bei senkrechtem Lichteinfall ein Gangunterschied $G = \lambda/2$, vorausgesetzt die Reflexion findet beide Male am optisch dichteren oder beide Male am optisch dünneren Medium statt. Die reflektierte Welle kann für eine bestimmte Wellenlänge durch destruktive Interferenz vollständig ausgelöscht werden, wenn man den Brechungsindex der Schicht geeignet wählt. Wir berechnen n_2 mit (5.39):

$$\frac{n_2 - n_1}{n_2 + n_1} = \frac{n_3 - n_2}{n_3 + n_2} \quad \rightarrow \quad n_2 = \sqrt{n_1 n_3} \,. \qquad (7.23)$$

Die Formel zeigt, dass die gleiche Schicht bei den Übergängen Glas–Luft und Luft–Glas wirksam ist.

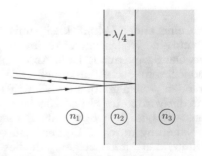

Abbildung 7.13 Reflexvermindernde Schicht

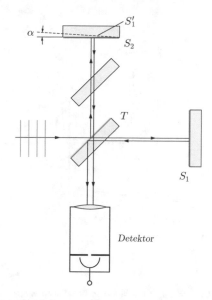

Abbildung 7.14 Michelson-Interferometer

In der Praxis wählt man die Schichtdicke so, dass die destruktive Interferenz für gelb-grünes Licht ($\lambda \approx 560\,\text{nm}$) maximal wird. (Daher kommt der purpurne Schimmer optisch vergüteter Linsen). Als Aufdampfmaterial mit niedrigem Brechungsindex kommt vor allem Magnesiumfluorid MgF_2 in Frage. Dann ist $n_2 = 1{,}38$, und um (7.23) streng zu erfüllen, müsste $n_3 = 1{,}9$ sein. Das ist ein sehr hoher Wert. Man kann aber mit einer MgF_2-Vergütung auch bei $n_3 \approx 1{,}5$ die Reflexion reduzieren, und zwar von $R = 4\,\%$ (unvergütet) auf $R \approx 1\,\%$ (Aufgabe 7.4). Das ist für die meisten Zwecke ausreichend. Will man ein besseres Resultat erzielen, muss man zu 2- oder 3-facher Beschichtung greifen, und das ist natürlich aufwändiger.

Das Michelson-Interferometer. Das Experiment von Michelson und Morley, in dem die Konstanz der Lichtgeschwindigkeit nachgewiesen wurde, haben wir schon in Bd. I/13 besprochen. Wir wollen nun das Michelson-Interferometer genauer betrachten. Der Aufbau des Interferometers ist in Abb. 7.14 gezeigt. Es hat auch heute noch große Bedeutung, z. B. in der Spektroskopie und als Instrument für hochpräzise Längenmessungen. Das von links einfallende Licht wird an einem halbdurchlässigen Spiegel, dem Strahlteiler T, in zwei Teilwellen zerlegt. Nach Reflexion an den Spiegeln S_1 bzw. S_2 laufen die Teilwellen nochmals über den halbdurchlässigen Spiegel und gelangen dann zum Detektor. In dem zu S_2 führenden Arm ist eine Kompensationsplatte eingebaut, die abgesehen von der Verspiegelung baugleich mit dem Strahlteiler ist. Sie bewirkt, dass die optischen Weglängen in beiden Armen gleich sind, wenn die geometrischen Längen übereinstimmen. Dies gilt dann unabhängig von der Lichtwellenlänge und der Dispersion im Strahlteiler. Der Spiegel S_1 kann mit Hilfe einer Mikrometerschraube

in Richtung des Arms verschoben werden. Vom Detektor aus gesehen ist S_1' das im Strahlteiler erzeugte Spiegelbild von S_1. Mit Hilfe von Stellschrauben können die Spiegel so justiert werden, dass S_1' und S_2 miteinander einen kleinen Winkel α einschließen. Von der Position des Detektors aus sieht man dann Interferenzstreifen gleicher Dicke. Man kann sie mit dem Auge betrachten, oder auch, wie in Abb. 7.14 gezeigt, auf eine Blendenöffnung abbilden, hinter der sich ein Photomultiplier oder eine Photodiode befindet. Sie haben wie die Fizeau-Streifen voneinander einen konstanten Abstand, der außer von der Wellenlänge nur vom Winkel α abhängt. Nach (7.21) liegt bei sichtbarem Licht der Streifenabstand für z. B. $\alpha = 10^{-4}\,\text{rad}$ im Bereich von Millimetern. Da beide Teilwellen je einmal am Strahlteiler reflektiert und einmal durchgelassen werden, ist unabhängig vom Reflexionsgrad des Strahlteilers $I_1 \approx I_2$. Man erhält daher ein sehr kontrastreiches Interferenzbild. Wird nun S_1 um die Strecke $\lambda/2$ parallel verschoben, verschiebt sich das Streifenmuster genau um den Streifenabstand Δx. Verschiebt man S_1 um die Strecke Δd, wandern an der Blendenöffnung N Streifen vorbei, und es ist

$$\Delta d = N \frac{\lambda}{2} \,.$$

Es ist kein Problem, die an der Blende im Detektor vorbeilaufenden Streifen elektronisch zu zählen. Auch kann man mit einigen Tricks elektronisch den Abstand zwischen zwei Streifen mit einer Genauigkeit von $1/1000$ des Streifenabstands messen. Daher kann man mit dem Michelson-Interferometer Längenmessungen mit einer Genauigkeit im Nanometerbereich durchführen, vorausgesetzt, man hat eine Lichtquelle mit genau bekannter Wellenlänge. Diese Voraussetzung erfüllt z. B. der Jodstabilisierte Helium-Neon-Laser. Wie diese Stabilisierung funktioniert, wird am Ende des Kapitels erklärt.[3]

Das FTIR-Spektrometer. Sein Name ist die Abkürzung für „Fourier-Transformations-Infrarot-Spektrometer". Ziel ist es, die Wellenlängenabhängigkeit der Absorption oder Reflexion von Proben für infrarotes Licht zu untersuchen. Zur Beleuchtung wird eine thermische Quelle mit einem kontinuierlichen Spektrum, aus Si-C bestehend und Globar genannt, verwendet. Die Probe

---

[3] Die erste und historisch gesehen wichtigste Längenmessung mit einem Michelson-Interferometer war die Vermessung des Pariser Urmeters durch Michelson und Benoit. Das Ergebnis war $1\,\text{m} = (1\,553\,163{,}5 \pm 0{,}1)$ mal die Wellenlänge der roten Linie im Cadmium-Spektrum. Damals (1895) gab es weder elektronische Zählung noch eine Lichtquelle, mit der ein 1 m langer kohärenter Wellenzug erzeugt werden konnte. Wie die damit verbundenen messtechnischen Probleme gemeistert wurden, findet man z. B. bei Max Born, „Optik", S. 129 (Springer-Verlag, 1985). Auf dieser Messung und auf ihren späteren Wiederholungen beruhten die genauen Angaben von Lichtwellenlängen in Einheiten des metrischen Systems, die in der Folgezeit bei der Aufklärung der Atomstruktur eine entscheidende Rolle spielten.

befindet sich hinter einem Interferometer, das die Wellenlängenselektion ermöglicht.

Dies ist ein Michelson-Interferometer, von dem ein Spiegel mit einer Präzisionsmechanik um insgesamt eine Strecke L verschoben werden kann. Die Spiegel sind hier so orientiert, dass man statt des oben erwähnten Strichmusters ein System konzentrischer Ringe beobachtet, deren Radien wellenlängenabhängig sind. Für monochromatische Strahlung lässt sich die Intensität im Zentralbereich mit (7.13) und (7.10) für eine Zweistrahlinterferenz berechnen, wobei hier δ durch die Weglängendifferenz x zwischen den Interferometerarmen entsteht:

$$dI(x) = \frac{dI_k(k)}{dk}(1+\cos\delta)\,dk \quad \text{mit} \quad \delta = 2x\frac{2\pi}{\lambda} = 2xk .$$
(7.24)

Die Wahl des x-Nullpunkts sorgt dafür, dass in (7.24) nur cos-Terme vorkommen. Gleichung (7.24) wurde in differentieller Form geschrieben. Von der Quelle werden simultan viele Frequenzen emittiert. Da die Wellenphasen völlig unkorreliert sind, addieren sich die Intensitäten und nicht die Amplituden der Teilwellen:

$$I(x) = \int\limits_0^\infty \frac{dI_k(k)}{dk}\left(1+\cos(2xk)\right)dk .$$
(7.25)

Abgesehen von dem konstanten Term, der lediglich zu einer rechnerischen Komplikation führt, ist die Intensität $I(x)$ die Fourier-Transformierte des Wellenzahl-Spektrums $dI_k(k)/dk$. Gleichung (7.25) lässt sich daher mit Hilfe eines Computers numerisch umkehren: Man führt $N+1$ Intensitätsmessungen bei den Spiegelstellungen

$$x_0 = 0, \; x_1 = \Delta x = \frac{L}{N}, \; \ldots \; x_N = N\Delta x = L$$

durch, diskretisiert das Inversionsproblem und erhält im Idealfall

$$\frac{dI_k(k)}{dk} \propto F(k) = \text{const} + \Delta x \sum_{i=0}^N I(x_i)\cos(2x_i k) .$$
(7.26)

Die rekonstruierte Funktion $F(k)$ ist eine periodische Funktion von k. Die Periodizität k_0 ergibt sich aus der Bedingung $2x_1 k_0 = 2\Delta x k_0 = 2\pi$ zu $k_0 = \pi/\Delta x = N\pi/L$. Für alle x_i sind dann die Phasen $2x_i k_0$ in (7.26) ganzzahlige Vielfache von 2π, und für die Wellenzahl $k_{\max} = k_0/2$ sind sie ganzzahlige Vielfache von π. Deshalb ist die Funktion $F(k)$ um die Stelle $k = k_{\max}$ symmetrisch: Zu jeder Wellenzahl k unterhalb von $k_{\max}$ gibt es eine andere oberhalb von $k_{\max}$ mit dem gleichen Funktionswert F. Es ist nicht möglich, gleichzeitig das Spektrum unterhalb und oberhalb von $k_{\max}$ zu rekonstruieren, man beschränkt sich auf die Wellenzahlen $k < k_{\max}$. Die kleinste Periodizität Δk in der Summe (7.26) weist der Term proportional

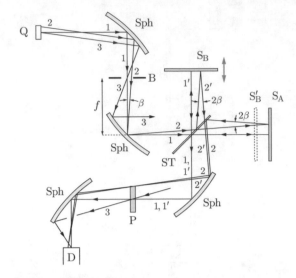

Abbildung 7.15 Strahlengang in einem FTIR-Spektrometer. Q: Lichtquelle, Sph: sphärische Spiegel, B: Aperturblende, S_A und S_B: fester und beweglicher Interferometer-Spiegel, S'_B: Spiegelbild von S_B, ST: Strahlteiler, P: Probe, D: Detektor. 1,1′ und 2,2′: Paare von Lichtwegen mit unterschiedlichem Gangunterschied. Der Lichtweg 3, vom gleichen Punkt der Quelle kommend wie 1, verläuft im Interferometer parallel zu 1 und trifft wieder auf 1 in der Probe

zu $\cos(2N\Delta x k) = \cos(2Lk)$ auf, es ist $\Delta k = \pi/L$. Feinere Details, also kleinere Wellenzahldifferenzen und die entsprechenden Frequenzdifferenzen $\Delta\nu = c\Delta k/2\pi$ lassen sich nicht auflösen. Das Spektrum ist also im Bereich

$$0 < k < k_{\max} = N\pi/2L$$
(7.27)

mit der Auflösung

$$\Delta k = \pi/L$$
(7.28)

rekonstruierbar. Die spektrale Auflösung ist durch den Hubweg L begrenzt. Die Tatsache, dass $k_{\max}$ nicht gleich $N\Delta k$ ist, sondern nur halb so groß, wird in der Nachrichtentechnik als das **Nyquistsche Abtasttheorem** bezeichnet. Wird die Folge der Messungen (der „Scan") nicht ab $x = 0$, sondern ab $x = L_{\min}$ in N Schritten mit dem Gesamthub L durchgeführt, lässt sich ein Spektrum im Bereich $k_{\min} = \pi/L_{\min} < k < k_{\max} = \pi/L_{\min} + N\pi/2L$ ermitteln. In der Praxis müssen an die Resultate Phasenkorrekturen angebracht werden, weshalb zu (7.26) Sinuskomponenten hinzugefügt werden müssen.

In einem FTIR-Spektrometer werden für optische Abbildungen Spiegel verwendet (Abb. 7.15). Die Strahlung der Quelle Q wird zunächst auf eine Aperturblende B fokussiert und, bevor sie in das Interferometer eintritt, parallel gebündelt. Der Strahlteiler ST muss infrarotdurchlässig sein, verwendet wird z. B. KBr. Nach Verlassen des Interferometers wird der IR-Strahl auf die Probe P fokussiert und gelangt zuletzt zu einem IR-Detektor D, der ein Halbleiterdetektor oder ein pyroelektrischer Detektor sein kann. Als Hilfsmittel zur Kalibration der Wellenlänge und

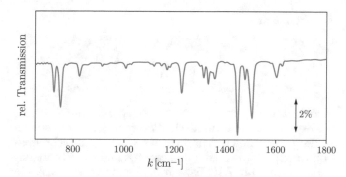

Abbildung 7.16 Transmission von Infrarotstrahlung durch eine 70 nm dicke organische Halbleiterschicht (CBP) auf einem Silizium-Wafer bei senkrechtem Lichteinfall. Das Spektrum wurde normiert auf die Absorption eines reinen Silizium-Wafers, andernfalls wäre die Absorption durch den organischen Halbleiter nicht zu erkennen. Man sieht am Maßstab, dass diese Analyse eine hohe Genauigkeit der Intensitätsmessung voraussetzt. Aufnahme: A. Pucci, Kirchhoff-Institut der Universität Heidelberg

zur Steuerung dient ein Laserstrahl bekannter Frequenz, z. B. der eines He/Ne-Lasers, der zusätzlich eingekoppelt und detektiert wird. Damit Licht mit den unrekonstruierbaren Wellenzahlen nicht in den Detektor gelangt, muss es mit einem geeigneten Fenster unterdrückt werden. Als Beispiel zeigt Abb. 7.16 das Absorptionsspektrum eines organischen Halbleiters. Ein Zahlenbeispiel findet man in Aufg. 7.7.

FTIR-Spektrometer haben heute die „dispersiven" Instrumente verdrängt, die auf einem Reflexionsgitter (Abschn. 8.2) basieren. Letztere selektieren *nacheinander* N Frequenzen, bei denen die Intensität gemessen wird. Da bei N Scans in einem FTIR-Spektrometer jeweils die Intensität des *gesamten* Spektrums registriert wird, erhält man eine N-fache Erhöhung der Intensität gegenüber einem dispersiven Instrument. Wenn der statistische Fehler der Messung vom Rauschen dominiert wird, steigt der Rauschpegel gegenüber einem dispersiven Instrument nur um einen Faktor $\sqrt{N}$ an. Es lässt sich zeigen, dass die Fourier-Transformation (7.26) diesem Sachverhalt keinen Abbruch tut. Das Signal-zu-Rauschverhältnis eines FTIR-Spektrometers ist also um einen Faktor proportional zu $\sqrt{N}$ besser, was erheblich kürzere Messzeiten ermöglicht.

Ein zusätzlicher Vorteil des FTIR-Spektrometers gegenüber dem Gitterspektrometer ist sein höherer Lichtdurchsatz. Darunter versteht man den Bruchteil der Leistung der Lichtquelle, der in den Detektor gelangt. Detektiert wird nicht nur das Lichtbündel, das senkrecht auf die Interferometerspiegel trifft, sondern auch jedes, das um einen nicht zu großen Neigungswinkel β dagegen gekippt ist (Abb. 7.15 und 7.17). Von β hängt der Gangunterschied zwischen zwei Lichtstrahlen ab, die an den beiden Interferometerspiegeln reflektiert werden. Man findet ihn für den maximalen Spiegelabstand mit (7.18), indem man

Abbildung 7.17 Detailansicht des Gangunterschieds zwischen den Strahlen 2 und 2′ aus Abb. 7.15. Die Buchstaben A bis D entsprechen Abb. 7.8

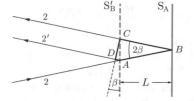

dort $n = 1$ und $d = L$ setzt: $2L \cos \beta \approx 2L - L\beta^2$. Die diesem Gangunterschied entsprechende Phase $4\pi L \cos \beta / \lambda$ darf sich von der größten in (7.26) auftretenden Phase $2Lk$ um nicht mehr als 2π unterscheiden, woraus folgt:

$$\frac{2\pi L \beta_{\max}^2}{\lambda} = 2\pi \quad \rightarrow \quad \beta_{\max} = \sqrt{\frac{\lambda}{L}} .$$

Der Radius der Aperturblende ist dann $\beta_{\max} f$, wenn f die Brennweite des abbildenden Spiegels ist (Abb. 7.15), und die Blende hat die Fläche $\pi f^2 \lambda / L$. Hierin lässt sich λ / L durch das maximale Auflösungsvermögen $\mathcal{R}$ des Interferometers ausdrücken, das bei der minimalen Wellenlänge $\lambda_{\min}$ vorliegt:

$$\mathcal{R} = \frac{k_{\max}}{\Delta k} = \frac{2\pi}{\lambda_{\min} \Delta k} = \frac{2\pi L}{\lambda_{\min} \pi} \quad \rightarrow \quad \frac{\lambda_{\min}}{L} = \frac{2}{\mathcal{R}} .$$

Im Gegensatz zum FTIR-Spektrometer erfolgt bei einem dispersiven Instrument die Wellenlängenselektion durch eine Lichtablenkung *senkrecht* zur mittleren Strahlrichtung, wie wir am Beispiel des Prismenspektrometers gesehen haben. Am Spektrometereingang befindet sich eine spaltförmige Blende der Breite $\beta_{\max} f$, wobei der Strahl-Öffnungswinkel $\beta_{\max}$ durch das Auflösungsvermögen $\mathcal{R}$ des Spektrometers begrenzt ist. Wie man aus den Resultaten des nächsten Kapitels ablesen kann, ergibt sich für das Gitter $\beta_{\max} \approx 1/\mathcal{R}$. Mit der vertikalen Höhe h des Beleuchtungsspalts erhält man als Fläche der Aperturblende $\beta_{\max} f h = f h / \mathcal{R}$. Als Verhältnis der Blendenflächen zwischen den beiden Spektrometertypen erhält man *bei gleicher Auflösung* den von der Wellenlänge unabhängigen Wert $2\pi f^2 / f h = 2\pi f / h$. Aus konstruktiven Gründen ist die Spalthöhe immer deutlich kleiner als die Brennweite, sodass das FTIR-Spektrometer um rund zwei Größenordnungen im Vorteil ist. Wie man in Abb. 7.15 erkennt, bedingt die Begrenzung des Öffnungswinkels durch die Aperturblende automatisch auch eine Begrenzung des nutzbaren Lichtquellendurchmessers.

Die obigen Überlegungen sind nicht spezifisch für Infrarotstrahlung. In der Tat werden Instrumente, die auf diesem Prinzip basieren, auch im Bereich des sichtbaren Lichts und im nahen Ultraviolett eingesetzt.

7.2 Kohärenz

Bei den bisherigen Betrachtungen sind wir häufig von einer monochromatischen Punktlichtquelle ausgegangen. Das war eine Idealisierung, die unsere Überlegungen erheblich erleichterte. Reale Lichtquellen sind aber weder streng monochromatisch noch punktförmig. Wir wollen nun untersuchen, wie sich das auf die Kohärenz des Strahlungsfeldes auswirkt. Zunächst bleiben wir jedoch bei der Punktlichtquelle.

Quasimonochromatische Punktquelle, zeitliche und räumliche Kohärenz

In Abschn. 4.3 wurde gezeigt, dass ein zeitlich begrenzter Wellenzug mit der Frequenz ν_0 und der Dauer Δt ein Frequenzspektrum mit der Bandbreite $\Delta \nu \approx 1/\Delta t$ enthält (Gl. (4.41)). Auch das Umgekehrte gilt: In einem Wellenzug, der aus einer Lichtquelle mit der Bandbreite $\Delta \nu$ stammt, ist die Phase nur eine Zeit $\Delta t \approx 1/\Delta \nu$ stabil. Alle Lichtquellen haben eine endliche Bandbreite. Kommt das Licht aus einem Monochromator, ist die Bandbreite durch die Einstellung des Geräts gegeben, bei einer Spektrallampe durch die Lichtemission der Atome, durch deren thermische Bewegung und durch den Gasdruck – wir werden darauf in Bd. V/1.1 eingehen. Auch ein Laserstrahl hat eine endliche Bandbreite: Wir werden das in Abschn. 7.4 diskutieren. Eine feste Phasenbeziehung besteht in einer Lichtwelle nur während der

Kohärenzzeit

$$\Delta t_{\mathrm{c}} \approx \frac{1}{\Delta \nu} \, . \tag{7.29}$$

Eine Lichtwelle mit relativ schmaler Bandbreite nennt man **quasimonochromatisch**. Wie man sich eine solche Welle vorzustellen hat, und wie sie z. B. bei der Lichtemission durch Atome zustande kommt, zeigt die Rechnersimulation in Abb. 7.18. Es wurde angenommen, dass die Atome unabhängig voneinander, also zu statistisch verteilten Zeitpunkten, Wellenzüge mit der Feldstärke

$$E(t) = E_0 \mathrm{e}^{-t/\tau} \cos \omega_0 t \tag{7.30}$$

emittieren (Abb. 7.18a). Abbildung 7.18b zeigt die Überlagerung solcher Wellenzüge bei im Mittel 100 Emissionsakten im Zeitintervall τ. Die Phasenlage der resultierenden Welle bezüglich einer Referenzwelle mit der festen Frequenz ω_0 ist in Abb. 7.18c gezeigt. Man sieht, dass die Phase nur für gewisse Zeitabschnitte $(\Delta t_{\mathrm{c}})_i$ einigermaßen stabil bleibt. Danach verschiebt sich die Phase der Welle in einer nicht vorhersagbaren Weise. In den Zonen zwischen den einzelnen Abschnitten interferieren die Wellen destruktiv. Daher sind die kohärenten Abschnitte durch Bereiche reduzierter Amplitude voneinander getrennt. Innerhalb der Abschnitte bleibt die Amplitude einigermaßen konstant. Sie schwankt jedoch von Abschnitt zu Abschnitt beträchtlich um den Langzeit-Mittelwert. Dass die Struktur der Welle nicht von der begrenzten Statistik herrührt, sondern ein Kohärenzphänomen ist, zeigen Abb. 7.18d und e, bei denen die Welle mit 10^4 Emissionsakten pro Zeitintervall τ berechnet wurde. Eine einfache

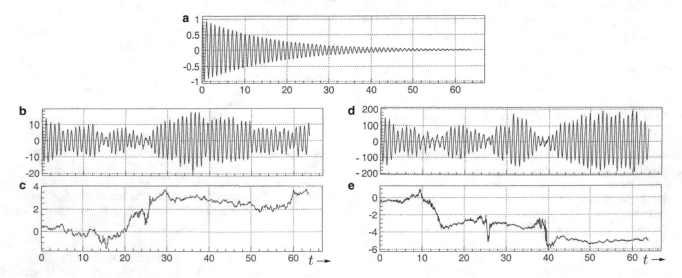

Abbildung 7.18 Amplitude und Phase einer quasimonochromatischen Welle. **a** Einzelner Wellenzug, **b** Amplitude und **c** Phase (in Radian) bei Überlagerung von 100 Wellenzügen pro Zeitintervall τ, **d** und **e** bei 10^4 Wellenzügen $/\tau$. Auf der Zeitachse ist die Zahl der Schwingungen aufgetragen

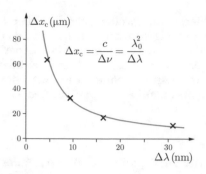

Abbildung 7.19 Messung der Kohärenzlänge mit dem Michelson-Interferometer (Praktikumsversuch, Universität Heidelberg). Das Wellenlängenintervall $\Delta\lambda$ wird am Austrittsspalt des Monochromators eingestellt. *Ausgezogen*: Theoretische Kurve ($\lambda_0 = 546$ nm)

Formel zur Beschreibung einer quasimonochromatischen Welle ist

$$E(t) = E_0(t) \cos\big(k_0 x - \omega_0 t + \delta(t)\big) . \qquad (7.31)$$

Wir wollen nun die Kohärenzzeit Δt_c mit (7.29) abschätzen. In Abschn. 4.4 haben wir mit Hilfe der Fourier-Transformation das Frequenzspektrum eines exponentiell abklingenden Signals berechnet. Wir erhielten die Lorentz-Kurve (4.57) mit der Halbwertsbreite (4.60):

$$(\Delta\nu)_{\mathrm{HWB}} = 1/2\pi\tau_{\mathrm{E}} = 1/\pi\tau .$$

Die Abklingzeit der Amplitude τ in Abb. 7.18a entspricht 15 Schwingungen. Man erwartet also mit (7.29)

$$\Delta t_c \approx \pi\tau \,\widehat{=}\, 45 \text{ Schwingungen} . \qquad (7.32)$$

Das stimmt mit Abb. 7.18c und e qualitativ überein.[4]

Der Kohärenzzeit Δt_c entspricht bei der fortlaufenden Welle die **Kohärenzlänge**

$$\Delta x_c = c\Delta t_c . \qquad (7.33)$$

Man kann sie verhältnismäßig leicht mit einem Michelson-Interferometer bestimmen. Wenn die Arme des Interferometers auf genau gleiche Länge eingestellt sind, sieht

---

[4] Zur quantitativen Definition der zeitlichen Kohärenz einer quasimonochromatischen Welle berechnet man die **normierte Autokorrelationsfunktion**

$$C(t') = \frac{\overline{E(t)E^*(t+t')}}{\overline{E(t)E^*(t)}} .$$

$E(t)$ ist die komplexe Amplitude der Welle. Die zeitliche Mittelung erfolgt über eine lange Zeit $T \gg \Delta t_c$. Offenbar ist $C(0) = 1$. Δt_c ist die Zeit, in der $|C(t)|$ auf $1/e$ abgefallen ist. Es zeigt sich, dass $|C|$ identisch ist mit der Größe V, die wir in (7.35) definieren werden.

Tabelle 7.1 Typische Werte für die Kohärenzlänge von Lichtquellen

Lichtquelle	Δx_c
Weißlicht	einige μm
Hg-Bogenlampe	einige mm
Spektrallampe	einige cm
Laser	einige 100 m

man die Interferenzstreifen optimal, weil bei der Überlagerung der beiden Teilwellen stets Bereiche gleicher Phase zusammentreffen. Die Interferenzstreifen verschwinden, wenn man in Abb. 7.14 den Spiegel S_1 um $\pm\Delta x_c$ verschiebt. Messergebnisse sind in Abb. 7.19 gezeigt. In Tab. 7.1 findet man typische Werte für die Kohärenzlängen einiger Lichtquellen. Auch das weiße Licht hat noch eine Kohärenzlänge. Definiert man hier die Bandbreite durch den Bereich, in dem die Empfindlichkeit des Auges $V(\lambda) \geq 5\%$ vom Maximalwert ist, erhält man mit Abb. 3.22, (7.33) und (7.29)

$$\begin{aligned}\frac{\Delta\nu}{\nu_0} &= \frac{\Delta\lambda}{\lambda_0} \approx \frac{200 \text{ nm}}{600 \text{ nm}} = \frac{1}{3} \\ \Delta x_c &= \frac{c}{\Delta\nu} \approx \frac{3c}{\nu_0} = 3\lambda_0 .\end{aligned} \qquad (7.34)$$

ν_0 und λ_0 sind mittlere Werte der Frequenz bzw. der Wellenlänge. Man kann also mit dem Michelson-Interferometer oder mit anderen interferometrischen Vorrichtungen auch „Weißlicht-Interferenzen" beobachten, eine gute Methode, die Lichtwege auf gleiche Länge einzustellen.

Δx_c gibt direkt die **longitudinale Kohärenz** des Wellenfeldes an. Die **transversale Kohärenz** der Wellen bedeutet, wie weit zwei quer zur Ausbreitungsrichtung liegende Punkte noch auf der gleichen Wellenfront liegen können. Auch diese Größe ist durch Δt_c und Δx_c gegeben: Wenn beim Youngschen Experiment (Abb. 7.6) der Gangunterschied zwischen den interferierenden Wellen $G \geq \Delta x_c$ wird, verschwinden die Interferenzstreifen. Die Breite des Bereichs in der Beobachtungsebene, in dem man die Streifen sieht, entspricht der transversalen Kohärenz.

Diese longitudinale und transversale Kohärenz des Wellenfeldes kann man wunderschön beobachten, wenn man auf ruhigem Wasser mit einem Boot in eine Zone mit vom Wind erregten Kapillarwellen gerät. Man sieht deutlich, über welche Strecke die Phase der Wellen in Ausbreitungsrichtung erhalten bleibt und wie weit quer zu dieser Richtung die Wellenfronten reichen.

Teilweise Kohärenz, Visibilität. Es ist klar, dass beim Überschreiten des Kohärenzbereichs die Interferenzstreifen nicht plötzlich verschwinden: Der Kontrast zwischen maximaler und minimaler Intensität, $I_{\max}$ und $I_{\min}$, nimmt allmählich ab. Als Maß für die Qualität der Streifen

Abbildung 7.20 Messung der räumlichen Kohärenz mit dem „Optischen Stethoskop" (Gedankenexperiment)

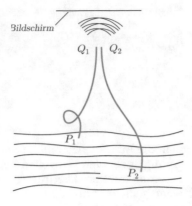

zwei Ein-Moden-Lichtwellenleitern gleicher Länge. Die beiden zusammengeführten Enden dienen als Punktquellen in einem Youngschen Interferenz-Experiment. Bei vollständiger Kohärenz ist $V = 1$ und bei Inkohärenz ist $V = 0$. Bei teilweiser Kohärenz kann man die Visibilität der Streifen als quantitatives Maß für den Kohärenzgrad verwenden.

definiert man die **Sichtbarkeit**, auch **Visibilität** genannt, folgendermaßen:

$$V = \frac{I_{\max} - I_{\min}}{I_{\max} + I_{\min}} . \qquad (7.35)$$

$I_{\max}$ und $I_{\min}$ sind die Intensitäten in zwei nebeneinander liegenden hellen und dunklen Interferenzstreifen. $V = 1$ bedeutet $I_{\min} = 0$, $V = 0$ bedeutet $I_{\min} = I_{\max}$, also keinerlei Interferenzstreifen.

Wir können damit eine quantitative Definition der Kohärenz vornehmen. Wir machen uns zunächst klar, dass Kohärenz eine Eigenschaft des *Strahlungsfeldes* ist, und eine Frage der *Korrelationen* innerhalb dieses Feldes. Ist die Phase am Punkt r zur Zeit t bekannt, kann man versuchen, die Phase am Ort r' zur Zeit t' vorherzusagen. Trifft diese Vorhersage genau zu, ist das Wellenfeld an den beiden Raum-Zeitpunkten *vollständig kohärent*. Trifft sie mit gleicher Wahrscheinlichkeit das falsche wie das richtige Vorzeichen der Phase, ist es *inkohärent*. Dazwischen liegt das Gebiet der **teilweisen Kohärenz**. Eine praktische Methode, die Kohärenz des Wellenfeldes zu messen, ist die Beobachtung von Interferenzstreifen. Zumindest im Gedankenexperiment kann man die räumliche Kohärenz eines beliebigen Wellenfeldes mit dem in Abb. 7.20 gezeigten **Optischen Stethoskop**[5] messen: Es besteht aus

Ausgedehnte Lichtquellen, Kohärenzbedingung

Jede Lichtquelle hat eine räumliche Ausdehnung, und gewöhnlich emittieren die Atome in der Lichtquelle ihr Licht ganz unabhängig voneinander. Man nennt eine solche Lichtquelle **inkohärent**, denn es gibt keine Phasenbeziehung zwischen den von verschiedenen Punkten der Quelle abgestrahlten Wellen. Wie wir gleich sehen werden, ist dennoch das Strahlungsfeld der Lichtquelle in einem begrenzten Winkelbereich kohärent. Qualitativ kann man sich das mit Abb. 7.21 klarmachen. Das von A ausgehende Licht der Wellenlänge λ ist an den Punkten C und D zweifellos kohärent und gleichphasig, denn die Strecken $\overline{AC}$ und $\overline{AD}$ sind gleich lang. Die Lichtwege von B nach C und D seien l_1 und l_2. Wir berechnen die Differenz $l_1 - l_2$.

$$l_1^2 = l^2 + \left(\frac{b+d}{2}\right)^2 , \quad l_2^2 = l^2 + \left(\frac{b-d}{2}\right)^2 ,$$

$$l_1^2 - l_2^2 = 4\frac{bd}{4} \quad \rightarrow \quad (l_1 + l_2)(l_1 - l_2) = bd .$$

Nun ist $l_1 + l_2 \approx 2l$, wenn l groß gegen b und d ist. Es folgt $l_1 - l_2 = bd/2l$. Auch das von B nach C und D laufende Licht ist noch annähernd gleichphasig, falls $(l_1 - l_2) < \lambda/2$ ist. *Jeder Punkt zwischen C und D wird von jedem Punkt der Quelle mit annähernd gleichphasigen Wellen erreicht,* wenn

$$l_1 - l_2 = \frac{bd}{2l} < \frac{\lambda}{2} \quad \rightarrow \quad b < \frac{l\lambda}{d}$$

ist. Manchmal ist es praktisch, von dem in Abb. 7.21 eingezeichneten Winkel $\gamma \approx d/l$ auszugehen. Die **Kohärenzbedingung** ist also

$$b < \frac{l\lambda}{d} \quad \text{oder} \quad \gamma < \frac{\lambda}{b} . \qquad (7.36)$$

Obgleich die Lichtemission von A und B und von den anderen Quellpunkten nicht korreliert ist, entsteht zwischen C und D ein kohärentes Strahlungsfeld. Gleichung (7.36) ist ein leicht anwendbares Kriterium dafür, ob eine ausgedehnte Lichtquelle näherungsweise als Punktquelle betrachtet werden kann oder nicht.

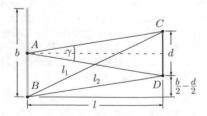

Abbildung 7.21 Zur Ableitung der Kohärenzbedingung (7.36)

---

[5] Nach S.G. Lipson, H.S. Lipson und D.S. Tannhauser, „Optik", Springer-Verlag (1997).

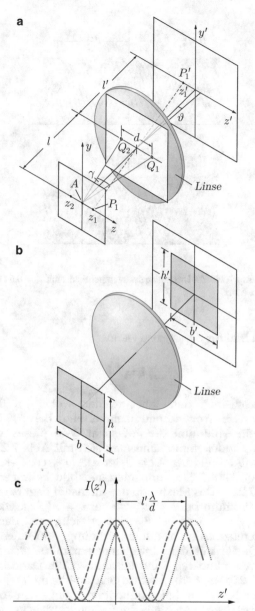

Abbildung 7.22 Interferenzversuch mit ausgedehnter Lichtquelle. In **a** und **b** sind die Längen l und l' stark verkleinert dargestellt

Wir untersuchen nun den Vorgang quantitativ. Das wird etwas mühsam, lohnt sich aber, schon wegen der Anwendungen in der Astronomie, die wir anschließend besprechen. In Abb. 7.22a ist nochmals der Versuchsaufbau des Youngschen Experiments (Abb. 7.6) gezeigt, anstelle der Punktlichtquelle Q_0 diesmal mit einer flächenhaften Lichtquelle. Außerdem ist hinter der Blende mit den beiden kleinen Öffnungen eine Linse angebracht. Sie bildet die Lichtquelle auf die Bildebene ab wie Abb. 7.22b zeigt, und bewirkt, dass die Beugungsscheibchen, die sich in

Abb. 7.6c nur teilweise überlappen, genau zur Deckung kommen.

Zur Vereinfachung nehmen wir zunächst an, die Öffnungen seien sehr klein und die Lichtquelle sei monochromatisch. Dann erzeugt der Punkt A der Quelle in der Bildebene ein Interferenzbild, dessen Intensitätsverteilung nach (7.13), (7.10) und (7.14) durch

$$I(z') = 2I_1(1 + \cos\delta)$$
$$\text{mit} \quad \delta = \frac{2\pi}{\lambda}G = \frac{2\pi}{\lambda}d\sin\vartheta \approx \frac{2\pi d}{\lambda l'}z' \tag{7.37}$$

gegeben ist. (Wir verwenden hier und im Folgenden die Bezeichnungen von Abb. 7.22.) Diese Intensitätsverteilung ist in Abb. 7.22c als ausgezogene Linie dargestellt. Die Interferenzstreifen sind um das bei $z' = 0$ liegende Maximum nullter Ordnung symmetrisch angeordnet. Das gleiche Streifenmuster entsteht durch Wellen, die von den über oder unter A liegenden Punkten ausgehen. Das von dem Punkt $(z_1, 0)$ ausgehende Licht erzeugt die in Abb. 7.22c gestrichelt eingezeichnete Intensitätsverteilung. Sie ist um das bei z_1' liegende Bild des Punkts $(z_1, 0)$ zentriert, denn dort liegt das Maximum nullter Ordnung: Infolge der optischen Abbildung sind die optischen Weglängen $z_1 Q_1 z_1'$ und $z_1 Q_2 z_1'$ gleich. Entsprechend liegen die Interferenzstreifen, die von anderen Punkten erzeugt werden. So gehört die gepunktete Linie in Abb. 7.22c zu dem von $z_2 = -z_1$ ausgehenden Licht. Die resultierende Intensitätsverteilung ist nach (7.37) gegeben durch

$$I(z') = K \int_{-b'/2}^{+b'/2} \left[1 + \cos\frac{2\pi d}{\lambda l'}\left(z' - z_1'\right)\right] dz_1' . \tag{7.38}$$

K ist eine Konstante. Die Integration ergibt

$$I(z') = Kb' + K\frac{\lambda l'}{\pi d}\sin\frac{\pi b'd}{\lambda l'}\cos\frac{2\pi d}{\lambda l'}z' . \tag{7.39}$$

Die Intensität oszilliert um den Mittelwert $\bar{I} = Kb'$. Wir schreiben (7.39)

$$I(z') = \bar{I}\left(1 + \frac{\sin\beta}{\beta}\cos\delta\right),$$
$$\text{mit} \quad \beta = \frac{\pi d}{\lambda l'}b' = \frac{\pi d}{\lambda l}b . \tag{7.40}$$

β ist also proportional zur Breite b der Lichtquelle, und die Funktion $\sin\beta/\beta$ (ausgezogene Kurve in Abb. 7.23a, vgl. auch Abb. 4.14) bestimmt die Kontraste im Interferenzbild. Die Maxima und die Minima der Intensität sind

$$I_{\max} = \bar{I}\left(1 + \left|\frac{\sin\beta}{\beta}\right|\right), \quad I_{\min} = \bar{I}\left(1 - \left|\frac{\sin\beta}{\beta}\right|\right).$$

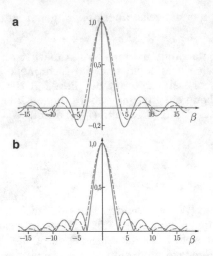

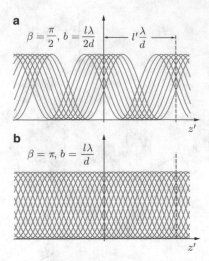

Abbildung 7.23 **a** Die Funktionen $\sin\beta/\beta$ (*ausgezogen*) und $2J_1(\beta)/\beta$ (*gestrichelt*), **b** Visibilität der Interferenzstreifen, nach (7.41) und (7.43)

Abbildung 7.25 Zur Entstehung der Interferenzbilder mit $V = 0{,}64$ und $V = 0$ in Abb. 7.24

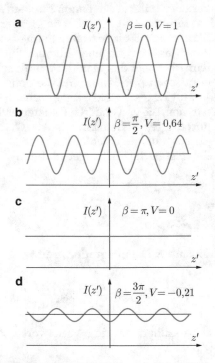

Abbildung 7.24 Intensität in der Bildebene in Abb. 7.22 bei verschiedenen Werten von β, monochromatisches Licht und sehr kleine Blendenöffnungen vorausgesetzt

Daraus folgt für die in (7.35) definierte Visibilität

$$V = \left|\frac{\sin\beta}{\beta}\right| \quad \text{mit} \quad \beta = \frac{\pi bd}{l\lambda}\ . \tag{7.41}$$

Diese Funktion ist in Abb. 7.23b durch die ausgezogene Kurve dargestellt. In Abb. 7.24 sieht man $I(z')$ für einige Werte von β. Die Interferenzstreifen verschwinden zum

ersten Mal für $\beta = \pi$, also wenn

$$b = \frac{l\lambda}{d} \tag{7.42}$$

ist, erscheinen dann aber wieder, wobei im Bereich $\beta = \pi \ldots 2\pi$ Vorzeichenumkehr erfolgt: Bei $z' = 0$ liegt nun ein Minimum der Intensität. Wie dieses Verhalten zustandekommt, kann man sich mit Abb. 7.25 klarmachen. Abbildung 7.25a zeigt die $(1 + \cos\delta)$-Kurven, die bei Abb. 7.24b zum Interferenzbild beitragen (vgl. Abb. 7.22c). Das Maximum der Intensität liegt bei $z' = 0$, das Minimum bei $\delta = \pi$, also bei $z' = \lambda l'/2d$. Die Visibilität $V = 0$ wird bei $\beta = \pm\pi$ erreicht, weil dann das Interferenzmaximum nullter Ordnung vom einen Rand der Quelle mit dem Interferenzmaximum erster Ordnung vom anderen Rand zusammenfällt. Dann ist, wie Abb. 7.25b zeigt, die z'-Achse gleichmäßig mit $(1 + \cos\delta)$-Kurven belegt, und die Summation ergibt einen konstanten Wert. Wird nun die Lichtquelle nochmals verbreitert, bevölkern die neu hinzugekommenen Kurven das Gebiet um $z' = \lambda l'/2d$, d. h. es entsteht nun dort das Interferenz-Maximum, und das Minimum liegt bei $z' = 0$.

(7.42) zeigt, dass die „Kohärenzbedingung" (7.36) angibt, wie weit die Lichtquelle verbreitert werden kann, bis die Streifen zum ersten Mal verschwinden. Die Nebenmaxima der Visibilitätskurve werden nicht berücksichtigt.

Wir hatten vorausgesetzt, dass die Öffnungen Q_1 und Q_2 sehr klein seien, so dass man hinter der Blende von zwei Kugelwellen ausgehen kann. Bei größeren Öffnungen mit dem Durchmesser D erhält man in der Bildebene zwei Beugungsscheibchen, deren Radius nach (6.42) $\rho = 1{,}22\lambda l/D$ ist. Sie liegen Dank der Linse genau aufeinander. Die mittlere Intensität $\bar{I}$ entspricht dann der Intensitätsverteilung in einem Beugungsscheibchen, auf die wir in Kap. 8 zurückkommen werden. Sie ist in Abb. 7.26 als gestrichelte Linie angegeben. Abbildung 7.26a zeigt die Interferenzstreifen nach (7.40), wobei $V = 0{,}5$ angenommen wurde. Wird außerdem die Bandbreite des Lichts vergrößert, fällt die Visibilität der Streifen entsprechend der abnehmenden transversalen Kohärenz mit zunehmender Ordnung der Interferenzstreifen ab (Abb. 7.26b). In jedem Fall gilt: Je größer der Abstand zwischen den Öffnungen, desto mehr rücken die Streifen zusammen; je größer der Durchmesser der Öffnungen, desto kleiner wird der Radius des Beugungsscheibchens.

In der Praxis hat man es oft mit kreisförmigen Lichtquellen zu tun. Dann wird die Berechnung der Visibilität etwas schwieriger, das Ergebnis ist aber sehr ähnlich. Statt (7.41) erhält man

$$V(\beta) = \left| \frac{2J_1(\beta)}{\beta} \right| \quad \text{mit} \quad \beta = \frac{2\pi R d}{l\lambda} \ . \tag{7.43}$$

$J_1(\beta)$ ist die Besselfunktion erster Ordnung, auf die wir bereits in Bd. III/17 bei der Berechnung des Magnetfelds in einem zylindrischen Hohlraum-Resonator gestoßen sind (Bd. III, Abb. 17.28). R ist der Radius der Lichtquelle. Die Funktionen $2J_1(\beta)/\beta$ und $V(\beta)$ sind in Abb. 7.23 gestrichelt eingetragen. Die erste Nullstelle der Besselfunktion $J_1(\beta)$ liegt bei $\beta = 3{,}83 = 1{,}22\pi$, also bei

$$\frac{2Rd}{l\lambda} = 1{,}22 \ . \tag{7.44}$$

Bei kreisförmigen Lichtquellen lautet demnach die Kohärenzbedingung (7.36)

$$R < 0{,}61 \frac{\lambda l}{d} \quad \text{oder} \quad \gamma < 0{,}61 \frac{\lambda}{R} \ . \tag{7.45}$$

Interferometrische Methoden in der Astronomie

Bekanntlich erscheinen Fixsterne auch im Teleskop als punktförmige Objekte, d. h. sie werden in der Brennebene des Teleskopobjektivs als ein Beugungsscheibchen abgebildet, dessen Radius vom Durchmesser des Objektivs abhängt. Der *Winkeldurchmesser* des Sterns, $\vartheta = 2R/l$ (Abb. 7.27a), ist viel kleiner als das durch (6.57) gegebene Auflösungsvermögen des Teleskops. Im Prinzip könnte man trotzdem, gestützt auf (7.44), Sterndurchmesser interferometrisch bestimmen, indem man vor einem Teleskop im variablen Abstand d zwei Öffnungen anbringt. Das Bild des Sterns in der Brennebene ist dann ein Beugungsscheibchen mit größerem Radius, entsprechend dem kleineren Durchmesser der Öffnungen Q_1

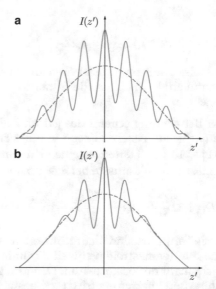

Abbildung 7.26 Intensitäten bei größeren Blendenöffnungen, **a** mit monochromatischem Licht, **b** mit quasimonochromatischem Licht

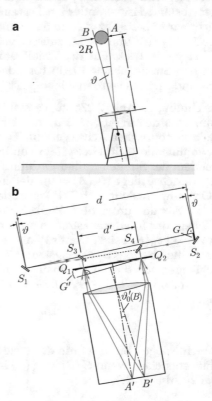

Abbildung 7.27 Stellar-Interferometrie. **a** Zur Definition des Winkeldurchmessers, **b** Michelsons Stellar-Interferometer. Die Pfeile hinter Q_1 und Q_2 zeigen die Aufweitung des Strahls infolge der Beugung an den Öffnungen. Alle Winkel sind in den Zeichnungen maßlos übertrieben

und Q_2. Auf dem Scheibchen erscheinen Interferenzstreifen, und man kann die Visibilität der Streifen als Funktion von d messen (Gl. (7.43)). Die Streifen verschwinden nach

(7.44) bei

$$d = 1{,}22 \frac{\lambda l}{2R} = 1{,}22 \frac{\lambda}{\vartheta} \; . \tag{7.46}$$

Auf diese Weise kann man den Winkeldurchmesser des Sterns bestimmen. Kennt man die Entfernung l, ist R in Metern angebbar.

Bei näherer Betrachtung scheint das jedoch kaum praktikabel: Die nächsten Fixsterne liegen in einer Entfernung von ca. $10\,\mathrm{Lj} \approx 10^{17}\,\mathrm{m}$. Hätten sie einen Durchmesser wie die Sonne ($2R \approx 10^9\,\mathrm{m}$), müsste bei $\lambda \approx 0{,}5\,\mu\mathrm{m}$

$$d = 1{,}22 \frac{l\lambda}{2R} = 0{,}6 \frac{10^{17} \cdot 10^{-6}}{10^9} \,\mathrm{m} = 60\,\mathrm{m}$$

sein. So große Fernrohre sind nicht realisierbar. Außerdem würden die Interferenzstreifen soweit zusammenrücken, dass sie nicht mehr auflösbar wären. Dennoch gelingt es, Sterndurchmesser interferometrisch zu bestimmen. Vor dem Instrument in Abb. 7.27a werden, wie in Abb. 7.27b gezeigt, vier Spiegel angebracht. S_1 und S_2 sind verschiebbar, d. h. der Abstand d ist veränderlich. Das auf S_1 und S_2 fallende Licht wird über S_3 bzw. S_4 in das Fernrohr geleitet. Die Strecken $S_1 S_3 A'$ und $S_2 S_4 A'$ müssen genau gleich lang sein. Der große Trick: Für die Visibilität ist d maßgeblich, für den Streifenabstand jedoch d', der Abstand zwischen S_3 und S_4. Dies werden wir sogleich beweisen.

Um die Zeichnung in Abb. 7.27b zu vereinfachen, nehmen wir an, dass der in Abb. 7.27a von A kommende Strahl parallel zur optischen Achse verläuft. Dann erzeugt das von A kommende Licht ein System von Interferenzstreifen, bei dem der Streifen nullter Ordnung bei A' auf der optischen Achse liegt ($\vartheta'_0(A) = 0$); der Interferenzstreifen 1. Ordnung entsteht nach (7.15) unter dem Winkel $\vartheta'_1(A) = \lambda/d'$. Für das unter dem Winkel ϑ einfallende Licht von B liegt der Interferenzstreifen nullter Ordnung unter dem Winkel $\vartheta'_0(B)$ bei B'. Dieser Winkel ist dadurch gegeben, dass die über das Spiegelsystem führenden optischen Weglängen von B nach B' genau gleich lang sind. Es muss also in Abb. 7.27b $G - G' = 0$ sein: $\vartheta d = \vartheta'_0(B)d'$. Daraus folgt

$$\vartheta'_0(B) = \frac{d}{d'}\vartheta \; .$$

Bei einem rechteckigen Stern würde das erste Minimum der Visibilität entstehen, wenn $\vartheta'_0(B) = \vartheta'_1(A)$ ist (vgl. den Kommentar zu Abb. 7.22c):

$$\frac{d}{d'}\vartheta = \frac{\lambda}{d'} \quad \rightarrow \quad d = \frac{\lambda}{\vartheta} \; . \tag{7.47}$$

Da die Sterne rund sind, ist diese Gleichung durch (7.46) zu ersetzen. Jedenfalls ist die Einstellung des Instruments für $V = 0$ unabhängig von d'. Man kann also d' so klein machen, dass die Interferenzstreifen weit genug auseinander liegen, und d so groß, wie es die mechanische

Stabilität des Aufbaus erlaubt. Dem sind allerdings Grenzen gesetzt: Die „genaue" Gleichheit von $\overline{S_1 S_3 A'}$ und $\overline{S_2 S_4 A'}$ erfordert, dass die Spiegelpositionen innerhalb eines kleinen Bruchteils einer Wellenlänge konstant gehalten werden können; sonst werden die Interferenzstreifen verwischt. Auch werden die Messungen leicht durch Turbulenzen in der Atmosphäre gestört, die die Laufzeiten des Lichts von A und B nach S_1 und S_2 beeinflussen.

Das Prinzip der **Stellar-Interferometrie** wurde schon von Fizeau vorgeschlagen. Die erste Bestimmung eines Fixstern-Durchmessers gelang Michelson 1920 mit einem Instrument, bei dem d bis auf 6 m gebracht werden konnte, und an einem Objekt, bei dem man aufgrund von Helligkeit und Farbe einen großen Durchmesser erwartete. Das war die Beteigeuze, ein sehr heller, rötlicher Stern im Orion, im Hertzsprung-Russel-Diagramm (Bd. I, Abb. 1.4) als Riesenstern eingestuft. Die Interferenzstreifen verschwanden bei $d = 301\,\mathrm{cm}$. Daraus ergab sich mit (7.46) ein Winkeldurchmesser von $\vartheta = 0{,}23\,\mu\mathrm{rad} = 0{,}05$ Bogensekunden. Die parallaktisch bestimmte Entfernung der Beteigeuze ist $l = 1{,}7 \cdot 10^{18}\,\mathrm{m}$. Daraus ergibt sich ein Durchmesser von $3{,}9 \cdot 10^{11}\,\mathrm{m}$, 280 mal größer als der Durchmesser der Sonne.

Damit war erwiesen, wie groß Riesensterne tatsächlich sind. Bei anderen Sterntypen versagt die Methode, denn d lässt sich nicht mehr wesentlich vergrößern. Dennoch hat sie in der Astronomie gute Dienste geleistet, besonders bei der Auffindung und Vermessung von Doppelsternsystemen, die mit dem Teleskop allein nicht aufgelöst werden konnten.

Korrelations-Interferometrie. Machen wir uns klar, dass mit dem optischen Stellar-Interferometer im Prinzip nur die Korrelation der Phasen der auf S_1 und S_2 fallenden Wellen gemessen wird. Nun haben wir schon in Abb. 7.18 gesehen, dass in einem quasimonochromatischen Wellenzug die Amplitude annähernd konstant ist, solange die Phase der Welle annähernd stabil bleibt. Phase und Amplitude zeigen in Abb. 7.18 dieselbe Korrelation. Man kann vermuten, dass dies generell gilt. Dann könnte man die schwierige Messung der Phasen in Michelsons Stellar-Interferometer durch Intensitätsmessungen ersetzen.

Diese Vermutung wird durch die (keineswegs einfache) Theorie bestätigt: Misst man an zwei Punkten, die voneinander den Abstand d haben, die Intensitäten, so sind deren Schwankungen um ihre Mittelwerte in der gleichen Weise miteinander korreliert, wie die Phasen des Sternenlichts.

Auf diesem Grundgedanken basiert die von R. Hanbury-Brown (1916–2002) und R. Q. Twiss (1920–2005) entwickelte **Korrelations-Interferometrie**. Die Anlage ist schematisch in Abb. 7.28 gezeigt. Das Licht des Sterns wird mit

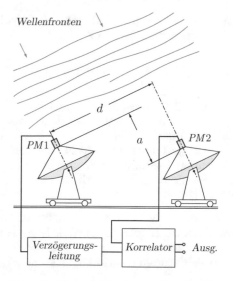

Wellenfronten

d

a

$PM1$ $PM2$

Verzögerungs-
leitung | Korrelator — Ausg.

Abbildung 7.28 Korrelations-Interferometrie nach Hanbury-Brown und Twiss

zwei Parabolspiegeln auf die Photomultiplier PM1 und PM2 fokussiert. Die Spiegel sind auf Schienen montiert. Sie können zur Variation von d gegeneinander verschoben werden. Die Verzögerungsleitung, ein Koaxialkabel geeigneter Länge, kompensiert die Laufzeit des Lichts auf der Strecke a. Im **Korrelator** werden die Abweichungen ΔI_1 und ΔI_2 von den Mittelwerten I_1 und I_2 herausgefiltert, miteinander multipliziert und zeitlich gemittelt. Haben ΔI_1 und ΔI_2 überwiegend gleiche Vorzeichen, erhält man am Ausgang ein Gleichstromsignal. Die funktionale Abhängigkeit des Signals von d und $\vartheta = 2R/l$ ist wie bei der optischen Interferometrie durch (7.43) gegeben. Die Genauigkeit, mit der die Längen der Leitungen von PM1 und PM2 zum Korrelator mit den Sollwerten übereinstimmen müssen, ist nun nicht mehr durch die Lichtwellenlängen, sondern nur durch die Kohärenzzeit gegeben, in der Praxis sogar nur durch die Zeitkonstanten der Signalverarbeitung. Daher kann man ohne Probleme d bis auf einige hundert Meter vergrößern; auch stören nun atmosphärische Turbulenzen nicht mehr die Messung. Man kann Winkeldurchmesser bis 0,0005 Bogensekunden messen und gewinnt einen Faktor 100 gegenüber Michelsons Stellar-Interferometer!

7.3 Vielstrahlinterferenz

Im ersten Abschnitt haben wir die Interferenz von zwei kohärenten Wellenzügen betrachtet. Es gibt aber auch Situationen, bei denen sich viele kohärente Wellen überlagern. Schon bei den im ersten Abschnitt behandelten Interferenzerscheinungen an planparallelen Platten hat

man es eigentlich mit Vielstrahlinterferenz zu tun; nur im Fall geringer Reflektivität der Oberflächen kann man die Mehrfachreflexionen vernachlässigen, wie wir es getan hatten. Bei der nun folgenden Diskussion der Vielstrahl-Interferenz beschränken wir uns auf einige Beispiele, die physikalisch besonders interessant und technisch von großer Bedeutung sind.

Dielektrische Spiegel

Abbildung 7.29 zeigt eine Glasplatte, auf der viele $\lambda/4$-Schichten aus transparenten Dielektrika aufgedampft sind. Dabei wurde abwechselnd ein Material mit relativ hohen und ein Material mit niedrigen Brechungsindex verwendet. Das einfallende Licht trifft zuerst auf eine Schicht mit hohem Brechungsindex. Das hat zur Folge, dass nur an der Fläche (1) ein Phasensprung um π stattfindet, nicht aber an der Fläche (2), denn dort erfolgt die Reflexion am optisch dünneren Medium. Die an (1) und (2) reflektierten Wellen löschen sich daher nicht gegenseitig aus, wie bei der reflexvermindernden Schicht in Abb. 7.13. Beide Wellen sind gegenüber dem einfallenden Licht um π phasenverschoben, und sie interferieren miteinander konstruktiv. Das an den Schichten (3) und (4) reflektierte Licht verlässt die Beschichtung mit der Phasenverschiebung $\pi + 2\pi$, und so geht es fort: Alle Teilwellen des reflektierten Lichts sind in Phase, sie verstärken sich. Da die Absorption in den sehr dünnen transparenten Schichten vernachlässigbar ist, kann man mit entsprechend vielen Schichten ein sehr hohes Reflexionsvermögen erreichen, bis zu $R \approx 0{,}999$. Das funktioniert natürlich nur in dem Wellenlängenbereich, auf den die $\lambda/4$-Schichten abgestimmt sind, und nur bei senkrechtem Lichteinfall. Man kann auch dielektrische Spiegel für einen vorgegebenen Einfallswinkel β herstellen, indem man die Schichtdicken entsprechend wählt. Mit einem sorgfältig hergestellten Silberspiegel erreicht man „nur" $R \approx 0{,}98$, das allerdings fast im ganzen sichtbaren und infraroten Spektralbereich und weitgehend unabhängig vom Einfallswinkel (Abb. 5.26).

Abbildung 7.29 Dielektrischer Spiegel

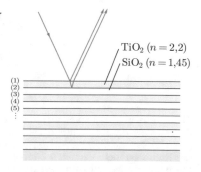

TiO_2 $(n = 2{,}2)$
SiO_2 $(n = 1{,}45)$

(1)
(2)
(3)
(4)
(5)
:

Das Etalon: Eigenschaften und Anwendungen

Wir untersuchen die optischen Eigenschaften einer auf beiden Seiten verspiegelten planparallelen Glasplatte. Die Spiegel sollen eine hohe Reflektivität besitzen, aber noch etwas transparent sein. Im Sprachgebrauch der Optik nennt man eine solche Platte ein **Etalon**. Monochromatisches Licht mit der Wellenlänge λ soll unter dem Winkel β auf die Platte fallen. Niemand wird sich wundern, dass das Licht fast vollständig reflektiert wird. Dennoch: Bei einer bestimmten Plattendicke wird alles Licht durchgelassen! Wie das zustande kommt, zeigt Abb. 7.30. Bei der ersten Reflexion an der Oberseite der Platte ist die Amplitude der reflektierten Welle ρE_0; nur ein kleiner Teil der Welle wird mit der Amplitude τE_0 durchgelassen. $\rho = \sqrt{R}$ und $\tau = \sqrt{T}$ sind die Reflexions -und Transmissionskoeffizienten der Spiegel. An der Unterseite der Platte wird von der Amplitude der Welle wiederum der Bruchteil ρ reflektiert und der Bruchteil τ durchgelassen. Also tritt die Welle im ersten Durchgang an der Unterseite mit der Amplitude $\tau^2 E_0 = TE_0$ aus. Der größte Teil der Welle wird reflektiert und zwar wird das Licht wegen der hohen Reflektivität der Spiegel in der Platte noch sehr oft hin und her reflektiert. Im zweiten Durchgang ist die Amplitude der durchgelassenen Welle $E_0\tau\rho^2\tau = E_0 TR$, beim dritten $E_0 TR^2$ und so fort. Der Gangunterschied, der sich ergibt, wenn das Licht einmal im Etalon hin und her läuft, ist nach (7.18)

$$G = 2dn \cos\beta' = 2d\sqrt{n^2 - \sin^2\beta} \, . \qquad (7.48)$$

Die entsprechende Phasendifferenz ist

$$\delta = kG = \frac{2\pi G}{\lambda} = \frac{G}{c}\omega \, , \qquad (7.49)$$

denn die Phasensprünge bei der Reflexion am optisch dünneren Medium sind Null.[6] Wenn nun die Bedingung

$$G = m\lambda \quad \text{bzw.} \quad \delta = 2m\pi \quad (m = 1, 2, 3, \ldots) \qquad (7.50)$$

Abbildung 7.30 Zur Wirkungsweise des Etalons

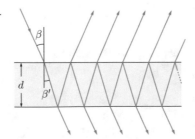

---

[6] Die Formeln gelten auch, wenn die beiden Reflexionen am optisch dichteren Medium stattfinden. Dann addieren sich die Phasensprünge zu 2π. Bei metallischer Verspiegelung sind die Phasensprünge bei der Reflexion nicht einfach 0 oder π. Das bewirkt, dass (7.48) und (7.49) entsprechend modifiziert werden müssen. Das hat aber keine tiefgreifenden Folgen.

erfüllt ist, interferieren alle Teilwellen konstruktiv, die Amplitude der durchgelassenen Welle ist

$$E_d = E_0 T(1 + R + R^2 + \ldots) = E_0 \frac{T}{1 - R} \, .$$

Das bedeutet 100 % Transmission, falls die Absorption in den Spiegeln vernachlässigbar ist, denn dann ist $(1 - R) = T$. Die reflektierte Welle wird durch Interferenz ausgelöscht: Die erste Teilwelle macht bei der Reflexion am optisch dichteren Medium einen Phasensprung um π, während alle anderen Teilwellen die Platte ohne Phasensprung verlassen.

Für den Fall, dass $G \neq m\lambda$ bzw. $\delta \neq 2m\pi$ ist, kann man die Intensität der durchgelassenen Welle leicht berechnen, wenn man die komplexe Schreibweise verwendet. Die elektrischen Feldstärken der durchgelassenen Teilwellen sind

$$\check{E}_d^{(1)} = E_0 T e^{i\omega t} \, , \quad \check{E}_d^{(2)} = E_0 TR e^{i(\omega t + \delta)} \, ,$$
$$\check{E}_d^{(3)} = E_0 TR^2 e^{i(\omega t + 2\delta)} \, , \ldots$$

Man erhält auch hier eine geometrische Reihe, die aufsummiert werden kann:

$$\check{E}_d(t) = \frac{E_0 e^{i\omega t} T}{1 - Re^{i\delta}} \, . \qquad (7.51)$$

Die Intensitäten der durchgelassenen und der einfallenden Welle, I_d und I_0, sind nach (4.16) proportional zu $|\check{E}|^2$:

$$I_d = \frac{I_0 T^2}{\left|1 - Re^{i\delta}\right|^2} = \frac{I_0 T^2}{1 + R^2 - 2R\cos\delta} \, .$$

Man schreibt dies gewöhnlich mit $\cos\delta = 1 - 2\sin^2\delta/2$ in folgender Form:

$$T^{(P)} = \frac{I_d}{I_0} = \frac{T^2}{(1-R)^2 + 4R\sin^2(\delta/2)}$$
$$= \frac{T^2/(1-R)^2}{1 + F\sin^2(\delta/2)} \qquad (7.52)$$

$$\text{mit} \quad F = \frac{4R}{(1-R)^2} \, . \qquad (7.53)$$

$T^{(P)}$ ist die Transmission der Platte, F der **Kontrastfaktor**. Im Zähler von (7.52) steht der für $\delta = 2m\pi$ erreichte Maximalwert von $T^{(P)}$:

$$T_{max}^{(P)} = \frac{T^2}{(1-R)^2} \, . \qquad (7.54)$$

Wenn die Absorption des Lichts in den Spiegeln klein ist, ist $T \approx (1 - R)$ und $T_{max}^{(P)} \approx 1$. Für diesen Fall ist in

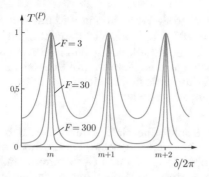

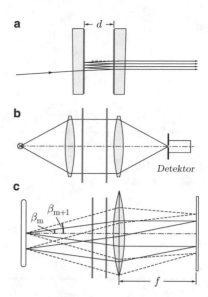

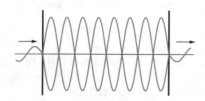

Abbildung 7.31 Transmission des Lichts durch das Etalon als Funktion der Phasendifferenz δ (**Airy-Funktion**)

Abbildung 7.32 Die stehende Welle im Etalon

Abbildung 7.33 Fabry-Pérot-Interferometer. **a** Strahlengang, **b** und **c** Einsatz des Instruments in der Spektrometrie. In **b** und **c** ist das Interferometer nur durch zwei senkrechte Striche angedeutet

Abb. 7.31 $T^{(P)}$ als Funktion von δ aufgetragen. Bei hoher Reflektivität der Spiegel ist nach (7.53) F groß, und die Bereiche, in denen Licht durchgelassen wird, sind schmal. Ihre Halbwertsbreite ist gegeben durch $1 + F \sin^2(\delta/2) = 2$, also durch $\sin^2(\delta/2) = 1/F$. Nun ist in der Nähe der Maxima $\delta = 2m\pi + \epsilon$ und

$$\sin^2 \frac{\delta}{2} = \sin^2 \frac{2m\pi + \epsilon}{2} = \sin^2 \frac{\epsilon}{2} \approx \frac{\epsilon^2}{4} \ . \qquad (7.55)$$

Die Halbwertsbreite der Durchlassbereiche ist $(\Delta\delta)_{\mathrm{HWB}} = 2\epsilon$ mit $\epsilon^2/4 = 1/F$. Damit erhält man

$$(\Delta\delta)_{\mathrm{HWB}} = \frac{4}{\sqrt{F}} \ .$$

Das ist bei $R \approx 1$ sehr klein gegen den Abstand zwischen zwei benachbarten Maxima der Transmission. Dieser Abstand ist nach (7.50) 2π, und es folgt

$$\frac{(\Delta\delta)_{\mathrm{HWB}}}{2\pi} = \frac{2}{\pi\sqrt{F}} = \frac{1-R}{\pi\sqrt{R}} \approx \frac{1-R}{\pi} \ . \qquad (7.56)$$

Bei einer dielektrischen Verspiegelung mit $R = 0{,}99$ erreicht man z. B. $(\Delta\delta)_{\mathrm{HWB}}/2\pi \approx 1/300$.

Mathematisch ist damit wohl alles geklärt; aber haben wir auch physikalisch verstanden, wie trotz des hohen Reflexionsvermögens der Spiegel die Transmission der Platte $T^{(P)} \approx 1$ sein kann? Machen wir uns klar, dass die Amplituden der in der Platte reflektierten Teilwellen immer um

den Faktor ρ/τ größer sind als die der austretenden Wellen. Wenn $G = m\lambda$ ist, entsteht durch die Überlagerung der hin- und her reflektierten Wellen in der Platte eine stehende Welle hoher Amplitude (Abb. 7.32). Die Amplitude wächst so lange, bis die durch Einstrahlung zugeführte Energie wieder herauskommt, und sei die Reflektivität der Spiegel auch noch so hoch. Die beidseitig verspiegelte planparallele Platte ist nichts anderes als ein **Hohlraum-Resonator** für optische Frequenzen, der in einer sehr hohen Oberschwingung angeregt wird!

Das Fabry-Pérot-Interferometer. Das von Charles Fabry (1867–1945) und Alfred Pérot (1863–1925) erfundene Interferometer besteht aus zwei einseitig verspiegelten Glasplatten, die so montiert sind, dass sich die verspiegelten Flächen gegenüber stehen (Abb. 7.33a). Die Platten sind etwas keilförmig geschliffen, damit die Reflexion an den Außenseiten keine störenden Effekte verursacht. Die Luftschicht zwischen den Spiegeln bildet ein Etalon, dessen Dicke beliebig gewählt werden kann. Auch ist Feinjustierung möglich: Man kann den Gangunterschied G durch Verschieben der Spiegel mit piezoelektrischen Stellelementen oder durch Veränderung der Luftdichte genau kontrolliert kontinuierlich verändern. In Abb. 7.33b misst der Detektor als Funktion von G die Transmission des Interferometers mit Licht aus einer Punktquelle, die z. B. durch die Ausgangsblende eines Monochromators realisiert sein kann. In Abb. 7.33c kann die Lichtquelle auch ausgedehnt sein, z. B. eine Spektrallampe. Bei einer monochromatischen Lichtquelle wird das Licht nur durchgelassen und in der Brennebene der Linse fokussiert, wenn es unter dem Winkel β_{m} auf das Interferometer fällt, für

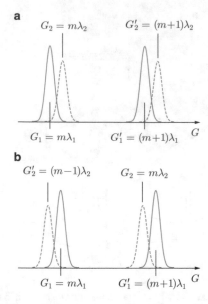

Abbildung 7.34 Hinter dem Fabry-Pérot-Interferometer gemessene Intensität als Funktion des Gangunterschieds G **a** für zwei nahe benachbarte Wellenlängen, **b** für zwei Wellenlängen am Rande des freien Spektralbereichs

den $G = 2d\sqrt{n^2 - \sin^2 \beta_m} = m\lambda$ ist. Es entsteht ein Ringsystem mit den Radien $R_m = f \tan \beta_m$.

Die erste Anwendung fand das Instrument in der hochauflösenden Spektrometrie. Wird ein Fabry-Pérot-Interferometer als zusätzliches Element in einen Spektralapparat eingebaut, kann man erkennen, ob eine Spektrallinie aus mehreren dicht beieinander liegenden Komponenten besteht und die Struktur der Spektrallinie ausmessen. In Abb. 7.34a ist für zwei nahe benachbarte Wellenlängen λ_1 und λ_2 die hinter dem Interferometer gemessene Intensität als Funktion von G aufgetragen. Die Maxima der Transmission liegen bei G_1 und G_2. Die Halbwertsbreite der Linien ist $(\Delta G)_{\mathrm{HWB}} = \lambda(2/\pi\sqrt{F})$, denn nach (7.49) ist $\mathrm{d}G = (\lambda/2\pi)\,\mathrm{d}\delta$, und $(\Delta\delta)_{\mathrm{HWB}}$ ist durch (7.56) gegeben. Die Linien gelten als auflösbar, wenn $G_2 - G_1 > (\Delta G)_{\mathrm{HWB}}$ ist. Nun ist $G_2 - G_1 = m(\lambda_2 - \lambda_1) = m\Delta\lambda$; es muss also

$$\Delta\lambda > (\Delta\lambda)_{\min} = (\Delta\lambda)_{\mathrm{HWB}} = \frac{(\Delta G)_{\mathrm{HWB}}}{m}$$
$$= \frac{\lambda}{m}\frac{2}{\pi\sqrt{F}} \approx \frac{\lambda}{m}\frac{(1-R)}{\pi} \qquad (7.57)$$

sein. Das Auflösungsvermögen $\mathcal{R}$ definiert man wie in (6.59):

$$\mathcal{R} = \frac{\lambda}{(\Delta\lambda)_{\min}} = m\frac{\pi\sqrt{F}}{2} \approx m\frac{\pi}{(1-R)} \ . \qquad (7.58)$$

Bei etwas durchscheinend versilberten Platten ist $R \approx 0{,}95$ und $\pi\sqrt{F}/2 \approx 60$. Mit d im Bereich von einigen cm

erreicht man große Werte von m und ein Auflösungsvermögen $\mathcal{R} = 10^6 - 10^7$. Das reicht aus, um die Hyperfeinstruktur[7] von Spektrallinien genau zu vermessen. Allein schon damit hat das „Fabry-Pérot" in der ersten Hälfte des 20. Jahrhunderts einen wichtigen Beitrag zur Atom- und Kernphysik geleistet.

Der freie Spektralbereich. Wie Abb. 7.34b zeigt, besteht noch ein zweites Problem bei der hochauflösenden Spektroskopie: Wenn G_2 und G_1' zusammenfallen, gibt es Konfusion. Damit die Wellenlängen eindeutig bestimmt werden können, muss $G_2 < G_1'$ sein, also

$$m(\lambda + \Delta\lambda) < (m+1)\lambda \ ,$$
$$\Delta\lambda < \frac{\lambda}{m} \ . \qquad (7.59)$$

Die konfusionsfreie Zone wird der **freie Spektralbereich (FSB)** genannt. Der für die Messung von Wellenlängendifferenzen nutzbare Bereich ist also

$$\frac{\lambda}{m}\frac{2}{\pi\sqrt{F}} < \Delta\lambda < \frac{\lambda}{m} \ . \qquad (7.60)$$

Der freie Spektralbereich ist auch unter anderen Gesichtspunkten interessant: Bei einem vorgegebenen Wert von G lässt ein Etalon nur Licht mit ganz bestimmten Wellenlängen hindurch treten. Sie sind jeweils durch den FSB voneinander getrennt. Auf der Wellenlängenskala muss

$$\lambda = G, \frac{G}{2}, \frac{G}{3}, \dots \frac{G}{m}, \dots \qquad (7.61)$$

sein (Abb. 7.35). Auf der Frequenzskala sind die Durchlassbereiche äquidistant verteilt:

$$\nu = \frac{c}{\lambda} = \frac{c}{G}, 2\frac{c}{G}, 3\frac{c}{G}, \dots m\frac{c}{G}, \dots \qquad (7.62)$$

---

[7] Die Hyperfeinstruktur (HFS) einer Spektrallinie entsteht, wenn der Atomkern ein magnetisches Dipolmoment oder ein elektrisches Quadrupolmoment besitzt, d. h. wenn der Kern magnetisch oder nicht kugelrund ist. Außerdem muss der Atomkern einen Drehimpuls (Kernspin) haben. Durch Messung der HFS konnten diese Kernmomente quantitativ bestimmt werden. Große Meister auf diesem Gebiet waren Hans Kopfermann (1895–1963), damals TH Berlin-Charlottenburg, und Hermann Schüler (1894–1964), am Astrophysikalischen Observatorium in Potsdam tätig. Bei der Interpretation der HFS-Spektren tat sich Schülers Assistent Theodor Schmidt (1908–1986) besonders hervor: Entdeckung des Kern-Quadrupolmoments, Entdeckung der „Schmidt-Linien" in der Systematik der magnetischen Kernmomente. Nach dem Krieg wirkte Kopfermann als Physik-Professor in Göttingen und Heidelberg; er trug viel zum Wiederaufbau der Physik in Deutschland bei. Schüler war ab 1950 Leiter der Forschungsstelle für Spektroskopie der Max-Planck-Gesellschaft in Hechingen. Schmidt wurde von den Russen mit einem Raketen-Experten gleichen Namens verwechselt und in die Sowjet-Union verschleppt. Nach seiner Rückkehr (1953) erhielt er eine Anstellung, später eine ordentliche Professur an der Universität Freiburg/Breisgau.

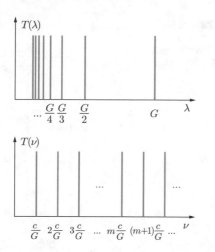

Abbildung 7.35 Durchlassbereiche des Etalon bei $G = $ const als Funktion der Wellenlänge und der Frequenz

Es gilt also für den freien Spektralbereich

$$(\Delta\nu)_{\text{FSB}} = \frac{c}{G} \ . \qquad (7.63)$$

G/c ist die Zeit, die das Licht braucht, um einmal zwischen den Spiegeln hin und her zu laufen. Wir berechnen noch die Halbwertsbreite der Durchlassbereiche. Nach (7.49) ist $\nu = c\delta/2\pi G$. Dann folgt mit (7.56)

$$(\Delta\nu)_{\text{HWB}} \approx \frac{c(1-R)}{G\pi} \ . \qquad (7.64)$$

Das Verhältnis $\mathcal{F} = (\Delta\nu)_{\text{FSB}}/(\Delta\nu)_{\text{HWB}} = \pi\sqrt{R}/(1-R)$ wird als **Finesse** bezeichnet.

Interferenzfilter. Nach (7.61) liegen auf der Wellenlängenskala bei kleinen Werten von m die Durchlassbereiche so weit auseinander, dass man mit gewöhnlichen Farbfiltern einen der Bereiche isolieren kann: Die Kombination ergibt dann einen Wellenlängenfilter außerordentlicher Trennschärfe.

Zur Herstellung eines solchen Interferenzfilters wird auf eine Glasplatte als Träger ein dielektrischer Spiegel aufgedampft. Darauf kommt eine Schicht der Dicke $\lambda/2$ oder $m\lambda/2$, wobei m eine kleine Zahl ist, und darauf nochmals ein dielektrischer Spiegel. Die mittlere Schicht bildet das Etalon. Mit der Dicke dieser Schicht und der Reflektivität der Spiegel kann man die Halbwertsbreite des Durchlassbereichs einstellen. Sie ist in (7.57) angegeben. Die Form der Durchlasskurve ist zunächst durch (7.52) gegeben; durch eine raffiniertere Beschichtung kann man jedoch erreichen, dass der Durchlassbereich annähernd rechteckiges Profil hat.

7.4 Laser I: Der Laser-Resonator

Das Fabry-Pérot-Etalon hat noch einen weiteren und sehr wesentlichen Beitrag zur Physik geleistet: Als Hohlraum-Resonator für optische Frequenzen ermöglicht es das Funktionieren des Lasers. Zwischen die Spiegel des Etalons wird ein **aktives Material** gebracht (Abb. 7.36). Das ist ein Stoff, der in einem bestimmten Wellenlängenbereich Licht nicht absorbiert, sondern verstärkt. Jeder Verstärker kann durch Rückkopplung in einen Oszillator verwandelt werden. Diese Rückkopplung besorgt der durch die beiden Spiegel in Abb. 7.36 gebildete Laser-Resonator. Ist in dieser Anordnung einmal eine auf der Achse laufende Welle vorhanden, so wird sie verstärkt und es entsteht zwischen den Spiegeln aufgrund des hohen Q-Wertes des optischen Resonators eine stehende Welle sehr hoher Amplitude. Nur einer der Spiegel muss ein wenig transparent sein: Durch diesen tritt dann der Laserstrahl als hochgradig kohärente Welle nach außen.

Wie das „aktive Material" funktioniert, wird in Bd. V/2.4 erklärt werden. Gewöhnlich wirkt es nur in einem schmalen Frequenzbereich verstärkend, im Bereich einer Spektrallinie. Dort ist die Verstärkung dann annähernd proportional zur Intensität im Linienprofil (Abb. 7.37a). Damit der Resonator anschwingt, muss die Verstärkung des Lichts beim einmaligen Hin- und Herlaufen größer sein, als die Verluste, d. h. die Intensität des Lichts muss oberhalb der **Laserschwelle** liegen. In diesem Bereich können mehrere Schwingungsmoden des Laser-Resonators liegen, wie Abb. 7.37a zeigt. Ihr Abstand ist durch (7.63) gegeben. Das abgestrahlte Laserlicht besteht aus mehreren, nahe beieinander liegenden Linien (Abb. 7.37b). Will man eine einzelne Schwingungsmode isolieren, baut man zwischen die Laserspiegel noch ein beidseitig verspiegeltes Etalon als Interferenzfilter ein. Es bewirkt, dass die Verstärkung des aktiven Mediums nur bei der durch das Filter ausgewählten Frequenz zum tragen kommt

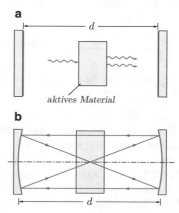

Abbildung 7.36 Zum Prinzip des Lasers. **a** Laserresonator mit ebenen Spiegeln, **b** konfokale Anordnung mit Hohlspiegeln

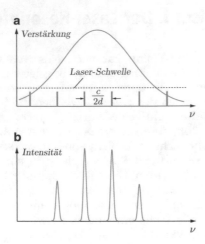

a Verstärkung

Laser-Schwelle

$\dfrac{c}{2d}$

ν

b Intensität

ν

Abbildung 7.37 a Longitudinale Schwingungsmoden des Laserresonators und Profil der Spektrallinie, **b** Intensitätsverteilung des Laserlichts

Abbildung 7.38 Iod-stabilisierter He-Ne-Laser. **a** Aufbau, **b** Intensität des Laserlichts als Funktion von d

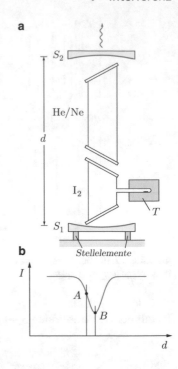

a

S_2

He/Ne

d

I_2

T

S_1

b Stellelemente

I

A

B

d

(Aufgabe 7.5). Einfacher ist es, den freien Spektralbereich so groß zu machen, dass in dem verstärkten Frequenzbereich nur *eine* Schwingungsmode liegt. Dazu muss man nach (7.63) den Abstand zwischen den Spiegeln hinreichend klein machen; das geht natürlich nach (7.64) auf Kosten der Bandbreite und der Kohärenzlänge.

Die Bandbreite des Laserlichts ist nicht ohne weiteres durch (7.64) gegeben. Diese Formel gilt nur bei vernachlässigbarer Absorption und für unendlich ausgedehnte Spiegel. In der Anordnung von Abb. 7.36a treten beträchtliche Verluste durch Beugung (Kap. 8) von Licht auf: Bei jedem Durchgang schwappt ein Teil der Lichtwelle über den Rand der Spiegel hinaus. Wesentlich günstiger ist die in Abb. 7.36b gezeigte **konfokale** Anordnung, in der zwei Hohlspiegel den Laserresonator bilden. Der Krümmungsradius der Spiegel ist d, die Brennpunkte beider Spiegel liegen also genau in der Mitte des Resonators. Dann kann man (7.64) näherungsweise anwenden. Ein Beispiel: Ein Helium-Neon-Laser ($\lambda = 0{,}6328\,\mu\mathrm{m}$, $\nu \approx 0{,}5 \cdot 10^{15}\,\mathrm{s}^{-1}$) mit $d = 1\,\mathrm{m}$ und $R = 0{,}98$ hat eine Frequenzbreite

$$\Delta\nu \approx \frac{c(1-R)}{\pi \cdot 2d} = \frac{3 \cdot 10^8}{2\pi} \cdot 0{,}02 \approx 10^6\,\mathrm{Hz}\,. \qquad (7.65)$$

Die relative Frequenzbreite ist $\Delta\nu/\nu \approx 2 \cdot 10^{-9}$, die Kohärenzlänge ist $\Delta x_c = c/\Delta\nu \approx 300\,\mathrm{m}$.

Anwendungsbeispiel: Anschluss des Laserlichts an einen sekundären Längenstandard. Wie wir gesehen haben, hängt der genaue Wert der Wellenlänge beim Laser vom Abstand d zwischen den Spiegeln ab. Für die oben erwähnten präzisen Längenmessungen mit dem Michelson-Interferometer muss man aber die Wellenlänge des Laserlichts *genau* kennen. Wie man das erreichen kann, zeigt Abb. 7.38 am Beispiel eines Iod-stabilisierten Helium-Neon-Lasers. Zwischen den Spiegeln S_1 und S_2 befindet sich eine Zelle, die das aktive Material enthält,

hier ein Gemisch von He und Ne, und eine zweite Zelle mit Ioddampf. Durch Kühlen mit einem Peltier-Element kann der Dampfdruck des Iods eingestellt werden. Beide Zellen sind unter dem Brewsterwinkel mit Fenstern versehen, so dass in der Zeichenebene linear polarisiertes Licht ohne Reflexionsverluste zwischen S_1 und S_2 hin und her laufen kann. Der Laser ist so gebaut, dass nur eine der longitudinalen Schwingungsmoden möglich ist. Deren Wellenlänge kann mit Hilfe von piezoelektrischen Stellelementen kontinuierlich verändert werden.

Das Absorptionsspektrum des I_2-Moleküls weist eine große Zahl von Linien auf, deren durch Messung der Lichtfrequenz genau bestimmte Wellenlängen katalogisiert sind. Sie können als sekundärer Längenstandard benutzt werden. Einige Linien liegen im Spektralbereich des He-Ne-Lasers. Der Dampfdruck in der I_2-Zelle wird so gewählt, dass der Laser auch noch funktioniert, wenn die Wellenlänge auf eine der Absorptionslinien des I_2 eingestellt ist. An die Stellelemente des Spiegels S_1 wird nun eine variable Gleichspannung gelegt. Die Intensität des Laserlichts zeigt dann als Funktion der Spannung den in Abb. 7.38b dargestellten Verlauf. Nun wird der Gleichspannung eine kleine Wechselspannung überlagert. In der Position A führt das zu einer Modulation der Laserleistung mit der Frequenz der Wechselspannung; in der Position B, genau im Maximum der Absorption, verschwindet dagegen diese Modulation. Mit Hilfe eines Regelkreises kann die Länge d auf diesen Wert eingestellt werden. Da die Wellenlänge der Absorptionslinie genau bekannt ist – sie hängt nur schwach und in bekannter Weise vom Dampfdruck in der I_2-Zelle ab – ist damit die Wellenlänge des Laserlichts an den sekundären Längenstandard angeschlossen.

Übungsaufgaben

7.1. Interferenzen gleicher Dicke. Um die Dicke einer dünnen Folie zu bestimmen, wird eine ihrer Seiten zwischen zwei rechteckige übereinander liegende ebene Glasplatten gelegt, so dass ein Luftkeil entsteht (Abb. 7.12a). Dieser wird senkrecht von oben mit Licht einer Natriumdampflampe der Wellenlänge $\lambda = 589$ nm beleuchtet. Im reflektierten Licht sieht man 16 dunkle Interferenzstreifen. Wie dick ist die Folie?

7.2. Interferometrie mit zwei Lichtstrahlen. Ein parallel gebündelter Lichtstrahl der Wellenlänge $\lambda = 589$ nm wird mittels eines Strahlteilers und zweier Spiegel aufgeteilt in zwei parallele Lichtbündel, die zwei Küvetten passieren. Danach werden die Lichtbündel in umgekehrter Weise wieder zusammengeführt und mit einem Fernrohr beobachtet. Man sieht das Streifenmuster einer Zweistrahlinterferenz. Die Küvettenlänge beträgt $L = 1$ m.

a) Anfangs seien beide Küvetten mit Luft gefüllt. Wird eine evakuiert, verschieben sich die Streifen um 469 Streifenabstände. Welchen Brechungsindex erhält man für die Luft?

Es wird die Temperatur $T = 288$ K gemessen, der Druck ist gleich dem Normaldruck. Welchen Brechungsindex hat die Luft unter Normalbedingungen?

b) Beide Küvetten werden in gegenläufiger Richtung von Wasser durchströmt. Kehrt man die Strömungsrichtung um, verschieben sich die Streifen um 0,17 Streifenbreiten. Das erklärt man mit einer Mitbewegung des Lichts durch die Wasserströmung, die zu einer Abweichung der Lichtgeschwindigkeit von der Lichtgeschwindigkeit c/n in ruhendem Wasser führt. Wie groß ist diese Differenz ($n = 1{,}33$)?

Die Strömungsgeschwindigkeit des Wassers ist $v_W = 10$ m/s. Die Geschwindigkeitsänderung ist proportional zu v_W. Wie groß ist ihr Verhältnis zu v_W, genannt Mitführungskoeffizient (vgl. Bd. I, Aufgabe 14.5)? Erwartet man, dass das gleiche Experiment mit Luft von Erfolg gekrönt sein wird?

7.3. Strahlungscharakteristik zweier Antennen. Zwei parallel zueinander ausgerichtete Stabantennen befinden sich im seitlichen Abstand d voneinander. Die Verbindungslinie zwischen ihren Mittelpunkten steht senkrecht auf der Stabrichtung. Beide Antennen emittieren mit gleicher Leistung elektrische Dipolstrahlung der Wellenlänge λ. Wie hängt die Intensität der Strahlung, die senkrecht zur Stabrichtung in großer Entfernung beobachtet wird, vom Emissionswinkel ϑ ab? Man betrachte folgende Spezialfälle:

a) $d = \lambda/2$, beide Antennen werden gleichphasig erregt,

b) $d = \lambda/4$, beide Antennen werden gegenphasig erregt,

c) $d = \lambda/2$, zwischen den Antennenströmen besteht eine Phasendifferenz $\pi/2$.

(Die Verbindungslinie von Antennenmitte zu Antennenmitte definiere den Winkel $\vartheta = 0$.)

7.4. Reflexionsminderung. Eine an Luft grenzende reflexvermindernde Schicht (Abb. 7.13) besitzt die Brechungsindizes $n_2 = 1{,}38$ und $n_3 = 1{,}50$. Rechnen Sie mit (5.39) nach, dass der Reflexionskoeffizient der Schicht $R \approx 1$ % ist. Hinweis: Addieren Sie die von den beiden Grenzflächen reflektierten Amplituden.

7.5. Ein-Moden-Laser. Zwischen zwei Laserspiegel wird zur Modenselektion, wie in Abschn. 7.4 beschrieben, ein Pérot-Fabry-Etalon mit einem Auflösungsvermögen $\mathcal{R}$ gesetzt. Die Frequenzbreite des Interferenzfilters soll kleiner sein als der Frequenzabstand zweier axialer Lasermoden. Welche Forderung ergibt sich daraus für $\mathcal{R}$, wenn der Abstand d der Laserspiegel 50 cm beträgt ($\lambda = 500$ nm)?

7.6. Lichtreflexion an einer dünnen Metallschicht. a) Licht- oder Wärmestrahlung falle senkrecht auf eine sehr dünne Metallschicht. Die Rechnungen im Anschluss an (7.48) lassen sich in gleicher Weise mit einem komplexen Brechungsindex $\check{n} = n_R + i n_I$ durchführen, der in (7.48) und (5.39) einzusetzen ist. Leiten Sie in Analogie zu (7.51) die folgende Formel für die Amplitude der reflektierten Welle für den Fall $\beta = 0$ her:

$$\check{E}_r = \check{E}_0 \left(\check{\rho} + \frac{\check{\rho}'\check{\tau}\check{\tau}' e^{i\delta}}{1 - \check{\rho}^2 e^{i\delta}} \right) = \check{E}_0 \check{\rho} \frac{1 - e^{i\delta}}{1 - \check{\rho}^2 e^{i\delta}} , \qquad (7.66)$$

mit

$$\delta = k\check{G} = 2dk\check{n} = \frac{4\pi d\check{n}}{\lambda} .$$

Die Größen $\check{\rho}$ und $\check{\rho}'$ sind die Reflexionskoeffizienten für die **Amplituden** bei Reflexionen an der Vorder- und Hinterseite der Schicht und $\check{\tau}$ und $\check{\tau}'$ sind die Transmissionskoeffizienten beim Eintritt der Strahlung in das Material und beim Wiederaustritt.

b) Untersuchen Sie diesen in doppeltem Sinne komplexen Ausdruck numerisch für die folgenden vier Beispiele:

(1) $\lambda = 20$ μm, $n_R = n_I = 200$, $d = 2{,}66$ nm,[8]
(2) $\lambda = 20$ μm, $n_R = n_I = 200$, $d = 10$ μm,
(3) $\lambda = 600$ nm, $n_R \approx 0$, $n_R \approx 4$, $d = 2{,}66$ nm (vgl. Aufgabe 5.7) und
(4) $\lambda = 600$ nm, $n_R \approx 0$, $n_R \approx 4$, $d = 10$ μm.

---

[8] Selbstverständlich ist eine solche Schicht nicht freitragend, sondern sie befindet sich auf einem Träger, z. B. einer Glasscheibe. Dann geht ein weiteres Medium in die Rechnung ein, eine Komplikation, von der wir aus Gründen der Vereinfachung absehen.

In welchen Fällen ist das Intensitätsverhältnis $|\check{E}_r/\check{E}_0|^2$ fast eins, in welchem Fall klein? Warum funktioniert eine Wärmeschutzverglasung?

7.7.   FTIR-Spektrometer. Mit einem FTIR-Spektrometer soll eine Materialprobe im reziproken Wellenbereich bis hinauf zu $1/\lambda < 4000\,\mathrm{cm}^{-1}$ mit einer Auflösung $\Delta(1/\lambda) = 4\,\mathrm{cm}^{-1}$ untersucht werden. Die Messzeit für ein Spektrum sei $t = 0{,}5\,\mathrm{s}$.

a) Um welche Strecke muss der bewegliche Spiegel insgesamt verschoben werden, wie viele Scanschritte sind notwendig und wie groß ist die Spiegelverschiebung pro Scanschritt?

b) Welchen Radius darf die Blende zwischen Quelle und Interferometer höchstens haben, wenn die Brennweite des abbildenden Spiegels hinter der Blende $f = 15\,\mathrm{cm}$ ist?

c) Wie lange darf eine Messung pro Scanschritt höchstens dauern und wie groß ist die Spiegelgeschwindigkeit?

d) Welche Temperatur muss in der Quelle mindestens herrschen, wenn das Maximum ihrer Emission in der Nähe der kleinsten untersuchten Wellenlänge liegen soll (vgl. Bd. II, Abb. 7.5)?

e) In einem FTIR-Spektrometer werde der Spiegel schrittweise um eine halbe Wellenlänge der roten 633 nm-Linie des He/Ne-Lasers verschoben (von einer Intensitäts-Nullstelle bis zur nächsten), bis die Gesamtverschiebung L erreicht ist. Bis zu welcher minimalen Wellenlänge $\lambda_{\min}$ lassen sich IR-Spektren aufnehmen?

Beugung

© Springer-Verlag GmbH Deutschland 2017

J. Heintze / P. Bock (Hrsg.), *Lehrbuch zur Experimentalphysik Band 4: Wellen und Optik*, https://doi.org/10.1007/978-3-662-54492-1_8

Dass das Licht sich nicht unbedingt nach den Regeln der geometrischen Optik geradlinig ausbreitet, wurde schon am Anfang von Kap. 6 bei der Lochkamera erwähnt. Wir wollen nun dieses Phänomen systematisch und quantitativ untersuchen. Im ersten Abschnitt wird diskutiert, wie die Beugung überhaupt zustande kommt, und worin der Unterschied zwischen der Nahfeld-(Fresnel-)Beugung und der Fernfeld-(Fraunhofer-)Beugung besteht. Im folgenden Abschnitt wird an einigen Beispielen die Fraunhofer-Beugung berechnet; dabei wird auch das Beugungsgitter, ein wichtiges optisches Bauelement, ausführlich diskutiert. Bei der Fresnelschen Beugung (Abschn. 8.3) beschränken wir uns auf die Beschreibung der Fresnelschen Zonenkonstruktion und zeigen, wie man damit das komplizierte Verhalten der Fresnel-Beugung auf einfache Weise verstehen kann.

Am Schluss des Kapitels gehen wir noch auf zwei Entwicklungen ein, die in den letzten Jahrzehnten in der Optik große Bedeutung erlangt haben: auf die Fourier-Optik und auf die Holografie. Beide Gebiete stehen in engem Zusammenhang mit der Beugung. Besonders interessant ist die Fourier-Optik. Sie eröffnet ein ganz neues Verständnis der Bildentstehung.

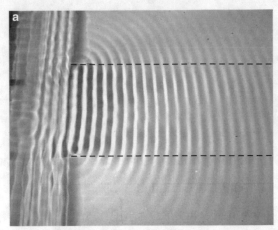

Abbildung 8.1 Beugungserscheinungen im Wellentrog. **a** Spalt, Breite $\gg \lambda$, **b** Hindernis, 5 mm Ø. $\lambda = 1{,}5\,\mathrm{cm}$

8.1 Beugungsphänomene und Beugungstheorien

Abweichungen von der geradlinigen Ausbreitung des Lichts wurden zuerst von Grimaldi[1] beobachtet und wissenschaftlich beschrieben. Er bezeichnete das Phänomen als „diffractio", ein Ausdruck, der bis heute in den meisten Sprachen verwendet wird (engl. „diffraction"). Das im Deutschen als **Beugung** bezeichnete Phänomen kann auch mit Wasserwellen beobachtet werden; darüber wundert sich aber niemand. Offensichtlich wäre eine Wellenausbreitung, beschränkt auf den durch die gestrichelten Linien in Abb. 8.1a begrenzten Bereich, mit dem Huygensschen Prinzip nicht vereinbar. Abb. 8.1b zeigt, dass

die Abmessungen des beugenden Objekts im Verhältnis zur Wellenlänge eine maßgebliche Rolle spielen: Hindernisse, die kleiner als die Wellenlänge sind, beeinflussen das Wellenfeld fast überhaupt nicht. Die Ausbreitung von Schallwellen (Wellenlänge $\lambda \approx 1\,\mathrm{m}$) wird durch einen einzelnen Baum nicht behindert, während der Baum mit Licht ($\lambda \approx 0{,}5\,\mu\mathrm{m}$) einen scharf begrenzten Schatten wirft. Diese Schattenbildung war für Newton eines der Argumente gegen die Wellentheorie des Lichts. In Wirklichkeit treten gerade an der Grenze zwischen Licht und Schatten markante Beugungsphänomene auf. Bei ausgedehnten Lichtquellen werden sie durch Halbschatten-Effekte verwischt. Hat man jedoch eine helle Punktlichtquelle zur Verfügung, springen sie sofort ins Auge (Abb. 8.2). Man erkennt auch an diesem Bild, dass die Berechnung von Beugungsphänomenen keine ganz einfache Sache sein wird.

In einer strengen Theorie der Beugung müsste man die Wellengleichung (1.35) unter den jeweils vorgegebenen Randbedingungen lösen und dabei auch die Reaktion

---

[1] Francesco Maria Grimaldi (1618–1663), Jesuitenpater und Physikprofessor in Bologna, beobachtete nicht nur die Aufweitung des Lichtstrahls durch Beugung, sondern auch Strukturen, die man heute als Fresnel-Beugung bezeichnet. Auch die spektrale Zerlegung des Weißlichts mit einem Prisma wurde von ihm beschrieben. Sein Werk „Physico-mathesis de lumine, coloribus et iride" erschien erst nach seinem Tode, im Jahr 1665.

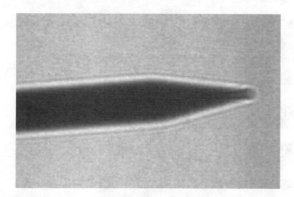

Abbildung 8.2 Schatten eines Bleistifts, beleuchtet mit einer Xenon-Hochdrucklampe

der Huygensschen Elementarwellen mit einbeziehen. Das **Huygens-Fresnelsche Prinzip** lautet:

Satz 8.1

Jeder Punkt einer Wellenfront kann als Ausgangspunkt einer Elementarwelle betrachtet werden. Die Amplitude, die die Welle zu einem späteren Zeitpunkt an einem beliebigen Raumpunkt hat, erhält man durch Addition aller Elementarwellen unter Berücksichtigung der Phasen, mit der sie an dem betreffenden Punkt ankommen.

---

des beugenden Körpers berücksichtigen. Bei der Beugung elektromagnetischer Wellen an einer Blende müsste z. B. berücksichtigt werden, dass dort Elektronen sitzen, die durch die einfallende Welle zu Schwingungen angeregt werden. Sie strahlen ihrerseits Wellen ab, die zum Strahlungsfeld einen Beitrag leisten. Eine solche Theorie ist äußerst kompliziert und auch heute nur ansatzweise vorhanden. Glücklicherweise kann man jedoch in guter Näherung die Beugung viel einfacher mit dem Huygensschen Prinzip (Satz 5.1) behandeln. Allerdings muss man das Prinzip in einem entscheidenden Punkt ergänzen, wie Fresnel[2] erkannte: Man muss die Interferenzen

---

[2] Augustin Jean Fresnel (1788–1827), französischer Straßenbauingenieur im Staatsdienst. Sein erster Großauftrag war der Bau einer Straße von Nyons (Provence) zu dem nach Italien führenden Col de la Genèvre, der heutigen N94. Von dieser Tätigkeit fühlte er sich nicht ausgefüllt und er begann in seiner Freizeit mit Studien über die Natur des Lichts. Dabei entdeckte er die nach ihm benannten Beugungserscheinungen und schloss daraus, dass die Lichtausbreitung ein Wellenphänomen ist. Es gelang ihm, die Beugungsfiguren mit selbstgebauten Apparaten genau zu vermessen und eine Beugungstheorie zu entwickeln, die diese Phänomene quantitativ beschreibt – ein messtechnisches Kunststück erster Klasse und ein mathematisch-physikalisches Meisterwerk. Seiner wissenschaftlichen Tätigkeit kam zugute, dass er als Gegner Napoleons inhaftiert wurde, seine Arbeiten aber dank der Fürsprache eines Vorgesetzten fortführen konnte. Nach Napoleons Sturz gelang es ihm, Verbindungen zu Wissenschaftlern in Paris aufzunehmen. Dort konnte er seine Studien unter wesentlich besseren Bedingungen fortsetzen und zum Abschluss bringen. 1818 konnte er die Pariser Gelehrtenwelt von der Richtigkeit seiner Theorie überzeugen. Fortan war er als Wissenschaftler hoch geachtet. Sein Geld verdiente er aber auch in Paris als Straßenbauer: Er war für die Pflasterung der Hauptstadt zuständig. Außerdem war er der Sekretär der für die Leuchttürme an Frankreichs Küsten zuständigen Behörde. Sein gewaltiges Werk (Licht als transversale Welle, Erklärung der Polarisation des Lichts, Fresnelsche Formeln, Theorie der Doppelbrechung, Entdeckung der zirkularen und der elliptischen Polarisation und anderes) entstand also in seiner Freizeit, und in den wenigen Jahren, die er noch lebte. Er starb an Tuberkulose.

Wir stellen die Diskussion der in Abb. 8.2 gezeigten Phänomene bis ans Ende von Abschn. 8.3 zurück und betrachten zunächst die Beugung von Wellen an einer Öffnung in einer undurchsichtigen, dünnen ebenen Platte. Abbildung 8.3 zeigt die Ergebnisse eines Experiments, bei dem eine kreisförmige Blende von 1,03 mm $\varnothing$ mit einem aufgeweiteten Laserstrahl ($\lambda = 632{,}8$ nm) beleuchtet wurde. Der Strahl fällt als ebene Welle senkrecht auf die Blendenebene. Um das Wellenfeld hinter der Blende zu untersuchen, wurde bei den Abb. 8.3a–f hinter der Blende eine Digitalkamera mit herausgeschraubter Optik aufgestellt. Das Licht fiel direkt auf den CCD-Chip, der sich im variablen Abstand R hinter der Blende befand. Bei Abb. 8.3g, h und i wurde in den angegebenen Abständen ein weißer Bildschirm aufgestellt und abfotografiert. Die Abbildungen 8.3a–f sind alle im gleichen Maßstab gezeigt. Die Abb. 8.3g–i sind demgegenüber stark verkleinert.

Unmittelbar hinter der Blende sieht man eine im wesentlichen gleichmäßig beleuchtete Kreisfläche von 1 mm $\varnothing$, begrenzt durch den geometrisch-optischen Schatten der Blende. Bei Vergrößerung des Abstands zeigt sich dann eine komplizierte Beugungsfigur, ein System von konzentrischen Ringen, dessen Struktur stark vom Abstand R abhängig ist. Das Zentrum des Systems ist bald dunkel, bald hell. Bei Abb. 8.3e ist das Zentrum zum letzten Mal dunkel, danach bleibt es hell. In Abb. 8.3f erreicht die Helligkeit ein Maximum. Von einer gewissen Entfernung an, $R \approx 1{,}5$ m, stabilisiert sich die Beugungsfigur. Im Zentrum liegt eine hell beleuchtete Fläche. Sie ist umgeben von lichtschwachen Ringen; das Ringsystem reicht weit nach außen, wie Abb. 8.4 zeigt. Dieses Bild ändert sich dann nicht mehr; die Radien der Kreisfläche und der Ringe nehmen jedoch proportional zum Abstand R zu. In diesem Bereich spricht man von **Fernfeld-** oder **Fraunhofer-Beugung**, während man die bei kürzeren Abständen beobachteten variablen Phänomene als **Nahfeld-** oder **Fresnel-Beugung** bezeichnet.

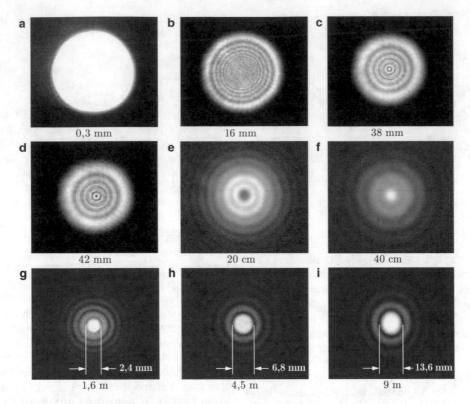

Abbildung 8.3 Beugung an einer kreisförmigen Blende (1,03 mm ⊘). Beleuchtung durch aufgeweiteten Laserstrahl. Der Abstand zwischen Blende und Beobachtungsebene ist jeweils angegeben. **a–f** Fresnel-Beugung, **g–i** Fraunhofer-Beugung

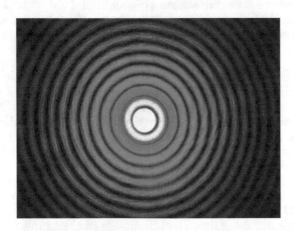

Abbildung 8.4 Fraunhofer-Beugung an einer Kreisblende, aufgenommen mit langer Belichtungszeit. Die *innersten dunklen Ringe* sind durch die hohe Intensität im Zentrum teilweise überstrahlt

Wie der Unterschied zwischen den beiden Beugungstypen zustande kommt, zeigt Abb. 8.5. In der Blendenöffnung wird ein Koordinatensystem (x, y) eingeführt. Die x-Achse liegt senkrecht zur Zeichenebene, die einfallende Welle läuft in z-Richtung. Gezeigt ist ein Schnitt entlang der (y, z)-Ebene. Da in Abb. 8.5a die einlaufende ebene Welle senkrecht auf die Blendenöffnung fällt, starten die von den Punkten der Blendenöffnung ausgehenden Ele-

mentarwellen alle mit der gleichen Phase. Die Phasen, mit denen sie den Punkt P erreichen, sind durch die Längen der Strecken r gegeben, von denen eine in Abb. 8.5a eingezeichnet ist. Da es bei der Anwendung von Satz 8.1 nur auf Phasen*differenzen* ankommt, denken wir uns eine Kugelfläche vom Radius r_1 mit P als Zentrum. Sie soll gerade durch den obersten Rand der Blendenöffnung führen. Die Phasen, mit denen die Elementarwellen P erreichen, sind dann allein durch die Längen der Strecken r_2 gegeben. Sie hängen in einigermaßen komplizierter Weise von x und y, vom Winkel ϑ und von der Krümmung der Kugelfläche ab, also auch vom Abstand R. Das bewirkt, dass die mit Satz 8.1 berechnete Feldstärke von ϑ und von R abhängt, wie es bei der Fresnel-Beugung beobachtet wird (Abb. 8.3a–f).

Eine zweite Konfiguration, in der Fresnel-Beugung auftritt, ist in Abb. 8.5b gezeigt. Hier wird die Blende von einer Punktlichtquelle beleuchtet, die so nahe an der Blendenöffnung steht, dass die Krümmung der Wellenfronten der einlaufenden Kugelwelle berücksichtigt werden muss. Das führt zu den aus Abb. 8.5a bekannten Komplikationen, selbst wenn der Punkt P so weit von der Blende entfernt ist, dass die Krümmung der in Abb. 8.5a eingeführten Kugelfläche vernachlässigt werden kann.

Bei der Fraunhofer-Beugung wird die Blendenöffnung mit ebenen Wellen beleuchtet. Auch ist der Punkt P so weit von der Blende entfernt, dass man die eben ge-

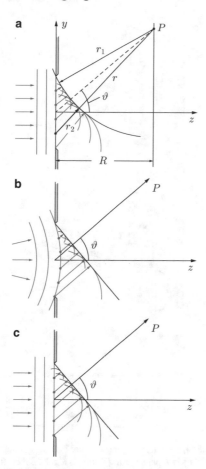

Abbildung 8.5 **a**, **b** Fresnel-Beugung, **c** Fraunhofer-Beugung

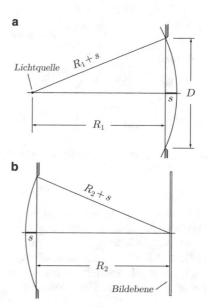

Abbildung 8.6 Zur Ableitung von (8.1)

nannte Kugelfläche durch eine Ebene, den Kreisbogen in Abb. 8.5a also durch eine Gerade ersetzen kann. Wie Abb. 8.5c zeigt, ist nun die Berechnung der Phasendifferenzen denkbar einfach. Die Länge der Strecke r_2 ist eine lineare Funktion von x und y. Diese Funktion, deren Koeffizienten allein vom Winkel ϑ abhängen, bestimmt die Phasen, mit denen die Elementarwellen den Punkt P erreichen. Das Beugungsbild hat eine relativ einfache Struktur, die nur von ϑ abhängt. Offensichtlich ist die Fraunhofersche Beugung mathematisch viel leichter zu behandeln als die Fresnelsche. Wir wenden uns dieser Aufgabe zu. Glücklicherweise hat man es in Theorie und Praxis auch meist mit Fraunhofer-Beugung zu tun.

8.2 Fraunhofer-Beugung

Von welchen Abständen an kann man bei einer Lochblende mit Fraunhofer-Beugung[3] rechnen? Wir berechnen mit Abb. 8.6a die Sagitta s der einlaufenden Wellenfront in der

Blendenöffnung. Es ist

$$R_1^2 + \frac{D^2}{4} = (R_1 + s)^2 \approx R_1^2 + 2R_1 s \quad \rightarrow \quad s \approx \frac{D^2}{8R_1} \, .$$

Wenn nun $D^2/R_1 = \lambda$ ist, ist $s \approx \lambda/8$, und die Wellenfront ist nahezu eben. Zu dem gleichen Ergebnis kommt man, wenn man die Sagitta des in Abb. 8.6b eingezeichneten Kreisbogens berechnet. Ein einfaches Kriterium für die Fraunhofer-Beugung ist also

$$\frac{D^2}{R} < \lambda \, , \quad \text{oder} \quad \frac{R}{D} > \frac{D}{\lambda} \, . \tag{8.1}$$

Hierbei ist D eine für die Blendenöffnung charakteristische Länge und R der kleinere von den beiden Abständen R_1 und R_2. Der Vergleich mit Abb. 8.3 zeigt, dass das Kriterium gut funktioniert. Wenn $D = 1\,\text{mm}$ ist, braucht man bei $\lambda = 633\,\text{nm}$ $R \gtrsim 1{,}5\,\text{m}$, um das Kriterium zu erfüllen.

Bei größeren Blenden wird die durch (8.1) gegebene Grenze für R rasch weitaus größer als ein Labortisch. Man kann

[3] Joseph Fraunhofer (1787–1826) stammte aus ärmlichen Verhältnissen. Als vierzehnjähriger Glaserlehrling überlebte er als einziger den Einsturz des Hauses seines Lehrmeisters und geriet dadurch in die

Protektion des Kurfürsten Maximilian von Bayern. Er konnte eine Schule besuchen und kam als Techniker in einen Betrieb, der optische Geräte herstellte. Dieses Unternehmen brachte er mit seinen Erfindungen zu Weltruhm. Die Wissenschaft verdankt ihm die Entdeckung der Fraunhofer-Linien (Bd. V/1), das Beugungsgitter und die Theorie der Fernfeld-Beugung. – Es ist bemerkenswert, dass die Wellentheorie des Lichts nach den halbvergessenen ersten Ansätzen von Huygens durch drei Außenseiter wiederbelebt und ausgearbeitet wurde: Durch den Arzt Thomas Young, den Straßenbauingenieur Fresnel und den Glaser und Techniker Fraunhofer.

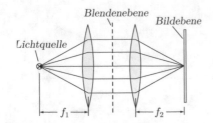

Abbildung 8.7 Praktische Realisierung der Fraunhofer-Beugung. Eingezeichnet ist der Strahlengang ohne die Blende B

dennoch auch bei kurzen Abständen zwischen Lichtquelle und Bildebene Fraunhofer-Beugung erhalten, indem man Linsen in den Strahlengang einbaut, wie Abb. 8.7 zeigt. Mit Hilfe der Linsen kann man die Krümmung der Wellenfronten in der Blendenebene aufheben. In der Praxis benutzt man gewöhnlich diese Anordnung.

Fraunhofer-Beugung an einer beliebig geformten ebenen Blende

In einer Ebene aus undurchsichtigem Material befinde sich die in Abb. 8.8 gezeigte Öffnung. Wir führen ein Koordinatensystem (x, y, z) ein, dessen Nullpunkt an einer beliebigen Stelle innerhalb der Blendenöffnung liegen soll. Von links laufen in z-Richtung ebene Wellen ein. Der Übersichtlichkeit halber beschränken wir uns auf den Fall, dass die einlaufende Welle senkrecht auf die Blendenöffnung fällt. Rechts liegt parallel zur (x, y)-Ebene die Beobachtungsebene. Ihr Abstand R von der Blendenebene soll so groß sein, dass (8.1) erfüllt ist.

Die von den einzelnen Flächenelementen $dA = dx\,dy$ ausgehenden Elementarwellen setzen wir als Kugelwellen an, wobei wir die komplexe Schreibweise (4.10) verwenden, denn das erweist sich hier als äußerst vorteilhaft. Dort, wo die z-Achse auf die Beobachtungsebene stößt, sind bei Fraunhofer-Beugung alle Elementarwellen in Phase und man erhält maximal konstruktive Interferenz. Das Flächenelement dA in Abb. 8.8a leistet dort zur Feldstärke den Beitrag

$$d\check{E}_0 = \frac{\mathcal{E}_0}{R}e^{i(kR-\omega t)}\,dx\,dy\,. \qquad (8.2)$$

$\mathcal{E}_0$ ist ein konstanter Amplitudenfaktor. Die Feldstärke im Zentrum des Beugungsbilds erhält man durch Integration über die Fläche der Öffnung:

$$\check{E}_0(R, t) = \int_A d\check{E}_0(x, y) = \frac{\mathcal{E}_0 A}{R}e^{i(kR-\omega t)}\,. \qquad (8.3)$$

Die Intensität ist proportional zu $|\check{E}|^2$, also ist $I_0 \propto \mathcal{E}_0^2/R^2$.

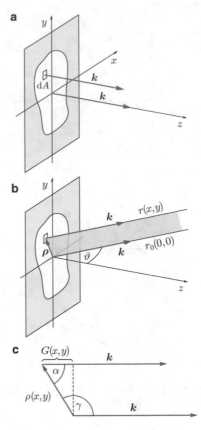

Abbildung 8.8 Fraunhofer-Beugung an einer beliebig geformten Blende, zur Ableitung von (8.6). **a** k parallel zur z-Achse, **b** k zeigt auf einen weit entfernt liegenden Punkt P, **c** die in **b** blau getönte Fläche in Draufsicht

Nun berechnen wir die Feldstärke an einem beliebigen Punkt P in der Beobachtungsebene, auf den die Wellenvektoren k in Abb. 8.8b gerichtet sind. Der Beitrag des Flächenelements $dx\,dy$ ist

$$d\check{E} = \frac{\mathcal{E}_0}{r}e^{i(kr-\omega t)}\,dx\,dy\,. \qquad (8.4)$$

Wie die Abb. 8.8b und c zeigen, hängt r von x und y ab, und es ist $r(x, y) = r_0 + G(x, y)$, mit $r_0 = R/\cos\vartheta$. Im Faktor vor der Exponentialfunktion können wir die kleinen Unterschiede zwischen r, r_0 und R vernachlässigen und $\mathcal{E}_0/r = \mathcal{E}_0/R$ setzen. Bei der Phase müssen wir jedoch den Gangunterschied $G(x, y)$ berücksichtigen: Wir setzen also $kr = kr_0 + kG(x, y)$. Der von x und y abhängige zweite Term ist nach Abb. 8.8c

$$kG(x, y) = k\rho(x, y)\cos\alpha = -k\rho\cos\gamma$$
$$= -\boldsymbol{k} \cdot \boldsymbol{\rho} = -(k_x x + k_y y)\,,$$

denn es ist $\gamma = 180° - \alpha$. Der Vektor $\boldsymbol{\rho} = (x, y, 0)$ ist in Abb. 8.8b definiert. Wir erhalten

$$d\check{E}(\boldsymbol{k}, x, y, t) = \frac{\mathcal{E}_0}{R}e^{i[kr_0 - \omega t - (k_x x + k_y y)]}\,dx\,dy\,. \qquad (8.5)$$

Bei der Integration ziehen wir die von x und y unabhängigen Größen vor das Integral, was dank der komplexen Schreibweise ohne weiteres möglich ist:

$$\check{E}(\boldsymbol{k},t) = \frac{\mathcal{E}_0}{R}e^{i(kr_0-\omega t)} \int\!\!\int_A e^{-i(k_x x+k_y y)}\,dx\,dy \ , \quad (8.6)$$

mit $r_0 = R/\cos\vartheta$. Zur Berechnung der Fraunhofer-Beugung genügt es, das auf der rechten Seite stehende **Beugungsintegral** zu lösen.

Beugung am Spalt

Ein Spalt wird in der Anordnung von Abb. 8.7 mit ebenen Wellen beleuchtet (Abb. 8.9a). Die Höhe des Spalts senkrecht zur Zeichenebene (in y-Richtung) soll groß gegen die Spaltbreite D sein. Man erhält dann das in Abb. 8.9b gezeigte Beugungsbild. Unter dem Winkel $\vartheta = 0$ beobachtet man das Intensitätsmaximum der maximal konstruktiven Interferenz, das Beugungmaximum nullter Ordnung. Alle von der Spaltöffnung ausgehenden Elementarwellen sind hier in Phase. Rechts und links daneben, also entlang der x'-Achse in Abb. 8.9a, folgen noch weitere Maxima mit abfallender Intensität. Sie sind durch dunkle Streifen voneinander getrennt. Wie kommt dieses Beugungsbild zustande?

Es ist nützlich, diese Frage zunächst qualitativ zu beantworten. Das Beugungsbild legt nahe, die Beugung nur in der (x,z)-Ebene zu betrachten. Wir bezeichnen den in dieser Ebene gemessenen Winkel zwischen der Ausbreitungsrichtung der Welle und der z-Achse mit ϑ. Abbildung 8.9c zeigt den Fall, dass die von den Rändern des Spalts herrührenden Elementarwellen einen Gangunterschied $G = \lambda$ aufweisen. Die von der Mitte des Spalts (Punkt B) ausgehenden Elementarwellen haben dann gegenüber Punkt A den Gangunterschied $G = \lambda/2$, sie löschen sich mit den von A ausgehenden Wellen durch destruktive Interferenz vollständig aus. Wie man sieht, kann man auf der gesamten Strecke zwischen A und C stets zwei Punkte A' und B' finden, von denen in Richtung ϑ maximal destruktiv interferierende Elementarwellen ausgehen. Der erste dunkle Streifen im Beugungsbild des Spalts liegt also dort, wo

$$G = D\sin\vartheta = \lambda \ , \quad \sin\vartheta = \frac{\lambda}{D} \qquad (8.7)$$

ist. Damit haben wir bereits das wichtigste Ergebnis: Das Beugungsbild ist um so breiter, je schmäler der Spalt ist. Ein numerisches Beispiel: Beleuchtet man einen 0,1 mm

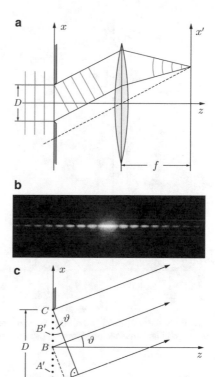

Abbildung 8.9 Beugung am Spalt. **a** Versuchsanordnung, **b** Beugungsbild, **c** Zur Ableitung von (8.7)

breiten Spalt mit Licht der Wellenlänge $\lambda = 500\,\text{nm}$, so ist $\sin\vartheta \approx \vartheta = 5\,\text{mrad}$. Ist in Abb. 8.7 $f_2 = 1\,\text{m}$, hat das zentrale Maximum im Bild der linienförmigen Lichtquelle eine Breite von 10 mm!

Die weitere Struktur des Beugungsbildes kann man auf die gleiche Weise erklären: Dunkle Streifen liegen dort, wo

$$\sin\vartheta = \frac{m\lambda}{D} \quad (m = 1,2,3,\ldots) \qquad (8.8)$$

ist. Die Maxima höherer Ordnung liegen dazwischen, also ungefähr bei $\sin\vartheta = (m + 1/2)\lambda/D$. Auch ihre abnehmende Intensität ist leicht zu erklären: Beim ersten Nebenmaximum beispielsweise löschen sich 2/3 der Elementarwellen mit dem in Abb. 8.9c gezeigten Mechanismus aus, und auch das restliche Drittel interferiert nicht maximal konstruktiv. Die Amplitude sinkt schätzungsweise auf 1/5, die Intensität auf 1/25, also auf ca. 4 % des Maximalwerts bei $\vartheta = 0$.

Zur quantitativen Berechnung der Intensität: Die Gleichung (8.7) zeigt, dass man sich in der Tat bei der Berechnung des Beugungsbildes auf die (x,z)-Ebene und in

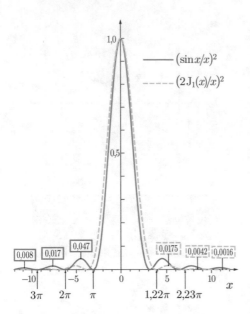

Abbildung 8.10 Intensitätsverteilungen bei der Fraunhofer-Beugung am Spalt (*ausgezogene Kurve*) und an einer kreisförmigen Öffnung (*gestrichelt*)

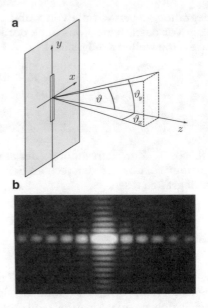

Abbildung 8.11 Beugung an einer rechteckigen Öffnung

(8.6) auf die x-Koordinate beschränken kann. Wegen der großen Ausdehnung des Spalts in y-Richtung rücken die Beugungsmaxima so dicht zusammen, dass sie nicht mehr aufgelöst werden können. Man kann bei der y-Koordinate von der geometrisch-optischen Abbildung der Lichtquelle ausgehen. Mit $-ik_x x = u$ und der Euler-Formel erhält man

$$\int_{-D/2}^{+D/2} e^{-ik_x x}\, dx = -\frac{1}{ik_x} \int_{ik_x D/2}^{-ik_x D/2} e^u\, du$$

$$= \frac{e^{ik_x D/2} - e^{-ik_x D/2}}{ik_x} = \frac{2}{k_x} \sin\frac{k_x D}{2}\ . \tag{8.9}$$

Mit (8.6) und mit $k_x = k\sin\vartheta = (2\pi/\lambda)\sin\vartheta$ folgt

$$\check{E}(\vartheta, t) = \frac{\mathcal{E}_0 D}{R} e^{i(kr_0 - \omega t)} \frac{\sin\beta}{\beta}$$

$$\text{mit } \beta = \frac{k_x D}{2} = \frac{\pi D \sin\vartheta}{\lambda}\ . \tag{8.10}$$

Die Intensität ist proportional zu $|\check{E}|^2$. Durch Quadrieren der schon in Abb. 4.14 gezeigten Funktion $\sin\beta/\beta$ erhält man die in Abb. 8.10 gezeigte Intensitätsverteilung (ausgezogene Kurve):

$$I(\vartheta) = I_0 \left(\frac{\sin\beta}{\beta}\right)^2\ . \tag{8.11}$$

I_0 ist die unter dem Winkel $\vartheta = 0$ gemessene Intensität im Beugungsbild. Die Nullstellen liegen bei $\beta = \pi, 2\pi, 3\pi, \dots$, also bei

$$\sin\vartheta = m\frac{\lambda}{D}\ , \tag{8.12}$$

wie in (8.8) aufgrund der qualitativen Betrachtung angegeben.

Wir berechnen noch die Halbwertsbreite des zentralen Maximums. Die Funktion $\sin\beta/\beta$ erreicht bei $\beta = 1{,}39$ den Wert $1/\sqrt{2}$. Die Intensität $I(\vartheta) = I_0/2$ erreicht man also bei

$$\sin\vartheta = \pm\frac{1{,}39\lambda}{\pi D} = \pm 0{,}44\frac{\lambda}{D}$$

$$(\Delta\vartheta)_{\text{HWB}} = 0{,}88\frac{\lambda}{D} \approx \frac{\lambda}{D}\ . \tag{8.13}$$

Beugung an einer rechteckigen Öffnung. Für eine rechteckige Öffnung mit der Breite b und der Höhe h müssen wir (8.6) über x und über y integrieren (Abb. 8.11a). Dieses Integral zerfällt hier in das Produkt von zwei Integralen des Typs (8.9), und wir können das Ergebnis sofort hinschreiben. Die Projektion des Winkels ϑ auf die (x, z)-Ebene nennen wir ϑ_x, und die auf die (y, z)-Ebene nennen wir ϑ_y. Mit

$$\beta = \frac{k_x b}{2} = \frac{\pi b \sin\vartheta_x}{\lambda}\ , \quad \beta' = \frac{k_y h}{2} = \frac{\pi h \sin\vartheta_y}{\lambda}\ ,$$

erhält man

$$I(\vartheta_x, \vartheta_y) = I_0 \left(\frac{\sin \beta}{\beta} \right)^2 \left(\frac{\sin \beta'}{\beta'} \right)^2 . \qquad (8.14)$$

Das Beugungsbild ist in Abb. 8.11 gezeigt. Das zentrale Maximum ist nahezu rechteckig. Es ist breit in der Richtung, in der die Blendenöffnung schmal ist, und schmal, in der sie breit ist.

Beugung an einer kreisförmigen Öffnung

Bei einer kreisförmigen Blende mit dem Durchmesser D führt man in der Blendenebene Polarkoordinaten (ρ, φ) ein. Nach entsprechender Umformung von (8.6) erhält man die Intensitätsverteilung[4]

$$I(\vartheta) = I_0 \left(\frac{2J_1(\beta)}{\beta} \right)^2 , \quad \beta = \frac{\pi D \sin \vartheta}{\lambda} . \qquad (8.15)$$

ϑ ist der in Abb. 8.8 definierte Winkel, und $J_1(\beta)$ ist die Bessel-Funktion erster Ordnung, die uns schon in Bd. III, Abb. 17.28 und (7.43) begegnet ist. Die gestrichelte Kurve in Abb. 8.10 zeigt die Intensitätsverteilung (siehe auch Abb. 8.3 und Abb. 8.4). Das zentrale Maximum ist sehr stark ausgeprägt. Es enthält 84 % des Strahlungsflusses. Die erste Nullstelle der Bessel-Funktion $J_1(\beta)$ liegt bei $\beta = 3{,}83 = 1{,}22\pi$. Der erste dunkle Ring erscheint daher unter dem Winkel

$$\sin \vartheta = 1{,}22 \frac{\lambda}{D} . \qquad (8.16)$$

Auf dieser Formel beruhte (6.42) und die Berechnung des Auflösungsvermögens von optischen Instrumenten in Kap. 6. Zur Begründung: Wenn man in Abb. 8.7 die Linsen dicht an die Blende schiebt, erhält man nach (6.36) eine Linse mit der Brennweite $f = f_1 f_2 / (f_1 + f_2)$ und eine in der Linsenebene liegende Aperturblende mit dem Durchmesser D. Diese Linse bildet einen im Abstand $g = f_1$ vor der Linse liegenden Punkt auf einen hinter der Linse im Abstand $b = f_2$ liegenden Punkt ab. Dabei entsteht

---

[4] Zur Durchführung der Rechnung siehe z. B. Eugene Hecht, „Optics", Addison-Wesley (2002). Eine deutsche Übersetzung ist erschienen als De Gruyter-Studienbuch im Oldenbourg Verlag 2009. Dort findet man auch Näheres zu den Besselfunktionen.

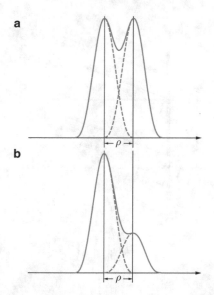

Abbildung 8.12 Zum Rayleigh-Kriterium: Intensitätsverteilung in der Beobachtungsebene. **a** Bei gleicher Helligkeit der beiden Objekte, **b** bei unterschiedlicher Helligkeit $I_1 / I_2 = 3 : 1$

in der Bildebene ein Beugungsbild mit der durch (8.15) gegebenen Intensitätsverteilung. Der „Radius des Beugungsscheibchens" ist der Radius ρ des ersten dunklen Rings. Mit $\sin \vartheta \approx \vartheta \approx \rho / b$ folgt aus (8.16) die schon in (6.42) angegebene Formel

$$\rho = 1{,}22 \frac{\lambda b}{D} . \qquad (8.17)$$

Nach dem von Lord Rayleigh aufgestellten Kriterium betrachtet man zwei Punkte als auflösbar, wenn die Zentren der Beugungsscheibchen voneinander mindestens den Abstand ρ haben. Wie Abb. 8.12 zeigt, funktioniert das Kriterium nur, wenn die Objekte ungefähr gleich hell sind.

Beugung am Doppelspalt

Die Blende bestehe nun aus zwei parallelen Spalten der Breite D, die voneinander den Abstand d haben (Abb. 8.13a). Bei der Berechnung des Beugungsbilds beschränken wir uns wieder auf die (x, z)-Ebene. Diesmal muss über beide Spalte integriert werden. Statt (8.9) erhält

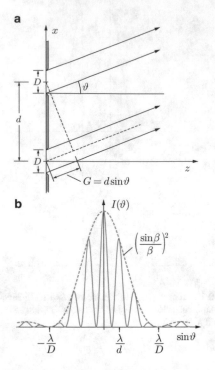

Abbildung 8.13 Beugung am Doppelspalt

man mit $\beta = k_x D/2$

$$\int_{-D/2}^{+D/2} e^{-ik_x x}\, dx + \int_{d-D/2}^{d+D/2} e^{-ik_x x}\, dx$$

$$= \frac{2}{k_x}\sin\beta - \frac{1}{ik_x}\left(e^{-ik_x d}e^{-i\beta} - e^{-ik_x d}e^{i\beta}\right) \qquad (8.18)$$

$$\check{E}(t) = \frac{\mathcal{E}_0 D}{R}e^{i(kr_0 - \omega t)}\frac{\sin\beta}{\beta}\left(1 + e^{-ik_x d}\right)$$

$$= 2D\frac{\sin\beta}{\beta}\cos\frac{k_x d}{2}e^{-ik_x d/2}\,.$$

Die Intensität berechnet man wie in (8.11):

$$I(\vartheta) = I_0\left(\frac{\sin\beta}{\beta}\right)^2\cos^2\frac{\delta}{2}\,, \qquad (8.19)$$

$$\text{mit} \quad \beta = \frac{kD\sin\vartheta}{2} = \frac{\pi D\sin\vartheta}{\lambda}\,,$$
$$\delta = kd\sin\vartheta = \frac{2\pi d\sin\vartheta}{\lambda}\,. \qquad (8.20)$$

δ ist die Phasendifferenz, mit der die Elementarwellen, die von den Zentren der beiden Spalte ausgehen, die Beobachtungsebene erreichen. Also beobachtet man die in Abb. 8.13b gezeigte Intensitätsverteilung. Das Beugungsbild des Einzelspalts ist moduliert mit der schon in (7.13) berechneten Funktion, die die Interferenz der von

zwei gleich starken Punktquellen ausgehenden Wellen beschreibt. Die Maxima liegen dort, wo der Gangunterschied $G = m\lambda$ bzw. die Phasendifferenz $\delta = 2m\pi$ ist. Dann ist $\sin\vartheta = m\lambda/d$.

Das Beugungsgitter

Wir betrachten nun N Spalte der Breite D, die voneinander den Abstand g haben (Abb. 8.14a). Eine solche Anordnung nennt man ein **Beugungsgitter**; g ist die **Gitterkonstante**. Jeder einzelne Spalt beugt das Licht gemäß (8.10). Wir betrachten die Elementarwellen, die bei monochromatischer Beleuchtung von den Zentren zweier benachbarter Spalte ausgehen. Unter dem Winkel ϑ entsteht der Gangunterschied und die Phasendifferenz

$$G = g\sin\vartheta\,, \quad \delta = kg\sin\vartheta\,. \qquad (8.21)$$

Konstruktive Interferenz erhält man, wenn

$$\delta = 2\pi m\,, \quad G = \frac{\delta}{k} = g\sin\vartheta_m = m\lambda \qquad (8.22)$$
$$(m = 0, \pm 1, \pm 2, \ldots)$$

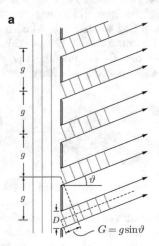

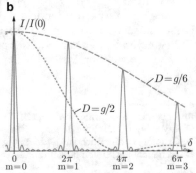

Abbildung 8.14 Beugungsgitter. **a** Grundprinzip, **b** Intensitätsverteilung nach (8.23). *Gestrichelt*: $(\sin\beta/\beta)^2$

ist. Dann sind nämlich die von entsprechenden Punkten der N Spalte ausgehenden Elementarwellen sämtlich in Phase. Da es sich um Vielstrahlinterferenzen handelt, sollten die Maxima scharf sein. Das bestätigt die folgende Rechnung: Die elektrische Feldstärke in der unter dem Winkel ϑ laufenden Welle ergibt sich wie in (8.18):

$$\check{E}(t) = \frac{\mathcal{E}_0 D}{R} \frac{\sin\beta}{\beta} \left[1 + e^{-i\delta} + e^{-i2\delta} + \cdots \right. $$
$$\left. + e^{-i(N-1)\delta} \right] e^{i(kr_0 - \omega t)} .$$

Wie man eine solche Reihe aufsummiert, haben wir in Abschn. 4.3 gesehen. Man erhält analog zu (4.45)

$$\check{E}(t) = \frac{\mathcal{E}_0 D}{R} \frac{\sin\beta}{\beta} \frac{\sin(N\delta/2)}{\sin(\delta/2)} e^{i(kr_0 - \omega t - (N-1)\delta/2)} ,$$

und für die Intensität

$$I(\vartheta) = I_0 \left(\frac{\sin\beta}{\beta} \right)^2 \left(\frac{\sin(N\delta/2)}{\sin\delta/2} \right)^2 ,$$
$$\text{mit } \beta = \frac{kD\sin\vartheta}{2} . \tag{8.23}$$

In Abb. 8.14b ist die Intensität als Funktion von $\delta = 2\pi g \sin\vartheta / \lambda$ gezeigt. Die Funktion $\sin^2(N\delta/2)/\sin^2(\delta/2)$ entspricht dem Quadrat der Amplitudenfunktion $a(t)$ in (4.23) und Abb. 4.9. Sie ist hier multipliziert mit der Funktion $(\sin\beta/\beta)^2$, die vom Winkel ϑ und von der Spaltbreite abhängt. Die mit zunehmendem N immer schärfer werdenden Hauptmaxima liegen bei den in (8.22) angegebenen Werten ϑ_m. Zwischen dem m-ten und dem $(m+1)$-ten Hauptmaximum liegen $(N-1)$ Nullstellen und $(N-2)$ Nebenmaxima. Die Nullstellen liegen bei

$$g\sin\vartheta = \left(m + \frac{1}{N} \right) \lambda, \left(m + \frac{2}{N} \right) \lambda, \ldots$$
$$\left(m + \frac{(N-1)}{N} \right) \lambda . \tag{8.24}$$

Wenn die ebene Welle unter einem Winkel ϑ_0 auf die Gitterebene fällt (Abb. 8.15), ist (8.21) zu ersetzen durch

$$G = g(\sin\vartheta - \sin\vartheta_0) , \quad \delta = kg(\sin\vartheta - \sin\vartheta_0) , \tag{8.25}$$

denn nun muss auch die Phasendifferenz berücksichtigt werden, mit der die von der Gitterebene ausgehenden Elementarwellen starten. Auch ist nun

$$\beta = \frac{kD(\sin\vartheta - \sin\vartheta_0)}{2} = \frac{\pi D(\sin\vartheta - \sin\vartheta_0)}{\lambda} . \tag{8.26}$$

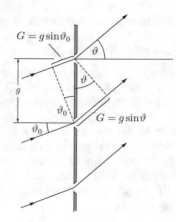

Abbildung 8.15 Beugungsgitter bei schrägem Lichteinfall

Das Beugungsgitter ist neben Linse, Prisma und Spiegel ein wichtiges Bauelement in der Optik. Man benutzt es in erster Linie zur spektralen Zerlegung von Licht. Wir berechnen das Auflösungsvermögen. In der m-ten Ordnung fällt das Hauptmaximum der Wellenlängen λ_2 in das erste Minimum neben dem zur Wellenlänge λ_1 gehörenden Hauptmaximum, wenn

$$m\lambda_2 = \left(m + \frac{1}{N} \right) \lambda_1 \rightarrow \lambda_2 - \lambda_1 = (\Delta\lambda)_{\min} = \frac{\lambda_1}{Nm}$$

ist. Das wie in (6.59) definierte Auflösungsvermögen ist also

$$\mathcal{R} = \frac{\lambda}{(\Delta\lambda)_{\min}} = mN . \tag{8.27}$$

Es ist umso größer, je größer die **Gesamtzahl** der Spalte ist, und je höher die Ordnung, in der das Licht beobachtet wird. Die Gitterkonstanten spielen nur insofern eine Rolle, als die Gesamtbreite des Gitters Ng ist, und natürlich muss das Gitter vollständig ausgeleuchtet sein, damit (8.27) gilt. Für den freien Spektralbereich erhält man

$$(\Delta\lambda)_{\text{FSB}} < \frac{\lambda}{m} . \tag{8.28}$$

Das ist die gleiche Formel wie (7.59). Da aber das Beugungsgitter stets in niedriger Ordnung betrieben wird ($m \leq 5$), ist sein FSB weitaus größer als der des Fabry-Pérot-Interferometers.

Das Verhältnis D/g ist dafür maßgeblich, wie die einfallende Strahlung nutzbar gemacht werden kann. Nur der Bruchteil D/g wird vom Gitter durchgelassen. Außerdem bestimmt das Verhältnis D/g, wo die Nullstellen der Funktion $(\sin\beta/\beta)^2$ relativ zu den Beugungsmaxima liegen. In Abb. 8.14b ist das an zwei Beispielen gezeigt. Bei $D = g/2$ („Mäandergitter") werden alle Maxima gerader Ordnung ausgelöscht, und die Intensität in den Maxima $n \geq 3$ ist sehr klein. Bei $D = g/6$ ist die Intensität gleichmäßiger auf die Maxima verteilt, es wird aber nur $1/6$ der

Strahlung durchgelassen. In jedem Fall sind bei dem in Abb. 8.14 gezeigten Beugungsgitter die Maxima höherer Ordnung lichtschwach.

Das Beugungsgitter wurde um 1820 von Fraunhofer erfunden. Seitdem wurde die Technik zu seiner Herstellung ständig verfeinert. Einen großen Fortschritt erzielte der amerikanische Physiker H. A. Rowland (1848–1901), der ein Verfahren entwickelte, mit dem er sehr genau bis zu 8000 Furchen pro cm in eine Glasplatte einritzen konnte. In der dritten Ordnung erreicht man dann mit einem 10 cm breiten Gitter ein Auflösungsvermögen $\mathcal{R} \approx 2{,}4 \cdot 10^5$, was an den Bereich der Fabry-Pérot-Interferometrie heranreicht.

Die Furchen können auch in eine verspiegelte Platte eingeritzt werden. Man erhält dann statt des Transmissionsgitters, das wir bisher diskutierten, ein **Reflexionsgitter** (Abb. 8.16a). Die Formeln (8.23) bis (8.28) bleiben gültig, jedoch ist in (8.25) ϑ_0 nun der Reflexionswinkel, gemessen gegen die Normale auf der Gitterebene. Für die Funktion $(\sin \beta / \beta)^2$ ist die Breite D der einzelnen Spiegelflächen maßgeblich.

Die bisher betrachteten Gitter haben sämtlich den großen Nachteil, dass der größte Teil der Intensität in das Maximum nullter Ordnung fällt und damit für die Spektrometrie verloren geht (Abb. 8.16a). Bei einem Reflexionsgitter kann man das vermeiden, indem man ein **Stufengitter**, auch **Echellette-Gitter** genannt, verwendet. In Abb. 8.16b ist ein solches Gitter gezeigt. $\hat{n}$ ist der Normalenvektor auf der Gitterebene, $\hat{n}'$ der auf der reflektierenden Fläche. An den Phasendifferenzen nach (8.25) und an der Lage der Beugungsmaxima bezüglich der Gitterebene ändert sich nichts. Das Hauptmaximum der Funktion $(\sin \beta / \beta)^2$ liegt nun aber in der Richtung der Reflexion an den einzelnen Streifen. Man kann den Winkel γ so bemessen, dass es ungefähr in die Richtung eines der Beugungsmaxima m-ter Ordnung fällt. Man kann sich nun sogar erlauben, $D/g \approx 1$ zu machen. Dann wird nahezu der gesamte einfallende Strahlungsfluss auf dieses Maximum konzentriert und nutzbar gemacht. Wählt man $\lambda \approx \gamma g = \gamma D$, fällt der reflektierte Strahl in die Nähe des Beugungsmaximums 2. Ordnung. Die übrigen Beugungsmaxima werden weitgehend ausgelöscht.

Auf diesem Prinzip beruht der in Abb. 8.17 gezeigte Gittermonochromator. Die Funktion der beiden Linsen von Abb. 8.7 wird hier von einem Hohlspiegel übernommen. Dadurch und durch die Verwendung eines Reflexionsgitters vermeidet man die Absorption des Lichts im Glas, und der Monochromator kann auch im ultravioletten und infraroten Spektralbereich eingesetzt werden. Die Wellenlänge des selektierten Lichts kann durch Drehen des Gitters verändert werden.

Beugungsgitter von der in Abb. 8.16b gezeigten Art können in ausgezeichneter Qualität mit einem Diamant-Werkzeug auf einer dick mit Aluminium bedampften

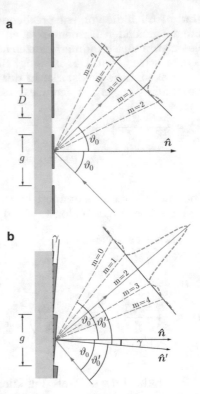

Abbildung 8.16 Reflexionsgitter. **a** Einfaches Reflexionsgitter, **b** Stufengitter

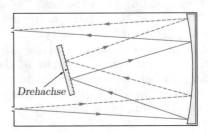

Abbildung 8.17 Gittermonochromator

Glasplatte hergestellt werden. Abdrucke solcher Gitter in Plastik-Material sind nicht ganz so gut, aber wesentlich billiger. Im Übrigen kann man den Dispersioneffekt von gitterartigen Strukturen auch an einer CD beobachten, wenn man sie schräg gegen das Licht hält. Auch die Natur stellt Beugungsgitter her: Das Innere von manchen Muschelschalen ist von feinen Furchen überzogen; das erzeugt den farbigen Schimmer des Perlmutt.

Die Beugungsbegrenzung von Strahlen

Wir kehren noch einmal zur Beugung am Spalt und an der kreisförmigen Öffnung zurück. In der geometrischen Optik hatten wir ausdrücklich davon abgesehen, dass der mit einer Lochblende oder einem Spalt erzeugte „Licht-

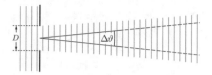

Abbildung 8.18 Strahldivergenz hinter einer Blende, zu (8.29)

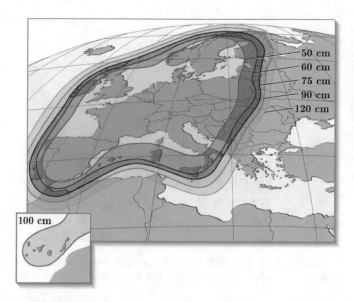

Abbildung 8.20 Konturen des vom Fernseh-Satelliten Astra 1G gesendeten Strahls bis zur Bahnverlagerung des Satelliten im Jahre 2009. Kurvenparameter: Erforderlicher Durchmesser der „Schüssel" für den Empfang. Mit freundlicher Genehmigung der SES-Global (Société Européen des Satellites

strahl" hinter der strahlbegrenzenden Öffnung aufgrund der Beugung etwas auseinander läuft (Abb. 6.3). Wir können nun diese Strahldivergenz quantitativ angeben. Für den Fall, dass in Abb. 8.18 die Blendenöffnung $D \gg \lambda$ und der Abstand von der Blende $R \gg D$ ist, folgt aus (8.13) für die Winkeldivergenz des Strahls, gemessen durch die Halbwertsbreite der Intensitätsverteilung (8.13)

$$\Delta\vartheta \approx \frac{\lambda}{D} \; . \tag{8.29}$$

Die Strahlbreite ist dementsprechend

$$W = \Delta\vartheta R \approx R\frac{\lambda}{D} \; . \tag{8.30}$$

Dies setzt natürlich Fraunhofer-Beugung voraus, d. h. es muss nach (8.1) $R/D > D/\lambda$ sein. Diese Formeln gelten nicht nur für den Fall der Strahlbegrenzung durch eine Blende, sondern auch, wenn die seitlich begrenzten ebenen Wellen auf andere Weise erzeugt wurden, z. B. mit einem Spiegel (Abb. 8.19a), mit einer ebenen Senderfläche (Abb. 8.19b) oder mit einem punktförmigen Sender im Brennpunkt eines Parabolspiegels (Abb. 8.19c).

Aus diesen Gegebenheiten folgt, dass das Satellitenfernsehen nur mit Mikrowellen betrieben werden kann,

Abbildung 8.19 Beugungsbegrenzte Strahlen

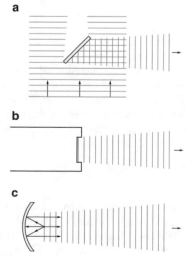

wie bei Tab. 2.3 erwähnt wurde. Damit die erforderliche Sendeleistung nicht zu hoch wird und auch aus rechtlichen Gründen muss die Ausstrahlung auf ein bestimmtes Empfangsgebiet beschränkt werden, z. B. auf Europa (Abb. 8.20). Der Satellit befindet sich auf einer geostationären Umlaufbahn in 40 000 km Entfernung über dem Äquator. Die Parabolspiegel der Sendeantennen haben Durchmesser von 1–2 m. Das ergibt nach (8.30) mit $\lambda = 3$ cm auf der Erde beugungsbegrenzte Strahlen mit der Breite $W = 600$–1200 km, was ausreicht, um die in Abb. 8.20 gezeigte maßgeschneiderte Kontur zu erzeugen. Um das gleiche mit $\lambda = 30$ cm zu erreichen, brauchte man zehnmal größere Spiegel, was kaum praktikabel und jedenfalls sehr teuer wäre. Der Astra 1G-Satellit hat, zum Transport zusammengeklappt, bereits die Abmessungen $3,3 \times 3,3 \times 5,5 \, \text{m}^3$ und eine Masse von 2300 kg. Man muss also die bei $\lambda = 3$ cm unvermeidlichen Empfangsstörungen durch flatternde Blätter und dicke Wolken in Kauf nehmen. Sie entstehen durch die Absorption der Mikrowellen in Wasser (Abb. 5.19).

Beugung an Hindernissen

Bisher haben wir uns fast ausschließlich mit der Beugung des Lichts an Öffnungen befasst. Wie steht es nun mit der Beugung an Hindernissen, wie z. B. an einer undurchsichtigen Kreisscheibe? Zwischen der Beugung an einer Lochblende und an einem Hindernis, das genau in die Lochblende hineinpasst, muss ein Zusammenhang beste-

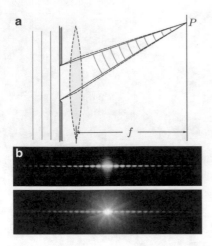

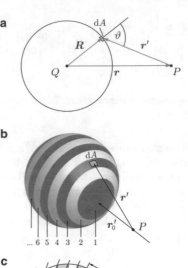

Abbildung 8.21 Babinetsches Theorem. **a** Zum Prinzip, **b** Fraunhofer-Beugung am Spalt ($D = 0{,}3\,\text{mm}$, *oben*) und an einem Draht ($D = 0{,}3\,\text{mm}$, *unten*)

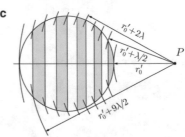

Abbildung 8.22 Fresnel-Zonen auf der Wellenfront einer Kugelwelle

hen. Die Feldstärke E_1 am Punkt P in Abb. 8.21a ist gleich der Feldstärke E_0 der sich frei ausbreitenden Welle, abzüglich der von der Blende gestoppten Anteile. Das sind aber gerade die Wellen, die übrig bleiben, wenn man die Blende durch das in die Öffnung genau hineinpassende „komplementäre" Hindernis ersetzt. Diese Wellen erzeugen in P eine Feldstärke E_2, und es muss gelten:

$$E_1 + E_2 = E_0 \,. \tag{8.31}$$

Dies ist das **Babinetsche Theorem**. Es erweist sich als besonders nützlich bei der Fraunhofer-Beugung in der Anordnung von Abb. 8.7, also nach Einbau der in Abb. 8.21a gestrichelt eingezeichneten Linse. Ohne Blende und ohne Hindernis entsteht dort im Zentrum der Beobachtungsebene nur das Bild der sehr weit entfernten Punktlichtquelle in Form eines kleinen Beugungsscheibchens. Außerhalb dieses Bildes ist $E_0 = 0$, und es folgt aus (8.31) $E_2 = -E_1$ und $I_2 = I_1$. Bis auf das Zentrum müssen die Beugungsbilder eines Spalts und eines Drahtes genau gleich aussehen, wenn der Drahtdurchmesser gleich der Spaltbreite ist! Wie Abb. 8.21b zeigt, stimmt das tatsächlich.

8.3 Fresnel-Beugung

Bevor wir die Fresnel-Beugung betrachten, müssen wir das Huygens-Fresnelsche Prinzip (Satz 8.1) etwas genauer untersuchen. Nehmen wir an, bei $\boldsymbol{r} = 0$ befände sich eine Punktlichtquelle Q, die isotrop Licht nach allen Seiten abstrahlt (Abb. 8.22a). Die elektrische Feldstärke am Punkt P

ist dann

$$E(\boldsymbol{r}, t) = \frac{\mathcal{E}_0}{r} \cos(kr - \omega t) \,, \tag{8.32}$$

denn das ist die Lösung der Wellengleichung für die freie Ausbreitung einer Kugelwelle. $\mathcal{E}_0/r$ ist die Amplitude, $\mathcal{E}_0$ ein von r unabhängiger Amplitudenfaktor, der durch die Stärke der Lichtemission bei Q gegeben ist. Zum Zeitpunkt t' liege eine Wellenfront der von Q ausgehenden Welle auf einer Kugel vom Radius R. Die Feldstärke ist dort

$$E(\boldsymbol{R}, t') = \frac{\mathcal{E}_0}{R} \cos(kR - \omega t') \,. \tag{8.33}$$

Beim Huygens-Fresnelschen Prinzip stellt man sich vor, dass von jedem Flächenelement $\mathrm{d}A$ der in Abb. 8.22b perspektivisch gezeigten Kugelfläche „Elementarwellen" ausgehen, und behauptet, dass deren Summe am Punkt P die Feldstärke (8.32) ergibt. Wie müssen die Elementarwellen beschaffen sein, damit das stimmt? Für den Beitrag der von $\mathrm{d}A$ ausgehenden Elementarwelle zu $E(\boldsymbol{r}, t)$ machen wir den Ansatz

$$\mathrm{d}E = \frac{\mathcal{E}_{\mathrm{H}} K(\vartheta)}{r'} \cos\left[k(R + r') - \omega t + \varphi\right] \mathrm{d}A \,. \tag{8.34}$$

$\mathcal{E}_{\mathrm{H}}$ ist der Amplitudenfaktor der Huygensschen Elementarwelle, $K(\vartheta)$ eine Funktion des in Abb. 8.22a definierten Winkels ϑ, und φ die Phase, mit der die Emission der Elementarwellen relativ zur Phase von (8.33) erfolgt.

Um die Integration von (8.34) durchzuführen, teilt man die Kugelfläche in die sogenannten **Fresnel-Zonen** ein, deren Ränder von P jeweils den Abstand

$$r_0' + \frac{\lambda}{2} \, , \ r_0' + \lambda \, , \ r_0' + \frac{3}{2}\lambda, \ \dots \ r_0' + \frac{N-1}{2}\lambda \quad (8.35)$$

haben (Abb. 8.22c). Man integriert zunächst über die einzelnen Fresnel-Zonen, wobei innerhalb einer Zone $K(\vartheta)$ als konstant betrachtet wird. Das ergibt bei der i-ten Zone den Beitrag E_i zur Feldstärke bei P. (Die Nummerierung der Fresnel-Zonen ist in Abb. 8.22b angegeben). Wenn das Huygens-Fresnelsche Prinzip richtig sein soll, muss die Summe über alle E_i die Feldstärke (8.32) ergeben:

$$\sum_{i=1}^{N} E_i = E(r,t) = \frac{\mathcal{E}_0}{r} \cos(kr - \omega t) \, . \quad (8.36)$$

Man erhält das, wenn man für die in (8.34) noch unbestimmten Größen folgendes einsetzt:[5]

$$\mathcal{E}_\mathrm{H} = \frac{\mathcal{E}_0}{R\lambda} \, , \quad K(\vartheta) = \frac{1 + \cos \vartheta}{2} \, , \quad \varphi = -\frac{\pi}{2} \, . \quad (8.37)$$

Die hier verwendete Form der Richtungsfunktion $K(\vartheta)$ (Abb. 8.23) stammt aus der Beugungstheorie, die Kirchhoff 1882 entwickelte und die von der Wellengleichung (1.35) ausgeht. Durch diese Theorie wurde das bis dahin nur auf Intuition beruhende Huygens-Fresnelsche Prinzip in das wohlgefügte Rahmenwerk der Theoretischen Physik eingebaut. Fresnel selbst hat – *faute de mieux* – die in Abb. 8.23 gestrichelt eingezeichnete Funktion benützt:

$$K(\vartheta) = 1 \quad \text{für } 0 \le \vartheta \le \frac{\pi}{2} \, , \quad K(\vartheta) = 0 \quad \text{für } \vartheta > \frac{\pi}{2} \, .$$

Die Annahme, dass die Huygensschen Elementarwellen nur „nach vorn", aber nicht „nach hinten" laufen, wurde schon bei Satz 5.1 erwähnt. Sie ist zwar physikalisch nicht zu rechtfertigen, führt aber ebenfalls zum richtigen Ergebnis.

Die Fresnelsche Zonenkonstruktion ist ganz allgemein bei der Diskussion von Beugungsproblemen von Nutzen. Dabei ist wichtig, dass die Beiträge von zwei benachbarten Zonen stets entgegengesetzte Vorzeichen haben, aber dem Betrage nach annähernd gleich sind. Die Rechnung zeigt, dass die Unterschiede im Wesentlichen auf der allmählich abnehmenden Richtungsfunktion $K(\vartheta)$ beruhen. Ferner

---

[5] Zur Durchführung dieser Rechnung und zur Kirchhoffschen Beugungstheorie siehe E. Hecht, „Optics", second Edition, Addison-Wesley (1987), Kap. 10 und Anhang 2. – Dass $\mathcal{E}_\mathrm{H}$ eine andere Dimension als $\mathcal{E}_0$ hat, ist in Ordnung, denn $\mathcal{E}_0$ bezieht sich auf die Ausstrahlung einer Punktquelle, $\mathcal{E}_\mathrm{H}$ auf ein Flächenelement.

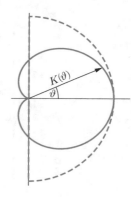

Abbildung 8.23 Polardiagramm der Richtungsfunktion $K(\vartheta)$

ergibt sich, dass der Beitrag der ersten Zone allein fast genau doppelt so groß ist, wie die Feldstärke (8.32) insgesamt. Das liegt daran, dass es innerhalb einer Zone keine destruktiven Interferenzen gibt. Es ist also

$$E_i \approx -E_{i-1} \, , \quad E_1 \approx 2E \, . \quad (8.38)$$

Das hat merkwürdige Konsequenzen. Es ist nach (8.36)

$$E = \sum_{i=1}^{N} E_i = E_1 + \sum_{i=2}^{N} E_i \, .$$

Daraus folgt mit $E_1 \approx 2E$

$$-E \approx \sum_{i=2}^{N} E_i = E_2 + \sum_{i=3}^{N} E_i \, .$$

Nun ist $E_2 \approx -E_1 \approx -2E$. Also erhält man

$$E \approx \sum_{i=3}^{N} E_i = E_3 + \sum_{i=4}^{N} E_i$$

und so fort. Solange für die Zone n, bei der die Summation beginnt, $\cos \vartheta_n \approx 1$ ist, solange also $n \ll N$ ist, gilt in guter Näherung

$$\left| \sum_{i=n}^{N} E_i \right| = E \, . \quad (8.39)$$

Auf diesen Formeln beruhen die im Folgenden beschriebenen Beispiele zur Anwendung der Fresnelschen Zonenkonstruktion.

Beugung an einer kreisrunden Öffnung. In Abb. 8.24 ist eine Kreisblende gezeigt. Wie die Blende in Abb. 8.3 wird sie mit senkrecht auffallenden ebenen Wellen beleuchtet,

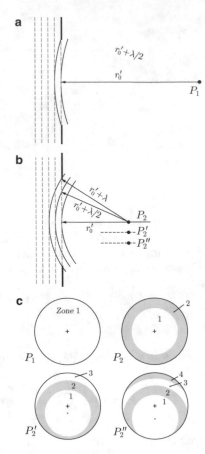

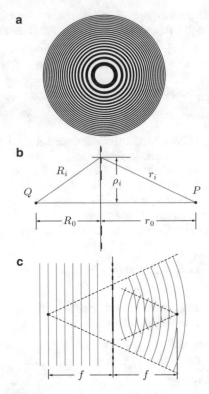

Abbildung 8.25 **a** Zonenplatte, geradzahlige Zonen abgedeckt, **b** zur Berechnung der Radien ρ_n, **c** Zonenplatte bei parallelem Lichteinfall

Abbildung 8.24 Fresnel-Beugung an einer kreisförmigen Öffnung. **a** und **b** Fresnel-Zonen für P_1 und P_2 im Schnitt, **c** die Zonen in der Aufsicht, von P_1, P_2, P_2' und P_2'' aus gesehen

d. h. die Punktlichtquelle Q liegt links im Unendlichen. Die Fresnel-Zonen sind in diesem Falle Kreisringe auf der ebenen Wellenfront. Bei P_1 in Abb. 8.24a ist es maximal hell, denn dieser Punkt liegt so, dass das gesamte Licht aus der ersten Fresnel-Zone nach P_1 gelangt, während alle anderen Zonen durch die Blende verdeckt sind. Wenn man die Blende wegnimmt, sinkt nach (8.38) bei P_1 die Intensität auf ein Viertel! Von P_2 aus gesehen, tritt auch das gesamte Licht von Zone 2 durch die Blende (Abb. 8.24b). Da $E_2 \approx -E_1$ ist, ist bei P_2 die Lichtintensität sehr klein. Das ist auch in Abb. 8.24c ersichtlich. Bei P_2' und P_2'' muss man die Zonenkonstruktion bezüglich der in Abb. 8.24b gestrichelt eingezeichneten Achsen durchführen. Wie Abb. 8.24c zeigt, ist von P_2' aus gesehen Zone 2 teilweise abgedeckt, und ein Teil von Zone 3 wird sichtbar: Die Lichtintensität nimmt kräftig zu. Bei P_2'' hingegen ist die 1. Zone schon teilweise verschwunden und die 4. Zone zum Vorschein gekommen: Die Intensität hat wieder abgenommen.

Auf diese Weise kann man die eigenartige Struktur der Beugungsbilder in Abb. 8.3 grundsätzlich erklären. In

Abb. 8.3d liegen gerade 10 Fresnelzonen innerhalb der Blendenöffnung, in Abb. 8.3c sind es 11 Zonen (Aufgabe 8.4). Für eine quantitative Berechnung der Beugungsbilder muss man (8.34) über die Blendenöffnung integrieren. Das führt auf die sogenannten **Fresnel-Integrale**. Näheres dazu findet man in Lehrbüchern der Optik.

Die Zonenplatte. Wenn man zwischen Q und P in Abb. 8.22 eine Blende stellt, die das Licht entweder in allen geradzahligen oder in allen ungeradzahligen Fresnel-Zonen abdeckt, muss bei P eine wesentlich verstärkte Lichtintensität auftreten, denn dann gelangen nur Beiträge *eines* Vorzeichens zur Interferenz. Eine solche **Zonenplatte** ist in Abb. 8.25a gezeigt. Mit Abb. 8.25b berechnen wir die Radien ρ_i der Zonenränder. Dabei wird angenommen, dass ρ_i klein gegen R_i und r_i ist. Für die i-te Zonengrenze muss gelten

$$(R_i + r_i) - (R_0 + r_0) = i\frac{\lambda}{2} \,. \qquad (8.40)$$

Nun ist $R_i = \sqrt{R_0^2 + \rho_i^2} \approx R_0(1 + \rho_i^2/2R_0^2) = R_0 + \rho_i^2/2R_0$. Ebenso ist $r_i \approx r_0 + \rho_i^2/2r_0$. In (8.40) eingesetzt, ergibt das

$$\frac{1}{R_0} + \frac{1}{r_0} = \frac{i\lambda}{\rho_i^2} = \frac{\lambda}{\rho_1^2} \,, \qquad (8.41)$$

denn (8.40) soll für alle i gelten, auch für $i = 1$. Gleichung (8.41) ist nichts anderes, als die Abbildungsgleichung für eine Linse mit der Brennweite $f = \rho_1^2/\lambda$. Außerdem zeigt unsere Rechnung, dass die Radien der Zonengrenzen $\rho_i = \sqrt{i}\rho_1$ sein müssen. Wir fassen zusammen:

$$\text{Zonenplatte:} \quad \rho_i = \sqrt{i}\rho_1 \,, \quad f = \frac{\rho_1^2}{\lambda} \,. \quad (8.42)$$

Die Zonenplatte wirkt wie eine Sammellinse mit einem gigantischen Farbfehler.[6] Sie hat aber noch andere Eigentümlichkeiten. Machen wir uns klar, dass aus jedem einzelnen Spalt das Licht durch Beugung nach P gelangt. Das Licht aus zwei benachbarten Spalten hat den Gangunterschied λ, die Platte wirkt als Beugungsgitter und das in P erzeugte Bild von Q ist ein Beugungsmaximum 1. Ordnung.[7] Auch nach außen wird das Licht gebeugt. Zu dem Maximum 1. Ordnung gehört dann ein virtuelles Bild von Q. Abbildung 8.25c zeigt das für den Fall parallelen Lichteinfalls ($R_0 \to \infty$), diesmal mit einer Zonenplatte, bei der alle ungeradzahligen Zonen abgedeckt sind. Die Zonenplatte wirkt gleichzeitig als Sammel- und als Zerstreuungslinse mit der Brennweite $|f| = \rho_1^2/\lambda$!

Fresnel-Beugung an einer Kante. Lässt man einen aufgeweiteten Laserstrahl auf die Kante einer undurchsichtigen Platte fallen, beobachtet man auf einem hinter der Platte aufgestellten Bildschirm statt eines scharf begrenzten Schattens helle und dunkle Streifen, die sich immer mehr zusammendrängen und gleichzeitig an Kontrast verlieren (Abb. 8.26a). Das gleiche Phänomen hatte sich schon, weniger deutlich, in Abb. 8.2 gezeigt. Man kann es mit Hilfe der Fresnelschen Zonenkonstruktion erklären.

Nehmen wir an, eine in z-Richtung laufende ebene Welle fällt ungehemmt auf den Beobachtungspunkt P bei $r = (0, 0, r_0)$ (Abb. 8.26b). Von P aus konstruieren wir die Fresnel-Zonen auf einer Wellenfront in der (x, y)-Ebene. Sie sind in Abb. 8.26b eingezeichnet. Die Radien der Zonengrenzen erhält man mit (8.41) für $R_0 \to \infty$: $\rho_1 = \sqrt{\lambda r_0}$, $\rho_i = \sqrt{i}\rho_1$. Die Intensität bei P sei I_0. Nun wird in der (x, y)-Ebene der linke Halbraum ($x \leq 0$) mit einer undurchsichtigen Platte abgedeckt. Die Feldstärke bei P sinkt auf die Hälfte, die Intensität sinkt auf $I_0/4$.

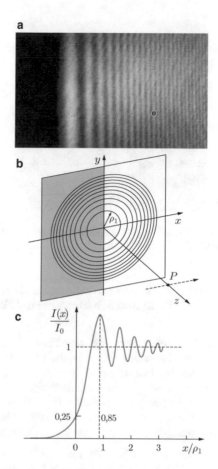

Abbildung 8.26 Zur Fresnel-Beugung an einer Kante

Nun wird der Punkt P in x-Richtung nach rechts verschoben. Mit ihm verschiebt sich das Ringsystem der Fresnel-Zonen nach rechts. Die bei P gemessene Intensität nimmt zu, vor allem dadurch, dass ein größerer Teil der 1. Zone sichtbar wird. Kurz bevor Zone 1 vollständig freigelegt ist, überwiegt jedoch die Zunahme gegenphasigen Lichts aus Zone 2: Die Intensität erreicht ein Maximum und nimmt dann ab. Wenn Zone 2 nahezu freigelegt ist, überwiegt wieder die Zunahme des mit Zone 1 gleichphasigen Lichts aus Zone 3: Die Intensität nimmt wieder zu. So geht es fort: Die Intensität des Lichts durchläuft Maxima und Minima, entsprechend der Freigabe der einzelnen Fresnel-Zonen. Es kommt zu den in Abb. 8.26c gezeigten Oszillationen bei $x > 0$. Wird P von $x = 0$ aus nach links verschoben, nimmt die Intensität monoton ab: Nach Überschreiten von $x = -\rho_1$ ist Zone 1 gänzlich ausgeschaltet, und es macht keinen Unterschied, ob das nun zusätzlich abgeschattete Licht gleichphasig oder gegenphasig zu Zone 1 ist.

Der mit den Fresnel-Integralen berechnete Verlauf der Intensität $I(x)$ ist in Abb. 8.26c gezeigt. Nun wissen wir, wo in Abb. 8.2 die geometrisch-optische Schattengrenze zu

---

[6] Die Zonenplatte ist nicht zu verwechseln mit der **Fresnel-Linse**, jener flach abgestuften Linse, die man mitunter an der Heckscheibe von Kleinbussen sieht. Fresnel erfand sie in seiner Eigenschaft als Sekretär der französischen Leuchtturm-Behörden. Auch die Zonenplatte findet eine technische Anwendung als Linse für Röntgenstrahlen im Bereich von $\lambda = 0{,}1 - 10\,\text{nm}$. Solche Linsen haben den Bau von Röntgenmikroskopen ermöglicht (siehe G. Schmahl et al, „Röntgenlinsen", Physikalische Blätter 57, Nr. 1, S. 43 (2001).

[7] Weitere Brennpunkte entstehen durch die Beugungsmaxima höherer Ordnung. Sie sind in Abb. 8.25c nicht eingezeichnet.

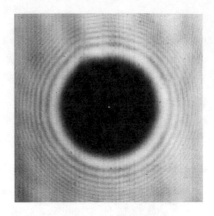

Abbildung 8.27 Fresnel-Beugung an einer Kugel ($D = 3\,$mm), mit dem „Poissonschen Fleck"

finden ist, und wie die merkwürdigen Strukturen an der Grenze zwischen Licht und Schatten zustande kommen.

Beugung an Hindernissen. Bei der Fresnel-Beugung ist das Babinetsche Theorem (8.31) nicht in gleicher Weise nützlich wie bei der Fraunhoferschen Beugung, weil nun ohne Blende und ohne das komplementäre Hindernis allgemein in der Beobachtungsebene $E_0 \neq 0$ ist. Dann ist nirgends $E_1 = -E_2$, und folglich sind die Intensitäten I_1 und I_2 in den Beugungsbildern von einander verschieden.

Wir untersuchen mit Hilfe der Fresnel-Zonen die Beugung an einem Hindernis mit kreisförmigem Querschnitt. Weit hinter dem Hindernis muss es auf der optischen Achse hell sein, denn bis auf einen Teil der 1. Zone sind alle Fresnel-Zonen sichtbar. Daran ändert sich nichts, wenn man die Beobachtungsebene näher an das Hindernis heranschiebt – sehr im Gegensatz zu den Verhältnissen bei der Kreisblende (Abb. 8.3). Selbst wenn mehrere Fresnel-Zonen durch das Hindernis abgedeckt sind, ergibt nach (8.39) die Summation über die übrigen Zonen noch annähernd die Feldstärke E der ungestörten Welle. Abbildung 8.27 zeigt das Beugungsbild einer Kugellager-Kugel, aufgeklebt auf einen Mikroskop-Objektträger. Man sieht deutlich den sogenannten **Poissonschen Fleck** im Zentrum.[8] Erst dicht hinter dem Hindernis nimmt die Richtungsfunktion $K(\vartheta)$ für alle verbleibenden Zonen drastisch ab, und die Intensität sinkt auf Null.

---

[8] Der Poissonsche Fleck spielte in der Geschichte der Physik eine bemerkenswerte Rolle: Als Fresnel seine Wellentheorie der Beugung der Pariser Akademie vorlegte, stieß er zunächst auf Ablehnung. Poisson erklärte: Wenn das stimmen sollte, muss im Schatten eines kreisförmigen Hindernisses immer ein heller Fleck sichtbar sein! Dass der helle Fleck tatsächlich existiert, konnte alsbald Fresnel mit seinem Freund Arago experimentell nachweisen. Poissons Einwand, gedacht als tödlicher Schlag gegen die Wellentheorie, erwies sich als schlagender Beweis *für* diese Theorie!

8.4   Fourier-Optik und Holografie

Über jedes der Themen: Fourieroptik, Bildentstehung und -Bearbeitung, Holografie sind dicke Bücher geschrieben worden. Wie schon im Überblick zu diesem Kapitel bemerkt, ermöglicht die Fourier-Optik ein tieferes Verständnis der Bildentstehung. Sie bildet die Grundlage von heute verwendeten Methoden in der Bildanalyse und Bildbearbeitung, und mit Hologrammen wird man fast auf Schritt und Tritt konfrontiert. Wir versuchen, auf wenigen Seiten einen Einblick in diese Gebiete zu gewinnen.

Fourier-Darstellung von Bildinformation

In Abschn. 4.4 haben wir gesehen, dass man eine Funktion des Orts, $f(x)$, durch ein Fourier-Integral darstellen kann, d. h. durch eine Überlagerung von Sinus- und Cosinusfunktionen mit der kontinuierlich variablen Periode L und der **Ortsfrequenz** $k = 2\pi/L$. Dabei erwies sich die komplexe Schreibweise als vorteilhaft. In (4.54) hatten wir erhalten:

$$f(x) = \frac{1}{2\pi} \int\limits_{-\infty}^{+\infty} F(k)\mathrm{e}^{\mathrm{i}kx}\,\mathrm{d}k\,,$$

$$F(k) = \int\limits_{-\infty}^{+\infty} f(x)\mathrm{e}^{-\mathrm{i}kx}\,\mathrm{d}x\,. \tag{8.43}$$

Die Berechnung von $F(k)$ aus $f(x)$ wird als die **Fourier-Transformation** der Funktion $f(x)$ bezeichnet. Man kann dieses Konzept auch bei Funktionen von zwei Variablen (x,y) anwenden. Statt (8.43) erhält man

$$f(x,y) = \frac{1}{(2\pi)^2} \int \int\limits_{-\infty}^{+\infty} F(k_x,k_y)\mathrm{e}^{\mathrm{i}(k_x x + k_y y)}\,\mathrm{d}k_x\,\mathrm{d}k_y\,. \tag{8.44}$$

Das zweidimensionale Spektrum der Ortsfrequenzen erhält man wieder durch die Fouriertransformation von $f(x,y)$:

$$F(k_x,k_y) = \int \int\limits_{-\infty}^{+\infty} f(x,y)\mathrm{e}^{-\mathrm{i}(k_x x + k_y y)}\,\mathrm{d}x\,\mathrm{d}y\,. \tag{8.45}$$

Mit Funktionen $f(x,y)$ haben wir es in der Optik häufig zu tun, zum Beispiel kann man auf diese Weise die Verteilung der Hell- und Dunkelwerte in einer Bildebene

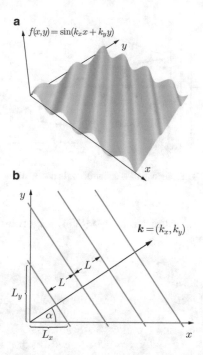

Abbildung 8.28 Elemente eines zweidimensionalen Fourier-Integrals

darstellen. Mit (8.44) wird dann das Bild aus harmonischen Funktionen $\cos(k_x x + k_y y)$ und $\sin(k_x x + k_y y)$ aufgebaut. In Abb. 8.28a ist ein Ausschnitt aus der Funktion $\sin(k_x x + k_y y)$ perspektivisch gezeigt. Abb. 8.28b zeigt die Linien in der (x, y)-Ebene, auf denen $\cos(k_x x + k_y y) = 1$ ist, also die Linien

$$k_x x + k_y y = 2\pi m$$
$$y = \frac{2\pi m - k_x x}{k_y} , \quad m = 0, 1, 2, \ldots \quad (8.46)$$

Wie diese Formel zeigt, sind die Achsenabschnitte Vielfache von $L_x = 2\pi/k_x$ und $L_y = 2\pi/k_y$. Aus $L = L_x \cos\alpha$ und $L = L_y \sin\alpha$ folgt

$$\frac{L^2}{L_x^2} + \frac{L^2}{L_y^2} = 1 \quad \rightarrow \quad L = \frac{1}{\sqrt{1/L_x^2 + 1/L_y^2}} . \quad (8.47)$$

L ist die Periodenlänge der Funktion $\cos(k_x x + k_y y)$. Die Ortsfrequenz ist $2\pi/L = k = \sqrt{k_x^2 + k_y^2}$. Zur Verteilung der Helligkeit in der Bildebene trägt die Funktion $\cos(k_x x + k_y y)$ mit ihrer Amplitude $A(k_x, k_y) = \frac{1}{2}[F(k_x, k_y) + F^*(k_x, k_y)]$ bei, und die Funktion $\sin(k_x x + k_y y)$ mit der Amplitude $B(k_x, k_y) = \frac{1}{2}[F(k_x, k_y) - F^*(k_x, k_y)]$.

Insgesamt wird das Bild nach (8.44) aufgebaut durch Überlagerung vieler Cosinus- und Sinusfunktionen, mit unterschiedlichen Periodenlängen L, unterschiedlichen Amplituden und unterschiedlichen Richtungen des Vektors $k = (k_x, k_y)$. Enthält das Bild sehr feine Strukturen

oder scharfe Kanten, haben die Fourier-Komponenten mit hoher Ortsfrequenz hohe Amplituden; andernfalls spielen die hohen Ortsfrequenzen keine große Rolle. Wir werden weiter unten dazu einige Beispiele betrachten.

Fraunhofer-Beugung und Fourier-Transformation: Die Linse als Fourier-Transformator

In Abb. 8.8 sahen wir eine Blendenöffnung, die von links mit monochromatischen ebenen Wellen beleuchtet wird. Befindet sich im großen Abstand R in z-Richtung ein Bildschirm, liegt dort Fraunhofer-Beugung vor. Die Feldstärke in einer Welle, die in Richtung des Wellenvektors $k = (k_x, k_y, k_z)$ auf den Bildschirm zu läuft, hatten wir in (8.6) berechnet:

$$\check{E}(k) = \frac{\mathcal{E}_0}{R} e^{i(kr_0 - \omega t)} \int\int_A e^{-i(k_x x + k_y y)} \, dx \, dy ,$$

wobei die Integration über die Fläche der Blendenöffnung zu erstrecken war.

Abbildung 8.29 zeigt eine etwas kompliziertere Situation: In der Blendenöffnung befindet sich ein Objekt, z. B. ein Diapositiv, dessen Eigenschaften mit dem **Transmissionskoeffizienten** $\tau(x, y)$ beschrieben werden können. Die Feldstärke in der Beobachtungsebene ist nun

$$\check{E}(k) = \frac{\mathcal{E}_0}{R} e^{i(kr_0 - \omega t)} \int\int_A \tau(x, y) e^{-i(k_x x + k_y y)} \, dx \, dy . \quad (8.48)$$

Den vor dem Integral stehenden Phasenfaktor schreiben wir

$$e^{i(kR - \omega t)} e^{-i\Delta} \quad (8.49)$$

Abbildung 8.29 **a** Fraunhofer-Beugung an einem ebenen Objekt (= Diapositiv). **b** Zur Definition der Größen R, r_0 und Δ

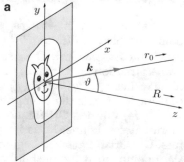

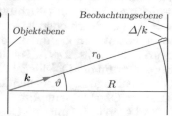

mit $\Delta = k(r_0 - R)$ (Abb. 8.29b). Auf der z-Achse sind Δ, k_x und k_y Null. Dort ist also die Feldstärke

$$\check{E}_0 = \check{E}(0,0,k) = \frac{\mathcal{E}_0 \mathrm{e}^{\mathrm{i}(kR-\omega t)}}{R} \int\int\limits_A \tau(x,y)\,\mathrm{d}x\,\mathrm{d}y . \quad (8.50)$$

Da es nur auf die **Verteilung** der Feldstärke in der Bildebene ankommt, dividieren wir $\check{E}(k)$ durch $\check{E}_0$:

$$\frac{\check{E}(k)}{\check{E}_0} = \mathrm{e}^{-\mathrm{i}\Delta} \frac{\int\int \tau(x,y)\mathrm{e}^{-\mathrm{i}(k_x x + k_y y)}\,\mathrm{d}x\,\mathrm{d}y}{\int\int \tau(x,y)\,\mathrm{d}x\,\mathrm{d}y} . \quad (8.51)$$

Wir definieren die **Transmissionsfunktion** $\mathcal{T}(x,y)$ durch

$$\mathcal{T}(x,y) = \frac{\tau(x,y)}{\int\int \tau(x,y)\,\mathrm{d}x\,\mathrm{d}y} \quad (8.52)$$

und die normierte Feldstärke in der Beobachtungsebene

$$\check{E}_\mathrm{n}(k_x,k_y) = \frac{\check{E}(k)}{\check{E}_0}\mathrm{e}^{\mathrm{i}\Delta} . \quad (8.53)$$

$\check{E}_\mathrm{n}(k_x,k_y)$ gibt die Feldstärke im Fraunhoferschen Beugungsbild an, multipliziert mit dem Phasenfaktor $\mathrm{e}^{\mathrm{i}\Delta}$ und dividiert durch die Feldstärke, die im Beugungsbild auf der z-Achse besteht. Damit wird aus (8.48)

$$\check{E}_\mathrm{n}(k_x,k_y) = \int\int\limits_{-\infty}^{+\infty} \mathcal{T}(x,y)\mathrm{e}^{-\mathrm{i}(k_x x + k_y y)}\,\mathrm{d}x\,\mathrm{d}y . \quad (8.54)$$

Wir haben hier von $-\infty$ bis $+\infty$ integriert. Da außerhalb der Blendenöffnung $\mathcal{T}(x,y) = 0$ ist, hat sich dadurch nichts geändert. Die Ähnlichkeit mit der Fourier-Transformation in (8.45) fällt sofort ins Auge. Wir können ohne weiteres $f(x,y) = \mathcal{T}(x,y)$ setzen. Es stellt sich jedoch die Frage, ob wir die Komponenten des Wellenvektors k in (8.54) mit den Ortsfrequenzen des Objekts in (8.45) identifizieren können. Das ist eine Frage des Wertevorrats. Die Ortsfrequenzen beginnen bei $k_x = k_y = 0$. Diese Werte sind im Beugungsbild vorhanden, denn das entspricht genau der in z-Richtung laufenden ebenen Welle: $k = (0,0,k)$. Nach oben ist jedoch beim Wellenvektor der Wertevorrat von k_x und k_y durch die Lichtwellenlänge begrenzt: $k_x, k_y < 2\pi/\lambda$. Bei den Ortsfrequenzen im Fourierspektrum des Objekts ist die mindestens erforderliche Periodenlänge L_min gegeben durch die Feinheit der Strukturen im Objekt. Wenn $\lambda < L_\mathrm{min}$ ist, steht nichts im Wege, k_x und k_y in (8.54) mit den Ortsfrequenzen des Objekts zu

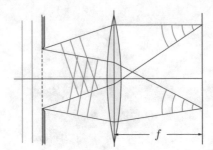

Abbildung 8.30 Erzeugung des Fourier-Bildes in der Brennebene der Linse

identifizieren.[9] Man kann also (8.54) folgendermaßen interpretieren:

Satz 8.2

Die Feldverteilung im Fraunhoferschen Beugungsbild ist die Fourier-Transformierte der Transmissionsfunktion des Objekts. Sie stellt also das Ortsfrequenzspektrum der Transmissionsfunktion dar.

Daraus folgt:

$$\mathcal{T}(x,y) = \frac{1}{(2\pi)^2} \int\int\limits_{-\infty}^{+\infty} \check{E}_\mathrm{n}(k_x,k_y)\mathrm{e}^{\mathrm{i}(k_x x + k_y y)}\,\mathrm{d}k_x\,\mathrm{d}k_y . \quad (8.55)$$

$E(k_x,k_y)$ und $\mathcal{T}(x,y)$ bilden ein Fourier-Paar (vgl. (4.53)).

Wird wie in Abb. 8.30 eine Linse hinter das mit monochromatischem Licht beleuchtete Objekt gestellt, entsteht das Fraunhofersche Beugungsbild in der Brennebene der Linse. Jedem Vektor k ist in eindeutiger Weise ein Punkt in der Brennebene zugeordnet, an dem die Bestrahlungsstärke proportional zu $|\check{E}_\mathrm{n}(k_x,k_y)|^2$ ist. Man kann dort eine Fotoplatte aufstellen und erhält in bildlicher Darstellung das Ortsfrequenzspektrum des Objekts. Die Linse hat also eine Fouriertransformation ausgeführt!

Wir betrachten zwei Beispiele. Bei einem Spalt der Breite D ist der Transmissionskoeffizient

$$\tau(x,y) = \tau(x) = 1 \quad \text{für} \quad -\frac{D}{2} \le x \le +\frac{D}{2} ,$$

$$\tau(x) = 0 \quad \text{für} \quad |x| > \frac{D}{2} .$$

---

[9] Man erkennt hier, dass es eine Frage der **Lichtwellenlänge** ist, bis zu welcher Grenze man feine Strukturen im Objekt sehen kann.

Die mit (8.52) berechnete Transmissionsfunktion ist

$$\mathcal{T}(x) = \frac{1}{D} \quad \text{für} \quad -\frac{D}{2} \le x \le +\frac{D}{2} ,$$

$$\mathcal{T}(x) = 0 \quad \text{für} \quad |x| > \frac{D}{2} .$$

Damit erhalten wir

$$\breve{E}_n(k_x) = \int\limits_{-\infty}^{+\infty} \mathcal{T}(x) \mathrm{e}^{-\mathrm{i}k_x x} \, \mathrm{d}x$$

$$= \frac{1}{D} \int\limits_{-D/2}^{+D/2} \mathrm{e}^{-\mathrm{i}k_x x} \, \mathrm{d}x = \left. \frac{\mathrm{e}^{-\mathrm{i}k_x x}}{-\mathrm{i}k_x D} \right|_{-D/2}^{+D/2}$$

$$= \frac{\mathrm{e}^{-\mathrm{i}k_x D/2} - \mathrm{e}^{\mathrm{i}k_x D/2}}{-\mathrm{i}k_x D} = \frac{\sin(k_x D/2)}{k_x D/2} .$$

Bei Berücksichtigung von (8.50) und (8.53) stimmt das mit (8.10) überein. Kein Wunder, denn wir haben auch hier nur die Integration (8.9) ausgeführt, wenn auch mit einer anderen Begründung. Interessanter ist das nun folgende Beispiel.

Kann man ein Gitter konstruieren, bei dem es nur die Beugungsmaxima nullter und erster Ordnung gibt, während die Intensität in den Beugungsmaxima mit $|m| \ge 2$ Null ist? Wie muss die Transmissionsfunktion eines solchen Gitters aussehen? Wir untersuchen ein Transmissionsgitter bei senkrechtem Lichteinfall. Nach (8.21) und (8.22) liegen die Maxima der Beugungsfigur bei

$$k \sin \vartheta = k_x = \frac{2\pi m}{g} .$$

Das Ortsfrequenzspektrum soll also nur die Ortsfrequenzen $k_x = 0$ und $k_x = \pm 2\pi/g$ enthalten. Diese Forderung kann man mit Hilfe der Diracschen Deltafunktion $\delta(x)$ erfüllen. $\delta(x)$ ist überall Null, außer bei $x = 0$. Dort wird sie unendlich, und zwar in der Weise, dass

$$\int\limits_{-\infty}^{+\infty} \delta(x) \, \mathrm{d}x = 1 \tag{8.56}$$

ist.[10] Das hat zur Folge, dass für beliebige (einigermaßen

---

[10] Es gibt mehrere Möglichkeiten, die Diracsche δ-Funktion durch analytische Ausdrücke darzustellen. Zwei Beispiele:

$$\delta(x) = \lim_{a \to \infty} \frac{\sin ax}{\pi x} , \quad \delta(x) = \lim_{a \to 0} \frac{1}{\sqrt{\pi} a} \mathrm{e}^{-x^2/a^2} .$$

Die erste Formel geht von der uns schon aus (4.45) und (8.23) bekannten Funktion $\sin(N\delta/2)/\sin(\delta/2)$ aus, wobei ausgenutzt wird, dass $\int_{-\infty}^{+\infty} (\sin ax/x) \, \mathrm{d}x = \pi$ ist. Die zweite Formel stellt eine unendlich hohe und unendlich schmale Gaußfunktion mit der Fläche 1 dar.

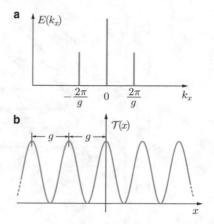

Abbildung 8.31 **a** Ortsfrequenzspektrum und **b** Transmissionsfunktion beim Cosinusgitter

gutartige) Funktionen $f(x)$ gilt:

$$\int\limits_{-\infty}^{+\infty} f(x) \delta(x - x_0) \, \mathrm{d}x = f(x_0) . \tag{8.57}$$

Die δ-Funktion stanzt bei dieser Integration aus der Funktion $f(x)$ den Wert $f(x_0)$ heraus. Wir gehen also von dem Ortsfrequenzspektrum

$$E(k_x) = \frac{1}{2} \left[\delta \left(k_x - \frac{2\pi}{g} \right) + \delta \left(k_x + \frac{2\pi}{g} \right) \right] + \delta(k_x)$$

aus (Abb. 8.31a), und berechnen mit einer Fourier-Transformation die zugehörige Transmissionsfunktion. Dabei machen wir von (8.56) und (8.57) Gebrauch:

$$\mathcal{T}(x) = \frac{1}{2\pi} \int\limits_{-\infty}^{+\infty} E(k_x) \mathrm{e}^{\mathrm{i}k_x x} \, \mathrm{d}k_x$$

$$= \frac{1}{2\pi} \left(\frac{\mathrm{e}^{\mathrm{i}2\pi x/g} + \mathrm{e}^{-\mathrm{i}2\pi x/g}}{2} + 1 \right)$$

$$= \frac{1}{2\pi} \left(1 + \cos \frac{2\pi}{g} x \right) = \frac{1}{2\pi} \cos^2 \frac{\pi x}{g} . \tag{8.58}$$

Ein sogenanntes **Cosinusgitter** (Abb. 8.31b) erfüllt die gestellte Forderung. Wie man ein solches Gitter herstellt, werden wir in Kürze sehen.

Bildentstehung und Bildbearbeitung

Kohärente Beleuchtung des Objekts, Abbesche Theorie. Wie wir gerade gesehen haben, entsteht in der Anordnung von Abb. 8.30 in der Brennebene der Linse das Fraunhofersche Beugungsbild, das das Fourierspektrum der Transmissionsfunktion des Objekts wiedergibt. Hin-

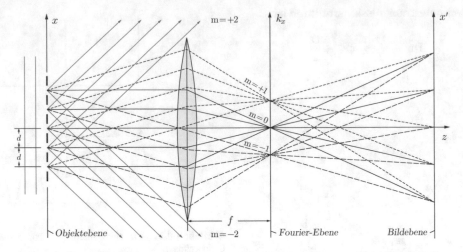

Abbildung 8.32 Zur Abbeschen Theorie der Bildentstehung

ter diesem **Fourier-Bild** des Objekts laufen natürlich die Wellen weiter. In einer Bildebene, deren Lage sich mit der Abbildungsgleichung (6.21) aus der Gegenstandsweite ergibt, entsteht das aus der geometrischen Optik bekannte **Ortsbild** des Objekts. Man kann dessen Zustandekommen auf Huygenssche Elementarwellen zurückführen, die von den Punkten der Fourier-Ebene ausgehen. Die Linse bewirkt also eine Fourier-Analyse des Objekts, auf die eine Fourier-Synthese des im Fourier-Bild enthaltenen Ortsfrequenzspektrums folgt. Dies ist der Grundgedanke der Abbeschen Theorie der Bildentstehung.

In Abb. 8.32 ist der Vorgang mit einem Beugungsgitter als Objekt erläutert. Die Abmessungen von Gitter und Linse sind so gewählt, dass nur die Beugungsmaxima 0. und 1. Ordnung von der Linse erfasst werden. In der Brennebene der Linse, der **Fourier-Ebene**, gibt es drei scharfe Maxima. (Wir nehmen an, dass das Gitter viele dicht beieinander liegende Spalte enthält.) Das Ortsbild entsteht durch die Überlagerung der Kugelwellen, die von den drei kohärenten Punktquellen in der Fourier-Ebene ausgehen. Man erhält breite Interferenzstreifen, deren Maxima genau am Ort des geometrisch-optischen Bildes liegen. Wollte man eine scharfe Abbildung des Gitters erreichen, müssten auch die Beugungsmaxima höherer Ordnung von der Linse erfasst werden: Scharfe Konturen entsprechen hohen Ortsfrequenzen. Würde die Linse auch die Maxima erster Ordnung nicht erfassen, gäbe es auf der Bildebene nur die Kugelwelle vom Beugungsmaximum nullter Ordnung. Die Struktur des Gitters wäre in keiner Weise zu erkennen.

Ernst Abbe[11] entwickelte diese Theorie im Zusammenhang mit seinen experimentellen Untersuchungen zum Auflösungsvermögen des Mikroskops. Er fand heraus, dass für die Auflösung der Durchmesser der Objektivlinse auch dann eine Rolle spielt, wenn das von der Beleuchtungseinrichtung gelieferte Licht die Linse gar nicht ausleuchtet. Offenbar gibt es auch Licht, das sich im „Dunkelraum" ausbreitet. Er erkannte, dass das am *Objekt* gebeugte Licht für die Auflösung entscheidend ist. Damit außer dem Beugungmaximum nullter Ordnung auch noch die Maxima 1. Ordnung in das Objektiv gelangen, muss nach (8.22) in der Anordnung von Abb. 8.32 der Öffnungswinkel des Mikroskops die Bedingung $d \sin u \geq \lambda$ erfüllen. Es ist also

$$d_{\min} = \frac{\lambda}{\sin u} ,$$

wenn sich Luft zwischen Objekt und Objektiv befindet. Um das Auflösungsvermögen zu vergrößern, setzte Abbe die schon bei Abb. 6.45 beschriebene Ölimmersion mit dem Brechungsindex n ein. Damit kann man einmal größere Öffnungswinkel erreichen und außerdem die Wellenlänge auf λ / n verkürzen. Man erhält für das Auflösungsvermögen

$$d_{\min} = \frac{\lambda}{n \sin u} . \qquad (8.59)$$

Das ist etwas schlechter, als das in (6.53) für inkohärent leuchtende Punktquellen angegebene Auflösungsvermögen. An der Grenze des Auflösungsvermögens ist aber beim Mikroskop die Kohärenzbedingung (7.36) erfüllt.

[11] Ernst Abbe (1840–1905), Physiker und Industrieller, brachte zusammen mit Carl Zeiss (1816–1888) dessen optische Werkstätten zu Weltruhm und gründete mit Otto Schott (1851–1935) die Jenaer Glaswerke. Nach Carl Zeiss' Tod setzte er als alleiniger Firmenin-

haber umfangreiche Sozialreformen durch: 8 Stunden-Tag, bezahlter Urlaub, Gewinnbeteiligung und Pensionsanspruch für die Arbeiter – alles sensationelle Neuerungen zur damaligen Zeit. Er hatte nicht vergessen, wie er als Kind seinem Vater mittags die dünne Suppe an den Arbeitsplatz bringen musste, die der Vater dann, ohne die Arbeit zu unterbrechen, im Stehen schlürfte.

Abbildung 8.33 Anordnung zur gleichzeitigen Projektion von Fourier-Bild und Ortsbild. *O*: Objektebene, *F*: Fourier-Ebene, T: Strahlteiler, S: Spiegel, L₁, L₂: Linsen

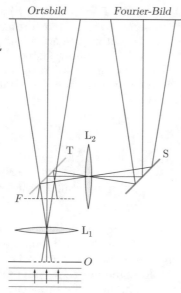

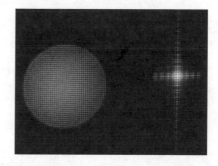

Abbildung 8.34 Beispiel zum Fourier- und Ortsbild, aufgenommen mit der Anordnung von Abb. 8.33. *Links*: Ortsbild, *rechts*: Fourier-Bild

Man kann sich nun fragen, was der tiefere Grund dafür ist, dass das konfokale Laser-Scan-Mikroskop laut (6.54) ein noch besseres Auflösungsvermögen als (6.53) besitzt. Für die Antwort benötigt man einen Vorgriff auf die Quantenphysik. Es ist ein Paradoxon, dass das Auflösungsvermögen nach (6.53) oder (8.59) unabhängig von der Intensität der Lichtquelle ist, wenn man die Belichtungszeit einer Photoaufnahme entsprechend anpasst. Das gilt sogar dann, wenn die Lichtintensität so klein ist, dass sich fast nie mehr als ein Lichtquant im Mikroskop befindet. Die Gleichungen (6.53) und (8.59) beschreiben daher, obwohl aus der Wellentheorie hergeleitet, das Auflösungsvermögen einer Abbildung durch *voneinander unabhängige einzelne* Photonen. Im Gegensatz dazu basiert (6.54) auf einer Abbildung durch *zwei* aufeinander folgende Elementarprozesse im *gleichen* Molekül: einer Photonenabsorption und einer spontanen Emission.[12]

Kehren wir zur Abbeschen Abbildungstheorie zurück. Man kann mit der in Abb. 8.33 gezeigten Anordnung das Fourier-Bild und das Ortsbild gleichzeitig sichtbar machen. Die bildseitige Brennebene der Linse L₁ wird hier über einen halbdurchlässigen und einen gewöhnlichen Spiegel mit Hilfe der Linse L₂ neben dem Ortsbild abgebildet: Es entsteht dort das Fourier-Bild des Objekts. Ein Beispiel ist in Abb. 8.34 gezeigt. – Das Fourier-Bild in der Brennebene der Linse L₁ ermöglicht eine einfache und sehr effektive **Bildbearbeitung**. Durch Abdeckung der entsprechenden Fourier-Komponenten kann man unerwünschte Strukturen aus dem Bild entfernen; bei Ab-

deckung der hohen oder der tiefen Ortsfrequenzen kann man die Konturen des Bildes abschwächen oder verstärken. Abbildung 8.35 zeigt einige Beispiele dazu.

Inkohärente Beleuchtung des Objekts, Helmholtz-Rayleighsche Theorie. Mit dem Fotoapparat oder mit dem Fernrohr werden gewöhnlich inkohärent beleuchtete Objekte abgebildet. In diesem Fall kann man das auf Helmholtz und Lord Rayleigh zurückgehende Modell der Bildentstehung anwenden. Man geht davon aus, dass eine Punktquelle in der Objektebene zu einer bestimmten Intensitätsverteilung in der Bildebene führt. Man nennt

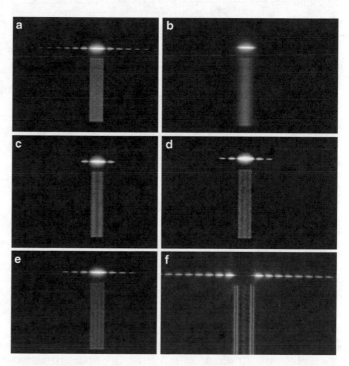

Abbildung 8.35 Reproduktion eines Spaltbildes (*vertikale Bänder*) nach Manipulation der Fourier-Transformierten (*horizontale Strukturen*). **a** Original, **b** ohne Beugungsmaxima, **c, d, e** mit den Beugungsmaxima bis zur ersten, zweiten und dritten Ordnung, **f** ohne Hauptmaximum

---

[12] Eine Abbildung mit noch besserer Auflösung ermöglicht die STED-Mikroskopie, die in Abschn. 9.3 besprochen wird. Im Bereich um 100–200 nm gibt es interessante Objekte für die biologische und medizinische Forschung, während man mit $n \sin u = 1{,}35$ nach Abbe $d_{\min} = 0{,}74\lambda$ erreicht.

Abbildung 8.36 Ideale geometrisch-optische Abbildung und Punktbildfunktion

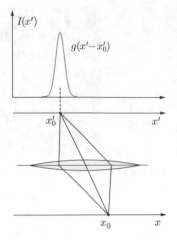

diese Verteilung die **Punktbildfunktion**. Wenn bei einer idealen geometrisch-optischen Abbildung der Punkt (x, y) der Objektebene auf den Punkt (x'_0, y'_0) in der Bildebene abgebildet wird (Abb. 8.36), hat die Punktbildfunktion die Form $g(x' - x'_0, y' - y'_0)$. Sie soll auf 1 normiert sein, d. h. es soll gelten

$$\int\limits_{-\infty}^{+\infty} \int g(x' - x'_0, y' - y'_0)\, dx'\, dy' = 1 \,.$$

Ist $f(x'_0, y'_0)$ die Intensitätsverteilung im Bild eines Objekts bei der idealen, geometrisch-optischen Punkt zu Punkt-Abbildung, dann ist die Intensitätsverteilung bei der realen Abbildung

$$F(x', y') = \int\limits_{-\infty}^{+\infty} \int f(x'_0, y'_0) g(x' - x'_0, y' - y'_0)\, dx'_0\, dy'_0 \,.$$

$$(8.60)$$

Diese Form der Integration über das Produkt zweier Funktionen nennt man die **Faltung** der Funktionen f und g. Das **Faltungsintegral** (8.60) kann man symbolisch auch wie folgt schreiben:

$$F = f \circledast g \,. \tag{8.61}$$

Auch in diesem Fall erweisen sich Fourier-Transformationen als ein nützliches Instrument. Wenn die Punktbildfunktion auf der ganzen Bildfläche die gleiche funktionale Form hat, kann man die Faltung der Funktionen f und g ersetzen durch die Multiplikation der Fouriertransformierten dieser Funktionen. Mit der in (4.53) eingeführten symbolischen Schreibweise ist

$$\mathcal{F}\{F\} = \mathcal{F}\{f\} \cdot \mathcal{F}\{g\} \,. \tag{8.62}$$

Die gesuchte Funktion $F(x', y')$ erhält man daraus durch die inverse Fourier-Transformation. – (8.62) ist das sogenannte **Faltungstheorem**, mit dem wir uns bereits in Aufgabe 4.3 beschäftigt hatten. Die Fourier-Transformierte der Punktbildfunktion nennt man auch die **optische Übertragungsfunktion**. Gleichung (8.62) besagt dann in Worten:

Satz 8.3

Das Ortsfrequenzspektrum in der Bildebene ist gleich dem Ortsfrequenzspektrum in der Objektebene, multipliziert mit der Übertragungsfunktion.

Diese Aussage ist nicht nur vom Konzept her sehr interessant, sie ist auch von großer praktischer Bedeutung, denn es gibt für die Durchführung von Fourier-Transformationen sehr effektive Algorithmen, während die Berechnung des Faltungsintegrals mühsam sein kann und jedenfalls für jede neue Funktion f eine neue Integration erfordert. Die Methode lässt sich auch bei kohärenter Beleuchtung des Objekts anwenden. Man muss nur mit den Funktionen f und F die Amplituden und nicht die Intensitäten beschreiben. Sie führt dann zum gleichen Ergebnis wie die Abbesche Theorie.

Phasenkontrastmikroskop. Als Anwendung diskutieren wir das Phasenkontrastmikroskop, das im Jahr 1932 von F. Zernike erfunden wurde.[13] Es ermöglicht die Beobachtung von Objekten, die die Lichtintensität gleichmäßig durchlassen, aber wegen eines ortsabhängigen Brechungsindex oder ihrer Geometrie die Wellenfronten verbeulen, was in biologischen Systemen häufig vorkommt, aber vom Auge nicht wahrgenommen werden kann. Um das Prinzip zu erläutern, führen wir in einer Dimension das ideale „Phasenobjekt" ein, das eine Welle mit der Amplitude $\propto e^{i\varphi(x)}$ erzeugt, und vergleichen es mit einem ideal absorbierenden Objekt mit der Amplitude $\propto e^{A(x)}$ ohne zusätzliche Phasenverschiebungen. Wir nehmen $A(x)$ und φ als kleine Größen an und setzen außerdem, über das Objekt gemittelt, $\overline{A(x)} = 0$ und $\overline{\varphi(x)} = 0$. Die Fourier-Transformierten haben die Form

$$F(k) = \int e^{-ikx} e^{A(x)}\, dx \approx \int e^{-ikx}(1 + A(x))\, dx \quad \text{und}$$

$$F(k) = \int e^{-ikx + i\varphi(x)}\, dx \approx \int e^{-ikx}(1 + i\varphi(x))\, dx \,.$$

Die konstanten Anteile unter den Klammern liefern für beide Objekte die gleichen Fourier-Transformierten: Sie

---

[13] Frits Zernike (1888–1966) wirkte ab 1920 als Professor an der Universität Groningen. Seine Erfindung stieß paradoxerweise bei der Firma Zeiss auf kein Interesse. Sie wurde erst im zweiten Weltkrieg während der Okkupation Hollands von der deutschen Wehrmacht aufgegriffen, die alles einsammelte, was für den „Endsieg" wichtig sein könnte. Im Jahr 1953 erhielt F. Zernike für die Entwicklung des Phasenkontrastverfahrens den Nobelpreis.

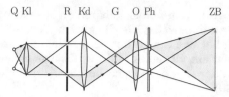

Q Kl   R Kd   G   O Ph   ZB

Abbildung 8.37 Strahlengang für die *Beleuchtung* in einem Phasenkontrastmikroskop (schematisch). Q: Lichtquelle, Kl: Kollektor, R: Ringblende, Kd: Kondensor, G: Gegenstand, O: Objektiv, Ph: Phasenplatte, ZB: Zwischenbild von G. *Schattiert*: Lichtbündel von einem Punkt der Quelle bis zum Beugungsmaximum nullter Ordnung und seine Verteilung auf dem Zwischenbild

sind schmale Nadelimpulse bei $k \approx 0$, wie in Abb. 8.10 dargestellt und mit (8.9) berechnet wurde. Den zusätzlichen, durch die Modulation entstehenden Termen sieht man an, dass sie sich in der Phase um 90° unterscheiden. Man kann daher das Beugungsbild eines Phasenobjektes in das eines amplitudenmodulierten verwandeln und Phasenunterschiede sichtbar machen, indem man die Phase der Fourier-Transformierten bei $k = 0$ um 90° verschiebt. Das funktioniert natürlich auch in zwei Dimensionen.

Obwohl ein Phasenkontrastmikroskop einem normalen Mikroskop ähnlich sieht, unterscheidet es sich von diesem in seinem Aufbau (Abb. 8.37): Zur Beleuchtung des Objektes wird eine ringförmige Lichtquelle eingesetzt, deren Licht auf eine ringförmige Blende fokussiert wird. Dahinter erzeugt ein Kondensor ein kegelförmiges Lichtbündel. An dessen kleinsten Querschnitt befindet sich das Objekt. Der Objektivradius ist größer als der Radius des Lichtbündels beim Eintritt in das Mikroskop. Das Objektiv bildet die Ringblende in seiner Brennebene ab. Dieses Bild entspricht dem Beugungsmaximum nullter Ordnung und der Wellenzahl $k = 0$ der Fourier-Transformation. In der Brennebene befindet sich eine Phasenplatte, die die Phase des Lichts im Bereich des Ringbilds um 90° ver-

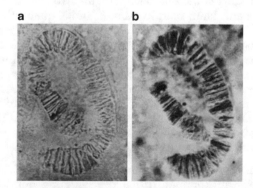

a   b

Abbildung 8.38 Aufnahme eines Speicheldrüsenchromosoms mit einem Phasenkontrastmikroskop (**b**) und eine normale mikroskopische Hellfeld-Aufnahme (**a**). Quelle: www.spektrum.de/lexikon/biologie/phasenkontrastmikroskopie/ 50947, Fig. 1. Mit freundlicher Genehmigung des Springer-Verlags

schiebt. Außerdem kann man durch Schwächung der Intensität im Ringbereich den Bildkontrast vergrößern. Je nachdem, ob die Phasenplatte innerhalb des Ringbereichs dicker oder dünner ist als außerhalb, spricht man von negativem oder positivem Phasenkontrast. Im ersten Fall erhalten die Imaginärteile aller Fourier-Koeffizienten das gleiche Vorzeichen und das Bild eines Phasenobjektes erscheint hell auf dem Untergrund. Im Fall des positiven Phasenkontrastes erscheint das Objekt dunkel auf dem Untergrund. Bei Beleuchtung mit weißem Licht gibt es wegen der Dispersion zusätzlich Farbkontraste. Abbildung 8.38 zeigt die Phasenkontrast-Aufnahme eines Chromosoms im Vergleich zu einer normalen Aufnahme.

Holografie

Bei einer gewöhnlichen Fotografie wird auf der Bildebene der Kamera die Beleuchtungsstärke fotochemisch festgehalten. Das Ergebnis ist das zweidimensionale Bild eines dreidimensionalen Objekts und wir haben gelernt, ein solches Bild zu erkennen und zu interpretieren. Dass der Mensch – im Gegensatz zum Tier – damit kein Problem hat, bewiesen schon vor 30 000 Jahren die Cro-Magnon-Leute mit ihren Höhlenmalereien. Das Bild unterscheidet sich von dem optischen Feld, das in der Bildebene der Kamera vorhanden war, nur in einem Punkt: Es wurde die zum Quadrat der Amplitude proportionale Intensität der Lichtwelle registriert, nicht aber die Phase. Die Holografie bietet die Möglichkeit, auf einem zweidimensionalen Film nicht nur die Intensität, sondern auch die Phase der Lichtwelle zu registrieren. Wie das funktioniert und wie sich das auswirkt, werden wir nun untersuchen.

Ein Laserstrahl wird mit einem halbdurchlässigen Spiegel in zwei Teilstrahlen zerlegt (Abb. 8.39). Beide Teilstrahlen werden mit Linsen aufgeweitet. Der eine wird als **Referenzwelle** auf eine Fotoplatte geführt, mit dem anderen wird das Objekt beleuchtet. Das Licht, das von dem beleuchteten Objekt ausgeht, fällt dann als **Objektwelle** auf die Fotoplatte. Die Objektwelle enthält die gesamte optisch zugängliche Information über das Objekt und hat dementsprechend eine komplizierte Struktur. Wir führen ein Koordinatensystem ein, in dessen (x, y)-Ebene die Fotoplatte liegt. Die Feldstärke der Objektwelle ist dort

$$E_O(x, y, t) = E_{O0}(x, y) \cos(\omega t + \psi(x, y)) . \quad (8.63)$$

Sowohl die Amplitude als auch die Phase sind Funktionen von x und y. Um die nachfolgenden Überlegungen zu vereinfachen, nehmen wir an, dass die Referenzwelle senkrecht auf die Fotoplatte fällt. Sie hat in der (x, y)-Ebene die Feldstärke

$$E_R(x, y, t) = E_{R0} \cos \omega t . \quad (8.64)$$

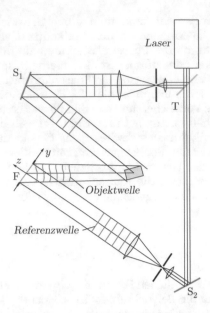

Abbildung 8.39 Anordnung zur Aufnahme eines Hologramms (Prinzip). T: Strahlteiler; S_1, S_2: Spiegel; F: Fotoplatte. Die x-Achse steht senkrecht auf der Zeichenebene. Von der Objektwelle ist nur der Ausschnitt gezeigt, der auf die Fotoplatte fällt

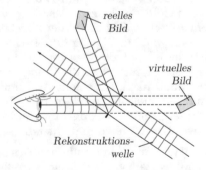

Abbildung 8.40 Rekonstruktion des holographischen Bildes

Hier ist E_{R0} konstant. Durch Überlagerung von Objekt- und Referenzwelle entsteht in der (x, y)-Ebene das Feld $E_H(x, y, t) = E_O + E_R$. Die Intensität ist nach (7.4) und (7.5)

$$I(x, y) \propto \overline{E_H^2} = E_{R0}^2 + E_{O0}^2 + 2E_{R0}E_{O0}\cos\psi . \qquad (8.65)$$

Die Fotoplatte wird am stärksten belichtet, wo die beiden Wellen konstruktiv miteinander interferieren, und am schwächsten, wo die Interferenz destruktiv ist. Man kann den Entwicklungsprozess so führen, dass die Schwärzung genau proportional zu $I(x, y)$ ist. Dann entsteht auf der Platte ein kompliziertes Interferenzmuster, das **Hologramm**. Es enthält die komplette Information über die Amplituden und Phasen der Objektwelle. Um diese Information wieder heraus zu holen, beleuchtet man

das Hologramm mit einer kohärenten ebenen Welle, der **Rekonstruktionswelle**, die die gleiche Wellenlänge und Richtung hat wie die vorher verwendete Referenzwelle. Es entsteht ein virtuelles Bild des Objekts genau an der Stelle, an der sich das Objekt bei der Aufnahme befand (Abb. 8.40).

Das sieht man folgendermaßen ein: Unmittelbar vor der Ebene des Hologramms hat die Rekonstruktionswelle die Feldstärke

$$E_{R'}(x, y, t) = E_{R'0}\cos\omega t . \qquad (8.66)$$

Da die Absorption der Welle im Hologramm proportional zu $I(x, y)$ ist, ist die Feldstärke direkt hinter dem Hologramm

$$E(x, y, t) \propto E_{R'}(x, y, t)I(x, y) .$$

Mit der Formel $\cos\alpha\cos\beta = \frac{1}{2}[\cos(\alpha - \beta) + \cos(\alpha + \beta)]$ erhält man

$$E(x, y, t) \propto E_{R'0}(E_{R0}^2 + E_{O0}^2)\cos\omega t$$
$$+ E_{R'0}E_{R0}E_{O0}\cos[\omega t - \psi(x, y)]$$
$$+ E_{R'0}E_{R0}E_{O0}\cos[\omega t + \psi(x, y)] . \quad (8.67)$$

Wie weiter unten gezeigt wird, entsprechen den drei Termen in dieser Gleichung die drei in Abb. 8.40 eingezeichneten Wellenzüge. Der erste Term enthält mit geschwächter Amplitude die in der ursprünglichen Richtung weiterlaufende Rekonstruktionswelle. Der zweite Term ergibt das in Abb. 8.40 eingezeichnete reelle Bild des Objekts. Wir wollen uns damit nicht weiter befassen, denn es ist hier weniger von Interesse. Der dritte Term enthält das Entscheidende: Er ist bis auf einen konstanten Faktor identisch mit der Objektwelle (8.63)! Wenn man durch das von der Rekonstruktionswelle beleuchtete Hologramm hindurchschaut, sieht man das Objekt in seiner ursprünglichen Position, gerade so, als ob es tatsächlich dort stünde. Je nachdem, aus welcher Richtung man schaut, kann man in Abb. 8.40 das quaderförmige Objekt mehr von vorn oder etwas mehr seitlich betrachten. Das mit der Rekonstruktionswelle beleuchtete Hologramm wirkt wie ein Fenster, durch das hindurch man auf das Objekt sieht. Fotografiert man es, so muss man den Fotoapparat auf die Entfernung einstellen, in der sich das Objekt ursprünglich befand. In Abb. 8.41a sieht man die gewöhnliche Fotografie eines Objekts, in Abb. 8.41b das Hologramm und in Abb. 8.41c eine Fotografie des mit der Rekonstruktionswelle beleuchteten Hologramms.

Die drei voneinander getrennten Wellenzüge in (8.67) und in Abb. 8.40 kommen durch die Beugung der Rekonstruktionswelle am Hologramm zustande: Es handelt sich

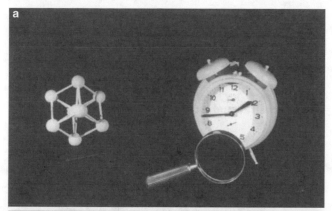

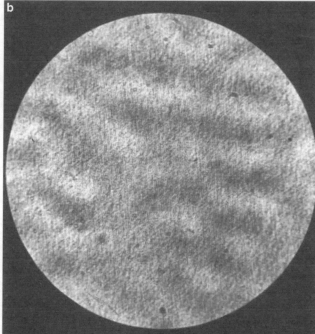

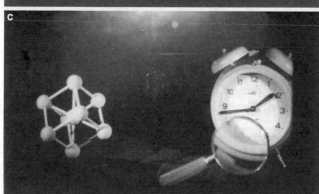

Abbildung 8.41 **a** Fotografie des Objekts, **b** des Hologramms, **c** des rekonstruierten Bildes. Der *helle Fleck* am *oberen Bildrand* ist das Beugungsmaximum nullter Ordnung (aus Klein u. Furtak, 1988)

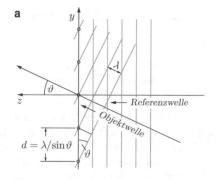

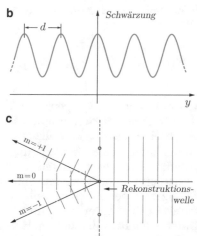

Abbildung 8.42 Hologramm einer ebenen Objektwelle. **a** Punkte maximal konstruktiver Interferenz, **b** das Hologramm („Cosinusgitter"), **c** Rekonstruktion der Objektwelle durch Beugung am Gitter

um das Beugungsmaximum nullter Ordnung und um die beiden Maxima erster Ordnung. Dies erkennt man mit Abb. 8.42. Dort ist wie in Abb. 8.39 angenommen, dass die Referenzwelle senkrecht auf die Fotoplatte fällt. Die Objektwelle soll hier eine ebene Welle sein, die mit dem k-Vektor in der (y, z)-Ebene unter dem Winkel ϑ einfällt. Abbildung 8.42a zeigt das Wellenfeld zu einem Zeitpunkt, in dem gerade ein Wellenberg der Referenzwelle die Platte erreicht hat. Maximal konstruktive Interferenz besteht an den durch Kreise gekennzeichneten Punkten. Sie haben voneinander den Abstand $d = \lambda / \sin \vartheta$. Zu einem späteren Zeitpunkt sind die Wellenfronten beider Wellen weiter vorgerückt. An der Lage der Punkte gleicher Phase, also der maximal konstruktiven Interferenz, ändert sich dadurch nichts. Die Phase ψ in (8.63) hängt hier nur von y ab, und es ist

$$\frac{\psi(y)}{2\pi} = \frac{y}{d},$$

$$\psi(y) = \frac{2\pi}{\lambda} y \sin \vartheta = (k \sin \vartheta) y. \tag{8.68}$$

Die Intensitätsverteilung in der Hologrammebene ist also

$$I(x,y) = E_{R0}^2 + E_{O0}^2$$
$$+ 2E_{R0}E_{O0}\cos\left(\frac{2\pi\sin\vartheta}{\lambda}y\right). \qquad (8.69)$$

Es entsteht als Hologramm ein **Cosinusgitter** (Abb. 8.42b). Es hat die Eigenschaft, dass alle Beugungsmaxima mit $m \geq 2$ verschwinden (Abb. 8.31). In Abb. 8.42c fällt die Rekonstruktionswelle auf dieses Gitter. Das Maximum nullter Ordnung liegt bei $\vartheta = 0$, in Richtung der Rekonstruktionswelle. Die Beugungsmaxima 1. Ordnung liegen nach (8.22) bei

$$g\sin\vartheta = \pm\lambda \quad \rightarrow \quad \sin\vartheta = \pm\frac{\lambda}{g}.$$

Das Maximum mit $m = +1$ liegt genau in der Richtung, in der bei der Aufnahme des Hologramms die Objektwelle lief. Nun kann eine noch so komplizierte Objektwelle durch ein Fourier-Integral als Überlagerung von ebenen Wellen dargestellt werden. Jede Teilwelle erzeugt entsprechend ihrer Ausbreitungsrichtung und ihrer Amplitude durch Interferenz mit der Referenzwelle auf der Fotoplatte ein anderes Cosinusgitter, und durch Überlagerung aller dieser Gitter entsteht schließlich ein Hologramm von dem in Abb. 8.41 gezeigten Typ. Ein Hologramm ist also nichts anderes als ein sehr kompliziertes Beugungsgitter.

Es gibt viele Variationen des in den Abb. 8.39 und 8.40 gezeigten Grundprinzips. Man kann die Objektwelle senkrecht und die Referenzwelle unter dem Winkel ϑ auf die Fotoplatte fallen lassen, oder auch beide Wellen unter beliebigen Winkeln. Auch kann man statt der ebenen Wellen sphärische Wellen verwenden. Außer den hier diskutierten **Transmissionshologrammen** gibt es **Reflexionshologramme**, und man kann die in der entwickelten fotografischen Emulsion enthaltenen Silberkörner „rehalogenisieren" und in transparente Kriställchen verwandeln. Dann erhält man statt eines Amplitudengitters mit dem Transmissionskoeffizienten $\tau(x,y)$ ein Phasengitter mit dem Brechungsindex $n(x,y)$. Das hat große Vorteile: Beim **Amplitudenhologramm** wird die Rekonstruktionswelle zum größten Teil absorbiert, beim **Phasenhologramm** dagegen nicht. Man erhält also viel hellere Bilder. Solche Phasenhologramme kann man auch direkt durch Belichtung gewisser Polymerstoffe erzeugen.

Man kann auf der Fotoplatte bzw. auf der Polymerschicht simultan mehrere Hologramme speichern, die zu verschiedenen Objekten gehören, indem man bei der Aufnahme verschiedene Wellenlängen und verschiedene Einfallswinkel ϑ einsetzt. Wenn man das Objekt dicht vor

Abbildung 8.43 Holographische Interferometrie: **a** Deformation eines Sturzhelms, auf den mit einem Hammer geschlagen wird. Belichtung durch zwei Laserpulse von 25 ns Dauer im Zeitabstand von $\Delta t = 25\,\mu s$, nach Gates et al (1972). **b** Deformation eines Feinmessgeräts bei Temperaturerhöhung um 10 °C, $\Delta t = 10$ min, aus Haferkorn (1994)

die empfindliche Schicht stellt, kann man die Bilder auch mit Weißlicht rekonstruieren. Sie erscheinen dann in den Farben und unter den Winkeln, die bei der Aufnahme verwendet wurden.

Anwendungen. Anwendungen der Holografie einfach nur zur Erzeugung dreidimensionaler Bilder spielen keine große Rolle, und auch die schillernden Bildchen auf Scheckkarten, Geldscheinen und Verpackungen rechtfertigen wohl kaum eine Beschäftigung mit diesem Thema. Man kann solche in Weißlicht erkennbaren **Regenbogenhologramme** mit Hilfe eines gewöhnlichen Transmissionshologramms herstellen, wobei von dem reellen Bild des Objekts (siehe Abb. 8.40) auf raffinierte Weise ein zweites Hologramm gefertigt wird.[14] Es gibt jedoch eine Reihe von Anwendungen, die technisch von großer Bedeutung sind oder werden könnten.

Die **holografische Interferometrie** ist eine in industriellen Entwicklungslabors und in der Fertigungskontrolle eingesetzte Methode, um minimale Deformationen aufzuzeichnen und auszumessen. Um festzustellen, ob sich ein Werkstück unter Last in der vorgesehenen Weise verformt, wird zunächst eine Fotoplatte mit dem Hologramm des unbelasteten Werkstücks belichtet und dann nochmals unter Last. Das doppelt belichtete Hologramm zeigt nach der Entwicklung Interferenzstreifen, an denen sich die Deformation genau ablesen lässt (Abb. 8.43). Man kann sich auch zunächst ein Hologramm des Werkstücks im unbelasteten Zustand herstellen und die Fotoplatte entwickeln, ohne sie aus dem Versuchsaufbau herauszunehmen. Dann betrachtet man durch das Hologramm hindurch das Werkstück bei Belastung und eingeschalteter Referenzwelle. Die Formänderungen können nun in Echtzeit mit Hilfe der Interferenzstreifen verfolgt werden.

Weitere Anwendungen findet die Holografie bei der **Informationsspeicherung** und bei der **Bildverarbeitung**. Auf diesen Gebieten ist die Entwicklung noch sehr im Fluss. Näheres dazu und zu den vielfältigen Möglichkeiten der Holografie findet man in der Spezialliteratur[15]. Schließlich ist noch die *holografische Herstellung optischer Bauelemente* zu erwähnen. Durch Überlagerung von zwei ebenen Wellen kann man ein Cosinusgitter herstellen (Abb. 8.31), mit dem man ein Prisma ersetzen kann. Eine Zonenplatte kann als Hologramm einer Punktlichtquelle hergestellt und als Linse verwendet werden (Abb. 8.25). Solche Bauelemente können als Massenprodukt billig hergestellt werden, und sie nehmen wenig Platz in Anspruch. Die starke Abhängigkeit des Ablenkwinkels bzw. der Brennweite von der Wellenlänge stört nicht, da diese Bauelemente in Kombination mit einem Laser verwendet werden. Sie kommen z. B. in den Lesegeräten an der Ladenkasse des Supermarktes zum Einsatz.

---

[14] Siehe z. B. J. Walker, Scientific American September 1986, S. 110.

[15] H. J. Coufal, D. Psaltis und G. T. Sincerbox (Herausg.): „Holographic Data Storage", Springer (2012), siehe auch den Abschnitt „On the horizon: Holographic Storage" in J. W. Toigo: „Avoiding a Data Crunch", Scientific American, Mai 2000, S. 40. W. T. Cathey: „Optical Information Processing and Holography", John Wiley & Sons (1989); P. Hariharan: „Basics of Holography", Cambridge University Press (2002); G. Saxby: „Practical Holography", 3. Auflage, CRC Press (2003).

Übungsaufgaben

8.1. Beugung am Gitter. a) In Kupferdampf erzeugtes Licht trifft senkrecht auf ein Gitter. Man beobachtet das Beugungsmaximum 1. Ordnung für die bekannte Wellenlänge $\lambda = 515{,}3\,\text{nm}$ beim Ablenkwinkel $\vartheta = 8{,}47°$. Wie groß ist die Gitterkonstante g?

b) Geben Sie für folgende Stellen im Beugungsbild des Gitters das Verhältnis der Intensität zur Maximalintensität an: (1) erstes Hauptmaximum neben dem Hauptmaximum nullter Ordnung, (2) erstes Nebenmaximum neben dem Hauptmaximum nullter Ordnung (die Phasenverschiebung δ liegt ungefähr in der Mitte zwischen den Werten für das 1. und 2. Minimum), (3) Nebenmaximum in der Mitte zwischen den Hauptmaxima nullter und erster Ordnung. Das Verhältnis von Spaltbreite zu Gitterabstand ist in allen Fällen $D/g = 1/5$, die Anzahl der Striche $10\,000$.

8.2. Röntgenbeugung am Reflexionsgitter. Die Wellenlänge von Röntgenstrahlen wurde erstmals durch Beugung an einem Reflexionsgitter bestimmt. Bei diesen Messungen muss man einen Einfallswinkel ϑ sehr nahe bei $90°$ wählen, also streifenden Einfall auf das Gitter. Es ist daher zweckmäßig, statt des Einfallswinkels ϑ den Winkel $\delta = \pi/2 - \vartheta$ zwischen den Röntgenstrahlen und der Gitterebene einzuführen. Ein derartiges Experiment wurde z. B. mit einer Röntgenlinie des Kupfer (K_α-Linie) durchgeführt. Auf einem Film in großem Abstand *seitlich* neben dem Gitter registriert man: (1) den (abgeschwächten) einfallenden Röntgenstrahl, der das Gitter geradlinig durchdrungen hat, (2) den am Gitter reflektierten Röntgenstrahl; er hat einen Winkelabstand $2\delta_0 = 11{,}64 \cdot 10^{-3}\,\text{rad}$ von (1) und entspricht dem Beugungsmaximum nullter Ordnung, (3) Beugungsmaxima in den Winkelabständen $\alpha_1 = \delta_1 - \delta_0 = 4{,}83 \cdot 10^{-3}\,\text{rad}$ und $\alpha_2 = \delta_2 - \delta_0 = 8{,}07 \cdot 10^{-3}\,\text{rad}$ von (2). Die Gitterkonstante g bestimmt man mit Licht bekannter Wellenlänge, siehe das Resultat von Aufgabe 8.1a. Wie groß ist die Wellenlänge der Röntgenlinie?

8.3. Übergang von der Fresnel-Beugung zur Fraunhofer-Beugung. Gleichung (8.1) ist die Bedingung für das Vorliegen der Fraunhoferschen Beugung. Für die Fresnel-Beugung liefert (8.41) die Radien der Fresnelzonen. Zeigen Sie, dass mit geeigneten Kriterien für R_0 und die Zahl der Fresnelzonen (8.41) auf (8.1) führt.

8.4. Fresnel-Beugung an einer kreisförmigen Blende. a) Berechnen Sie für einen parallel gebündelten Laserstrahl, der senkrecht auf eine kreisrunde Blende trifft, die Abstände r_n auf der optischen Achse hinter der Blende, bei denen eine ganze Zahl von Fresnelschen Zonen zur Intensität beiträgt. Geben Sie für die Versuchsanordnung von Abb. 8.3 die Radien r_n für $n = 1, 10, 11, 12$ an ($\lambda = 633\,\text{nm}$, Blendenradius $\rho = 0{,}515\,\text{mm}$). Bei welchen der obigen n-Werte erwarten Sie auf der optischen Achse Maxima, bei welchen Minima der Beugungsfigur? Vergleichen Sie mit Abb. 8.3.

b) Bei welchem r_n erwarten Sie den Übergang zur Fraunhoferschen Beugung?

c) In Abb. 8.3a beobachtet man den Grenzfall der geometrischen Optik. Wie groß ist hier die Zahl der Fresnel-Zonen?

8.5. Camera obscura. Beschreiben Sie die Wirkungsweise einer Lochkamera als Abbildung durch eine Fresnelsche Zonenplatte nach Abb. 8.25 und geben Sie für eine Gegenstands- und Bildweite von 30 cm einen geeigneten Lochradius an.

8.6. Schattenwurf. Das in Abb. 8.2 gezeigte Schattenbild einer Kante hat den Maßstab $1{,}5 : 1$. Schätzen Sie mit Hilfe von Abb. 8.26 grob ab, in welchem Abstand z hinter dem Bleistift der Schirm aufgestellt gewesen sein muss, der fotografiert wurde. Die Lampe hat einen endlichen Durchmesser und besitzt, vom Bleistift aus gesehen, einen endlichen Winkeldurchmesser 2α. Hierdurch entsteht hinter dem Bleistift ein Halbschatten, der sich dem Interferenzbild überlagert. Wie klein muss man α halten, damit der Halbschatten das Interferenzbild nicht stört? Kann man bei direkter Beleuchtung mit Sonnenlicht die Fresnelsche Beugung an einer Kante beobachten (von der Erde aus gesehen, besitzt die Sonne einen Winkeldurchmesser $2\alpha \approx 9\,\text{mrad}$)?

8.7. Beleuchtungsspalt beim Gitterspektrometer. a) Welche Bedingung muss die Gitterkonstante eines Gitters erfüllen, damit man bei einer Wellenlänge λ_{max} die m-ten Beugungsmaxima gerade noch beobachten kann?

b) Wie groß ist die Differenz $\Delta\vartheta$ der Beugungswinkel zwischen dem Hauptmaximum m-ter Ordnung und dem ersten benachbarten Minimum bei einer Wellenlänge $\lambda < \lambda_{max}$?

c) Um wie viel verschiebt sich der Beugungswinkel des m-ten Hauptmaximums, wenn man die Wellenlänge um $\Delta\lambda$ verschiebt?

d) Entnehmen Sie den Resultaten von b) und c) das Auflösungsvermögen (8.27).

e) Das Gitter wird von fast parallelem Licht beleuchtet, das dadurch erzeugt wird, dass das Licht einer Quelle auf einen Beleuchtungsspalt der Breite b fokussiert wird, der sich in der Brennebene einer hinter ihm stehenden Linse mit der Brennweite f befindet. Wie groß ist die Wellenlänge λ_A des Lichts, bei der die Auflösungsgrenze $\Delta\vartheta$ genau so groß ist wie die Winkeldivergenz b/f des am Gitter ankommenden Lichts? Kann man mit fester Beleuchtungsspaltbreite ein von λ unabhängiges Auflösungsvermögen erreichen ? (Hinweis: Man benötigt das Resultat von a).)

Polarisiertes Licht

9

Teil I

© Springer-Verlag GmbH Deutschland 2017
J. Heintze / P. Bock (Hrsg.), *Lehrbuch zur Experimentalphysik Band 4: Wellen und Optik*, https://doi.org/10.1007/978-3-662-54492-1_9

Transversale Wellen können polarisiert sein, sie sind sogar im Allgemeinen polarisiert. Das haben wir bei den Versuchen mit dem Gummiseil schon zu Beginn von Kap. 1 gesehen. Bisher haben wir die Polarisation des Lichts weitgehend ignoriert; wir wollen nun die damit verbundenen Phänomene genauer untersuchen. Zunächst geht es um die Beschreibung der verschiedenen Polarisationszustände. Im zweiten Abschnitt behandeln wir einige Methoden zur Herstellung und zum Nachweis von linear polarisiertem Licht und im dritten die merkwürdigen Phänomene der Doppelbrechung und deren Anwendungen. Dabei werden wir uns auch genauer mit dem zirkular polarisierten Licht befassen. Als Beispiel beschreiben wir, wie die Polarisation als Hilfsmittel in der hochauflösenden STED-Mikroskopie eingesetzt wird.

Doppelbrechung kann auch durch elektrische oder magnetische Felder hervorgerufen werden. Das wird im letzten Abschnitt behandelt, zusammen mit einigen Anwendungen: Mit Hilfe der induzierten Doppelbrechung lassen sich „Einbahnstraßen" für Licht und optische Schalter mit sehr kurzen Schaltzeiten realisieren. Weiterhin wird ein Einblick in die nichtlineare Optik gegeben und als Beispiel die für die Lasertechnik wichtige Frequenzverdopplung von Licht behandelt. Auch hier spielen Polarisation und Doppelbrechung eine entscheidende Rolle.

9.1   Polarisationszustände

Wir wissen bereits aus früheren Kapiteln, dass bei linear polarisierten elektromagnetischen Wellen die Schwingungsrichtung des E-Vektors als Polarisationsrichtung definiert wird.[1] Außerdem wissen wir, dass bei Überlagerung von zwei kohärenten Wellen, die in der gleichen Richtung linear polarisiert sind, die gleichen Interferenzerscheinungen auftreten, wie bei skalaren Wellen, und dass man keine Interferenzstreifen beobachtet, wenn die Polarisationsrichtungen senkrecht aufeinander stehen (Abschn. 7.1). Es geschieht aber etwas anderes: Wir wollen dies nun untersuchen und betrachten den Fall, dass zwei in der gleichen Richtung laufende und senkrecht zueinander polarisierte kohärente Wellen überlagert werden.

---

[1] In der älteren Literatur wird die Richtung von H als Polarisationsrichtung definiert. Also aufgepasst!

Linear, zirkular und elliptisch polarisiertes Licht

Nehmen wir an, zwei ebene monochromatische Wellen gleicher Frequenz liefen in z-Richtung. Die eine sei in x-Richtung, die andere in y-Richtung linear polarisiert. Die elektrische Feldstärke der resultierenden Welle ist dann

$$\begin{aligned} E(z,t) &= E_{x0}\hat{x}\cos(kz - \omega t) \\ &\quad + E_{y0}\hat{y}\cos(kz - \omega t + \delta)\,. \end{aligned} \qquad (9.1)$$

Das Ergebnis dieser Überlagerung ist in Abb. 9.1 gezeigt. Es kommt entscheidend auf die Phasendifferenz δ zwischen den beiden Wellen an, und auf das Verhältnis der Amplituden. In Abb. 9.1a ist die Phasendifferenz $\delta = 0$: Es entsteht eine linear polarisierte Welle, deren Schwingungsrichtung mit der x-Achse den Winkel φ einschließt:

$$\left.\begin{aligned} &\textit{Lineare Polarisation:} \\ &E(z,t) = E_0\cos(kz - \omega t) \\ &E_0 = \sqrt{E_{x0}^2 + E_{y0}^2}\,, \quad \tan\varphi = \frac{E_{y0}}{E_{x0}} \end{aligned}\right\} \qquad (9.2)$$

In Abb. 9.1b und c ist die Phasendifferenz $\delta = \pm\frac{\pi}{2}$ und die Amplituden der Teilwellen sind gleich: $E_{x0} = E_{y0} = E_0/\sqrt{2}$. Es entsteht eine rechtsdrehende bzw. eine linksdrehende zirkular polarisierte Welle (vgl. Abb. 1.4):

$\textit{Rechtszirkular:}$

$$\begin{aligned} E^{(\mathrm{R})} &= \frac{E_0}{\sqrt{2}}\left[\hat{x}\cos(kz - \omega t) + \hat{y}\cos\left(kz - \omega t - \frac{\pi}{2}\right)\right] \\ &= \frac{E_0}{\sqrt{2}}\left[\hat{x}\cos(kz - \omega t) + \hat{y}\sin(kz - \omega t)\right]. \end{aligned}$$

$$(9.3)$$

$\textit{Linkszirkular:}$

$$\begin{aligned} E^{(\mathrm{L})} &= \frac{E_0}{\sqrt{2}}\left[\hat{x}\cos(kz - \omega t) + \hat{y}\cos\left(kz - \omega t + \frac{\pi}{2}\right)\right] \\ &= \frac{E_0}{\sqrt{2}}\left[\hat{x}\cos(kz - \omega t) - \hat{y}\sin(kz - \omega t)\right]. \end{aligned}$$

$$(9.4)$$

Der E-Vektor rotiert um die z-Achse. Sein Betrag bleibt dabei konstant: $|E(z,t)| = E_0 = E_{x0} = E_{y0}$. Abbildung 9.2b zeigt die Momentaufnahme einer rechtszirkular polarisierten Welle. Die Pfeilspitzen der E-Vektoren bilden eine Rechtsschraube. Beim Fortschreiten der Welle **verschiebt** sich das in Abb. 9.2 gezeigte Bild in z-Richtung. Wenn man bei $z = z_0$ die zeitliche Änderung des E-Vektors verfolgt und der Welle **entgegenblickt**, läuft bei einer rechtszirkular polarisierten Welle der E-Vektor im Uhrzeigersinn, bei

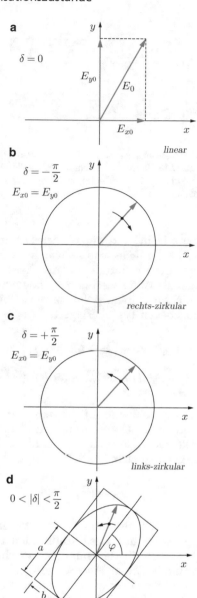

Abbildung 9.1 Polarisationszustände von elektromagnetischen Wellen. Ausbreitung in z-Richtung, d. h. senkrecht zur Zeichenebene, und auf den Beobachter zu

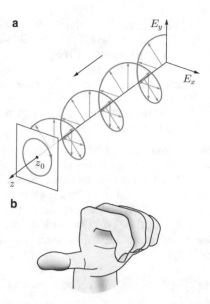

Abbildung 9.2 Rechtszirkular polarisierte Welle. **a** Momentaufnahme. Beim Fortschreiten der Welle verschiebt sich die hier gezeichnete Spirale in z-Richtung. In der Ebene $z = z_0$ rotiert der E-Vektor, entgegengesetzt zur z-Richtung betrachtet, im Uhrzeigersinn. **b** Dieser Drehsinn und die Fortpflanzungsrichtung ergeben eine Linksschraube. *Die rechtszirkular polarisierte Welle ist also linkshändig zirkular polarisiert.* In der Optik wird die Definition (**a**) bevorzugt, in der Quantenphysik die Definition (**b**)

kann, kann man auch durch Überlagerung von einer links- und einer rechts-zirkular polarisierten Welle linear polarisierte Wellen erzeugen. Die beiden zirkular polarisierten Wellen sollen die Amplituden $E_0/2$ und die Phasen δ_R und δ_L haben:

$$E^{(R)} = \frac{E_0}{2}\left[\hat{x}\cos\left(kz - \omega t + \delta_R\right)\right.$$
$$\left. + \hat{y}\sin\left(kz - \omega t + \delta_R\right)\right],$$
$$E^{(L)} = \frac{E_0}{2}\left[\hat{x}\cos\left(kz - \omega t + \delta_L\right)\right.$$
$$\left. - \hat{y}\sin\left(kz - \omega t + \delta_L\right)\right].$$

Mit den Formeln für $\cos\alpha + \cos\beta$ und $\sin\alpha - \sin\beta$ erhält man

$$E^{(R)} + E^{(L)} = E_0\left[\hat{x}\cos\frac{\delta_R - \delta_L}{2} + \hat{y}\sin\frac{\delta_R - \delta_L}{2}\right]$$
$$\cdot \cos\left(kz - \omega t + \frac{\delta_R + \delta_L}{2}\right). \tag{9.5}$$

Das ist eine linear polarisierte Welle, deren Schwingungsrichtung mit der x-Achse den Winkel

$$\varphi = \frac{\delta_R - \delta_L}{2} \tag{9.6}$$

einschließt. Es ist $E_{x0} = E_0\cos\varphi$ und $E_{y0} = E_0\sin\varphi$.

einer linkszirkular polarisierten Welle entgegengesetzt. Man kann auch die **Chiralität (Händigkeit)** der Wellen definieren: Bildet der bei $z = z_0$ beobachtete Drehsinn des E-Vektors mit der Fortpflanzungsrichtung der Welle eine Rechtsschraube, nennt man das rechtshändig zirkulare Polarisation; bilden sie eine Linksschraube, ist die Welle linkshändig zirkular polarisiert (Abb. 9.2).

Ebenso wie man aus zwei in x- und y-Richtung linear polarisierten Wellen zirkular polarisierte Wellen machen

Wenn man bei einer zirkular polarisierten Welle die Bedingung $E_{x0} = E_{y0}$ fallen lässt, läuft der E-Vektor offensichtlich nicht mehr auf einem Kreis, sondern auf einer
Ellipse um, deren Halbachsen durch E_{x0} und E_{y0} gegeben
sind. Nimmt auch der in (9.1) eingeführte Phasenwinkel
δ beliebige Werte an, entsteht eine **elliptische Polarisation**, bei der die Halbachsen der Ellipse gegen das (x, y)-
Koordinatensystem verdreht sind (Abb. 9.2d).

Die elliptische Polarisation ist der allgemeinste Polarisationszustand, der alle anderen als Spezialfälle enthält.
Sie ist durch drei Parameter charakterisiert: Man kann
entweder die in Abb. 9.2d definierten geometrischen Parameter a, b und φ verwenden, oder die drei Parameter
von (9.1): E_{x0}, E_{y0} und δ. Wie die beiden Parametersätze
miteinander zusammenhängen, sieht man in den folgen-
den Gleichungen:

$$S_1 = E_{x0}^2 - E_{y0}^2 = (a^2 + b^2) \cos 2\eta \cos 2\varphi \,, \qquad (9.7)$$

$$S_2 = 2E_{x0}E_{y0} \cos \delta = (a^2 + b^2) \cos 2\eta \sin 2\varphi \,, \qquad (9.8)$$

$$S_3 = 2E_{x0}E_{y0} \sin \delta = (a^2 + b^2) \sin 2\eta \,. \qquad (9.9)$$

Hierbei ist $\tan \eta = \pm b/a$. Das Vorzeichen bestimmt den
Umlaufsinn des E-Vektors. Die Intensität der Welle ist
proportional zu

$$S_0 = E_{x0}^2 + E_{y0}^2 \,. \qquad (9.10)$$

Bei linearer Polarisation ($\delta = 0$) ist $S_3 = 0$. Lineare Polarisation in x-Richtung bedeutet $S_1/S_0 = +1$, $S_2 = 0$; Polarisation in y-Richtung bedeutet $S_1/S_0 = -1$, $S_2 = 0$. Bei
zirkularer Polarisation ist $S_1 = S_2 = 0$. Rechtszirkular bedeutet $S_3/S_0 = -1$, linkszirkular bedeutet $S_3/S_0 = +1$.
Die Größen S_0, S_1, S_2, S_3 sind die sogenannten **Stokes-
Parameter**. Man kann sie durch Intensitätsmessungen
mit Polarisationsfiltern direkt bestimmen, wie wir weiter
unten sehen werden (Abschn. 9.3). Außerdem sind sie besonders gut dazu geeignet, in der theoretischen Physik die
Polarisationszustände von Licht zu charakterisieren.

Unpolarisiertes und teilweise polarisiertes Licht

Wir müssen uns nun fragen, wie das unpolarisierte Licht
zustande kommt. Das Licht, das ein einzelnes Atom aus-
sendet, ist vollständig polarisiert. Darauf werden wir in
Bd. V/6 zurückkommen. Im „natürlichen Licht" aus einer
Lichtquelle überlagern sich die Emissionsprozesse vieler
Atome. Das führt zu schnellen Schwankungen des resultierenden Polarisationszustands, gerade so, wie diese
Überlagerung auch zu Schwankungen der Phase führt
(Abb. 7.18). Abbildung 9.3 zeigt das Ergebnis einer Rechnung, bei der wie in Abb. 7.18 exponentiell abklingende
Wellenzüge überlagert wurden, diesmal jedoch mit statis-
tisch wechselnder Polarisationsrichtung. Man sieht: Wenn
die momentane lineare Polarisation hohe Werte erreicht,

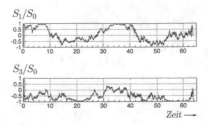

Abbildung 9.3 Stokes-Parameter S_1 und S_3 von unpolarisiertem Licht, zum
Vergleich mit Abb. 7.18. $S_1/S_0 = +1$: lineare Polarisation in x-Richtung,
$S_1/S_0 = -1$ in y-Richtung. $S_3/S_0 = +1$: linkszirkulare, $S_3/S_0 = -1$ rechtszirkulare Polarisation

ist die zirkulare klein, und umgekehrt. Die Schwankungen erfolgen in ähnlicher Weise wie in Abb. 7.18 die
Schwankungen der Amplitude und der Phase. Mathematisch kann man die Welle beschreiben, indem man zwei in
x- und in y-Richtung linear polarisierte Wellen von dem
in (7.31) angegebenen Typ überlagert:

$$\begin{aligned}
\boldsymbol{E}(z,t) &= E_{x0}(t)\hat{\boldsymbol{x}} \cos\left(\overline{k}z - \overline{\omega}t + \delta_x(t)\right) \\
&+ E_{y0}(t)\hat{\boldsymbol{y}} \cos\left(\overline{k}z - \overline{\omega}t + \delta_y(t)\right).
\end{aligned} \qquad (9.11)$$

$\overline{k}$ und $\overline{\omega}$ sind die zeitlichen Mittelwerte der Wellenzahl
und der Frequenz ω. Die Phasen δ_x und δ_y sind nicht
miteinander korreliert, und die Amplituden sind *im zeitlichen Mittel* genau gleich:

$$\overline{E_{x0}^2} = \overline{E_{y0}^2} \,. \qquad (9.12)$$

Die zeitlichen Schwankungen der Phasendifferenz
$\delta(t) = \delta_y(t) - \delta_x(t)$ und des Amplitudenverhältnisses
$E_{y0}(t)/E_{x0}(t)$ sorgen für den ständigen Wechsel des Polarisationszustands. Dieser Wechsel geschieht so schnell,
dass die momentane Polarisationsrichtung nicht messbar
ist. Das natürliche Licht wird deshalb meist als **unpolarisiert** bezeichnet.

Obgleich beim natürlichen Licht ein enger Zusammenhang zwischen den Schwankungen der Phase und den
Schwankungen des Polarisationszustands besteht, lassen
sich beide Größen unabhängig voneinander manipulieren: Mit einem Monochromator kann man die Bandbreite
des Lichts einengen, ohne etwas an der Polarisation zu
verändern und ein Polarisationsfilter lässt im wesentlichen nur eine Polarisationsrichtung hindurch, ohne die
Kohärenzlänge zu beeinflussen.

Gewöhnlich hat man es mit **teilweise polarisiertem Licht**
zu tun. Man kann es sich vorstellen als Überlagerung von
vollständig polarisiertem und von unpolarisiertem Licht.
Zur Beschreibung mit den Stokes-Parametern hat man die
in (9.7)–(9.10) als konstant angenommenen elektromagnetischen Größen durch zeitliche Mittelwerte zu ersetzen,

also durch $\overline{E_{x0}^2}$, $\overline{E_{y0}^2}$, $\overline{E_{x0}E_{y0}\cos\delta}$ und $\overline{E_{x0}E_{y0}\sin\delta}$. Man sieht sofort, dass bei unpolarisiertem Licht $S_1 = S_2 = S_3 = 0$ ist. Da andererseits bei vollständiger Polarisation $S_1^2 + S_2^2 + S_3^2 = S_0^2$ ist, kann man den **Polarisationsgrad** mit

$$\mathcal{P} = \frac{\sqrt{S_1^2 + S_2^2 + S_3^2}}{S_0} \tag{9.13}$$

definieren. Nun erkennt man auch, weshalb man zur Charakterisierung von polarisiertem Licht vier und nicht nur drei Parameter braucht.

9.2 Polarisationseffekte bei der Emission, Absorption und Reflexion von Licht

Bei der Wechselwirkung von Licht mit Materie hängt die Absorption, Reflexion, Lichtbrechung oder Streuung im allgemeinen vom Polarisationszustand des Lichts ab. Das hat zur Folge, dass unpolarisiertes Licht nach Wechselwirkung mit Materie gewöhnlich teilweise polarisiert ist. Es ist sogar ausgesprochen schwierig, vollkommen unpolarisiertes Licht herzustellen oder Licht in diesem Zustand zu erhalten. Wir untersuchen in diesem Abschnitt die Absorption und Reflexion von polarisiertem Licht, die Brechung im nächsten. Polarisationseffekte bei der Lichtstreuung werden in Bd. V/1 behandelt.

Dipolstrahlung und Polarisationsfilter

Bei der Erzeugung elektromagnetischer Wellen hat man es fast immer mit Dipolstrahlung zu tun; dies gilt für Hochfrequenzsender wie für Atome. Dass die Dipolstrahlung parallel zur Schwingungsrichtung des Dipols linear polarisiert ist, ergibt sich ohne weiteres aus den Richtungen der elektrischen und magnetischen Felder, die der schwingende Dipol erzeugt (Abb. 2.17). Experimentell kann man die Polarisation der Strahlung mit einem zweiten Dipol nachweisen, der als Antenne eines Empfängers dient: Der Empfang funktioniert optimal, wenn beide Dipole parallel ausgerichtet sind (Abb. 9.4a). Wenn sie senkrecht zueinander stehen, wird kein Signal empfangen, denn es gibt kein E-Feld, das den Empfängerdipol anregen könnte (Abb. 9.4b). Von dieser Tatsache ausgehend, kann man **Polarisationsfilter** bauen. Im Idealfall lassen sie eine Polarisationsrichtung hindurch und absorbieren die dazu senkrecht polarisierte Strahlung vollständig. Besonders einfach ist es, ein solches Filter für Mikrowellen herzustellen. In einen Rahmen werden Drähte gespannt.

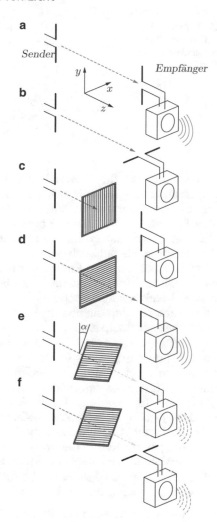

Abbildung 9.4 Dipolantennen und Hertzsches Gitter

Der Abstand zwischen den Drähten ist von der Größenordnung der Wellenlänge oder kleiner. Dieses Filter wird nun zwischen Sender und Empfänger gestellt. In der in Abb. 9.4c gezeigten Stellung wird die Welle fast vollständig absorbiert: Sie regt in den Drähten elektrische Ströme an, die einerseits Joulesche Wärme erzeugen, andererseits zur Abstrahlung elektromagnetischer Wellen führen. Diese Wellen sind gegen die einfallende Welle phasenverschoben, sodass sie hinter dem Gitter mit dem Rest der primären Welle destruktiv interferieren. In der in Abb. 9.4d gezeigten Stellung lässt dagegen das Gitter die Welle nahezu ungeschwächt hindurch: In y-Richtung können keine Ströme fließen.

Dreht man nun das Gitter um einem Winkel α (Abb. 9.4e), wird die Welle mit geschwächter Intensität durchgelassen. Das wird wohl jeder erwarten; erstaunlich ist aber, dass man nun auch ein Signal empfängt, wenn die Empfangsantenne wie in Abb. 9.4b in x-Richtung zeigt

Abbildung 9.5 Zu Abb. 9.4f. α ist der Winkel zwischen der Polarisationsrichtung der einfallenden Welle und der Durchlassrichtung des Filters

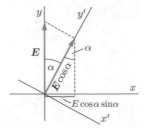

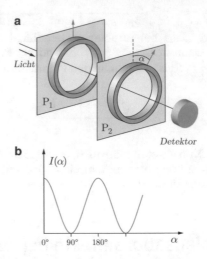

Abbildung 9.6 **a** Eine Polarisator-Analysator Anordnung. Die Pfeile auf den Polarisatoren P_1 und P_2 zeigen in die Richtung des E-Vektors des durchgelassenen Lichts. **b** Vom Detektor registrierte Intensität

(Abb. 9.4f): Das Gitter hat die Polarisationsrichtung gedreht! Wie das zustande kommt, zeigt Abb. 9.5. Wir zerlegen den E-Vektor der einfallenden Welle in zwei Komponenten $E_{x'}$ und $E_{y'}$. Nur die y'-Komponente wird vom Filter durchgelassen. Man erhält eine unter dem Winkel α polarisierte Welle. Sie hat auch eine x-Komponente, und diese wird in Abb. 9.4f vom Empfänger nachgewiesen. Ein solches Gitter benutzte schon Hertz bei seinen Experimenten mit elektromagnetischen Wellen („Hertzsches Gitter"). Auch für den sichtbaren Spektralbereich kann man nach diesem Prinzip ein Polarisationsfilter bauen. Ein Polymer (Polyvinylalkohol[2]) wird zu einer Folie verarbeitet und bei diesem Prozess im noch warmen Zustand mechanisch gestreckt. Dadurch werden die langen Molekülketten des Polymers ausgerichtet. Dann lässt man Jod in die Folie eindiffundieren. Es lagert sich so an das Polymer an, dass sich langgestreckte I_2-Ketten bilden. Unterstützt durch die OH-Gruppe des Polyvinylalkohols können sich entlang dieser Ketten Elektronen des Jod wie in einem Leiter bewegen. Es entsteht ein Hertzsches Gitter von molekularer Dimension. Diese **Polaroid-Folien**[3] sind die heute gebräuchlichste Form eines Polarisationsfilters.

Wie wir weiter unten sehen werden, gibt es noch andere Methoden, Filter für linear polarisiertes Licht zu bauen. Die Eigenschaften eines solchen Filters kann man durch drei Größen charakterisieren: Die **Durchlassrichtung** des Filters ist die Richtung, in der der E-Vektor von linear polarisiertem Licht schwingen muss, damit die Transmission ihren *Maximalwert* T_{max} erreicht. Senkrecht dazu wird die *minimale Transmission* T_{min} gemessen. Bei einem idealen Polarisationsfilter wäre $T_{max} = 1$ und $T_{min} = 0$. Eine gute Polaroid-Folie hat die Transmissionen $T_{max} \approx 70-80\,\%$, $T_{min} \lesssim 10^{-3}$.

Mit einem Polarisationsfilter kann man aus natürlichem Licht linear polarisiertes Licht herausfiltern: Dann dient das Filter als **Polarisator**. Man kann damit aber auch die lineare Polarisation von Licht messen: Dann dient das Filter als **Analysator**. In der in Abb. 9.6a gezeigten Anordnung dient das Polarisationsfilter P_1 als Polarisator,

das Filter P_2 als Analysator. α ist der Winkel zwischen den Durchlassrichtungen der beiden Filter. Sind P_1 und P_2 ideale Polarisationsfilter und ist E_1 die elektrische Feldstärke des linear polarisierten Lichts hinter dem Filter P_1, dann ist nach Abb. 9.5 hinter P_2 die Feldstärke $E_2 = E_1 \cos\alpha$. Die vom Detektor gemessene Intensität ist also

$$I(\alpha) = I_0 \cos^2\alpha \quad (\textit{Malussches Gesetz}) . \quad (9.14)$$

Bei „gekreuzten Filtern" ($\alpha = 90°$) ist sie beim idealen Filter Null (Abb. 9.5). Die Eigenschaften eines realen Filters kann man in dieser Anordnung experimentell bestimmen. Das geht sogar, wenn man kein bereits geeichtes Filter zur Verfügung hat, sofern man für P_1 und P_2 zwei baugleiche Filter verwendet (Aufgabe 9.2). Abbildung 9.7 zeigt zwei gekreuzte Polaroid-Folien vor einer Lampe. – Im unpolarisierten Licht erscheint auch die beste Polarisationsfolie grau: 50 % des Lichts werden wegen falscher Polarisation absorbiert.

Dichroismus

Dichroitisch (gesprochen: dikro|itisch) nennt man einen Kristall, in dem die Absorption des Lichts von der Polarisationsrichtung abhängt. Ein solcher Kristall muss asymmetrisch aufgebaut sein, d. h. er wird sicher nicht dem kubischen Kristallsystem angehören. Im einfachsten Fall gibt es nur *eine* kristallographisch ausgezeichnete Achse; das ist dann auch die **optische Achse** des Kristalls. Beim dichroitischen Kristall hängt die Absorption davon ab, ob der E-Vektor senkrecht oder parallel zur optischen Achse schwingt. Da die Absorption in den beiden Fällen bei verschiedenen Wellenlängen erfolgt, zeigt der Kristall im

[2] Ein Polymer ähnlich wie das bekannte Polyvinylchlorid (PVC). An der Stelle des Cl-Ions sitzt jedoch eine OH-Gruppe.
[3] So benannt von ihrem Erfinder, dem Amerikaner Edwin H. Land (1909–1991). Die bekannte Polaroid-Sofortbild-Kamera hat mit der Polarisationsfolie nur gemein, dass sie ebenfalls von Land erfunden wurde und in der von Land gegründeten *Polaroid-Corporation* hergestellt wird.

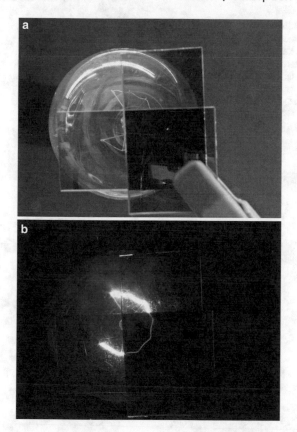

Abbildung 9.7 Gekreuzte Polaroid-Folien. **a** Lampe ausgeschaltet, **b** Lampe eingeschaltet

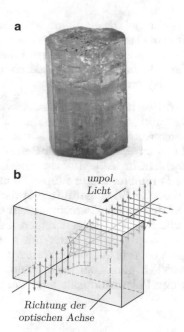

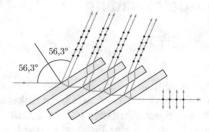

Abbildung 9.8 Turmalin. **a** der Kristall, **b** Turmalin als Polarisationsfilter

Abbildung 9.9 Glasplattenstapel als Polarisator. Nur die Reflexionen des primären Strahls sind eingezeichnet. *Punkte*: E-Vektor schwingt senkrecht zur Zeichenebene, *Doppelpfeile*: Polarisation in der Zeichenebene

polarisierten Licht verschiedene Farben, je nachdem, wie man ihn gegen das Licht hält. (Dichroitisch bedeutet zweifarbig).

Das bekannteste Beispiel dieser Stoffgruppe ist der Turmalin, ein in der Natur vorkommender Halbedelstein (Abb. 9.8a). Legt man auf einen Projektor eine Polaroid-Folie und darauf den in der Abbildung gezeigten Kristall, erscheint er grün, wenn seine optische Achse parallel zur Durchlassrichtung des Filters liegt, und rosa, wenn man ihn um 90° dreht. Es gibt auch Turmaline, die in einer der beiden Richtungen das gesamte sichtbare Licht stark absorbieren. Ein dünnes Plättchen, parallel zur Achse aus einem solchen Kristall geschnitten, gibt ein gutes Polarisationsfilter (Abb. 9.8b). Ein interessantes Phänomen, auf dessen physikalische Ursache wir im nächsten Abschnitt näher eingehen werden. Heute sind solche Polarisationsfilter jedoch nicht mehr von praktischer Bedeutung.

Reflexion

Schon in Abschn. 5.4 hatten wir festgestellt dass die Reflexion an der Oberfläche eines Dielektrikums von der Polarisation des einfallenden Lichts abhängt. Für die beiden

Fälle, dass der E-Vektor parallel oder senkrecht zur Einfallsebene schwingt, wurde in Abb. 5.23 das Reflexionsvermögen R einer Glasoberfläche ($n = 1{,}5$) als Funktion des Einfallswinkels aufgetragen. Liegt die Schwingungsrichtung des E-Vektors in der Einfallsebene, gibt es einen Winkel, bei dem der Reflexionskoeffizient Null wird. Das ist der **Brewster-Winkel** (5.45).

Fällt unpolarisiertes Licht unter diesem Winkel auf eine Glasplatte, ist das reflektierte Licht vollständig linear polarisiert: Der E-Vektor schwingt senkrecht zur Einfallsebene. Das ist die bei weitem einfachste Möglichkeit, linear polarisiertes Licht herzustellen. Zur Verstärkung der Ausbeute kann man mehrere Glasplatten hintereinander stellen (Abb. 9.9). Man mache sich klar: Wenn das Licht unter dem Brewster-Winkel auf eine planparallele Platte fällt, dann trifft es auch auf der Rückseite beim Übergang Glas → Luft unter dem Brewster-Winkel auf die Grenzfläche.

Wie Abb. 5.23 zeigt, ist in einem weiten Bereich in der Umgebung des Brewster-Winkels $R_\parallel \ll R_\perp$. Das reflektierte Licht ist also polarisiert, wenn das einfallende Licht unpolarisiert war. Das findet auch praktische Anwendungen, z. B. in der Fotografie: Mit einem Polarisationsfilter kann man die ⊥-Komponente eliminieren und damit unerwünschte Reflexionen unterdrücken.

Auch bei *Metallen* hängt das Reflexionsvermögen vom Einfallswinkel und von der Polarisation ab (Abb. 5.27). Da der Phasensprung bei der metallischen Reflexion zwischen 0 und π liegt, entsteht bei der Reflexion von linear polarisiertem Licht im Allgemeinen elliptisch polarisiertes Licht. Die Parameter dieser Ellipse kann man messen und daraus die in (5.49) eingeführten optischen Konstanten n_R und n_I des Metalls berechnen: ein einfaches und elegantes Verfahren. Im Übrigen zeigen diese Phänomene, dass es schwierig ist, in einer mit Linsen, Prismen oder Spiegeln ausgerüsteten Apparatur die Polarisation von Licht wirklich genau zu bestimmen, weil an jeder Grenzfläche der Polarisationszustand des Lichts verändert wird.

9.3 Doppelbrechung

Doppelbrechung im Kalkspat: das Phänomen

Kalkspat, auch Calcit genannt, ist ein häufiges Mineral. Es besteht aus Kalziumkarbonat $CaCO_3$. In mikrokristalliner Form bildet es den gewöhnlichen Kalkstein und den Marmor. An einigen Stellen der Erde, z. B. auf Island, findet man jedoch auch große transparente Kalkspat-Kristalle, die in Form eines schief gedrückten Quaders gewachsen sind (Abb. 9.10). Bei diesen Kristallen liegen die äußeren Flächen parallel zu den Flächen der rhomboedrischen Gitterzellen, aus denen der Kristall aufgebaut ist. Wir wollen uns ein wenig mit der Struktur dieser Kristalle befassen. In Abb. 9.11 zeigt Abb. 9.11a die Gitterzelle. Die kürzeste Raumdiagonale ist strichpunktiert eingezeichnet. Abbildung 9.11b zeigt eine Gitterzelle in Draufsicht

Abbildung 9.10 Isländischer Kalkspat

Abbildung 9.11 a Die rhomboedrische Gitterzelle des Kalkspats. **b** Ansicht der Gitterzelle aus der in (**a**) eingezeichneten Richtung. Nur die aus dieser Richtung sichtbaren Ca- und C-Atome sind eingezeichnet, die C-Atome als *Punkte.* **c** CO_3^{--}-Ion

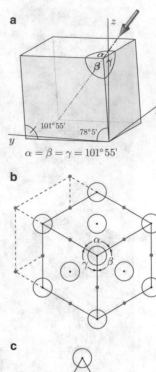

$\alpha = \beta = \gamma = 101° 55'$

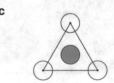

aus dieser Richtung. Wären die Winkel $\alpha = \beta = \gamma = 90°$, würde Abb. 9.11b ein flächenzentriertes Würfelgitter darstellen. Beim Calcit sind jedoch die Winkel $\alpha = \beta = \gamma = 101° 55'$. Der Rhomboeder sieht also aus wie ein Würfel, der in Richtung einer der Raumdiagonalen etwas zusammengedrückt ist. Die Ca^{++}-Ionen sind in Abb. 9.11b als Kreise eingezeichnet, dazwischen ist die Lage der C-Atome durch Punkte angedeutet. Die Sauerstoffatome im CO_3^{--}-Ion sitzen auf den Ecken eines gleichseitigen Dreiecks, in dessen Zentrum sich das C-Atom befindet (Abb. 9.11c). Die CO_3^{--}-Ionen bilden ebenfalls ein flächenzentriertes Rhomboedergitter, das gegenüber dem Ca^{++}-Gitter um eine halbe Gitterkonstante verschoben ist. Dabei liegen die ebenen CO_3^{--}-Ionen in der Zeichenebene von Abb. 9.11b, also senkrecht zu der strichpunktierten Linie in Abb. 9.11a. Sie sind so angeordnet, dass sich eine dreizählige Symmetrie ergibt; d. h. bei einer 120°-Drehung um eine Achse senkrecht zur Zeichenebene von Abb. 9.11b ändert sich die Struktur der Gitterzelle nicht. Man mache sich klar, dass die Symmetrieachse nicht wie die Achse eines Rades im Kristall festliegt, sondern nur eine *Richtung* im Kristall bezeichnet. Jede Gerade parallel zur strichpunktierten Linie in Abb. 9.11a ist ebenso eine Symmetrieachse. Wären die CO_3^{--}-Ionen kugelsymmetrisch, würde der Calcit kubische Kristalle bilden. Die flächenhafte Struktur der Ionen bewirkt die Verzerrung des kubischen Gitters zur rhomboedrischen Form. Das

Abbildung 9.12 Doppelbrechung

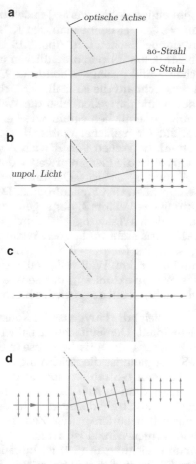

Hält man den Kristall mit einer seiner Flächen dicht vor's Auge, so schaut man durch eine planparallele Platte auf die Außenwelt. Merkwürdigerweise sieht man alles doppelt. Legt man ihn auf ein beschriebenes Blatt Papier, erscheint die Schrift doppelt (Abb. 9.12). Lässt man einen unpolarisierten Lichtstrahl auf eine der Kristallflächen fallen, wird er in zwei Teilstrahlen aufgespalten. Der eine Strahl, genannt der **ordentliche** oder o-Strahl, befolgt das Snellius'sche Brechungsgesetz, der andere, genannt der **außerordentliche** oder ao-Strahl, dagegen nicht. Besonders deutlich sieht man das bei senkrechtem Lichteinfall (Abb. 9.13): Der o-Strahl läuft ungebrochen durch den Kristall, während der ao-Strahl den in Abb. 9.13a gezeigten Verlauf nimmt. Es zeigt sich, dass er stets in der Ebene liegt, die den o-Strahl *und die optische Achse* enthält. Dreht man den Kristall um den o-Strahl, bewegt sich der ao-Strahl hinter der Platte auf einem Zylindermantel, im Material auf einem Kegel um den o-Strahl herum. Beide Teilstrahlen erweisen sich als linear polarisiert.[4] Beim o-Strahl liegt die Polarisation *senkrecht* zu der Ebene, die den Strahl und die optische Achse enthält, beim ao-Strahl *in* dieser Ebene (Abb. 9.13b). Ist das einfallende Licht bereits in einer dieser Richtungen polarisiert, gibt es im Kristall entweder nur den o-Strahl oder nur den ao-Strahl(Abb. 9.13c und d). Nur wenn das Licht parallel zur optischen Achse durch den Kristall läuft, ist jede Polarisationsrichtung möglich, und es gibt keine Aufspaltung des Strahls.

Diese Erscheinungen werden unter dem Begriff **Doppelbrechung** zusammen gefasst. Die nähere Untersuchung zeigt, dass alle Kristalle außer denen des kubischen Kristallsystems doppelbrechend sind; die Doppelbrechung ist beim Kalkspat nur besonders stark ausgeprägt. Auch zeigt sich, dass es Kristalle mit *zwei optischen Achsen* gibt. Das sind die Kristalle des triklinen, des monoklinen und des orthorhombischen Kristallsystems (siehe Bd. II/1.3). Optisch einachsig sind hexagonale, tetragonale und trigonale Kristalle; zu den zuletzt genannten gehört der Kalkspat. Im kubischen System sind die Kristalle optisch isotrop.

Abbildung 9.13 Der ordentliche und der außerordentliche Strahl. Die *Doppelpfeile* und die *fetten Punkte* geben die Schwingungsrichtung des *E*-Vektors an

---

[4] Diese Tatsache und die Polarisation des Lichts wurden von Etienne-Louis Malus (1775–1812) entdeckt, einem französischen Militär-Ingenieur, der sich in seinen Mußestunden mit optischen Studien beschäftigte. Eines Abends betrachtete er durch einen Kalkspat-Kristall das seiner Wohnung gegenüber liegende Palais du Luxembourg und freute sich an dem vertrauten Doppelbild. Plötzlich merkte er, dass bei gewissen Stellungen des Kristalls mal im einen, mal im anderen Bild der Reflex der tiefstehenden Sonne an den Fenstern des Palais verschwand. Noch in derselben Nacht hat er mit einer Kerze, einer Glasscheibe und seinem isländischen Kristall die Polarisation des Lichts, den Brewster-Winkel und das Malussche Gesetz (9.14) entdeckt. Das war 1808, sieben Jahre vor Brewster. Warum der Winkel nicht Malus-Winkel heißt, weiß ich auch nicht.

beeinflusst auch die Elektronenhüllen der Atome und es ist nicht verwunderlich, dass die optischen Eigenschaften des Kristalls davon abhängen, ob das Licht parallel oder senkrecht zu der oben genannten Symmetrieachse polarisiert ist. Sie wird die **optische Achse** genannt. Weniger klar ist, zu welchen Phänomenen dies führen wird.

Wie kommt die Doppelbrechung zustande?

Die Doppelbrechung bei einachsigen Kristallen ist mit dem Huygensschen Prinzip (Satz 5.1) verhältnismäßig leicht zu erklären:[5] Huygens nahm an, dass beim ordentlichen Strahl die Elementarwellen Kugelwellen sind wie in isotropen Medien, während sie im außerordentlichen Strahl die Form eines Rotationsellipsoids haben (Abb. 9.14). Die Rotationsachse ist identisch mit der optischen Achse des Kristalls. In dieser Richtung sollen sich die Elementarwellen mit der gleichen Geschwindigkeit ausbreiten wie im ordentlichen Strahl. Unter einem Winkel von 90° gegen die optische Achse entspricht die Geschwindigkeit dem äquatorialen Radius des Rotationsellipsoids. Man bezeichnet diese beiden **Hauptgeschwindigkeiten** nach der Richtung der Polarisation bezüglich der optischen Achse mit $c_\perp$ und $c_\parallel$, wie Abb. 9.14 zeigt. Im Falle des Calzit ist das Ellipsoid abgeplattet, denn es ist $c_\parallel > c_\perp$. Beim kristallinen Quarz hingegen ist $c_\parallel < c_\perp$, das Rotationsellipsoid ist länglich. Gewöhnlich gibt man nicht $c_\parallel$ und $c_\perp$ an, sondern die sogenannten **Hauptbrechungsindizes** n_o und n_{ao}. Es ist

$$c_\perp = \frac{c}{n_o}\,, \quad c_\parallel = \frac{c}{n_{ao}}\,. \qquad (9.15)$$

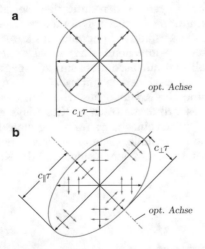

Abbildung 9.14 Wellenfronten der Huygensschen Elementarwellen im doppelbrechenden Kristall zur Zeit τ, **a** beim ordentlichen Strahl, **b** beim außerordentlichen Strahl

---

[5] Die nun folgende Erklärung für das Zustandekommen der Doppelbrechung gab Huygens in seinem epochalen Werk „Traité de la lumière", das 1690 mit dem Untertitel „où sont expliquées les causes de ce qui arrive dans la réflexion et dans la réfraction et particulièrement dans l'étrange réfraction du cristal d'Islande" erschien. Huygens hatte nicht die Vorstellung von transversalen Wellen und wusste nichts von der Polarisation des Lichts. Umso mehr ist die Genialität von Huygens Hypothese zu bewundern.

Tabelle 9.1 Hauptbrechungsindizes bei optisch einachsigen Kristallen, $\lambda = 589{,}3\,\mathrm{nm}$

	n_o	n_{ao}	Δn
Calzit (Kalkspat)	1,658	1,486	−0,172
Quarz	1,544	1,553	+0,009
Eis	1,309	1,313	+0,004
Turmalin	1,64	1,67	+0,03
Rutil (TiO$_2$)	2,616	2,903	+0,287
NaNO$_3$	1,587	1,336	−0,251
KH$_2$PO$_4$ (KDP)[1]	1,51	1,47	−0,04

[1] bei $\lambda = 550\,\mathrm{nm}$

Tabelle 9.1 gibt einige Zahlenwerte. Je nach dem Vorzeichen von $\Delta n = n_{ao} - n_o$ nennt man den Kristall positiv oder negativ doppelbrechend. In Abb. 9.15 ist die Huygenssche Konstruktion für den ordentlichen und den außerordentlichen Strahl gezeigt. Abbildung 9.15a gilt für Lichteinfall senkrecht auf die Kristalloberfläche. Die Einhüllenden der Elementarwellen, also die Wellenfronten, sind beim außerordentlichen Strahl wie beim ordentlichen parallel zur Grenzfläche. Während aber beim ordentlichen Strahl die Wellen von A nach A' und von B nach B' laufen, haben die Elementarwellen des ao-Strahls die Punkte A'' und B'' erreicht. Der Energiefluss erfolgt hier nicht senkrecht zu den Wellenfronten: Der ao-Strahl läuft in Richtung des Vektors $\hat{s}$, der sogenannten **Strahlrichtung**, unter dem Winkel $\beta_{ao} \neq 0$ durch den Kristall (vgl. Abb. 9.13). Das steht im krassen Widerspruch zum Brechungsgesetz, das für $\beta_1 = 0$ zwingend vorschreibt, dass der Strahl unter dem Winkel $\beta_2 = 0$ weiterläuft. Die Richtung des Wellenvektors k_{ao}, der senkrecht auf den Wellenfronten steht, erfüllt dagegen das Brechungsgesetz.

Abbildung 9.15b zeigt die Huygenssche Konstruktion für schrägen Lichteinfall. Der Einfachheit halber betrachten wir nur den Fall, dass die optische Achse in der Einfallsebene liegt. Selbst dann ist die Zeichnung noch ziemlich kompliziert. Für den o-Strahl entspricht die Zeichnung genau der Konstruktion in Abb. 5.3. Man erhält das Brechungsgesetz. Der ao-Strahl dagegen verhält sich anders: Die Elementarwellen laufen in der Zeit τ von A nach A''. Da α kein rechter Winkel ist, ist $\sin\beta_{ao} \neq \overline{AA''}/\overline{AC}$, und die zweite Gleichung in (5.4) ist hinfällig. Für den Wellenvektor k_{ao} lässt sich hingegen wie in (5.5) ein Brechungsindex definieren, denn das Dreieck CAA''' ist rechtwinklig. Dieser Brechungsindex ist jedoch eine Funktion des Winkels β'_{ao}. Natürlich hängt das Verhältnis $\sin\beta_1 / \sin\beta'_{ao}$ auch von der Lage der optischen Achse ab. Wie bei Abb. 9.19 gezeigt werden wird, ist n eine Funktion des in Abb. 9.15b eingezeichneten Winkels $\vartheta = \delta + \beta'_{ao}$.

Bei der Lichtausbreitung im außerordentlichen Strahl kann man zwei Geschwindigkeiten unterscheiden: Die **Strahlgeschwindigkeit** c_s, mit der die Welle in der Richtung $\hat{s}$ von A nach A'' und von B nach B'' läuft, und die

Abbildung 9.15 Huygenssche Konstruktion für die Brechung des ordentlichen und des außerordentlichen Strahls

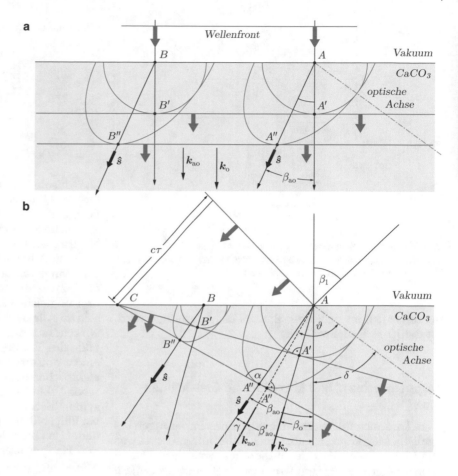

Phasengeschwindigkeit ω/k, mit der die Wellenfronten vorrücken. Sie wird hier **Normalengeschwindigkeit** c_n genannt, weil definitionsgemäß k_{ao} senkrecht auf den Wellenfronten steht. Der Zusammenhang zwischen c_n und c_s ist nach Abb. 9.15

$$c_n = \frac{\omega}{k} = c_s \cos\gamma . \qquad (9.16)$$

Der Winkel γ ist der Winkel zwischen dem Wellenvektor k_{ao} und dem Einheitsvektor $\hat{s}$, der die Strahlrichtung angibt. Beide Geschwindigkeiten, c_n und c_s, hängen von der Ausbreitungsrichtung der Welle im Kristall ab. c_n lässt sich auch durch den oben erwähnten winkelabhängigen Brechungsindex ausdrücken: Es ist

$$c_n(\vartheta) = \frac{c}{n(\vartheta)} . \qquad (9.17)$$

Zwischen den in (9.15) und (9.16) definierten Geschwindigkeiten besteht ein einfacher Zusammenhang, wenn $\vartheta = 0°$ oder $\vartheta = 90°$ ist: $c_\perp = c_n(0°)$, $c_\parallel = c_n(90°)$. In diesen Fällen ist $\gamma = 0$, also $c_n = c_s$.

Physikalische Begründung. In einem anisotropen Kristallgitter sind auch die Elektronenhüllen der Atome anisotrop. Das betrifft besonders die Valenzelektronen. Die Folge ist, dass sich für senkrecht und für parallel zur optischen Achse polarisiertes Licht die elektronischen Polarisierbarkeiten und damit die Dielektrizitätskonstanten und die Brechungsindizes $n = \sqrt{\varepsilon}$ unterscheiden. Betrachten wir noch einmal Abb. 9.11, so ist klar, dass wegen der Anordnung der CO_3^{--}-Ionen in einer Ebene senkrecht zur optischen Achse die Polarisierbarkeiten $\alpha_\perp$ und $\alpha_\parallel$, also auch n_o und n_{ao} sehr unterschiedlich sind: Es ist durchaus verständlich, dass Kalkspat stark doppelbrechend ist.

Ausgehend von dem Modell der elastisch gebundenen Elektronen (Abschn. 5.3) kommt man zu dem Schluss, dass die Resonanzfrequenzen $\omega_\perp$ und $\omega_\parallel$ für senkrecht bzw. parallel zur optischen Achse schwingende Elektronen sowie die zugehörigen Oszillatorenstärken unterschiedlich sind. Das wirkt sich auf den Brechungsindex und auf den Absorptionskoeffizienten aus, wie Abb. 9.16 zeigt (vgl. auch Abb. 5.15 und 5.17). Bei farblosen Kristallen liegen $\omega_\perp$ und $\omega_\parallel$ im Ultravioletten. Da $\omega_\perp \neq \omega_\parallel$ ist, sind auch die Hauptbrechungsindizes im Sichtbaren, n_o und n_{ao}, unterschiedlich. Liegen die Resonanzfrequenzen

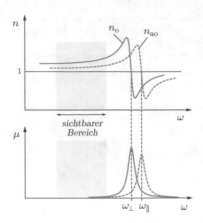

Abbildung 9.16 Hauptbrechungsindizes und Absorptionskoeffizienten für den o-Strahl und für den ao-Strahl als Funktion der Lichtfrequenz ω. (Schematisch; Lage von $\omega_\perp$ und $\omega_\parallel$ wie beim Kalkspat)

so, dass auch im sichtbaren Bereich Licht absorbiert wird, ist der Kristall **dichroitisch**.

Doppelbrechung und Maxwellsche Gleichungen

Man kann sich mit den bisher gegebenen Erklärungen begnügen. Man kann sich aber auch dafür interessieren, was die Maxwellsche Theorie zu diesem eigenartigen Phänomen zu sagen hat.[6] Dann lernt man auch, wie sich optisch zweiachsige Kristalle verhalten. Das nun Folgende ist interessant, aber kompliziert. Wer sich der Strapaze entziehen will, kann ohne größeren Schaden für das Verständnis des Weiteren bei „Anwendungen der Doppelbrechung" fortfahren.

Man geht von den Maxwellschen Gleichungen Bd. III, Gln. (15.55)–(15.58) aus. Im Dielektrikum ist $\rho_q = 0$ und $j_L = 0$. Damit erhalten wir

$$\nabla \cdot D = 0 , \quad \nabla \cdot B = 0$$
$$\nabla \times E = -\frac{\partial B}{\partial t} , \quad \nabla \times H = \frac{\partial D}{\partial t} . \tag{9.18}$$

Um diese Gleichungen lösen zu können, braucht man die „Materialgleichungen". Bei anisotropen nichtmagnetischen Medien lauten sie, wenn zwischen D und E ein linearer Zusammenhang besteht,

$$D = \underline{\epsilon}\epsilon_0 E , \quad H = \frac{1}{\mu_0} B ,$$

$$\underline{\epsilon} = \begin{pmatrix} \epsilon_{xx} & \epsilon_{xy} & \epsilon_{xz} \\ \epsilon_{yx} & \epsilon_{yy} & \epsilon_{yz} \\ \epsilon_{zx} & \epsilon_{zy} & \epsilon_{zz} \end{pmatrix} . \tag{9.19}$$

Die Anisotropie des Kristalls bewirkt, dass die Dielektrizitätskonstante ein **Tensor** ist: $D = \epsilon_0 E + P$ und E sind dem Betrage nach zueinander proportional, sie haben aber verschiedene Richtungen. Die Ursache ist die Anisotropie der elektrischen Polarisierbarkeit, die bewirkt, dass der Vektor P im Allgemeinen nicht in die Richtung von E zeigt. Das hängt direkt mit dem in Bd. I gegebenen Beispiel (21.142) für eine lineare Vektorfunktion zusammen: Ein an drei ungleichen Federn aufgehängter Körper verschiebt sich im Allgemeinen *nicht* in Richtung der von außen einwirkenden Kraft, sondern in einer Richtung, die man mit Hilfe des Tensorellipsoids konstruieren kann. Das gilt in einem anisotropen Medium auch für die Verschiebung elektrischer Ladungen unter dem Einfluss eines elektrischen Feldes. Wie der Tensor in Bd. I, Gl. (2.139) ist $\underline{\epsilon}$ ein symmetrischer Tensor. Man kann ihn geometrisch durch ein Ellipsoid darstellen. Es wird das **Fresnel-Ellipsoid** genannt. In einem Koordinatensystem (x_1, x_2, x_3), das nach den Hauptachsen dieses Ellipsoids ausgerichtet ist, gilt für die Komponenten von D und E

$$D_1 = \epsilon_1\epsilon_0 E_1 , \quad D_2 = \epsilon_2\epsilon_0 E_2 ,$$
$$D_3 = \epsilon_3\epsilon_0 E_3 . \tag{9.20}$$

Die Gleichung der Tensorfläche ist nach Bd. I, Gl. (21.144)

$$\epsilon_1 x_1^2 + \epsilon_2 x_2^2 + \epsilon_3 x_3^2 = 1 . \tag{9.21}$$

Für die Diskussion der Doppelbrechung betrachten wir das Tensorellipsoid der reziproken Gleichung $\epsilon_0 E = \underline{\eta} D$. Seine Hauptachsen fallen automatisch mit denen des $\underline{\epsilon}$-Ellipsoids zusammen, und es ist $\eta_i = 1/\epsilon_i = 1/n_i^2$. Die Gleichung der in Abb. 9.17a gezeigten Tensorfläche, die gewöhnlich **Indexellipsoid** genannt wird, ist also

$$\frac{x_1^2}{n_1^2} + \frac{x_2^2}{n_2^2} + \frac{x_3^2}{n_3^2} = 1 . \tag{9.22}$$

Die Hauptachsen sind durch die **Hauptbrechungsindizes** n_1, n_2 und n_3 gegeben. Man nummeriert sie bei optisch zweiachsigen Kristallen so, dass $n_1 < n_2 < n_3$ ist. Zunächst können wir mit dem Indexellipsoid bei einem optisch zweiachsigem Kristall die Lage der optischen Achsen bestimmen: In jedem dreiachsigen Ellipsoid gibt es

---

[6] Es ist bemerkenswert, dass die nun folgende Theorie im wesentlichen bereits von Fresnel stammt. Fresnel behandelte dabei das Licht als elastische Welle im „Äther". Die Überarbeitung von Fresnels Theorie mit der Maxwellschen Elektrodynamik ist der Inhalt der Doktorarbeit von H. A. Lorentz (1875). Erst durch diese Arbeit wurde die Optik ein Bestandteil der Elektrodynamik.

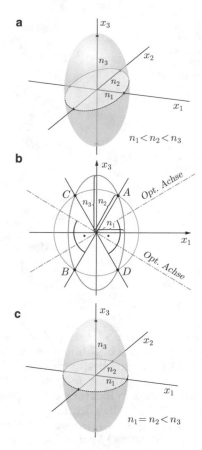

Abbildung 9.17 Indexellipsoid. **a** Optisch zweiachsiger Kristall, **b** Bestimmung der optischen Achsen im zweiachsigen Kristall. **c** optisch einachsiger Kristall ($\Delta n > 0$)

nämlich zwei durch das Zentrum führende Ebenen, deren Schnittfläche mit dem Ellipsoid Kreise sind. Die optischen Achsen des Kristalls stehen senkrecht auf diesen Ebenen. Mit etwas Vorstellungsvermögen erkennt man, dass sich die beiden Ebenen entlang der x_2-Achse schneiden, so dass die optischen Achsen notwendig in der (x_1, x_3)-Ebene liegen. Es ist ein Leichtes, die Schnittlinien der beiden Kreise mit der (x_1, x_3)-Ebene zu konstruieren: Es sind die Strecken $\overline{AB}$ und $\overline{DC}$ in Abb. 9.17b. Die optischen Achsen stehen senkrecht auf diesen Geraden. Die doppelbrechenden Eigenschaften eines zweiachsigen Kristalls sind durch die n_i vollständig festgelegt. Tabelle 9.2 gibt einige Beispiele. Man sieht, dass die Unterschiede zwischen

Tabelle 9.2 Hauptbrechungsindizes einiger optischzweiachsiger Kristalle

	n_1	n_2	n_3
Gips	1,520	1,523	1,530
Feldspat	1,522	1,526	1,530
Glimmer	1,552	1,582	1,588
Topas	1,619	1,620	1,627

den n_i gewöhnlich klein sind. Das bei den Abbildungen der Indexellipsoide verwendete Achsenverhältnis $n_1 : n_2 : n_3 = 2 : 3 : 4$ ist also ganz unrealistisch.

Bei optisch einachsigen Kristallen legt man das Koordinatensystem so, dass $n_1 = n_2 \neq n_3$ ist. Die optische Achse ist dann identisch mit der x_3-Achse. Abbildung 9.17c zeigt ein Beispiel.

Wir müssen nun eine Antwort auf die Frage finden: Unter welchen Umständen können sich ebene elektromagnetische Wellen in einem anisotropen dielektrischen Kristall ausbreiten? Zunächst stellt man fest, dass man in anisotropen Stoffen nicht ohne weiteres auf eine Wellengleichung vom Typ (1.35) kommt. Wie in (2.51) kommt man von (9.18) schnell zu der Gleichung

$$\frac{\partial^2 D}{\partial t^2} = -\frac{1}{\mu_0}\nabla \times (\nabla \times E) \,, \tag{9.23}$$

aber dann geht es nicht weiter. Da nämlich nach (9.18)

$$\nabla \cdot D = \epsilon_0 \left(\epsilon_1 \frac{\partial E_1}{\partial x_1} + \epsilon_2 \frac{\partial E_2}{\partial x_2} + \epsilon_3 \frac{\partial E_3}{\partial x_3} \right) = 0$$

ist, kann nicht gleichzeitig $\nabla \cdot E = \partial E_1/\partial x_1 + \partial E_2/\partial x_2 + \partial E_3/\partial x_3 = 0$ sein, es sei denn, es wäre $\epsilon_1 = \epsilon_2 = \epsilon_3$, d. h. das Medium wäre isotrop. Eine Vereinfachung der Wellengleichung mit (2.52) ist also nicht möglich, man muss mit der komplizierteren Gleichung (9.23) arbeiten.

Wir untersuchen die Feldvektoren einer ebenen, monochromatischen und linear polarisierten Welle, deren Wellenfronten in Richtung des Wellenvektors k laufen:

$$E(r,t) = E_0 e^{i(k \cdot r - \omega t)} \,,$$
$$D(r,t) = D_0 e^{i(k \cdot r - \omega t)} \quad \text{mit} \quad D_0 = \underline{\underline{\epsilon}}\epsilon_0 E_0 \,, \tag{9.24}$$
$$B(r,t) = B_0 e^{i(k \cdot r - \omega t)} \,,$$
$$H(r,t) = H_0 e^{i(k \cdot r - \omega t)} \quad \text{mit} \quad H_0 = \frac{1}{\mu_0} B_0 \,. \tag{9.25}$$

Als erstes müssen wir die Geometrie dieser Welle untersuchen. Der Energiefluss erfolgt in der Richtung des Poynting-Vektors $S = E \times H$. Demgemäß steht S senkrecht auf E. Der Wellenvektor k steht dagegen senkrecht auf D. Um das einzusehen, berechnen wir $\nabla \cdot D$:

$$\nabla \cdot D = i(k_1 D_{01} + k_2 D_{02} + k_3 D_{03}) e^{i(k \cdot r - \omega t)}$$
$$= i k \cdot D \,. \tag{9.26}$$

Aus der ersten Gleichung (9.18) folgt $k \cdot D = 0$, also ist $k \perp D$. Man definiert deshalb in doppelbrechenden Medien als Polarisationsrichtung die Richtung von D.

Es zeigt sich nun, dass die vier Vektoren E, D, k und S senkrecht auf B stehen. Für S ergibt sich das mit $B = \mu_0 H$ unmittelbar aus $S = E \times H$. Für k folgt das mit einer Rechnung wie in (9.26) aus der zweiten Gleichung (9.18), und

Abbildung 9.18 **a** Schnitt durch das Indexellipsoid, Schnittebene senkrecht zu B. **b** Lage der Vektoren k, D, E und S in der Schnittebene. W–W: Wellenfront

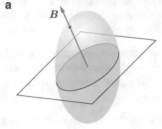

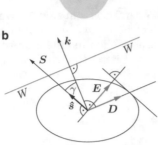

Abbildung 9.19 Zur Ermittlung der erlaubten Polarisationsrichtungen bei vorgegebener k-Richtung. **a** optisch zweiachsiger Kristall, **b** optisch einachsiger Kristall

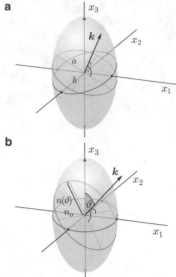

für D und E aus der dritten und vierten Gleichung (9.18). Es ist nämlich

$$\frac{\partial B}{\partial t} = -\mathrm{i}\omega B\,, \quad \frac{\partial D}{\partial t} = -\mathrm{i}\omega D\,. \tag{9.27}$$

Die Vektoren E, D, k und S liegen also in einer Ebene senkrecht zu B. Um den Winkel zwischen E und D zu ermitteln, nehmen wir irgend eine Richtung von B an und legen senkrecht zu B durch das Zentrum des Indexellipsoids eine Ebene (Abb. 9.18a). In Abb. 9.18b schauen wir aus der B-Richtung senkrecht auf die Schnittfläche. In dieser Ebene nehmen wir willkürlich eine Richtung für D an. Die Richtung von E erhalten wir mit der in Abb. 9.18b erklärten Konstruktion, die auch schon in Bd. I, Abb. 21.43 angewendet wurde. Wie oben gezeigt wurde, steht k senkrecht auf D und S senkrecht auf E. In die Richtung von S zeigt der schon in Abb. 9.15 definierte Einheitsvektor $\hat{s}$. Die Gerade W–W ist die Schnittlinie einer Wellenfront mit der Zeichenebene. Die Wellenfront steht senkrecht auf k, und daher auch senkrecht auf der Zeichenebene. Man erkennt, dass zwischen der Phasengeschwindigkeit c_n und der Strahlgeschwindigkeit c_s der uns schon bekannte Zusammenhang $c_n = c_s \cos\gamma$ besteht. Diesmal haben wir jedoch diese Beziehung mit dem Ansatz (9.24) und den Maxwellschen Gleichungen erhalten, mit einer Betrachtung, die auch bei optisch zweiachsigen Kristallen gilt.

Die Frage ist nun, unter welchen Bedingungen (9.24) eine Lösung der Wellengleichung (9.23) ist. Um das herauszufinden setzt man (9.24) in (9.23) ein. Nach einer längeren Rechnung, die beträchtliches Geschick erfordert[7], kommt man zu dem Ergebnis, dass sich im anisotropen

Kristall in der Tat linear polarisierte ebene Wellen in jeder beliebig vorgegebenen k-Richtung ausbreiten können. Sie müssen jedoch in ganz bestimmten, durch die Kristallstruktur und den k-Vektor festgelegten Richtungen polarisiert sein: Wenn k in Richtung einer optischen Achse zeigt, ist jede Polarisationsrichtung möglich. In jeder anderen k-Richtung gibt es nur zwei mögliche Schwingungsrichtungen für den D-Vektor. Sie stehen senkrecht aufeinander.

Um die erlaubten D-Richtungen zu konstruieren, zeichnet man durch das Zentrum des Indexellipsoids eine Ebene senkrecht zu k (Abb. 9.19). Die Schnittlinie ist eine Ellipse mit den Hauptachsen a und b. Linear polarisierte Wellen können sich im Kristall nur ausbreiten, wenn der D-Vektor in Richtung einer dieser Achsen schwingt. Die Längen der Halbachsen a und b sind gleich den Brechungsindizes n_a und n_b: Die Phasengeschwindigkeit einer Welle, die sich in k-Richtung ausbreitet, ist entweder $c_n = c/n_a$, wenn der D-Vektor in a-Richtung schwingt, oder $c_n = c/n_b$, wenn der D-Vektor in b-Richtung schwingt. Nun sieht man auch, weshalb man die optischen Achsen mit der in Abb. 9.17b gezeigten Konstruktion erhält: Wenn die Ellipse zum Kreis wird, ist jede Polarisationsrichtung möglich, und es gibt nur *eine* Normalengeschwindigkeit c_n.

Bei einem optisch einachsigen Kristall ist das Indexellipsoid rotationssymmetrisch, und die optische Achse fällt mit der Achse des Ellipsoids zusammen. Dann liegen die erlaubten D-Richtungen so, wie Abb. 9.19b zeigt: Erstens kann der D-Vektor in Richtung der Schnittlinie der Ellipse mit der Mittelebene des Indexellipsoids schwingen. Dann

---

[7] Diese Rechnung wird Schritt für Schritt vorgeführt in A. Sommerfeld, „Vorlesungen über theoretische Physik", Band IV (Optik), § 24–§ 28 (Dietrische Verlagsbuchhandlung (1950) und Harri Deutsch-Verlag (1988 u. 2001)); siehe auch Max Born, „Optik", § 58–§ 62

(Springer-Verlag, 1932 u. 1986), S. L. Chin, „Fundamentals of Laser Optoelectronics", Kap. VI (World Scientific, 1989) sowie A. Yariv u. P. Yeh, „Optical Waves in Crystals", Kap. 4 (J. Wiley & Sons, 1984).

Abbildung 9.20 Sonderfall: Lichtausbreitung in Richtung der x_3-Achse. **a** Die erlaubten D- und E-Richtungen, **b** Schnitt durch das Indexellipsoid in der (x_1, x_2)-Ebene

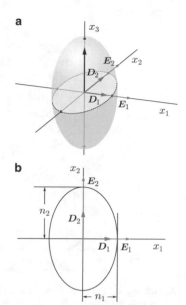

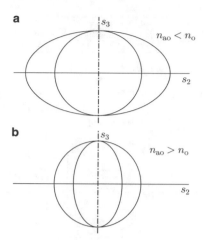

Abbildung 9.21 Schnitt durch die rotationssymmetrische Strahlenfläche eines optisch einachsigen Kristalls, **a** negativ, **b** positiv doppelbrechend

ist die Welle senkrecht zur optischen Achse polarisiert und unabhängig von der k-Richtung ist $n_1 = n_2 = n_o$. In diesem Fall gehört der k-Vektor zu einem o-Strahl. Im zweiten Fall gehört er zu einem ao-Strahl: Der D-Vektor schwingt in der Ebene, die den k-Vektor und die optische Achse enthält. Zwischen dem k-Vektor und der optischen Achse liegt der Winkel ϑ. Die große Halbachse der Ellipse in Abb. 9.19 entspricht dem in (9.17) definierten Brechungsindex $n(\vartheta)$.

Wir betrachten einen wichtigen Sonderfall der Lichtausbreitung in einem zweiachsigen Kristall: Wie Abb. 9.20 zeigt, kann linear polarisiertes Licht in x_3-Richtung nur laufen, wenn es entweder in x_1- oder in x_2-Richtung polarisiert ist. Die zugehörigen Normalengeschwindigkeiten sind $c_n = c/n_1$ und $c_n = c/n_2$. Entsprechendes gilt für den Fall, dass der k-Vektor in die x_1- oder x_2-Richtung zeigt. In allen drei Fällen ist $E \parallel D$, also $\cos\gamma = 1$ und $c_s = c_n$. Man definiert deshalb die **Hauptgeschwindigkeiten**

$$c_1 = \frac{c}{n_1}, \quad c_2 = \frac{c}{n_2}, \quad c_3 = \frac{c}{n_3}. \quad (9.28)$$

Man beachte: c_i ist die Geschwindigkeit, mit der in i-Richtung polarisiertes Licht durch den Kristall läuft, wenn der k-Vektor in die Richtung einer der beiden anderen Hauptachsen zeigt ($i = 1, 2, 3$).

Wie man für einen beliebig vorgegebenen k-Vektor die erlaubten Polarisationsrichtungen, die Normalengeschwindigkeiten c_n und die Strahlrichtungen $\hat{s}$ ermittelt, wurde in Abb. 9.19 und 9.18 gezeigt. Die Strahlgeschwindigkeit c_s kann man mit (9.16) berechnen. Um das Ergebnis

zu veranschaulichen, zeichnet man vom Nullpunkt des Koordinatensystems (x_1, x_2, x_3) aus in alle Richtungen $\hat{s}$ Radiusvektoren mit der Länge $c_s(\hat{s})$. Man erhält die so genannte **Strahlenfläche**. Sie ist zweischalig, denn im Allgemeinen gibt es in jeder $\hat{s}$-Richtung zwei Werte für die Strahlgeschwindigkeit c_s, entsprechend den beiden möglichen Polarisationsrichtungen. Bei optisch zweiachsigen Kristallen entsteht eine ziemlich komplizierte Fläche vierten Grades, mit der wir uns nicht weiter befassen müssen. Interessant ist jedoch das nun Folgende.

Bei einachsigen Kristallen erhält man als Strahlenfläche eine zweischalige Fläche zweiten Grades, bestehend aus einer Kugel und einem Rotationsellipsoid, die sich an den Durchstoßpunkten der optischen Achse berühren (Abb. 9.21). Wenn man sich Abb. 9.15 noch einmal anschaut, erkennt man: Die Wellenfronten der von Huygens angenommenen „Elementarwellen" in Abb. 9.13 sind identisch mit der Strahlenfläche eines einachsig doppelbrechenden Kristalls. Huygens' Konstruktion wird also durch die elektromagnetische Theorie der Doppelbrechung in vollem Umfang gerechtfertigt.

Einige Anwendungen der Doppelbrechung

Polarisierende Prismen. Man kann aus doppelbrechendem Material Prismen herstellen, die das einfallende natürliche Licht in zwei linear polarisierte Teilstrahlen aufspalten, und nur einen dieser Strahlen wieder nach außen lassen. Ein solches Prisma wirkt dann als Polarisator.

Von alters her bekannt ist das **Nicolsche Prisma**. Ein länglicher Kalkspat-Kristall wird an den Stirnflächen unter einem bestimmten Winkel geschliffen und aufgeschnitten. Die Trennflächen und die Stirnseiten werden poliert. Dann werden beide Teile in der ursprünglichen

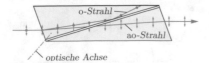

Abbildung 9.22 Nicolsches Prisma

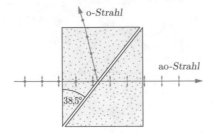

Abbildung 9.23 Glan-Prisma

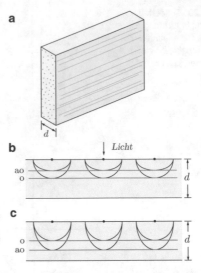

Abbildung 9.24 Phasenplatte. In **a** zeigen die *Pünktchen* an der Stirnseite wie in Abb. 9.23 die Durchstoßpunkte der optischen Achse an. **b** Elementarwellen und Wellenfronten in der Phasenplatte bei positiver Doppelbrechung ($\Delta n = n_{ao} - n_o > 0$), **c** $\Delta n < 0$

Position mit Kanada-Balsam wieder zusammengekittet (Abb. 9.22). Der Brechungsindex des Klebstoffs $n = 1{,}542$ liegt zwischen den Brechungsindizes n_o und n_{ao} des Kalkspats, so dass der o-Strahl an der Klebstelle auf das optisch dünnere, der ao-Strahl auf das optisch dichtere Medium trifft. Die Winkel, unter denen der Kristall geschliffen wurde, sind so berechnet, dass der außerordentliche Strahl durchläuft, während der ordentliche Strahl an der Trennfläche totalreflektiert wird. Er wird dann an der geschwärzten Seitenfläche absorbiert. Man erhält so ein Polarisationsfilter hoher Transparenz, das die unerwünschte Polarisationsrichtung im Prinzip vollständig unterdrückt. Das Nicolsche Prisma macht sehr sparsam Gebrauch von dem kostbaren Ausgangsmaterial. Es hat aber den Nachteil, dass es den durchgelassenen Strahl parallel verschiebt. Das ist besonders dann lästig, wenn man durch Drehen des Prismas die selektierte Polarisationsrichtung verändern will. Auch ist von Nachteil, dass der Klebstoff ultraviolettes und infrarotes Licht vollständig absorbiert. Diese Nachteile vermeidet das **Glan-Prisma**. Hier ist der Kalkspat so geschnitten, dass die optische Achse parallel zur Eintrittsfläche und parallel zur Zeichenebene in Abb. 9.23 liegt. Die beiden Kalkspatstücke sind durch einen Luftspalt getrennt. Das Glan-Prisma ist im Bereich von 5000 nm – 230 nm einsetzbar. – Das sind nur zwei Beispiele zu diesem Thema.

Doppelbrechende Platten als Phasenschieber. Wir untersuchen die Eigenschaften einer planparallelen Platte aus doppelbrechendem Material, bei der die optische Achse in der Plattenebene liegt (Abb. 9.24). Bei senkrechtem Lichteinfall sind E und D parallel, und der außerordentliche Strahl läuft genau wie der ordentliche ungebrochen durch die Platte hindurch. Dabei sind die Phasengeschwindigkeiten $c_\perp = c/n_o$ und $c_\parallel = c/n_{ao}$ unterschiedlich. Wie Abb. 9.24b zeigt, eilt der ordentliche Strahl dem außerordentlichen voraus, wenn $n_o <$

n_{ao} ist ($\Delta n > 0$ in Tab. 9.1). Andernfalls ist es umgekehrt. Bei unpolarisiertem Licht schwankt der E-Vektor ständig zwischen den Richtungen senkrecht und parallel zur optischen Achse hin und her. Daran ändert sich nichts, wenn o-Strahl und ao-Strahl mit unterschiedlicher Geschwindigkeit durch die Platte laufen: Unpolarisiertes Licht bleibt unpolarisiert. Stellt man jedoch vor die Platte einen Polarisator, dessen Durchlassrichtung mit der optischen Achse den Winkel φ einschließt, dann stehen nach (9.2) vor der Platte die Amplituden der Komponenten parallel und senkrecht zur optischen Achse in einem festen, nur von φ abhängigen Verhältnis. Beide Teilwellen sind in Phase. In der Platte entsteht nun zwischen dem o-Strahl und dem ao-Strahl eine Phasenverschiebung, es ändert sich der Polarisationszustand. Um das genauer zu untersuchen, legen wir die x-Richtung in die Richtung der optischen Achse. Die Feldstärke vor der Platte ist

$$E(z,t) = E_0 \left[\hat{x} \cos \varphi \cos(kz - \omega t) \right. \\ \left. + \hat{y} \sin \varphi \cos(kz - \omega t) \right] . \tag{9.29}$$

Hinter der Platte ist die Feldstärke

$$E = E_0 \left[\hat{x} \cos \varphi \cos(kz - \omega t + k(n_{ao} - 1)d) \right. \\ \left. + \hat{y} \sin \varphi \cos(kz - \omega t + k(n_o - 1)d) \right] .$$

Der o-Strahl hat gegenüber dem ao-Strahl den Gangunterschied und die Phase

$$G = \Delta l_{opt} = (n_o - n_{ao})d ,$$
$$\delta = \frac{2\pi}{\lambda}(n_o - n_{ao})d = -k\Delta n d . \tag{9.30}$$

λ ist die Wellenlänge des Lichts im Vakuum. Damit ist die Feldstärke hinter der Platte

$$E(z,t) = E_0 \left[\hat{x} \cos \varphi \cos(kz - \omega t) \right.$$
$$\left. + \hat{y} \sin \varphi \cos(kz - \omega t + \delta) \right] . \tag{9.31}$$

Das Licht ist also im Allgemeinen elliptisch polarisiert. Interessant sind die Sonderfälle, dass der Gangunterschied $G = \lambda/2$ oder $G = \lambda/4$ ist. Beim $\lambda/2$-*Plättchen* ist $\delta = \pi$, und die Feldstärke hinter dem Plättchen ist

$$E(z,t) = E_0 \left[\hat{x} \cos \varphi \cos(kz - \omega t) \right.$$
$$\left. - \hat{y} \sin \varphi \cos(kz - \omega t) \right] . \tag{9.32}$$

Der Vergleich mit (9.29) zeigt: Die lineare Polarisation wird im $\lambda/2$-Plättchen um den Winkel 2φ im Uhrzeigersinn gedreht. Bemerkenswert sind zwei Eigenschaften des $\lambda/2$-Plättchens:

Satz 9.1

Ist $\varphi = 45°$, wird die Polarisationsrichtung im $\lambda/2$-Plättchen um 90° gedreht.

Satz 9.2

Rechtszirkulare Polarisation wird im $\lambda/2$-Plättchen in linkszirkulare Polarisation verwandelt, und umgekehrt.

Satz 9.1 folgt ohne weiteres aus (9.32), und Satz 9.2 ist aus (9.3) und (9.4) ersichtlich.

Beim $\lambda/4$-*Plättchen* ist $\delta = \pm\pi/2$, je nach dem Vorzeichen von $\Delta n = n_{ao} - n_o$. Wenn $\varphi = +45°$ ist (Abb. 9.25), erhält man aus (9.31).

$$E = \frac{E_0}{\sqrt{2}} \left[\hat{x} \cos(kz - \omega t) \mp \hat{y} \sin(kz - \omega t) \right] ,$$

je nach dem Vorzeichen von Δn. Der Vergleich mit (9.3) und (9.4) zeigt:

Satz 9.3

Das $\lambda/4$-Plättchen wandelt Licht, welches unter 45° gegen die optische Achse linear polarisiert ist, in zirkular polarisiertes Licht um.

Wenn φ und Δn gleiche Vorzeichen haben, entsteht rechtszirkular polarisiertes Licht (R-Licht); bei entgegengesetzten Vorzeichen erhält man linkszirkular polarisiertes Licht (L-Licht). Die in Abb. 9.25 gezeigte Anordnung bildet also einen **Zirkularpolarisator**. Sie kann auch als Analysator für zirkular polarisiertes Licht benutzt werden. Man

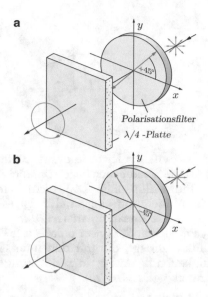

Abbildung 9.25 Erzeugung zirkular polarisierten Lichts mit einem $\lambda/4$-Plättchen. $n_{ao} > n_o$ angenommen, entsteht in **a** rechtszirkular, in **b** linkszirkular polarisiertes Licht

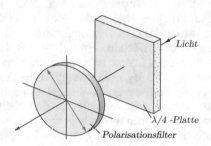

Abbildung 9.26 Ein Analysator für zirkular polarisiertes Licht

dreht die Anordnung um eine vertikale Achse um 180° und lässt das Licht zuerst auf das $\lambda/4$-Plättchen fallen (Abb. 9.26). Wird das zirkularpolarisierte Licht mit einem der in Abb. 9.25 gezeigten Zirkularpolarisatoren erzeugt, sieht man sofort: Die $\lambda/4$-Plättchen des Polarisators und des Analysators bilden zusammen ein $\lambda/2$-Plättchen. Das mit dem Polarisator in Abb. 9.25a erzeugte R-Licht kann nach Satz 9.1 den Analysator in Abb. 9.26 passieren, während das L-Licht des Polarisators in Abb. 9.25b abgeblockt wird.

Zur Herstellung von $\lambda/4$-Plättchen: Damit das Plättchen nicht zu dünn wird, sollte $|\Delta n| = |n_{ao} - n_o|$ klein sein, denn die geometrische Dicke des Plättchens ist $d = \lambda/4|\Delta n|$. Kristalliner Quarz ist ein geeignetes Material ($\Delta n \approx 0{,}01$). Es gibt auch anisotrope Plastikfolien, aus denen man sehr viel billiger $\lambda/4$-Plättchen herstellen kann. Im Übrigen kann man das Plättchen auch um ein ganzzahliges Vielfaches von $\lambda/|n_{ao} - n_o|$ dicker machen.

Auch aus optisch zweiachsigem Material kann man Phasenschieberplatten herstellen. Besonders geeignet ist

Abbildung 9.27 Babinet-Soleil-Kompensator

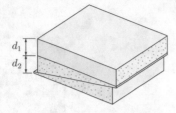

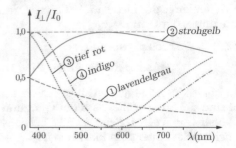

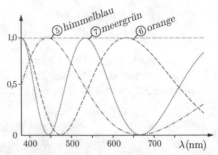

Abbildung 9.28 Spektren von Interferenzfarben. *1)* $\Delta n\, d = 97\,\text{nm}$, Komplementärfarbe: gelblich weiß. *2)* 281 nm, Kompl.: tiefviolett. *3)* 551 nm, Kompl.: gelblich grün. *4)* 589 nm, Kompl.: goldgelb. *5)* 664 nm, Kompl.: orange. *6)* 948 nm, Kompl.: dunkelblau. *7)* 1334 nm, Kompl.: braunrot. Die Spektren der Komplementärfarben erhält man, wenn man die Abbildung auf den Kopf stellt

Glimmer (Muscovit), ein leicht in dünne Blättchen spaltbares Mineral. Die Spaltebenen liegen parallel zur (x_1, x_2)-Ebene des Index-Ellipsoids. Das Licht wird wie in Abb. 9.20 in x_3-Richtung eingestrahlt. Ist es unter 45° gegen die x_1-Achse linear polarisiert, dann wird es in zwei senkrecht zueinander linear polarisierte Wellen gleicher Amplitude zerlegt, die mit den unterschiedlichen Geschwindigkeiten c_1 und c_2 in x_3-Richtung durch das Plättchen laufen (vgl. Abb. 9.20).

$\lambda/2$- und $\lambda/4$-Plättchen sind jeweils nur in einem schmalen Wellenlängenbereich einsetzbar. Man hat deshalb kontinuierlich verstellbare Phasenschieber konstruiert, z. B. den **Babinet-Soleil-Kompensator** (Abb. 9.27). Er besteht aus zwei Platten, von denen die eine in zwei keilförmige Stücke aufgeteilt ist. Die optischen Achsen liegen parallel zu den Oberflächen, einmal in x-Richtung und einmal in y-Richtung. Daher haben die Phasenschübe auf den Strecken d_1 und d_2 entgegengesetztes Vorzeichen. Die resultierende Phasenverschiebung ist proportional zu $d_1 - d_2$. Sie kann durch Verschieben des Keils beliebig eingestellt werden. Heute wird als veränderlicher Phasenschieber auch die Pockels-Zelle eingesetzt (Abschn. 9.4).

Interferenzfarben. Wenn linear polarisiertes Licht durch eine planparallele doppelbrechende Platte läuft, entsteht ganz allgemein elliptisch polarisiertes Licht. Wir beschränken uns auf den eben behandelten Fall, dass die Platte parallel zur optischen Achse aus einachsigem Material herausgeschnitten wurde. Der Polarisator P schließe wie in Abb. 9.25a mit dieser Achse den Winkel $\varphi = 45°$ ein. Die Feldstärke hinter der doppelbrechenden Platte ist durch (9.31) gegeben, mit $\cos \varphi = \sin \varphi = 1/\sqrt{2}$. Das Licht ist elliptisch polarisiert. Wir stellen nun hinter die Platte ein zweites Polarisationsfilter, den Analysator A, und zwar so, dass A senkrecht zu P steht. Die Feldstärke hinter dem Analysator lässt sich leicht berechnen (Aufgabe 9.4). Für die Intensität erhält man

$$I_\perp = I_0 \sin^2 \frac{\delta}{2} = I_0 \sin^2 \frac{\pi (n_\text{o} - n_\text{ao})d}{\lambda}\,. \tag{9.33}$$

Der Faktor $\sin^2(\delta/2)$ führt zu einer starken λ-Abhängigkeit der Transmission. Sie ist maximal, wenn $\delta = \pi, 3\pi, 5\pi, \dots$ ist, und verschwindet bei $\delta = 2\pi, 4\pi, 6\pi, \dots$ Bei Beleuchtung mit Weißlicht erscheint das Gesichtsfeld ohne das doppelbrechende Plättchen wegen der gekreuzten Polarisatoren dunkel. Mit dem Plättchen erscheint es

hell, und zwar je nach dem Gangunterschied $G = (n_\text{ao} - n_\text{o})d$ in den wunderbarsten Farben, die man sich vorstellen kann: Indigo, Strohgelb, Himmelblau, Tiefrot, Eisengrau, … Die spektrale Zusammensetzung dieser Farben ist in Abb. 9.28 an Beispielen gezeigt. Stellt man die Polarisationsfilter parallel, ist die Transmission maximal bei $\delta = 2\pi, 4\pi, 6\pi, \dots$ und Null bei $\delta = \pi, 3\pi, 5\pi, \dots$ Man erhält die Komplementärfarben

$$I_\| = I_0 \left(1 - \sin^2 \frac{\delta}{2}\right). \tag{9.34}$$

Wenn man den Analysator aus der 90°-Stellung in die Parallelstellung dreht, erhält man einen kontinuierlichen Übergang von Farbe zu Komplementärfarbe. Das Ganze ist ein verblüffender Effekt, zumal das Plättchen ohne die Polarisatoren farblos erscheint. Die Farberscheinungen beruhen auf der Interferenz von Komponenten des ordentlichen und des außerordentlichen Strahls. Sie werden deshalb **Interferenzfarben** genannt.[8]

Spannungsdoppelbrechung. Isotrope transparente Stoffe werden im Allgemeinen doppelbrechend, wenn sie

---

[8] Eine praktische Anwendung finden diese Farben z. B. in der Mineralogie bei der Untersuchung von Dünnschliffen aus polykristallinem Material (**Polarisationsmikroskopie**). Die fantasievollen Farbbezeichnungen stammen von G. Quincke (1834–1924), der das Phänomen gründlich untersuchte (Poggendorfs Annalen **129**, 180 (1869)).

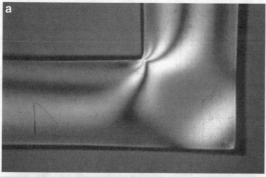

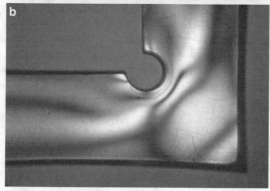

Abbildung 9.29 Zur Spannungsdoppelbrechung. Die horizontalen Schenkel der Winkel sind in gleicher Weise durch ein Gewicht belastet

Tabelle 9.3 Experimentelle Bestimmung der Stokes-Parameter

$S_0 = \overline{E_{x0}^2} + \overline{E_{y0}^2}$	$I(0°) + I(90°)$
$S_1 = \overline{E_{x0}^2} - \overline{E_{y0}^2}$	$I(0°) - I(90°)$
$S_2 = 2\overline{E_{x0}E_{y0}\cos\delta}$	$I(45°) - I(135°)$
$S_3 = 2\overline{E_{x0}E_{y0}\sin\delta}$	$I_R - I_L$

Abbildung 9.30 Termschema eines Farbstoffmoleküls und die Übergänge bei der Anregung, resonanten Abregung und spontanen Emission

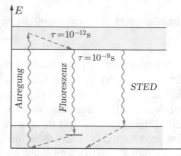

mechanischen Spannungen ausgesetzt sind: Durch die Dehnung des Materials wird die Isotropie aufgehoben. In Abb. 9.29a ist ein Winkel aus einem transparenten Kunststoff gezeigt, bei dem dieser Effekt besonders ausgeprägt ist. Das Material befindet sich zwischen zwei parallelen Polarisationsfiltern. Bei Belastung zeigen sich farbige Streifen, die sich an der Ecke des Winkels zusammendrängen. Es handelt sich um Interferenzfarben, und die Streifen entsprechen den Linien $\Delta n = $ const, also Linien konstanter Deformation. Wo sich die Streifen zusammendrängen, bestehen hohe Spannungsgradienten und hohe mechanische Spannungen. Wie man sieht, besteht die Gefahr, dass das Material von der Ecke her einreißt und der Winkel infolgedessen zerbricht. Dem kann man vorbeugen. Abbildung 9.29b zeigt, wie man durch eine einfache Maßnahme die Spannungen im kritischen Bereich abbauen kann. Im Maschinenbau wird natürlich die scharfkantige Ecke nicht ausgebohrt, sondern von vornherein abgerundet. Man nennt das „Vermeidung der Kerbwirkung".

Experimentelle Bestimmung der Stokes-Parameter. Wie wir in Abschn. 9.1 gesehen haben, kann der Polarisationszustand von Licht mit Hilfe der Stokes-Parameter eindeutig festgelegt werden. Um diese Größen experimentell zu bestimmen, braucht man ein Filter für lineare Polarisation, ein $\lambda/4$-Plättchen und ein Messgerät für

die Lichtintensität, dessen Anzeige unabhängig von der Polarisation des Lichts ist. Man misst zunächst die Intensitäten hinter dem Linearpolarisationsfilter, wenn dessen Durchlassrichtung mit der x-Achse einen Winkel von $\varphi = 0°$, $45°$, $90°$ und $135°$ einschließt. Dann setzt man das $\lambda/4$-Plättchen vor das Polarisationsfilter, wie in Abb. 9.26 gezeigt, und misst hinter diesen Filtern für zirkulare Polarisation die Intensitäten I_R und I_L. Die Stokes-Parameter ergeben sich dann mit den in Tab. 9.3 angegebenen Formeln.

Die STED-Mikroskopie

In jüngerer Zeit ist es gelungen, mit Lichtmikroskopen Auflösungsvermögen zu erreichen, die wesentlich unterhalb der Abbeschen Auflösung liegen. Beim STED-Verfahren (Abkürzung für „stimulated emission on depletion") verwendet man Fluoreszenzmikroskopie mit punktweiser Abtastung eines Objekts, wie in Abschn. 6.4 beschrieben und in Abb. 6.46 skizziert wurde.[9] Wegen der hohen Punktdichte wird zur Zeit nur eine Ebene abgebildet.

Die fluoreszierenden Moleküle müssen mindestens drei Zustände aufweisen, die sie für diese Mikroskopie geeignet machen (Abb. 9.30): Zunächst werden sie mittels Laserstrahlung elektronisch angeregt, wobei sie gleichzeitig in einen Schwingungszustand übergehen. Die Schwingungsenergie der Moleküle wird innerhalb einer Zeit in der Größenordnung von 10^{-12} s an die Umgebung abgegeben, danach wird ein längerlebiger Zustand erreicht.

---

[9] Das STED-Verfahren wurde von Stefan Hell entwickelt, der dafür im Jahre 2014, zusammen mit Eric Betzig und William Moerner, den Nobelpreis für Chemie(!) erhielt.

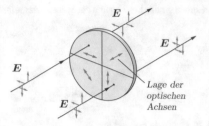

Abbildung 9.31 Zur Formierung des Donut-Strahls mit Hilfe einer Phasenplatte

Nunmehr werden die Moleküle mit Hilfe eines zweiten, längerwelligen Laserstrahls (STED-Strahl) resonant wieder abgeregt. Dieser zweite Laserstrahl hat einen etwas größeren Durchmesser. In seiner Mitte besitzt er ein Intensitätsloch, weshalb er in Anlehnung an das bekannte Gebäckstück der „Donut-Strahl" genannt wird. In der Nähe seines Zentrums verbleiben Moleküle im angeregten Zustand, bei genügend hoher Intensität in einigem Abstand davon nicht. Auf der ausschließlichen Beobachtung des Fluoreszenzlichts vom Rest der angeregten Moleküle beruht die Verbesserung der Auflösung. Die Lebensdauer des fluoreszierenden Zustands liegt in der Größenordnung von 10^{-9} s. Die Anregung des Anfangszustands und die Abregung des Zwischenzustands müssen in einer wesentlich kürzeren Zeit erfolgen, die Laserstrahlen müssen also intensiv genug sein.

Die beiden Laserstrahlen müssen relativ zueinander gut justiert sein. Das lässt sich am einfachsten erreichen, wenn beide in ein und dieselbe Monomode-Glasfaser (Abb. 5.13c) eingekoppelt werden, durch die das Licht zum Objektiv gelangt.

Bei der Erzeugung des Donut-Strahls bedient man sich eines Tricks, der auf der Polarisation basiert. Der STED-Laser liefert zunächst linear polarisiertes Licht. Die lineare Polarisation wird in eine zirkulare konvertiert. Nach Verlassen der Glasfaser wird der Strahl aufgeweitet. Er durchläuft danach eine vierfach unterteilte Phasenplatte[10], die doppelbrechend ist (Abb. 9.31). Zwischen benachbarten Sektoren sind die optischen Achsen jeweils um 45° gegeneinander verdreht. Beim Durchlaufen eines Sektors entsteht zwischen linear polarisierten Wellen mit der Frequenz des Donut-Strahls, die parallel bzw. senkrecht zur optischen Achse polarisiert sind, ein Gangunterschied von π. In Abb. 9.31 sind für zwei Sektoren einige Feldstärkerichtungen der zirkular polarisierten Welle vor und hinter der Phasenplatte eingetragen. Man erkennt, dass die Phasenplatte die Drehrichtung der zirkularen Welle umkehrt, und dass alle Feldstärken hinter der Platte

für diametral gegenüberliegende Sektoren das umgekehrte Vorzeichen haben. Nachdem der Strahl hinter der Platte das Objektiv durchlaufen hat, interferieren sich in der Mitte des Fokus die Amplituden des Donut-Strahls weg und man erhält eine Intensitäts-Nullstelle. Die Phasenplatte wird allerdings von beiden Laserstrahlen durchlaufen. Sie ist so bemessen, dass die beschriebene Vorzeichendifferenz der Feldstärken in gegenüberliegenden Sektoren beim Anregungsstrahl wegen der Wellenlängenabhängigkeit der Brechungsindizes nicht auftritt.

Um das Auflösungsvermögen zu verstehen, nehmen wir an, dass während eines gepulsten Betriebes die Anregung des Objekts, die Abregung und die Detektion des Fluoreszenzlichts zeitlich nacheinander erfolgen und dass der Anregungsstrahl ein Gaußsches Profil mit der Breite $d_{\min}$ (Gl. (8.59)) besitzt. Die Zahl der angeregten Moleküle ist proportional zu $e^{-r^2/2d_{\min}^2}$. Der Donut-Strahl besitzt in der Nähe seines Zentrums eine Intensität $I_D r^2 / 2a^2$, wobei a die Dimension einer Länge hat und ansonsten willkürlich gewählt werden kann, weil nur das Verhältnis I_D/a^2 eingeht. Da bei großen r ohnehin alle Moleküle wieder abgeregt werden, behalten wir diesen Ansatz für alle r bei. Dann ist die Wahrscheinlichkeit dafür, dass ein Molekül angeregt bleibt, $e^{-\sigma_D I_D t r^2/2a^2}$, wobei σ_D der Wirkungsquerschnitt für die Abregung und t die Pulsdauer sind. Die Zahl der beobachteten Fluoreszenzphotonen ist proportional zu $e^{-r^2/2d_{\min}^2 - \sigma_D I_D t r^2/2a^2}$. Man erhält wieder ein Gaußsches Strahlprofil, für dessen Breite gilt

$$\frac{1}{d_{\mathrm{STED}}^2} = \frac{1}{d_{\min}^2} + \frac{\sigma_D I_D t}{a^2} = \frac{1}{d_{\min}^2}\left(1 + \frac{\sigma_D I_D t d_{\min}^2}{a^2}\right),$$

$$d_{\mathrm{STED}} = \frac{d_{\min}}{\sqrt{1 + I_D/I_s}}, \tag{9.35}$$

wobei alle Konstanten in einem einzigen Intensitätsfaktor I_s zusammengefasst wurden. Weil alle vom STED-Strahl ausgelösten Reaktionen voneinander statistisch unabhängig sind, steht die Intensität I_D in (9.35) unter der Quadratwurzel.

Mit dem STED-Verfahren werden Auflösungen unterhalb von 10 nm und routinemäßig von 20 nm erreicht. Abbildung 9.32b demonstriert dies an fluoreszierenden Kügelchen mit 20 nm Durchmesser. Abbildung 9.32a wurde ohne STED-Stahl aufgenommen, sodass ein CLSM-Bild mit einer beugungsbegrenzten Auflösung nach (6.54) entstand. Abbildung 9.33 zeigt eine Aufnahme von Peroxisomen, membranumschlossenen Organellen, die im Inneren von Zellen mit Zellkernen vorhanden sind.

Die einzige prinzipielle Begrenzung der Auflösung besteht in der Größe der markierten Moleküle, eine praktische in der Begrenzung der Intensität des STED-Lasers,

---

[10] Die ersten Mikroskope dieser Art verwendeten lineare Polarisation in Verbindung mit „Phasenschnecken", die die Ebene einer linearen Polarisation, abhängig von der Position eines Lichtstrahls parallel zur Achse der Schnecke, von 0° bis 360° drehten.

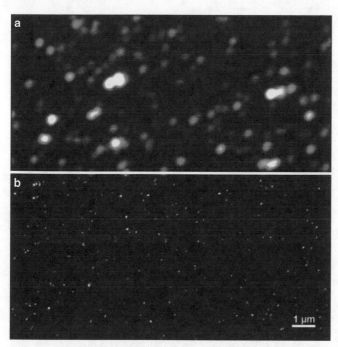

Abbildung 9.32 STED-Aufnahme fluoreszierender Crimson Beads (20 nm). a Ohne STED-Strahl, b mit STED-Strahl. Aufnahme: J. Engelhardt, Krebsforschungszentrum Heidelberg

um Schäden in Proben zu vermeiden. Der Vorteil der STED-Mikroskopie ist, dass man mit ihr hochaufgelöst dynamische Prozesse in lebenden Zellen verfolgen kann, was mit der Elektronenmikroskopie nicht möglich ist.

Optische Aktivität, zirkulare Doppelbrechung

Wenn linear polarisiertes Licht in einem einachsigen Kristall in Richtung der optischen Achse läuft, sollte es als ordentlicher Strahl den Kristall ohne Aufspaltung in einen ordentlichen und einen außerordentlichen Strahl durchsetzen. Das tut es auch, aber bei manchen Kristallen ändert sich dabei die Polarisationsrichtung. Dieses Phänomen nennt man **optische Aktivität**. Es wurde am kristallinen Quarz entdeckt (Abb. 9.34). Man findet Quarzkristalle, die die Polarisation nach links, und solche, die die Polarisation nach rechts drehen. Der Drehwinkel ist proportional zu Dicke der durchstrahlten Schicht und nimmt mit zunehmender Wellenlänge des Lichts ab (Abb. 9.34b). Dem Betrage nach sind die Winkel bei links- und rechtsdrehendem Quarz genau gleich. Bei genauerer Betrachtung stellt man fest, dass sich die beiden Quarzsorten auch äußerlich unterscheiden: In gewissen Merkmalen der Kristallflächen verhalten sie sich wie Bild und Spiegelbild.

Wie dieses merkwürdige Phänomen zu erklären ist, fand Fresnel heraus: Es handelt sich um **zirkulare Doppelbrechung**. Nach (9.5) kann man eine linear polarisierte Welle als Überlagerung von zwei zirkular polarisierten Wellen darstellen. Wenn nun die Phasengeschwindigkeiten die-

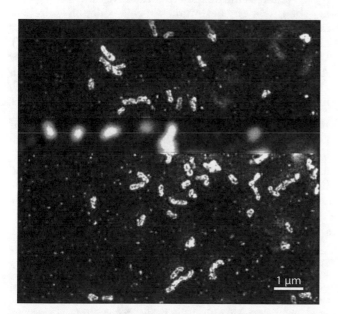

Abbildung 9.33 STED-Aufnahme von Peroxisomen, mit STAR635P gefärbt. Oberhalb der Bildmitte wurde während des Scans der STED-Strahl kurz abgeschaltet, sodass ein Streifen mit beugungsbegrenzter Auflösung entstand. Aufnahme: J. Engelhardt, Krebsforschungszentrum Heidelberg

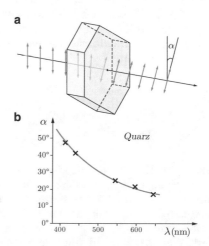

Abbildung 9.34 Optische Aktivität. a Das Phänomen, b Beispiel Quarz: Drehwinkel α als Funktion der Wellenlänge. $d = 1$ mm

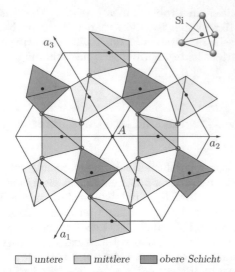

☐ untere ☐ mittlere ■ obere Schicht

Abbildung 9.35 Kristallgitter des Quarz (SiO₂), aufgebaut aus tetraedrischen SiO₄-Gruppen. Jedes O-Atom gehört zu zwei Tetraedern. Dargestellt sind je 4 Tetraeder einer unteren, einer mittleren und einer oberen Schicht. Die *Punkte*, an denen sich die hier eingezeichneten Tetraeder berühren, sind gekennzeichnet. Wenn man die Struktur *im Uhrzeigersinn* um 120° dreht, gehen die *dunklen Tetraeder* in die *hellen* über und die anderen nehmen die nächst dunklere Färbung an; sonst bleibt die Struktur unverändert. Das heißt, sie hat sich um eine Tetraederschicht zum Beobachter hin verschoben. Die senkrecht auf der Zeichenebene stehende Achse *A* bildet also eine „dreizählige Schraubenachse". Nach Landolt-Börnstein (1955)

ser beiden Wellen unterschiedlich sind,

$$c_\mathrm{L} = \frac{c}{n_\mathrm{L}} \neq c_\mathrm{R} = \frac{c}{n_\mathrm{R}} \,,$$

entsteht beim Durchgang des Lichts durch das optisch aktive Medium eine Phasenverschiebung zwischen der rechts- und der linkspolarisierten Welle, die proportional zur durchlaufenen Schichtdicke d anwächst. Das führt nach (9.6) zu einer Drehung der Polarisation um den Winkel

$$\alpha = \frac{\delta_\mathrm{R} - \delta_\mathrm{L}}{2} = \frac{\pi (n_\mathrm{R} - n_\mathrm{L})}{\lambda} d \,. \qquad (9.36)$$

Eine physikalische Erklärung für den Unterschied der Brechungsindizes n_R und n_L findet man in der Struktur der Kristalle. Beim Quarz ist das Gitter schraubenartig aufgebaut (Abb. 9.35). Deshalb reagieren die Elektronenhüllen der Atome auf in Achsenrichtung laufende zirkular polarisierte Wellen unterschiedlich, je nachdem, ob der Schraubensinn des Gitters und der Drehsinn der Polarisation übereinstimmen oder nicht. Die Untersuchung der optischen Aktivität ist ein wichtiges Hilfsmittel der Kristallographie. Nur Kristalle mit ganz bestimmten Symme-

Tabelle 9.4 Drehung der Polarisationsebene in optisch aktiven Stoffen (20 °C, $\lambda = 589{,}3$ nm). $+$: rechtsdrehend; $-$: linksdrehend

	d	α
Quarz-Kristall	1 mm	$\pm 21{,}7°$
Terpentinöl[1]	10 cm	$-36{,}6°$
Rohrzuckerlösung (10 g/l H₂O)	1 m	$+6{,}6°$

[1] als Naturprodukt

trieeigenschaften können dieses Phänomen zeigen. Ob ein linksdrehender oder ein rechtsdrehender Kristall entsteht, hängt davon ab, wie sich die ersten Moleküle zusammenlagern. Aus einem linksdrehendem Kristallkeim entsteht ein linksdrehender Kristall, aus einem rechtsdrehendem Keim ein rechtsdrehender.

Optische Aktivität wird auch in einer ganz anderen Stoffklasse beobachtet, nämlich bei organischen Flüssigkeiten und bei Lösungen organischer Substanzen, z. B. bei Terpentinöl und bei Zuckerlösungen. Wie Tab. 9.4 zeigt, ist das Drehvermögen dieser Stoffe viel kleiner als das von Kristallen. Es ist aber ein Leichtes, ein meterlanges Rohr mit Zuckerlösung zu füllen. Da in diesen Flüssigkeiten keine Ordnung besteht, muss der Schraubensinn, der die Drehung verursacht schon im einzelnen Molekül eingebaut sein. Die Stereochemie, die sich mit der geometrischen Struktur der Moleküle befasst, hat dafür auch ohne Weiteres eine detaillierte Erklärung und kann genau angeben, wie ein bestimmtes rechts- oder linksdrehendes Molekül aufgebaut ist. Die Moleküle gleichen jeweils einander wie Bild und Spiegelbild („Enantiomorphie"). Das Merkwürdige ist aber, dass optische Aktivität dieser Art nur bei *biogenen Substanzen* auftritt. Wird die gleiche Substanz im Reagenzglas hergestellt, ist sie optisch inaktiv.

Was unterscheidet das Naturprodukt vom synthetischen? Die synthetisch hergestellte Substanz enthält stets gleich viel rechts- und linksdrehende Moleküle.[11] Das liegt daran, dass die chemischen Eigenschaften der rechts- und linksdrehenden Moleküle genau gleich sind. Die elementaren Wechselwirkungen zwischen den Atomen, die

---

[11] Diese fundamentale Entdeckung machte Louis Pasteur (1822–1895) während seiner Doktorarbeit. Er hatte aus einer Lösung einer synthetisch hergestellten, daher nicht aktiven organischen Substanz Kriställchen ausgefällt und bemerkt, dass es im Niederschlag zwei geringfügig verschiedene Kristallformen gab, die sich zueinander wie Bild und Spiegelbild verhielten. In mühsamer Kleinarbeit trennte er unter dem Mikroskop die beiden Sorten, löste sie getrennt wieder auf, und siehe da: Die eine Sorte war linksdrehend, die andere rechtsdrehend optisch aktiv. Dies erschien damals als so sensationell, dass Pasteur sein Experiment *vor den Augen* des Akademie-Präsidenten Biot wiederholen musste. Man war wohl der Meinung, dass die optische Aktivität der biogenen Substanzen etwas mit dem „Leben" zu tun hätte und daher nicht „künstlich" erzeugt werden könnte.

bei chemischen Reaktionen wirksam werden, bevorzugen keinen Schraubensinn.

Wie bringt es die Natur dann fertig, optisch aktive Substanzen herzustellen? Das war lange Zeit ein Rätsel. Heute kann man darauf die folgende Antwort geben: Zur Herstellung dieser Substanzen laufen im lebendem Organismus Reaktionen ab, die von *Enzymen* katalysiert werden. Enzyme bestehen aber aus Aminosäuren, und alle biogenen Aminosäuren sind linksdrehend, weil sie *genetisch* als Kopie einer Vorlage hergestellt wurden und nicht durch chemische Reaktionen, wie sie im Reagenzglas ablaufen. Wenn der Katalysator nicht spiegelsymmetrisch ist, muss es auch das Produkt nicht sein.

Es bleibt noch die Frage: Warum sind *alle* in der Natur vorkommenden Aminosäuren linksdrehend, gleichgültig, ob sie aus einer Braunalge oder aus einem Elefanten stammen? Es ist heute kein Grund bekannt, warum Leben nicht auch mit rechtsdrehenden Aminosäuren möglich wäre. Vielleicht gibt es anderswo solche Organismen, bei uns auf der Erde aber offenbar nicht. Das könnte ein Hinweis darauf sein, dass auf der Erde das Leben mit einem einzigen reproduktionsfähigen Molekül begonnen hat.

9.4 Induzierte Doppelbrechung, nichtlineare Optik

In Substanzen, die weder doppelbrechend noch optisch aktiv sind, kann man durch Einwirkung elektrischer oder magnetischer Felder Doppelbrechung hervorrufen. Man nennt das **induzierte Doppelbrechung**. Diese Effekte sind schon für sich genommen physikalisch interessant; noch interessanter sind die Anwendungen, die sie 100 Jahre nach ihrer Entdeckung in Wissenschaft und Technik gefunden haben. – Schon Faraday vermutete, dass Licht und Elektromagnetismus in einem engen Zusammenhang stehen. Deshalb suchte er systematisch nach Effekten, die dies bestätigen könnten. Er entdeckte dabei den magnetooptischen Effekt, den wir als erstes betrachten.

Der Faraday-Effekt

Wenn man eine durchsichtige isotrope Substanz in ein Magnetfeld steckt, wird sie optische aktiv: Die Schwingungsebene von linear polarisiertem Licht wird gedreht, wenn das Licht parallel zum Magnetfeld durch das Material läuft. Mit den Bezeichnungen von Abb. 9.36a ist der Drehwinkel

$$\alpha = VBl . \qquad (9.37)$$

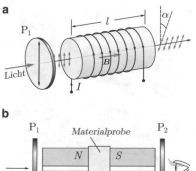

Abbildung 9.36 Faraday-Effekt. **a** Prinzip, **b** Anordnung zur Messung der Verdet-Konstante. P_1, P_2: Polarisatoren. N, S: Pole eines starken Elektromagneten

V ist eine für den Stoff charakteristische Größe, die sogenannte **Verdet-„Konstante"**. Sie hängt in beträchtlichem Maße von der Wellenlänge ab. Die atomphysikalische Deutung des Effekts schließt sich eng an die Erklärung des Diamagnetismus an (vgl. Bd. III/14.3). Wie wir dort gesehen haben, bewirkt das Magnetfeld in den Atomen zusätzliche Kreisströme und damit eine Asymmetrie, die unterschiedliche Brechungsindizes für rechts- und linkszirkular polarisiertes Licht zur Folge hat. Wie Tab. 9.5 zeigt, ist der Effekt gewöhnlich nicht groß. Man hat jedoch für technische Anwendungen Materialien mit großer Verdet-Konstante entwickelt (Hoya-Glas, TGG und andere). Die großen negativen Werte von V erreicht man mit paramagnetischen Stoffen.

Die Richtung der **Faraday-Drehung** hängt davon ab, ob das Licht in Richtung von B oder entgegengesetzt dazu

Tabelle 9.5 Verdet-Konstante verschiedener Materialien

	λ (nm)	$V \left(\dfrac{\text{Grad}}{\text{T} \cdot \text{cm}} \right)$
NaCl	644	5,20
	480	9,47
	260	48,6
H_2O	589	2,18
CS_2	589	7,00
Benzol	589	5,03
Glas SF6 (Schott)	589	13,5
Glas FR6 (Hoya)	633	−41,8
TGG[1]	830	41

[1] Terbium-Gallium-Granat, für Infrarot besonders geeignet.

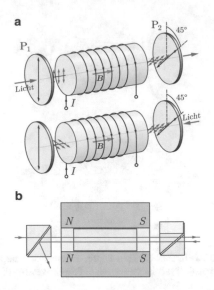

Abbildung 9.37 Faraday-Isolator. **a** Prinzip, **b** praktische Ausführung: Permanentmagnet zur Felderzeugung und Glan-Prismen als Polarisatoren

durch die Probe läuft. Das unterscheidet den Faraday-Effekt grundsätzlich von der gewöhnlichen optischen Aktivität. Dort wird die Polarisationebene stets in einem bestimmten Sinn gedreht, z. B. nach rechts, gleichgültig in welcher Richtung das Licht durch das Material läuft.[12] Stellt man hinter die Materialprobe einen Spiegel, so wird beim Rücklauf die im ersten Durchgang erfolgte Drehung wieder rückgängig gemacht. Bei der Faraday-Drehung würde dagegen beim Rücklauf in Abb. 9.36 die Polarisationsebene nach links gedreht, so dass sich die Drehwinkel zu 2α addieren.

Diesen Umstand kann man ausnutzen, um eine „Einbahnstraße" für Licht zu bauen. In der Fachsprache wird sie **Faraday-Isolator** genannt. In Abb. 9.37 ist das Prinzip gezeigt: Hinter dem Polarisationsfilter P_1 erzeugt man eine Faraday-Drehung um 45°. Dann kann in Abb. 9.37a die Strahlung ungehindert das Polarisationsfilter P_2 durchlaufen. In Abb. 9.37b bewirkt dagegen die Faraday-Drehung, dass von rechts einfallendes Licht am Filter P_1 gestoppt wird. Die Anordnung wird z. B. eingesetzt, wenn ein Laserstrahl in eine Versuchsanordnung eingespeist wird, und verhindert werden muss, dass reflektiertes Licht in den Laser zurückläuft. Das ist besonders wichtig bei Laserstrahlen hoher Leistungsdichte.

Eine Anwendung ganz anderer Art findet der Faraday-Effekt in der Astronomie. In unserer Galaxie gibt es zahlreiche Radioquellen, deren Strahlung in geringem Maße

---

[12] Zum Vergleich: Eine Schraube sieht, von jedem Ende aus betrachtet, gleich aus, Rechtsgewinde bleibt Rechtsgewinde. Das ist die Situation bei der gewöhnlichen optischen Aktivität. Die Zeiger einer Uhr dagegen bewegen sich von vorn betrachtet rechts herum, von hinten betrachtet aber links herum. Das ist die Situation beim Faraday-Effekt.

linear polarisiert ist. Man hat nun beobachtet, dass die Polarisationsrichtung der bei uns ankommenden Strahlung von der Wellenlänge abhängt. Das kann man auf die Wellenlängenabhängigkeit der Faraday-Drehung zurückführen und zur Messung des interstellaren Magnetfeldes benutzen. Das interstellare Gas ist teilweise ionisiert. Die freien Elektronen des Plasmas laufen im Magnetfeld auf Kreisbahnen. Dadurch erzeugen sie eine Faraday-Drehung, die im Radiowellenbereich proportional zum Quadrat der Wellenlänge ist. Die Elektronendichte und die Entfernung der Quellen sind hinreichend genau bekannt, so dass ein Schluss auf das Magnetfeld möglich ist. Seine mittlere Stärke ist in unserer Galaxie $B \approx 10^{-10}$ T. Diese Information ist wichtig, z. B. um die Herkunft und Ausbreitung der kosmischen Strahlung (Bd. I/19.5) diskutieren zu können.

Elektrooptische Effekte

Wenn man an ein isotropes Dielektrikum ein elektrisches Feld anlegt, wird die Isotropie aufgehoben. Im Dielektrikum entsteht durch die elektrische Polarisation P eine Vorzugsrichtung, und man könnte erwarten, dass sich die Brechungsindizes für Licht, das parallel oder senkrecht zu dieser Richtung polarisiert ist, voneinander unterscheiden. Da die Ladungsverschiebungen, die diese Anisotropie verursachen, proportional zu E sind, könnte man vermuten, dass auch die durch das Feld induzierte Doppelbrechung proportional zur Feldstärke ist:

$$\Delta n = n_{\text{ao}} - n_{\text{o}} = \kappa E \,. \tag{9.38}$$

Bei isotropen Medien ist das jedoch aus Symmetriegründen nicht möglich. Dreht man die Richtung des elektrischen Feldes um ($E \to -E$), dann dreht sich auch die Polarisation P um. Sie bleibt dabei dem Betrage nach gleich:

$$P(-E) = -P(E) \,. \tag{9.39}$$

Die durch die elektrische Polarisation hervorgerufene Anisotropie des Mediums (in Feldrichtung quer zur Feldrichtung) bleibt dabei die gleiche. Es ist also in (9.38)

$$\Delta n = \kappa E = -\kappa E \,,$$

und das bedeutet $\kappa = 0$. Möglich ist dagegen eine zu E^2 proportionale induzierte Doppelbrechung (**Kerr-Effekt**). Nur bei Kristallen, die wie die piezoelektrischen Kristalle (Bd. III/4.3) keine Inversionssymmetrie besitzen, wird (9.39) außer Kraft gesetzt, und es gibt einen linearen elektrooptischen Effekt (**Pockels-Effekt**). Beide Effekte finden interessante Anwendungen.

Tabelle 9.6 Kerrkonstanten einiger Flüssigkeiten in $10^{-14}\,\mathrm{mV^{-2}}$, bei 20 °C, $\lambda = 589\,\mathrm{nm}$

	K
Wasser (H$_2$O)	5,1
Benzol (C$_6$H$_6$)	0,45
Schwefelkohlenstoff (CS$_2$)	3,6
Nitrotoluol (C$_7$H$_7$NO$_2$)	137
Nitrobenzol (C$_6$H$_5$NO$_2$)	245

Abbildung 9.38 Kerr-Zelle

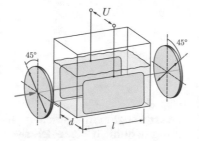

Der Kerr-Effekt. Der erste elektrooptische Effekt wurde 1875 von dem schottischen Physiker John Kerr entdeckt. Bringt man eine transparente isotrope Substanz in ein homogenes elektrisches Feld, wird sie einachsig doppelbrechend. Die optische Achse zeigt in Richtung der Feldlinien, und die Differenz $\Delta n = n_{ao} - n_o$ ist proportional zum *Quadrat* der Feldstärke:

$$\Delta n = K\lambda E^2 . \qquad (9.40)$$

λ ist die Vakuum-Wellenlänge des Lichts, K die **Kerr-Konstante**. Sie hängt von λ und von der Temperatur ab. Der Effekt ist winzig, wie Tab. 9.6 zeigt. Ein Zahlenbeispiel: Für $E = 10^6\,\mathrm{V/m}$, $\lambda = 500\,\mathrm{nm}$ und $K = 10^{-13}\,\mathrm{m/V^2}$ erhält man $\Delta n = 5 \cdot 10^{-8}$.

Der Kerr-Effekt tritt auf bei Flüssigkeiten, bei Gläsern und bei Kristallen. Besonders ausgeprägt ist er bei Flüssigkeiten, deren Moleküle eine anisotrope Polarisierbarkeit aufweisen. In diesen Fällen ist die elektrische Suszeptibilität ein Tensor, und die zu E proportionalen induzierten Dipolmomente p zeigen gewöhnlich nicht in Feldrichtung. Diese Moleküle werden nun im E-Feld ausgerichtet. Der Ausrichtungsgrad ist nach Bd. III, Gl. (4.29) proportional zu $|p| \cdot |E|$, also proportional zu E^2.

Die Ausrichtung der Moleküle gegen den Einfluss der thermischen Bewegung erfolgt sehr schnell. Die Relaxationszeit beträgt beim Nitrobenzol $\tau \approx 4 \cdot 10^{-11}\,\mathrm{s}$, beim CS$_2$ sogar nur $\tau \approx 3 \cdot 10^{-12}\,\mathrm{s}$. Man kann daher mit Hilfe des Kerr-Effekts sehr schnell wirkende optische Schalter bauen. Abbildung 9.38 zeigt eine **Kerr-Zelle**. Zwischen zwei gekreuzten Polarisatoren befindet sich ein Glasgefäß, das z. B. mit Nitrobenzol gefüllt wird. In der Flüssigkeit kann

zwischen den Elektroden ein elektrisches Feld erzeugt werden. Die Polarisatoren stehen unter $\pm 45°$ gegen die Feldrichtung. Bei $E = 0$ ist der Lichtweg durch die gekreuzten Polarisatoren gesperrt. Wird eine Spannung U angelegt, entsteht zwischen dem ordentlichen und dem außerordentlichen Strahl eine Phasendifferenz

$$\delta = \frac{2\pi}{\lambda}\Delta nl = 2\pi KlU^2/d^2 . \qquad (9.41)$$

Für $\delta = \pi$ wirkt die Zelle als $\lambda/2$-Platte, der Verschluss ist nach Satz 9.1 vollständig geöffnet. Dazu muss man die **Halbwellenspannung** anlegen:

$$U_{\lambda/2} = \frac{d}{\sqrt{2Kl}} . \qquad (9.42)$$

Wie man leicht ausrechnen kann, benötigt man selbst mit Nitrobenzol Spannungen im Bereich von einigen 10^4 Volt. Es ist nicht einfach, einen kurzen Spannungspuls mit dieser Amplitude herzustellen.

Man kann die Kerrzelle auch dazu verwenden, die Intensität eines Lichtstrahls mit einem elektrischen Signal $u(t)$ zu modulieren. Dazu legt man an die Zelle die Spannung $U = U_0 + u(t)$, wobei U_0 eine Gleichspannung ist. Hinter der Kerr-Zelle ist nach (9.33) die Intensität

$$I = I_0 \sin^2\frac{\delta}{2} = \frac{I_0}{2}(1 - \cos\delta) . \qquad (9.43)$$

Mit $U_0 = U_{\lambda/2}/\sqrt{2}$ und $u(t) \ll U_0$ erhält man aus (9.41)

$$\begin{aligned}
\delta &\approx \frac{\pi}{2} + \pi\frac{u(t)}{U_0} , \\
I &= \frac{I_0}{2}\left(1 + \sin\pi\frac{u(t)}{U_0}\right) \approx \frac{I_0}{2}\left(1 + \pi\frac{u(t)}{U_0}\right) .
\end{aligned} \qquad (9.44)$$

Die Modulation ist proportional zu $u(t)$.

In der Frühzeit der Tonfilmtechnik verwendete man die Kerrzelle dazu, mit dem verstärkten Ausgangssignal des Mikrophons einen Lichtstrahl zu modulieren und damit auf dem Film neben der Bilderfolge einen schmalen Streifen zu belichten. Der so aufgezeichnete Ton konnte dann beim Abspielen des Films über Fotozelle, Verstärker und Lautsprecher wiedergegeben werden. Heute dient die Kerrzelle als Modulator für höchste Frequenzen, bis in den Bereich von 100 GHz, und als optischer Verschluss mit extrem kurzer Schaltzeit ($10^{-11} - 10^{-12}$ s). Ein Hochspannungspuls so kurzer Zeit ist elektronisch längst nicht mehr realisierbar. Er wird durch einen kurzen, linear polarisierten Laserpuls ersetzt: Da der Kerreffekt proportional zu E^2 ist, kann man die Zelle auch mit dem Wechselfeld der Lichtwelle schalten. Die erforderliche Feldstärke lässt sich mit einem Hochleistungslaser erreichen.

Von dieser Tatsache macht man bei einer weiteren Anwendung des Kerr-Effekts Gebrauch: Schießt man einen

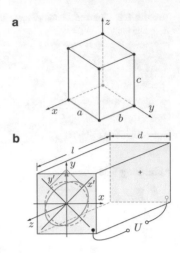

Abbildung 9.40 Pockels-Zelle. **a** Die tetragonale Gitterzelle des KDP. **b** longitudinale Pockels-Zelle

Abbildung 9.39 Selbstfokussierung in einer mit Nitrobenzol gefüllten Kerrzelle und die Folgen (nach W. Busch (1865))

intensiven, linear polarisierten Laserstrahl mit gaußschem Strahlprofil durch eine transparente Platte, so entsteht aufgrund des Kerr-Effekts auf der Strahlachse ein erhöhter Brechungsindex

$$n_{\mathrm{ao}} = n_{\mathrm{o}} + K\lambda\overline{E^2} = n_{\mathrm{o}} + \frac{K\lambda}{\epsilon_0 c}I , \qquad (9.45)$$

wenn I die Intensität des Laserstrahls ist. Da die durch den Kerr-Effekt erzeugte optische Achse parallel zu E entsteht, läuft der Laserstrahl als ao-Strahl durch das Medium. Der maßgebliche Brechungsindex ist durch (9.45) gegeben. n_{o} ist gleich n_0, dem gewöhnlichen Brechungsindex des Materials. Mit $K\lambda/\epsilon_0 c = n_2$ erhält man

$$n = n_0 + n_2 I . \qquad (9.46)$$

Da die Intensität von der Strahlachse aus nach außen hin abfällt, entsteht eine **Gradientenlinse** (Abb. 6.12), deren Brennweite umso kürzer wird, je höher die Laserintensität ist. Man bezeichnet das als **Selbstfokussierung**. Eine solche **Kerr-Linse** spielt bei Lasern, die sehr kurze Lichtpulse hoher Leistung erzeugen sollen, eine wichtige Rolle. Die Selbstfokussierung kann auch gefährlich werden und zur Zerstörung optischer Bauelemente führen, wenn der Fokus innerhalb des Materials zu liegen kommt. Insbesondere sollte man vermeiden, dass sich in einer mit Nitrobenzol oder Nitrotoluol gefüllten Kerr-Zelle ein Fokus bildet, denn diese Substanzen sind explosiv (Abb. 9.39).

Der Pockels-Effekt. Wie wir bereits festgestellt hatten, kann bei Kristallen, die kein Inversionszentrum besitzen, ein linearer elektrooptischer Effekt auftreten. Man

erwartet sogar einen solchen Effekt, denn solche Kristalle sind gewöhnlich piezoelektrisch. Dann führt ein elektrisches Feld zu einer Deformation des Kristallgitters, die sich mit der Richtung des E-Feldes umkehrt, und damit auch zu einer Anisotropie des Brechungsindex proportional zu E. Qualitativ wurde ein solcher Effekt zuerst von Röntgen am kristallinen Quarz nachgewiesen. Eine sehr sorgfältig von Pockels[13] durchgeführte experimentelle und theoretische Untersuchung zeigte jedoch, dass die Piezoelektrizität des Quarzes nicht ausreicht, den beobachteten Effekt zu erklären. Es handelt sich um einen Effekt der nichtlinearen Optik, auf die wir weiter unten noch eingehen werden.

Technische Bedeutung erlangte der Pockels-Effekt erst, nachdem Materialien entwickelt worden waren, bei denen der Effekt viel stärker ist, als beim Quarz. Die bekanntesten Beispiele sind der KDP-Kristall (Kaliumdihydrogenphosphat KH_2PO_4) und das noch empfindlichere KD^*P (KD_2PO_4). KDP bildet tetragonale Kristalle. Die Gitterzelle hat die Seiten a, b und c, die senkrecht aufeinander stehen, und es ist $a = b \neq c$ (Abb. 9.40a). Die Achsen des Koordinatensystems x, y, z liegen parallel zu diesen Seiten. Der Kristall ist optisch einachsig; die optische Achse liegt in z-Richtung. Abbildung 9.40b zeigt einen KDP-Kristall, der so geschnitten ist, dass seine Kanten parallel zu den kristallographischen Achsen liegen. Der auf die (x, y)-Fläche gezeichnete gestrichelte Kreis soll die Schnittlinie des Indexellipsoids mit der (x, y)-Ebene darstellen. Wird nun parallel zur optischen Achse

---

[13] Friedrich Pockels (1865–1913) war an der Universität Heidelberg tätig, und zwar als „planmäßiger außerordentlicher Professor für Theoretische Physik", d. h. er bekam ein geringeres Gehalt als der ordentliche Professor für Physik und hatte kein eigenes Labor. Derartige Stellen wurden damals auch an anderen Universitäten eingerichtet. Der Begriff „Theoretische Physik" und die Einrichtung von Professuren für dieses Fach entstanden also aus fiskalischer Sparsamkeit. – Von Pockels stammt auch ein Lehrbuch der Kristalloptik, das jahrzehntelang ein Standardwerk auf diesem Gebiet war.

ein E-Feld angelegt, wird der Kristall infolge der elektrischen Polarisation optisch zweiachsig. Das Indexellipsoid wird dreiachsig und der Kreis deformiert sich zu der in Abb. 9.40b eingezeichneten Ellipse. Die Halbachsen liegen in der x'- und y'-Richtung, um 45° gegen die x- und y-Richtung verdreht. Das ergibt sich aus der Lage der Atomgruppen in der tetragonalen Gitterzelle. Die Differenz der Hauptindizes $n_{x'} - n_{y'}$ ist

$$\Delta n = n_o^3 r_{63} E . \qquad (9.47)$$

$n_o = 1{,}51$ ist der Brechungsindex des ordentlichen Strahls bei $E = 0$, $r_{63} = 10{,}6 \cdot 10^{-12}$ m/V ein elektrooptischer Koeffizient. Δn ist also für alle erreichbaren Feldstärken sehr klein; das Achsenverhältnis der Ellipse in Abb. 9.40b ist maßlos übertrieben. Wie Abb. 9.17b zeigt, schließen dann die optischen Achsen mit der z-Achse einen sehr kleinen Winkel ein. Für in z-Richtung eingestrahltes Licht, das in y-Richtung linear polarisiert ist, bildet der Kristall eine Phasenplatte, bei der die Phasenverschiebung mit Hilfe der angelegten Spannung eingestellt werden kann: Der E-Vektor kann in eine x'- und eine y'-Komponente zerlegt werden. Wie bei Abb. 9.20 gezeigt wurde, entstehen zwei Wellen, die mit unterschiedlichen Geschwindigkeiten durch den Kristall laufen. Damit das Licht parallel zur Richtung des E-Feldes eingestrahlt werden kann (**longitudinale Pockels-Zelle**), müssen die felderzeugenden Elektroden durchsichtig sein, also z. B. aus aufgedampften SnO-Schichten bestehen.

Zwischen zwei gekreuzten Polarisatoren kann die Pockels-Zelle als optischer Schalter oder als optischer Modulator dienen. Wir berechnen die Halbwellenspannung. Mit $E = U/l$ erhält man

$$\frac{\lambda}{2} = \Delta n l \quad \rightarrow \quad U_{\lambda/2} = \frac{\lambda}{2 n_o^3 r_{63}} . \qquad (9.48)$$

$U_{\lambda/2}$ ist unabhängig von der Länge des Kristalls und beträgt für $\lambda = 546$ nm beim KDP 7,6 kV, beim KD*P 3,4 kV. Damit kommt man in den Bereich, in dem elektronisch Schaltzeiten von Nanosekunden erreicht werden können.

Es gibt noch eine Vielzahl von mehr oder weniger exotischen Kristallen, die für Pockels-Zellen entwickelt wurden, die sich in den Eigenschaften und im Preis unterscheiden. Ein Beispiel ist das Lithiumniobat LiNbO$_3$, mit dem man auf einfache Weise eine **transversale Pockels-Zelle** bauen kann, bei der das Licht in Richtung der optischen Achse und *senkrecht* zur Feldrichtung eingestrahlt wird (Abb. 9.41). Die Halbwellenspannung ist mit $E = U/d$

$$U_{\lambda/2} = \frac{\lambda}{2 n_o^3 r_{22}} \frac{d}{l} . \qquad (9.49)$$

Man gewinnt gegenüber (9.48) den Faktor l/d; r_{22} ist der beim LiNbO$_3$-Kristall maßgebliche elektrooptische Koef-

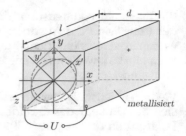

Abbildung 9.41 Transversale Pockels-Zelle mit LiNbO$_3$

fizient. Auch mit KDP kann man transversale Pockels-Zellen bauen, indem man in geeigneter Weise zwei stäbchenförmige Stücke aus dem Kristall schneidet und hintereinander setzt. Eine transversale Pockels-Zelle lässt sich bei entsprechender Wahl von d/l bereits mit einigen 100 V schalten.

Nichtlineare Optik

Bisher sind wir immer davon ausgegangen, dass die Polarisation eines Mediums proportional zur elektrischen Feldstärke ist. In Bd. III, Gl. (4.11) definierten wir die elektrische Suszeptibilität mit $P = \chi_e \epsilon_0 E$. Dabei wurde ein *lineares Kraftgesetz* zugrunde gelegt. Bei hohen Feldstärken sind Abweichungen zu erwarten. Am einfachsten drückt man das durch eine Reihenentwicklung aus. Bei isotropen Substanzen erhält man

$$P = \chi_e \epsilon_0 E + \chi'_e \epsilon_0 E^2 + \chi''_e \epsilon_0 E^3 + \dots \qquad (9.50)$$

Die Größenordnungen sind bei Kristallen

$$\chi_e \approx 1 , \quad \chi'_e \approx 10^{-11} \frac{\text{m}}{\text{V}} , \quad \chi''_e \approx 10^{-20} \frac{\text{m}^2}{\text{V}^2} . \qquad (9.51)$$

Bei anisotropen Stoffen sieht die entsprechende Formel weitaus komplizierter aus: An die Stelle von χ_e tritt, wie schon in Bd. III/4 erwähnt wurde, der Tensor $\underline{\chi_e}$, an die Stelle von $\chi' E^2$ tritt eine lineare Funktion aller möglichen Produkte $E_k E_l$, und so fort. Für jede Komponente des Vektor P erhält man einen Ausdruck der Form

$$P_i = \sum_k \chi_{ik} \epsilon_0 E_k + \sum_{k,l} \chi'_{ikl} \epsilon_0 E_k E_l + \sum_{k,l,m} \chi''_{iklm} \epsilon_0 E_k E_l E_m + \dots \qquad (9.52)$$

Jeder der Indizes i, k, l und m kann die Werte x, y und z annehmen. Die χ_{ik} sind die Elemente eines Tensors zweiter Stufe (vgl. Bd. I, Gl. (21.134)), die χ_{ikl} und χ_{iklm} sind die Elemente von Tensoren dritter und vierter Stufe. In der Praxis sind die Ausdrücke nicht so kompliziert, wie es zunächst aussieht, denn aufgrund der Kristallsymmetrien gibt es jeweils nur wenige Tensorelemente, die nicht Null sind.

Wenn das Kristallgitter inversionssymmetrisch ist, kehrt sich bei Umkehr des E-Feldes auch das Vorzeichen der Polarisation um, es gilt (9.39). Dann müssen in (9.52) alle Glieder mit geraden Potenzen von E verschwinden, d. h. alle Elemente des χ'-Tensors sind Null. Bei Kristallen ohne Inversionssymmetrie bleiben diese Glieder jedoch stehen. Das ermöglicht interessante Anwendungen, z. B. beim Pockels-Effekt, bei dem das E-Feld in (9.52) durch Überlagerung des Lichtfelds mit einem statischen Feld entsteht: $E = E^{(\omega)} + E^{\text{stat}}$. Wir betrachten ein anderes Beispiel, bei dem nur das Lichtfeld eine Rolle spielt.

Frequenzverdoppelung von Laserlicht. Ein Laserstrahl mit der Frequenz ω falle auf einen KDP-Kristall. Die E-Feldstärke in der Welle soll so groß sein, dass die Polarisation des Kristalls nichtlinear wird. Wie wirkt sich das aus? Zunächst gehen wir von der einfachen Formel (9.50) aus und setzen dort $E = E_0 \cos \omega t$. Bei Vernachlässigung der kubischen Glieder erhalten wir

$$P(E) = \chi_e \epsilon_0 E_0 \cos \omega t + \chi'_e \epsilon_0 E_0^2 \cos^2 \omega t$$
$$= \chi_e \epsilon_0 E_0 \cos \omega t + \frac{1}{2} \chi'_e \epsilon_0 E_0^2 (1 + \cos 2\omega t) \,. \tag{9.53}$$

Im Kristall entsteht eine Polarisation, die einen Anteil mit der doppelten Frequenz enthält. Die zeitlich veränderliche Polarisation führt zur Abstrahlung von elektromagnetischen Wellen in Vorwärtsrichtung; auf diese Weise entsteht ja der Brechungsindex, wie schon im Anschluss an (2.74) angemerkt wurde. Dabei entstehen auch Wellen mit der Frequenz 2ω. Nach Durchgang durch den Kristall enthält die Welle einen frequenzverdoppelten Anteil: Man erzeugt bei nichtlinearer Polarisation des Dielektrikums mit Hilfe der Grundwelle die erste Oberwelle (engl.: „second harmonic generation", SHG).

Das Problem ist, dass die Oberwellen im Kristall räumlich verteilt längs des Strahls entstehen. Ihre Phasenlage bei der Entstehung ist jeweils durch die Phase der Grundwelle gegeben. Diese Phase läuft mit der Geschwindigkeit $c_n = c/n(\omega)$ durch den Kristall, während die frequenzverdoppelte Welle die Phasengeschwindigkeit $c_n = c/n(2\omega)$ hat. Wegen der Dispersion ist $n(2\omega) \neq n(\omega)$: Die neu erzeugten Oberwellen sind nur über eine kurze Strecke in Phase. Sie löschen sich durch destruktive Interferenz weitgehend aus.

Hier kommt nun die natürliche Doppelbrechung des KDP-Kristalls zu Hilfe. Wir betrachten die in Abb. 9.42

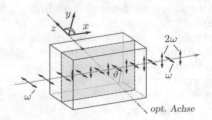

Abbildung 9.42 Frequenzverdopplung mit einem KDP-Kristall. Die optische Achse des Kristalls verläuft unter dem Winkel $\vartheta = 52°$ gegen die Strahlrichtung geneigt in der *graugetönten Mittelebene* des *quaderförmigen Stäbchens*

gezeigte Anordnung. Wenn man das Problem mit (9.52) behandelt und die Kristallsymmetrie des KDP berücksichtigt, stellt man fest: Schwingt der E-Vektor der einlaufenden Welle senkrecht zur optischen Achse, dann schwingt der E-Vektor der Oberwelle in der Ebene parallel zur optischen Achse.[14] In Abb. 9.42 erzeugt der ordentlicher Strahl der Frequenz ω einen außerordentlichen Strahl der Frequenz 2ω. Nun wissen wir, dass beim ao-Strahl der Brechungsindex n_{ao} von dem Winkel ϑ zwischen dem k-Vektor und der optischen Achse abhängt und haben in Abb. 9.19 gesehen, wie man bei vorgegebener k-Richtung die Brechungsindizes mit Hilfe des Indexellipsoids ermitteln kann. Bei der Frequenzverdopplung kommt es auf die Brechungsindizes $n_o(\omega)$ und $n_{ao}(\vartheta, 2\omega)$ an. Ebenso, wie man bei einem optisch einachsigen Kristall die Strahlenfläche in Abb. 9.21 zeichnet, kann man auch eine zweischalige Indexfläche konstruieren, bei der in jeder k-Richtung die Brechungsindizes n_o und $n_{ao}(\vartheta)$ abgetragen werden. Die n_o-Fläche ist eine Kugel, die n_{ao}-Fläche das Rotationsellipsoid von Abb. 9.19b. Abbildung 9.43a zeigt diese Flächen für die Lichtfrequenzen ω und 2ω im Schnitt. Im Bereich normaler Dispersion nehmen die Brechungsindizes mit steigender Lichtfrequenz zu. Beim KDP ist $n_o > n_{ao}$. Daher gibt es einen

---

[14] Es ist nicht schwer, dies einzusehen. Beim KDP sind aufgrund der Kristallsymmetrie alle $\chi'_{ikl} = 0$, außer $\chi'_{xyz} = \chi'_{xzy} = d_{14}$, $\chi'_{yxz} = \chi'_{yzx} = d_{25}$ und $\chi'_{zxy} = \chi'_{zyx} = d_{36}$. (Es ist üblich, die χ'_{ikl} wie hier angegeben zu bezeichnen.) Für den zu $\cos 2\omega t$ proportionalen Anteil der Polarisation erhält man dann mit (9.52)

$$P_x = 2d_{14} E_z E_y \,, \quad P_y = 2d_{25} E_z E_x \,, \quad P_z = 2d_{36} E_x E_y \,.$$

Wenn der E-Vektor der einlaufenden Welle senkrecht zur optischen Achse schwingt, ist die Komponente $E_z = 0$ und $E_x = -E_y \neq 0$. Dann bleibt nur noch P_z übrig: In der frequenzverdoppelten Welle schwingen die Vektoren E und D in einer Ebene, die die optische Achse enthält, sie bildet also einen ao-Strahl (vgl. Abb. 9.15a). Eine Erklärung der Notation und ausführliche Tabellen der elektrooptischen Koeffizienten findet man z. B. bei A. Yarif u. P. Yeh, „Optical Waves in Crystals", Kap. 12, J. Wiley & Sons (1984).

Abbildung 9.43 **a** Die Indexflächen des KDP für die Lichtfrequenzen ω und 2ω. **b** Intensität der frequenzverdoppelten Welle als Funktion des Winkels ϑ (nach Maker et al. (1962))

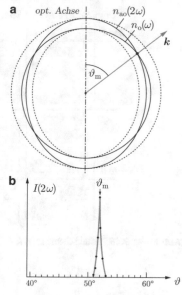

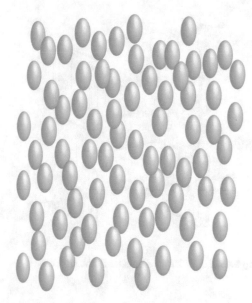

Abbildung 9.44 Kristalline Flüssigkeit, nematische Phase

Winkel ϑ_{m}, bei dem die Bedingung

$$n_{\mathrm{o}}(\omega) = n_{\mathrm{ao}}(\vartheta, 2\omega) \tag{9.54}$$

exakt erfüllt ist. Wird dieser Winkel genau eingehalten, werden die Oberwellen im ganzen Kristall kohärent erzeugt, und man erhält einen hohen Wirkungsgrad bei der Frequenzverdopplung (Abb. 9.43b). Mit diesem Verfahren kann man bei der Frequenzverdopplung Wirkungsgrade von 65 % und mehr erreichen. Das ist von großer Bedeutung, denn Laser, insbesondere solche mit hoher Leistung, lassen sich vor allem im langwelligen Spektralbereich realisieren. Durch Frequenzverdopplung kann man dann mit geringem Aufwand Laserstrahlen bis hinein in den UV-Bereich erzeugen.

Doppelbrechung in kristallinen Flüssigkeiten und Flachbildschirme

Kristalline Flüssigkeiten nehmen eine Zwischenstellung zwischen Kristallen und gewöhnlichen Flüssigkeiten ein. Man findet sie als eine besondere thermodynamische Phase bei gewissen organischen Substanzen, die stabförmige Moleküle bilden. Im festen kristallinen Zustand besteht bei diesen Substanzen sowohl in der Lage als auch in der Ausrichtung der Moleküle eine Fernordnung. Beim Schmelzen des Kristalls geht zunächst nur die Fernordnung der Lage verloren, während die Ausrichtung bestehen bleibt. Man spricht dann von einer **kristallinen Flüssigkeit**. Wie in einer gewöhnlichen Flüssigkeit sind

die Moleküle nicht an feste Plätze gebunden, aber es gibt eine Fernordnung der Molekülachsen. Sie geht erst bei einer höheren Temperatur mit einem weiteren Phasenübergang verloren.

Es gibt kristalline Flüssigkeiten mit Strukturen verschiedenen Typs. Uns interessieren hier Flüssigkeiten, die eine **nematische Phase** bilden (Abb. 9.44). Solche Flüssigkeiten sind einachsig doppelbrechend. Die optische Achse liegt in der Richtung, nach der sich die Längsachsen der Moleküle ausgerichtet haben. Da die Polarisierbarkeit der Moleküle in Längsrichtung größer ist als quer zur Stäbchenachse, sind nematische Flüssigkeiten positiv doppelbrechend ($n_{\mathrm{ao}} > n_{\mathrm{o}}$).

Die technische Bedeutung dieser Flüssigkeiten beruht darauf, dass sich die Richtung der optischen Achse leicht manipulieren lässt. In eine Flasche gefüllt, sieht die kristalline Flüssigkeit milchig trüb aus: Es bilden sich Domänen unterschiedlicher Orientierung. An den Grenzflächen der Domänen wird das Licht infolge der unterschiedlichen Brechungsindizes reflektiert und gebrochen. Bringt man die Flüssigkeit jedoch in dünner Schicht zwischen zwei Glasplatten, an deren Oberfläche man durch Reiben mit einem weichen Tuch eine Vorzugsrichtung erzeugt hat, ordnen sich die molekularen Stäbchen, von den Grenzflächen ausgehend, in dieser Vorzugsrichtung und die Flüssigkeit wird transparent.

Wenn die auf den Glasflächen erzeugten Vorzugsrichtungen um einen Winkel von 90° gegeneinander verdreht sind, bildet sich in der kristallinen Flüssigkeit eine um 90°

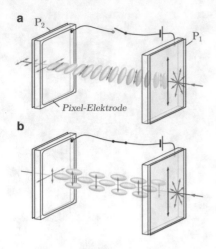

Abbildung 9.45 Zur Wirkungsweise eines Flachbildschirms

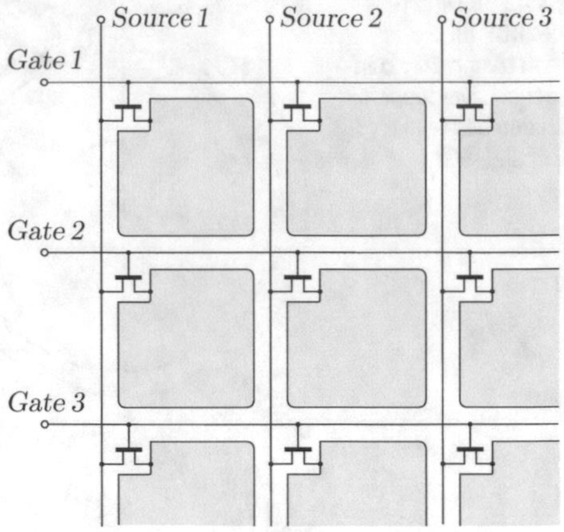

Abbildung 9.46 Schaltschema eines AMLCD (*Active Matrix Liquid Crystal Display*)

gewendelte Struktur. Sie bewirkt, dass die Polarisationsebene von Licht, das parallel zur optischen Achse der an der Oberfläche befindlichen Moleküle polarisiert ist, beim Durchlaufen der Schicht um 90° gedreht wird.[15] Wird nun zwischen den Platten ein elektrisches Feld erzeugt, stellen sich die Moleküle parallel zu den Feldlinien: Die von den Oberflächen ausgehende Ausrichtung der Moleküle kann durch ein elektrisches Feld leicht aufgehoben werden.

Mit Hilfe dieser Phänomene kann man **Flachbildschirme** bauen. Auf den Außenseiten der in Abb. 9.45 gezeigten Glasplatten werden Polarisationsfolien angebracht, deren Durchlassrichtungen um 90° gegeneinander verdreht sind. Innen werden sie mit einer transparenten leitenden Schicht versehen. Darauf wird eine SiO$_2$-Schicht aufgedampft, auf der dann durch Wischen die Vorzugsrichtung erzeugt wird, und zwar parallel zu den Durchlassrichtungen der Polarisatoren. Die kristalline Flüssigkeit befindet sich zwischen den Platten. Auf der einen Platte ist die leitende Schicht in Bildelemente (Pixels) aufgeteilt, und an jedes Pixel kann eine Spannung angelegt werden. Auf der anderen Platte ist die leitende Schicht geerdet.

Liegt keine Spannung an, ist das Pixel lichtdurchlässig, und von hinten beleuchtet erscheint es hell (Abb. 9.45a). Wird eine Spannung angelegt, stellen sich die Moleküle senkrecht zu den Glasplatten, die Polarisationsebene des Lichts wird nicht mehr gedreht, das Pixel wird dunkel (Abb. 9.45b). Natürlich ist es schwierig, bei einem Bildschirm mit z. B. 640 × 480 oder gar 1920 × 1350 Pixels die Spannungen individuell zuzuführen. Man hat daher Strukturen entwickelt, bei denen in jedes Pixel ein in Dünnschichttechnik hergestellter FET in die leitende Schicht integriert ist. Das Pixel kann dann über Source- und Gate-Leitungen aktiviert werden (Abb. 9.46).

Sehr einfach ist die Ansteuerung bei der Flüssigkristallanzeige in einem Taschenrechner oder bei der Digitaluhr. Hier werden die Ziffern und Buchstaben durch wenige große Felder dargestellt, die ohne weiteres von hinten angesteuert werden können. Die rückwärtige Beleuchtung wird eingespart und durch einen diffus reflektierenden Spiegel ersetzt. Das Prinzip bleibt im Übrigen das Gleiche. Dass hier polarisiertes Licht im Spiel ist, merkt man erst, wenn man den Taschenrechner durch eine Polaroid-Folie betrachtet.

---

[15] Zur Erklärung dieses Phänomens denken wir uns die Flüssigkeit zwischen den Glasplatten in dünne Schichten unterteilt, z. B. in 90 Schichten, deren optische Achsen jeweils um 1° gegenüber der vorhergehenden Schicht verdreht sind. Wie Abb. 9.5 zeigte, ist die Komponente des E-Vektors parallel zur optischen Achse hinter der ersten um 1° verdrehten Schicht $E_\parallel^{(1)} = E_\parallel^{(0)} \cos 1°$, hinter der zweiten $E_\parallel^{(2)} = E_\parallel^{(0)} (\cos 1°)^2$ und hinter der 90. Schicht $E_\parallel^{(90)} = E_\parallel^{(0)} (\cos 1°)^{90} = 0{,}986 E_\parallel^{(0)}$. Damit das so funktioniert, muss der Abstand zwischen den Glasplatten $d \gg \lambda/(n_{ao} - n_o)$ sein.

Übungsaufgaben

9.1. Polarisation und Brechungsgesetz. Ein unpolarisierter Lichtstrahl trifft unter dem Brewster-Winkel auf eine ebene Glasoberfläche. Wie groß ist der Polarisationsgrad des Lichtstrahls im Glas?

9.2. Bestimmung der Analysierstärke einer Polarisationsfolie. Ein Polarisationsfilter besitze für vollständig linear polarisiertes Licht einen Transmissionsfaktor $T = T_0(1 + A\cos(2\alpha))$, wobei α der Winkel zwischen der Polarisationsebene des Lichts und der Filterstellung ist. Die Parameter T_0 und A seien zunächst unbekannt. Stellt man zwei dieser Filter hintereinander hinter einer Lichtquelle auf, die unpolarisierte Strahlung emittiert und misst die durchgelassene Intensität als Funktion der Winkeldifferenz φ zwischen den beiden Filterstellungen, beobachtet man die Abhängigkeit $T = T_{12}(1 + A_{12}\cos(2\varphi))$. Wie groß sind T_0 und A?

Hinweis: Unpolarisiertes Licht entspricht einer inkohärenten Überlagerung von zwei Lichtkomponenten gleicher Intensität, die lineare Polarisationen parallel und senkrecht zur Stellung des ersten Filters besitzen.

9.3. Glan-Prisma. Der Winkel, unter dem die beiden Teile eines Glan-Prismas geschliffen sind, ist in Abb. 9.23 mit 38,5° angegeben. Wie groß muss er nach den Daten in Tab. 9.1 mindestens sein, damit das Prisma funktioniert? Um wie viel ist die Lichtintensität hinter dem Prisma kleiner als die Intensitätskomponente mit der gleichen Polarisation vor dem Prisma? Warum sollte man den Prismenwinkel nicht viel größer wählen als unbedingt nötig?

Im Prinzip kann man den Kalkspat auch so schneiden, dass die optische Achse des Kristalls im Vergleich zu Abb. 9.23 um 90° gedreht ist, sodass am Ausgang der ao-Strahl und der o-Strahl vertauscht werden. Dann klebt man die beiden Teilprismen mit einem Öl zusammen. Welchen Brechungsindex muss das Öl haben und wie groß muss man jetzt den Prismenwinkel wählen?

9.4. Zur Entstehung der Interferenzfarben. Unpolarisiertes Licht tritt nacheinander senkrecht durch eine Polarisationsfolie, eine doppelbrechende planparallele Platte mit der optischen Achse parallel zur Oberfläche und eine als Analysator dienende zweite Polarisationsfolie. Die Filterstellungen relativ zur optischen Achse der Platte sind +45° und −45°. Als x-Richtung nehme man die optische Achse der Platte. Zeigen Sie mit (9.31), dass die Amplitude des Lichts hinter der zweiten Folie $A = E_0 \sin(kz - \omega t + \delta/2) \sin(\delta/2)$ ist und sich (9.34) ergibt.

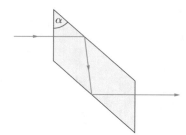

Abbildung 9.47 Fresnelscher Rhomboeder

9.5. Stokes-Parameter. a) Wie groß sind $S = \sqrt{S_1^2 + S_2^2 + S_3^2}$ und S/S_0 nach (9.7)–(9.10) für vollständig polarisierte Strahlung?

b) Für vollständig polarisiertes Licht sei $S_1 = S_3 = 0$. Wie groß sind die Winkel η und φ, und wie ist die Polarisation in Abb. 9.1 darzustellen?

c) Ist Licht unpolarisiert, ist *im zeitlichen Mittel* $S_1 = S_2 = S_3 = 0$, aber *zu jedem Zeitpunkt* ist $S/S_0 = 1$. Fällt in Abb. 9.3 eine ungewöhnliche statistische Fluktuation auf? Suchen Sie in Abb. 9.3 Stellen heraus, an denen S_2 nahe bei null oder nahe bei eins liegt.

9.6. Fresnelscher Rhomboeder. a) Die Fresnelschen Formeln (5.42) und (5.43) sind, wenn man mit komplexen Zahlen rechnet, zur Beschreibung der Totalreflexion geeignet. An der Grenzfläche zwischen einem Medium und dem Vakuum gilt für den Ausfallswinkel formal $\sin\beta_2 = n\sin\beta_1 > 1$, und $\cos\beta_2 = \sqrt{1 - n^2\sin^2\beta_1} = i\sqrt{n^2\sin^2\beta_1 - 1}$ wird rein imaginär. Die Additionstheoreme für trigonometrische Funktionen behalten ihre Gültigkeit. Zeigen Sie, dass nach (5.42) und (5.43) die Amplituden der reflektierten und der einfallenden Welle den gleichen Betrag haben. Wie groß ist die Phasendifferenz zwischen der reflektierten Welle $\rho_\perp$ und der einfallenden Welle? Um welche Phasendifferenz unterscheiden sich die reflektierten Wellen für die beiden linearen Polarisationen? Zahlenbeispiel: $n = 1{,}51$, $\beta_1 = 49°$. Wie groß werden die Phasenverschiebungen am Grenzwinkel zur Totalreflexion?

b) In einem Fresnelschen Rhomboeder (Abb. 9.47) wird Licht zweimal totalreflektiert, der auslaufende Strahl verläuft parallel zum einlaufenden. Wegen der unterschiedlichen Phasenverschiebungen zweier Wellen mit zueinander senkrechten linearen Polarisationen bei Reflexion kann man aus linear polarisiertem Licht zirkular polarisiertes erzeugen. Wie groß muss dazu der Prismenwinkel α gewählt werden? Zahlenbeispiel: $n = 1{,}51$.

Gravitationswellen

10

© Springer-Verlag GmbH Deutschland 2017
J. Heintze / P. Bock (Hrsg.), *Lehrbuch zur Experimentalphysik Band 4: Wellen und Optik*, https://doi.org/10.1007/978-3-662-54492-1_10

Eine große Resonanz in den Medien fand im Jahre 2016 der Nachweis der Gravitationswellen. Dieses Phänomen ist so fundamental, dass man sich mit ihm etwas beschäftigen sollte, zumal die Detektoren auf optischen Interferenzmethoden basieren, die in diesem Band besprochen wurden. Wir beginnen mit Bemerkungen über das Raum-Zeit-Kontinuum in der Allgemeinen Relativitätstheorie und die Eigenschaften und die Erzeugung der Gravitationswellen. Es folgt die Darstellung der wichtigsten experimentellen Aspekte: Wie ist ein interferometrischer Detektor aufgebaut? Welche Empfindlichkeit wird für den Nachweis von Gravitationswellen erreicht und durch welche physikalischen Effekte wird sie begrenzt?

10.1 Das Raum-Zeit-Kontinuum in der Allgemeinen Relativitätstheorie

Die **Allgemeine Relativitätstheorie** (ART) „geometrisiert" die Bewegungen von Körpern, die dem Einfluss der Gravitation unterliegen. Geometrisierung bedeutet, dass sich die Körper in einem gekrümmten vierdimensionalen **Raum-Zeit-Kontinuum** bewegen, das die Bahnen der Körper beeinflusst. Die Raum-Zeit-Krümmung wird ihrerseits erzeugt durch die sich im Raum bewegenden Massen, sodass eine in sich geschlossene Beschreibung entsteht.[1]

Der metrische Tensor

Zur Erläuterung zunächst eine Anmerkung zu gekrümmten Flächen: Flächen auf einer Kugel wie der Erdkugel kann man durchaus auf einer Ebene wie einer Landkarte abbilden und man kann dort, ausgehend von einem Nullpunkt, ein Kartesisches Koordinatensystem einführen. Weit entfernte Gegenden werden dann stark verzerrt dargestellt. Ist die Mathematik der Darstellung bekannt, kann man auf die Hintergrundinformation, dass es sich um eine Fläche auf einer Kugel handelt, verzichten. Sie spielt keine Rolle mehr. Die Geometrie der Fläche ist

nicht-Euklidisch: In einem Dreieck ist weder die Winkelsumme gleich 180° noch gilt der Satz des Pythagoras. Auch ist der Umfang eines Kreises nicht gleich dem 2π-fachen des Radius. Dass man die Euklidische Geometrie mit Hilfe von Längen- und Winkelmessungen einer experimentellen Prüfung unterziehen muss, wurde bereits in Bd. I/1.1 besprochen.

Das invariante Abstandsquadrat. Die nicht-Euklidische Geometrie der Fläche wird durch Hinzunahme der dritten Raum-Dimension und der Zeit auf ein vier-dimensionales Raum-Zeit-Kontinuum erweitert. Um dessen Geometrie zu beschreiben, führt man das invariante infinitesimale Abstandsquadrat zwischen zwei Raum-Zeit-Punkten ein:

$$ds^2 = \sum_{i=1,\,4} \sum_{k=1,\,4} g_{ik}(x^\mu)\, dx^i\, dx^k \,. \qquad (10.1)$$

Diese Definition ist eine Verallgemeinerung des 4-dimensionalen Skalarproduktes Bd. I, Gl. (15.17) der Speziellen Relativitätstheorie. Die Koordinaten x^μ beschreiben die Lage eines Punkts im Raum-Zeit-Kontinuum, der Hoch-Index kennzeichnet die Koordinaten-Komponente. Die dx^i sind die von einem Beobachter gemessenen Abstände zu einem Nachbarpunkt. Die Summen erstrecken sich über die drei Raumdimensionen und die Zeit. Die von den Raum-Zeit-Variablen abhängigen Faktoren $g_{ik}(x^\mu)$ bilden den so genannten **metrischen Tensor**. In unserem obigen zwei-dimensionalen Beispiel dienen sie der Umrechnung von Distanzen auf der Landkarte in reale Abstände, die entlang gekrümmter Linien gemessen werden. Die Ortskoordinaten können völlig willkürlich gewählt werden, also auch nicht-Kartesische sein, und eine Uhr kann beliebig in der Zeit fortschreiten. Es muss nur eine eindeutige Kennzeichnung der Raum-Zeit-Punkte garantiert sein und die g_{ik} sind dem Koordinatensystem anzupassen. Im Beispiel der Landkarte bedeutet das, dass verschiedene Projektionsverfahren für ihre Herstellung verwendet werden können. Die Größen auf der rechten Seite von (10.1) sind also vom Koordinatensystem abhängig, die linke Seite ist es nicht. Ein Beobachter aus Fleisch und Blut kann immer Raum und Zeit entkoppeln und wird in der Umgebung eines Nullpunkts bevorzugt ein lokales Inertialsystem der Speziellen Relativitätstheorie mit Kartesischen Koordinaten einführen ($x^1 = x$, $x^2 = y$, $x^3 = z$ und $x^4 = ct$ mit der Lichtgeschwindigkeit c im Vakuum):

$$ds^2 = g_{11}\, dx^2 + g_{22}\, dy^2 + g_{33}\, dz^2 + g_{44} c^2\, dt^2 \,,$$
$$g_{ik} = 0 \quad \text{für} \quad i \neq k \,. \qquad (10.2)$$

Am Koordinatennullpunkt ist

$$g_{11} = g_{22} = g_{33} = -g_{44} = 1 \,. \qquad (10.3)$$

Ein Inertialsystem der Speziellen Relativitätstheorie zeichnet sich dadurch aus, dass (10.2) mit (10.3) für *alle* Raum-Zeit-Punkte gilt. In diesem Grenzfall bezeichnen wir den

---

[1] Ausführliche mathematische Details findet man in entsprechenden Lehrbüchern wie: H. Stephani, „Allgemeine Relativitätstheorie", 4. Auflage, Dt. Verlag der Wissenschaften, Berlin, 1991; T. Fließbach, „Allgemeine Relativitätstheorie", 7. Auflage, Springer Verlag, Berlin, Heidelberg, 2016.

durch (10.3) gegebenen Tensor mit η_{ik}. Setzt man in (10.2) $ds^2 = 0$, bedeutet dies $\sqrt{(dx^2 + dy^2 + dz^2)}/dt^2 = c$, d. h. die Geschwindigkeit ist die Lichtgeschwindigkeit. Jeder Lichtstrahl erfüllt also die Bedingung $ds^2 = 0$. Das gilt auch, wenn $g_{ik} \neq \eta_{ik}$ ist, also ganz allgemein.

Die Eigenzeit. Gleichung (10.1) gibt das Abstandsquadrat zweier beliebiger Raum-Zeitpunkte wieder. Betrachtet man nur den *Zeitablauf am gleichen Ort*, definiert man einerseits mit der allgemeinen Gleichung (10.1) und andererseits mit dem speziellen Koordinatensystem (10.3) $ds^2 = g_{44}c^2\,dt^2 = -c^2\,d\tau^2$. Das Zeitintegral $\tau = \int d\tau$ nennt man die **Eigenzeit** eines Beobachters, der sich an diesem Ort befindet. Als Beispiel betrachten wir zwei baugleiche Uhren, die sich an festen Orten in einem Gravitationspotential $\phi(r)$ befinden. ϕ ist dadurch definiert, dass die potentielle Energie einer Testmasse $m\phi$ ist. Wir beschränken uns zunächst auf den **Newtonschen Grenzfall**, für den die ART aussagt, dass man $g_{11} = g_{22} = g_{33} \approx 1$ wählen kann und nur der Betrag von

$$g_{44} = -\left(1 + \frac{2\phi(r)}{c^2}\right) \qquad (10.4)$$

von eins abweicht. Ein Beobachter mit der „Koordinatenzeit" t ruhe relativ zu den Orten 1 und 2. Nach (10.2) ist die Eigenzeit der Uhr 1 mit der Koordinatenzeit des Beobachters über die Beziehung $d\tau_1 = dt_1/\sqrt{-g_{44}(1)} = d\tau_1/\sqrt{1 + 2\phi(r_1)/c^2}$ verknüpft. Die Eigenzeit der Uhr 2 ermittelt der Beobachter mit (10.2): $d\tau_2 = \sqrt{-g_{44}(2)}\,dt_1$. Daraus folgt mit (10.4) unter der Annahme einer kleinen potentiellen Energie ($|\phi| \ll c^2$):

$$d\tau_2 = d\tau_1 \frac{\sqrt{1 + 2\phi(r_2)/c^2}}{\sqrt{1 + 2\phi(r_1)/c^2}},$$

$$d\tau_2 \approx d\tau_1 \left(1 + \frac{\phi(r_2)}{c^2} - \frac{\phi(r_1)}{c^2}\right). \qquad (10.5)$$

Für $\phi(r_2) > \phi(r_1)$ ist $d\tau_2 > d\tau_1$. Der Beobachter stellt fest: Die Zeitperiode einer Uhr am Ort 1 ist kleiner als die Zeitperiode einer gleichartigen Uhr am Ort 2 und die Frequenz eines Oszillators ist am Ort 1 größer. Das hatten wir bereits in Gestalt des Pound-Repka-Experiments (Energie-, also Frequenzabnahme von Gammastrahlung mit der Höhe über dem Erdboden, Bd. I/15.8) und des Hafele-Keating-Experiments (Gangdifferenz zwischen Atomuhren in einem Flugzeug und auf dem Erdboden, Bd. I/14.5) kennengelernt (hierzu Aufgabe 10.1).

Raumkrümmung und Massen

Wenn $g_{ik} \neq \eta_{ik}$ ist, kann dies entweder daher rühren, dass ein nichtlineares oder gegen ein Inertialsystem der Speziellen Relativitätstheorie beschleunigtes Koordinatensystem eingeführt wurde, oder daher, dass eine Krümmung des Raum-Zeit-Kontinuums vorliegt wie im zweidimensionalen Beispiel der Landkarte. Diese Krümmung wird durch den symmetrischen 4×4-dimensionalen **Einstein-Tensor** $G_{ik}(x^\mu)$ beschrieben.[2] Wie der metrische Tensor hängt er von allen Raum-Zeit-Koordinaten ab. Wie man ihn aus den g_{ik} berechnet, findet man in den Lehrbüchern über Allgemeine Relativitätstheorie. Nach dem, was wir in der Elastizitätslehre bei der Berechnung der Krümmung eines Stabes (Bd. II/1.1) gelernt haben, erwartet man, dass er von den zweiten Ableitungen $\partial^2 g_{ik}/\partial x^\mu \partial x^\nu$ des metrischen Tensors und von Produkten der ersten Ableitungen abhängt, deshalb hat er die Dimension m^{-2}. In diesem Kapitel wird nur das Element G_{44} benötigt. Im Newtonschen Grenzfall ist nach (10.4) nur g_{44} von null verschieden, und es ist zeitunabhängig. Das Resultat der ART ist

$$G_{44}(x^\mu) = -\left(\frac{\partial^2 g_{44}(x^\mu)}{\partial x^2} + \frac{\partial^2 g_{44}(x^\mu)}{\partial y^2} + \frac{\partial^2 g_{44}(x^\mu)}{\partial z^2}\right). \qquad (10.6)$$

Die Ursache der Raum-Zeit-Krümmung sind die sich im Raum bewegenden Massen, für die die Energie-Masse-Äquivalenz gilt. In der Relativitätstheorie wird einer Massenverteilung ein symmetrischer Energie-Impuls-Tensor $T_{ik}(x^\mu)$ zugeordnet. Seine rein zeitliche Komponente T_{44} ist die Energiedichte, die gemischten Raum-Zeit-Komponenten T_{i4} bilden analog zum Poynting-Vektor der Elektrizitätslehre die Energiestromdichte. Wegen ihrer Symmetrie besitzen die Tensoren T_{ik} und G_{ik} vier diagonale und $(16 - 4)/2 = 6$ nichtdiagonale, also insgesamt zehn Elemente. Den Zusammenhang zwischen dem Energie-Impuls-Tensor und der Metrik liefern die zehn nichtlinearen Einsteinschen Feldgleichungen

$$G_{ik}(x^\mu) = \frac{8\pi\gamma}{c^4} T_{ik}(x^\mu). \qquad (10.7)$$

Darin ist γ die Gravitationskonstante. Diese zunächst sehr abstrakt aussehende Formel kann man am einfachen Beispiel einer *statischen Massenverteilung im Newtonschen Grenzfall* erläutern. Die Energiedichte ist hier die Dichte der Ruheenergie, die sich aus der Dichte $\rho(r)$ nach der Speziellen Relativitätstheorie zu $T_{44}(r) = \rho(r)c^2$ ergibt. Setzt man (10.4) in (10.6) und (10.6) in (10.7) ein,

---

[2] Genauer gesagt, muss man zwischen dem Einstein-Tensor und dem Krümmungstensor unterscheiden. Letzterer wird aus den ersten und zweiten Ableitungen der g_{ik} nach den Koordinaten gebildet und besitzt $4^4 = 256$ Komponenten. Der Einstein-Tensor entsteht durch Reduktion auf einen 4×4-dimensionalen Tensor. Zusätzlich enthält er eine Krümmung des ganzen Kosmos, die auch ohne Quelle vorhanden ist (kosmologische Konstante). Diese spielt hier keine Rolle.

erhält man als (4, 4)-te Feldgleichung

$$G_{44}(r) = \frac{2}{c^2}\triangle\phi(r) \, ,$$

$$\triangle\phi(r) = \frac{4\pi\gamma}{c^2}T_{44}(r) = 4\pi\gamma\rho(r) \, . \qquad (10.8)$$

Das sieht genau so aus wie die Poisson-Gleichung Bd. III, Gl. (1.51) der Elektrostatik, mit der man ein elektrisches Potential ϕ aus einer Ladungsverteilung ρ_{el} berechnet:

$$\triangle\phi(r) = -\frac{\rho_{el}(r)}{\epsilon_0} \, .$$

Das Gravitationspotential Bd. I, Gl. (5.43) erhält man aus dem Coulomb-Potential Bd. III, Gl. (1.38) durch das Ersetzen von $-\rho_{el}/(4\pi\epsilon_0)$ durch $\gamma\rho$, wodurch man zu (10.8) gelangt. Die Feldgleichung (10.7) beschreibt also hier die Erzeugung des Gravitationspotentials aus einer statischen Massenverteilung.

10.2 Schwarze Löcher und Gravitationswellen

Schwarze Löcher

Wie bereits 1916 von K. Schwarzschild gezeigt wurde, gilt (10.4) auch in starken statischen Gravitationsfeldern im *Außenraum* einer kugelsymmetrischen Massenverteilung, wobei nach wie vor die klassische Formel $\phi(r) = -\gamma M/r$ mit der Gesamtmasse M zu verwenden ist.[3] Dann ist am **Schwarzschild-Radius**

$$r_S = \frac{2\gamma M}{c^2} \qquad (10.9)$$

$g_{44} = 0$. In (10.5) legen wir Punkt 1 auf den Schwarzschild-Radius und ordnen Punkt 2 einem externen Beobachter zu. Ein Lichtsignal, das am Schwarzschild-Radius emittiert wird, benötigt eine unendlich lange Zeit, um den außen stehenden Beobachter zu erreichen, es kommt nie an. Die Gravitation ist so stark, dass die Frequenz einer elektromagnetischen Welle auf null schrumpft. Es gibt einen **Ereignishorizont**. Umgekehrt gilt: Materie, die zum Horizont fliegt, benötigt bis zu seinem Erreichen, von außen betrachtet, eine unendlich lange Zeit. Je näher sie dem Horizont kommt, um so „röter" werden zurückgeschickte Lichtsignale, bis sie schließlich nicht mehr detektierbar sind. Paradoxerweise ist nach (10.5) die Eigenzeit eines Mitreisenden bis zum Erreichen des Horizonts endlich. Ein logischer Widerspruch tritt nur deshalb nicht auf, weil der Reisende niemals in das Gebiet außerhalb des Horizonts zurückkehren kann und auch kein Signal von einer

Stelle innerhalb des Horizonts nach außen schicken kann. Man spricht von einem **schwarzen Loch**. Supermassive schwarze Löcher mit millionenfacher Sonnenmasse befinden sich in Zentren von Galaxien, auch in unserer eigenen Milchstraße (siehe Bd. I/3.4). Schwarze Löcher mit üblichen Sternmassen werden uns als effiziente Quellen für Gravitationswellen sogleich wiederbegegnen.

Nach (10.9) ist jedem Körper ein Schwarzschild-Radius zugeordnet. Für die Sonne mit der Masse $2 \cdot 10^{30}$ kg beträgt er 3 km. Das ist viel kleiner als der Sonnenradius und (10.9) ist ohne Belang, weil vorausgesetzt war, dass Punkte mit $r > r_S$ außerhalb der Massenverteilung liegen.

Obwohl man nicht hinter den Ereignishorizont sehen kann, macht die ART eine Aussage über das Innere eines schwarzen Lochs: Normalerweise erzeugen Anziehungskräfte in einem Körper einen Gegendruck, der zu einem Kräftegleichgewicht führt. Ein schwarzes Loch kann sich aus einer Ansammlung von Materie bilden, wenn die Gravitationskraft alle abstoßenden Kräfte überwiegt. Die Materie kollabiert und ist im Endzustand auf einen singulären Punkt geschrumpft. Diese Situation kann am Lebensende eines Sterns nach Aufbrauchen aller Resourcen für Kernreaktionen eintreten, wenn auch nicht zwangsläufig. In jedem Fall findet ein Kollaps mit Materieausstoß statt. Bleibt eine Restmasse unterhalb von 1,4 Sonnenmassen übrig, erzeugen die Elektronen im Stern einen Fermi-Druck (Abschn. Bd. II/12.3 und Aufg. Bd. II/12.4), der die Materie stabilisiert und es entsteht ein „weißer Zwerg". Bei größerer Restmasse wird die Materie weiter komprimiert. Elektronen fusionieren mit Protonen, die Dichte erreicht Werte wie in Atomkernen und es bilden sich komplex aufgebaute „Neutronensterne", in denen der Fermidruck der Neutronen die Materie stabilisiert. Die emprische Massenobergrenze für Neutronensterne liegt bei zwei Sonnenmassen, bei größeren Restmassen ab ca. 2,5 Sonnenmassen beginnt der Bereich der schwarzen Löcher.

Materie, aus der sich ein schwarzes Loch bildet, besitzt im Allgemeinen einen Bahndrehimpuls. Deshalb besitzen schwarze Löcher ebenfalls einen Drehimpuls, was zur Modifikation der g_{ik} und zu einer Redefinition des Schwarzschildradius führt. Als weitere globale Eigenschaft besitzen schwarze Löcher eine Entropie.

Gravitationswellen

Bald nach der Aufstellung der Einsteinschen Feldgleichungen wurde klar, dass sie als zeitabhängige Lösungen Gravitationswellen vorhersagen, die von zeitlich veränderlichen Massenverteilungen erzeugt werden und sich als Verzerrungen der Metrik in der Raum-Zeit ausbreiten. In großem räumlichen Abstand von der Quelle kann man sie in einem Kontrollvolumen durch ebene Wellen annähern. Innerhalb dieses Volumens können durch

---

[3] In starken Feldern gibt es zusätzlich eine radiale Krümmung $G_{rr} \neq 0$. Sie führt dazu, dass die Ablenkung eines Lichtstrahls in einem Gravitationsfeld doppelt so groß ist, wie man aus der Schwerkraftwirkung auf ein Photon errechnet.

Superposition Wellenpakete beliebiger Form entstehen.[4] Die ebene Gravitationswelle lässt sich durch eine kleine Korrektur zum metrischen Tensor der Speziellen Relativitätstheorie beschreiben:

$$g_{ik} = \eta_{ik} + f_{ik} \,. \tag{10.10}$$

Die Amplituden f_{ik} nehmen wie die Feldstärken elektromagnetischer Wellen umgekehrt proportional zum Abstand r des Kontrollvolumens von der Quelle ab. Es gibt eine weitere Parallele zu elektromagnetischen Wellen: Gravitationswellen sind transversal polarisiert. Dies äußert sich so, dass *zwei frei bewegliche Massen senkrecht zur Ausbreitungsrichtung der Welle gegeneinander beschleunigt* werden. In einer monochromatischen Welle führen sie gegeneinander harmonische Schwingungen aus, was zurückgeführt wird auf einen metrischen Tensor

$$g_{11} = 1 + 2h_{11} \cos(kz - \omega_{grav} t + \varphi) \,,$$
$$g_{22} = 1 - 2h_{11} \cos(kz - \omega_{grav} t + \varphi) \,, \tag{10.11}$$
$$g_{ik} = \eta_{ik} \quad \text{sonst} \,.$$

Dabei wurde eine Wellenausbreitung in z-Richtung angenommen. Der Abstand x zweier Punkte auf der x-Achse zu einem bestimmten Zeitpunkt wird in einem Koordinatensystem mit konstanter Lichtgeschwindigkeit gemessen, denn die Funktion g_{11} in (10.11) ist in einem solchen System definiert. Weil g_{11} nicht von x abhängt, kann man das Differential in (10.1) weglassen und erhält für einen mittleren Punktabstand $L_0 \ll r$ wegen $h_{11} \ll 1$

$$x^2 = L_0^2\big(1 + 2h_{11} \cos(kz - \omega_{grav} t + \varphi)\big) \,,$$
$$x = L_0\big(1 + h_{11} \cos(kz - \omega_{grav} t + \varphi)\big) \tag{10.12}$$

und analog

$$y = L_0\big(1 - h_{11} \cos(kz - \omega_{grav} t + \varphi)\big) \,. \tag{10.13}$$

Die Wirkung der Gravitationswelle besteht in einer korrelierten periodischen Dehnung und Kontraktion aller Abstände in der x- und der y-Richtung. *Frei bewegliche* Testmassen werden von dieser Raumverzerrung „mitgenommen". Das Verhalten einiger Testmassen in einer solchen Welle ist in Abb. 10.1 skizziert, in der *per definitionem* eine Masse am Koordinatenursprung ruht.

Zusätzlich zu der Konfiguration in Abb. 10.1 gibt es einen zweiten Polarisationszustand, der sich durch eine Drehung um 45° um die z-Richtung senkrecht zur Zeichenebene ergibt; er wird durch einen Parameter h_{12} beschrieben.[5]

Weil Gravitationswellen transversal polarisiert sind, können sie aus Symmetrie-Gründen nicht von pulsierenden

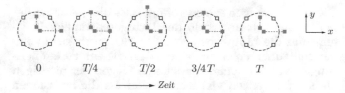

Abbildung 10.1 Verschiebungen von frei beweglichen Testmassen (*volle Kästchen*) in einer Gravitationswelle, die sich senkrecht zur Zeichenebene ausbreitet. Die *Massen am Koordinatenursprung* und die *hohl gezeichneten Testmassen* ruhen

kugelsymmetrischen Massenverteilungen abgestrahlt werden. Das ist analog zu den elektromagnetischen Wellen, die nicht von zeitlich variablen kugelsymmetrischen Ladungsverteilungen emittiert werden können. Hingegen erzeugen zeitabhängige elektrische Dipolmomente elektromagnetische Wellen. Wie wir aus Bd. III/2.3 wissen, kann ein Körper, der nur elektrische Raumladungen mit ein und demselben Vorzeichen enthält, durchaus ein elektrisches Dipolmoment besitzen. Zu dessen Definition benötigt man allerdings den Massenmittelpunkt als Referenzpunkt. Der Massenmittelpunkt einer Massenverteilung ist aber gerade dadurch definiert, dass das Massendipolmoment verschwindet. Eine Quelle für Gravitationswellen muss also zumindest ein zeitlich variables Massenquadrupolmoment besitzen. Ein derartiges Quadrupolmoment ist bereits in einem System zweier einander umkreisender Massen vorhanden. Das ergibt sich aus der Korrespondenz zum elektrischen Quadrupolmoment zweier Punktladungen gleichen Ladungsvorzeichens (siehe Bd. III, Gl. (2.34) und Bd. III, Aufgabe 2.3). Wenn ein System von Massen rotiert, hat nach einem halben Bahnumlauf *jede* Komponente des Quadrupolmoments, weil die Koordinaten der Massen bezüglich des Schwerpunkts das Vorzeichen gewechselt haben, denselben Wert wie vorher. Deshalb ist die Frequenz der Gravitationswelle doppelt so groß wie die Frequenz des Bahnumlaufs. Die abgestrahlte Leistung ist proportional zum Quadrat der dritten zeitlichen Ableitung des Quadrupolmoments. Für ein binäres System mit den Massen m_1 und m_2, der reduzierten Masse μ_{red} und einem Komponentenabstand r_B ist sie proportional zu $\mu_{red}^2 r_B^4$ und der sechsten Potenz der Kreisfrequenz ω_{grav} der Welle:

$$P_{grav} = \frac{\gamma \omega_{grav}^6}{10\, c^5} \mu_{red}^2 r_B^4 \,, \quad \mu_{red} = \frac{m_1 m_2}{m_1 + m_2} \,. \tag{10.14}$$

Zwischen den Massen, ihrem Abstand und der Frequenz der Welle ergibt sich aus dem klassischen Kräftegleichgewicht ein Zusammenhang:

$$\frac{\gamma m_1 m_2}{r_B^2} = \mu_{red} \frac{\omega_{grav}^2}{4} r_B \,,$$

$$\omega_{grav} = \sqrt{\frac{4\gamma(m_1 + m_2)}{r_B^3}} \,. \tag{10.15}$$

---

[4] Wegen der Nichtlinearität der Einsteinschen Feldgleichungen sind solche Wellen an der Quelle *keine* linearen Superpositionen.
[5] Die Gründe dafür, warum sich aus 10 Feldgleichungen nur zwei Polarisationszustände ergeben, findet man in der Literatur über Allgemeine Relativitätstheorie: Die Feldgleichungen sind nicht voneinander unabhängig und invariant gegenüber Eichtransformationen.

Diese Gleichungen setzen voraus, dass die Geschwindigkeiten deutlich unterhalb der Lichtgeschwindigkeit liegen und die räumlichen Verzerrungen noch klein sind. Abschätzungen hiermit zeigen, dass die emittierten Leistungen von Doppelsternsystemen wegen der niedrigen Umlauffrequenzen viel kleiner sind als die Emissionen kompakter massereicher Objekte (Aufgabe 10.2).

Gravitationswellen mit hoher Intensität entstehen, wenn große Massen nach kosmischen Maßstäben schnell beschleunigt werden. Das geschieht beim Urknall, der Rotation leicht exzentrischer Neutronensterne, dem Sternkollaps vor einer Supernova-Explosion, der Fusion zweier Neutronensterne, der Fusion eines Neutronensterns mit einem schwarzen Loch oder der Fusion zweier schwarzer Löcher.

Wir wollen die Größe der Raumverzerrung abschätzen, die durch zwei fusionierende schwarze Löcher entsteht. Dabei orientieren wir uns am ersten, von der LIGO-Kollaboration beobachteten Ereignis dieser Art,[6] in dem zwei schwarze Löcher mit 30 bzw. 34 Sonnenmassen im Abstand $r = 1{,}3$ Ly von der Erde innerhalb eines Sekunden-Bruchteils miteinander verschmolzen sind, wobei das Energieäquivalent von ca. 3 Sonnenmassen in Form von Gravitationswellen abgestrahlt wurde. Eine entsprechende Energie $P_{grav}/(4\pi r^2)$ pro Zeit und Fläche strömt mit Lichtgeschwindigkeit durch das Kontrollvolumen eines Beobachters. Die mittlere Energiedichte ist[7]

$$T_{44}^{(Q)} = \frac{P_{grav}}{4\pi r^2 c} \, .$$

Durch die ebene Welle (10.11) entsteht eine Krümmung der Raum-Zeit. Krümmungen proportional zu den zweiten Ableitungen der g_{ik} nach der Zeit analog zu (10.6), die proportional zu den h_{ik} wären, treten nicht auf. Man muss nämlich die von g_{11} und g_{22} herrührenden Beiträge zu G_{44} addieren und die Summe verschwindet. Der Grund dafür ist in der weggelassenen Herleitung von (10.11) verborgen und hängt damit zusammen, dass die ebene Gravitationswelle eine Lösung der quellenfreien Wellengleichung (1.34) ist. Übrig bleibt ein Anteil $G_{44}^{(W)}$ des Einstein-Tensors, der proportional zu den h_{ik}^2 ist. Er kann nur von Quadraten der Ableitungen $\partial g_{11}/\partial t$ und $\partial g_{22}/\partial t$ abhängen. *Experimentelle* Größen, die zu den h_{ik}^2 proportional sind, sind die Geschwindigkeitsquadrate schwingender Testmassen, in x-Richtung nach (10.12)

$$\frac{v^2}{c^2} = L_0^2 \frac{\omega_{grav}^2}{c^2} h_{11}^2 \sin^2(kz - \omega_{grav} t + \varphi) \, . \qquad (10.16)$$

Die Strecke L_0 ist eine apparative Größe und keine Welleneigenschaft. Das legt den Verdacht nahe, dass der übrig bleibende Faktor proportional zu $\omega_{grav}^2 h_{11}^2/c^2$ gerade die relevante Komponente $G_{44}^{(W)}$ ist, denn er hat die Dimension m^{-2}. Die Rechnung im Rahmen der ART bestätigt diese Vermutung:

$$G_{44}^{(W)} = \frac{\omega_{grav}^2}{c^2} \Big(h_{11}^2 \sin^2(kz - \omega_{grav} t + \varphi) \\ + h_{12}^2 \sin^2(kz - \omega_{grav} t + \psi) \Big) \, . \qquad (10.17)$$

Hier wurde noch der Beitrag des zweiten Polarisationszustandes addiert, der in der Phase verschoben sein kann.

$T_{44}^{(Q)}$ und $G_{44}^{(W)}$ sind über (10.7) miteinander verknüpft, wobei an die Stelle der Energiedichte der Materie hier die Energiedichte der Gravitationswelle tritt. Wir erhalten im zeitlichen Mittel

$$\frac{1}{2} \frac{\omega_{grav}^2}{c^2} \left(h_{11}^2 + h_{12}^2 \right) = \frac{8\pi\gamma}{c^4} P_{grav} \cdot \frac{1}{4\pi r^2 c}$$

$$\sqrt{h_{11}^2 + h_{12}^2} = \sqrt{\frac{16\pi\gamma}{\omega_{grav}^2 c^3} \frac{P_{grav}}{4\pi r^2}} \, .$$

Mit $P_{grav} = \dot{m}c^2$, $\dot{m} = 3$ Sonnenmassen pro 0,1 s, der Sonnenmasse $m_0 = 2 \cdot 10^{30}$ kg, $r = 1{,}3 \cdot 10^9$ Ly und $\nu_{grav} = \omega_{grav}/2\pi = 50$ Hz ergibt sich $\sqrt{h_{11}^2 + h_{12}^2} = 2 \cdot 10^{-21}$. Ein Nachweis des Effektes scheint auf den ersten Blick unmöglich zu sein. Dennoch ist er gelungen!

Die Frequenz ν_{grav} der Gravitationswelle ist während des Fusionsprozesses nicht konstant. Bei einem Abstand r_B von 5 Schwarzschild-Radien zwischen den schwarzen Löchern beträgt sie $\nu_{grav} = \omega_{grav}/2\pi = 5$ Hz, wie man aus (10.15) mit $r_S = 180$ km errechnet. Bedingt durch die Energieabstrahlung nimmt r_B ab und ν_{grav} und die Umlaufgeschwindigkeit $\omega_{grav} r_B$ nehmen zu. Weil die Lichtgeschwindigkeit nicht überschritten werden kann, schätzt man eine Frequenzobergrenze $\nu_{grav} \approx c/\pi r_S \approx 1000$ Hz ab. Die Frequenz 50 Hz tritt gegen Ende des Verschmelzungsprozesses auf.

Im Newtonschen Fernbereich lässt sich ein analytischer Zusammenhang zwischen der Frequenz der Gravitationswelle und deren Zeitabhängigkeit angeben. Die abgestrahlte Leistung (10.14) entspricht der Abnahme der Gesamtenergie der zwei Körper: $P = dE_{tot}/dt = -d(\gamma m_1 m_2/2r)/dt$. Unter Verwendung von (10.15) und deren zeitlicher Ableitung gelangt man zu

$$\dot{\omega}_{grav}^3 = 16 \left(\frac{6}{5} \right)^3 \frac{\omega_{grav}^{11}}{c^{15}} \gamma^5 (m_1 + m_2)^2 \mu_{red}^3 \qquad (10.18)$$

(Aufgabe 10.3). Aus der Frequenzzunahme der Gravitationswelle einer Sternfusion lässt sich also die Massenkombination $(m_1 m_2)^{3/5}/(m_1 + m_2)^{1/5}$ bestimmen, die

---

[6] B. P. Abbott et al., LIGO Collaboration, „Observation of Gravitational Waves from a Binary Black Hole Merger", Phys. Rev. Lett. **116** (2016) 061102.
[7] Weil sich Quelle und Beobachter relativ zueinander bewegen, ist am Ort des Beobachters an der Energie noch ein von der Rotverschiebung $\mathcal{Z}$ der Quelle abhängiger Korrekturfaktor anzubringen. Bei dem beobachteten Ereignis macht das rund 10 % aus.

den Namen „Chirp-Masse" trägt. Der zeitliche Ablauf der Fusion kann heute mit Hilfe subtiler Näherungsverfahren aus den Einsteinschen Feldgleichungen berechnet werden. Dies erlaubt es, beide Massen und den Drehimpuls aus den Messdaten zu extrahieren.

10.3 Nachweis der Gravitationswellen

Ein indirekter Beweis für die Existenz von Gravitationswellen ergab sich aus der Untersuchung eines Doppelsternsystem namens PSR B1913+16. Dieses besteht aus einem Neutronenstern und einem unsichtbaren Begleiter. Der sichtbare Stern ist eine extrem genau gehende Uhr, die periodisch Lichtimpulse emittiert. Der Zeitabstand der Impulse weist eine Modulation auf, die durch Dopplereffekt entsteht und vom Umlauf der Sterne umeinander herrührt. Die Umlaufzeit beträgt $T = 7{,}75$ Stunden. Sie wurde über Jahre hinweg verfolgt und es zeigte sich, dass sie sich mit einer zeitlichen Steigung $dT/dt = 2{,}4 \cdot 10^{-12}$ verringert. Dieser Effekt konnte mit einer Genauigkeit von 0,2 % der Emission von Gravitationswellen zugeschrieben werden.[8]

Versuche, einen direkten Nachweis von Gravitationswellen mit Hilfe massiver Zylinder zu erbringen, die resonant zu mechanischen Schwingungen angeregt werden, führten letztlich zu keinen signifikanten Ergebnissen.

Gravitationswellen-Interferometer

Zweistrahlinterferenz. Die in Abb. 10.1 gezeigte Struktur der Welle legt es nahe, die auftretenden räumlichen Dehnungen und Stauchungen mit einem Michelson-Interferometer zu messen. Die Endspiegel dienen als Testmassen, sie müssen daher frei beweglich sein. Wir untersuchen zunächst, ob man mit einem üblichen Michelson-Interferometer eine Gravitationswelle der oben angegebenen Stärke nachweisen kann. Die Versuchsanordnung entspricht derjenigen in Abb. 10.2, aber ohne die dort eingezeichneten zusätzlichen Spiegel SI, SP und SS. Es wird sich herausstellen, dass der Nachweis ohne derartige apparative Verbesserungen nicht möglich ist. Nach jahrzehntelangen Entwicklungsarbeiten in etlichen Ländern haben heute nach dem Prinzip von Abb. 10.2 arbeitende Detektoren eine Empfindlichkeit erreicht, die für den Nachweis einzelner spektakulärer Ereignisse ausreicht.

[8] Für die Entdeckung und die Analyse dieses Doppelsternsystems erhielten R. A. Hulse und J. H. Taylor im Jahre 1993 den Nobelpreis.

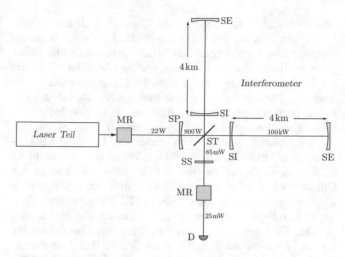

Abbildung 10.2 Prinzipieller Aufbau eines interferometrischen Detektors zum Nachweis von Gravitationswellen (advanced LIGO-Detektor, siehe Bildnachweis zu Abb. 10.3). MR: Modenreiniger („mode cleaner"), SP: Spiegel zur Rückführung von Laserleistung in das Interferometer („power recycling"), SI, SE: Eingangs- und Endspiegel für die Fabry-Pérot-Resonatoren, ST: Strahlteiler, SS: Spiegel für das „Signal recycling", D: Detektor

Durch die Verlängerung und Verkürzung der Interferometerarme entsteht zwischen dem Lichteintritt und dem Wiederaustritt aus einem Arm eine Phasenverschiebung

$$\Delta\varphi = \frac{4\pi L_0}{\lambda} h_{11}(t) \,, \tag{10.19}$$

wobei L_0 die mittlere Armlänge ist. Als Lichtquelle dient ein kontinuierlich laufender Laser. Analog zu elektromagnetischen Wellen in einem Hohlraumresonator (Abschn. 2.5) besitzt auch Licht aus einem Laser eine Serie transversaler Moden. Damit man eine gleichmäßige Intensitätsverteilung über den Laserstrahl und eine möglichst einheitliche Frequenz erhält, werden alle höheren Moden von einem sogenannten Modenreiniger unterdrückt, der ein optischer Resonator ist.

In (7.13) zur Berechnung der Zweistrahlinterferenz kann man die im Michelson-Interferometer zirkulierenden *Leistungen* als Integrale der Intensitäten über den Strahlquerschnitt einsetzen. Besitzen die Arme etwas unterschiedliche Längen L_1, L_2 und unterscheiden sich auch die Leistungen P_1 und P_2, erhält man als Ausgangsleistung am Detektor

$$P = P_1 + P_2 + 2\sqrt{P_1 P_2}\cos\delta \quad \text{mit}$$
$$\delta = \frac{4\pi}{\lambda}(L_1 - L_2) + 2\Delta\varphi \,. \tag{10.20}$$

Gravitationswellen weist man durch die Modulation der detektierten Lichtleistung nach, die durch die Phasendifferenz $\Delta\varphi$ entsteht. Als Detektoren werden Photodioden verwendet. Das Detektor-Signal ist eine lineare und zeitlich variable Funktion der Lichtleistung; über die schnellen Oszillationen mit der doppelten Lichtfrequenz wird natürlich automatisch gemittelt. Dies wird als homodyne Detektion bezeichnet. Um eine große Modulation zu erzielen, muss man wegen (10.19) die Strecke L_0 möglichst groß wählen, was auf kilometerlange Interferometerarme hinausläuft. Dies zeigt Tab. 10.1, die eine Übersicht über im Betrieb und im Bau befindliche Anlagen gibt. Außerdem müssen die Lichtleistungen in den Interferometerarmen so groß wie möglich sein. Andererseits darf die am Detektor ankommende mittlere Leistung im Vergleich zur Leistung durch die Gravitationswelle nicht so groß sein, dass der verfügbare dynamische Bereich des Detektors überschritten wird. Deshalb werden die von $\Delta\varphi$ unabhängigen Leistungsanteile in (10.20) gegenüber dem $\Delta\varphi$-abhängigen Term um etliche Zehnerpotenzen unterdrückt. Dies geschieht dadurch, dass das Interferometer fast auf Dunkelheit eingestellt wird, also der Phasenwinkel δ nahe einem ungeradzahligen Vielfachen von π ist. Dann unterscheidet sich die Differenz $L_1 - L_2$ von einem ungeraden Vielfachen der viertel Wellenlänge $\lambda/4$ nur um einen kleinen Betrag ΔL. Die Leistungen P_1 und P_2 werden niemals völlig gleich sein. Es folgt aus (10.19) mit der mittleren Leistung $P_0 = (P_1 + P_2)/2$ und $P_{1,2} = P_0 \pm (P_1 - P_2)/2$

$$\cos\delta \approx -1 + \frac{1}{2}\left(\frac{4\pi}{\lambda}\Delta L + 2\Delta\varphi\right)^2 ,$$

$$\sqrt{P_1 P_2} \approx P_0 - \frac{(P_1 - P_2)^2}{8P_0} ,$$

und man erhält mit (10.20) und (10.19)

$$P \approx \frac{(P_1 - P_2)^2}{4P_0} + P_0\left(\frac{4\pi}{\lambda}\Delta L\right)^2$$
$$+ 4P_0\left(\frac{4\pi}{\lambda}\right)^2 \Delta L L_0 h_{11}(t) . \tag{10.21}$$

Wie man sieht, erzeugt eine Ungleichheit der Leistungen in den Interferometerarmen nur einen nicht interferenzfähigen Untergrund. Ein solcher Untergrund entsteht auch, wenn sich die aus den Interferometerarmen zurückkehrenden Lichtbündel nicht perfekt überlappen. Wird dies vermieden und kann man den Term $\propto (P_1 - P_2)^2$ weglassen, besteht die Leistung aus einem Anteil proportional zu $\Delta L^2 P_0$ und einem Beitrag der Gravitationswelle, dessen Amplitude um einen Faktor $4 h_{11} L_0/\Delta L$ kleiner ist. Soll dieses Verhältnis beispielsweise für $h_{11} \approx 10^{-21}$ und $L_0 = 4\,\mathrm{km}$ in der Größenordnung 10^{-6} liegen, ergibt sich eine Verstimmung des Interferometers um die winzige Strecke $\Delta L \approx 20 \cdot 10^{-12}\,\mathrm{m}$.

Die Gleichungen (10.19) und (10.21) basieren auf der Annahme, dass sich $h_{11}(t)$ während der Laufzeit des Lichts durch einen Interferometerarm nicht wesentlich ändert. Das bedeutet $\nu_{\mathrm{grav}} \ll c/2L_0$, also für ein Interferometer

Tabelle 10.1 Interferometer zur Suche nach Gravitationswellen

Name	Standort	Länge (km)
KAGRA (im Bau)	Hida/Japan	3,0
GEO600	Ruthe (Hannover)/D	0,6
VIRGO	Pisa/Italien	3,0
adv. LIGO	Livingston/USA	4,0
	Hanford/USA	4,0
	Hanford/USA	2,0

von 4 km Länge $\nu_{\mathrm{grav}} \ll 38\,\mathrm{kHz}$. Die Wellenlänge $\lambda_{\mathrm{grav}} = c/\nu_{\mathrm{grav}}$ der Gravitationswelle muss groß gegen $2L_0$ sein. Ist sie gleich $2L_0$, mittelt sich der Einfluss der Gravitationswelle auf die Phasendifferenz des Lichts weg und das Interferometer wird unempfindlich.

Empfindlichkeit und Rauschen. Die Leistungsfähigkeit eines Interferometers kann man durch zwei Parameter charakterisieren. Eine Dehnung h_{11} führt zu einer Änderung der Lichtleistung P_g am Detektor. Die **Eichkonstante** $C = P_g/h_{11}$ ergibt sich aus (10.21). Man kann ΔL durch die mittlere Intensität $P_V = P_0(4\pi\Delta L/\lambda)^2$ vor dem Detektor ausdrücken und erhält

$$C = 4\eta\left(\frac{4\pi}{\lambda}\right)^2 \Delta L L_0 P_0 = 4\eta L_0 \frac{4\pi}{\lambda}\sqrt{P_V P_0} . \tag{10.22}$$

Der Faktor η berücksichtigt, dass die Effizienz des Detektors für den Lichtnachweis etwas kleiner als 100 % ist. Als Lichtquelle werden Nd:YAG-Laser mit einer Wellenlänge $\lambda = 1\,\mu\mathrm{m}$ im Leistungsbereich von 100 W eingesetzt. Für das Zahlenbeispiel $\Delta L = 20\,\mathrm{pm}$ und $h_{11} = 10^{-21}$ würden sich mit $\eta = 1$ die Leistungen $P_V = 3 \cdot 10^{-6}\,\mathrm{W}$ und $P_g = 2{,}5 \cdot 10^{-12}\,\mathrm{W}$ ergeben.

Im Detektor treten wegen etlicher noch anzugebender Rauschquellen zeitliche Fluktuationen der nachgewiesenen Leistung $P_D = \eta P_V$ auf, die die Messgenauigkeit für h_{11} begrenzen. In der Fourier-Zerlegung $F_P(\nu_D)$ der Leistung, also dem beobachteten Leistungsspektrum, treten als Funktion der Frequenz ν_D statistische Fluktuationen auf. Würde man die Messung vielfach wiederholen, würde man bei jeder Frequenz eine statistische Verteilung der $F_P(\nu_D)$-Werte erhalten. Die Leistung in einem endlichen Frequenzbereich $\Delta\nu_D = \nu_2 - \nu_1$ schwankt mit einer Varianz

$$\Delta\left(\int\limits_{\nu_1}^{\nu_2} F_P(\nu_D)\,\mathrm{d}\nu_D\right)^2 = \overline{\Delta(P_{\mathrm{cum}}(\nu_2) - P_{\mathrm{cum}}(\nu_1))^2} .$$

$$\tag{10.23}$$

Hier wurde das kumulierte Frequenzspektrum $P_{\mathrm{cum}}(\nu_D)$ eingeführt, das das Integral des Leistungsspektrums bis zu einer Frequenzgrenze ist: $P_{\mathrm{cum}}(\nu_D) = \int_0^{+\nu_D} F_P(\nu'_D)\,\mathrm{d}\nu'_D$.

Es hat die Einheit Watt, und es ist $P_{\mathrm{cum}}(\infty) = P_D$. Zwischen verschiedenen Frequenzen sind die Schwankungen von $F_P(\nu_D)$ im Allgemeinen unkorreliert. In diesem Fall ist das Fehlerquadrat (10.23) der Intervallbreite $\Delta\nu_D$ proportional. An Stelle der Varianz (10.23) führt man zweckmäßigerweise ihr Verhältnis zur Breite $\Delta\nu_D$ ein, weil dieser Quotient für $\Delta\nu_D \to 0$ einen Grenzwert besitzt. Als Fehler wird üblicherweise die Wurzel daraus angegeben:

$$\sqrt{\left(\overline{\frac{\mathrm{d}P_{\mathrm{cum}}^2(\nu_D)}{\mathrm{d}\nu_D}}\right)}. \tag{10.24}$$

Der Mittelungsstrich deutet an, dass hier über das Quadrat des Differentials gemittelt wird. Will man eine Gravitationswelle als Wellenpaket in einem Frequenzintervall $\mathrm{d}\nu_{\mathrm{grav}}$ nachweisen, wird ν_D als Frequenz ν_{grav} der Gravitationswelle interpretiert und man rechnet (10.24) mit der Konstanten C aus (10.22) in einen Fehler von h_{11} um:

$$\sqrt{\left(\overline{\frac{\mathrm{d}h_{11}^2(\nu_{\mathrm{grav}})}{\mathrm{d}\nu_{\mathrm{grav}}}}\right)} = \frac{1}{C}\sqrt{\left(\overline{\frac{\mathrm{d}P_{\mathrm{cum}}^2(\nu_D)}{\mathrm{d}\nu_D}}\right)}. \tag{10.25}$$

Die Fehler (10.24) und (10.25) haben die Einheiten $\mathrm{W}/\sqrt{\mathrm{Hz}}$ und $1/\sqrt{\mathrm{Hz}}$. Der Sinn dieser Größen erschließt sich aus einer Betrachtung der Frequenzbandbreite nachzuweisender Wellen. Für fast monochromatische Wellen steht nach der Unschärferelation eine nahezu unendliche Messzeit zur Verfügung, sodass sich das Rauschen wegmittelt und der Messfehler klein wird. Dementsprechend ist (10.25) mit der Wurzel aus einer sehr kleinen Bandbreite zu multiplizieren. Im Gegensatz dazu ist die Frequenzbandbreite eines sehr kurzen Wellenpakets groß, was die Messgenauigkeit verschlechtert.

Quantenrauschen. Ein wichtiges Beispiel hierzu ist das **Schrotrauschen**. Der Name impliziert, dass der Nachweis einer Lichtwelle durch Photonen erfolgt, die in unregelmäßigen Zeitabständen wie Schrotkugeln auf den Detektor prasseln und Stromimpulse mit einer kurzen Dauer τ erzeugen. Die Ladung eines Impulses ist der Quantenenergie $h\nu$ proportional, der mittlere Strom der Leistung P_D. Wie aus Abb. 4.12 und Aufg. 4.3a ersichtlich ist, besitzen die Fouriertransformierten aller Stromimpulse die gleiche Einhüllende, deren Ausdehnung durch $1/\tau$ gegeben ist. Hinzu treten statistisch fluktuierende Phasenfaktoren. Solange ν_D klein gegen $1/\tau$ ist, was hier der Fall ist ($\nu_{grav} \lesssim 10^4\,\mathrm{Hz}$, $1/\tau \gtrsim 10^6\,\mathrm{Hz}$), würde man mit vielen hypothetischen Wiederholungen der Messung einen frequenzunabhängigen Mittelwert des Leistungsspektrums und frequenzunabhängige Schwankungen darum erhalten. Dies wird als **weißes Rauschen** bezeichnet. Die Varianz des Leistungsspektrums wird der Photonenzahl pro

Zeit $P_D/h\nu$ und dem Quadrat der Photonenenergie proportional sein. Die genaue Rechnung ergibt[9]

$$\sqrt{\overline{\frac{\mathrm{d}P_{\mathrm{cum}}^2(\nu_D)}{\mathrm{d}\nu_D}}} = \sqrt{2P_D h\nu}. \tag{10.26}$$

Angewandt auf die Gravitationswelle erhält man mit (10.22) und (10.25)

$$\sqrt{\overline{\frac{\mathrm{d}h_{11}^2(\nu_{\mathrm{grav}})}{\mathrm{d}\nu_{\mathrm{grav}}}}} = \frac{\sqrt{2\eta P_V h\nu}}{4\eta(4\pi/\lambda)^2\Delta L L_0 P_0} = \sqrt{\frac{2h\nu}{\eta P_0}}\frac{\lambda}{16\pi L_0}.$$

Bemerkenswert ist, dass sich die Verstimmung ΔL in dieser Gleichung herauskürzt! Für das obige Beispiel mit 100 W Eingangsleistung und $L_0 = 4\,\mathrm{km}$ kommt $(\mathrm{d}h_{11}^2/\mathrm{d}\nu_{\mathrm{grav}})^{1/2} \approx 3\cdot 10^{-22}/\sqrt{\mathrm{Hz}}$ heraus. Für den Nachweis einer Gravitationswelle mit der Dehnung 10^{-21} reicht das nicht aus, wenn eine Bandbreite von einigen 100 Hz zu berücksichtigen ist.

Ein weiteres Quantenrauschen entsteht dadurch, dass in den Interferometerarmen Feldstärkefluktuationen existieren. Die Schwankungen ΔP der zirkulierenden Leistungen werden ebenfalls von (10.26) beschrieben. Es resultieren fluktuierende Kräfte $\Delta F = \pm 2\Delta P/c$ auf die Spiegel, die unregelmäßige Bewegung um ihre Mittellagen ausführen. Nach Aufg. 3.7 erzeugt eine periodische Kraft an einem Spiegel der Masse m eine Oszillationsamplitude $|\Delta x| = \Delta F/(4\pi^2\nu_{\mathrm{grav}}^2 m)$. Es entsteht ein Messfehler

$$\sqrt{\overline{\frac{\mathrm{d}\Delta h_{11}^2(\nu_{\mathrm{grav}})}{\mathrm{d}\nu_{\mathrm{grav}}}}} \sim \frac{2\sqrt{2h\nu P_0}}{4\pi^2 mcL_0\nu_{\mathrm{grav}}^2}.$$

Er steigt mit der Wurzel aus der Leistung im Interferometerarm an und folgt bei kleinen Frequenzen einem $1/\nu_{\mathrm{grav}}^2$-Gesetz. Mit einer genügend großen Spiegelmasse lässt er sich klein genug halten.

Resonante Leistungserhöhung im Interferometer. Gestaltet man die Interferometerarme durch den Einbau von Spiegeln hinter dem Strahlteiler (Spiegel SI in Abb. 10.2) als Fabry-Pérot-Resonatoren, kann man die Lichtleistung in den Interferometerarmen resonant um mehr als zwei Größenordnungen anheben. Das Prinzip lässt sich an dem idealisierten Fall erläutern, in dem der Endspiegel fast den Reflexionskoeffizienten -1 hat. Des Weiteren

---

[9] In der etwas aufwändigen Rechnung wird (10.23) mittels Fourier-Transformationen und Variablen-Transformationen auf das Zeitspektrum der Photonen zurückgeführt, das mit Hilfe der Poisson-Statistik analysiert wird. Eine äquivalente, bereits im Jahre 1918 von W. Schottky angegebene Formel gibt es für das Rauschen eines durch einen Leiter fließenden Gleichstroms, das von der Quantelung der elektrischen Ladung herrührt: $\overline{\Delta I^2} = 2eI\Delta\nu$.

betrachten wir hier zunächst Gravitationswellen mit Frequenzen ν_{grav}, die so klein sind, dass sich h_{11} während der Lichtspeicherzeit im Resonator nur wenig ändert. Die Oberfläche des Eintrittsspiegels SI besitze für die Vorwärts- und Rückwärtsrichtung die Reflexionskoeffizienten $\rho = -\rho'$ und die Transmissionskoeffizienten τ und τ'. Man kann analog zu (7.51) und (7.66) und zu Aufg. 7.6 die von *einem* Resonator reflektierte Wellenamplitude E_r aus der auf SI auftreffenden Amplitude E_0 ermitteln:

$$\check{E}_r = \check{E}_0 \left(\rho - \tau\tau'e^{i\delta} \sum_{n=0}^{\infty} (-\rho')^n e^{in\delta} \right) \qquad (10.27)$$

$$= \check{E}_0 \left(\rho - \frac{\tau\tau'e^{i\delta}}{1 + \rho'e^{i\delta}} \right) .$$

Mit $\tau\tau' = 1 - \rho^2$ erhält man nach einer Zwischenrechnung

$$\check{E}_r = \check{E}_0 \frac{\rho - e^{i\delta}}{1 - \rho e^{i\delta}} . \qquad (10.28)$$

Beide Fabry-Pérot-Resonatoren werden bis auf Verstimmungen ΔL_1 und ΔL_2 auf maximale Intensität eingestellt. Dann sind die Phasen δ_i, abzüglich eines wegzulassenden Vielfachen von 2π, (10.20) zu entnehmen: $\delta_i = 4\pi\Delta L_i/\lambda \pm \Delta\varphi$. Die ΔL_i sind so klein, dass $\delta_i \ll |1 - \rho|$ ist. Man kann die reflektierte Amplitude nach Potenzen von δ_i entwickeln und erhält aus (10.28)

$$\frac{\check{E}_r}{\check{E}_0} \approx \frac{\rho - 1 - i\delta_i}{1 - \rho - i\delta_i} \approx -1 - 2i\frac{\delta_i}{1 - \rho} . \qquad (10.29)$$

In den beiden Fabry-Pérot-Resonatoren werden verschiedene Vorzeichen von ΔL_i gewählt. Weil die Vorzeichen der Dehnungen h_{11} von Natur aus verschieden sind, sind auch die Vorzeichen der δ_i verschieden. Das aus den Eintrittsspiegeln und dem Strahlteiler der Anordnung in Abb. 10.2 bestehende Michelson-Interferometer wird auf Dunkelheit eingestellt. Die beiden reflektierten Amplituden sind zu subtrahieren und der konstante Term -1 in (10.29) hebt sich im Idealfall heraus. Für die Ausgangsleistung des Interferometers gilt mit nur einem Unterschied wieder (10.21): Die beiden relevanten Leistungsanteile sind um einen Faktor $G_a = 4/|1 - \rho|^2$ verstärkt. Der Fehler durch das Schrotrauschen wird um einen Faktor $1/\sqrt{G_a}$ verkleinert.

Einfluss der Lichtlaufzeit im Interferometer. Die bisherige Darstellung ist in zweierlei Hinsicht unvollständig: Energieverluste in den Fabry-Pérot-Resonatoren sind nicht berücksichtigt, sie reduzieren den Faktor G_a. Die Amplitude der Gravitationswelle ändert sich während der Lichtlaufzeit im Interferometer. Als Speicherzeit τ_s definiert man die Zeit, in der die Amplitude einer Lichtwelle im Resonator ohne Energiezufuhr auf $1/e$-tel abklingt. Bei

einer Speicherung über $N_U = 200$ Lichtumläufe und einer Armlänge $L_0 = 4\,\text{km}$ bedeutet das beispielsweise $\tau_s = 2L_0N_U/c \sim 5\,\text{ms}$, und die modifizierte Gl. (10.21) ist bereits bei einer Frequenz $\nu_{grav} = 1/\tau_s = 200\,\text{Hz}$ nicht mehr richtig.

Weil (10.12) auf einem Koordinatensystem basiert, in dem die Lichtgeschwindigkeit konstant ist und der Uhrtakt durch den Laser gegeben ist, entsteht bei der Lichtausbreitung in x-Richtung pro Streckenintervall $dx_0 = c\,dt$ durch die Raumdehnung eine Phasendifferenz $2\pi/\lambda \cdot h_{11}(t)\,dx_0$. Zu einem bestimmten Messzeitpunkt t_0 kann man diese Phasenverschiebung für n vergangene Hin- und Rückwege des Lichts zwischen den Resonatorspiegeln aufsummieren. Man erhält für eine harmonische Gravitationswelle $h_{11}(t) = h_0 e^{i\omega_{grav}t}$

$$\Delta\varphi_n = \frac{2\pi}{\lambda}c \int_{t_0 - 2nL_0/c}^{t_0} h_0 e^{i\omega_{grav}t}\,dt ,$$

$$\Delta\varphi_n = -i\frac{2\pi c}{\lambda\omega_{grav}} h_0 e^{i\omega_{grav}t_0} \left(1 - e^{-2in\omega_{grav}L_0/c}\right) .$$

In (10.27) enthält der Term $e^{in\delta}$ einen Faktor $e^{in\Delta\varphi}$, der durch den Ausdruck

$$e^{i\Delta\varphi_n} \approx 1 + i\Delta\varphi_n$$

$$\approx 1 + \frac{2\pi c}{\lambda\omega_{grav}} h_0 e^{i\omega_{grav}t_0} \left(1 - e^{-2in\omega_{grav}L_0/c}\right) \tag{10.30}$$

zu ersetzen ist. Man erkennt, dass das Resultat (10.27) in zwei Summanden aufspaltet, von denen einer von der Gravitationswelle nicht beeinflusst wird, während der zweite zu h_0 proportional ist. In (10.27) wurde der Phasenfaktor $e^{i\omega t_0}$ der Lichtamplitude weggelassen, der hinzuzufügen ist. Es folgt, dass das Licht in den Resonatoren aus drei Komponenten besteht: einer Trägerwelle mit der Laserfrequenz ω und zwei zu h_0 proportionalen Seitenbändern mit den Frequenzen $\omega \pm \omega_{grav}$.

Die Empfindlichkeit C erhält man aus der Analyse von (10.27) mit dem von h_0 abhängigen Teil von (10.30). Man findet mit einigen Rechentricks, dass sie bei niedrigen Frequenzen proportional zu

$$C \propto K = \sqrt{\frac{1}{1 + \tau_s^2\omega_{grav}^2}} \tag{10.31}$$

ist mit $\tau_s = 2L_0/(1 - \rho)c$. Die Speicherzeit resultiert hier wegen der gemachten Vereinfachungen nur aus der Lichtdurchlässigkeit der Spiegel SI in Abb. 10.2.

Leistungsrückführung. Das bisher beschriebene Interferometer hat die Eigenschaft, dass fast die gesamte aus den Armen zurückkehrende Lichtleistung zur Lichtquelle reflektiert wird. Dies lässt sich durch den Einbau eines

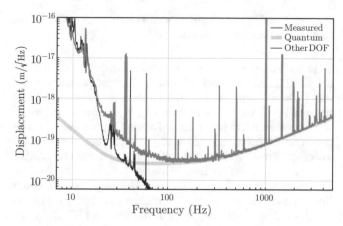

Abbildung 10.3 Vergleich des experimentell beobachteten Rauschens in einem der LIGO-Detektoren mit dem berechneten Quanten-Rauschen und dem apparativ bedingten Rauschen. Aufgetragen ist $\Delta h_{11}L_0$. LIGO Scientific Collaboration and Virgo Collaboration, 2016

teildurchlässigen Spiegels zwischen Lichtquelle und Interferometer vermeiden („Power Recycling"). Dieser Spiegel bildet zusammen mit den Eintrittsspiegeln der Fabry-Pérot-Resonatoren einen weiteren optischen Resonator. Mit geeigneter Justierung tritt vor den Fabry-Pérot-Resonatoren eine zusätzliche Leistungserhöhung um einen Faktor G_p ein, die deutlich mehr als eine Größenordnung ausmacht. Um den gleichen Faktor vergrößern sich die Leistungen in den Armen und am Detektor, und der Einfluss des Schrotrauschens wird um den Faktor $1/\sqrt{G_p}$ reduziert.

Wie man in Abb. 10.2 sieht, gibt es vor dem Detektor einen weiteren teildurchlässigen „Signal-Recycling"-Spiegel, dessen Funktion sich nicht mit wenigen Worten erläutern lässt. Das Licht ist allseitig fast eingesperrt und es entsteht ein System gekoppelter Resonatoren, das durch den zusätzlichen Spiegel mit dessen Reflektivität und Position zwei zusätzliche Freiheitsgrade erhält. Lichtwellen mit der Trägerfrequenz und den Seitenbandfrequenzen verhalten sich unterschiedlich. Durch Anhebung einer Seitenbandintensität lässt sich der Einfluss des Schrotrauschens weiter reduzieren, auch lassen sich die mittlere Frequenz und die Bandbreite für den Gravitationswellennachweis variieren.

Als Beispiel sind für einen run des adv. LIGO-Experiments einige Zahlen in Abb. 10.2 angegeben. Die Laser-Leistung in den Armen wird resonant um einen Faktor 10^4 vergrößert. Am Detektor sind die mittlere Leistung und die Leistungsänderung durch die Gravitationswelle bei der gewählten Verstimmung um rund einen Faktor $5 \cdot 10^4$ größer als im Fall des „normalen" Michelson-Interferometers bei gleicher Laserleistung (siehe die Abschätzung im Anschluss an (10.22)). Das Quantenrauschen ist in Abb. 10.3 eingetragen. Der Fehler durch das Schrotrauschen wurde gegenüber dem „normalen"

Michelson-Interferometer um rund zwei Größenordnungen reduziert. Man erkennt, dass die Nachweisschwelle bei hohen Frequenzen wegen (10.31) proportional zu ν_{grav} ansteigt und vollständig vom Schrotrauschen bestimmt wird. Bei niedrigen Frequenzen sieht man den zu $1/\omega_{grav}^2$ proportionalen Anstieg durch Feldfluktuationen in den Interferometerarmen, der allerdings keine Rolle spielt.

Technische Herausforderungen. Beim Bau von Anlagen, wie sie in Tab. 10.1 aufgeführt sind, treten zahlreiche physikalische und technische Probleme auf, von denen hier nur einige erwähnt seien.

Luft im Interferometer würde den Nachweis von Gravitationswellen unmöglich machen. In den Interferometerarmen entsteht während eines Lichtumlaufs durch den Brechungsindex eine Verschiebung des optischen Lichtwegs um $2(n-1)L_0$. Die Differenz $(n-1)$ ist der Dichte der Moleküle proportional, die statistischen Schwankungen unterworfen ist. Es entsteht zwischen den Interferometerarmen eine fluktuierende Differenz Δn des Brechungsindex, die die Messung der Raumdehnung um $\Delta h_{11} = \Delta n$ verfälscht. Um diesen Effekt zu vermeiden, muss man ein Interferometer mit Kilometern Länge und einem Lichtstrahldurchmesser im cm-Bereich in einem Ultrahochvakuum bei einem Druck unterhalb von 10^{-5} Pa betreiben. Dann vermeidet man gleichzeitig Einflüsse des Restgasdrucks auf die Spiegelpositionen.

Die freie Beweglichkeit der Spiegel wird dadurch gewährleistet, dass sie an Quarzglas-Fäden oder Stahldrähten aufgehängt werden. Um die Wirkung von seismischen Störungen, Erschütterungen und Schwerkraftwirkungen durch bewegte Massen in der Umgebung zu dämpfen, gibt es mehrere übereinander angeordnete Pendelsysteme. Die oberste Pendelaufhängung ist auf einer Plattform montiert, die keinen direkten Kontakt zum Boden hat, unter ihr befinden sich weitere gegeneinander schwingungsgedämpfte Plattformen. Im Falle des LIGO-Experiments wurden damit Erschütterungen oberhalb von 10 Hz um insgesamt 10 Zehnerpotenzen unterdrückt. Bei niedrigeren Frequenzen lässt die Dämpfungswirkung sehr schnell nach.

Alle im System enthaltenen Spiegel und der Strahlteiler müssen auf kleine Bruchteile der Lichtwellenlänge genau positioniert werden, und auch die Winkelstellungen müssen kontrolliert werden. Daher besitzen die optischen Komponenten mehrere magnetische oder elektrostatische Antriebe, mit deren Hilfe sie verschoben und gedreht werden können. Bei der Regelung der Spiegelpositionen bedient man sich folgenden Tricks: Der Laserstrahl mit der Trägerfrequenz durchläuft einen elektrooptischen Modulator, der der *Lichtphase* eine genau bekannte Modulationsfrequenz im 10 MHz-Bereich aufprägt. Hierdurch entstehen Frequenz-Seitenbänder des Laserstrahls. An einem Resonator soll Licht mit einer der Frequenzen im Resonanzfall nicht reflektiert werden, während Licht mit der zweiten Frequenz reflektiert wird. Bei verstimmtem Resonator wird Licht mit beiden Frequenzen reflektiert. Betrachtet man die Fourierzerlegung der reflektierten Leistung, erkennt man, dass sie eine aus Trägerfrequenz und Seitenband entstehende Misch-Komponente enthält, die ausschließlich mit der Modulationsfrequenz oszilliert. Durch Multiplikation mit einem Signal mit der Modulationsfrequenz wird in einem Mischer ein Signal erzeugt, das nach Glättung ein Maß für die Spiegelstellung ist. Damit das vom Interferometer reflektierte Licht aus dem ankommenden Laserstrahl herausgelenkt wird und zum Mischer gelangen kann, durchläuft der Laserstrahl vor dem Interferometer einen in Abb. 10.2 nicht eingezeichneten Faraday-Isolator, der den rückläufigen Strahl reflektiert, wie dies Abb. 9.37b zeigt. Werden ungleiche Armlängen in den Interferometern und mehrere Seitenbandfrequenzen gewählt, lassen sich gezielt Spiegelkombinationen ansteuern. Für die Winkelstabilisierung gibt es ein eigenes Regelungssystem mit speziellen Wellenfronten-Sensoren. Die Differenz der Armlängen wird durch eine gegenläufige Steuerung der Endspiegel SE in Abb. 10.2 kontrolliert.

Alle Spiegel führen wegen der Regelungsprozedur fluktuierende Bewegungen aus, die einen Messfehler zur Folge haben. Als Beispiel ist er für einen run des adv. Ligo-Experiments als Kurve „Other DOF" in Abb. 10.3 aufgetragen. Der Effekt begrenzt den Nachweis von Gravitationswellen mit niedriger Frequenz.

Unterschiedliche Armlängen in einem Interferometer haben zur Folge, dass bei fluktuierender Laserfrequenz keine konstante Phasendifferenz zwischen den interferierenden Strahlen mehr besteht. Deshalb gibt es eine hohe Anforderung an die Stabilität der Laserfrequenz, die bei einem Wert von $\nu = 3 \cdot 10^{14}$ Hz um nicht mehr als 10^{-5} Hz/$\sqrt{\text{Hz}}$ schwanken soll. Es gibt keinen Laser, der diese Bedingung erfüllt. Die Laserfrequenz wird daher mit einer Regelung an die mittlere Armlänge der Fabry-Pérot-Resonatoren angepasst.

Eine thermische Belastung der Spiegel durch Laserstrahlung führt zur Änderung von deren optischen Eigenschaften, was durch geeignete elektrische und Laser-Heizungen ausgeglichen wird. Ein anderer thermischer Effekt sind Wärmebewegungen und Schwingungen der Bauteile. Sie erzeugen Fehler, die in Abb. 10.3 bei niedrigen Frequenzen liegen. Es ist kaum zu vermeiden, dass mechanische Resonanzen wie Spiegelschwingungen oder Längsschwingungen der Aufhängefäden im Bereich der zu detektierenden Frequenzen liegen, wie man in Abb. 10.3 erkennt. Bei der Datenanalyse hilft hier die in Abschn. 8.4 erwähnte Signal-Bearbeitung: Störende Resonanzen lassen sich rechnerisch durch Herausschneiden von Frequenzbändern aus den Fourier-Transformierten von h_{11} beseitigen. Dies gelingt um so besser, je schmäler störende Resonanzen sind, weshalb Spiegel und Fäden

aus Materialien mit geringer mechanischer Dämpfung hergestellt werden müssen.

Zusammenfassung: Um eine hohe Empfindlichkeit für ein Gravitationswellen-Interferometer zu erhalten, wird die Lichtleistung in den Interferometerarmen resonant um mehr als vier Größenordnungen erhöht und das Interferometer wird nahe einer Intensitätsnullstelle betrieben. Die Empfindlichkeit wird bei niedrigen Frequenzen von mechanischen Erschütterungen, apparativen Rauschquellen und thermischen Effekten begrenzt, bei hohen Frequenzen vom Schrotrauschen. Der sensitivste Bereich liegt zwischen Frequenzen von 30 und 1000 Hz, dort werden, wie Abb. 10.3 zeigt, Empfindlichkeiten für Dehnungen bis unter $10^{-23}/\sqrt{\text{Hz}}$ erreicht. Die Empfindlichkeit lässt sich durch eine höhere Laserleistung verbessern.

Beobachtung und Ausblick

Das oben erwähnte erste von der LIGO-Kollaboration gefundene Gravitationswellensignal zeigt Abb. 10.4.[10] Das Bild ist bearbeitet: Aus der Fourier-Transformierten wurden kleine und große Frequenzen entfernt und die in Abb. 10.3 sichtbaren Resonanzen sind herausgefiltert. Man erkennt die am Ende von Abschn. 10.2 und in Aufg. 10.3 diskutierte Frequenzzunahme der Gravitationswelle vor der Herausbildung eines neuen stabilen Ereignis-Horizonts. Im unteren Teil von Abb. 10.4 ist zu sehen, dass die rauschbedingten Fluktuationen der gemessenen Dehnungen, nachdem die theoretischen Signale abgezogen wurden, innerhalb und außerhalb des Signalbereichs die gleiche Struktur aufweisen, aber für beide Interferometer verschieden sind.

Durch eine weitere Verbesserung der existierenden und durch den Aufbau weiterer Detektoren (Japan, Indien) sowie deren weltweiter Vernetzung wird die Empfindlichkeit insgesamt erhöht. Weil die Amplituden von Gravitationswellen umgekehrt proportional zum Abstand von der Quelle sind, entspricht einer Verdopplung der Empfindlichkeit eine Verachtfachung des Volumens im Weltall, aus dem Signale beobachtet werden können. Sind drei Detektoren gleichzeitig aktiv, ist es auch möglich, Quellen am Himmel zu lokalisieren. Die Richtung der Welle ermittelt man aus der Zeitdifferenz der eintreffenden Signale. Ferner kann man mit den Signalen dreier Detektoren die oben beschriebenen tensoriellen Polarisations-Eigenschaften einer Gravitationswelle überprüfen.

Eine solche Messung gelang zum ersten Mal beim Nachweis der Fusion zweier schwarzer Löcher mit den beiden 4 km-LIGO-Detektoren und dem Virgo-Detektor im

---

[10] Für die Entdeckung der Gravitationswellen erhielten im Jahr 2017 R. Weiss, B. Barish und K. Thorne den Nobelpreis für Physik.

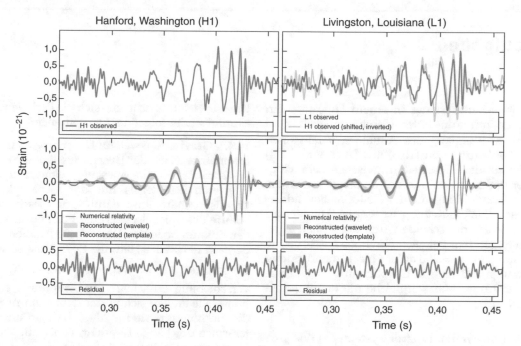

Abbildung 10.4 Von der LIGO-Kollaboration beobachtetes Ereignis, das von der Fusion zweier schwarzer Löcher herrührt. *Oben links*: Signal im ersten Interferometer. *Oben rechts*: Signal im zweiten Interferometer, zusammen mit dem zeitlich verschobenen und gespiegelten Signal des ersten Interferometers. *Mitte*: Reproduktion der Gravitationswelle durch die ART mit zwei verschiedenen Rechenverfahren. *Unten*: Signale nach Abzug der angepassten Gravitationswelle. LIGO Scientific Collaboration and Virgo Collaboration, 2016

August 2017; die Massen waren mit rund 30 und 25 Sonnenmassen ähnlich denen des Ereignisses in Abb. 10.4.[11]

Noch im gleichen Monat wurde ein weiteres Gravitationswellensignal mit völlig anderen Eigenschaften gefunden: Es war über eine wesentlich längere Zeit hinweg beobachtbar und die Chirpmasse betrug nur 1,2 Sonnenmassen. 1,7 s nach der Fusion entstand ein Gammastrahlungs-Blitz, der aus der gleichen Himmelsregion kam und von zwei Experimenten (Fermi-Teleskop der NASA und INTEGRAL-Teleskop der ESA) detektiert wurde. Dies spricht dafür, dass eine Fusion zweier Neutronensterne stattgefunden hat[12]. Läuft eine Fusion in dieser Weise ab, wird eine so genannte Kilonova-Explosion erwartet. Dann findet während Tagen oder Wochen im sichtbaren und infraroten Spektralbereich eine Lichtemission statt, die letzlich die Folge einer Aufheizung der Materie durch radioaktive Zerfälle ist. Diese Lichtemission wurde von von vielen Teleskopen nachgewiesen und erlaubte die Zuordnung des Ereignisses zu einer bestimmten Galaxie.

Will man zu kleineren Frequenzen im Bereich 0,1–100 mHz vorstoßen und neue Quellen erschließen, muss man die seismischen und anderen terrestrischen Störungen beseitigen und die Armlänge um mehrere Größenordnungen anheben. Dies ist nur möglich mit einem Interferometer im Weltraum. Dieses soll aus drei Satelliten in ca. 10^6 km Abstand bestehen. Zum Studium der Experimentiertechnik wurde bereits ein Satellit („LISA pathfinder") in Betrieb genommen. Eine neue wissenschaftliche Disziplin ist im Entstehen: die Astrophysik mit Gravitationswellen.

[11] LIGO Scientific Collaboration and Virgo Collaboration, „A Three-Detector Observation of Gravitational Waves from a Binary Black Hole Coalescence", Phys. Rev. Lett. **119** (2017) 141101.
[12] LIGO Scientific Collaboration and Virgo Collaboration, „Observation of Gravitational Waves from a Binary Neutron Star Inspiral", Phys. Rev. Lett. **119** (2017) 161101.

Übungsaufgaben

10.1. Präzisions-Zeitmessung in einem Flugzeug. Ein Flugzeug fliege mit konstanter Geschwindigkeit v in konstanter Höhe h entlang des Äquators. Verallgemeinern Sie die Herleitung von (10.5) aus (10.2) und (10.4) auf die Differenz der Eigenzeiten zwischen dem Flugzeug und der Bodenstation und zeigen Sie, dass sich die Einflüsse der Gravitation und der Zeitdilatation addieren. Mehr hierzu (Hafele-Keating-Experiment) findet man in Bd. I/14.5. Wie unterscheiden sich die Zeitanzeigen der Uhren in folgendem Beispiel: Flughöhe $h = 10\,000\,\text{m}$, Fluggeschwindigkeit $v = 200\,\text{m/s}$, eine Erdumrundung in West-Richtung und eine in Ost-Richtung. Der Erdradius ist $r_E = 6370\,\text{km}$. Man vergleiche die Resultate mit Bd. I, Tab. 14.1.

10.2. Gravitationswellen binärer Systeme. a) Wie groß ist die Leistung der vom System Erde–Sonne abgestrahlten Gravitationswellen? Daten: Radius der Erdbahn $r_E = 1{,}5 \cdot 10^{11}\,\text{m}$, Masse der Erde $m_E = 6 \cdot 10^{24}\,\text{kg}$.

b) Wie groß ist die Leistung der Gravitationswellen eines Doppelsternsystems mit folgenden Daten: Massen = 1 Sonnenmasse = $2 \cdot 10^{30}\,\text{kg}$, Umlaufperiode = 6 h? Wie viele Sonnenmassen werden pro Jahr abgestrahlt?

10.3. Frequenzänderung der Gravitationswelle eines binären Systems. Beweisen Sie (10.18) mit (10.14) und (10.15) im nichtrelativistischen Grenzfall, in dem die Massen konstant sind und die Leistung der Gravitationswelle aus einer langsamen Abnahme der Gesamtenergie des Zweikörper-Systems stammt. Zahlenbeispiel: $m_1 = m_2 = 30$ Sonnenmassen, $\omega_{\text{grav}} = 2\pi \cdot 50\,\text{Hz}$. Wie groß ist $\dot{\omega}_{\text{grav}}$?

Um wie viel unterscheiden sich die Periodendauern zweier aufeinander folgender Oszillationen?

10.4. Gravitationswellen: Unschärferelation und Interferometrie. Nach der Unschärferelation $\Delta x_1 \Delta p_x > \hbar$ verursacht die Positionsmessung eines frei beweglichen Interferometerspiegels mit der Genauigkeit Δx_1 eine Impulsunschärfe und damit eine Geschwindigkeitsunschärfe des Spiegels, was eine Positionsunschärfe Δx_2 in der Zukunft bedeutet. Die nächste Positionsmessung finde nach der Zeit τ statt, die Spiegelmasse sei m. Welche Genauigkeit $\Delta x = \sqrt{\Delta x_1^2 + \Delta x_2^2}$ lässt sich für die Spiegelverschiebung erreichen? Die Amplitude einer Gravitationswelle ändere sich in der Zeit τ um Δh_{xx}. Wie hängt die Nachweisgrenze für Δh_{xx}, die man mit Interferometerarmen der Länge L_0 erhält, von τ ab? Zahlenbeispiel: $L_0 = 4\,\text{km}$, $m = 40\,\text{kg}$, $\tau = 0{,}005\,\text{s}$.

Die Zeit τ identifiziere man mit der Abklingzeitkonstanten eines Lichtstrahls in einem Interferometerarm. Wie oft muss das Licht im Arm durchschnittlich hin und her laufen, damit τ den oben angegebenen Wert hat?

10.5. Störung eines Gravitationswellen-Detektors durch externe Massen. Eine Masse M, die sich im Abstand s vom Endspiegel eines Gravitationswelleninterferometers auf der Armachse befinde, schwinge mit einer Amplitude Δs und einer Frequenz ν_e in Armrichtung. Die Eigenfrequenz der Spiegelschwingung sei klein gegen ν_e, sodass der Spiegel als frei beweglich betrachtet werden kann. Mit welcher Amplitude schwingt der Spiegel und welcher Dehnung entspricht das bei einer Armlänge L_0? Zahlenbeispiel: $L_0 = 4\,\text{km}$, $s = 20\,\text{m}$, $M = 1\,\text{kg}$, $\nu_e = 10\,\text{Hz}$, $\Delta s = 10\,\text{cm}$.

Lösungen der Übungsaufgaben

11

© Springer-Verlag GmbH Deutschland 2017
J. Heintze / P. Bock (Hrsg.), *Lehrbuch zur Experimentalphysik Band 4: Wellen und Optik,* https://doi.org/10.1007/978-3-662-54492-1_11

1.1 Reflexion einer Seilwelle am losen Ende.

In Abb. 1.6 sind die Vorzeichen der gestrichelt eingezeichneten, rückläufigen Wellen umzudrehen: Der ankommenden Welle wird eine reflektierte Welle gleichen Vorzeichens überlagert. Damit die Randbedingung (1.2) erfüllt ist, muss deren Amplitude mit der Amplitude der ankommenden Welle übereinstimmen. Dann ist der Ausschlag des losen Seilendes zu jedem Zeitpunkt doppelt so groß wie die ankommende Amplitude. Dass die Randbedingung erfüllt ist, kann man folgendermaßen einsehen: Hat die ankommende Welle die momentane Zeitabhängigkeit $\partial y / \partial t$, besitzt sie zu diesem Zeitpunkt am Seilende die räumliche Steigung $-1/v \cdot \partial y / \partial t$, wenn v die Ausbreitungsgeschwindigkeit ist. Die Amplitude der reflektierten Welle ist gleich groß, aber die räumliche Steigung hat wegen der umgekehrten Laufrichtung das umgekehrte Vorzeichen. Daher entsteht am losen Seilende insgesamt die räumliche Steigung $\partial y / \partial x = 0$.

1.2 Kabelclipping.

Das reflektierte Signal trifft nach der doppelten Kabellaufzeit 2 ns am Oszillographen ein und es hat das umgekehrte Vorzeichen wie das eingespeiste Signal. Daher steigt die beobachtete Spannung während der ersten 2 ns an und bleibt danach für 3 ns konstant. Dann beginnt der konstante Teil des Primärsignals, aber das reflektierte Signal wächst noch und die Spannungssumme des Primärsignals und seiner Reflexion fällt ab, bis sie nach weiteren 2 ns, also insgesamt nach 7 ns den Wert null erreicht. 55 ns nach Beginn des Vorgangs fällt das Primärsignal ab und die Spannungssumme wird negativ, sodass ein zweiter 7 ns langer, aber negativer Impuls entsteht (Abb. 11.1). Diese Impulse haben eine Anstiegszeit von 2 ns, erreichen aber nur 40 % der Höhe des Originalsignals: Um den Preis einer Verkleinerung wird das Signal verkürzt! Dieses „Kabelclipping" lässt sich daher zur Erzeugung kurzer Impulse verwenden.

1.3 Fourier-Reihe.

a) Die Spannung ist gegeben durch

$$U = \frac{d\Phi}{dt} = \omega L I_0 \left(\cos \omega t - \frac{I_0^2}{I_S^2} \sin^2 \omega t \cos \omega t \right). \quad (11.1)$$

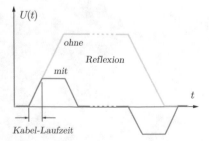

Abbildung 11.1 Verkürzung eines Spannungsimpulses durch Überlagerung eines Signals mit seiner Reflexion

Mit trigonometrischen Relationen erhält man

$$\cos 3\omega t = \cos 2\omega t \cos \omega t - \sin 2\omega t \sin \omega t$$
$$= \cos^2 \omega t \cos \omega t - \sin^2 \omega t \cos \omega t - 2 \sin^2 \omega t \cos \omega t,$$
$$\sin^2 \omega t \cdot \cos \omega t = \frac{1}{4} \left(\cos \omega t - \cos 3\omega t \right)$$

und somit

$$U = \omega L I_0 \left(\left(1 - \frac{I_0^2}{4 I_S^2} \right) \cos \omega t + \frac{I_0^2}{4 I_S^2} \cos 3\omega t \right). \quad (11.2)$$

Die Reihe bricht also nach dem 3ω-Term ab. Für $I_0/I_S = 1/2$ ist die Amplitude des 3ω-Terms um einen Faktor 15 kleiner als die Amplitude der Grundschwingung.

b) Mit der Vormagnetisierung ist die Induktionsspannung

$$U = \frac{d\Phi}{dt} = \omega L I_0 \cos \omega t \left(1 - \frac{(I + I_M)^2}{I_S^2} \right)$$
$$= \omega L I_0 \cos \omega t \left(1 - \frac{I_M^2}{I_S^2} - \frac{I_0^2}{I_S^2} \sin^2 \omega t \right.$$
$$\left. - 2 \frac{I_M I_0}{I_S^2} \sin \omega t \right),$$
$$U = \omega L I_0 \left(\left(1 - \frac{I_0^2}{4 I_S^2} - \frac{I_M^2}{I_S^2} \right) \cos \omega t + \frac{I_0^2}{4 I_S^2} \cos 3\omega t \right.$$
$$\left. - \frac{I_M I_0}{I_S^2} \sin 2\omega t \right). \quad (11.3)$$

Es tritt ein zusätzlicher Summand mit der Frequenz 2ω auf, der zu I_M proportional ist. Für $I = 0$ gilt bei kleinem I_M für den Fluss $\Phi_{\text{ext}} \approx L I_M$, sodass der Zusatzterm dem externen magnetischen Feld proportional ist. Da man die Frequenz 2ω herausfiltern kann, wurden nach diesem Prinzip Magnetfelder gemessen.

c) Solange $\Phi_{\text{ext}} = 0$ ist, also auch, wenn $I_0 > I_S$ ist, ist die Induktionsspannung eine um den Zeit-Nullpunkt symmetrische Funktion. Die Fourier-Reihe kann deshalb nur cos-Terme, aber keine sin-Terme enthalten. Der Strom und die Spannung besitzen eine weitere Symmetrie: Nach einer Halbperiode haben sie den gleichen Betrag, aber das umgekehrte Vorzeichen: $U(t + T/2) = -U(t)$. Für eine geradzahlige Oberwelle mit der Frequenz $n\omega$ (n gerade) gilt aber

$$\cos(n\omega t + n\omega T/2) = \cos(n\omega t + n\pi) = +\cos n\omega t.$$

Die Fourier-Reihe kann deshalb nur **ungerade** Vielfache der Grundfrequenz ω enthalten:

$$U = U_0 \cos \omega t + U_3 \cos 3\omega t + \dots$$

Ist $I_0 > I_S$, verschwindet im Modell die Induktionsspannung, wenn $|I(t)|$ den Wert I_S überschreitet. Die Zeiten, zu denen dies eintritt, erhält man aus der Bedingung $\sin \omega t_0 = \pm I_S / I_0$. Eine der Lösungen liegt im Bereich $0 < t_0 < T/4$. Die sich aus (11.2) ergebenden Fourier-Integrale der Form

$$\int \cos \omega t \cos n\omega t \, \mathrm{d}t \, ,$$

$$\int \cos 3\omega t \cos n\omega t \, \mathrm{d}t \quad (n \text{ ungerade})$$

sind zu erstrecken über die Zeitintervalle $t = -t_0 \ldots + t_0$, $t = -T/2 \ldots - T/2 + t_0$ und $t = T/2 - t_0 \ldots T/2$. Weil $t_0 < T/4$ ist, gibt es im Integrationsintervall Lücken und alle Integrale verschwinden nicht. Die Fourier-Reihe enthält also unendlich viele Summanden, deren Berechnung aber ziemlich mühselig ist.

d) Wird eine Cosinus-Spannung vorgegeben, muss der Strom eine Oberwelle der Frequenz 3ω enthalten, um den Spannungsanteil dieser Frequenz in (11.2) zu kompensieren. Das Induktionsgesetz führt dann aber wegen des I^3-Terms zu Spannungsoszillationen mit noch größeren Frequenzen. Damit sich diese herausheben, muss der Strom weitere Oberwellen aufweisen: Man erhält eine unendliche Fourier-Reihe.

1.4 Dispersionsrelation.

a) Die Phasen- und die Gruppengeschwindigkeit sind

$$v_{\mathrm{ph}} = \frac{\omega_0}{k} \sin(kL) \, , \quad v_{\mathrm{g}} = \omega_0 L \cos(kL) \, .$$

Für kleine k ist

$$v_{\mathrm{ph}} \approx v_{\mathrm{g}} \approx \omega_0 L \, .$$

b) Die Reihenentwicklung der Phasengeschwindigkeit ist

$$v_{\mathrm{ph}} = \omega_0 L - \frac{\omega_0 k^2 L^3}{6} = \omega_0 L \left(1 - \frac{k^2 L^2}{6} \right) .$$

Mit den angegebenen Zahlen ist im Frequenzbereich von $1\,\mathrm{GHz}$ die Wellenlänge $\lambda = 5\,\mu\mathrm{m}$ und es wird $kL = 0{,}0012 \ll 1$.

1.5 Lösungen der klassischen Wellengleichung.

a) Gleichung (1.44) hängt von x^2/t, aber nicht von $x \pm vt$ ab. Die Formel beschreibt eine eindimensionale Diffusion (siehe Bd. II, Gln. (6.10) und (6.11)). Die Amplitude ψ „fließt" im Laufe der Zeit „auseinander", was keine Wellenausbreitung ist.

b) Gleichung (1.45) beschreibt eine Gaußfunktion, die sich mit der konstanten Geschwindigkeit $v = \omega/k$ vorwärts bewegt. ψ ist daher eine Lösung der dispersionsfreien Wellengleichung.

c) Gleichung (1.46) beschreibt die Superposition zweier gegenläufiger Wellen. Der Vorgang ist dispersionsfrei, wenn $k_1 = k_2$ ist. Andernfalls hätte man die kuriose Situation, dass die Ausbreitungsgeschwindigkeit einer harmonischen Welle von ihrer Laufrichtung abhängt.

d) Die Funktion ψ in (1.47) ist ein Produkt von Funktionen, die jeweils Wellenausbreitungen beschreiben. Die haben im Allgemeinen verschiedene Ausbreitungsgeschwindigkeiten. Es handelt sich um ein Schwebungsphänomen wie in (1.28). Das gehorcht einer Wellengleichung mit einer frequenzabhängigen Ausbreitungsgeschwindigkeit, die Wellen sind also im Allgemeinen nicht dispersionsfrei. Die Dispersionsfreiheit ist aber in (1.47) als Sonderfall enthalten. Wegen der trigonometrischen Relation $2 \sin \alpha \sin \beta = \cos(\alpha - \beta) - \cos(\alpha + \beta)$ beschreibt (1.46) die Superposition zweier Wellen mit den Wellenzahlen $k_1 - k_2$ und $k_1 + k_2$ und den Frequenzen $\omega_1 + \omega_2$ und $\omega_1 - \omega_2$. Die Gleichheit ihrer Geschwindigkeiten erfordert

$$\frac{\omega_2 - \omega_1}{k_1 + k_2} = \pm \frac{\omega_2 + \omega_1}{k_2 - k_1} \, .$$

Diese beiden Gleichungen haben die Lösungen: (1) $\omega_1/k_1 = -\omega_2/k_2$, d. h. Gleichheit der Phasengeschwindigkeiten (die k_i können auch negativ sein), (2) $k_1 = 0$ und $\omega_2 = 0$ oder $k_2 = 0$ und $\omega_1 = 0$. Dann hängt in (1.47) einer der Faktoren nur von x, der andere nur von t ab. Das sind die stehenden Wellen, hier noch ohne Randbedingungen.

e) In (1.48) hängt ψ von einem *Produkt* aus $x + vt$ und $x - vt$ ab und kann daher keine Lösung der dispersionsfreien Wellengleichung sein. Die Formel ergibt keinen physikalischen Sinn.

1.6 Federkette.

Die i-te Masse mit der momentanen Koordinate x_i wird von den Federkräften der nächsten Nachbarn an den Positionen $x_{i\pm1}$ beschleunigt:

$$m \frac{\mathrm{d}^2 x_i}{\mathrm{d}t^2} = \alpha \left(x_{i+1} - x_i \right) + \alpha \left(x_{i-1} - x_i \right)$$

$$= \alpha \left(x_{i+1} + x_{i-1} - 2x_i \right) .$$

Für die Auslenkung der Massen aus den Ruhelagen wird die Funktion ψ eingeführt mit $\psi(\overline{x}_i, t) = x_i - \overline{x}_i$ und $\psi(\overline{x}_{i\pm1}, t) = x_{i\pm1} - \overline{x}_{i\pm1}$, worin $\overline{x}_i$ und $\overline{x}_{i\pm1}$ die mittleren Positionen sind. Mit der Taylorentwicklung

$$x_{i\pm1} = x_i + \frac{\partial \psi}{\partial x} \left(\overline{x}_{i\pm1} - \overline{x}_i \right) + \frac{1}{2} \frac{\partial^2 \psi}{\partial x^2} \left(\overline{x}_{i\pm1} - \overline{x}_i \right)^2$$

und $\overline{x}_{i\pm1} - \overline{x}_i = \pm a$ erhält man

$$m \frac{\partial^2 \psi}{\partial t^2} = \alpha a^2 \frac{\partial^2 \psi}{\partial x^2} \quad \rightarrow \quad \frac{\partial^2 \psi}{\partial t^2} = \frac{\alpha}{m} a^2 \frac{\partial^2 \psi}{\partial x^2} \, ,$$

woraus sich die Ausbreitungsgeschwindigkeit $v = a\sqrt{\alpha/m}$ ergibt. Zahlenbeispiel: $v = 6{,}3\,\mathrm{cm}\,\mathrm{s}^{-1}$.

2.1 Schallgeschwindigkeit in Gasen.

Die Gasdichte ist $\rho = Mp/(RT)$, wobei M die Molmasse ist. Mit der Formel für die Schallgeschwindigkeit erhält man

$$v_s = \sqrt{\frac{\kappa RT}{M}}, \quad \kappa = \frac{v_s^2 M}{RT}.$$

Für Luft ist $\kappa = 1{,}40 = 7/5$, aber für CO_2 ergibt sich $\kappa = 1{,}30 < 1{,}40$. Die Interpretation: Das CO_2-Molekül kann Knickschwingungen ausführen, die bei niedriger Temperatur angeregt werden als die Schwingungen der Luftmoleküle, die bei Zimmertemperatur noch nicht auftreten.

2.2 Eigenfrequenzen einer Pfeife.

Bei konstanter Wellenlänge sind die Eigenfrequenzen proportional zur Schallgeschwindigkeit, also zu $\sqrt{\kappa/M}$: Für Helium mit $M = 4\,\text{g/mol}$ und $\kappa = 5/3$ erhält man $v_s = 972\,\text{m/s}$, $\nu = 1468\,\text{Hz}$. Das kann man ohne Gefahr für Leib und Leben demonstrieren, indem man einmal kurz Helium einatmet und etwas spricht.

2.3 Warum sind Schallwellen in idealen Gasen adiabatisch?

a) Die Wärmestromdichte ist

$$j = -\Lambda \frac{dT}{dx} = -\Lambda \tilde{T}_0 k \cdot \cos(kx - \omega t). \quad (11.4)$$

Die pro Halbperiode ($T_{1/2} = \pi/\omega$) und Querschnittsfläche A der Welle transportierte Wärme ist

$$\frac{Q}{A} = \Lambda k \tilde{T}_0 \frac{\pi}{\omega}.$$

b) Eine Schicht mit der Querschnittsfläche A, die eine halbe Wellenlänge dick ist, enthält eine Gasmenge

$$\nu_G = \frac{p_0 \lambda A}{2RT_0}.$$

Die Abweichung der inneren Energie vom Mittelwert in einer solchen Schicht, die mit der Welle mitläuft, ist maximal

$$U = \frac{2}{\pi} c_V \nu_G \tilde{T}_0 = \frac{2p_0 A}{kRT_0} c_V \tilde{T}_0.$$

Der vorderste Faktor $2/\pi$ rührt von der räumlichen Mittelung der Temperatur her, denn der Mittelwert einer sin-Funktion über eine Halbwelle ist $1/\pi \int_0^\pi \sin \varphi \, d\varphi = 2/\pi$. Ferner wurde λ durch $2\pi/k$ ersetzt.

c) Das Verhältnis der beiden Energien ist

$$\frac{Q}{U} = \frac{\pi \Lambda RT_0 k^2}{2\omega p_0 c_V} = \frac{\pi \Lambda RT_0}{2c_V p_0} \left(\frac{k}{\omega}\right)^2 \omega = \frac{\pi \Lambda RT_0}{2c_V p_0 v_S^2} \omega.$$

Hier kann man $c_V/R = 5/2$ und die übrigen Daten einsetzen und erhält bei 1000 Hz $Q/U = 2 \cdot 10^{-6}$. Die thermischen Oszillationen können sich in der Welle nicht abbauen. Selbst Ultraschallwellen mit 10^7 Hz werden nicht innerhalb weniger Perioden gedämpft: Die Schallausbreitung ist ein adiabatischer Prozess. Deshalb kann man die Temperaturamplitude aus der Druckamplitude mit der Adiabatengleichung ausrechnen:

$$p^{1-\kappa} T^\kappa = \text{const} \quad \rightarrow \quad (1 - \kappa)\frac{\tilde{p}_0}{p_0} + \kappa \frac{\tilde{T}_0}{T_0} = 0,$$

$$\frac{\tilde{T}_0}{T_0} = -\frac{\kappa - 1}{\kappa} \frac{\tilde{p}_0}{p_0} \quad \rightarrow \quad \tilde{T}_0 = 2{,}8 \cdot 10^{-6} \, \text{K}.$$

2.4 Temperierte Stimmung.

Ein Halbtonschritt entspricht einer Änderung der Frequenz um einen Faktor $2^{1/12} = 1{,}059$. Ein Hörer benötigt eine relative Genauigkeit von etwas weniger als der Hälfte dieses Wertes, um Töne nicht zu verwechseln: $\Delta\nu/\nu \approx 2{,}5\,\%$.

2.5 Eigenschwingungen einer Saite.

a) Man benötigt das Masse-zu-Länge-Verhältnis der Saite (r = Drahtradius, r_{Cu} = Außenradius der Kupferwicklung):

$$\mu = \pi r^2 \rho_{\text{Draht}} + \pi (r_{Cu}^2 - r^2) \rho_{Cu} \eta$$
$$= 8{,}9 \cdot 10^{-3} \, \text{kg/m} + 0{,}193 \, \text{kg/m} = 0{,}202 \, \text{kg/m}.$$

Die Zugkraft erhält man aus der Wellengeschwindigkeit auf der Saite, die sich aus der Frequenz $\nu = 440/16$ Hz und der Wellenlänge $\lambda = L/2$ ergibt:

$$v = \sqrt{\frac{S}{\mu}} = \lambda\nu = \frac{1}{2}L\nu \quad \rightarrow \quad S = \frac{1}{4}L^2\nu^2\mu = 71\,\text{N}.$$

$$(11.5)$$

Die Zugspannung ist

$$\sigma = \frac{S}{\pi r^2} = 6{,}3 \cdot 10^7 \, \text{Pa}.$$

Das liegt für Stähle noch im Proportionalbereich.

b) Wenn die Kraft und die Frequenz konstant sind, ist die Saitenlänge nach (11.5) proportional zu $1/\sqrt{\mu}$. Für eine Saite ohne Kupfermantel käme $L = \sqrt{0{,}202/8{,}9 \cdot 10^{-3}} \cdot 1{,}36\,\text{m} = 6{,}5\,\text{m}$ heraus, recht unhandlich!

c) Bei konstanter Kraft und konstantem μ ist die Saitenlänge umgekehrt proportional zur Frequenz, und man kann das Resultat von b) skalieren: $L' = L\nu/\nu' = L/16 = 40\,\text{cm}$.

d) Die Gesamtzahl der Saiten schätzt man auf 220 ab und erhält $S_{\text{tot}} \approx 15\,\text{kN}$.

2.6 Stehende Welle auf einem Fadenpendel.

a) Es wurde die Grundschwingung vorausgesetzt und nach (2.11) ist $kL = \pi$. Zahlenbeispiel: $k = \pi/L = 1{,}75\,\mathrm{m}^{-1}$. Die Kreisfrequenz ergibt sich aus der Schwingungsdauer: $\omega = 2\pi/T = 31{,}4\,\mathrm{s}^{-1}$. Die Ausbreitungsgeschwindigkeit einer Störung auf dem Faden ist

$$v = \frac{\omega}{k} = \frac{2L}{T} = 18\,\mathrm{ms}^{-1}\,.$$

b) Die Masse des Fadens ist $m_F = \mu L$, es ist $mg = S$ und mit (2.5) folgt

$$\frac{m_F}{m} = \frac{\mu L g}{S} = \frac{\mu L g}{\mu v^2}\,,$$

$$\frac{m_F}{m} = \frac{g T^2}{4L} = 0{,}054\,.$$

Die Voraussetzung der Rechnung ($m_F \ll m$) ist also einigermaßen gut erfüllt. Die Fadenspannung nimmt nach oben hin etwas zu und damit auch die Ausbreitungsgeschwindigkeit. Da die Frequenz überall dieselbe ist, nimmt die Wellenlänge nach oben ebenfalls zu: Das Schwingungsmaximum liegt etwas unterhalb der Fadenmitte.

c) Die Länge des maximal durchgebogenen Fadens erhält man aus der Transversalauslenkung $y = x_0 \sin kx$ als Kurvenintegral:

$$L = \int_0^{L'} \sqrt{1 + \left(\frac{\mathrm{d}y}{\mathrm{d}x}\right)^2}\,\mathrm{d}x$$

$$\approx \int_0^{L'} \left(1 + \frac{1}{2}\left(\frac{\mathrm{d}y}{\mathrm{d}x}\right)^2\right)\mathrm{d}x$$

$$\approx L' + \frac{1}{2}k^2 x_0^2 \int_0^L \cos^2 kx\,\mathrm{d}x = L' + \frac{1}{4}k^2 x_0^2 L\,,$$

letzteres, weil der Mittelwert der $\cos^2$-Funktion gleich $1/2$ ist. Somit ist die Anhebung der Masse $L - L' = k^2 x_0^2 L/4$. Die kinetische Energie des gestreckten Fadens ist

$$\frac{1}{2}\mu \int_0^L v^2(x)\,\mathrm{d}x = \frac{1}{2}\mu x_0^2 \omega^2 \int_0^L \sin^2 kx\,\mathrm{d}x$$

$$= \frac{1}{4}\mu x_0^2 \omega^2 L\,.$$

Wenn dies gleich $mg(L - L')$ sein soll, folgt $mgk^2 = \mu\omega^2$, also $\omega/k = \sqrt{mg/\mu}$, und das ist gerade die Formel für die Ausbreitungsgeschwindigkeit.

Ist eine schwingende Saite fest eingespannt, führt deren Elongation $L' - L$ gegen die Zugkraft S zu einer gespeicherten potentiellen Energie $S(L' - L)$ und es kommt (2.5) heraus.

2.7 Dispersion von Tiefwasserwellen.

Die Phasengeschwindigkeit für die Wellenlänge λ_1 errechnet man mit (2.40) zu $v_{\mathrm{ph}} = 0{,}685\,\mathrm{m/s}$. Die zweite Welle muss nach Voraussetzung die gleiche Phasengeschwindigkeit haben. Gleichung (2.40) lässt sich umschreiben:

$$\lambda^2 - \frac{2\pi}{g}v_{\mathrm{ph}}^2 \lambda = -\frac{4\pi^2 \sigma}{g\rho}\,,$$

$$\lambda = \frac{\pi}{g}v_{\mathrm{ph}}^2 \pm \sqrt{\frac{\pi^2}{g^2}v_{\mathrm{ph}}^4 - \frac{4\pi^2 \sigma}{g\rho}}\,,$$

$$\lambda_2 = \lambda_1 - 2\frac{\pi}{g}\sqrt{v_{\mathrm{ph}}^4 - \frac{4\sigma g}{\rho}}\,.$$

Numerisch erhält man $\lambda_2 = 1{,}0\,\mathrm{mm}$. Da der Ausdruck unter der Wurzel nie negativ werden darf, ist die minimale Phasengeschwindigkeit

$$v_{\mathrm{ph}} = \left(\frac{4\sigma g}{\rho}\right)^{1/4} = 0{,}23\,\mathrm{m/s}\,.$$

An der Stelle der minimalen Phasengeschwindigkeit fallen die Lösungen λ_1 und λ_2 zusammen und es ist

$$\lambda = \frac{\pi}{g}v_{\mathrm{ph}}^2 = 2\pi\sqrt{\frac{\sigma}{g\rho}} = 1{,}7\,\mathrm{cm}\,.$$

3.1 Schallstärke und Schallwechseldruck.

Bei einem Schallpegel $L_p = 50\,\mathrm{dB}$ ist der Schalldruck nach (3.22)

$$\tilde{p} = \tilde{p}_0 \cdot 10^{L_p/20} = 20\mu\mathrm{Pa} \cdot 10^{2{,}5} = 0{,}0063\,\mathrm{Pa}\,.$$

3.2 Reflexionsfreie Aufspaltung eines Signals.

Das erste Kabel wird zunächst durch den Widerstand R abgeschlossen. Diesem in Reihe geschaltet ist eine Parallelschaltung der zwei anderen Kabel mit ihren Vorwiderständen R. Die Reflexionsfreiheit erfordert

$$Z = R + \frac{1}{2}(R + Z) = \frac{3}{2}R + \frac{1}{2}Z$$

$$R = \frac{Z}{3} = 16{,}7\,\Omega\,.$$

Am Ende des ersten Kabels erscheint das Signal noch in ursprünglicher Höhe. Am Sternpunkt ist es um den Faktor

$$\frac{(R + Z)/2}{(R + Z)/2 + R} = \frac{2}{3}$$

kleiner geworden. Am Eingang der Folgekabel ist die Signalhöhe um einen weiteren Faktor $Z/(Z + R) = 3/4$ reduziert worden. Wenn die beiden Kabelausgänge hinter der Verzweigung mit dem Widerstand Z abgeschlossen werden, ändert sich nichts mehr und die Signalhöhe ist insgesamt um einen Faktor zwei kleiner als am Anfang. Den beiden Kabelausgängen wird zusammen die Hälfte der ursprünglich eingespeisten Leistung entnommen, die andere Hälfte wird in den drei Widerständen R in Wärme verwandelt.

3.3 Wellenwiderstand eines Koaxialkabels und einer Streifenleitung.

a) Mit (3.26) und (2.87) erhält man

$$Z^2 = \frac{L'}{C'} = \frac{\mu_0}{4\pi^2\epsilon_0\epsilon} \cdot \ln^2\left(\frac{r_a}{r_i}\right)$$

$$\frac{r_i}{r_a} = e^{-2\pi Z\sqrt{\epsilon_0\epsilon/\mu_0}} .$$

Numerisch ergibt sich $r_i = 0{,}44$ mm, $L' = 0{,}25\,\mu$H/m, $C' = 99$ pF/m. Das entspricht dem handelsüblichen RG-58-Kabel mit BNC-Steckern.

b) Die Gleichheit der Eindringtiefe mit dem Bruchteil ζ des Radius r_i besagt wegen (2.83):

$$\zeta r_i \geq \frac{1}{\sqrt{\pi\mu_0\sigma_{\mathrm{el}}\nu}} ,$$

$$\nu \geq \frac{1}{\pi\mu_0\sigma_{\mathrm{el}}\zeta^2 r_i^2} = 2{,}2\,\mathrm{MHz} .$$

c) C' erhält man als Kapazität eines Plattenkondensators: $C' = \epsilon_0 b/d$. L' erhält man aus dem magnetischen Fluss Φ' pro Leiterlänge, der von einem Strom I erzeugt wird. Nach dem Ampèreschen Gesetz ist $Hb = I$, somit $\Phi' = \mu_0 Hd = \mu_0 Id/b$ und $L' = \mu_0 d/b$. Aus (3.26) folgt

$$Z^2 = \frac{L'}{C'} = \frac{\mu_0 d^2}{\epsilon_0 b^2} \quad \rightarrow \quad \frac{d}{b} = \sqrt{\frac{\epsilon_0}{\mu_0}}Z = 0{,}133 .$$

3.4 Feldstärken in einem Laserstrahl.

a) Bei konstanter Energiedichte wäre die Intensität $I = P/(\pi\sigma_r^2)$. Für ein Gaußsches Strahlprofil mit der zentralen Intensität I_0 erhält man

$$P = \int_0^\infty 2\pi\xi I_0 e^{-\xi^2/\sigma_r^2}\, d\xi = -\pi\sigma_r^2 I_0 e^{-\xi^2/\sigma_r^2}\Big|_0^\infty = \pi\sigma_r^2 I_0 ,$$

die Formel für die Intensität im Strahlzentrum ist also dieselbe wie vorher.

In der folgenden Feldstärkeberechnung sind E und B die Effektivwerte:

$$I = \frac{P}{\pi\sigma_r^2} = EH = E\frac{B}{\mu_0} = E^2\frac{1}{c\mu_0} ,$$

$$E = \sqrt{\frac{c\mu_0 P}{\pi\sigma_r^2}} = 346\,\mathrm{V/m} ,$$

$$B = \frac{E}{c} = 1{,}15 \cdot 10^{-6}\,\mathrm{T} .$$

b) Während der Dauer eines Pulses ist die Leistung $10^{-3}\,\mathrm{J}/10^{-8}\,\mathrm{s} = 10^5\,\mathrm{W}$, also um einen Faktor 10^8 größer als vorher. Entsprechend sind die Feldstärken um einen Faktor 10^4 größer: $E = 3{,}46\,\mathrm{MV/m}$, $B = 0{,}0115\,\mathrm{T}$.

3.5 Kometenschweif.

a) Die Kraft durch den Strahlungsdruck sei F_{rad}, die Gravitationskraft F_{grav}.

$$F_{\mathrm{rad}} = P_{\mathrm{Sonne}}\frac{\pi r^2}{4\pi R^2 c} ,$$

$$F_{\mathrm{grav}} = \frac{4\pi}{3}\frac{\rho r^3 G M_{\mathrm{Sonne}}}{R^2} ,$$

$$GM_{\mathrm{Sonne}} = \omega_{\mathrm{Erde}}^2 R_{\mathrm{Erde}}^3 \quad \mathrm{mit} \quad \omega_{\mathrm{Erde}} = \frac{2\pi}{1\,\mathrm{Jahr}} ,$$

$$\frac{F_{\mathrm{rad}}}{F_{\mathrm{grav}}} = \frac{3P_{\mathrm{Sonne}}}{16\pi\omega_{\mathrm{Erde}}^2 R_{\mathrm{Erde}}^3\rho r c} = 0{,}28 .$$

b) Die transversale Beschleunigung durch den Strahlungsdruck ist

$$a = \frac{F_{\mathrm{rad}}}{(4\pi/3)\rho r^3} = \frac{3P_{\mathrm{Sonne}}}{16\pi\rho R^2 r c} .$$

Legt der Komet eine kurze Strecke s auf seiner Bahn zurück, benötigt er dazu die Zeit $t = s/v$. Die Bewegung eines Teilchens relativ zur Kometenbahn studiert man am besten in einem rotierenden Koordinatensystem, das sich mit dem Kometenkern mitbewegt. Dann wird die Anziehungskraft der Sonne durch eine Scheinkraft kompensiert. Bei minimalem Abstand zur Sonne, d. h. verschwindender Radialgeschwindigkeit, entsteht eine Transversalablenkung

$$\Delta R = \frac{1}{2}at^2 = \frac{as^2}{2v^2} .$$

Es ist $mv^2/R = F_{\mathrm{grav}}$ und wegen $a = F_{\mathrm{rad}}/m$ ist

$$\Delta R = \frac{F_{\mathrm{rad}}s^2}{2F_{\mathrm{grav}}R} \quad \rightarrow \quad \frac{\Delta R}{s} = \frac{F_{\mathrm{rad}}}{F_{\mathrm{grav}}}\frac{s}{2R} .$$

Zahlenbeispiel: $\Delta R/s = 0{,}014$. Der Schweif ist diffus, weil in der Beschleunigung a der nicht einheitliche Teilchenradius im Nenner steht. Eine Krümmung entsteht, weil ΔR nichtlinear von s abhängt.

3.6 Magnetischer und elektrischer Dipol.

a) Man kann (3.34) abschreiben, wobei man das elektrische Dipolmoment durch das magnetische Dipolmoment $p_{\mathrm{m}} = \pi r^2 I_0$ und die elektrische Feldkonstante ϵ_0 durch die magnetische ersetzt:

$$P_{\mathrm{m}} = \frac{\mu_0\omega^4\pi^2 r^4 I_0^2}{12\pi c^3} .$$

Die Dimensionsbetrachtung zeigt, dass der willkürliche maßsystembedingte Faktor μ_0 im Zähler und nicht im Nenner zu stehen hat:

$$W = \frac{Vs}{Am} s^{-4} m^4 A^2 \frac{s^3}{m^3} = VA .$$

Zahlenbeispiel: $P_m = 1{,}1 \cdot 10^{-11}$ W.

b) Die Amplitude des elektrischen Dipolmoments ist $p_e = 1{,}8 \cdot 10^{-10}$ A s m und die Leistung ist

$$P_e = \frac{4r^2 I_0^2 \cdot 4\pi^2 \omega^2}{12\pi\epsilon_0 c^3} = 5 \cdot 10^{-6} W .$$

Eine genauere Inspektion der Formeln zeigt, dass die viel kleinere Leistung des magnetischen Dipols daher rührt, dass das Verhältnis P_m/P_e dem Quadrat des Verhältnisses der Dipolausdehnung zur Wellenlänge proportional ist:

$$\frac{P_m}{P_e} = \frac{1}{c^2} \frac{r^2 \omega^2}{16} = \frac{\pi^2 r^2}{4\lambda^2} .$$

Bei konstanter Dipollänge und konstanter Stromstärke ist die Leistung des elektrischen Dipols dem Quadrat der Frequenz proportional. Das gilt, solange die Wellenlänge groß gegen die Dipolabmessung ist.

c) Für die Abstrahlung von 1 W muss $p_e = 7{,}4 \cdot 10^{-13}$ As m sein. Extrapoliert man das Dipolmoment aus Teil b) zur Frequenz 1,8 GHz, erhält man $p_e = 5{,}5 \cdot 10^{-13}$ As m. Weil dies etwas kleiner ist und wegen der kleineren Abmessungen des Telefons muss der Strom entsprechend größer sein. Außerdem ist die Wellenlänge nicht mehr groß gegen die Abmessungen des Telefons.

3.7 Abstrahlung eines geladenen Teilchens.

a) Die Schwingungsamplitude und das Dipolmoment ergeben sich aus der Newtonschen Bewegungsgleichung:

$$m\frac{d^2 x}{dt^2} = -m\omega^2 x(t) = eE(t) ,$$

$$x_0 = -\frac{eE_0}{m\omega^2} , \quad p_0 = \frac{e^2 E_0}{m\omega^2} .$$

Der Impuls besitzt die Amplitude $m\omega x_0$ und die Amplitude seiner zeitlichen Ableitung ist

$$\left(\frac{dp}{dt}\right)_0 = m\omega^2 x_0 = -eE_0 .$$

In (3.34) und (3.35) eingesetzt, ergibt sich in beiden Fällen

$$\Phi_e = \frac{e^4 E_0^2}{12\pi\epsilon_0 m^2 c^3} ,$$

wobei im Falle von (3.35) ein Faktor $1/2$ hinzugefügt wurde, weil der Effektivwert von $(dp/dt)^2$ eingeht.

b) Die durchschnittliche kinetische Energie des Elektrons ist

$$\overline{E}_{kin} = \frac{1}{4} m\omega^2 x_0^2 = \frac{e^2 E_0^2}{4m\omega^2} .$$

Das Verhältnis der abgestrahlten Energie pro Periode und der mittleren kinetischen Energie ist

$$\frac{2\pi}{\omega} \frac{\Phi_e}{\overline{E}_{kin}} = \frac{2\omega e^2}{3\epsilon_0 mc^3} .$$

Wenn dies klein gegen Eins sein soll, folgt

$$\omega \ll \frac{3\epsilon_0 mc^3}{2e^2} \approx 10^{22} \text{ Hz} .$$

Die Frequenz auf der rechten Seite ist riesig: Sie entspricht der Zeit, die Licht benötigt, um eine Strecke von der Größenordnung des klassischen Elektronenradius zurückzulegen. Für derartige Frequenzen ist (3.35) gar nicht mehr gültig. Solange man klassisch rechnen darf, hat die Strahlungsdämpfung auf die Schwingung *eines einzelnen isolierten* Elektrons fast keine Auswirkung.

3.8 Poynting-Vektor.

Die elektrische Feldstärke innerhalb des Kabels ist

$$E(r) = \frac{U}{r \ln(r_a/r_i)}$$

mit den Bezeichnungen wie in (2.87). Die magnetische Feldstärke ist $H = I/(2\pi r)$. Der Poynting-Vektor $\boldsymbol{E} \times \boldsymbol{H}$ ist parallel oder antiparallel zum Strom orientiert. In *jedem* Falle zeigt er von der Batterie zum Verbraucher, gleichgültig, an welchem Kabelende und mit welcher Polarität die Batterie angeschlossen wird (4 Fälle). Die transportierte Leistung ist

$$P = \int_{r_i}^{r_a} 2\pi r E(r) H(r)\, dr = \int_{r_i}^{r_a} \frac{2\pi I U}{2\pi r \ln(r_a/r_i)}\, dr = IU .$$

3.9 Energiefluss im Kondensator.

a) Nach der Maxwellschen Gleichung (2.44) gilt auf einer geschlossenen kreisförmigen Feldlinie

$$2\pi r H = \pi r^2 \epsilon_0 \epsilon \frac{dE}{dt} \quad \rightarrow \quad H = \epsilon_0 \epsilon \frac{r}{2} \frac{dE}{dt} .$$

b) Das Vektorprodukt $\boldsymbol{E} \times \boldsymbol{H}$ ist bei Aufladung des Kondensators nach innen zur Kondensatorachse hin gerichtet. Es ist

$$|\boldsymbol{E} \times \boldsymbol{H}| = \frac{r}{2} \epsilon_0 \epsilon \frac{dE}{dt} E .$$

c) Ein Zylinder mit dem Radius r besitzt die Oberfläche $A = 2\pi r d$ und der Poynting-Vektor ist mit der Leistung

$$P = \pi r^2 d\epsilon_0 \epsilon \frac{dE}{dt} E$$

verknüpft. Der Faktor $\pi r^2 d$ ist das Volumen innerhalb der Zylinderfläche und der zweite Faktor ist die zeitliche Ableitung der elektrischen Energiedichte $\epsilon_0 \epsilon E^2/2$.

d) Die Zuführungsdrähte zum Kondensator besitzen eine Kapazität relativ zum Rest der experimentellen Anordnung. Sie tragen daher Ladungen, verbunden mit radialen elektrischen Feldern. Fließt ein Strom, ist der Poynting-Vektor parallel zum Draht gerichtet. Somit strömt die Energie bei der Aufladung eines Kondensators aus der Stromquelle heraus, läuft außen an den Zuführungsdrähten entlang, umgeht die Kondensatorplatten und strömt dann von außen durch den Spalt zwischen den Platten in den Kondensator hinein.

4.1 Wellenzahl-Vektor.

Der Winkel zur z-Achse ist 90°. Die Richtungs-Cosinusse relativ zur x- und y-Achse sind $\sqrt{3}/2$ und $1/2$. Der Wellenzahl-Vektor ist $k = (\pi/\sqrt{3}, \pi/3, 0)\,\mathrm{m}^{-1}$.

4.2 Phase eines Wellenfeldes.

Man zerlegt ein Wegelement im Integral in Komponenten $dr_\parallel$ und $dr_\perp$ parallel und senkrecht zum Wellenzahl-Vektor. Senkrecht zum Wellenzahl-Vektor ist die Phase der Welle konstant, daher ist

$$\int_{r_1}^{r_2} k \cdot dr = \int k(r)\,dr_\parallel = \int \frac{2\pi}{\lambda(r)}\,dr_\parallel \,,$$

und dies ist die Zahl der Wellenlängen zwischen den Endpunkten, multipliziert mit 2π. Dabei spielt es keine Rolle, ob man bei der Integration Umwege macht; zwischendurch dürfen sogar Vorzeichenwechsel des Weges $dr_\parallel$ auftreten.

4.3 Fouriertransformation von Funktionen nach Rechenoperationen.

a) Die Fourier-Transformierte $\tilde{F}$ einer zeitlich verschobenen Funktion ist nach (4.50)

$$\tilde{F}(\omega) = \int_{-\infty}^{\infty} f(t)e^{i\omega t + i\omega\tau}\,dt = e^{i\omega\tau}F(\omega)\,,$$

d. h. die Fourier-Transformierte wird mit einem von ω abhängigen Phasenfaktor vom Betrag eins multipliziert, der um so schneller oszilliert, je größer die Zeitverschiebung ist.

b) Man differenziert das Fourier-Integral (4.52) nach der Zeit und liest als Fourier-Transformierte der Ableitung ab:

$$\tilde{F}(\omega) = -i\omega F(\omega)\,.$$

c) In die Gleichung $f(t) = \int_{-\infty}^{\infty} f_1(t-t')f_2(t')\,dt'$ setzt man die Fourier-Entwicklung der Funktion f_1 ein:

$$f(t) = \frac{1}{2\pi} \int_{-\infty}^{\infty} \int_{-\infty}^{\infty} F_1(\omega)e^{-i\omega t}e^{i\omega t'}\,d\omega\, f_2(t')\,dt'\,.$$

Hierin vertauscht man die Integrationsvariablen und stellt die Reihenfolge einiger Terme um:

$$f(t) = \frac{1}{2\pi} \int_{-\infty}^{\infty} \left(F_1(\omega) \int_{-\infty}^{\infty} f_2(t')e^{i\omega t'}\,dt' \right) e^{-i\omega t}\,d\omega\,.$$

Diese Gleichung entspricht der Fourier-Entwicklung (4.52). Der Ausdruck zwischen den großen Klammern muss daher die Fourier-Transformierte von $f(t)$ sein, die aus $F_1(\omega)$ und der Fourier-Transformierten von $f_2(t)$, also $F_2(\omega)$ besteht.

d) Das RC-Glied, das von einem variablen Strom aufgeladen wird, ist ein sehr einfaches Beispiel: Eine kleine Ladungsmenge $dQ = I(t)\,dt$ führt am Ausgang zu einer zeitabhängigen Spannung $dU = dQ/Ce^{-t/RC}$. Integriert über die Vergangenheit bis zu einem Zeitpunkt t gilt:

$$U(t) = \int_{-\infty}^{t} \frac{1}{C}I(t')e^{(-t+t')/RC}\,dt'\,,$$

d. h. man kann die Funktion $I(t)$ mit f_2 und die Exponentialfunktion mit Cf_1 identifizieren. Bei der Fourier-Transformation von f_1 ist die Integration über die Zeit **beidseitig** bis ins Unendliche auszuführen. Dem wird dadurch Rechnung getragen, dass man die Exponentialfunktion abschneidet, also gleich null setzt für $t' > t$. Physikalisch bedeutet das, dass eine auf den Kondensator fließende Ladung nicht die Spannung in der Vergangenheit beeinflussen kann. Die Fourier-Transformierte dieser so ergänzten Exponentialfunktion ist

$$F_1(\omega) = \frac{1}{C} \int_0^{+\infty} e^{-t/RC + i\omega t}\,dt = \frac{R}{1 - i\omega RC}$$

$$= \frac{1}{1/R - i\omega C}\,.$$

In Bd. III/17.1 hatten wir den komplexen Widerstand kennengelernt. Ein periodischer Strom erzeugt am RC-Glied einen periodischen Spannungsabfall

$$\breve{U} = \breve{I}\frac{1}{1/R + i\omega C}\,.$$

Die Strom-Amplitude $\check{I}$ identifiziert man mit der Fourier-Transformierten von $f_2 = I(t)$, die Spannungsamplitude $\check{U}$ mit der Fourier-Transformierten der Spannung. Der komplexe Widerstand entspricht dann gerade der Fourier-Transformierten der Exponentialfunktion. Dass für den komplexen Widerstand das konjugiert Komplexe im Vergleich zu Bd. III herauskommt, liegt an den verschiedenen Phasenkonventionen für Strom und Spannung in Bd. III, Gl. (17.38) und in (4.52).

4.4 Fourier-Transformierte von Funktionen mit Sprüngen und Knicken.

a) (1) Es ist $F(\omega) = F_1(\omega) + F_2(\omega)$ mit

$$F_1(\omega) = \int_0^\infty e^{-\gamma t + i\omega t}\, dt = \left.\frac{e^{-\gamma t + i\omega t}\, dt}{-\gamma + i\omega}\right|_0^\infty \rightarrow \quad -\frac{1}{i\omega}\,,$$

$$F_2(\omega) = \int_{-\tau}^0 \frac{t+\tau}{\tau} e^{i\omega t}\, dt = \int_0^\tau \frac{t'}{\tau} e^{i\omega t'} e^{-i\omega\tau}\, dt'\,.$$

Die Stammfunktion des Integranden in $F_2(\omega)$ ist

$$\frac{t'}{i\omega\tau} e^{i\omega t'} e^{-i\omega\tau} + \frac{1}{\omega^2\tau} e^{i\omega t'} e^{-i\omega\tau}\,,$$

woraus folgt

$$F_2(\omega) = \frac{1}{\omega^2\tau}\left(1 - e^{-i\omega\tau}\right) + \frac{1}{i\omega}\,,$$

$$F(\omega) = \frac{1}{\omega^2\tau}\left(1 - e^{-i\omega\tau}\right)\,. \tag{11.6}$$

Mit dem Erreichen dieses relativ einfachen Resultats ist das Schlimmste geschafft.

(2) Die Rechteckfunktion ist die Ableitung der Dreieckfunktion, die Fourier-Transformierte erhält man durch Multiplikation von (11.6) mit $-i\omega$:

$$F(\omega) = \frac{1}{i\omega\tau}\left(1 - e^{-i\omega\tau}\right)\,. \tag{11.7}$$

Hieraus ergibt sich für einen um die Zeit τ verschobenen Rechteckimpuls

$$F(\omega) = \frac{1}{i\omega\tau}\left(e^{+i\omega\tau} - 1\right)\,. \tag{11.8}$$

(3) Der Rechteckimpuls zwischen den Zeiten $-\tau$ und $+\tau$ ist die Summe der beiden halb so langen Rechteckimpulse und seine Fourier-Transformierte ist die Summe von (11.7) und (11.8):

$$F(\omega) = \frac{1}{i\omega\tau}\left(e^{+i\omega\tau} - e^{-i\omega\tau}\right) = \frac{2\sin\omega\tau}{\omega\tau}\,.$$

Das ist identisch mit (1.22), wenn man $a = 1/\tau$ setzt.

(4) Die abgeschrägte Stufe abwärts entsteht aus der Funktion (11.6) durch Vorzeichenwechsel und Zeitverschiebung um τ. Dies ergibt

$$F(\omega) = \frac{1}{\omega^2\tau}\left(-e^{+i\omega\tau} + 1\right) = \frac{2\sin\omega\tau}{i\omega^2\tau} e^{+i\omega\tau/2}\,.$$

(5) Die symmetrische Dreieckfunktion entsteht als Summe von (1) und (4):

$$F(\omega) = \frac{1}{\omega^2\tau}\left(2 - e^{+i\omega\tau} - e^{-i\omega\tau}\right) = \frac{2}{\omega^2\tau}(1 - \cos\omega\tau)\,.$$

b) Unstetigkeiten der Funktionswerte gibt es in den Fällen (2) und (3). Abgesehen von Oszillationen, ist $|F(\omega)| \propto 1/\omega$ bei großen ω. Knicke, aber keine Sprünge gibt es in den Fällen (1), (4) und (5). Es ist $|F(\omega)| \propto 1/\omega^2$ bei großen ω. Dieses Verhalten gilt allgemein, auch wenn mehrere Sprünge oder Knicke auftreten. Was sich dann ändert, sind die oszillierenden Faktoren, sie enthalten die Information über die Positionen und Stärken der Singularitäten.

c) Die Funktion in Abb. 4.15a hat einen Sprung bei $t = 0$ und nach (4.56) ist $|F(\omega)| \propto 1/\omega$ bei großen ω. Ersetzt man die cos- durch eine sin-Funktion, ist nur noch ein Knick vorhanden. Man erkennt, dass in (4.56) durch diese Ersetzung der zweite Faktor das Vorzeichen wechselt, sodass der Funktionsanteil $|F(\omega)| \propto 1/\omega$ verschwindet und bei großen ω die Abhängigkeit $|F(\omega)| \propto 1/\omega^2$ entsteht. Die in Abb. 4.11 gezeigte Funktion besitzt keine Unstetigkeit. Dass die Funktion $A(\omega)$ in (4.32) bei großen ω proportional zu $1/\omega$ ist, liegt daran, dass der in der Fußnote erwähnte zweite Teil analog zu (4.56) vernachlässigt wurde.

4.5 Strukturen in Funktionen und ihren Fourier-Transformierten.

(1) Mit komplexer Ergänzung ist die Fourier-Transformierte eines Nadelimpulses zur Zeit t_0 proportional zu $e^{i\omega t_0}$. Dieser Phasenfaktor oszilliert um so schneller, je größer die Zeitverschiebung t_0 ist: $\Delta\omega = 2\pi/t_0$.

(2) Die Fourier-Transformierte $F(\omega) \propto 2\cos(\omega\Delta\tau/2)$ ist periodisch mit einem Frequenzabstand $\Delta\omega$, der durch den zeitlichen Abstand der Nadelimpulse gegeben ist: $\Delta\omega = 4\pi/\Delta\tau$. Einen zusätzlichen Phasenfaktor gibt es hier nicht, weil die Impulse als symmetrisch zur Zeit $t = 0$ angenommen wurden.

(3) Im Fall des Rechtecksignals gilt analog zu (4.30)

$$F(\omega) \propto \frac{1}{\Delta\tau} \int_{t_0 - \Delta\tau/2}^{t_0 + \Delta\tau/2} e^{i\omega t}\, dt$$

$$\propto \frac{\sin\frac{1}{2}\omega\Delta\tau}{\frac{1}{2}\omega\Delta\tau} e^{i\omega t_0}\,.$$

Die Amplitude des entstehenden Wellenzugs ist moduliert mit einem Frequenzabstand $\Delta\omega = 4\pi/\Delta\tau$. Dieser oszillierenden Funktion sind Phasenoszillationen im Frequenzabstand $2\pi/t_0$ überlagert. In der Phasenoszillaton findet man t_0 wieder. Die Oszillation erfolgt schnell bei großer Zeitverschiebung, der Effekt verschwindet bei einem zeitzentrierten Signal ($t_0 = 0$).

(4) Aus (4.22) und (4.23) liest man die Fourier-Transformierte

$$F(\omega) \propto \frac{1}{N} \frac{\sin(N\omega\delta\tau/2)}{\sin(\omega\delta\tau/2)} e^{i\omega t_0} \quad \text{mit} \quad \delta\tau = \frac{\Delta\tau}{N-1}$$

ab. $F(\omega)$ hat hohe, spitze Maxima im Frequenzabstand $2\pi/\delta\tau$. Dazwischen liegen niedrige Maxima mit dem viel kleineren Frequenzabstand $2\pi/(N\delta\tau)$.

(5) Die Fourier-Transformierte einer zentrierten Gaußfunktion ist nach (4.34) und (4.35) eine Gaußfunktion mit der Breite $\sigma_\omega = 1/\sigma_t$. Dieser ist wegen der Zeitverschiebung ein Phasenfaktor überlagert, der sich aus Aufgabe 4.3a ergibt:

$$F(\omega) \propto \frac{1}{\sqrt{2\pi}\sigma_\omega} e^{-\omega^2/2\sigma_\omega^2} e^{it_0\omega} .$$

5.1 Umlenkprisma.

An der Prismenrückseite muss Totalreflexion vorliegen und der Lichteinfall muss unter dem Einfallswinkel 45° erfolgen: $n\sin 45° \geq 1$, d. h. $n \geq \sqrt{2} = 1{,}414$. Einen Intensitätsverlust gibt es beim zweimaligen senkrechten Lichtdurchtritt durch die Frontseite des Prismas:

$$(1-R)^2 = \left(1 - \frac{(n-1)^2}{(n+1)^2}\right)^2 = \left(\frac{4n}{(n+1)^2}\right)^2 .$$

Mit $n = \sqrt{2}$ ergibt sich der Bruchteil der reflektierten Intensität zu 94 %. Er nimmt mit wachsendem Brechungsindex ab.

5.2 Lichtablenkung im Pellin-Broca-Prisma.

a) Wie man in Abb. 5.29 erkennt, weichen die Richtungen des eintretenden und des austretenden Lichtstrahls im Prisma von den Senkrechten auf den Oberflächen um jeweils gleiche Winkel β ab. Innerhalb des Prismas stehen der eingetretene und der reflektierte Strahl senkrecht aufeinander. Bei der Totalreflexion an der Prismen-Rückseite ist der Einfallswinkel deshalb 45°. Totalreflexion tritt auf, wenn $n > 1/\sin(\pi/4) = 1{,}414$ ist.

b) Ferner liest man aus dem oberen Dreieck in Abb. 5.29 ab: $(90° - \beta) + 45° + \gamma = 180°$. Es ist also

$$\beta = \gamma - \frac{\pi}{4}, \quad \sin\alpha = n\sin\beta ,$$

$$n = \frac{\sin\alpha}{\sin\beta} = \frac{\sin\alpha}{\sin(\gamma - \pi/4)} = 2\sin\alpha .$$

Das Prisma mit $\gamma = 75°$ funktioniert also zwischen den Brechungsindizes 1,414 und 2.

c) Weil $\alpha = \arcsin(n/2)$ ist, liegt α immer zwischen 45° und 90°. Für die beiden Glassorten in Tab. 5.2 variiert α zwischen 49,2° und 50,0° (K3) und zwischen 60,6° und 64,5° (SF4).

d) Wird das Prisma als Monochromator verwendet, muss man beim Wechsel der Wellenlänge lediglich das Prisma drehen, aber nicht die Apparatur dahinter, denn die 90°-Ablenkung bleibt erhalten.

5.3 Brechung im Medium mit variablem Brechungsindex.

Innerhalb einer infinitesimalen Schicht der Dicke Δh wird ein Lichtstrahl gebogen, sodass er hinter der Schicht eine Winkelablenkung $\Delta\alpha$ erfahren hat. Nach dem Brechungsgesetz ist

$$\frac{\sin(\alpha + \Delta\alpha)}{\sin\alpha} = \frac{n(h)}{n(h + \Delta h)} ,$$

$$1 + \frac{\cos\alpha}{\sin\alpha}\Delta\alpha = \frac{1}{1 + \frac{dn}{dh}\frac{\Delta h}{n(h)}} \approx 1 - \frac{dn}{dh}\frac{\Delta h}{n(h)} ,$$

$$\frac{d\alpha}{dh}\frac{1}{\tan\alpha} = -\frac{dn}{dh} \cdot \frac{1}{n(h)} ,$$

$$\frac{d\ln\sin\alpha}{dh} = -\frac{d\ln n(h)}{dh} .$$

Es folgt

$$\frac{\sin\alpha_1}{\sin\alpha_0} = \frac{n(h_0)}{n(h_1)} .$$

Wird $\alpha_0 = 90°$, ist $\sin\alpha_1 = n(h_0)/n(h_1)$. Zahlenbeispiel mit $n(h_0) = 1{,}333$, $n(h_1) = 1{,}400$: $\alpha_1 = 72{,}2°$. Startet unten ein Lichtstrahl unter einem Winkel von weniger als $(90 - 72{,}2)° = 17{,}8°$ gegen die Horizontale, wird er totalreflektiert, also nach unten zurückgebogen.

5.4 Lichttransmission und Reflexion an einer Grenzfläche bei fast senkrechtem Lichteinfall.

Bei kleinem Winkel β_1 ist $\sin\beta_1 \approx \beta_1 - \beta_1^3/6$ und $\cos\beta_2 = \sqrt{1 - \sin^2\beta_2} \approx 1 - 1/2 \cdot \sin^2\beta_2$. Nach dem Brechungsgesetz ist $\sin\beta_2 = n_1/n_2 \cdot \sin\beta_1$. In niedrigster Ordnung setzt man die Cosinusse der Winkel β_1 und β_2 gleich 1 und aus (5.42) und (5.43) entsteht mit den Additionstheoremen der trigonometrischen Funktionen und der Vorzeichen-Konvention von Abb. 5.20:

$$\rho_\perp \approx \frac{\sin\beta_1 - n_1/n_2 \cdot \sin\beta_1}{\sin\beta_1 + n_1/n_2 \cdot \sin\beta_1} = \frac{n_2 - n_1}{n_2 + n_1} ,$$

$$\tau_\perp \approx \frac{2n_1/n_2 \cdot \sin\beta_1}{n_1/n_2 \cdot \sin\beta_1 + \sin\beta_1} = \frac{2n_1}{n_1 + n_2} .$$

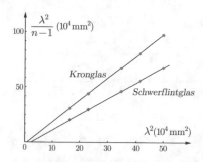

Abbildung 11.2 Analyse der normalen Dispersion für zwei Gläser

Für die Koeffizienten $\rho_\parallel$ und $\tau_\parallel$ kommt nach Entwicklung der Tangens-Funktionen dasselbe heraus. Wegen der Rotationssymmetrie um die Normale zur Grenzfläche müssen die reflektierte und die durchgelassene Intensität bei senkrechtem Lichteinfall einen Extremwert haben, d. h. die Abweichungen von den angegebenen Formeln sind proportional zu β_1^2. Die Korrekturen sind für die beiden Polarisationsrichtungen verschieden (siehe Abb. 5.22).

5.5 Normale Dispersion.

Mit nur einer einzigen Resonanzfrequenz lautet (5.33)

$$n - 1 = \frac{Nq_e^2}{2m_e\epsilon_0} \frac{f}{\omega_0^2 - \omega^2},$$

was sich mit $\omega = 2\pi c/\lambda$ in der Form

$$n - 1 = \kappa \frac{\lambda^2}{\lambda^2 - \lambda_0^2}, \quad \frac{\lambda^2}{n - 1} = \frac{1}{\kappa}(\lambda^2 - \lambda_0^2)$$

schreiben lässt, worin alle Konstanten zu einem einzigen Parameter κ zusammengefasst sind. Trägt man $\lambda^2/(n-1)$ als Funktion von λ^2 auf, erhält man eine Gerade, wie Abb. 11.2 zeigt. In Tab. 11.1 wurden aus zwei Wertepaa-

ren für λ und n jeweils die Parameter κ und λ_0 berechnet:

$$\kappa = \frac{\lambda_i^2 - \lambda_1^2}{\lambda_i^2/(n_i - 1) - \lambda_1^2/(n_1 - 1)}, \quad \lambda_0^2 = \lambda_i^2 - \kappa \frac{\lambda_i^2}{n_i - 1}.$$

Es ergibt sich $\lambda_0 \approx 95$ nm für Kronglas und $\lambda_0 \approx 132$ nm für Schwerflintglas. Die Differenzen $(n - 1)$ werden, wie man leicht nachprüfen kann, von einer einzigen Resonanz mit einer Genauigkeit von ca. 0,4 % reproduziert. Über den Ursprung der Abweichungen, die im Übrigen für die beiden Gläser einen unterschiedlichen Wellenlängenverlauf haben, lässt sich aus Messungen im sichtbaren Spektralbereich nichts aussagen.

5.6 Optik der Röntgenstrahlen.

a) Der Brechungsindex ist nach (5.34) und (2.84)

$$n(\omega) = 1 - \frac{\omega_P^2}{2\omega^2} \quad \text{mit}$$

$$\omega = \frac{2\pi c}{\lambda} = 9{,}4 \cdot 10^{18}\,\text{s}^{-1},$$

$$\omega_P^2 = \frac{n_e e^2}{m_e\epsilon_0} = \frac{Z\rho N_A}{A}\frac{e^2}{m_e\epsilon_0},$$

$$\omega_P = \frac{\sqrt{14 \cdot 2330 \cdot 6 \cdot 10^{23} \cdot 1{,}6 \cdot 10^{-19}}}{\sqrt{0{,}028 \cdot 9{,}1 \cdot 10^{-31} \cdot 8{,}8 \cdot 10^{-12}}}\,\text{s}^{-1},$$

$$\omega_P = 4{,}73 \cdot 10^{16}\,\text{s}^{-1},$$

$$n - 1 = -\frac{\omega_P^2}{2\omega^2} = -1{,}3 \cdot 10^{-5}.$$

b) Die Röntgenstrahlung muss streifend auf die Oberfläche treffen. Mit $\beta = \pi/2 - \alpha$ ergibt sich der Grenzwinkel für die Totalreflexion wie folgt:

$$\sin\alpha = \sin(\pi/2 - \beta) = \cos\beta \approx 1 - \frac{1}{2}\beta^2 = n,$$

$$\beta = \sqrt{2(1 - n)} = 0{,}005\,\text{rad} \approx 17'.$$

c) Die Wellenlängen im Vakuum (λ) und im Medium (λ/n) sind fast gleich groß. Dann folgt für die Phasengeschwindigkeit

$$v_{\text{Ph}} = \frac{c}{n} \approx c + c\frac{\omega_P^2}{2\omega^2} \approx c + \frac{\omega_P^2\lambda^2}{8\pi^2 c} > c.$$

Sie ist um den kleinen Bruchteil $1 - n = 1{,}3 \cdot 10^{-5}$ größer als die Lichtgeschwindigkeit im Vakuum. Die Gruppengeschwindigkeit ist nach (1.25)

$$v_g = v_{\text{Ph}} - \lambda\frac{dv_{\text{Ph}}}{d\lambda} = v_{\text{Ph}} - \frac{\omega_P^2\lambda^2}{4\pi^2 c} = c - \frac{\omega_P^2\lambda^2}{8\pi^2 c} < c.$$

Sie ist um soviel kleiner als die Lichtgeschwindigkeit im Vakuum wie die Phasengeschwindigkeit größer ist.

Tabelle 11.1 Analyse der normalen Dispersion für zwei Gläser

λ (nm)	λ^2 (10^5nm^2)	$\lambda^2/(n-1)$ (10^5nm^2)	κ	λ_0 (nm)
		Kronglas		
706,5	4,991	9,710		
643,8	4,145	8,033	0,5045	96
589,3	3,473	6,702	0,5047	95
480,0	2,304	4,389	0,5050	94
404,7	1,638	3,073	0,5052	92
		Schwerflintglas		
706,5	4,991	6,717		
643,8	4,145	5,538	0,7176	131
589,3	3,473	4,600	0,7171	132
480,0	2,304	2,968	0,7167	133
404,7	1,638	2,033	0,7158	135

Teil II

5.7 Transmission und Reflexion von Metallen.

Für die Lichtwellenlänge $\lambda = 600\,$nm liest man aus Abb. 5.28 ab: $n_R \approx 0$ und $n_I \approx 4$. Nach dem Wienschen Verschiebungsgesetz hat das Wellenlängenspektrum der Wärmestrahlung ein Maximum bei $(3\,\text{mm K})/T \approx 10\,\mu$m bei Zimmertemperatur, d. h. die zweite Wellenlänge liegt im langwelligen Ausläufer eines solchen Spektrums. Aus (5.47) folgt

$$n_I = n_R = \sqrt{\frac{\sigma_{el}\lambda}{4\pi\epsilon_0 c}} \approx 200 \ .$$

Die Amplitude einer Welle mit der Vakuum-Wellenlänge λ ändert sich beim Durchlaufen eines Mediums mit einem komplexen Brechungsindex gemäß

$$A \propto e^{i\check{k}x} = e^{2\pi i\check{n}x/\lambda} = e^{-2\pi n_I x/\lambda}\, e^{2\pi i n_R x/\lambda} \ .$$

Die Intensität ist proportional zu A^2, der Absorptionskoeffizient ist daher $4\pi n_I/\lambda$. Die Schichtdicke, nach der die Intensität um einen Bruchteil ϵ abgenommen hat, ist

$$\ln(1-\epsilon) = -\frac{4\pi n_I x}{\lambda} \quad \rightarrow \quad x = \lambda\frac{\ln\left(1/(1-\epsilon)\right)}{4\pi n_I} \ .$$

Das ergibt für das rote Licht $x = 2{,}66\,$nm. Das ist viel kleiner als die Wellenlänge, aber immer noch größer als der Gitterabstand. „Wellen" werden schon auf Strecken absorbiert, die klein gegen die Wellenlänge sind. Beim Durchlaufen einer Silberschicht dieser Dicke wird die Intensität der Infrarotstrahlung um einen Faktor 0,72 abgeschwächt. Gleichung (5.48) zur Berechnung des Reflexionsvermögens setzt voraus, dass die Dicke einer Schicht groß im Vergleich zur Eindringtiefe einer Welle ist. Diese Voraussetzung ist hier nicht erfüllt.

6.1 Fermatsches Prinzip.

Es genügt, die Längen aller zu vergleichenden Lichtstrahlen ab der Tangentialebene durch den Scheitelpunkt S zu messen, weil vorher keine Wegdifferenzen auftreten. Daher ist $l_1 = \Delta(h)$. Nach (6.8) ist

$$n_1\Delta(h) + n_2\sqrt{h^2 + (b-\Delta(h))^2} = n_2 b \ ,$$

$$(n_2^2 - n_1^2)\Delta(h)^2 - 2\Delta(h)bn_2(n_2 - n_1) + n_2^2 h^2 = 0 \ .$$

Diese quadratische Beziehung zwischen h und $\Delta(h)$ definiert ein Rotationsellipsoid. Für kleine h ist der Term proportional zu $\Delta(h)^2$ zu vernachlässigen und man erhält

$$\Delta(h) \approx \frac{n_2 h^2}{2b(n_2 - n_1)} = \frac{h^2}{2R} \ ,$$

$$\frac{n_2}{b} = \frac{n_2 - n_1}{R} \ ,$$

in Übereinstimmung mit (6.12).

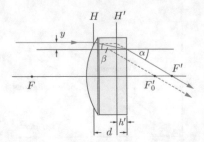

Abbildung 11.3 Brennpunkte und Hauptebenen einer plankonvexen Linse

6.2 Linse in einem Medium.

Die Brennweite ist nach (6.20) proportional zu $n_1/(n_2 - n_1)$. Das Verhältnis ist 2 für Luft und 7,82 für Wasser; daher ist $f = 19{,}6\,$cm.

6.3 Abbildung durch eine ebene brechende Fläche.

Am einfachsten ist es, in der Abbildungsgleichung zu einem unendlich großen Krümmungsradius überzugehen. Die Brechkraft ist null und es ist $n/g + 1/b = 0$, es entsteht ein virtuelles Bild bei $b = -g/n = -15\,$cm: Gegenstände unter Wasser scheinen angehoben zu sein. Verschiebt man den Gegenstandspunkt parallel zur Wasseroberfläche, verschiebt sich der Bildpunkt in gleicher Weise, daher ist der transversale Abbildungsmaßstab eins. Befindet sich das Auge in der Höhe h über der Wasseroberfläche, ändert sich der Sehwinkel, solange er klein genug ist, um den Faktor $(h+g)/(h+|b|) = 1{,}077$.

6.4 Bestimmung der Brennweite einer dünnen Linse nach Bessel.

Wegen der Annahme einer dünnen Linse ist die Summe aus Gegenstands- und Bildweite $D = g + b$. Aus der Abbildungsgleichung folgt

$$\frac{1}{g} + \frac{1}{D-g} = \frac{1}{f} \ ,$$

$$f(D-g) + fg = g(D-g) \quad \rightarrow \quad g^2 - Dg = -fD \ ,$$

$$g = \frac{D}{2} \pm \sqrt{\frac{D^2}{4} - fD} \ .$$

Der Abstand zwischen den beiden Lösungen ist d:

$$d^2 = 4\left(\frac{D^2}{4} - fD\right) \quad \rightarrow \quad f = \frac{D^2 - d^2}{4D} = 18\,\text{cm} \ .$$

6.5 Brennweite und Hauptebenen einer plankonvexen Linse.

Die dicke plankonvexe Linse zerlegt man zweckmäßigerweise in eine dünne plankonvexe Linse, an die sich eine dicke ebene Glasplatte anschließt (Abb. 11.3). Ein von

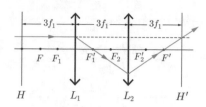

Abbildung 11.4 Brennpunkte und Hauptebenen eines Systems aus zwei dünnen Linsen

rechts kommender Lichtstrahl parallel zu optischen Achse durchläuft die Platte geradlinig, wird an der Linsenvorderseite gebrochen und gelangt zum davor liegenden Brennpunkt, die Brennweite ist laut (6.13) $f = R/(n-1)$. Die Hauptebene fällt ungefähr mit der Position der Linsenvorderseite zusammen. Ohne die Glasplatte läge der zweite Brennpunkt als Punkt F_0' im Abstand f hinter der vorderen Hauptebene. Die Glasplatte verschiebt aber alle Lichtstrahlen parallel, sodass der hintere Brennpunkt an die Stelle F' nach hinten wandert. Aus Abb. 11.3 liest man ab:

$$y \approx d\beta = h'\alpha \quad \rightarrow \quad |h'| = \frac{d\beta}{\alpha} = \frac{d}{n} \; .$$

Dasselbe ergibt sich aus (6.34) und (6.35): Im Grenzfall $R_2 \to \infty$ ist die Brennweite $f = R_1/(n-1)$, und die Abstände zwischen den Hauptebenen und den Linsenoberflächen sind $h = 0$ und

$$h' = -\frac{(n-1)fd}{nR_1} = -\frac{d}{n} \; .$$

h' ist negativ: Die Hauptebene liegt *vor* der Linsenrückseite.

6.6 Zwei dünne Linsen.

a) Ein von links kommendes Lichtbündel parallel zur optischen Achse wird zunächst von der ersten Linse in deren Brennpunkt fokussiert und danach von der zweiten Linse mit der Gegenstandsweite $g = 2f_1$ und der Bildweite $b = 2f_1$ in einen Brennpunkt des Gesamtsystems abgebildet. Die Verlängerung eines ankommenden seitlich versetzten Lichtstrahls schneidet seine Fortsetzung hinter der zweiten Linse per definitionem in der Hauptebene (siehe Abb. 11.4). Diese Hauptebene ist im vorliegenden Beispiel gegenüber dem Brennpunkt um die Strecke f_1 nach rechts versetzt. Die Gesamtbrennweite ist also negativ: $f = -f_1$. Der Abstand zwischen den Hauptebenen ist wegen der Symmetrie des Systems gleich dem doppelten Abstand der Hauptebenen von der Mitte ($9f_1$). Dies wird auch durch (6.36) und (6.37) wiedergegeben. Der Linsenabstand ist $d = 3f_1$ und die Gesamtbrennweite ergibt sich nach (6.36):

$$\frac{1}{f} = \frac{1}{f_1} + \frac{1}{f_1} - \frac{3f_1}{f_1^2} = -\frac{1}{f_1} \quad \rightarrow \quad f = -f_1 \; .$$

Weiterhin ergibt sich aus (6.37) $h = fd/f_2 = -3f_1$ (vor Linse 1) und $h' = -fd/f_1 = +3f_1$ (hinter Linse 2).

b) Ein Gegenstand am Ort der ersten Hauptebene wird durch das Linsensystem in die zweite Hauptebene abgebildet; zunächst von Linse 1 mit der Gegenstandsweite $3f_1$ und der Bildweite $3/2f_1$ mitten zwischen die Linsen, sodass dort ein reelles Zwischenbild entsteht. Letzteres wird von der zweiten Linse in umgekehrter Weise in die zweite Hauptebene abgebildet. Der Abbildungsmaßstab ist insgesamt eins, das reelle Bild in der zweiten Hauptebene entspricht hier dem Original.

c) Es sei $f_1 > 0$ und $f_2 < 0$. Eine positive Gesamtbrennweite entsteht, wenn gilt:

$$\frac{1}{f_1} - \frac{1}{|f_2|} + \frac{d}{f_1|f_2|} > 0 \; ,$$

$$d > f_1|f_2| \left(\frac{1}{|f_2|} - \frac{1}{f_1} \right) = f_1 - |f_2| \; .$$

6.7 Beugungsunschärfe und chromatische Aberration.

Der Beugungswinkel ist $\alpha = 1{,}21\lambda/D = 7{,}2 \cdot 10^{-5}$. Der Radius des ersten Beugungsmaximums in der Brennebene ist somit $\alpha f = 3{,}6\,\mu\text{m}$.

Beim Übergang von einer Wellenlänge auf die andere ändert sich die Brennweite wegen $f \propto 1/(n-1)$ um

$$\Delta f = \frac{\Delta n}{n_1 - 1} f = \frac{n_2 - n_1}{n_1 - 1} f = 560\,\mu\text{m} \; .$$

Vom Brennpunkt aus gesehen, befindet sich der Blendenrand unter einem Winkel $\beta \approx D/2f = 0{,}1$ zur optischen Achse. Das Licht der zweiten Wellenlänge erscheint daher in der Brennebene für die erste Wellenlänge als Kreisscheibe mit dem Radius $\beta\Delta f = 56\,\mu\text{m}$. Der chromatische Fehler überwiegt also bei Weitem.

6.8 Korrektur auf chromatische Aberration.

Es seien n_1 der Brechungsindex des Glases der plankonkaven Linse, n_2 der Brechungsindex der Konvexlinse, r_{12} der gemeinsame Krümmungsradius und r_2 der zweite Radius der Konvexlinse. Die gesamte Brechkraft beider Linsen ist

$$\frac{1}{f} = \frac{1}{f_1} + \frac{1}{f_2} = \frac{1-n_1}{r_{12}} + \frac{n_2-1}{r_{12}} + \frac{1-n_2}{r_2} \; . \tag{11.9}$$

Die Brechungsindizes für verschiedene Spektrallinien werden im Folgenden mit Argumenten gekennzeichnet.

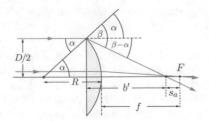

Abbildung 11.5 Zur Berechnung der sphärischen Aberration

f muss für beide Fraunhoferschen Linien gleich sein:

$$\frac{-n_1(C) + n_2(C)}{r_{12}} + \frac{1 - n_2(C)}{r_2}$$
$$= \frac{-n_1(F) + n_2(F)}{r_{12}} + \frac{1 - n_2(F)}{r_2},$$

$$\frac{1}{r_{12}}\left(n_1(F) - n_2(F) + n_2(C) - n_1(C)\right)$$
$$= \frac{1}{r_2}\left(n_2(C) - n_2(F)\right),$$

$$\frac{r_{12}}{r_2} = \frac{n_1(F) - n_2(F) + n_2(C) - n_1(C)}{n_2(C) - n_2(F)}$$

$$\frac{r_{12}}{r_2} = 1 - \frac{(n_1(D) - 1)V_2}{(n_2(D) - 1)V_1} = -2{,}47 .$$

Hierbei ist Medium 1 Flintglas. Mit vertauschten Glassorten käme $r_{12}/r_2 = +0{,}71$ heraus; in diesem Falle wäre entgegen der Voraussetzung die erste Linse konvex. Mit dem Resultat kann man in (11.9) r_{12} durch r_2 ersetzen und mit den Brechungsindizes der D-Linie erhält man $r_2 = -8{,}2\,\mathrm{cm}$, $r_{12} = +21{,}1\,\mathrm{cm}$.

6.9 Sphärische Aberration.

a) Der Krümmungsradius der Linsenrückseite ist $R = f(n - 1) = 10\,\mathrm{cm}$.

b) Abbildung 11.5 illustriert die sphärische Aberration in dem gewählten Beispiel. Es sind α und β der Einfalls- und der Ausfallswinkel für einen von links aus dem Unendlichen kommenden achsenparallelen Randstrahl an der sphärischen Linsenoberfläche. Zwischen α und der Blendenöffnung besteht der Zusammenhang $R \sin\alpha = D/2$. Der gebrochene Randstrahl schneidet die optische Achse im Abstand

$$b' = \frac{D}{2\tan(\beta - \alpha)} = \frac{R\sin\alpha\cos(\beta - \alpha)}{\sin(\beta - \alpha)}$$
$$= R\sin\alpha\frac{\cos\alpha\cos\beta + \sin\alpha\sin\beta}{\sin\beta\cos\alpha - \cos\beta\sin\alpha}$$

von der Linsenvorderseite. Mit $\sin\beta = n\sin\alpha$ und den Kleinwinkel-Näherungen $\sin\alpha \approx \alpha$, $\cos\alpha \approx 1 - \alpha^2/2$ und

$\cos\beta \approx 1 - n^2\alpha^2/2$ erhält man

$$b' \approx R\frac{(1 - \alpha^2/2)(1 - n^2\alpha^2/2) + n\alpha^2}{n(1 - \alpha^2/2) - 1 + n^2\alpha^2/2}$$
$$\approx R\frac{1 + (n - 1)\left(\alpha^2/2 - n\alpha^2/2\right)}{(n - 1)\left(1 + n\alpha^2/2\right)}$$
$$\approx R\frac{1}{n - 1} - R\frac{1}{n - 1}n\frac{\alpha^2}{2} - Rn\frac{\alpha^2}{2} + R\frac{\alpha^2}{2} .$$

Zur Ermittlung des Brennpunkts für achsennahe Strahlen zieht man (6.15) heran, worin $R_1 = -R$, $n_1 = 1$, $n_2 = n$ und $g_1 = \infty$ zu setzen sind. b wird ab dem hinteren Scheitelpunkt gemessen: $b = R/(n - 1)$. Die Dicke der Linse ist $d = R(1 - \cos\alpha) \approx R\alpha^2/2$. Der Abstand des Brennpunkts von der Linsenvorderseite ist

$$b + d = \frac{R}{n - 1} + R\frac{\alpha^2}{2} .$$

Die Schnittpunkte der beiden Strahlen mit der optischen Achse haben den Abstand

$$s_a = b + d - b' = Rn\frac{\alpha}{2}\left(1 + \frac{1}{n - 1}\right) = R\frac{\alpha^2 n^2}{2(n - 1)} .$$

Da der Neigungswinkel des Randstrahls $\beta - \alpha \approx (n - 1)\alpha$ ist, erzeugen die Randstrahlen in der Brennebene einen Kreis mit dem Radius

$$r_a = (n - 1)\alpha s_a = \frac{1}{2}Rn^2\alpha^3 = \frac{D^3 n^2}{16R^2} .$$

Zahlenbeispiel: $s_a = 560\,\mu\mathrm{m}$, $r_a = 14\,\mu\mathrm{m}$. Durch Kombination einer Sammellinse ($R > 0$) mit einer Zerstreuungslinse ($R < 0$) kann man den zu α^3 proportionalen Term zum Verschwinden bringen, also die sphärische Aberration korrigieren.

6.10 Prismenfernrohr.

a) Die Gesichtsfeldblende liegt in der Ebene des reellen Zwischenbildes, wegen der unendlichen Entfernung des Gegenstandes also in der Brennebene des Objektivs. Deshalb ist $f_1 = s = 15\,\mathrm{cm}$.

Die Brennweite des Okulars ist $f_2 = f_1/V = 2{,}14\,\mathrm{cm}$. Weil das Fernrohr ein teleskopisches System ist, fallen ein Objektiv-Brennpunkt und ein Okular-Brennpunkt zusammen.

b) Die gegenstandsseitige Hauptebene des Okulars liegt im Abstand f_2 von der Feldblende entfernt in Richtung zum Okular.

c) Die Gegenstandsweite für die Abbildung des Objektivs durch das Okular ist $g_2 = f_1 + f_2$. Dann ist die Bildweite

$$b_2 = \frac{g_2 f_2}{g_2 - f_2} = f_2 + \frac{f_2^2}{f_1} \approx 2{,}4\,\mathrm{cm} .$$

Die bildseitige Hauptebene des Okulars liegt um die Strecke b_2 *vor* dem Auge, also 0,9 cm innerhalb des Okulars. Die Distanz zwischen Feldblende und Okular (außen) schätzt man aus der Abb. zu rund 5 cm ab, die andere Hauptebene hat einen Abstand von 5 cm $-f_2 = 2,9$ cm von der Okular-Außenseite.

d) Das vom Okular am Auge erzeugte Bild des Objektivs hat den Durchmesser $B = Gb_2/g_2 = 7,1$ mm. Bei heller Beleuchtung ist dies größer als der Pupillendurchmesser des Auges. Die Auflösungsgrenze ist daher hier durch die Sehschärfe des Auges gegeben und nicht durch (6.57).

e) Die geometrisch-optischen Abbildungsfehler steigen mit dem Öffnungswinkel des abbildenden Strahlenbündels an. Wegen der Winkelvergrößerung des Fernrohrs spielen sie nur beim Okular eine Rolle. Der chromatische Abbildungsfehler hängt im Gegensatz dazu nicht vom Öffnungswinkel ab, daher wird das Objektiv darauf korrigiert.

f) Blickt man von Weitem mit einem Auge auf eine Fernrohrhälfte, sieht man eine schwarze Fläche mit einem Loch. Das Loch ist das vom Okular erzeugte Bild des Objektivs. Es befindet sich in der Nähe des Okulars. Adaptiert man das Auge auf große Entfernung, sieht man im Loch einen kleinen Bildausschnitt und der der Lochrand wirkt unscharf. Die Austrittspupille ist hier die Augenpupille. Ihr vom Okular erzeugtes reelles Bild liegt in der Nähe der gemeinsamen Brennebene von Objektiv und Okular. Es ist verkleinert und hat einen viel kleineren Radius als die in der Nähe liegende eingebaute Feldblende, die ihre Funktion verliert. Das Objektiv erzeugt vom reellen Bild der Augenpupille ein virtuelles Bild, das in großem Abstand vom Fernrohr auf der Beobachterseite liegt. Das ist die Eintrittspupille. Licht, das vom Objekt in Richtung der Eintrittspupille läuft, trifft auf die Objektivfassung als Hindernis. Das ist jetzt die Eintrittsluke, die das Gesichtsfeld begrenzt. Die Austrittsluke ist das vom Okular erzeugte Bild davon. Weil beide Luken nicht in der Zwischenbildebene liegen, erscheint der Bildrand unscharf. Man erkennt: Wo vorher die Eintritts- und die Austrittspupille lagen, liegen jetzt die Eintritts- und die Austrittsluke.

6.11 Beleuchtungsstärke einer Fotoaufnahme.

a) Der Strahlungsfluss an der Blende ist

$$\Phi_e = L_e \pi r_e^2 \frac{\pi D^2}{4} \frac{1}{g^2} = L_e \pi^2 r_e^2 \frac{D^2}{4g^2} \; .$$

Die Bildgröße ist $r_b = r_e f/g$, denn es ist $b \approx f$. Die Bestrahlungsstärke im Bild ist

$$E_e = \frac{\Phi_e}{\pi r_b^2} = \frac{\Phi_e g^2}{\pi r_e^2 f^2} = L_e \pi \frac{D^2}{4f^2} \; .$$

Dieses Resultat hängt weder von g noch von r_e ab. Wird g größer und die ankommende Intensität kleiner, wird das

Bild kleiner. Wird r_e größer, wird auch das Bild größer. In beiden Fällen ändert sich die Bestrahlungsstärke nicht. Für das Zahlenbeispiel erhält man $E_e = 0,49 \, \text{W/m}^2$.

Der Raumwinkel, unter dem das Objektiv vom Bild aus gesehen erscheint, ist $\Omega = \pi D^2/(4f^2)$. Das Verhältnis aus der Bestrahlungsstärke und dem Raumwinkel ist

$$\frac{E_e}{\Omega} = L_e \; .$$

Da Licht nur aus einem Halbraum auf den Film treffen kann, ist Ω kleiner als 2π und es ist $E_e < 2\pi L_e$. Ein geometrisch-optisches Bild der Sonne erscheint nie heller als die Sonne.

b) Der Strahlungsfluss an der Blende ist jetzt $\Phi_e = I_e \pi D^2/(4g^2)$, weil der Faktor πr_e^2 entfällt. An der Objektivfassung tritt Beugung auf mit dem Beugungswinkel $\alpha = 1,22 \cdot \lambda/D$ am ersten Intensitätsminimum. Der Radius der umschlossenen Scheibe im Bild ist $r_b = \alpha f = 1,22 \cdot \lambda f/D$. Als Maß für die Bestrahlungstärke wählen wir das Verhältnis aus dem Strahlungsfluss und der Scheibenfläche:

$$E_e = \frac{\Phi_e}{\pi r_b^2} = I_e \frac{D^4}{5,95 \cdot f^2 g^2 \lambda^2} \; .$$

Wächst D, erscheint eine Quelle auf der Aufnahme heller, so lange ihre Größe auf dem Bild durch Beugung begrenzt ist. Das ist wegen der gleichzeitigen Verkleinerung des Beugungsradius auch noch mit einer besseren Winkelauflösung für die Trennung zweier Quellen verbunden.

7.1 Interferenzen gleicher Dicke.

Das Auge muss man auf den Luftkeil adaptieren. An den Interferenzminima entspricht der Gangunterschied $2d$ zwischen Wellen, die an der Ober- und der Unterseite des Luftkeils reflektiert werden, einem ungeradzahligen Vielfachen der halben Wellenlänge. Die Schichtdicke ändert sich zwischen benachbarten Interferenzstreifen um $\lambda/2$, sodass die Foliendicke 4,7 μm beträgt.

7.2 Interferometrie mit zwei Lichtstrahlen.

a) Die optischen Weglängen in den Kuvetten, wenn eine evakuiert ist, sind $l_1 = L$ und $l_2 = nL$. Die Zahl der durch eine Marke gewanderten Interferenzstreifen ist

$$m = \frac{l_2 - l_1}{\lambda} = \frac{(n-1)L}{\lambda} \quad \rightarrow \quad n = 1 + \frac{m\lambda}{L} = 1,000276 \; .$$

Die Differenz $n - 1$ sollte in einem Gas proportional zur Moleküldichte sein, die bei konstantem Druck umgekehrt proportional zu Temperatur ist:

$$n_0 = 1 + \frac{(n-1)T}{T_0} = 1,000291 \; .$$

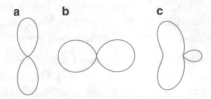

Abbildung 11.6 Zur Strahlungscharakteristik eines Antennenpaares. **a** $d = \lambda$, $\varphi = 0$, **b** $d = \lambda/2$, $\varphi = \pi$, **c** $d = \lambda$, $\varphi = \pi/2$

b) Die Lichtgeschwindigkeiten in den Kuvetten seien $c/n \pm v$ mit $v \ll c$. Die optischen Weglängen sind

$$\frac{cL}{c/n \pm v} = \frac{nL}{1 \pm nv/c} \approx nL \mp \frac{n^2 v}{c} L .$$

Bei Umkehrung der Strömungsgeschwindigkeit entspricht die Zahl der wandernden Interferenzstreifen dem Doppelten der Differenz:

$$m = \frac{4n^2 vL}{\lambda c} \quad \rightarrow \quad v = \frac{m\lambda c}{4n^2 L} = 4{,}2 \, \text{m/s} .$$

Das Verhältnis von v zur Strömungsgeschwindigkeit v_W des Wassers ist 0,42 (theoretische Vorhersage $1 - 1/n^2 = 0{,}43$).

In einem Gas ist die Molekülzahldichte um 3 Größenordnungen kleiner als in Flüssigkeiten und da der Effekt proportional zu $n - 1$ sein sollte, erwartet man Verschiebungen um 10^{-4} Streifenbreiten.

7.3 Strahlungscharakteristik zweier Antennen.

Der Gangunterschied zwischen den beiden von den Antennen emittierten Wellen ist $d \cos \vartheta$, der Phasenunterschied bei gleichphasiger Erregung somit $\delta = 2\pi d \cos \vartheta / \lambda$. Für die Amplitude der Welle gilt

$$A(\vartheta) \propto 1 + e^{2\pi i d \cos \vartheta / \lambda + i\varphi} ,$$

wobei φ die Phasendifferenz bei der Erregung der Antennen ist. Für die Intensität gilt

$$I(\vartheta) \propto |A(\vartheta)|^2 \propto \left(1 + \cos\left(\frac{2\pi}{\lambda} d \cos \vartheta + \varphi\right) \right)^2$$
$$+ \sin^2\left(\frac{2\pi}{\lambda} d \cos \vartheta + \varphi\right) ,$$
$$I(\vartheta) \propto 1 + \cos\left(\frac{2\pi}{\lambda} d \cos \vartheta + \varphi\right) .$$

In den Spezialfällen ist

a) $I(\vartheta) \propto 1 + \cos(\pi \cos \vartheta)$,
b) $I(\vartheta) \propto 1 - \cos(\pi/2 \cos \vartheta)$,
c) $I(\vartheta) \propto 1 - \sin(\pi \cos \vartheta)$.

Die Resultate findet man in Abb. 11.6.

7.4 Reflexionsminderung.

Die Amplitude der von der ersten Schicht reflektierten Welle ist $A_1 = A_0(n_2 - n_1)/(n_2 + n_1)$. Zusätzlich entsteht an der Rückseite der Schicht eine reflektierte Welle, deren Amplitude wegen der Schichtdicke $\lambda/4$ um $2 \cdot 90° = 180°$ phasenverschoben ist:

$$A_2 = -A_0 \frac{n_3 - n_2}{n_3 + n_2} \frac{4n_1 n_2}{(n_1 + n_2)^2} (1 + \ldots) .$$

Hierin ist der erste Faktor der Reflexionskoeffizient an der Grenzfläche 2–3 und der zweite Faktor beschreibt die zweimalige Transmission durch die Vorderseite der Schicht. Er ergibt sich zu 0,97 und kann gleich eins gesetzt werden. Die Punkte stehen für die weggelassenen Mehrfachreflexionen innerhalb der Schicht. Weil die Reflexionskoeffizienten im %-Bereich liegen und mindestens zwei zusätzliche Reflexionen stattfinden, kann ihr Beitrag vernachlässigt werden. Als Reflexionsfaktor erhält man

$$R = \frac{(A_1 + A_2)^2}{A_0^2} \approx \left(\frac{n_2 - n_1}{n_2 + n_1} - \frac{n_3 - n_2}{n_3 + n_2} \right)^2 = 0{,}013$$

statt 0,04 ohne die Vergütung.

7.5 Ein-Moden-Laser.

Je größer der Abstand der Laserspiegel ist, um so kleiner ist der Frequenzabstand $c/2d$ der axialen Moden. Die Frequenz-Auflösung des Etalons muss kleiner als der Modenabstand sein:

$$\Delta \nu = \frac{\nu}{\mathcal{R}} = \frac{c}{\lambda \mathcal{R}} < \frac{c}{2d}$$
$$\mathcal{R} > \frac{2d}{\lambda} = 2 \cdot 10^6 .$$

7.6 Lichtreflexion an einer dünnen Metallschicht.

a) Analog zum Beweis von (7.51) summiert man eine unendliche Reihe von reflektierten Amplituden auf:

$$\frac{\check{E}_r}{\check{E}_0} = \check{\rho} + \check{\tau} e^{i\delta} \check{\rho}' \check{\tau}' \left(1 + \check{\rho}'^2 e^{i\delta} + \ldots\right)$$
$$= \check{\rho} + \frac{\check{\rho}' \check{\tau} \check{\tau}' e^{i\delta}}{1 - \check{\rho}'^2 e^{i\delta}} .$$

Nun ist nach den Fresnelschen Formeln (5.52) und (5.53) $\check{\rho}' = -\check{\rho}$ und es gilt für die **komplexen** Reflexions- und Transmissionskoeffizienten

$$\check{\rho}^2 + \check{\tau}\check{\tau}' = \frac{(\check{n} - 1)^2}{(\check{n} + 1)^2} + \frac{2 \cdot 2\check{n}}{(\check{n} + 1)^2}$$
$$= \frac{\check{n}^2 - 2\check{n} + 1 + 4\check{n}}{(\check{n} + 1)^2} = 1 .$$

Bringt man das oben angegebene Amplitudenverhältnis auf den Hauptnenner und setzt diese Beziehungen ein, erhält man

$$\frac{\check{E}_r}{\check{E}_0} = \check{\rho}\frac{1 - \check{\rho}^2 e^{i\delta} - \check{\tau}\check{\tau}' e^{i\delta}}{1 - \check{\rho}^2 e^{i\delta}} = \check{\rho}\frac{1 - e^{i\delta}}{1 - \check{\rho}^2 e^{i\delta}} , \qquad (11.10)$$

was zu zeigen war.

b) Der Reflexionskoeffizient einer Grenzfläche ist

$$\check{\rho} = \frac{\check{n} - 1}{\check{n} + 1} = \frac{n_R + in_I - 1}{n_R + in_I + 1}$$
$$= \frac{(n_R + in_I - 1)(n_R - in_I + 1)}{(n_R + in_I + 1)(n_R - in_I + 1)}$$
$$= \frac{n_R^2 + n_I^2 - 1 + 2in_I}{n_R^2 + n_I^2 + 1 + 2n_R} .$$

Für die Infrarotstrahlung mit $n_R \approx n_I \gg 1$ ergibt sich

$$\check{\rho} \approx 1 - \frac{1}{n_R} + \frac{i}{n_I} \approx 1 , \quad \check{\rho}^2 \approx 1 - \frac{2}{n_R} + \frac{2i}{n_I} \approx 1 ,$$

und für das rote Licht mit $n_R \approx 0$ und $n_I = 4$ ist

$$\check{\rho} = \frac{n_I^2 - 1 + 2in_I}{n_I^2 + 1} = \frac{15 + 8i}{17} , \quad \check{\rho}^2 = 0{,}557 + 0{,}83i .$$

Dass im letzten Fall $|\check{\rho}|$ und $|\check{\rho}|^2$ genau den Wert eins besitzen, rührt von der nicht ganz richtigen Näherungsannahme $n_R = 0$ her.

Des Weiteren benötigt man in (11.10) den Faktor

$$e^{i\delta} = e^{-4\pi n_I d/\lambda}\big(\cos(4\pi n_R d/\lambda) + i\sin(4\pi n_R d/\lambda)\big) .$$

Im Fall der großen Schichtdicke $d = 10\,\mu m$ ist der exponentielle Faktor für beide Wellenlängen so winzig, dass er null gesetzt werden kann. Dann folgt aus (11.10) $R = |\check{\rho}|^2 \approx 1$, also fast vollständige Reflexion.

Für die dünne Schicht ergeben sich von null verschiedene Werte:

$$e^{i\delta} = e^{-0{,}334}(\cos 19{,}15° + i\sin 19{,}15°) = 0{,}676 + 0{,}235i$$
$$\text{(infrarot)} ,$$
$$e^{i\delta} = e^{-0{,}223} = 0{,}8 \quad \text{(rot)} .$$

Im Falle der Infrarotstrahlung weicht $\check{\rho}^2$ vom Wert eins nur um rund 1 % ab. Daher kürzt sich im Endergebnis (11.10) der Zähler des Bruches gegen den Nenner weg und man erhält wiederum $R \approx |\check{\rho}|^2 \approx 1$.

Das einzige nichttriviale Resultat kommt für das sichtbare Licht heraus:

$$\frac{\check{E}_r}{\check{E}_0} = \check{\rho}\frac{0{,}2}{1 - 0{,}8 \cdot (0{,}557 + 0{,}83i)} = \check{\rho}\frac{0{,}2}{0{,}554 - 0{,}664i} .$$

Der Betrag von $\check{E}_r/\check{E}_0$ ergibt sich zu 0,231 und das Reflexionsvermögen ist $R = 0{,}231^2 = 5{,}3\,\%$: Sichtbares Licht durchdringt die dünne Schicht, Infrarotstrahlung, z. B. aus einem geheizten Raum, wird reflektiert. Daran ändert auch ein schiefer Lichteinfall auf die Schicht wenig. Das Phänomen rührt daher, dass der Reflexionsfaktor $\check{\rho}$ für Infrarotstrahlung ziemlich genau den Wert eins hat und fast reell ist, während er für sichtbares Licht zwar den Betrag eins hat, aber einen endlichen Phasenwinkel aufweist.

7.7 FTIR-Spektrometer.

a) Der gesamte Spiegelhub ist $L = \pi/\Delta k = 1/(2\Delta(1/\lambda)) = 1{,}25\,mm$ und die Zahl der Scanpunkte ist $N = 2k_{max}/\Delta k = 2 \cdot 4000/4 = 2000$. Pro Scanschritt wird ein Spiegel um $\Delta L = L/N = \pi/(2k_{max}) = 625\,nm$ verschoben.

b) Das verlangte Auflösungsvermögen ist $\mathcal{R} = 4000/4 = 1000$, der maximale Öffnungswinkel ist $\beta_{max} = \sqrt{2/\mathcal{R}} = 0{,}045$ und somit der Blendenradius $f\beta_{max} = 0{,}7\,cm$.

c) Die Spiegelgeschwindigkeit ist $v = L/t = (0{,}125/0{,}5)\,cm/s = 0{,}25\,cm/s$. Für einen Scanpunkt steht die Zeit $0{,}5/2000\,s = 0{,}25\,ms$ zur Verfügung.

d) Das Wiensche Verschiebungsgesetz (Bd. II, Gl. (7.18)) lautet $\lambda_{max}T = 0{,}3\,cm\,K$. Für eine reziproke Wellenlänge $4000\,cm^{-1}$ ergibt sich $T \approx 1200\,K$. Ein größerer Wert führt zu einer raschen Verbesserung der Intensität, dabei verschiebt sich die Emission zunehmend in den nichtrekonstruierbaren Teil des Spektrums.

e) Die Zahl der Scanschritte ist $N = 2L/\lambda_{He}$. Dann ist

$$k_{max} = \frac{N\pi}{2L} = \frac{\pi}{\lambda_{He}} = \frac{2\pi}{\lambda_{min}}$$
$$\lambda_{min} = 2\lambda_{He} .$$

8.1 Beugung am Gitter.

a) Die gesuchte Gitterkonstante ist $g = \lambda/\sin\vartheta_1 = 3{,}5\,\mu m$.

b) Die Intensitäten ergeben sich aus (8.23). An den Hauptmaxima ist die halbe Phasendifferenz $\delta/2$ ein ganzzahliges Vielfaches von π und der zweite Faktor in (8.23) nimmt die Form $0^2/0^2$ an. Man kann ihn nach der d'Hospitalschen Regel Bd. I, Gl. (M.86) als Verhältnis der Ableitungen berechnen und erhält N^2. Am Hauptmaximum nullter Ordnung ist $I(0) = N^2 I_0$.

(1) Am Hauptmaximum erster Ordnung ist $\sin\vartheta = \lambda/g$, und in (8.23) ist $\beta = \pi D\sin\vartheta/\lambda = \pi D/g = \pi/5$ einzusetzen: $I(\vartheta_1) = 0{,}875 \cdot N^2 I_0$.

(2) An den ersten beiden Minima sind die Gangunterschiede $\delta = 2\pi/N$ und $\delta = 4\pi/N$, am ersten Nebenmaximum ist daher $\delta \approx 3\pi/N$. Es ist $\beta \ll 1$, $\sin\beta/\beta \approx 1$ und

$$I(\vartheta) = \frac{4I_0}{\delta^2} = \frac{4N^2}{9\pi^2}I_0 = \frac{4}{9\pi^2}I(0) = 0{,}045 \cdot I(0) .$$

Die relative Intensität des ersten Nebenmaximums ist unabhängig von der Zahl der Gitterstriche, mit wachsender Strichzahl rückt das Nebenmaximum aber immer näher an das Hauptmaximum heran.

(3) In der Mitte zwischen den Hauptmaxima ist $\delta = \pi$ und es gilt nach (8.22) $\sin \vartheta = \delta/kg = \lambda/2g$ und nach (8.23)

$$\beta = \frac{2\pi}{\lambda} \frac{D}{2} \frac{\lambda}{2\pi} = \frac{\pi D}{2g} = \frac{\pi}{10} \,.$$

Dann ergibt sich

$$I(\vartheta_{1/2}) = I_0 \left(\frac{\sin \pi/10}{\pi/10} \right)^2 = 0{,}97 \cdot I_0 \,.$$

Die Intensität ist um einen Faktor $N^2 = 10^8$ kleiner als die Intensität $I(0)$.

8.2 Röntgen-Beugung am Reflexionsgitter.

Bei der Reflexion eines Röntgenstrahls an einem Gitter entsteht keine Phasendifferenz zwischen Elementarwellen verschiedener Gitterstriche, wenn der Ausfallswinkel gleich dem Einfallswinkel ist. Alle Elementarwellen interferieren dann konstruktiv. Sind der Einfalls- und der Ausfallswinkel verschieden, besitzen die von benachbarten Gitterstrichen ausgehenden Elementarwellen einen Gangunterschied, den man aus (8.25) und Abb. 8.15 ablesen kann, denn es spielt keine Rolle, von welcher Seite aus der einfallende Strahl auf das Gitter trifft: $g(\cos \delta_0 - \cos(\delta_0 + \alpha))$. An einem Beugungsmaximum ist dies ein ganzzahliges Vielfaches der Wellenlänge:

$$g(\cos \delta_0 - \cos(\delta_0 + \alpha)) = n\lambda \,.$$

Hierin kann man die Näherung $\cos \delta_0 \approx 1 - \delta_0^2/2$ für kleine Winkel benutzen; entsprechendes gilt für $\cos(\delta_0 + \alpha)$. Dann erhält man

$$g \left(1 - \frac{\delta_0^2}{2} - 1 + \frac{1}{2} \left(\delta_0^2 + 2\delta_0\alpha + \alpha^2 \right) \right) = n\lambda \,,$$

$$\lambda = \frac{g}{n} \left(\delta_0\alpha + \frac{1}{2}\alpha^2 \right) \,.$$

Mit $g = 3{,}5\,\mu\text{m}$ ergibt sich aus beiden Beugungswinkeln $\lambda = 1{,}39 \cdot 10^{-10}\,\text{m}$.

8.3 Übergang von der Fresnel-Beugung zur Fraunhofer-Beugung.

Bei der Fraunhoferschen Beugung hat die Quelle einen sehr großen Abstand vom beugenden Objekt, sodass $R_0 \approx \infty$ zu setzen ist. Am Ort des Beugungsbildes, insbesondere auf der optischen Achse, sollen alle Elementarwellen in Phase sein. Das bedeutet, dass nur eine Fresnel-Zone zum Beugungsbild beitragen darf, und zur Vermeidung

von Phasendifferenzen muss die Zahl der Fresnel-Zonen formal deutlich kleiner als Eins sein. Dann besagt (8.41)

$$\frac{1}{r_0} \ll \frac{4\lambda}{D^2} \quad \rightarrow \quad \frac{D^2}{r_0} \ll 4\lambda \,;$$

was mit der Faustformel (8.1) identisch ist.

8.4 Fresnel-Beugung an einer kreisförmigen Blende.

a) Nach Abb. 8.24 ist

$$r_n^2 + \rho^2 = \left(r_n + n\frac{\lambda}{2} \right)^2 \,,$$

$$\rho^2 = nr_n\lambda + n^2 \frac{\lambda^2}{4} \,,$$

$$r_n = \frac{\rho^2}{n\lambda} - \frac{n\lambda}{4} \,, \tag{11.11}$$

$$n = \frac{2\left(\sqrt{r_n^2 + \rho^2} - r_n \right)}{\lambda} \,. \tag{11.12}$$

Mit (11.11) erhält man $r_1 = 42\,\text{cm}$, $r_{10} = 4{,}2\,\text{cm}$, $r_{11} = 3{,}8\,\text{cm}$ und $r_{12} = 3{,}5\,\text{cm}$. Beugungsminima auf der optischen Achse erwartet man für $n = 10$ und 12, Beugungsmaxima für $n = 1$ und 11, alles in Übereinstimmung mit Abb. 8.3.

b) Der Übergang zur Fraunhofer'schen Beugung findet bei $n = 1$ bzw. $r = 0{,}4\,\text{m}$ statt.

c) Da r_n nicht negativ werden kann, ist die maximale Zahl der Fresnelzonen nach (11.11) $n = 2\rho/\lambda \approx 1600$, und für $r_n = 0{,}3\,\text{mm}$ ergibt (11.12) $n = 940$, d. h. das Kriterium $n \gg 1$ für die Anwendbarkeit der geometrischen Optik ist erfüllt.

8.5 Camera obscura.

Die Abbildung entsteht durch Fresnel-Beugung an einem kreisförmigen Loch. Man kann das Loch als Fresnelsche Zonenplatte mit nur einer Fresnelschen Zone auffassen. Dann ist (8.41) die Abbildungsgleichung und man erhält mit $R_0 = r_0$ und $\lambda = 500\,\text{nm}$

$$\rho_1^2 = \frac{1}{2}\lambda r_0 \quad \rightarrow \quad \rho_1 = \sqrt{\frac{1}{2}\lambda r_0} = 0{,}28\,\text{mm} \,.$$

8.6 Schattenwurf.

Aus Abb. 8.2 entnimmt man, dass der helle Ring am Bleistiftrand bis zum ersten dunklen Interferenzstreifen eine Breite $\Delta x \approx 1\,\text{mm}$ hat. Nach Abb. 8.26 ist $\Delta x \approx \rho_1$. In (8.41) ist $R_0 = \infty$ und $r_0 = z$ zu setzen: $\Delta x \approx \sqrt{z\lambda}$. Es folgt mit $\lambda \approx 400\,\text{nm}$

$$z \approx \frac{\Delta x^2}{\lambda} \approx 2{,}5\,\text{m} \,.$$

Die Breite des Halbschattens, der durch den Lampendurchmesser entsteht, ist $\Delta x = 2\alpha z$. Es muss $\alpha \ll \Delta x/2z = 0{,}2\,\text{mrad}$ sein. Diese Bedingung wird von der Sonnenstrahlung nicht erfüllt.

8.7 Beleuchtungsspalt beim Gitterspektrometer.

a) Beim Ablenkwinkel 90° muss der Gangunterschied zwischen benachbarten Gitterstrichen $m\lambda_{max}$ betragen: $g = m\lambda_{max}$.

b) Aus (8.24) folgt mit (8.22)

$$g\cos\vartheta_m \Delta\vartheta = \frac{\lambda}{N} \quad\rightarrow\quad \Delta\vartheta = \frac{\lambda}{Ng\cos\vartheta_m} .$$

c) Aus (8.22) folgt

$$\Delta\vartheta = \frac{m}{g\cos\vartheta_m}\Delta\lambda . \tag{11.13}$$

d) Aus der Gleichheit der Winkel b) und c) ergibt sich

$$\frac{\lambda}{Ng} = \frac{m\Delta\lambda}{g} \quad\rightarrow\quad \mathcal{R} = \frac{\lambda}{\Delta\lambda} = mN .$$

e) Nun kann man die halbe Winkelbreite eines Hauptmaximums an der Auflösungsgrenze ablesen:

$$\Delta\vartheta = \frac{\lambda}{Ng\cos\theta_m} = \frac{\lambda}{Nm\lambda_{max}\cos\theta_m} = \frac{1}{\mathcal{R}}\frac{\lambda}{\lambda_{max}\cos\vartheta_m} .$$

Es ist also, wie am Ende von Abschn. 7.1 behauptet, $\Delta\vartheta \sim 1/\mathcal{R}$. Bei einer bestimmten Wellenlänge λ_A ist der Beugungswinkel $\Delta\vartheta$ gleich der Winkeldivergenz des Lichts: $b/f = \lambda_A/(\mathcal{R}\lambda_{max}\cos\vartheta_m)$. Ist λ deutlich kleiner als λ_A, folgt mit (11.13)

$$\Delta\lambda \approx \frac{b}{f}\frac{g\cos\vartheta_m}{m} = \frac{\lambda_A g}{m\mathcal{R}\lambda_{max}} = \frac{\lambda_A}{\mathcal{R}} ,$$
$$\frac{\lambda}{\Delta\lambda} = \frac{\lambda}{\lambda_A}\mathcal{R} .$$

Wenn die Spaltbreite fest vorgegeben ist, kann man es nicht vermeiden, dass sich das Auflösungsvermögen bei kleinen Wellenlängen verschlechtert. Beim FTIR-Spektrometer wird das größte Auflösungsvermögen ebenfalls nur bei der größten Wellenlänge erreicht.

9.1 Polarisation und Brechungsgesetz.

Für die in das Glas eintretende Welle greift man auf die Fresnelschen Formeln zurück. Nach (5.43) ist

$$\tau_\perp = \tau_\parallel \cos(\beta_1 - \beta_2)) = \tau_\parallel (\cos\beta_1 \cos\beta_2 + \sin\beta_1 \sin\beta_2) .$$

Aus dem Brechungsgesetz und der Brewster-Bedingung folgt

$$\frac{\sin\beta_1}{\sin\beta_2} = n = \tan\beta_1 = \frac{\sin\beta_1}{\cos\beta_1} = n ,$$
$$\sin\beta_1 = \frac{n}{\sqrt{1+n^2}} , \quad \cos\beta_1 = \frac{1}{\sqrt{1+n^2}} ,$$
$$\sin\beta_2 = \frac{1}{\sqrt{1+n^2}} , \quad \cos\beta_2 = \frac{n}{\sqrt{1+n^2}} ,$$
$$\tau_\perp = \tau_\parallel \frac{2n}{1+n^2} .$$

Der Polarisationsgrad ist

$$P = \frac{\tau_\parallel^2 - \tau_\perp^2}{\tau_\parallel^2 + \tau_\perp^2} = \frac{1 - \tau_\perp^2/\tau_\parallel^2}{1 + \tau_\perp^2/\tau_\parallel^2} = \frac{1 + 2n^2 + n^4 - 4n^2}{1 + 2n^2 + n^4 + 4n^2} ,$$
$$P = \frac{(n^2-1)^2}{1 + 6n^2 + n^4} = \frac{1{,}5625}{19{,}56} = 0{,}08$$

für $n = 1{,}5$.

9.2 Bestimmung der Analysierstärke einer Polarisationsfolie.

Es sei I_0 die anfängliche Lichtintensität. Hinter dem ersten Filter gibt es eine parallel zur Filterstellung polarisierte Komponente der Intensität $1/2 \cdot I_0(1 + A)$ und eine senkrecht dazu polarisierte Komponente mit der Intensität $1/2 \cdot I_0(1 - A)$. Die Transmissionsfaktoren des zweiten Filters für die beiden Komponenten sind $T_0(1 + A\cos(2\varphi))$ und $T_0(1 + A\cos(2\varphi + \pi)) = T_0(1 - A\cos(2\varphi))$. Die gesamte Intensität ergibt sich zu

$$\frac{1}{2}I_0 T_0^2 \big[(1 + A)(1 + A\cos(2\varphi))$$
$$+ (1 - A)(1 - A\cos(2\varphi))\big]$$
$$= I_0 T_0^2 \big(1 + A^2\cos(2\varphi)\big) .$$

Somit ist $T_0 = \sqrt{T_{12}}$ und $A = \sqrt{A_{12}}$.

9.3 Glan-Prisma.

Bei der Totalreflexion des o-Strahls an der Grenzfläche innerhalb des Prismas ist der Einfallswinkel β_1 gleich dem Schnittwinkel des Kristalls. Die Bedingung für Totalreflexion ist $\sin\beta_1 = 1/n_o = 1/1{,}658$, $\beta_1 \geq 37{,}1°$. Die Intensität des ao-Strahls, der das Prisma durchläuft, erhält man mit den Fresnelschen Formeln. Mit $\beta_1 = 38{,}5°$ ergibt sich der Ausfallswinkel im Luftspalt: $\sin\beta_2 = n_{ao}\sin\beta_1$, $\beta_2 = 67{,}7°$. Die Polarisation des ao-Strahls ist parallel zur Zeichenebene in Abb. 9.23 gerichtet. Dann ist nach (5.42)

$$\rho_\parallel = \frac{\tan(\beta_1 - \beta_2)}{\tan(\beta_1 + \beta_2)} = \frac{\tan 29{,}2°}{\tan 106{,}2°} = -0{,}162 .$$

Der Intensitätsverlust durch Reflexion an der Luftschicht ist ungefähr $2 \cdot 0{,}16^2 \triangleq 5{,}2\,\%$, hinzu kommen die Verluste von ungefähr $2(n_{ao} - 1)^2/(n_{ao} + 1)^2 = 7{,}6\,\%$ an den Außenseiten.

Vergrößert man β_1 und β_2, wird der der Betrag des Faktors $\tan(\beta_1 + \beta_2)$ kleiner, die Reflexionsverluste nehmen zu.

Bei dem alternativen Schnitt des Kalkspats werden die Polarisationen vertauscht. Damit der ordentliche Strahl die Grenzfläche zwischen den Teilprismen ohne Verluste durchläuft, muss das verbindende Öl den Brechungsindex des ordentlichen Strahls besitzen. Der ao-Strahl muss an der Schicht zwischen den Teilprismen totalreflektiert werden. Das führt auf einen anderen Prismenwinkel: $\sin \beta_1 = n_o / n_{ao} = 1{,}486/1{,}658$, $\beta_1 = 63{,}7°$.

9.4 Interferenzfarben.

In (9.31) hat man $\cos \varphi = \sin \varphi = 1/\sqrt{2}$ zu setzen. Die Stellung des Analysators ist gegeben durch den Vektor $1/\sqrt{2} \cdot (\hat{x} - \hat{y})$. Die Amplitude ist gegeben durch die Projektion des Vektors (9.31) auf diese Richtung:

$$A = \frac{1}{2} E_0 \left(\cos \left(kz - \omega t + \frac{\delta}{2} - \frac{\delta}{2} \right) \right.$$
$$\left. - \cos \left(kz - \omega t + \frac{\delta}{2} + \frac{\delta}{2} \right) \right) ,$$

$$A = \frac{1}{2} E_0 \left(\cos \left(kz - \omega t + \frac{\delta}{2} \right) \cos \frac{\delta}{2} \right.$$
$$+ \sin \left(kz - \omega t + \frac{\delta}{2} \right) \sin \frac{\delta}{2}$$
$$- \cos \left(kz - \omega t + \frac{\delta}{2} \right) \cos \frac{\delta}{2}$$
$$\left. + \sin \left(kz - \omega t + \frac{\delta}{2} \right) \sin \frac{\delta}{2} \right) ,$$

$$A = E_0 \sin \left(kz - \omega t + \frac{\delta}{2} \right) \sin \frac{\delta}{2} .$$

Mit (9.30) erhält man (9.33).

9.5 Stokes-Parameter.

a) Aus den linken Teilen von (9.7)–(9.9) folgt mit (9.10)

$$S^2 = S_1^2 + S_2^2 + S_3^2$$
$$= E_{x0}^4 + E_{y0}^4 - 2E_{x0}^2 E_{y0}^2 + 4E_{x0}^2 E_{y0}^2 (\cos^2 \delta + \sin^2 \delta)$$
$$= (E_{x0}^2 + E_{y0}^2)^2 = S_0^2 ,$$

somit ist $S/S_0 = 1$. Auf die gleiche Weise erhält man das Resultat $S = (a^2 + b^2)$.

b) Aus (9.9) folgt, wenn $S_3 = 0$ ist, zwingend $\sin 2\eta = 0$ und $\cos 2\eta = \pm 1$. Da $\tan \eta = \pm b/a$ ist, ist dann $b = 0$. Aus (9.7) ergibt sich mit $S_1 = 0$ auf die gleiche Weise $\cos 2\varphi = 0$ und $\sin 2\varphi = \pm 1$. Das bedeutet, dass $\varphi = 45°$ modulo $90°$ ist. Wegen $S_1 = 0$ ist laut (9.7) $E_{x0} = E_{y0}$. Wie man sieht, entartet die Ellipse in Abb. 9.1d zu einer Geraden: Wenn $S_2 = \pm 1$ ist, ist die Strahlung linear polarisiert und die Polarisation bildet mit den Koordinatenachsen einen Winkel von $\pm 45°$.

c) Im statistischen Mittel muss S_3 genau so häufig positiv wie negativ sein, was in dem in Abb. 9.3 gezeigten Bildausschnitt nicht der Fall ist. Ohne detaillierte statistische Analyse kann man nach einem Blick auf Abb. 7.18 lediglich sagen, dass in dem gezeigten Bildausschnitt rund ein halbes Dutzend Vorzeichenwechsel hätten stattfinden

müssen und die Wahrscheinlichkeit für ihr Ausbleiben kleiner als $(1/2)^6 = 1/64$ sein sollte.

Kleine Werte für S_2 erhält man dort, wo eine der anderen Polarisationen oder ihre Quadratsumme nahe bei eins liegen, also bei $t = 7 \pm 1$, $t = 35 \pm 2$ und $t = 57 \pm 3$ Zeiteinheiten. S_2 liegt nahe bei eins, wenn beide anderen Polarisationen klein sind: $t = 27$ oder $T = 63$ Zeiteinheiten.

9.6 Fresnelscher Rhomboeder.

a) Es ist

$$\rho_\perp = \frac{\sin(\beta_1 - \beta_2)}{\sin(\beta_1 + \beta_2)} = - \frac{\cos \beta_1 \sin \beta_2 - \sin \beta_1 \cos \beta_2}{\cos \beta_1 \sin \beta_2 + \sin \beta_1 \cos \beta_2} .$$

Da $\sin \beta_1$, $\cos \beta_1$ und $\sin \beta_2$ reell sind und $\cos \beta_2$ rein imaginär ist, ist der Nenner das konjugiert Komplexe des Zählers und es ist $|\rho_\perp| = 1$. Für die Phasenverschiebung folgt

$$\tan \frac{\varphi_\perp}{2} = - \frac{\sin \beta_1 |\cos \beta_2|}{\cos \beta_1 \sin \beta_2} = - \frac{\sqrt{n^2 \sin^2 \beta_1 - 1}}{n \cos \beta_1} .$$

Ferner ist

$$\rho_\parallel = \frac{\tan(\beta_1 - \beta_2)}{\tan(\beta_1 + \beta_2)} = \rho_\perp \frac{\cos(\beta_1 + \beta_2)}{\cos(\beta_1 - \beta_2)} ,$$
$$\rho_\parallel = \rho_\perp \frac{\cos \beta_1 \cos \beta_2 + \sin \beta_1 \sin \beta_2}{\cos \beta_1 \cos \beta_2 - \sin \beta_1 \sin \beta_2} .$$

In dem hinzugetretenen Faktor sind wieder Zähler und Nenner konjugiert komplex zueinander, sodass $|\rho_\parallel| = 1$ ist. Die Phasendifferenz zwischen $\rho_\perp$ und $\rho_\parallel$ ergibt sich aus der Phasendifferenz des zusätzlichen Faktors:

$$\tan \frac{\Delta \varphi}{2} = \frac{\cos \beta_1 \cos \beta_2}{\sin \beta_1 \sin \beta_2} = \frac{\cos \beta_1 \sqrt{n^2 \sin^2 \beta_1 - 1}}{n \sin^2 \beta_1} .$$

b) Der Fresnelsche Rhomboeder muss die Phasen der beiden linear polarisierten Wellen um insgesamt $90°$ gegeneinander verschieben, also um $45°$ pro Totalreflexion: $\Delta \varphi = \pi/4$. Daher ist

$$\frac{\cos \beta_1 \sqrt{n^2 \sin^2 \beta_1 - 1}}{n \sin^2 \beta_1} = \tan \frac{\pi}{8} = \sqrt{2} - 1 = 0{,}414 .$$

Es entsteht eine quadratische Gleichung, aus der sich $\sin^2 \beta_1$ berechnen lässt:

$$n^2 \left(1 + \tan^2 \frac{\pi}{8} \right) \sin^4 \beta_1 - \left(n^2 + 1 \right) \sin^2 \beta_1 = -1 ,$$

$$\sin^2 \beta_1 = \frac{n^2 + 1}{2n^2 (1 + \tan^2 \pi/8)}$$
$$\pm \sqrt{\frac{(n^2 + 1)^2}{4n^4 (1 + \tan^2 \pi/8)^2} - \frac{1}{1 + \tan^2 \pi/8}} .$$

Numerisch erhält man die Lösungen $\sin^2 \beta_1 = 0{,}5629$ und $0{,}6649$, $\beta_1 = 48{,}6°$ oder $54{,}6°$. Der Winkel β_1 ist identisch mit dem Prismenwinkel.

10.1 Präzisions-Zeitmessung in einem Flugzeug.

Man schreibt (10.2) mit (10.4) in der Form

$$c^2 \, d\tau^2 = c^2 \, dt^2 \left(-\frac{v_x^2}{c^2} + 1 + \frac{2gh}{c^2} \right).$$

Von einem Inertialsystem außerhalb der Erde betrachtet, ist die Geschwindigkeit v_x der Erdoberfläche nicht null, weil die Erde mit einer Kreisfrequenz $\omega_E = 2\pi/\text{Tag}$ rotiert. Deshalb ist

$$c^2 \, d\tau_1^2 = c^2 \, dt^2 \left(1 - \frac{\omega_E^2 r_E^2}{c^2} \right).$$

Im Flugzeug ist

$$c^2 \, d\tau_2^2 = c^2 \, dt^2 \left(1 - \frac{(\omega_E r_E \pm v_F)^2}{c^2} + \frac{2gh}{c^2} \right).$$

Eigentlich müsste man in der letzten Gleichung zum Erdradius r_E noch die Höhe h addieren, aber das macht sehr wenig aus. Aus den beiden Gleichungen kann man die Koordinatenzeit t des externen Beobachters eliminieren und erhält

$$\frac{\tau_2^2}{\tau_1^2} = \frac{1 - (\omega_E r_E \pm v_F)^2/c^2 + 2gh/c^2}{1 - \omega_E^2 r_E^2/c^2},$$

$$\frac{\tau_2}{\tau_1} \approx \left(1 + \frac{gh}{c^2} \mp \frac{v_F \omega_E r_E}{c^2} - \frac{v_F^2}{2c^2} \right).$$

Eine Erdumrundung dauert $\tau_1 = 40\,000\,\text{km}/(0{,}2\,\text{km/s}) = 2 \cdot 10^5\,\text{s}$. Bedingt durch die Gravitation, zeigt eine Uhr im Flugzeug eine um $\Delta\tau_G = \tau_1 gh/c^2 = 218\,\text{ns}$ größere Zeit an („Höhenangst macht alt"). Der Term proportional zu v_F^2 ist die relativistische Zeitdilatation auf Grund der Relativgeschwindigkeit zwischen Flugzeug und Erdboden: $\Delta\tau_R = -\tau_1 v_F^2/2c^2 = -44\,\text{ns}$. Die Zeitanzeige der Uhr im Flugzeug ist gegenüber derjenigen am Boden verringert (Zwillingsparadoxon, „Reisen erhält jung"). Der zweite Term resultiert ebenfalls aus der Zeitdilatation, stammt aber daher, dass die Erde kein Inertialsystem ist: $\Delta\tau_E = \mp\tau_1 r_E \omega_E v_F/c^2 = \mp 206\,\text{ns}$. Als Summe erhält man $-32\,\text{ns}$ für den Flug in Ostrichtung, $+380\,\text{ns}$ für den Flug in Westrichtung. Die Ergebnisse dieses Gedankenexperiments sind den experimentellen Daten aus Bd. I, Tab. 14.1 einigermaßen ähnlich.

10.2 Gravitationswellen binärer Systeme.

a) Weil die Masse der Erde viel kleiner als die Sonnenmasse ist, ist die reduzierte Masse die Erdmasse. Dann erhält

man aus (10.14)

$$P = \frac{6{,}7 \cdot 10^{-11} \cdot (2\pi)^6 \cdot 64}{10 \cdot (1\,\text{Jahr})^6 \cdot (3 \cdot 10^8)^5} \cdot (6 \cdot 10^{24})^2 \cdot (1{,}5 \cdot 10^{11})^4 \ \text{W}.$$

Der Faktor 64 rührt daher, dass die Periodendauer der Gravitationswelle ein halbes Jahr ist. Beim Ausrechnen ist es nützlich, die Zehnerpotenzen als Faktoren herauszuziehen. Das Ergebnis ist $P = 200\,\text{W}$.

b) Man benötigt den Abstand der Sterne, den man aus (10.15) erhält:

$$r_B^3 = \frac{4\gamma(m_1 + m_2)}{\omega_{\text{grav}}^2}.$$

Das Resultat ist $r_B = 1{,}47 \cdot 10^9\,\text{m}$. Hiermit erhält man die Leistung wieder aus (10.14): $P = 5 \cdot 10^{23}\,\text{W}$. Akkumuliert über ein Jahr ist die Energie $1{,}6 \cdot 10^{31}\,\text{J}$, was rund 10^{-16} Sonnenruheenergien entspricht.

10.3 Frequenzänderung der Gravitationswelle eines binären Systems.

Die Leistung der Gravitationswelle soll der Energieabnahme des Zwei-Körpersystems entsprechen:

$$\frac{\gamma\omega_{\text{grav}}^6 \mu_{\text{red}}^2 r^4}{10c^5} = \frac{d}{dt}\left(\frac{\gamma\mu_{\text{red}}(m_1 + m_2)}{2r} \right),$$

$$\frac{\omega_{\text{grav}}^6 \mu_{\text{red}}}{10c^5} = -\frac{m_1 + m_2}{2r^6}\dot{r}. \tag{11.14}$$

Aus (10.15) folgt

$$r^3 = \frac{4\gamma(m_1 + m_2)}{\omega_{\text{grav}}^2}, \quad 3\frac{\dot{r}}{r} = -2\frac{\dot{\omega}_{\text{grav}}}{\omega_{\text{grav}}}.$$

Eliminiert man mit Hilfe dieser Gleichungen die Größen r und $\dot{r}$ aus (11.14), erhält man

$$\dot{\omega}^3 = 16\left(\frac{6}{5} \right)^3 \gamma^5 (m_1 + m_2)^2 \mu_{\text{red}}^3 \frac{\omega_{\text{grav}}^{11}}{c^{15}}.$$

Zahlenbeispiel: $\dot{\omega} = 1430\,\text{Hz/s}$, $\dot{\nu} = 230\,\text{Hz/s}$. Beginnt man mit der Periodendauer $1/50\,\text{s} = 20\,\text{ms}$, hat sich die 50 Hz-Frequenz nach einer Periode um $230 \cdot 0{,}02\,\text{Hz} = 4{,}6\,\text{Hz}$ verschoben und die nächste Periodendauer ist $18\,\text{ms}$.

10.4 Gravitationswellen: Unschärferelation und Interferometrie.

Bei der Messung der x-Koordinate senkrecht zur Oberfläche eines Spiegels mit der Präzision Δx_1 erhält man aus der Impulsunschärfe eine Geschwindigkeitsunschärfe

$$\Delta v = \frac{\hbar}{m\Delta x_1}.$$

Nach einer Zeit τ entsteht hieraus die Ortsunschärfe

$$\Delta x_2 = \frac{\hbar\tau}{m\Delta x_1} ,$$

zu der der Fehler einer Abstandsmessung hinzutritt. Das Optimum erhält man durch Minimierung des gesamten Fehlerquadrats

$$\Delta x^2 = \Delta x_1^2 + \Delta x_2^2 = \Delta x_1^2 + \frac{\hbar^2\tau^2}{m^2\Delta x_1^2} .$$

Das Resultat ist

$$\Delta x_1 = \sqrt{\frac{\hbar\tau}{m}} , \quad \Delta x = \sqrt{\frac{2\hbar\tau}{m}} . \qquad (11.15)$$

Insgesamt gehen vier Spiegel ein. In einem Interferometer sind die Messungen an ihnen allerdings nicht voneinander unabhängig. Fasst man 2 Spiegel zu einem Paar zusammen, besitzt dieses eine mittlere Position und einen Abstand, wobei in die Dynamik der Abstandsänderung die reduzierte Masse $m/2$ eingeht. Deshalb ist (11.15) mit $\sqrt{2}$ zu multiplizieren. Behandelt man die Positionsmessungen beider Spiegel als unabhängig, kommt dasselbe

heraus. Das verallgemeinert man auf das zweite Spiegelpaar. Als Nachweisgrenze für Δh_{11} schätzt man deshalb ab:

$$\Delta h_{11} = \frac{2}{L_0}\sqrt{\frac{2\hbar\tau}{m}} = 8 \cdot 10^{-23} .$$

Als mittlere Zahl der Lichtreflexionen erhält man $n = \tau c/2L_0 = 187$.

10.5 Störung eines Gravitationswellendetektors durch externe Massen.

Der Spiegel folgt mit $180°$ Phasenverschiebung der Schwingung der Masse. Die Newtonsche Bewegungsgleichung für den Spiegel lautet

$$m\frac{\mathrm{d}^2x}{\mathrm{d}t^2} = -4\pi^2\nu_e^2 m x_0 \cos(2\pi\nu_e t) = -2\frac{\Delta s m M\gamma}{s^3}\cos(2\pi\nu_e t) ,$$

$$x_0 = 2\frac{\Delta s}{s^3}\frac{\gamma M}{4\pi^2\nu_e^2} .$$

Zahlenbeispiel: $x_0 = 1{,}7 \cdot 10^{-18}$ m, $x_0/L_0 = 4 \cdot 10^{-22}$. Die Position des zweiten Spiegels wird durch die Verschiebung der externen Masse wegen des großen Abstands nicht beeinflusst. Deshalb ist die Auswirkung der Bewegung auf die Messung der Raumdehnung h_{11} halb so groß.

Abbildungsnachweise

Abb. 1.12
aus: Müller-Poulliet's *Lehrbuch der Physik und Metereologie*, Vieweg und Sohn, Braunschweig, 7. Aufl. 1868, S. 417, Fig. 459–466

Abb. 2.11
aus: A. Sommerfeld *Vorlesungen über Theoretische Physik, Bd. 2, Mechanik deformierbarer Medien*, Nachdruck der 6. Auflage, Harri Deutsch, Thun und Frankfurt 1992, S. 162 und 163, Fig. 39a und 39b

Abb. 2.35
aus: Wilhelm H. Westphal, *Physik*, 25./26. Auflage, Springer 1970, S. 175, Abb. 198

Abb. 3.5
aus: H.-G. Bönninghaus und Th. Lenarz *Hals-Nasen-Ohrenheilkunde*, 11. Auflage, Springer 2001, Abb. 1.1

Abb. 3.15
Aufnahme mit dem Hubble Space Telescope, publiziert von der NASA:
http://hubblesite.org/image/1823/news_release/2005-37
auch verfügbar als „Astronomic picture of the Day":
http://www.star.ucl.ac.uk/~apod/apod/image/0512/crabmosaic_hst_f.jpg
und
http://www.star.ucl.ac.uk/~apod/apod/ap051202.html
Image Credit: NASA, ESA, J. Hester, A. Loll (ASU), Acknowledgement D. de Martin (Skyfactory)

Abb. 3.23
Werte aus: J. D. Mollon, L. T. Sharpe (Hrsg.) *Colour Vision – Physiology and Phychophysics*, Academic Press 1983, S. 72, Fig. 1

Abb. 5.19
nach: J D. Jackson, *Klassiche Elektrodynamik*, 4. Aufl., De Gruyter 1999, S. 364, Abb. 7.9

Abb. 6.51
G. Schmitz, *Luftaufnahme des Radioteleskops Effelsberg*, www.mpifr-bonn.de/effelsberg →
https://de.wikipedia.org/wiki/Radioteleskop_Effelsberg#/media/File:Radioteleskop20110820.jpg

Abb. 7.16
Aufnahme freundlicherweise zur Verfügung gestellt von A. Pucci, Kirchhoff-Institut der Universität Heidelberg

Abb. 8.20
SES Astra SA (Société Européen des Satellites), Betzdorf, Luxemburg, heute SES-Global. Mit freundlicher Genehmigung

Abb. 8.41
aus: M. V. Klein und T. E. Furtak, *Optik*, Springer 1968, S. 384, Abb. 7.69a–c

Abb. 8.43a
aus: J. W. C. Gates, R. G. N. Hall und I. N. Ross, „Holographic Interferometry of Impact-loaded Objects using a Double- Pulse Laser", Optics & Laser Technology **4(2)** (1972) 72–75, Fig. 4

Abb. 8.43b
aus: Heinz Haferkorn *Optik: Physikalisch-technische Grundlagen und Anwendungen* Wiley VCH, 4. Auflage 2003, S. 372, Abb. 4.215

Abb. 9.32
Aufnahme angefertigt und freundlicherweise zur Verfügung gestellt von J. Engelhardt, Krebsforschungszentrum Heidelberg

Abb. 9.33
Aufnahme angefertigt und freundlicherweise zur Verfügung gestellt von J. Engelhardt, Krebsforschungszentrum Heidelberg

Abb. 9.35
nach: Landolt-Börnstein, *Atom- und Molekularphysik*, Band I,4, Springer 1955, S. 35, Abb. 33

Abb. 9.39
aus: Neues Wilhelm Busch-Album, Sammlung lustiger Bildgeschichten mit 1500 Bildern von Wilhelm Busch, Verlagsanstalt Herrmann Klemm AG, Vertrieb Gustav Weise Verlag G.m.b.H. Leipzig, um 1930

© Springer-Verlag GmbH Deutschland 2017
J. Heintze / P. Bock (Hrsg.), *Lehrbuch zur Experimentalphysik Band 4: Wellen und Optik*, https://doi.org/10.1007/978-3-662-54492-1

Abb. 9.43
aus: P. D. Maker, R. W. Terhune, M. Nsenoff and C. M. Savage, „Efffects of Dispersion and Focusing on the Production of Optical Harmonics",
Phys. Rev. Lett. **8** (1962) S. 21–23, Fig. 2

Abb. 10.3
aus: B. P. Abott et al. (LIGO Scientific Collaboration and Virgo Collaboration), „The advanced LIGO Detectors in the Era of First Discoveries",
Phys. Rev. Lett. **116**, 131103 (2016), Fig. 3,
https://doi.org/10.1103/PhysRevLett.116.131103

Abb.10.4
aus: B. P. Abott et al. (LIGO Scientific Collaboration and Virgo Collaboration), „Observation of Gravitational Waves from a Binary Black Hole Merger",
Phys. Rev. Lett. **116**, 061102 (2016), Fig. 1,
https://doi.org/10.1103/PhysRevLett.116.0611102

Personen- und Sachverzeichnis

Printed in the United States
By Bookmasters